Qt 6 开发及实例
（第 5 版）

郑阿奇　主编

电子工业出版社
Publishing House of Electronics Industry
北京·BEIJING

内 容 简 介

Qt 是当前非常流行的 C++可视化开发软件。本书全面升级到最新的 Qt 6.0 平台，通过丰富的实例介绍 Qt 和 QML 编程及其应用开发。全书分为 7 个部分。第 1 部分为 Qt 基础，在上一版的基础上基于 Qt 6.0 的全新类模块和接口，重新实现了所有基础实例的功能。第 2 部分为 Qt 6 综合实例，设计了电子商城系统、简单字处理软件、微信客户端程序这三大实用案例。第 3 部分为 Qt 扩展应用 OpenCV，介绍 OpenCV 的配置及典型图片处理实例。第 4 部分为 QML 和 Qt Quick 及其应用，基于 Qt 6.0 支持的 Qt Quick Controls 2.5 新库实现了诸多典型应用实例。第 5 部分是 Qt Quick 3D 开发基础，先从基础的场景、相机、视图、光源等概念入手，通过程序实例介绍 Qt 6 3D 开发的基础知识，然后通过一个综合的"益智积木"学习软件来演示 Qt 6 在 3D 开发上的强大功能。第 6 部分是 Qt 6 跨平台开发技术，介绍了 Qt 6 在 Visual Studio、Android、Python 及 Linux（Ubuntu）等多种主流平台上的环境配置和程序开发。第 7 部分为附录，介绍了 C++相关知识和 Qt 6 的简单调试。

本书提供配套的视频，分析典型案例，通过扫描二维码播放。为了方便读者上机练习，书中实例提供源代码，其编号为 CH×××。源代码工程文件可从华信教育资源网（http://www.hxedu.com.cn）免费下载。

本书既可作为 Qt 学习不可多得的一本全面翔实的学习资料和参考用书，也可作为 Qt 开发技术培训用书。

未经许可，不得以任何方式复制或抄袭本书之部分或全部内容。
版权所有，侵权必究。

图书在版编目（CIP）数据

Qt 6 开发及实例 / 郑阿奇主编. —5 版. —北京：电子工业出版社，2022.2
ISBN 978-7-121-42791-6

Ⅰ. ①Q⋯ Ⅱ. ①郑⋯ Ⅲ. ①软件工具－程序设计 Ⅳ. ①TP311.561

中国版本图书馆 CIP 数据核字（2022）第 018392 号

责任编辑：白　楠
印　　刷：三河市鑫金马印装有限公司
装　　订：三河市鑫金马印装有限公司
出版发行：电子工业出版社
　　　　　北京市海淀区万寿路 173 信箱　邮编 100036
开　　本：787×1092　1/16　印张：55.25　字数：1449 千字
版　　次：2014 年 1 月第 1 版
　　　　　2022 年 2 月第 5 版
印　　次：2024 年 7 月第 6 次印刷
定　　价：155.00 元

凡所购买电子工业出版社图书有缺损问题，请向购买书店调换。若书店售缺，请与本社发行部联系，联系及邮购电话：(010) 88254888，88258888。
质量投诉请发邮件至 zlts@phei.com.cn，盗版侵权举报请发邮件至 dbqq@phei.com.cn。
本书咨询联系方式：bain@phei.com.cn。

前 言

  Qt 是软件开发领域中非常著名的 C++可视化开发平台，能够为应用程序开发者提供建立艺术级图形用户界面所需的所有功能。它是完全面向对象的，很容易扩展，并且可应用于组件编程。相对于 Visual C++，Qt 更易于学习和开发。

  2014 年，我们编写了《Qt 5 开发及实例》，受到市场的广泛欢迎。2015 年，《Qt 5 开发及实例（第 2 版）》推出，它以 Qt 5.4 为平台，增加了关于 QML 及 Qt Quick 开发的内容，继续受到市场的广泛推崇。2017 年，以 Qt 5.8 为基础，推出《Qt 5 开发及实例（第 3 版）》，市场持续热销。2019 年，以 Qt 5.11 为基础推出的第 4 版对综合实例进行了重新设计，大幅扩展了对 Qt 功能的介绍。当下 Qt 变得越来越流行，Qt 技术的发展日新月异，为满足广大 Qt 爱好者和开发者的需要，我们时刻追踪着 Qt 领域的新进展，经过精心选择后写入此书，使之日臻完善。2020 年底，经过多年酝酿和孵化，众所期待的面向未来生产力平台的 Qt 6.0 终于发布了，于是我们也基于这个崭新的平台推出了《Qt 6 开发及实例（第 5 版）》。

  本版内容包括 Qt 概述，模板库、工具类及控件，布局管理，基本对话框，主窗口，图形与图片，图形视图框架，模型/视图结构，文件及磁盘处理，网络与通信，事件处理及实例，多线程，数据库，操作 Office，多国语言国际化，单元测试框架，QML 编程基础，QML 动画特效，Qt Quick Controls 开发基础，Qt Quick 3D 开发基础，Qt 跨平台［包括 Visual Studio、Android、Python 及 Linux（Ubuntu）等多种主流平台］开发等。

  全书分为以下 7 个部分。

  第 1 部分为 Qt 6 基础（第 1 章～第 16 章），在上一版的基础上基于 Qt 6.0 的全新类模块和接口，重新实现了所有基础实例的功能。

  第 2 部分为 Qt 6 综合实例（第 17 章～第 19 章），基于新的 Qt 6.0 实现了电子商城系统、简单字处理软件和微信客户端程序。电子商城系统主要突出 Qt 界面和对常用关系数据库（MySQL）的基本操作；简单字处理软件主要介绍以界面方式创建菜单、工具栏，系统介绍丰富的文本处理方法；微信客户端程序主要突出 Qt 网络功能和 XML 操作。

  第 3 部分为 Qt 扩展应用：OpenCV（第 20 章～第 22 章），介绍了 Qt 配置 OpenCV 和 OpenCV 处理图片。综合实例为医院远程诊断系统，数据库采用 MySQL，对患者信息进行管理。由于 CMake 目前尚不支持编译 Qt 6.0 的库，故我们仍然沿用 Qt 5 的 OpenCV 库。

  第 4 部分为 QML 和 Qt Quick 及其应用（第 23 章～第 25 章），包括 QML 及 Qt Quick 的相关内容，当前 Qt 6.0 支持的 Qt Quick Controls 2.5 已将原有的 Qt Quick Controls 及

Qt Quick Controls 2 两个库整合在一起，使其更适合移动应用开发，本书基于新库实现了诸多典型应用实例。

第 5 部分为 Qt Quick 3D 开发基础（第 26 章～第 27 章），这是 Qt 6.0 新推出的功能模块，它极大地增强了 Qt 在三维图形图像领域的地位，本部分先从基础的场景、相机、视图、光源等概念入手，通过小的程序实例系统地介绍 Qt 3D 开发的基础知识，然后通过一个综合的"益智积木"学习软件来演示 Qt 在 3D 开发上的强大功能。

第 6 部分是关于 Qt 6 跨平台开发技术的（第 28 章～第 31 章）。跨平台是 Qt 6.0 的优势特性，本书将 Qt 在 Visual Studio、Android、Python 及 Linux（Ubuntu）等多种主流平台上的配置和开发方法进行了详尽的介绍和总结，并结合应用实例，可使不同平台的开发者都能快速地上手和涉足 Qt 领域。

第 7 部分为附录，附录 A 介绍 C++相关知识，附录 B 介绍 Qt 6 程序的简单调试。

为了方便读者上机练习，书中介绍的实例提供源代码，其编号为 CH×××（如 CH201 是第 2 章的 01 例）。这些源代码工程文件可从华信教育资源网（http://www.hxedu.com.cn）免费下载。

为了方便读者理解综合应用，本书还提供了配套的视频，分析典型案例，通过扫描二维码进行视频播放。

通过学习本书，结合实例上机练习，一般能够在比较短的时间内系统、全面地掌握 Qt 应用技术。

本书由郑阿奇担任主编。本书前面各版由陆文周主编，本书的基本部分仍参考前版内容，在此特别表示感谢！

由于编者水平有限，错误之处在所难免，敬请广大读者批评指正。

意见、建议邮箱：easybooks@163.com。

编　　者

本书视频目录

序号	文 件 名	视频所在章节	序号	文 件 名	视频所在章节
1	创建具有复选框的树形控件.mp4	第2章	31	Qt对Office的基本读写.mp4	第14章
2	修改用户资料表单.mp4	第3章	32	Excel公式计算及显示.mp4	第14章
3	QQ抽屉效果的实例.mp4	第4章	33	读取Word表格数据.mp4	第14章
4	【综合实例】文本编辑器.mp4	第5章	34	向文档输出表格.mp4	第14章
5	Qt文件操作功能.mp4	第5章	35	【综合实例】电子商城系统.mp4	第17章
6	Qt图像坐标变换.mp4	第5章	36	【综合实例】MyWord字处理软件.mp4	第18章
7	Qt文本编辑功能.mp4	第5章	37	【综合实例】微信客户端程序.mp4	第19章
8	Qt排版功能.mp4	第5章	38	图片增强实例.mp4	第21章
9	Qt基础图形的绘制.mp4	第6章	39	平滑滤波实例.mp4	第21章
10	实现一个简单的绘图工具.mp4	第6章	40	多图合成实例.mp4	第21章
11	显示Qt SVG格式图片.mp4	第6章	41	图片旋转缩放实例.mp4	第21章
12	飞舞的蝴蝶.mp4	第7章	42	寻找匹配物体实例.mp4	第21章
13	地图浏览器.mp4	第7章	43	人脸识别实例.mp4	第21章
14	图元创建.mp4	第7章	44	【综合实例】医院远程诊断系统.mp4	第22章
15	图元的旋转、缩放、切变和位移.mp4	第7章	45	使用Anchor布局一组矩形元素.mp4	第23章
16	视图（View）.mp4	第8章	46	鼠标事件.mp4	第23章
17	代理（Delegate）.mp4	第8章	47	键盘事件.mp4	第23章
18	TCP服务器端的编程.mp4	第10章	48	输入控件与焦点.mp4	第23章
19	TCP客户端编程.mp4	第10章	49	状态和切换.mp4	第24章
20	简单网页浏览器.mp4	第10章	50	设计组合动画.mp4	第24章
21	键盘事件及实例.mp4	第11章	51	用高级控件制作一个有趣的小程序.mp4	第25章
22	事件过滤及实例.mp4	第11章	52	定制几种控件的样式.mp4	第25章
23	多线程及简单实例.mp4	第12章	53	Qt Quick对话框.mp4	第25章
24	基于控制台程序实现.mp4	第12章	54	Qt Quick选项标签.mp4	第25章
25	生产者和消费者问题.mp4	第12章	55	场景中相机位置的变化.mp4	第26章
26	【实例】服务器端编程.mp4	第12章	56	视图与光源.mp4	第26章
27	【实例】客户端编程.mp4	第12章	57	【综合实例】益智积木.mp4	第27章
28	SQLite控制台方式操作及实例.mp4	第13章	58	用Scroll开发滚动图书选项列表.mp4	第29章
29	主/从视图操作XML.mp4	第13章	59	用Stack展示图书详细信息.mp4	第29章
30	操作流行关系数据库.mp4	第13章	60	Qt以Python开发销售数据分析系统.mp4	第30章

目 录

第 1 部分 Qt 6 基础

第 1 章 Qt 6 概述 1
1.1 什么是 Qt 1
1.2 Qt 6 的安装 2
    1.2.1 下载 Qt 在线安装器和申请免费账号 2
    1.2.2 安装 Qt 6.x 5
    1.2.3 运行 Qt Creator 7
    1.2.4 Qt 6 开发环境简介 8
1.3 Qt 6 开发实例介绍 10
    1.3.1 设计器（Qt Designer）开发实例 10
    1.3.2 代码实现开发实例 19

第 2 章 Qt 6 模板库、工具类及控件 23
2.1 字符串类 23
    2.1.1 操作字符串 23
    2.1.2 查询字符串数据 24
    2.1.3 字符串的转换 25
    2.1.4 字符串优化 26
2.2 容器类 28
    2.2.1 QList、QLinkedList 和 QVector 类 28
    2.2.2 QMap 类和 QHash 类 34
2.3 QVariant 类 37
2.4 算法及正则表达式 39
    2.4.1 Qt 6 常用算法 39
    2.4.2 基本的正则表达式 40
2.5 控件 41
    2.5.1 按钮组（Buttons） 41
    2.5.2 输入部件组（Input Widgets） 43
    2.5.3 显示控件组（Display Widgets） 44
    2.5.4 空间间隔组（Spacers） 45
    2.5.5 布局管理组（Layouts） 45
    2.5.6 容器组（Containers） 45

	2.5.7 项目视图组（Item Views）	49
	2.5.8 项目控件组（Item Widgets）	51
	2.5.9 多控件实例	55

第3章 Qt 6 布局管理 ································· 58

- 3.1 分割窗口类：QSplitter ··············· 58
- 3.2 停靠窗口类：QDockWidget ········ 60
- 3.3 堆栈窗体类：QStackedWidget ···· 62
- 3.4 基本布局类：QLayout ··············· 64
- 3.5 【综合实例】：修改用户资料表单 ···· 69
  - 3.5.1 导航页实现 ························ 71
  - 3.5.2 "基本信息"页设计 ············ 72
  - 3.5.3 "联系方式"页设计 ············ 75
  - 3.5.4 "详细资料"页设计 ············ 76
  - 3.5.5 编写主函数 ························ 78

第4章 Qt 6 基本对话框 ································ 80

- 4.1 标准文件对话框类 ···················· 83
  - 4.1.1 函数说明 ··························· 83
  - 4.1.2 创建步骤 ··························· 84
- 4.2 标准颜色对话框类 ···················· 85
  - 4.2.1 函数说明 ··························· 85
  - 4.2.2 创建步骤 ··························· 85
- 4.3 标准字体对话框类 ···················· 86
  - 4.3.1 函数说明 ··························· 86
  - 4.3.2 创建步骤 ··························· 86
- 4.4 标准输入对话框类 ···················· 87
  - 4.4.1 标准字符串输入对话框 ········ 90
  - 4.4.2 标准条目选择对话框 ··········· 91
  - 4.4.3 标准 int 类型输入对话框 ······ 91
  - 4.4.4 标准 double 类型输入对话框 ···· 92
- 4.5 消息对话框类 ···························· 93
  - 4.5.1 Question 消息框 ················· 96
  - 4.5.2 Information 消息框 ············· 97
  - 4.5.3 Warning 消息框 ·················· 97
  - 4.5.4 Critical 消息框 ··················· 98
  - 4.5.5 About 消息框 ····················· 98

4.5.6　About Qt 消息框 ························· 99
　4.6　自定义消息框 ····························· 99
　4.7　工具盒类 ································ 100
　4.8　进度条 ································· 105
　4.9　调色板与电子钟 ·························· 108
　　　4.9.1　QPalette 类 ···························· 108
　　　4.9.2　QTime 类 ····························· 114
　　　4.9.3　【综合实例】：电子时钟 ················· 114
　4.10　可扩展对话框 ···························· 117
　4.11　不规则窗体 ····························· 120
　4.12　程序启动画面类：QSplashScreen ············· 123

第 5 章　Qt 6 主窗口 ························· 125
　5.1　Qt 6 主窗口构成 ·························· 125
　　　5.1.1　基本元素 ····························· 125
　　　5.1.2　【综合实例】：文本编辑器 ················ 126
　　　5.1.3　菜单与工具栏的实现 ····················· 129
　5.2　Qt 6 文件操作功能 ························ 134
　　　5.2.1　新建文件 ····························· 134
　　　5.2.2　打开文件 ····························· 134
　　　5.2.3　打印文件 ····························· 137
　5.3　Qt 6 图像坐标变换 ························ 139
　　　5.3.1　缩放功能 ····························· 139
　　　5.3.2　旋转功能 ····························· 140
　　　5.3.3　镜像功能 ····························· 142
　5.4　Qt 6 文本编辑功能 ························ 143
　　　5.4.1　设置字体 ····························· 146
　　　5.4.2　设置字号 ····························· 146
　　　5.4.3　设置文字加粗 ··························· 146
　　　5.4.4　设置文字斜体 ··························· 147
　　　5.4.5　设置文字加下画线 ······················· 147
　　　5.4.6　设置文字颜色 ··························· 147
　　　5.4.7　设置字符格式 ··························· 148
　5.5　Qt 6 排版功能 ··························· 148
　　　5.5.1　实现段落对齐 ··························· 150
　　　5.5.2　实现文本排序 ··························· 150

第 6 章 Qt 6 图形与图片 ... 154
6.1 Qt 6 位置函数 ... 154
6.1.1 各种位置函数及区别 ... 154
6.1.2 位置函数的应用 ... 155
6.2 Qt 6 基础图形的绘制 ... 158
6.2.1 绘图框架设计 ... 158
6.2.2 绘图区的实现 ... 159
6.2.3 主窗口的实现 ... 163
6.3 Qt 6 双缓冲机制 ... 175
6.3.1 原理与设计 ... 175
6.3.2 绘图区的实现 ... 176
6.3.3 主窗口的实现 ... 180
6.4 显示 Qt 6 SVG 格式图片 ... 182

第 7 章 Qt 6 图形视图框架 ... 189
7.1 图形视图体系结构（Graphics View）... 189
7.1.1 Graphics View 框架结构的主要特点 ... 189
7.1.2 Graphics View 框架结构的三元素 ... 189
7.1.3 GraphicsView 框架结构的坐标系统 ... 191
7.2 图形视图实例 ... 192
7.2.1 飞舞的蝴蝶实例 ... 192
7.2.2 地图浏览器实例 ... 196
7.2.3 图元创建实例 ... 200
7.2.4 图元的旋转、缩放、切变和位移实例 ... 209

第 8 章 Qt 6 模型/视图结构 ... 216
8.1 概述 ... 216
8.1.1 基本概念 ... 216
8.1.2 模型类/视图类 ... 217
8.2 模型（Model）... 219
8.3 视图（View）... 222
8.4 代理（Delegate）... 234

第 9 章 Qt 6 文件及磁盘处理 ... 242
9.1 读写文本文件 ... 242
9.1.1 使用 QFile 类读写文本文件 ... 242
9.1.2 使用 QTextStream 类读写文本文件 ... 243
9.2 读写二进制文件 ... 245

9.3 目录操作与文件系统 ··· 247
    9.3.1 文件大小及路径获取 ·· 247
    9.3.2 文件系统浏览 ·· 249
9.4 获取文件信息 ··· 253
9.5 监视文件和目录变化 ··· 257

第 10 章 Qt 6 网络与通信 ··· 259
10.1 获取本机网络信息 ·· 259
10.2 基于 UDP 的网络广播程序 ··· 262
    10.2.1 UDP 工作原理 ··· 262
    10.2.2 UDP 编程模型 ··· 263
    10.2.3 UDP 服务器编程实例 ······································ 263
    10.2.4 UDP 客户端编程实例 ······································ 266
10.3 基于 TCP 的网络聊天室程序 ······································· 268
    10.3.1 TCP 工作原理 ··· 269
    10.3.2 TCP 编程模型 ··· 269
    10.3.3 TCP 服务器端编程实例 ···································· 269
    10.3.4 TCP 客户端编程实例 ······································ 275
10.4 Qt 网络应用开发初步 ·· 280
    10.4.1 简单网页浏览器实例 ······································· 281
    10.4.2 文件下载实例 ··· 282

第 11 章 Qt 6 事件处理及实例 ··· 285
11.1 鼠标事件实例 ·· 285
11.2 键盘事件实例 ·· 287
11.3 事件过滤实例 ·· 293

第 12 章 Qt 6 多线程 ··· 298
12.1 多线程实例 ·· 298
12.2 多线程控制 ·· 302
    12.2.1 互斥量 ··· 302
    12.2.2 信号量 ··· 303
    12.2.3 线程等待与唤醒 ··· 306
12.3 多线程应用 ·· 310
    12.3.1 服务器端编程实例 ··· 310
    12.3.2 客户端编程实例 ··· 314

第 13 章 Qt 6 数据库 ··· 319
13.1 数据库基本概念 ·· 319

13.2	常用 SQL 命令	322
	13.2.1 数据查询	322
	13.2.2 数据操作	325
13.3	Qt 操作 SQLite 数据库及实例	326
	13.3.1 控制台方式操作及实例	327
	13.3.2 【综合实例】：操作 SQLite 数据库和主/从视图操作 XML	333
13.4	Qt 操作流行关系数据库及实例	359

第 14 章 Qt 6 操作 Office ... 369

14.1	Qt 操作 Office 的基本方式	369
	14.1.1 QAxObject 对象访问	369
	14.1.2 AxWidget 界面显示	371
	14.1.3 项目配置	372
14.2	Qt 对 Office 的基本读写	373
	14.2.1 程序界面	373
	14.2.2 全局变量及方法	374
	14.2.3 对 Excel 的读写	375
	14.2.4 对 Word 的读写	377
14.3	Qt 操作 Excel 实例：计算高考录取率	379
	14.3.1 程序界面	380
	14.3.2 全局变量及方法	381
	14.3.3 功能实现	381
	14.3.4 运行演示	383
14.4	Qt 操作 Word 实例	385
	14.4.1 读取 Word 表格数据：中国历年高考数据检索	385
	14.4.2 向文档输出表格：输出 5 年高考信息统计表	389

第 15 章 Qt 6 多国语言国际化 ... 394

15.1	基本概念	394
	15.1.1 国际化支持的实现	394
	15.1.2 翻译工作："*.qm"文件的生成	395
15.2	语言国际化应用实例	395
	15.2.1 简单测试	395
	15.2.2 选择语言翻译文字	399

第 16 章 Qt 6 单元测试框架 ... 405

16.1	QTestLib 框架	405
16.2	简单的 Qt 单元测试	405

16.3	数据驱动测试	411
16.4	简单性能测试	415

第 2 部分　Qt 6 综合实例

第 17 章 【综合实例】：电子商城系统 … 417
- 17.1 商品管理系统功能需求 … 417
  - 17.1.1 登录功能 … 417
  - 17.1.2 新品入库功能 … 418
  - 17.1.3 预售订单功能 … 419
- 17.2 项目开发准备 … 419
  - 17.2.1 项目配置 … 419
  - 17.2.2 编译 MySQL 驱动 … 421
  - 17.2.3 数据库准备 … 424
- 17.3 商品管理系统界面设计 … 429
  - 17.3.1 总体设计 … 429
  - 17.3.2 "新品入库"页 … 430
  - 17.3.3 "预售订单"页 … 431
  - 17.3.4 登录窗口 … 432
- 17.4 商品管理系统功能实现 … 435
  - 17.4.1 登录功能实现 … 435
  - 17.4.2 主体程序框架 … 437
  - 17.4.3 界面初始化功能实现 … 442
  - 17.4.4 新品入库功能实现 … 445
  - 17.4.5 预售订单功能实现 … 447
- 17.5 商品管理系统运行演示 … 449
  - 17.5.1 登录电子商城 … 449
  - 17.5.2 新品入库和清仓 … 450
  - 17.5.3 预售下订单 … 450

第 18 章 【综合实例】：简单字处理软件 … 453
- 18.1 核心功能界面演示 … 453
- 18.2 界面设计与开发 … 454
  - 18.2.1 菜单系统设计 … 454
  - 18.2.2 工具栏设计 … 462
  - 18.2.3 建立 MDI 程序框架 … 465
  - 18.2.4 子窗口管理 … 468
  - 18.2.5 界面生成试运行 … 475

18.3 基本编辑功能实现 ··· 475
   18.3.1 打开文档 ··· 475
   18.3.2 保存文档 ··· 478
   18.3.3 文档操作 ··· 482
18.4 文档排版美化功能实现 ··· 483
   18.4.1 字体格式设置 ··· 483
   18.4.2 段落对齐设置 ··· 486
   18.4.3 颜色设置 ··· 488
   18.4.4 项目符号、编号 ··· 489
   18.4.5 文档打印与预览 ··· 492

第 19 章 【综合实例】：微信客户端程序 ··· 495
19.1 界面设计与开发 ··· 495
   19.1.1 核心功能界面演示 ··· 495
   19.1.2 登录对话框设计 ··· 498
   19.1.3 聊天窗口设计 ··· 499
   19.1.4 文件传输服务器界面设计 ··· 501
   19.1.5 文件传输客户端界面设计 ··· 502
19.2 登录功能实现 ··· 502
19.3 基本聊天会话功能实现 ··· 505
   19.3.1 基本原理 ··· 506
   19.3.2 消息类型与 UDP 广播 ··· 506
   19.3.3 会话过程的处理 ··· 511
   19.3.4 聊天程序试运行 ··· 513
19.4 文件传输功能实现 ··· 513
   19.4.1 基本原理 ··· 513
   19.4.2 服务器开发 ··· 514
   19.4.3 客户端开发 ··· 519
   19.4.4 主界面的控制 ··· 522
   19.4.5 文件传输试验 ··· 525

第 3 部分 Qt 扩展应用：OpenCV

第 20 章 OpenCV 环境搭建 ··· 527
20.1 安装 CMake ··· 527
20.2 添加系统环境变量 ··· 528
20.3 下载 OpenCV ··· 529
20.4 下载 Contrib ··· 529

- 20.5 编译前准备 ·················· 530
- 20.6 编译配置 ···················· 533
- 20.7 开始编译 ···················· 537
- 20.8 安装 OpenCV 库 ············· 538

第 21 章 OpenCV 处理图片实例 ············ 540

- 21.1 图片美化实例 ················ 541
  - 21.1.1 图片增强实例 ············ 541
  - 21.1.2 平滑滤波实例 ············ 547
- 21.2 多图合成实例 ················ 553
  - 21.2.1 程序界面 ··············· 554
  - 21.2.2 全局变量及方法 ·········· 555
  - 21.2.3 初始化显示 ············· 555
  - 21.2.4 功能实现 ··············· 556
  - 21.2.5 运行效果 ··············· 557
- 21.3 图片旋转缩放实例 ············ 558
  - 21.3.1 程序界面 ··············· 558
  - 21.3.2 全局变量及方法 ·········· 559
  - 21.3.3 初始化显示 ············· 560
  - 21.3.4 功能实现 ··············· 561
  - 21.3.5 运行效果 ··············· 562
- 21.4 图片智能识别实例 ············ 563
  - 21.4.1 寻找匹配物体实例 ········ 563
  - 21.4.2 人脸识别实例 ············ 568

第 22 章 OpenCV【综合实例】：医院远程诊断系统 ···· 573

- 22.1 远程诊断系统功能需求 ········ 573
  - 22.1.1 诊疗点科室管理 ·········· 573
  - 22.1.2 CT 影像显示和处理 ······· 574
  - 22.1.3 患者信息选项卡 ·········· 574
  - 22.1.4 后台数据库浏览 ·········· 574
  - 22.1.5 界面的总体效果 ·········· 575
- 22.2 Qt 项目工程创建与配置 ········ 575
- 22.3 远程诊疗系统界面设计 ········ 578
- 22.4 远程诊疗系统功能实现 ········ 581
  - 22.4.1 数据库准备 ·············· 581
  - 22.4.2 Qt 应用程序主体框架 ······ 583

22.4.3　界面初始化功能实现 …………………………588
22.4.4　诊断功能实现 ………………………………590
22.4.5　患者信息表单 ………………………………592
22.5　远程诊疗系统运行演示 ……………………………594
22.5.1　启动、连接数据库 …………………………594
22.5.2　执行诊断分析 ………………………………595
22.5.3　表单信息联动 ………………………………597
22.5.4　查看病历 ……………………………………597

第 4 部分　QML 和 Qt Quick 及其应用

第 23 章　QML 编程基础 …………………………………598
23.1　QML 概述 ……………………………………………598
23.1.1　第一个 QML 程序 ……………………………599
23.1.2　QML 文档构成 ………………………………603
23.2　QML 可视元素 ………………………………………606
23.2.1　Rectangle（矩形）元素 ………………………606
23.2.2　Image（图像）元素 …………………………607
23.2.3　Text（文本）元素 ……………………………609
23.2.4　自定义元素（组件）…………………………611
23.3　QML 元素布局 ………………………………………613
23.3.1　Positioner（定位器）…………………………613
23.3.2　Anchor（锚）…………………………………618
23.4　QML 事件处理 ………………………………………622
23.4.1　鼠标事件 ………………………………………622
23.4.2　键盘事件 ………………………………………624
23.4.3　输入控件与焦点 ………………………………627
23.5　QML 集成 JavaScript ………………………………629
23.5.1　调用 JavaScript 函数 …………………………629
23.5.2　导入 JS 文件 …………………………………631

第 24 章　QML 动画特效 …………………………………633
24.1　QML 动画元素 ………………………………………633
24.1.1　PropertyAnimation 元素 ………………………633
24.1.2　其他动画元素 …………………………………638
24.1.3　Animator 元素 …………………………………640
24.2　动画流 UI 界面 ………………………………………642
24.2.1　状态和切换 ……………………………………642

		24.2.2 设计组合动画	645
24.3	图像特效		648
	24.3.1	3D 旋转	648
	24.3.2	色彩处理	650
24.4	饼状菜单		652

第 25 章 Qt Quick Controls 开发基础及实例 ... 655

25.1	Qt Quick Controls 概述		655
	25.1.1	第一个 Qt Quick Controls 程序	655
	25.1.2	更换界面主题样式	657
25.2	Qt Quick 控件		658
	25.2.1	概述	658
	25.2.2	基本控件	659
	25.2.3	高级控件	663
	25.2.4	样式定制	668
25.3	Qt Quick 对话框		676
25.4	Qt Quick 选项标签		681
25.5	Qt Quick 扩展库组件实例		686

第 5 部分 Qt Quick 3D 开发基础

第 26 章 Qt Quick 3D 场景、视图与光源 ... 690

26.1	Qt Quick 3D 编程基础		690
	26.1.1	Qt Quick 3D 坐标系统	690
	26.1.2	Qt Quick 3D 库的引入	691
	26.1.3	Qt Quick 3D 程序结构	692
26.2	场景中相机位置的变化		695
	26.2.1	创建项目及导入资源	696
	26.2.2	编写代码	699
	26.2.3	运行效果	705
26.3	Node 包装模型的加载		706
26.4	视图与光源		708
	26.4.1	基本概念	708
	26.4.2	程序框架	709
	26.4.3	场景中的模型	712
	26.4.4	视图及切换	713
	26.4.5	光源控制	714
	26.4.6	面板设计	718

第 27 章 Qt Quick 3D【综合实例】：益智积木 721
27.1 "益智积木"软件结构设计 721
  27.1.1 导入资源 721
  27.1.2 项目结构 724
  27.1.3 程序框架 726
27.2 形状的操控 728
  27.2.1 面板设计 728
  27.2.2 创建物体 732
  27.2.3 选择物体 732
  27.2.4 移动物体 733
  27.2.5 转动物体 734
  27.2.6 物体对鼠标事件的响应 736
27.3 更换材质 737
27.4 添加文字 739
27.5 其他形状物体组件的开发 743

第 6 部分 Qt 6 跨平台开发基础

第 28 章 Visual Studio 中的 Qt 6 开发 747
28.1 MSVC 环境安装和配置 747
  28.1.1 安装 Qt 及 MSVC 编译器 747
  28.1.2 安装 VS 及相关插件 749
  28.1.3 配置 MSVC 编译器 753
  28.1.4 安装 C++桌面开发组件 754
28.2 VS 开发 Qt Widgets 程序 755
  28.2.1 创建 Qt Widgets 项目 755
  28.2.2 配置项目属性 757
  28.2.3 开发 Qt Widgets 程序 758
28.3 VS 开发 Qt Quick 程序 763
  28.3.1 创建 Qt Quick 项目 763
  28.3.2 配置项目属性 764
  28.3.3 开发 Qt Quick 程序 764
28.4 VS 打开 Qt Creator 项目 766
  28.4.1 打开 Qt Widgets 项目 766
  28.4.2 打开 Qt Quick 项目 769

第 29 章 Qt 6 中的 Android 开发 770
29.1 Android 开发环境构建 770

	29.1.1 安装 JDK 8	770
	29.1.2 安装 Android SDK	773
	29.1.3 安装手机驱动	778
	29.1.4 添加 Qt 组件	781
	29.1.5 安装 Android NDK	782
29.2	Qt 开发 Android 程序	785
	29.2.1 用 Scroll 模板开发滚动图书选项列表	786
	29.2.2 用 Stack 模板展示图书详细信息	791
	29.2.3 用 Swipe 模板滑动翻看艺术作品	796

第 30 章 Qt 6 中的 Python 开发 ... 800

30.1	Qt 的 Python 开发环境构建	800
	30.1.1 安装 Python	800
	30.1.2 安装 PySide2	802
	30.1.3 配置编译器	805
30.2	Qt 开发 Python 程序实例	810
	30.2.1 开发需求	810
	30.2.2 开发准备	810
	30.2.3 创建 Qt for Python 项目	813
	30.2.4 Qt 设计 Python 程序界面	815
	30.2.5 Python 程序框架	816
	30.2.6 功能实现	817

第 31 章 Linux（Ubuntu）上的 Qt 6 开发 ... 820

31.1	在 Linux 平台上安装 Qt Creator	820
	31.1.1 获取安装包及授权	820
	31.1.2 通过向导安装 Qt Creator	823
	31.1.3 补充安装依赖组件	825
31.2	配置 QMake 工具	827
	31.2.1 安装 qtchooser	827
	31.2.2 安装 Qt 6 SDK	828
	31.2.3 关联 QMake 与 Qt 版本	830
31.3	安装 GCC 编译器	830
31.4	安装其他必备组件	831
31.5	Ubuntu 上 Qt 开发入门	832
	31.5.1 创建项目	832
	31.5.2 Ubuntu 中文输入	838

31.5.3　开发 Qt 程序 ································· 841

第 7 部分　附　　录

附录 A　C++相关知识 ································· 844
　　A.1　C++程序结构 ································· 844
　　A.2　C++预处理命令 ································ 845
　　A.3　C++异常处理 ································· 847
　　A.4　C++面向对象编程 ······························ 849
附录 B　Qt 6 简单调试 ······························· 859
　　B.1　修正语法错误 ································· 859
　　B.2　设置断点 ···································· 860
　　B.3　程序调试运行 ································· 860
　　B.4　查看和修改变量的值 ···························· 861
　　B.5　qDebug()的用法 ······························· 863

第1部分 Qt 6 基础

第 1 章

Qt 6 概述

本章介绍什么是 Qt，如何安装 Qt 及其开发环境。通过一个计算圆面积的小实例详细介绍 Qt 的开发步骤，使读者对利用 Qt（Qt Designer）进行 GUI 应用程序开发有一个初步的认识。

1.1 什么是 Qt

Qt 是一个跨平台的 C++图形用户界面应用程序框架。它为应用程序开发者提供建立艺术级图形用户界面所需的所有功能。它是完全面向对象的，很容易扩展，并且允许真正的组件编程。

1. Qt 的发展

Qt 最早是在 1991 年由奇趣科技开发的，1996 年进入商业领域，成为全世界范围内数千种成功的应用程序的基础。它也是目前流行的 Linux 桌面环境 KDE 的基础，KDE 是 Linux 发行版主要的一个标准组件。2008 年，奇趣科技被诺基亚公司收购，Qt 成为诺基亚旗下的编程语言工具。从 2009 年 5 月发布的 Qt 4.5 起，诺基亚公司宣布 Qt 源代码库面向公众开放，Qt 开发人员可通过为 Qt 及与其相关的项目贡献代码、翻译、示例及其他内容，协助引导和塑造 Qt 的未来发展。2011 年，Digia 公司（芬兰的一家 IT 服务公司）从诺基亚公司收购了 Qt 的商业版权。2012 年 8 月 9 日，作为非核心资产剥离计划的一部分，诺基亚公司宣布将 Qt 软件业务正式出售给 Digia 公司。2013 年 7 月 3 日，Digia 公司 Qt 开发团队在其官方博客上宣布 Qt 5.1 正式版发布；同年 12 月 11 日，又发布 Qt 5.2 正式版。2014 年 4 月，跨平台集成开发环境 Qt Creator 3.1.0 正式发布；同年 5 月 20 日，配套发布了 Qt 5.3 正式版。至此，Qt 实现了对于 iOS、Android、WP 等各种平台的全面支持。

The Qt Company 公司成立后，Qt 版本的升级开始加速，相继推出 Qt 5.4～5.15，期间，Qt 原生的 QML 编程语言和 Qt Quick 及与之配套的 Qt Quick Controls 库的功能不断增强和完善，再加上对很多第三方库（如 OpenCV）的支持，使得 Qt 在界面开发及图形图像处理方面的优势凸显。

随着互联网进入"云"时代及物联网的兴起，2020 年底，经过多年酝酿和孵化，众所期待的面向未来的生产力平台的 Qt 6.0 终于发布了。

2. Qt 6 的亮点

（1）Qt 渲染硬件接口。编写一次渲染代码，就能部署在任何硬件上。

（2）Qt Quick 3D。整合原 Qt 中 2D 和 3D 功能到同一个技术栈上，使用同一套工具就能设计、开发 2D 和 3D 混合效果的用户界面，实现下一代用户的新体验。

（3）Qt Quick Controls 2 桌面样式。像素级完美、原生外观的控件无缝集成入操作系统。

（4）HiDPI 支持。独立缩放的支持，针对不同的显示器配置自动缩放 UI。

（5）QProperty 系统。通过 C++ 中的绑定支持提高代码速度，将 QML 最好用部分带入 Qt，并与 QObject 无缝集成。

（6）并发 API 的改进。多核 CPU、并行计算、保持用户界面流畅的同时在后台执行后端逻辑。自动根据硬件进行线程数量管理。

（7）网络功能的改进。创建您自己的通信后端，并将其集成到默认的 Qt 工作流中，自动添加与安全性相关的功能。

（8）更新到 C++17。更新到最新标准，提高代码的可读性、运行性能和易维护性。

（9）CMake 支持。凭借行业标准构建系统、丰富的功能集及庞大的生态体系构建 Qt 应用程序。

（10）Qt for Microcontroller Unit（MCU）。轻量级渲染引擎可在具有 2D 硬件加速的低成本硬件上部署基于 QML 的 UI，从而以最小的占用空间（> 80KB 内存）实现最佳的图形性能。

（11）无限的可扩展性。既可在超低成本硬件上部署类似于智能手机的用户界面，也可在超级计算机上部署高级图形界面。

3．Qt 版本说明

Qt 按照不同的版本发行，分为商业版和开源版。Qt 商业版为商业软件提供开发环境，并提供在协议有效期内的免费升级和技术支持服务。而 Qt 开源版是为了开发自由而设计的开放源码软件，它提供了和商业版同样的功能，在 GNU 通用公共许可证下，它是免费的。

4．Qt 中文论坛

读者可以访问 QTCN 开发网下载 Qt 各个版本的源码进行学习研究。QTCN 开发网又名"Qt 中文论坛"，始建于 2005 年，面向广大初、中级 Qt 开发者，是目前最为活跃的 Qt 综合技术中文讨论区。

1.2 Qt 6 的安装

从 Qt 6 起，官方不再提供硕大的离线完全安装包，而是改为提供在线安装器，由用户运行安装器联网选择自己所需的 Qt 版本和组件下载。而通过在线安装器安装 Qt 6 需要通过 Qt 账号。

1.2.1 下载 Qt 在线安装器和申请免费账号

登录 Qt 公司官网，进入主页，单击右上角的 Get Started 进入 "Get Qt" 页，单击 Download Qt Now，弹出 Qt 申请免费账号页，如图 1.1 所示。

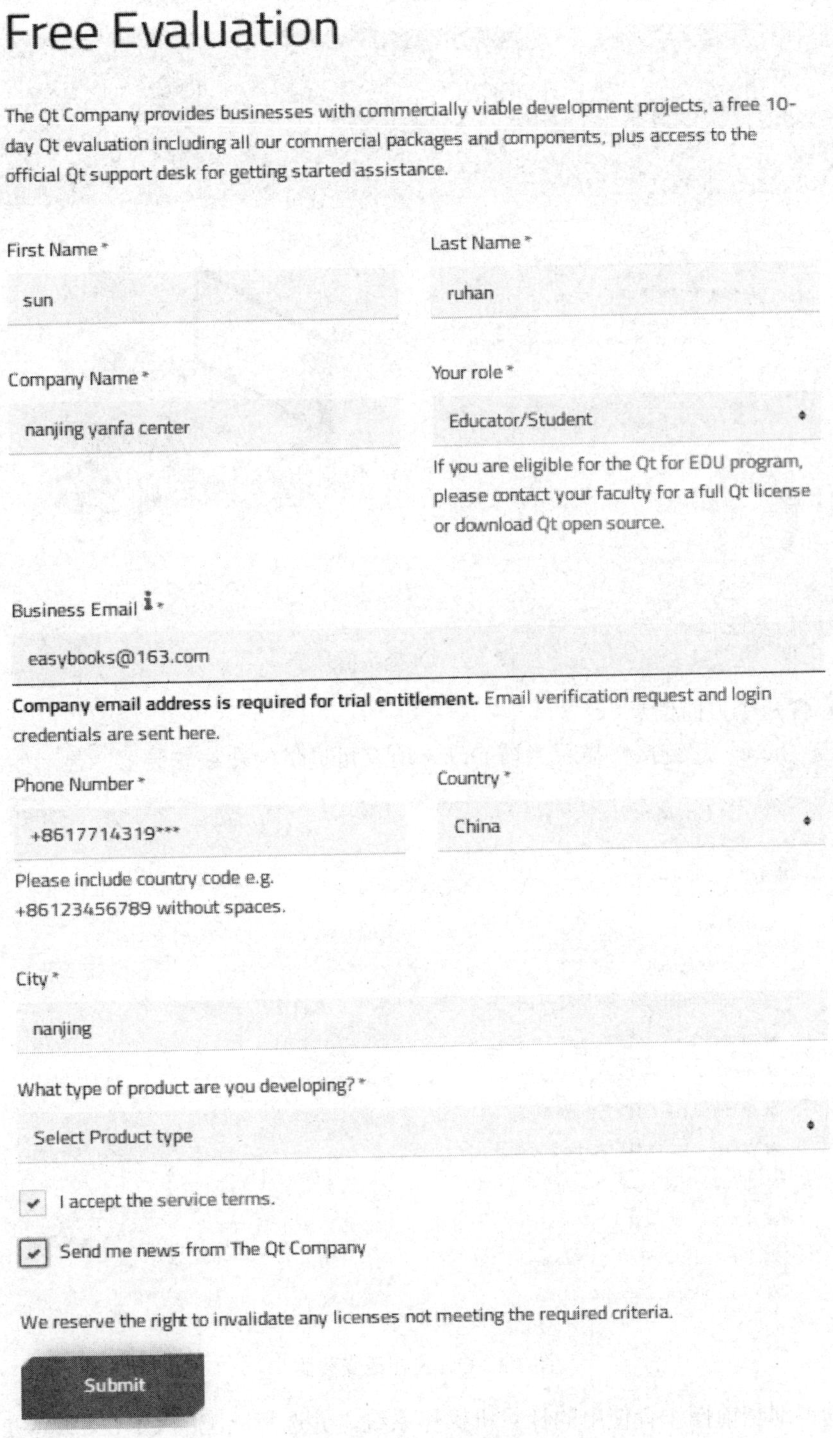

图 1.1 申请免费账号

根据页面项目填写信息，填写完成后，单击"Submit"按钮，如果填写信息形式上没有问题，系统首先向提供的电话（+8617714319***）发 6 位验证码短信，在随后出现的验证对话框中输入该验证码，电话验证完成后，然后输入账户密码和对账户密码再次输入确认，系统会给提供的电子邮箱（easybooks@163.com）发送邮件。完成后显示如图 1.2 所示。

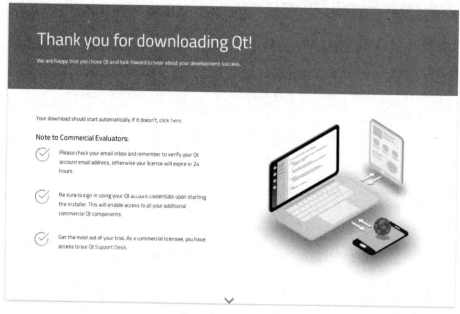

图 1.2 Qt 提示信息

该页面包含两个方面信息：

（1）单击“here”超链接，显示当前 Qt 6.x 所有可提供的在线安装器，显示如图 1.3 所示。

Name	Last modified	Size	Description
Parent Directory		-	
qt-unified-windows-x86-4.0.1-online.exe	2020-12-03 14:05	23M	
qt-unified-windows-x86-4.0.1-1-online.exe	2021-01-27 11:13	23M	
qt-unified-windows-x86-4.0.0-online.exe	2020-11-03 13:34	22M	
qt-unified-mac-x64-4.0.1-online.dmg	2020-12-03 14:05	13M	
qt-unified-mac-x64-4.0.1-1-online.dmg	2021-01-27 11:13	12M	
qt-unified-mac-x64-4.0.0-online.dmg	2020-11-03 13:34	12M	
qt-unified-linux-x64-4.0.1-online.run	2020-12-03 14:05	33M	
qt-unified-linux-x64-4.0.1-1-online.run	2021-01-27 11:13	33M	
qt-unified-linux-x64-4.0.0-online.run	2020-11-03 13:34	30M	

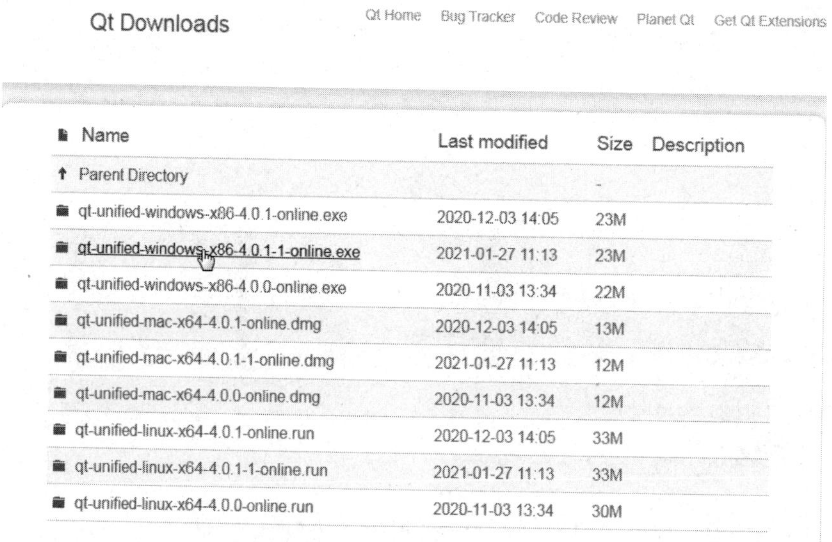

图 1.3 Qt 6.x 在线安装器

系统自动识别当前操作者使用的计算机操作系统，并选择匹配的 Qt 6.x 版本在线安装器，请选择默认的文件下载程序和默认保存文件目录。用户进行确认下载。

（2）提示用户根据 Qt 发送的邮件链接尽快登录验证，因为该链接有时效，使用后不能再用。进入该链接网页，如图 1.4 完成 Qt 账户登录。

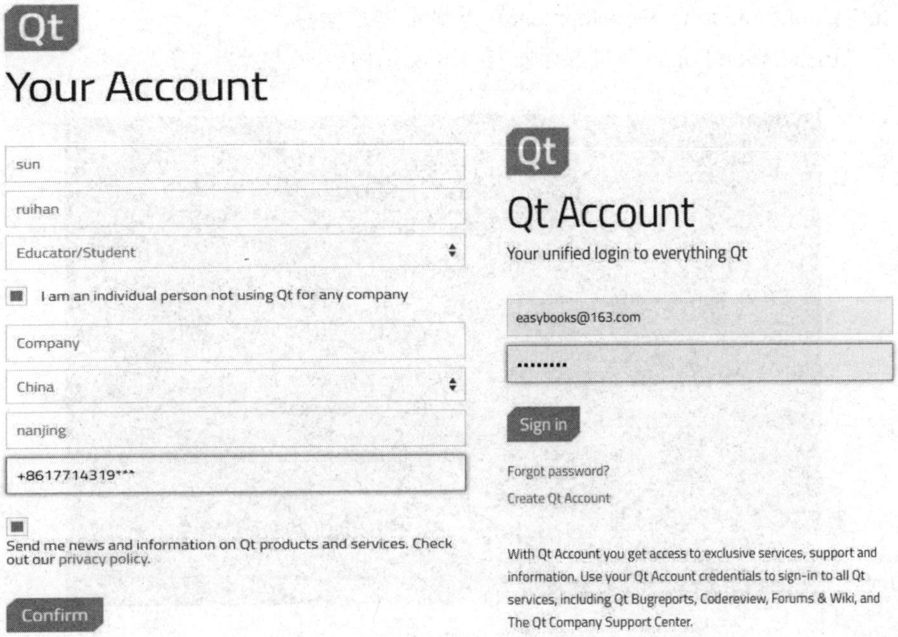

（a） （b）

图 1.4　Qt 账户登录

1.2.2　安装 Qt 6.x

安装前要保证计算机处于联网状态。

（1）双击之前下载的安装器文件，启动向导，出现如图 1.5 所示界面，要求输入 Qt 账号（也就是刚刚申请的免费账号），输入完单击 "Next" 按钮。

图 1.5　输入账号

（2）在 "Setup-Qt" 页显示 "commercial Qt Setup" 过程。安装器自动获取 Qt 远程安装所需的元信息，用户可选择向 Qt 官方发送（或不发送）有关自己 Qt 的统计信息。

(3) 在"Contribute to Qt Development"页显示提示信息。

(4) 在"Installation Folder"页显示如图 1.6 所示内容。

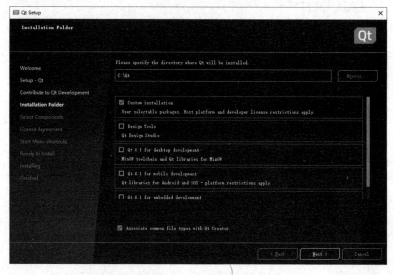

图 1.6 "Installation Folder"页

默认按照文件夹为"c:\Qt",勾选"Custom installation"复选框,用户选择 Qt 开发平台。同时可以选择安装 Qt 设计工具、桌面开发、移动开发、嵌入式开发等。

勾选"Associate common file types with Qt Creator."复选框,将常用文件类型与 Qt Creator 关联。单击"Next"按钮进入下一页。

(5) 在"Select Components"页选择安装组件,如图 1.7 所示。

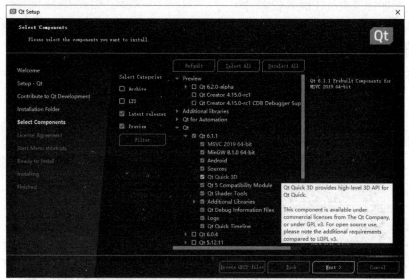

图 1.7 "Select Components"(选择组件)页

安装 Qt 6,我们勾选 Qt 节点下的"Qt 6.1.1"。

进一步展开"Qt 6.1.1",可看到其包含的所有组件,可选择部分需要的进行安装:其中,"MSVC 2019 64-bit"和"MinGW 8.1.0 64-bit"是 Qt 的编译器,至少选择一个,一般选择 MinGW 编译器,而在 Visual Studio 环境(C++)开发 Qt 需要安装 MSVC 编译器。用 Qt 开发安卓 App

需要安装"Android"。获得 Qt 源码,需要选择"Sources"。其他组件包括 3D 开发、兼容移动开发、Shader 工具、附加库、调试信息文件、日志、Timeline 组件等。

(6)在"License Agreement"(许可协议)页,选中"I have read and agree to the terms contained in the license agreements.",接受许可协议。

(7)在"Start Menu Shotcuts"页指定 Qt 启动菜单名称。

(8)在"Ready to install"页显示需要的磁盘空间。

(9)在"Installing"页,开始在线安装 Qt 6。安装的过程通过进程条显示,安装速度取决于当前安装者网络情况和 Qt 文件服务器繁忙程度。

安装完成,如图 1.8 所示。

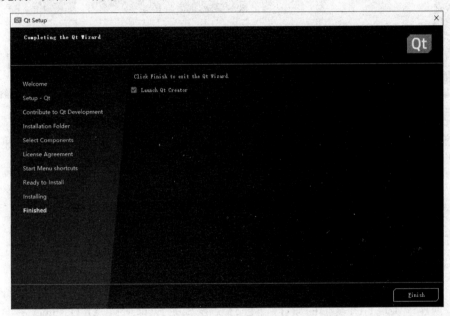

图 1.8 Qt 6 安装完成

单击"Finish"按钮结束安装。系统会自行启动 Qt Creator,显示 Qt Creator 初始界面。

1.2.3 运行 Qt Creator

Qt Creator 运行后,进入初始界面,如图 1.9 所示。

在界面中可以看到最左端的一栏按钮,该栏按钮功能如下。

- (欢迎):可以选择自带的例子演示,在下一次进入欢迎界面时显示最近打开的一些项目,免除再去查找的麻烦。
- (编辑):编写代码进行程序设计。
- (设计):设计图形界面,进行部件属性设置、信号和槽设置及布局设置等操作。
- (Debug):可以根据需要调试程序,以便跟踪观察程序的运行情况。
- (项目):可以完成开发环境的相关配置。
- (帮助):可以输入关键字,查找相关帮助信息。

图 1.9　Qt Creator 初始界面

左下角的三个按钮▶、▶和▶分别是"运行"按钮、"开始调试"按钮和"构建项目"按钮。顾名思义，这三个按钮相对应的功能分别为启动运行、启动调试和构建项目。

1.2.4　Qt 6 开发环境简介

在 Qt 程序开发过程中，除可以通过手写代码实现软件功能外，还可以通过 Qt 的 GUI 界面设计器（Qt Designer）进行界面的绘制和布局。该工具提供了 Qt 基本的可绘制窗口部件，如 QWidget、QLabel、QPushButton 和 QVBoxLayout 等。在设计器中用鼠标直接拖曳这些窗口部件，能够高效、快速地实现 GUI 界面的设计，界面直观形象，所见即所得。Qt Designer 界面如图 1.10 所示。

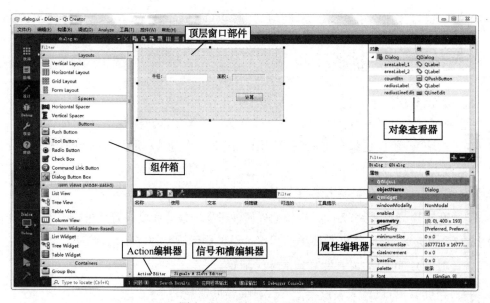

图 1.10　Qt Designer 界面

进入 Qt Designer 主界面后，看到的 form 部分（见图 1.11）就是将要设计的顶层窗口部件（顶层窗口部件是其他子窗口部件的载体）。

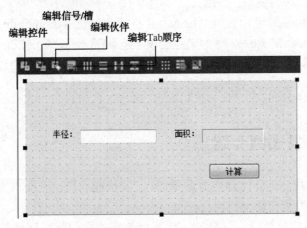

图 1.11　窗口部件编辑模式

在 Qt Designer 主界面左侧的"组件箱"栏中列出了经常使用的 Qt 标准窗口部件，可以直接拖曳相应的窗口部件图标到顶层窗口部件的界面上。同时，也可以将设计的窗口部件组合（通过布局管理器对 Qt 标准窗口部件进行布局和组合）或放置其他窗口部件的 Qt 容器类（见"组件箱"栏中的"Containers"组）直接拖曳到"组件箱"栏中，Qt 设计器会自动在"组件箱"栏中生成"Scratchpad"组，并生成新的自定义窗口部件。此后，可以像使用 Qt 提供的标准窗口部件一样使用新创建的窗口部件。

选中 Qt Designer "控件"→"视图"中的全部选项，在 Qt Designer 的主界面上可以看到设计器提供的一些编辑工具子窗口（见图 1.10）。

● 对象查看器（Object Inspector）：列出了界面中所有窗口部件，以及各窗口部件的父子关系和包容关系。

● 属性编辑器（Property Editor）：列出了窗口部件可编辑的属性。

● Action 编辑器（Action Editor）：列出了为窗口部件设计的 QAction 动作，通过"添加"或"删除"按钮可以新建一个可命名的 QAction 动作或删除指定的 QAction 动作。

● 信号和槽编辑器（Signals & Slots Editor）：列出了在 Qt Designer 中关联的信号和槽，通过双击列中的对象或信号/槽，可以进行对象的选择和信号/槽的选择。

此外，通过 Qt Designer 的"编辑"菜单，可以打开 Qt Designer 的四种 GUI 窗口部件编辑模式（见图 1.11）。

● 控件编辑模式（Edit Widgets）：可以在 Qt Designer 中添加 GUI 窗口部件并修改它们的属性和外观。

● 信号/槽编辑模式（Edit Signals/Slots）：可以在 Qt Designer 中的窗口部件上关联 Qt 已经定义好的信号和槽。

● 伙伴编辑模式（Edit Buddies）：可以在 Qt Designer 中的窗口部件上建立 QLabel 标签和其他窗口部件的伙伴关系，即当用户激活标签的快捷键时，鼠标/键盘的焦点会转移到它的伙伴窗口部件上。Qt 中只有 QLabel 标签对象才可以有伙伴窗口部件，也只有该 QLabel 对象具有快捷键（在显示文本的某个字符前面添加一个前缀"&"，就可以定义快捷键）时，伙伴关系才有效。例如：

```
QLineEdit*  ageLineEdit = new QLineEdit(this);
QLabel*     ageLabel = new QLabel("&Age",this);
ageLabel->setBuddy(ageLineEdit);
```

定义了 ageLabel 标签的组合键为 Alt+A，并将行编辑框 ageLineEdit 设为它的伙伴窗口部件。所以当用户按下组合键 Alt+A 时，焦点会跳至行编辑框 ageLineEdit 中。

● **Tab 顺序编辑模式（Edit Tab Order）**：可以在 Qt Designer 中的窗口部件上设置 Tab 键在窗口部件上的焦点顺序。

1.3　Qt 6 开发实例介绍

大体了解开发 Qt 程序的基本流程有助于 Qt 开发快速入门。下面以完成计算圆的面积这一简单例子来介绍 Qt 开发程序的一般流程。

当用户输入一个圆的半径后，可以显示计算后的圆的面积值。运行效果如图 1.12 所示。

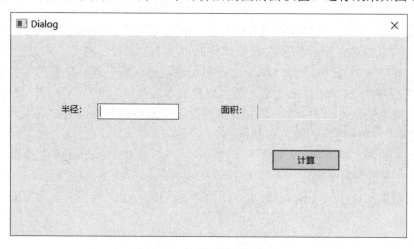

图 1.12　计算圆的面积实例

Qt 中开发应用程序既可以采用设计器（Qt Designer）方式，也可以采用编写代码的方式。下面首先采用 Qt 设计器进行 GUI 应用程序开发，使读者对 Qt 开发程序的流程有一个初步的认识，然后再采用编写代码的方式。

1.3.1　设计器（Qt Designer）开发实例

【例】（简单）（CH101）采用设计器（Qt Designer）实现计算圆的面积，完成如图 1.12 所示的功能。

首先创建 Qt 项目，接着进行界面设计，然后编写相应的计算圆的面积代码。

1．创建 Qt 项目

创建步骤如下。

（1）运行 Qt Creator，在初始界面左侧单击"项目"按钮，切换至项目管理界面，如图 1.13 所示。

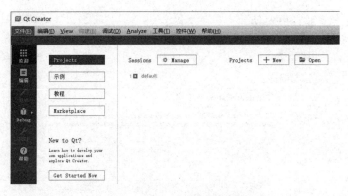

图 1.13　Qt Creator 项目管理界面

单击 [+ New] 按钮,或者选择"文件"→"新建文件或项目..."命令,创建一个新的项目,出现"新建项目"窗口,如图 1.14 所示。

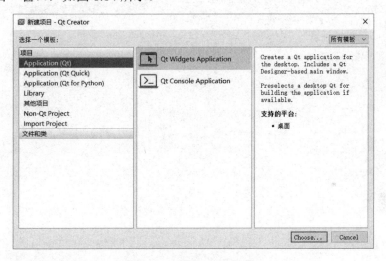

图 1.14　新建一个桌面项目

(2) 选择一个项目模板。单击左侧"项目"列表下的"Application (Qt)"选项,中间列表选"Qt Widgets Application"选项,单击"Choose..."按钮,进入下一步。

说明:用户需要创建什么样的项目就选择相应的项目选项。例如,"Qt Console Application"选项是创建一个基于控制台的项目。这里因为需要建立一个桌面应用程序,所以选择"Qt Widgets Application"选项。

(3) 选择保存项目的路径并定义自己项目的名字。注意,保存项目的路径中不能有中文字符。项目命名没有大小写要求,依据个人习惯即可。这里将项目命名为 Dialog,保存路径为"C:\Qt6\CH1\CH101",如图 1.15 所示。单击"下一步"按钮。

(4) 接下来的界面让用户选择项目的构建(编译)工具,与 Qt 5 不同的是,Qt 6 能兼容支持多种构建工具,除了 Qt 原生的 qmake 外,还增加了对通用标准构建工具 CMake 的支持,这里我们选择尝试使用新支持的 CMake 工具,如图 1.16 所示。单击"下一步"按钮。

(5) 根据实际需要,选择一个"基类"。这里选择 QDialog 对话框类作为基类,"Class name"(类名)填写"Dialog",这时"Header file"(头文件)、"Source file"(源文件)及"Form file"(界面文件)都出现默认的文件名 dialog。注意,对这些文件名都可以根据具体需要进行相应的修改。默认选中"Generate form"(创建界面)复选框,表示需要采用界面设计器来设计界面,如图1.17所示，单击"下一步"按钮。

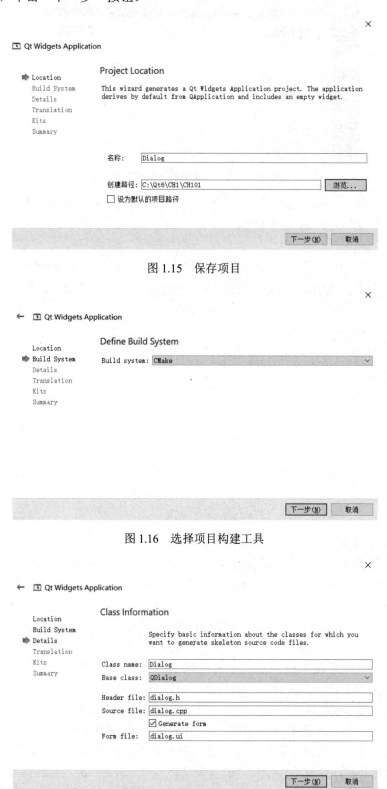

图 1.15　保存项目

图 1.16　选择项目构建工具

图 1.17　选择基类和命名程序文件

（6）再次单击"下一步"按钮，进入"Kit Selection"（选择构建套件）界面，由于之前安装选择组件的时候已经指定了使用唯一的编译器 MinGW，故这里只有一个选项"Desktop Qt 6.0.1 MinGW 64-bit"，如图 1.18 所示，直接单击"下一步"按钮进入下一步骤即可。

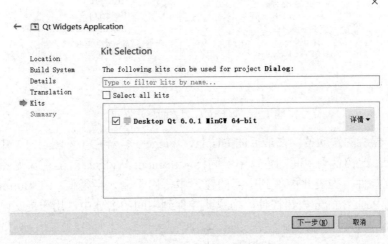

图 1.18 选择构建套件

（7）此时，相应的文件已经自动加载到项目文件列表中，如图 1.19 所示。

图 1.19 加载生成文件列表

单击"完成"按钮完成创建，文件列表中的文件自动在项目树形视图中分类显示，如图 1.20（a）所示，各个文件包含在相应的节点中，单击节点前的 ▷ 图标可以显示该节点下的文件；而单击节点前的 ▼ 图标则可隐藏该节点下的文件。单击上部灰色工具栏中的过滤符号 ▼ 后，弹出一个下拉列表，勾选"简化树形视图"则切换到简单的文件列表样式，如图 1.20（b）所示。

2．界面设计

在项目文件列表中双击"dialog.ui"，进入设计器（Qt Designer）编辑状态，开始进行界面设计。

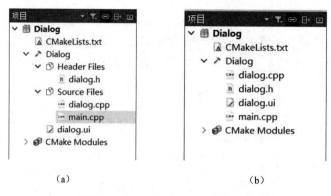

图1.20　项目文件列表的显示样式

拖曳控件容器栏的滑动条,在最后的Display Widgets容器栏(见图1.21)中找到Label标签控件,拖曳三个此控件到中间的窗体中;同样,在Input Widgets容器栏(见图1.22)中找到Line Edit编辑框控件,拖曳此控件到中间的窗体中,用于输入半径值;在Buttons容器栏(见图1.23)中找到Push Button按钮控件,拖曳此控件到中间的窗体中,用于提交响应单击事件。

图1.21　Display Widgets容器栏　　图1.22　Input Widgets容器栏　　图1.23　Buttons容器栏

下面将修改拖曳到窗体中的各控件的属性,如图1.24所示,对象监视器内容如图1.25所示。

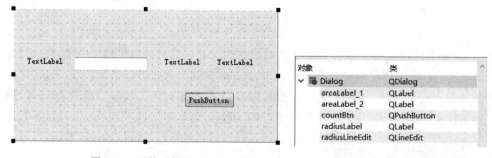

图1.24　调整后的布局　　　　　　　图1.25　对象监视器内容

然后,对各控件属性进行修改,内容见表1.1。其中,修改控件Text值的方法有如下两种:

（1）直接双击控件本身即可修改。
（2）在 Qt Designer 的属性栏中修改，如修改表示半径的 Label 标签属性，如图 1.26 所示。

表 1.1　控件的属性

Class	text	objectName
QLabel	半径：	radiusLabel
QLineEdit		radiusLineEdit
QLabel	面积：	areaLabel_1
QLabel		areaLabel_2
QPushButton	计算	countBtn

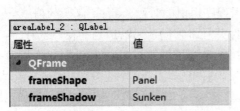

图 1.26　修改半径标签的 objectName 及 text 值

修改 areaLabel_2 的"frameShape"属性为"Panel"；"frameShadow"属性为"Sunken"，如图 1.27 所示。最终效果如图 1.28 所示。

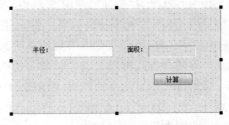

图 1.27　修改 areaLabel_2 属性　　　　图 1.28　最终效果

单击界面左下角的"运行"按钮（▶）或者使用组合键 Ctrl+R 运行程序，运行效果如图 1.12 所示。

至此，程序的界面设计已经完成。

3．编写相应的计算圆面积代码

首先简单认识一下 Qt 编程环境。找到文件列表中自动添加的"main.cpp"文件，如图 1.20 所示。每个项目都有一个执行的入口函数，此文件中的 main()函数就是此项目的入口。

下面详细介绍 main()函数的相关内容：

```
#include "dialog.h"                              //(a)
#include <QApplication>                          //(b)
int main(int argc, char *argv[])                 //(c)
{
    QApplication a(argc, argv);                  //(d)
    Dialog w;                                    //创建一个对话框对象
    w.show();                                    //(e)
    return a.exec();                             //(f)
}
```

其中，

(a) #include "dialog.h"：包含了程序中要完成功能的 Dialog 类的定义，在 Dialog 类中封装完成所需要的功能。注意，使用哪个类就必须将包含该类的头文件引用过来。例如，若要用到一个按钮类时，则必须在此处添加一行代码"#include <QPushButton>"，这表明包含了按钮（QPushButton）类的定义。

(b) #include <QApplication>：Application 类的定义。在每个 Qt 图形化应用程序中都必须使用一个 QApplication 对象，它管理了各种各样的图形化应用程序的广泛资源、基本设置、控制流及事件处理等。

(c) int main(int argc, char *argv[])：应用程序的入口，几乎在所有使用 Qt 的情况下，main() 函数只需要在将控制转交给 Qt 库之前执行初始化，然后 Qt 库通过事件向程序告知用户的行为。所有 Qt 程序中都必须有且只有一个 main()函数。main()函数有两个参数，即 argc 和 argv。argc 是命令行变量的数量，argv 是命令行变量的数组。

(d) QApplication a(argc, argv)：a 是这个程序的 QApplication 对象，在任何 Qt 的窗口系统部件被使用之前都必须创建该对象。它在这里被创建并且处理这些命令行变量。所有被 Qt 识别的命令行参数都将从 argv 中被移去（并且 argc 也因此而减少）。

(e) w.show()：当创建一个窗口部件的时候，默认是不可见的，必须调用 show()函数使它变为可见。

(f) return a.exec()：程序进入消息循环，等待可能的输入进行响应。这里就是 main()函数将控制权转交给 Qt，Qt 完成事件处理工作，当应用程序退出的时候，exec()函数的值就会返回。在 exec()函数中，Qt 接收并处理用户和系统的事件并且将它们传递给适当的窗口部件。

现在，有两种方式可以完成计算圆面积功能：一是通过触发按钮事件完成（方式1）；二是通过触发编辑框文本改变事件完成（方式2）。

方式 1：在"Line Edit"编辑框内输入半径值，然后单击"计算"按钮，则在 areaLabel_2 中显示对应的圆面积。

操作步骤如下。

（1）在"计算"按钮上按鼠标右键，在弹出的下拉菜单中选择"转到槽..."命令，在"转到槽"对话框中选择"QAbstractButton"的"clicked()"信号，单击"OK"按钮，如图1.29所示。

图 1.29 选择 "clicked()" 信号

（2）进入"dialog.cpp"文件中按钮单击事件的槽函数 on_countBtn_clicked()，在此函数中添加如下代码：

```
void Dialog:: on_countBtn_clicked()
{
    bool ok;
    QString tempStr;
    QString valueStr = ui->radiusLineEdit->text();
    int valueInt = valueStr.toInt(&ok);
    double area = valueInt * valueInt * PI;            //计算圆的面积
    ui->areaLabel_2->setText(tempStr.setNum(area));
}
```

（3）在"dialog.cpp"文件开始处添加以下语句：

```
const static double PI = 3.1416;
```

定义全局变量 PI。

说明：

Qt 提供了信号和槽机制用于完成界面操作的响应，它是实现任意两个 Qt 对象之间通信的机制。其中，信号会在某个特定情况或动作下被触发，槽则等同于接收并处理信号的函数。例如，若要将一个窗口部件的变化情况通知给另一个窗口部件，则一个窗口部件发送信号，另一个窗口部件的槽接收此信号并进行相应的操作，即可实现两个窗口部件之间的通信。每个 Qt 对象都包含若干个预定义的信号和槽，当某一个特定事件发生时，一个信号被发送，与信号相关联的槽则会响应信号并完成相应的处理。当一个类被继承时，该类的信号和槽也同时被继承，也可以根据需要自定义信号和槽。

实际编程时，信号与槽可以有多种不同的连接方式，例如：

● 一个信号与另一个信号相连，语句为：

```
connect(Object1,SIGNAL(signal1),Object2,SLOT(signal1));
```

表示 Object1 的信号 1 发送可以触发 Object2 的信号 1 发送。

● 同一个信号与多个槽相连，语句为：

```
connect(Object1,SIGNAL(signal2),Object2,SLOT(slot2));
connect(Object1,SIGNAL(signal2),Object3,SLOT(slot1));
```

● 同一个槽响应多个信号，语句为：

```
connect(Object1,SIGNAL(signal2),Object2,SLOT(slot2));
connect(Object3,SIGNAL(signal2),Object2,SLOT(slot2));
```

但是，最为常用的连接方式还是：

```
connect(Object1,SIGNAL(signal),Object2,SLOT(slot));
```

其中，signal 为对象 Object1 的信号，slot 为对象 Object2 的槽。

需要关联的信号和槽的签名必须是等同的，即信号的参数类型和个数与接收该信号的槽的参数类型和个数必须相同。不过，一个槽的参数个数是可以少于信号的参数个数的，但缺少的参数必须对应信号的最后一个或几个参数。

信号和槽机制减弱了 Qt 对象的耦合度。激发信号的 Qt 对象无须知道是哪个对象的哪个槽需要接收它发出的信号，反之，对象的槽也无须知道有哪些信号关联了自己，而一旦将某个信号与某个槽建立了关联，Qt 就能够保证适合的槽函数得到调用以完成功能。即使关联的对象在运行时被删除，应用程序也不会崩溃。

信号和槽机制增强了对象间通信的灵活性，然而这也损失了一些性能，因为它要先定位接收信号的对象，然后遍历所有关联（如一个信号关联多个槽的情况），再编组（marshal）/解组（unmarshal）需要传递的参数，多线程的时候，信号还可能需要排队等待。然而，同信号和槽提供的灵活性和简便性相比，这点性能损失是值得的。

以上方式1将"计算"按钮发送的单击信号 QAbstractButton::clicked()与对话框 QDialog 的 Dialog::on_countBtn_clicked()槽关联起来，在槽函数中进行圆的面积计算就可以实现用触发按钮事件来完成程序功能。

（4）运行程序，在"Line Edit"文本框内输入半径值，单击"计算"按钮后，显示圆面积值。

方式2：在"Line Edit"编辑框内输入半径值，不需要单击按钮触发事件，直接就在 areaLabel_2 中显示圆的面积。

此种方式是将编辑框改变文本内容的信号 QLineEdit::textChanged(QString)与对话框 QDialog 的 Dialog::on_radiusLineEdit_textChanged(const QString &arg1)槽关联起来，操作步骤如下。

（1）在"Line Edit"编辑框上按鼠标右键，在弹出的下拉菜单中选择"转到槽..."命令，在"转到槽"对话框中选择"QLineEdit"的"textChanged(QString)"信号，如图1.30所示。

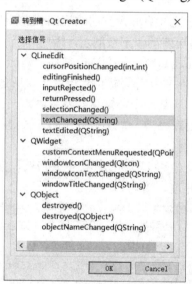

图1.30 选择"textChanged(QString)"信号

（2）单击"OK"按钮，进入"dialog.cpp"文件中的编辑框改变文本内容事件的槽函数 on_radiusLineEdit_textChanged(const QString &arg1)中，添加如下代码：

```cpp
void Dialog::on_radiusLineEdit_textChanged(const QString &arg1)
{
    bool ok;
    QString tempStr;
    QString valueStr = ui->radiusLineEdit->text();
    int valueInt = valueStr.toInt(&ok);
    double area = valueInt * valueInt * PI;        //计算圆的面积
    ui->areaLabel_2->setText(tempStr.setNum(area));
}
```

（3）运行此程序，在"Line Edit"编辑框中输入半径值后，程序会直接在 areaLabel_2 中显示圆的面积值。

1.3.2 代码实现开发实例

【例】（简单）（CH102）采用编写代码的方式来实现计算圆的面积的功能。

实现步骤如下。

（1）首先创建一个新项目。创建过程同 1.3.1 节的"1. 创建 Qt 项目"第（1）～（7）步，只是在第（3）步中，项目保存路径为"C:\Qt6\CH1\CH102"；第（4）步构建工具选 qmake；在第（5）步中，取消"Generate form"（创建界面）复选框的选中状态。

（2）在项目的 dialog.h 中添加如下加黑代码：

```cpp
#include <QLabel>                        //(a)
#include <QLineEdit>                     //(a)
#include <QPushButton>                   //(a)
class Dialog : public QDialog
{
    Q_OBJECT
public:
    Dialog(QWidget *parent = 0);
    ~Dialog();
private:
    QLabel *label1,*label2;              //(b)
    QLineEdit *lineEdit;                 //(b)
    QPushButton *button;                 //(b)
};
```

其中，

(a) 加入实现 Label、LineEdit、PushButton 控件的头文件。

(b) 定义界面中的 Label、LineEdit、PushButton 控件对象。label1 标签对象提示"请输入圆的半径"，label2 标签对象显示圆面积计算结果，LineEdit 编辑框对象用于输入半径，PushButton 为"计算"命令按钮对象。

Q_OBJECT 宏的作用是启动 Qt 6 元对象系统的一些特性（如支持信号和槽等），它必须放置在类定义的私有区中。

说明：

Qt 6 元对象系统提供了对象间的通信机制（信号和槽）、运行时类型信息和动态属性系统的支持，是标准 C++的一个扩展，它使 Qt 能够更好地实现 GUI 图形用户界面编程。Qt 6 的元对象系统不支持 C++模板，尽管模板扩展了标准 C++的功能，但是元对象系统提供了模板无法提供的一些特性。Qt 6 元对象系统基于以下三个组件。

① 基类 QObject：任何需要使用元对象系统功能的类必须继承自 QObject。

② Q_OBJECT 宏：这个宏必须出现在类的私有声明区，用于启动元对象的特性。

③ 元对象编译器（Meta-Object Compiler，MOC）：为 QObject 子类实现元对象特性提供必要的代码实现。

注意： 在文件中用到某个类时，需要此文件开始部分引用包含该类的头文件。

（3）在"dialog.cpp"中添加如下代码：

```cpp
#include <QGridLayout>                                          //(a)
Dialog::Dialog(QWidget *parent)
    : QDialog(parent)
{
    label1 = new QLabel(this);
    label1->setText(tr("请输入圆的半径："));
    lineEdit = new QLineEdit(this);
    label2 = new QLabel(this);
    button = new QPushButton(this);
    button->setText(tr("显示对应圆的面积"));
    QGridLayout *mainLayout = new QGridLayout(this);             //(b)
    mainLayout->addWidget(label1,0,0);                           //(c)
    mainLayout->addWidget(lineEdit,0,1);                         //(c)
    mainLayout->addWidget(label2,1,0);                           //(c)
    mainLayout->addWidget(button,1,1);                           //(c)
    setLayout(mainLayout);                                       //(d)
}
```

说明： 在设计较复杂的 GUI 用户界面时，仅通过指定窗口部件的父子关系以期达到加载和排列窗口部件的方法是行不通的，这个时候最好的办法是使用 Qt 提供的布局管理器。上段代码中就运用了布局管理器来设计界面。

(a) #include <QGridLayout>：包含实现布局管理器的头文件。

(b) QGridLayout *mainLayout = new QGridLayout(this)：创建一个网格布局管理器对象 mainLayout，并用 this 指出父窗口。

(c) mainLayout->addWidget(…)：分别将控件对象 label1、lineEdit、label2 和 button 放置在该布局管理器中。

(d) setLayout(mainLayout)：将布局管理器添加到对应的窗口部件对象中，完整写法为 QWidget::setLayout(mainLayout)，因为这里的主窗口就是父窗口，所以直接调用 setLayout(mainLayout)即可。

有关布局管理器更多的使用方法请参照本书第 3 章有关布局管理器的部分。

界面运行效果如图 1.31 所示。

（4）完成程序功能。

以上第（1）～（3）步只完成了界面设计，下面同样通过两种触发不同控件事件的方式来完成计算圆面积的功能。

图 1.31 界面运行效果

方式 1： 在 lineEdit 编辑框内输入所需圆的半径值，单击"显示对应圆的面积"按钮后，在 label2 中显示圆的面积值。

只须将"显示对应圆的面积"按钮发送的单击信号 QAbstractButton::clicked()与对话框 QDialog 的 Dialog::showArea()槽关联起来，步骤如下：

① 打开"dialog.h"文件，在类构造函数和控件成员声明后，添加如下加黑代码：

```
class Dialog : public QDialog
{
   ...
   QPushButton *button;
private slots:
   void showArea();
};
```

② 打开"dialog.cpp"文件，在构造函数中添加如下加黑代码：

```
Dialog::Dialog(QWidget *parent)
    : QDialog(parent)
{
    ...
    mainLayout->addWidget(button,1,1);
    connect(button,SIGNAL(clicked()),this,SLOT(showArea()));
}
```

其中，

SIGNAL()和 SLOT()是 Qt 定义的两个宏，它们返回其参数的 C 语言风格的字符串（const char*）。因此，下面关联信号和槽的两个语句是等同的：

```
connect(button,SIGNAL(clicked()),this,SLOT(showArea()));
connect(button, "clicked()", this, "showArea()");
```

③ 在 showArea()中实现显示圆面积的功能，代码如下：

```
const static double PI = 3.1416;
void Dialog::showArea()
{
    bool ok;
    QString tempStr;
    QString valueStr = lineEdit->text();
    int valueInt = valueStr.toInt(&ok);
    double area = valueInt * valueInt * PI;
    label2->setText(tempStr.setNum(area));
}
```

④ 运行程序。在 lineEdit 编辑框中输入圆的半径值，单击"显示对应圆的面积"按钮后，在 label2 中显示圆的面积值，最终运行结果如图 1.32 所示。

方式 2：在 lineEdit 编辑框中输入所需圆的半径值后，不必单击"显示对应圆的面积"按钮，直接在 label2 中显示圆的面积值。这种情况是将编辑框改变文本内容信号 QLineEdit::textChanged(QString) 与对话框 QDialog 的 Dialog::showArea()槽关联起来，操作步骤同方式 1，只是在第②步中，添加的代码修改为如下加黑语句：

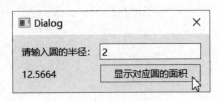

图 1.32 最终运行结果

```
Dialog::Dialog(QWidget *parent)
    : QDialog(parent)
{
    ...
```

```
    mainLayout->addWidget(button,1,1);
    connect(lineEdit,SIGNAL(textChanged(QString)),this,SLOT(showArea()));
}
```

重新运行程序，在 lineEdit 编辑框中输入圆的半径值后，不必单击"显示对应圆的面积"按钮，直接在 label2 中显示圆的面积值。

到此为止，基本的 Qt 开发步骤已经介绍完毕，在本书以后章节的例子中就不再如此详细介绍了。

第 2 章
Qt 6 模板库、工具类及控件

本章首先介绍 Qt 字符串类 QString、Qt 容器类、QVariant 类及 Qt 常用的算法和基本正则表达式，然后介绍常用的控件。

2.1 字符串类

标准 C++提供了两种字符串：一种是 C 语言风格的以"\0"字符结尾的字符数组；另一种是字符串类 String。而 Qt 字符串类 QString 的功能更强大，提供了丰富的操作、查询和转换等函数。

2.1.1 操作字符串

字符串有如下几个操作符。

（1）QString 提供了一个二元的"+"操作符用于组合两个字符串，并提供了一个"+="操作符用于将一个字符串追加到另一个字符串的末尾，例如：

```
QString str1 = "Welcome ";
str1 = str1 + "to you! ";              //str1 = " Welcome to you! "
QString str2 = "Hello, ";
str2 += "World! ";                     //str2 = "Hello,World! "
```

其中，**QString str1 = "Welcome "** 传递给 QString 一个 const char*类型的 ASCII 字符串 "Welcome"，它被解释为一个典型的以"\0"结尾的 C 类型字符串。这将会导致调用 QString 构造函数来初始化一个 QString 字符串。其构造函数原型为：

```
QT_ASCII_CAST_WARN_CONSTRUCTOR QString::QString(const char* str)
```

被传递的 const char*类型的指针又将被函数 QString::fromAscii()转换为 Unicode 编码。默认情况下，函数 QString::fromAscii()会将超过 128 的字符作为 Latin-1 进行处理（可以通过调用 QTextCodec::setCodecForCString()函数改变 QString::fromAscii()函数的处理方式）。

此外，在编译应用程序时，也可以通过定义 QT_CAST_FROM_ASCII 宏变量屏蔽该构造函数。如果程序员要求显示给用户的字符串都必须经过 QObject::tr()函数的处理，那么屏蔽 QString 的这个构造函数是非常有用的。

（2）QString::append()函数具有与"+="操作符同样的功能，实现在一个字符串的末尾追加另一个字符串，例如：

```
QString str1 = "Welcome ";
QString str2 = "to ";
str1.append(str2);              //str1 = " Welcome to "
str1.append("you! ");           //str1 = "Welcome to you! "
```

（3）组合字符串的另一个函数是 QString::sprintf()，此函数支持的格式定义符和 C++库中的函数 sprintf()定义的一样。例如：

```
QString str;
str.sprintf("%s","Welcome ");                    //str = "Welcome "
str.sprintf("%s","to you! ");                    //str = "to you! "
str.sprintf("%s %s"," Welcome ", "to you! ");    //str = " Welcome to you! "
```

（4）Qt 还提供了另一种方便的字符串组合方式，使用 QString::arg()函数，此函数的重载可以处理很多的数据类型。此外，一些重载具有额外的参数对字段的宽度、数字基数或者浮点数精度进行控制。通常，相对于函数 QString::sprintf()，函数 QString::arg()是一个比较好的解决方案，因为它类型安全、完全支持 Unicode，并且允许改变"%n"参数的顺序。例如：

```
QString str;
str = QString("%1 was born in %2.").arg("John").arg(1998);
                                    //str = "John was born in 1998."
```

其中，"%1"被替换为"John"，"%2"被替换为"1998"。

（5）QString 也提供了一些其他组合字符串的方法，包括如下几种。

① insert()函数：在原字符串特定的位置插入另一个字符串。

② prepend()函数：在原字符串的开头插入另一个字符串。

③ replace()函数：用指定的字符串代替原字符串中的某些字符。

（6）很多时候，去掉一个字符串两端的空白（空白字符包括回车字符"\n"、换行字符"\r"、制表符"\t"和空格字符" "等）非常有用，如获取用户输入的账号时。

① QString::trimmed()函数：移除字符串两端的空白字符。

② QString::simplified()函数：移除字符串两端的空白字符，使用单个空格字符" "代替字符串中出现的空白字符。

例如：

```
QString str = " Welcome \t to \n you!      ";
str = str.trimmed();                    //str = "Welcome \t to \n you!"
```

在上述代码中，如果使用 str = str.simplified()，则 str 的结果是"Welcome to you!"。

2.1.2 查询字符串数据

查询字符串数据有多种方式，具体如下。

（1）函数 QString::startsWith()判断一个字符串是否以某个字符串开头。此函数具有两个参数。第一个参数指定了一个字符串，第二个参数指定是否大小写敏感（默认情况下是大小写敏感的），例如：

```
QString str = "Welcome to you! ";
str.startsWith("Welcome",Qt::CaseSensitive);    //返回 true
str.startsWith("you",Qt::CaseSensitive);        //返回 false
```

（2）函数 QString::endsWith()类似于 QString::startsWith()，此函数判断一个字符串是否以某个字符串结尾。

（3）函数 QString::contains()判断一个指定的字符串是否出现过，例如：
```
QString str = " Welcome to you! ";
str.contains("Welcome",Qt::CaseSensitive);        //返回 true
```
（4）比较两个字符串也是经常使用的功能，QString 提供了多种比较手段。

① operator < (const QString&)：比较一个字符串是否小于另一个字符串。如果是，则返回 true。

② operator <= (const QString&)：比较一个字符串是否小于或等于另一个字符串。如果是，则返回 true。

③ operator == (const QString&)：比较两个字符串是否相等。如果相等，则返回 true。

④ operator >= (const QString&)：比较一个字符串是否大于或等于另一个字符串。如果是，则返回 true。

⑤ localeAwareCompare(const QString&,const QString&)：静态函数，比较前后两个字符串。如果前面字符串小于后面字符串，则返回负整数值；如果等于则返回 0；如果大于则返回正整数值。该函数的比较是基于本地（locale）字符集的，而且是平台相关的。通常，该函数用于向用户显示一个有序的字符串列表。

⑥ compare(const QString&,const QString&,Qt::CaseSensitivity)：该函数可以指定是否进行大小写的比较，而大小写的比较是完全基于字符的 Unicode 编码值的，而且是非常快的，返回值类似于 localeAwareCompare()函数。

2.1.3　字符串的转换

QString 类提供了丰富的转换函数，可以将一个字符串转换为数值类型或者其他的字符编码集。

（1）QString::toInt()函数将字符串转换为整型数值，类似的函数还有 toDouble()、toFloat()、toLong()、toLongLong()等。下面举个例子说明其用法：
```
QString str = "125";                    //初始化一个"125"的字符串
bool ok;
int hex = str.toInt(&ok,16);            //ok = true, hex = 293
int dec = str.toInt(&ok,10);            //ok = true, dec = 125
```
其中，**int hex = str.toInt(&ok,16)**：调用 QString::toInt()函数将字符串转换为整型数值。函数 QString::toInt()有两个参数。第一个参数是一个 bool 类型的指针，用于返回转换的状态，当转换成功时设置为 true，否则设置为 false。第二个参数指定了转换的基数。当基数设置为 0 时，将会使用 C 语言的转换方法，即如果字符串以"0x"开头，则基数为 16；如果字符串以"0"开头，则基数为 8；其他情况下，基数一律是 10。

（2）QString 提供的字符编码集的转换函数将会返回一个 const char*类型版本的 QByteArray，即构造函数 QByteArray(const char*)构造的 QByteArray 对象。QByteArray 类具有一个字节数组，它既可以存储原始字节（raw bytes），也可以存储传统的以"\0"结尾的 8 位的字符串。在 Qt 中，使用 QByteArray 比使用 const char*更方便，转换函数有以下几种。

① **toAscii()**：返回一个 ASCII 编码的 8 位字符串。

② **toLatin1()**：返回一个 Latin-1（ISO8859-1）编码的 8 位字符串。

③ **toUtf8()**：返回一个 UTF-8 编码的 8 位字符串（UTF-8 是 ASCII 码的超集，它支持整个 Unicode 字符集）。

④ **toLocal8Bit()**：返回一个系统本地（locale）编码的8位字符串。

下面举例说明其用法：

```
QString str = " Welcome to you! ";   //初始化一个字符串对象
QByteArray ba = str.toAscii();       //(a)
qDebug() << ba;                       //(b)
ba.append("Hello,World! ");           //(c)
qDebug() << ba.data();                //输出最后结果
```

其中，

(a) **QByteArray ba = str.toAscii()**：通过 QString::toAscii()函数，将 Unicode 编码的字符串转换为 ASCII 码的字符串，并存储在 QByteArray 对象 ba 中。

(b) **qDebug() << ba**：使用 qDebug()函数输出转换后的字符串（qDebug()支持输出 Qt 对象）。

(c) **ba.append("Hello,World!")**：使用 QByteArray::append()函数追加一个字符串。

注意：NULL 字符串和空（empty）字符串的区别。

一个 NULL 字符串就是使用 QString 的默认构造函数或者使用"(const char*)0"作为参数的构造函数创建的 QString 字符串对象；而一个空字符串是一个大小为 0 的字符串。一个 NULL 字符串一定是一个空字符串，而一个空字符串未必是一个 NULL 字符串。例如：

```
QString().isNull();          //结果为 true
QString().isEmpty();         //结果为 true
QString("").isNull();        //结果为 false
QString("").isEmpty();       //结果为 true
```

2.1.4 字符串优化

除上述功能外，Qt 字符串类还进行了多方面的优化。

1. 隐式共享

隐式共享（implicit sharing）又称为回写复制（copy on write）。当两个对象共享同一份数据时（通过浅拷贝实现数据块的共享），如果数据不改变，则不进行数据的复制。而当某个对象需要改变数据时，则执行深拷贝。

程序在处理共享对象时，使用深拷贝和浅拷贝这两种方法复制对象。所谓深拷贝，就是生成对象的一个完整的复制品；而浅拷贝则是一个引用复制（如仅复制指向共享数据的指针）。显然，执行一个深拷贝的代价是比较昂贵的，要占用更多的内存和 CPU 资源；而浅拷贝的效率则很高，它仅需设置一个指向共享数据块的指针及修改引用计数的值。

隐式共享可以降低对内存和 CPU 资源的使用率，提高程序的运行效率。它使得在函数中（如参数、返回值）使用值传递更有效率。

QString 类采用隐式共享技术，将深拷贝和浅拷贝有机地结合起来。

下面通过一个例子来具体介绍隐式共享是如何工作的。

```
QString str1 = "data";       //初始化一个内容为"data"的字符串
QString str2 = str1;         //(a)
str2[3] = 'e';               //(b)
```

```
str2[0] = 'f';              //(c)
str1 = str2;                //(d)
```

其中,

(a) QString str2 = str1:将该字符串对象 str1 赋值给另一个字符串 str2(由 QString 的复制构造函数完成 str2 的初始化),此时 str2 = "data"。在对 str2 赋值的时候,将发生一次浅拷贝,导致两个 QString 对象都指向同一个数据结构。该数据结构除了保存字符串"data"外,还保存了一个引用计数器,以记录字符串数据的引用次数。在这里,因为 str1 和 str2 指向同一个数据结构,所以计数器的值为 2。

(b) str2[3] = 'e':对 QString 对象 str2 的修改,将会导致一次深拷贝,使得 str2 对象指向一个新的、不同于 str1 所指的数据结构(该数据结构的引用计数为 1,因为只有 str2 指向这个数据结构),同时修改原来的 str1 指向的数据结构,设置它的引用计数为 1(此时,只有 QString 对象 str1 指向该数据结构)。继而在这个 str2 指向的、新的数据结构上完成数据的修改。引用计数为 1 意味着这个数据没有被共享。此时 str2 = "date", str1 = "data"。

(c) str2[0] = 'f':进一步对 QString 对象 str2 进行修改,但这个操作不会引起任何形式的复制,因为 str2 指向的数据结构没有被共享。此时,str2 = "fate", str1 = "data"。

(d) str1 = str2:将 str2 赋值给 str1。此时,str1 将它指向的数据结构的引用计数器的值修改为 0,也就是说,没有 QString 对象再使用这个数据结构了。因此,str1 指向的数据结构将会从内存中释放掉。该操作的结果是,QString 对象 str1 和 str2 都指向字符串为"fate"的数据结构,该数据结构的引用计数为 2。

Qt 中支持隐式共享的类还包括:

● 所有的容器类;
● QByteArray、QBrush、QPen、QPalette、QBitmap、QImage、QPixmap、QCursor、QDir、QFont 和 QVariant 等。

2. 内存分配策略

QString 在一个连续的内存块中保存字符串数据。当字符串的长度不断增长时,QString 需要重新分配内存空间,以便有足够的空间保存增加的字符串。QString 使用的内存分配策略如下。

● 每次分配 4 个字符空间,直到大小为 20。
● 在 20~4 084 之间,QString 分配的内存块大小以 2 倍的速度增长。
● 从 4 084 开始,每次以 2 048 个字符大小(4 096 字节,即 4KB)的步长增长。

下面举例具体说明 QString 在后台是如何运行的:

```
QString test()
{
    QString str;
    for(int i = 0;i < 9000;++i)
        str.append("a");
    return str;
}
```

首先定义了一个 QString 栈对象 str,然后为它追加 9 000 个字符。根据 QString 的内存分配策略,这个循环操作将导致 14 次内存重分配:4、8、16、20、52、116、244、500、1 012、2 036、4 084、6 132、8 180、10 228。最后一次内存重分配操作后,QString 对象 str 具有一个 10 228 个 Unicode 字符大小的内存块(20 456 字节),其中有 9 000 个字符空间被使用(18 000 字节)。

2.2 容器类

Qt 提供了一组通用的基于模板的容器类。对比 C++的标准模板库中的容器类，Qt 的这些容器更轻量、更安全并且更容易使用。此外，Qt 的容器类在速度、内存消耗和内联（inline）代码等方面进行了优化（较少的内联代码将会缩减可执行程序的大小）。

存储在 Qt 容器中的数据必须是可赋值的数据类型，也就是说，这种数据类型必须提供一个默认的构造函数（不需要参数的构造函数）、一个复制构造函数和一个赋值操作运算符。

这样的数据类型包含了通常使用的大多数数据类型，包括基本数据类型（如 int 和 double 等）和 Qt 的一些数据类型（如 QString、QDate 和 QTime 等）。不过，Qt 的 QObject 及其他的子类（如 QWidget 和 Qdialog 等）是不能够存储在容器中的，例如：

```
QList<QToolBar> list;
```

上述代码是无法通过编译的，因为这些类（QObject 及其他的子类）没有复制构造函数和赋值操作运算符。

一个可代替的方案是存储 QObject 及其子类的指针，例如：

```
QList<QToolBar*> list;
```

Qt 的容器类是可以嵌套的，例如：

```
QHash<QString, QList<double> >
```

其中，QHash 的键类型是 QString，它的值类型是 QList<double>。注意，在最后两个">"符号之间要保留一个空格，否则，C++编译器会将两个">"符号解释为一个">>"符号，导致无法通过编译器编译。

Qt 的容器类为遍历其中的内容提供了以下两种方法。

（1）Java 风格的迭代器（Java-style iterators）。

（2）STL 风格的迭代器（STL-style iterators），能够同 Qt 和 STL 的通用算法一起使用，并且在效率上也略胜一筹。

下面重点介绍经常使用的 Qt 容器类。

2.2.1 QList、QLinkedList 和 QVector 类

经常使用的 Qt 容器类有 QList、QLinkedList 和 QVector 等。在开发一个较高性能需求的应用程序时，程序员会比较关注这些容器类的运行效率。表 2.1 列出了 QList、QLinkedList 和 QVector 容器的时间复杂度比较。

其中，"Amort.O(1)"表示，如果仅完成一次操作，可能会有 O(n)行为；但是如果完成多次操作（如 n 次），平均结果将会是 O(1)。

表 2.1　QList、QLinkedList 和 QVector 容器的时间复杂度比较

容 器 类	查　　找	插　　入	头部添加	尾部添加
QList	O(1)	O(n)	Amort.O(1)	Amort.O(1)
QLinkedList	O(n)	O(1)	O(1)	O(1)
QVector	O(1)	O(n)	O(n)	Amort.O(1)

1. QList 类

QList<T>是迄今为止最常用的容器类，它存储给定数据类型 T 的一列数值。继承自 QList 类的子类有 QItemSelection、QQueue、QSignalSpy 及 QStringList 和 QTestEventList。

QList 不仅提供了可以在列表中进行追加的 QList::append()和 Qlist::prepend()函数，还提供了在列表中间完成插入操作的 QList::insert()函数。相对于任何其他的 Qt 容器类，为了使可执行代码尽可能少，QList 被高度优化。

QList<T>维护了一个指针数组，该数组存储的指针指向 QList<T>存储的列表项的内容。因此，QList<T>提供了基于下标的快速访问。

对于不同的数据类型，QList<T>采取不同的存储策略，存储策略有以下几种。

（1）如果 T 是一个指针类型或指针大小的基本类型（即该基本类型占有的字节数和指针类型占有的字节数相同），QList<T>会将数值直接存储在它的数组中。

（2）如果 QList<T>存储对象的指针，则该指针指向实际存储的对象。

下面举一个例子：

```
#include <QDebug>
int main(int argc,char *argv[])
{
    QList<QString> list;                              //(a)
    {
        QString str("This is a test string");
        list<<str;                                    //(b)
    }                                                 //(c)
    qDebug()<<list[0]<< "How are you! ";
    return 0;
}
```

其中，

(a) QList<QString> list：声明了一个 QList<QString>栈对象。

(b) list<<str：通过操作运算符"<<"将一个 QString 字符串存储在该列表中。

(c) 程序中使用花括弧"{"和"}"括起来的作用域表明，此时 QList<T>保存了对象的一个复制。

2. QLinkedList 类

QLinkedList<T>是一个链式列表，它以非连续的内存块保存数据。

QLinkedList<T>不能使用下标，只能使用迭代器访问它的数据项。与 QList 相比，当对一个很大的列表进行插入操作时，QLinkedList 具有更高的效率。

3. QVector 类

QVector<T>在相邻的内存中存储给定数据类型 T 的一组数值。在一个 QVector 的前部或者中间位置进行插入操作的速度是很慢的，这是因为这样的操作将导致内存中的大量数据被移动，这是由 QVector 存储数据的方式决定的。

QVector<T>既可以使用下标访问数据项，也可以使用迭代器访问数据项。继承自 QVector 类的子类有 QPolygon、QPolygonF 和 QStack。

4．Java 风格迭代器遍历容器

Java 风格的迭代器同 STL 风格的迭代器相比，使用起来更简单方便，不过这也是以轻微的性能损耗为代价的。对于每一个容器类，Qt 都提供了两种类型的 Java 风格迭代器数据类型，即只读访问和读写访问，见表 2.2。

表 2.2　Java 风格迭代器数据类型的两种分类

容 器 类	只读迭代器类	读写迭代器类
QList\<T\>,QQueue\<T\>	QListIterator\<T\>	QMutableListIterator\<T\>
QLinkedList\<T\>	QLinkedListIterator\<T\>	QMutableLinkedListIterator\<T\>
QVector\<T\>,QStack\<T\>	QVectorIterator\<T\>	QMutableVectorIterator\<T\>

Java 风格迭代器的迭代点（Java-style iterators point）位于列表项的中间，而不是直接指向某个列表项。因此，它的迭代点或者在第一个列表项的前面，或者在两个列表项之间，或者在最后一个列表项之后。

下面以 QList 为例，介绍 Java 风格的两种迭代器的用法。QLinkedList 和 QVector 具有和 QList 相同的遍历接口，在此不再详细讲解。

（1）QList 只读遍历方法。

【例】（简单）（CH201）通过控制台程序实现 QList 只读遍历方法。

其具体代码如下：

```
#include <QCoreApplication>
#include <QDebug>                          //(a)
int main(int argc, char *argv[])
{
    QCoreApplication a(argc, argv);        //(b)
    QList<int> list;                       //创建一个QList<int>栈对象list
    list<<1<<2<<3<<4<<5;                   //用操作运算符"<<"输入5个整数
    QListIterator<int> i(list);            //(c)
    for(;i.hasNext();)                     //(d)
        qDebug()<<i.next();
    return a.exec();
}
```

其中，

(a) 头文件\<QDebug\>中已经包含了 QList 的头文件。

(b) Qt 的一些类，如 QString、QList 等，不需要 QCoreApplication 的支持也能够工作，但是，在使用 Qt 编写应用程序时，如果是控制台应用程序，则建议初始化一个 QCoreApplication 对象，Qt 6.0 创建控制台项目时生成的 main.cpp 源文件中默认就创建了一个 QCoreApplication 对象；如果是 GUI 图形用户界面程序，则会初始化一个 QApplication 对象。

(c) QListIterator\<int\> i(list)：以该 list 为参数初始化一个 QListIterator 对象 i。此时，迭代点处在第一个列表项"1"的前面（注意，并不是指向该列表项）。

(d) for(;i.hasNext();)：调用 QListIterator\<T\>::hasNext()函数检查当前迭代点之后是否有列表项。如果有，则调用 QListIterator\<T\>::next()函数进行遍历。next()函数将会跳过下一个列表项（即迭代点将位于第一个列表项和第二个列表项之间），并返回它跳过的列表项的内容。

最后程序的运行结果为:
```
1
2
3
4
5
```

上例是 QListIterator<T>对列表进行向后遍历的函数,而对列表进行向前遍历的函数有如下几种。

QListIterator<T>::toBack():将迭代点移动到最后一个列表项的后面。

QListIterator<T>::hasPrevious():检查当前迭代点之前是否具有列表项。

QListIterator<T>::previous():返回前一个列表项的内容并将迭代点移动到前一个列表项之前。

除此之外,QListIterator<T>提供的其他函数还有如下几种。

toFront():移动迭代点到列表的前端(第一个列表项的前面)。

peekNext():返回下一个列表项,但不移动迭代点。

peekPrevious():返回前一个列表项,但不移动迭代点。

findNext():从当前迭代点开始向后查找指定的列表项,如果找到,则返回 true,此时迭代点位于匹配列表项的后面;如果没有找到,则返回 false,此时迭代点位于列表的后端(最后一个列表项的后面)。

findPrevious():与 findNext()类似,不同的是它的方向是向前的,查找操作完成后的迭代点在匹配项的前面或整个列表的前端。

(2) QListIterator<T>是只读迭代器,它不能完成列表项的插入和删除操作。读写迭代器 QMutableListIterator<T>除了提供基本的遍历操作(与 QListIterator 的操作相同)外,还提供了 insert()插入操作函数、remove()删除操作函数和修改数据函数等。

【例】(简单)(CH202)通过控制台程序实现 QList 读写遍历方法。

具体代码如下:

```cpp
#include <QCoreApplication>
#include <QDebug>
int main(int argc,char *argv[])
{
    QCoreApplication a(argc, argv);
    QList<int> list;                                //创建一个空的列表list
    QMutableListIterator<int> i(list);              //创建上述列表的读写迭代器
    for(int j = 0;j < 10;++j)
        i.insert(j);                                //(a)
    for(i.toFront();i.hasNext();)                   //(b)
        qDebug()<<i.next();
    for(i.toBack();i.hasPrevious();)                //(c)
    {
        if(i.previous()%2 == 0)
            i.remove();
        else
            i.setValue(i.peekNext()*10);            //(d)
    }
```

```
        for(i.toFront();i.hasNext();)            //重新遍历并输出列表
            qDebug()<<i.next();
    return a.exec();
}
```

其中，

(a) i.insert(j)：通过 QMutableListIterator<T>::insert()插入操作，为该列表插入 10 个整数值。

(b) for(i.toFront();i.hasNext();)、qDebug()<<i.next()：将迭代器的迭代点移动到列表的前端，完成对列表的遍历和输出。

(c) for(i.toBack();i.hasPrevious();){ ... }：移动迭代器的迭代点到列表的后端，对列表进行遍历。如果前一个列表项的值为偶数，则将该列表项删除；否则，将该列表项的值修改为原来的 10 倍。

(d) i.setValue(i.peekNext()*10)：函数 QMutableListIterator<T>::setValue()修改遍历函数 next()、previous()、findNext()和 findPrevious()跳过的列表项的值，但不会移动迭代点的位置。对于 findNext()和 findPrevious()有些特殊：当 findNext()（或 findPrevious()）查找到列表项的时候，setValue()将会修改匹配的列表项；如果没有找到，则对 setValue()的调用将不会进行任何修改。

最后编译、运行此程序，结果如下：

```
0
1
2
3
4
5
6
7
8
9
10
30
50
70
90
```

5．STL 风格迭代器遍历容器

对于每一个容器类，Qt 都提供了两种类型的 STL 风格迭代器数据类型：一种提供只读访问；另一种提供读写访问。由于只读类型的迭代器的运行速度要比读写迭代器的运行速度快，所以应尽可能地使用只读类型的迭代器。STL 风格迭代器的两种分类见表 2.3。

表 2.3 STL 风格迭代器的两种分类

容 器 类	只读迭代器类	读写迭代器类
QList<T>,QQueue<T>	QList<T>::const_iterator	QList<T>::iterator
QLinkedList<T>	QLinkedList<T>::const_iterator	QLinkedList<T>::iterator
QVector<T>,QStack<T>	QVector<T>::const_iterator	QVector<T>::iterator

STL 风格迭代器的 API 是建立在指针操作基础上的。例如,"++"操作运算符移动迭代器到下一个项(item),而"*"操作运算符返回迭代器指向的项。

不同于 Java 风格的迭代器,STL 风格迭代器的迭代点直接指向列表项。

【例】(简单)(CH203)使用 STL 风格迭代器。

具体代码如下:

```
#include <QCoreApplication>
#include <QDebug>
int main(int argc,char *argv[])
{
    QCoreApplication a(argc, argv);
    QList<int> list;                               //初始化一个空的QList<int>列表
    for(int j = 0;j < 10;j++)
        list.insert(list.end(),j);                 //(a)
    QList<int>::iterator i;
                        //初始化一个QList<int>::iterator读写迭代器
    for(i = list.begin();i != list.end();++i)   //(b)
    {
        qDebug()<<(*i);
        *i = (*i)*10;
    }
    //初始化一个QList<int>:: const_iterator读写迭代器
    QList<int>::const_iterator ci;
    //在控制台输出列表的所有值
    for(ci = list.constBegin();ci != list.constEnd();++ci)
        qDebug()<<*ci;
    return a.exec();
}
```

其中,

(a) list.insert(list.end(),j): 使用 QList<T>::insert()函数插入 10 个整数值。此函数有两个参数:第一个参数是 QList<T>::iterator 类型,表示在该列表项之前插入一个新的列表项(使用 QList<T>::end()函数返回的迭代器,表示在列表的最后插入一个列表项);第二个参数指定了需要插入的值。

(b) for(i = list.begin();i != list.end();++i){ ... }: 在控制台输出列表的同时将列表的所有值增大 10 倍。这里用到两个函数:QList<T>::begin()函数返回指向第一个列表项的迭代器;QList<T>::end()函数返回一个容器最后列表项之后的虚拟列表项,为标记无效位置的迭代器,用于判断是否到达容器的底部。

最后编译、运行此应用程序,输出结果如下:

```
0
1
2
3
4
5
6
```

```
7
8
9
0
10
20
30
40
50
60
70
80
90
```

QLinkedList 和 QVector 具有和 QList 相同的遍历接口,在此不再详细讲解。

2.2.2 QMap 类和 QHash 类

QMap 类和 QHash 类具有非常类似的功能,它们的差别仅在于:
- QHash 具有比 QMap 更快的查找速度。
- QHash 以任意的顺序存储数据项,而 QMap 总是按照键 Key 的顺序存储数据。
- QHash 的键类型 Key 必须提供 operator==()和一个全局的 qHash(Key)函数,而 QMap 的键类型 Key 必须提供 operator<()函数。

二者的时间复杂度比较见表 2.4。

表 2.4 QMap 和 QHash 的时间复杂度比较

容器类	键查找		插入	
	平均	最坏	平均	最坏
QMap	O(log n)	O(log n)	O(log n)	O(log n)
QHash	Amort.O(1)	O(n)	Amort.O(1)	O(n)

其中,"Amort.O(1)"表示,如果仅完成一次操作,则可能会有 O(n)行为;如果完成多次操作(如 n 次),则平均结果将是 O(1)。

1. QMap 类

QMap<Key,T>提供了一个从类型为 Key 的键到类型为 T 的值的映射。

通常,QMap 存储的数据形式是一个键对应一个值,并且按照键 Key 的顺序存储数据。为了能够支持一键多值的情况,QMap 提供了 QMap<Key,T>::insertMulti()和 QMap<Key,T>::values()函数。存储一键多值的数据时,也可以使用 QMultiMap<Key,T>容器,它继承自 QMap。

2. QHash 类

QHash<Key,T>具有与 QMap 几乎完全相同的 API。QHash 维护着一张哈希表(Hash Table),哈希表的大小与 QHash 的数据项的数目相适应。

QHash 以任意的顺序组织它的数据。当存储数据的顺序无关紧要时,建议使用 QHash 作为存放数据的容器。QHash 也可以存储一键多值形式的数据,它的子类 QMultiHash<Key,T>实现了一键多值的语义。

3. Java 风格迭代器遍历容器

对于每一个容器类,Qt 都提供了两种类型的 Java 风格迭代器数据类型:一种提供只读访问;另一种提供读写访问。其分类见表 2.5。

表 2.5 Java 风格迭代器的两种分类

容 器 类	只读迭代器类	读写迭代器类
QMap<Key,T>,QMultiMap<Key,T>	QMapIterator<Key,T>	QMutableMapIterator<Key,T>
QHash<Key,T>,QMultiHash<Key,T>	QHashIterator<Key,T>	QMutableHashIterator<Key,T>

【例】(简单)(CH204)在 QMap 中的插入、遍历和修改。

具体代码如下:

```
#include <QCoreApplication>
#include <QDebug>
int main(int argc,char *argv[])
{
    QCoreApplication a(argc, argv);
    QMap<QString,QString> map;                        //创建一个 QMap 栈对象
    //向栈对象插入<城市,区号>对
    map.insert("beijing","111");
    map.insert("shanghai","021");
    map.insert("nanjing","025");
    QMapIterator<QString,QString> i(map);             //创建一个只读迭代器
    for(;i.hasNext();)                                //(a)
    {
        i.next();
        qDebug()<<" "<<i.key()<<" "<<i.value();
    }
    QMutableMapIterator<QString,QString> mi(map);
    if(mi.findNext("111"))                            //(b)
        mi.setValue("010");
    QMapIterator<QString,QString> modi(map);
    qDebug()<<" ";
    for(;modi.hasNext();)                             //再次遍历并输出修改后的结果
    {
        modi.next();
        qDebug()<<" "<<modi.key()<<" "<<modi.value();
    }
    return a.exec();
}
```

其中,

(a) for(;i.hasNext();){i.next();qDebug()<<" "<<i.key()<<" "<<i.value()}:完成对 QMap 的遍历输出。在输出 QMap 的键和值时,调用的函数是不同的。在输出键的时候,调用

QMapIterator<T,T>::key()；而在输出值的时候调用 QMapIterator <T,T>::value()。为兼容不同编译器内部的算法，保证输出正确，在调用函数前必须先将迭代点移动到下一个位置。

(b) if(mi.findNext("111"))　　mi.setValue("010")：首先查找某个<键,值>对，然后修改值。Java 风格的迭代器没有提供查找键的函数。因此，在本例中通过查找值的函数 QMutableMapIterator<T,T>::findNext()来实现查找和修改。

最后编译、运行此程序，结果如下：

```
"beijing"     "111"
"nanjing"     "025"
"shanghai"    "021"

"beijing"     "010"
"nanjing"     "025"
"shanghai"    "021"
```

4. STL 风格迭代器遍历容器

对于每一个容器类，Qt 都提供了两种类型的 STL 风格迭代器数据类型：一种提供只读访问；另一种提供读写访问。其分类见表 2.6。

表 2.6　STL 风格迭代器的两种分类

容器类	只读迭代器类	读写迭代器类
QMap<Key,T>,QMultiMap<Key,T>	QMap<Key,T>::const_iterator	QMap<Key,T>::iterator
QHash<Key,T>,QMultiHash<Key,T>	QHash<Key,T>::const_iterator	QHash<Key,T>::iterator

【例】（简单）（CH205）功能与使用 Java 风格迭代器的例子基本相同。不同的是，这里通过查找键来实现值的修改。

具体代码如下：

```cpp
#include <QCoreApplication>
#include <QDebug>
int main(int argc,char *argv[])
{
    QCoreApplication a(argc, argv);
    QMap<QString,QString> map;
    map.insert("beijing","111");
    map.insert("shanghai","021");
    map.insert("nanjing","025");
        QMap<QString,QString>::const_iterator i;
    for(i = map.constBegin();i != map.constEnd();++i)
        qDebug()<<" "<<i.key()<<" "<<i.value();
    QMap<QString,QString>::iterator mi;
    mi = map.find("beijing");
    if(mi != map.end())
        mi.value() = "010";                                    //(a)
    QMap<QString,QString>::const_iterator modi;
    qDebug()<<" ";
    for(modi = map.constBegin();modi != map.constEnd();++modi)
```

```
        qDebug()<<"  "<<modi.key()<<"  "<<modi.value();
    return a.exec();
}
```

其中，

(a) mi.value() = "010"：将新的值直接赋给 QMap<QString,QString>::iterator::value()返回的结果，因为该函数返回的是<键,值>对其中值的引用。

最后编译、运行程序，其输出的结果与程序 CH204 的完全相同。

2.3 QVariant 类

QVariant 类类似于 C++的联合（union）数据类型，它不仅能够保存很多 Qt 类型的值，包括 QColor、QBrush、QFont、QPen、QRect、QString 和 QSize 等，也能够存放 Qt 的容器类型的值。Qt 的很多功能都是建立在 QVariant 基础上的，如 Qt 的对象属性及数据库功能等。

【例】（简单）（CH206）QVariant 类的用法。

新建 Qt Widgets Application（详见 1.3.1 节），项目名称为"myVariant"，基类选择"QWidget"，类名保持"Widget"不变，**取消**选择"Generate form"（创建界面）复选框。建好项目后，在"widget.cpp"文件中编写代码，具体内容如下：

```cpp
#include "widget.h"
#include <QDebug>
#include <QVariant>
#include <QColor>
Widget::Widget(QWidget *parent)
    : QWidget(parent)
{
    QVariant v(709);                            //(a)
    qDebug()<<v.toInt();                        //(b)
    QVariant w("How are you! ");                //(c)
    qDebug()<<w.toString();                     //(d)
    QMap<QString,QVariant>map;                  //(e)
    map["int"] = 709;                           //输入整数型
    map["double"] = 709.709;                    //输入浮点型
    map["string"] = "How are you! ";            //输入字符串
    map["color"] = QColor(255,0,0);             //输入 QColor 类型的值
    //调用相应的转换函数并输出
    qDebug()<<map["int"]<< map["int"].toInt();
    qDebug()<<map["double"]<< map["double"].toDouble();
    qDebug()<<map["string"]<< map["string"].toString();
    qDebug()<<map["color"]<< map["color"].value<QColor>(); //(f)
    QStringList sl;                             //创建一个字符串列表
    sl<<"A"<<"B"<<"C"<<"D";
    QVariant slv(sl);                           //将该列表保存在一个 QVariant 变量中
    if(slv.type() == QVariant::StringList)      //(g)
    {
        QStringList list = slv.toStringList();
        for(int i = 0;i < list.size();++i)
```

```
            qDebug()<<list.at(i);           //输出列表内容
    }
}
Widget::~Widget()
{
}
```

其中,

(a) QVariant v(709): 声明一个 QVariant 变量 v, 并初始化为一个整数。此时, QVariant 变量 v 包含了一个整数变量。

(b) qDebug()<<v.toInt(): 调用 QVariant::toInt()函数将 QVariant 变量包含的内容转换为整数并输出。

(c) QVariant w("How are you! "): 声明一个 QVariant 变量 w, 并初始化为一个字符串。

(d) qDebug()<<w.toString(): 调用 QVariant::toString()函数将 QVariant 变量包含的内容转换为字符串并输出。

(e) QMap<QString,QVariant>map: 声明一个 QMap 变量 map, 使用字符串作为键, QVariant 变量作为值。

(f) qDebug()<<map["color"]<< map["color"].value<QColor>(): 在 QVariant 变量中保存了一个 QColor 对象, 并使用模板 QVariant::value()还原为 QColor, 然后输出。由于 QVariant 是 QtCore 模块的类, 所以它没有为 QtGui 模块中的数据类型 (如 QColor、QImage 及 QPixmap 等) 提供转换函数, 因此需要使用 QVariant::value()函数或者 QVariantValue()模块函数。

(g) if(slv.type()==QVariant::StringList): QVariant::type()函数返回存储在 QVariant 变量中的值的数据类型。QVariant::StringList 是 Qt 定义的一个 QVariant::type 枚举类型的变量, 其他常用的枚举类型变量见表 2.7。

表 2.7 Qt 常用的 QVariant::type 枚举类型变量

变 量	对应的类型	变 量	对应的类型
QVariant::Invalid	无效类型	QVariant::Time	QTime
QVariant::Region	QRegion	QVariant::Line	QLine
QVariant::Bitmap	QBitmap	QVariant::Palette	QPalette
QVariant::Bool	bool	QVariant::List	QList
QVariant::Brush	QBrush	QVariant::SizePolicy	QSizePolicy
QVariant::Size	QSize	QVariant::String	QString
QVariant::Char	QChar	QVariant::Map	QMap
QVariant::Color	QColor	QVariant::StringList	QStringList
QVariant::Cursor	QCursor	QVariant::Point	QPoint
QVariant::Date	QDate	QVariant::Pen	QPen
QVariant::DateTime	QDateTime	QVariant::Pixmap	QPixmap
QVariant::Double	double	QVariant::Rect	QRect
QVariant::Font	QFont	QVariant::Image	QImage
QVariant::Icon	QIcon	QVariant::UserType	用户自定义类型

最后，运行上述程序的结果如下：
```
709
"How are you! "
QVariant(int,709) 709
QVariant(double,709.709) 709.709
QVariant(QString, "How are you! ") "How are you! "
QVariant(QColor, QColor(ARGB 1, 1, 0, 0)) QColor(ARGB 1, 1, 0, 0)
"A"
"B"
"C"
"D"
```

2.4 算法及正则表达式

本节首先介绍 Qt 的<QtAlgorithms>和<QtGlobal>模块中提供的几种常用算法，然后介绍基本的正则表达式。

2.4.1 Qt 6 常用算法

【例】（简单）（CH207）几个常用算法。

```cpp
#include <QCoreApplication>
#include <QDebug>
int main(int argc,char *argv[])
{
    QCoreApplication a0(argc, argv);
    double a = -19.3, b = 9.7;
    double c = qAbs(a);                    //(a)
    double max = qMax(b,c);                //(b)
    int bn = qRound(b);                    //(c)
    int cn = qRound(c);
    qDebug()<<"a ="<<a;
    qDebug()<<"b ="<<b;
    qDebug()<<"c = qAbs(a) = "<<c;
    qDebug()<<"qMax(b,c) = "<<max;
    qDebug()<<"bn = qRound(b) = "<<bn;
    qDebug()<<"cn = qRound(c) = "<<cn;
    qSwap(bn,cn);                          //(d)
    //调用 qDebug()函数输出所有的计算结果
    qDebug()<<"qSwap(bn,cn):"<<"bn ="<<bn<<" cn ="<<cn;
    return a0.exec();
}
```

其中，

(a) double c = qAbs(a)：函数 qAbs()返回 double 型数值 a 的绝对值，并赋值给 c（c = 19.3）。

(b) double max = qMax(b,c)：函数 qMax()返回两个数值中的最大值（max = c = 19.3）。

(c) int bn = qRound(b)：函数 qRound()返回与一个浮点数最接近的整数值，即四舍五入返回一个整数值（bn = 10，cn = 19）。

(d) qSwap(bn,cn)：函数 qSwap()交换两数的值。

最后，编译运行上述程序，输出结果如下：

```
a = -19.3
b = 9.7
c = qAbs(a) = 19.3
qMax(b,c) = 19.3
bn = qRound(b) = 10
cn = qRound(c) = 19
qSwap(bn,cn): bn = 19  cn = 10
```

2.4.2 基本的正则表达式

使用正则表达式可以方便地完成处理字符串的一些操作，如验证、查找、替换和分割等。Qt 的 QRegExp 类是正则表达式的表示类，它基于 Perl 的正则表达式语言，完全支持 Unicode。

正则表达式由表达式（expressions）、量词（quantifiers）和断言（assertions）组成。

（1）最简单的表达式是一个字符。字符集可以使用表达式如"[AEIOU]"，表示匹配所有的大写元音字母；使用"[^AEIOU]"则表示匹配所有非元音字母，即辅音字母；连续的字符集可以使用表达式如"[a-z]"，表示匹配所有的小写英文字母。

（2）量词说明表达式出现的次数，如"x[1,2]"表示"x"可以至少有一个，至多两个。

在计算机语言中，标识符通常要求以字母或下画线（也称下划线）开头，后面可以是字母、数字和下画线。满足条件的标识符表示为：

```
" [A-Za-z_]+[A-Za-z_0-9]* "
```

其中，表达式中的"+"表示"[A-Za-z_]"至少出现一次，可以出现多次；"*"表示"[A-Za-z_0-9]"可以出现零次或多次。

类似的正则表达式的量词见表 2.8。

表 2.8 正则表达式的量词

量 词	含 义	量 词	含 义
E?	匹配 0 次或 1 次	E[n,]	至少匹配 n 次
E+	匹配 1 次或多次	E[,m]	最多匹配 m 次
E*	匹配 0 次或多次	E[n,m]	至少匹配 n 次，最多匹配 m 次
E[n]	匹配 n 次		

（3）"^""$""\b"都是正则表达式的断言，正则表达式的断言见表 2.9。

表 2.9 正则表达式的断言

符 号	含 义	符 号	含 义
^	表示在字符串开头进行匹配	\B	非单词边界
$	表示在字符串结尾进行匹配	(?=E)	表示表达式后紧随 E 才匹配
\b	单词边界	(?!E)	表示表达式后不跟随 E 才匹配

例如，若要只有在 using 后面是 namespace 时才匹配 using，则可以使用"using(?=E\s+namespace)"（此处"?=E"后的"\s"表示匹配一个空白字符，下同）。

如果使用"using(?!E\s+namespace)"，则表示只有在 using 后面不是 namespace 时才匹配 using。

如果使用"using\s+namespace"，则匹配为 using namespace。

2.5 控件

本节简单介绍几个常用的控件，以便对 Qt 的控件有一个初步认识，其具体的用法在本书后面章节用到的时候再详细介绍。

2.5.1 按钮组（Buttons）

按钮组（Buttons）如图 2.1 所示。

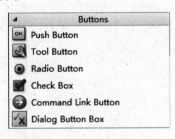

图 2.1 按钮组（Buttons）

组中各个按钮的名称依次解释如下。
- Push Button：按钮。
- Tool Button：工具按钮。
- Radio Button：单选按钮。
- Check Box：复选框。
- Command Link Button：命令链接按钮。
- Dialog Button Box：对话框按钮盒。

【例】（简单）（CH208）以 QPushButton 为例演示按钮的用法。

（1）新建 Qt Widgets Application（详见 1.3.1 节），项目名为"PushButtonTest"，基类选择"QWidget"选项，类名命名为"MyWidget"，取消"Generate form"（创建界面）复选框的选中状态。

（2）在头文件"mywidget.h"中的具体代码如下：

```
#ifndef MYWIDGET_H
#define MYWIDGET_H

#include <QWidget>

class MyWidget : public QWidget
{
    Q_OBJECT
```

```cpp
public:
    MyWidget(QWidget *parent = 0);
    ~MyWidget();
};

#endif // MYWIDGET_H
```

（3）在源文件"mywidget.cpp"中的具体代码如下：

```cpp
#include "mywidget.h"
#include <qapplication.h>
#include <qpushbutton.h>
#include <qfont.h>
MyWidget::MyWidget(QWidget *parent)
    : QWidget(parent)
{
    setMinimumSize( 200, 120 );
    setMaximumSize( 200, 120 );
    QPushButton *quit = new QPushButton( "Quit", this);
    quit->setGeometry( 62, 40, 75, 30 );
    quit->setFont( QFont( "Times", 18, QFont::Bold ) );
    connect( quit, SIGNAL(clicked()), qApp, SLOT(quit()) );
}
MyWidget::~MyWidget()
{
}
```

（4）在源文件"main.cpp"中的具体代码如下：

```cpp
#include "mywidget.h"
#include <QApplication>
int main(int argc, char *argv[])
{
    QApplication a(argc, argv);
    MyWidget w;
    w.setGeometry( 100, 100, 200, 120 );
    w.show();
    return a.exec();
}
```

（5）运行结果如图 2.2 所示。

图 2.2　QPushButton 实例运行结果

2.5.2 输入部件组（Input Widgets）

输入部件组（Input Widgets）如图 2.3 所示，组中各个部件的名称依次解释如下。
- Combo Box：组合框。
- Font Combo Box：字体组合框。
- Line Edit：行编辑框。
- Text Edit：文本编辑框。
- Plain Text Edit：纯文本编辑框。
- Spin Box：数字显示框（自旋盒）。
- Double Spin Box：双自旋盒。
- Time Edit：时间编辑器。
- Date Edit：日期编辑器。
- Date/Time Edit：日期/时间编辑器。
- Dial：拨号器。
- Horizontal Scroll Bar：横向滚动条。
- Vertical Scroll Bar：垂直滚动条。
- Horizontal Slider：横向滑块。
- Vertical Slider：垂直滑块。
- Key Sequence Edit：按键序列编辑框。

图 2.3 输入部件组（Input Widgets）

这里简单介绍与日期时间定时相关的部件类。

1. QDateTime 类

Date/Time Edit 对应于 QDateTime 类，在 Qt 6 中可以使用它来获得系统时间。通过 QDateTime::currentDateTime()来获取本地系统的时间和日期信息。可以通过 date()和 time()来返回 datetime 中的日期和时间部分，典型代码如下：

```
QLabel *datalabel = new QLabel();
QDateTime *datatime = new QDateTime(QDateTime::currentDateTime());
datalabel->setText(datatime->date().toString());
datalabel->show();
```

2. QTimer 类

定时器（QTimer）的使用非常简单，只需要以下几个步骤就可以完成定时器的应用。
（1）新建一个定时器。
```
QTimer *time_clock = new QTimer(parent);
```
（2）连接这个定时器的信号和槽，利用定时器的 timeout()。
```
connect(time_clock,SIGNAL(timeout()),this,SLOT(slottimedone()));
```
即定时时间一到就会发送 timeout()信号，从而触发 slottimedone()槽去完成某件事情。
（3）开启定时器，并设定定时周期。
定时器定时有两种方式：start(int time)和 setSingleShot(true)。其中，start(int time)表示每隔"time"秒就会重启定时器，可以重复触发定时，利用 stop()将定时器关掉；而 setSingleShot(true)

则是仅启动定时器一次。工程中常用的是前者，例如：
```
time_clock->start(2000);
```

2.5.3 显示控件组（Display Widgets）

图 2.4 显示控件组（Display Widgets）

显示控件组（Display Widgets）如图 2.4 所示。
组中各个控件的名称依次解释如下。
- Label：标签。
- Text Browser：文本浏览器。
- Graphics View：图形视图。
- Calendar Widget：日历。
- LCD Number：液晶数字。
- Progress Bar：进度条。
- Horizontal Line：水平线。
- Vertical Line：垂直线。
- OpenGL Widget：开放式图形库工具。
- QQuickWidget：嵌入 QML 工具。

下面介绍其中几个控件。

1. Graphics View

Graphics View 对应于 QGraphicsView 类，提供了 Qt 6 的图形视图框架，其具体用法将在本书第 7 章详细介绍。

2. Text Browser

Text Browser 对应于 QTextBrowser 类，它继承自 QTextEdit，是只读的，对里面的内容并不能进行更改，但是相对于 QTextEdit 来讲，它多了链接文本的作用。QTextBrowser 的属性有以下几个：

```
modified : const bool          //通过布尔值来说明其内容是否被修改
openExternalLinks : bool
openLinks : bool
readOnly : const bool
searchPaths : QStringList
source : QUrl
undoRedoEnabled : const bool
```

通过以上的属性设置，可以设定 QTextBrowser 是否允许外部链接、是否为只读属性、外部链接的路径及链接的内容、是否可以进行撤销等操作。

QTextBrowser 还提供了几种比较有用的槽（SLOTS），有：
```
virtual void backward()
virtual void forward()
virtual void home()
```
可以通过链接这几个槽来达到人们常说的"翻页"效果。

3. QQuickWidget

这是 Qt 5.3 发布的一个组件，传统 QWidget 程序可以用它来嵌入 QML 代码，为 Qt 开发者将桌面应用迁移到 Qt Quick 提供了方便。其典型用法为：

```
QQuickWidget *view = new QQuickWidget;
view->setSource(QUrl::fromLocalFile("my.qml"));
view->show();
```

其中，"my.qml"是用户自己编写的 QML 组件文件名，QML 编程将在本书第 23 章详细介绍。

2.5.4 空间间隔组（Spacers）

空间间隔组（Spacers）如图 2.5 所示。
组中各个控件的名称依次解释如下。
- Horizontal Spacer：水平间隔。
- Vertical Spacer：垂直间隔。

具体应用见 2.5.9 节中的综合例子。

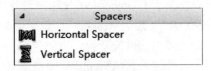

图 2.5　空间间隔组（Spacers）

2.5.5 布局管理组（Layouts）

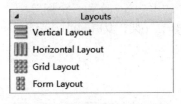

图 2.6　布局管理组（Layouts）

布局管理组（Layouts）如图 2.6 所示。
组中各个控件的名称依次解释如下。
- Vertical Layout：垂直布局。
- Horizontal Layout：横向（水平）布局。
- Grid Layout：网格布局。
- Form Layout：表单布局。

2.5.6 容器组（Containers）

容器组（Containers）如图 2.7 所示。
组中各个控件的名称依次解释如下。
- Group Box：组框。
- Scroll Area：滚动区域。
- Tool Box：工具箱。
- Tab Widget：标签小部件。
- Stacked Widget：堆叠部件。
- Frame：框架。
- Widget：部件。
- MDI Area：MDI 区域。
- Dock Widget：停靠窗体部件。
- QAxWidget：封装 Flash 的 ActiveX 控件。

图 2.7　容器组（Containers）

下面介绍 Widget 及对应 QWidget 类的用法。

1. Widget 部件

Widget 是使用 Qt 编写的图形用户界面（GUI）应用程序的基本生成块，可以放置在现有的用户界面中或作为单独的窗口显示。每个 GUI 组件，如按钮、标签或文本编辑框，都是一个 Widget。

（1）QWidget 类。

QWidget 是所有 Qt GUI 界面类的基类，它接收鼠标、键盘及其他窗口事件，并在显示器上绘制自己。每种类型的 Widget 都是由 QWidget 的特殊子类实现的，而 QWidget 自身又是 QObject 的子类。QWidget 不是一个抽象类，它可用作其他 Widget 的容器，并很容易作为子类来创建定制 Widget。它经常用于创建放置其他 Widget 的窗口。

至于 QObject，可使用父对象创建 Widget 以表明其所属关系，这样可以确保删除不再使用的对象。使用 Widget，这些父子关系就有了更多的意义，每个子类都显示在其父级所拥有的屏幕区域内。也就是说，当删除窗口时，其包含的所有 Widget 也都被自动删除了。

通过传入 QWidget 构造函数的参数（或者调用 QWidget::setWindowFlags()和 QWidget::setParent()函数）可以指定一个窗口部件的标识（window flags）和父窗口部件。

窗口部件的标识定义了窗口部件的窗口类型和窗口提示（hint）。窗口类型指定了窗口部件的窗口系统属性（window-system properties），一个窗口部件只有一种窗口类型；窗口提示则定义了顶层窗口的外观，一个窗口可以有多个提示（提示能够进行按位或操作）。

没有父窗口部件的 Widget 对象是一个窗口，窗口通常具有一个边框（frame）和一个标题栏。QMainWindow 和所有的 QDialog 对话框子类都是经常使用的窗口类型，而子窗口部件通常处在父窗口部件的内部，没有窗口边框和标题栏。

（2）QWidget 构造函数。

QWidget 窗口部件的构造函数为：

```
QWidget(QWidget *parent = 0,Qt::WindowFlags f = 0)
```

其中，参数 parent 指定了窗口部件的父窗口部件，如果 parent = 0（默认值），则新建的窗口部件将是一个窗口；否则，新建的窗口部件是 parent 的子窗口部件（是否为一个窗口还需要由第二个参数决定）。如果新窗口部件不是一个窗口，则它将会出现在父窗口部件的界面内部。参数 f 指定了新窗口部件的窗口标识，默认值是 0，即 Qt::Widget。

（3）QWidget 窗口类型。

QWidget 定义的窗口类型为 Qt::WindowFlags 枚举类型，有以下这些类型。

● Qt::Widget：QWidget 构造函数的默认值，如果新的窗口部件没有父窗口部件，则它是一个独立的窗口，否则就是一个子窗口部件。

● Qt::Window：无论是否有父窗口部件，新窗口部件都是一个窗口，通常有一个窗口边框和一个标题栏。

● Qt::Dialog：新窗口部件是一个对话框，它是 QDialog 构造函数的默认值。

● Qt::Sheet：新窗口部件是一个 Macintosh 表单（sheet）。

● Qt::Drawer：新窗口部件是一个 Macintosh 抽屉（drawer）。

● Qt::Popup：新窗口部件是一个弹出式顶层窗口。

● Qt::Tool：新窗口部件是一个工具（tool）窗口，它通常是一个用于显示工具按钮的小窗口。如果一个工具窗口有父窗口部件，则它将显示在父窗口部件的上面，否则，将相当于使用了 Qt::WindowStaysOnTopHint 提示。

- Qt::ToolTip：新窗口部件是一个提示窗口，没有标题栏和窗口边框。
- Qt::SplashScreen：新窗口部件是一个欢迎窗口（splash screen），它是 QSplashScreen 构造函数的默认值。
- Qt::Desktop：新窗口部件是桌面，它是 QDesktopWidget 构造函数的默认值。
- Qt::SubWindow：新窗口部件是一个子窗口，而无论该窗口部件是否有父窗口部件。此外，Qt 还定义了一些控制窗口外观的窗口提示（这些窗口提示仅对顶层窗口有效）。
- Qt::MSWindowsFiredSizeDialogHint：为 Windows 系统上的窗口装饰一个窄的对话框边框，通常这个提示用于固定大小的对话框。
- Qt::MSWindowsOwnDC：为 Windows 系统上的窗口添加自身的显示上下文（display context）菜单。
- Qt::X11BypassWindowManagerHint：完全忽视窗口管理器，它的作用是产生一个根本不被管理的无窗口边框的窗口（此时，用户无法使用键盘进行输入，除非手动调用 QWidget::activateWindow()函数）。
- Qt::FramelessWindowHint：产生一个无窗口边框的窗口，此时用户无法移动该窗口和改变它的大小。
- Qt::CustomizeWindowHint：关闭默认的窗口标题提示。
- Qt::WindowTitleHint：为窗口装饰一个标题栏。
- Qt::WindowSystemMenuHint：为窗口添加一个窗口系统菜单，并尽可能地添加一个关闭按钮。
- Qt::WindowMinimizeButtonHint：为窗口添加一个"最小化"按钮。
- Qt::WindowMaximizeButtonHint：为窗口添加一个"最大化"按钮。
- Qt::WindowMinMaxButtonsHint：为窗口添加一个"最小化"按钮和一个"最大化"按钮。
- Qt::WindowContextHelpButtonHint：为窗口添加一个"上下文帮助"按钮。
- Qt::WindowStaysOnTopHint：告知窗口系统，该窗口应该停留在所有其他窗口的上面。
- Qt::WindowType_Mask：一个用于提取窗口标识中的窗口类型部分的掩码。

枚举类型 Qt::WindowFlags 低位的 1 个字节用于定义窗口部件的窗口类型，0x00000000~0x00000012 共定义了 11 个窗口类型。上面罗列的窗口类型的可用性还依赖于窗口管理器是否支持它们。

（4）窗口提示。

Qt::WindowFlags 的高位字节定义了窗口提示，窗口提示能够进行位或操作，例如：

```
Qt:: WindowContextHelpButtonHint | Qt:: WindowMaximizeButtonHint
```

当 Qt::WindowFlags 的窗口提示部分全部为 0 时，窗口提示不起作用。当有一个窗口提示被应用时，若要其他的窗口提示起作用，则必须使用位或操作（如果窗口系统支持这些窗口提示的话）。例如：

```
Qt:: WindowFlags  flags = Qt:: Window;
widget->setWindowFlags(flags);
```

Widget 窗口部件是一个窗口，它有一般窗口的外观（有窗口边框、标题栏、"最小化"按钮、"最大化"按钮和"关闭"按钮等），此时窗口提示不起作用。例如：

```
flags |= Qt:: WindowTitleHint;
```

```
widget->setWindowFlags(flags);
```

上述代码的执行,将会使窗口提示发挥作用。在 Windows 系统中,Widget 窗口部件是一个窗口,它仅有标题栏,没有"最小化"按钮、"最大化"按钮和"关闭"按钮等。而 X11 窗口管理器忽略了窗口提示 Qt::WindowTitleHint,例如,在红旗 Linux 工作站和 SUSE 系统上,上述代码并不起作用。

在 Windows 系统中,如果需要添加一个"最小化"按钮,则必须重新设置窗口部件的窗口标识(在红旗 Linux 工作站和 SUSE 系统上,下面的窗口提示也被忽略了),具体如下:

```
flags |= Qt:: WindowMinimizeButtonHint;
widget->setWindowFlags(flags);
```

如果要取消设置的窗口 0 提示,使用如下语句:

```
flags &= Qt:: WindowType_Mask;
widget->setWindowFlags(flags);
```

2. 创建窗口

如果 Widget 未使用父级进行创建,则在显示时视为窗口或顶层 Widget。由于顶层 Widget 没有父级对象类来确保在其不再使用时删除,所以需要开发人员在应用程序中对其进行跟踪。

例如,使用 QWidget 创建和显示具有默认大小的窗口:

```
QWidget *window = new QWidget();
window->resize(320, 240);
window->show();
QPushButton *button = new QPushButton(tr("Press me"), window);//(a)
button->move(100, 100);
button->show();
```

其中,

(a) QPushButton *button = new QPushButton(tr("Press me"), window): 通过将 window 作为父级传递给其构造器来向窗口添加子 Widget:button。在这种情况下,向窗口添加按钮并将其放置在特定位置。该按钮现在为窗口的子项,并在删除窗口时被同时删除。请注意,隐藏或关闭窗口不会自动删除该按钮。

3. 使用布局

通常,子 Widget 是通过使用布局对象(而非通过指定位置和大小)在窗口中进行排列的,在此,构造一个并排排列的标签和行编辑框 Widget:

```
QLabel *label = new QLabel(tr("Name:"));
QLineEdit *lineEdit = new QLineEdit();
QHBoxLayout *layout = new QHBoxLayout();
layout->addWidget(label);
layout->addWidget(lineEdit);
window->setLayout(layout);
```

构造的布局对象管理通过 addWidget()函数提供 Widget 的位置和大小。布局本身是通过调用 setLayout()提供给窗口的。布局仅可通过其对所管理的 Widget(或其他布局)的显示效果来展示。

在以上示例中,每个 Widget 的所属关系并不明显。由于未使用父级对象构造 Widget 和布局,将看到一个空窗口和两个包含了标签与行编辑框的窗口。如果通过布局管理标签和行编辑框,并在窗口中设置布局,则两个 Widget 与布局本身就都将成为窗口的子项。

由于 Widget 可包含其他 Widget，所以布局可用来提供按不同层次分组的 Widget。这里，要在显示查询结果的表视图上方、窗口顶部的行编辑框旁，显示一个标签：

```
QLabel *queryLabel = new QLabel(tr("Query:"));
QLineEdit *queryEdit = new QLineEdit();
QTableView *resultView = new QTableView();
QHBoxLayout *queryLayout = new QHBoxLayout();
queryLayout->addWidget(queryLabel);
queryLayout->addWidget(queryEdit);
QVBoxLayout *mainLayout = new QVBoxLayout();
mainLayout->addLayout(queryLayout);
mainLayout->addWidget(resultView);
window->setLayout(mainLayout);
```

除 QHBoxLayout 和 QVBoxLayout 外，Qt 还提供了 QGridLayout 和 QFormLayout 类用于协助实现更复杂的用户界面。

2.5.7 项目视图组（Item Views）

项目视图组（Item Views）如图 2.8 所示。
组中各个控件的名称依次解释如下。
- List View：清单视图。
- Tree View：树视图。
- Table View：表视图。
- Column View：列视图。
- Undo View：撤销命令视图。

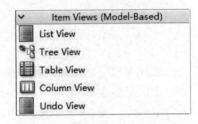

图 2.8 项目视图组（Item Views）

下面介绍此处的 Table View 与 2.5.8 节中的 Table Widget 的区别，其具体区别见表 2.10。

Qt 通过引入模型/视图框架来完成数据与表现的分离，即 InterView 框架，类似于常用的 MVC 设计模式。MVC 设计模式是起源于 Smalltalk 语言的一种与用户界面相关的设计模式，它包括三个元素：模型（Model）表示数据；视图（View）是界面；控制器（Controller）定义了用户在界面上的操作。通过使用 MVC 模式，有效地分离了数据和用户界面，使得设计更为灵活，更能适应变化。

表 2.10 QTableView 与 QTableWidget 的具体区别

区 别 点	QTableView	QTableWidget
继承关系		QTableWidget 继承自 QTableView
使用数据模型 setModel	可以使用 setModel 设置数据模型	setModel 是私有函数，不能使用该函数设置数据模型
显示复选框 setCheckState	没有函数实现复选框	QTableWidgetItem 类中的 setCheckState（Qt::Checked）；可以设置复选框
与 QSqlTableModel 绑定	QTableView 能与 QSqlTableModel 绑定	QTableWidget 不能与 QSqlTableModel 绑定

- 模型：所有的模型都基于 QAbstractItemModel 类，该类是抽象基类。
- 视图：所有的视图都从抽象基类 QAbstractItemView 继承。

InterView 框架提供了一些常见的模型类和视图类，如 QStandardItemModel、QstringListModel、QSqlTableModel 和 QColumnView、QHeaderView、QListView、QTableView、QTreeView。其中，QStandardItemModel 是用最简单的 Grid 方式显示模型。另外，开发人员还可以自己从 QAbstractListModel、QAbstractProxyModel、QAbstractTableModel 继承出符合自己要求的模型。具体的用法将在本书第 8 章详细讲解。

相对于使用现有的模型和视图，Qt 还提供了更为便捷的类用于处理常见的一些数据模型。它们将模型和视图合二为一，因此便于处理一些常规的数据类型。使用这些类型虽然简单方便，但也失去了模型/视图结构的灵活性，因此要根据具体情况来选择。

QTableWidget 继承自 QTableView。QSqlTableModel 能够与 QTableView 绑定，但不能与 QTableWidget 绑定。例如：

```
QSqlTableModel *model = new QSqlTableModel;
model->setTable("employee");
model->setEditStrategy(QSqlTableModel::OnManualSubmit);
model->select();
model->removeColumn(0);       //不显示 ID
model->setHeaderData(0, Qt::Horizontal, tr("Name"));
model->setHeaderData(1, Qt::Horizontal, tr("Salary"));
QTableView *view = new QTableView;
view->setModel(model);
view->show();
```

视图与模型绑定时，模型必须使用 new 创建，否则视图不能随着模型的改变而改变。

下面是错误的写法：

```
QStandardItemModel model(4,2);
model.setHeaderData(0, Qt::Horizontal, tr("Label"));
model.setHeaderData(1, Qt::Horizontal, tr("Quantity"));
ui.tableView->setModel(&model);
for (int row = 0; row < 4; ++row)
{
    for (int column = 0; column < 2; ++column)
    {
        QModelIndex index = model.index(row, column, QModelIndex());
        model.setData(index, QVariant((row + 1) * (column + 1)));
    }
}
```

下面是正确的写法：

```
QStandardItemModel *model;
model = new QStandardItemModel(4,2);
ui.tableView->setModel(model);
model->setHeaderData(0, Qt::Horizontal, tr("Label"));
model->setHeaderData(1, Qt::Horizontal, tr("Quantity"));
for (int row = 0; row < 4; ++row)
{
    for (int column = 0; column < 2; ++column)
    {
        QModelIndex index = model->index(row, column, QModelIndex());
        model->setData(index, QVariant((row + 1) * (column + 1)));
```

        }
}

2.5.8 项目控件组（Item Widgets）

项目控件组（Item Widgets）如图 2.9 所示。
组中各个控件的名称依次解释如下。
- List Widget：清单控件。
- Tree Widget：树形控件。
- Table Widget：表控件。

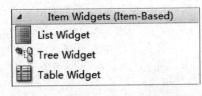

图 2.9　项目控件组（Item Widgets）

【例】（难度中等）（CH209）创建具有复选框的树形控件。

在 Qt 中，树形控件称为 QTreeWidget，而控件里的树节点称为 QTreeWidgetItem。这种控件有时很有用处，例如，利用飞信软件群发短信时，选择联系人的界面中就使用了有复选框的树形控件，如图 2.10 所示。

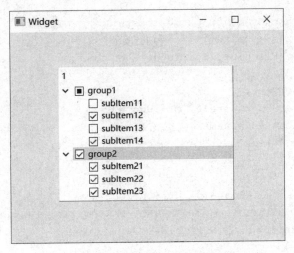

图 2.10　有复选框的树形控件（QTreeWidget）

当选中顶层的树形节点时，子节点全部被选中；当取消选择顶层树形节点时，子节点的选中状态将全部被取消；当选中子节点时，父节点显示部分选中的状态。

要实现这种界面其实很简单。首先在 Qt 的设计器中，拖曳出一个 QTreeWidget，然后在主窗口中编写一个函数 init 初始化界面，连接树形控件的节点改变信号 itemChanged（QTreeWidgetItem* item, int column），实现这个信号的槽函数即可。

具体步骤如下。

（1）新建 Qt Widgets Application（详见 1.3.1 节），项目名称为"TreeWidget"，基类选择"QWidget"，类名保持"Widget"不变，**保持"Generate form"**（创建界面）复选框的选中状态。

（2）双击"widget.ui"文件，打开 Qt 的设计器，拖曳出一个 QTreeWidget 控件。

（3）在头文件"widget.h"中添加代码：

```
#include <QTreeWidgetItem>
```

在类 Widget 声明中添加代码：

```
public:
```

```
        void init();
        void updateParentItem(QTreeWidgetItem* item);
    public slots:
        void treeItemChanged(QTreeWidgetItem* item, int column);
```

（4）在源文件"widget.cpp"中的类 Widget 构造函数中添加代码：

```
    init();
    connect(ui->treeWidget,SIGNAL(itemChanged(QTreeWidgetItem*, int)),
            this, SLOT(treeItemChanged(QTreeWidgetItem*, int)));
```

在此文件中实现各个函数的具体代码如下：

```
void Widget::init()
{
    ui->treeWidget->clear();
    //第一个分组
    QTreeWidgetItem *group1 = new QTreeWidgetItem(ui->treeWidget);
    group1->setText(0, "group1");
    group1->setFlags(Qt::ItemIsUserCheckable|Qt::ItemIsEnabled|Qt::ItemIsSelectable);
    group1->setCheckState(0, Qt::Unchecked);
    QTreeWidgetItem *subItem11 = new QTreeWidgetItem(group1);
    subItem11->setFlags(Qt::ItemIsUserCheckable|Qt::ItemIsEnabled|Qt::ItemIsSelectable);
    subItem11->setText(0, "subItem11");
    subItem11->setCheckState(0, Qt::Unchecked);
    QTreeWidgetItem *subItem12 = new QTreeWidgetItem(group1);
    subItem12->setFlags(Qt::ItemIsUserCheckable|Qt::ItemIsEnabled|Qt::ItemIsSelectable);
    subItem12->setText(0, "subItem12");
    subItem12->setCheckState(0, Qt::Unchecked);
    QTreeWidgetItem *subItem13 = new QTreeWidgetItem(group1);
    subItem13->setFlags(Qt::ItemIsUserCheckable | Qt::ItemIsEnabled | Qt::ItemIsSelectable);
    subItem13->setText(0, "subItem13");
    subItem13->setCheckState(0, Qt::Unchecked);
    QTreeWidgetItem *subItem14 = new QTreeWidgetItem(group1);
    subItem14->setFlags(Qt::ItemIsUserCheckable | Qt::ItemIsEnabled | Qt::ItemIsSelectable);
    subItem14->setText(0, "subItem14");
    subItem14->setCheckState(0, Qt::Unchecked);
    //第二个分组
    QTreeWidgetItem *group2 = new QTreeWidgetItem(ui->treeWidget);
    group2->setText(0, "group2");
    group2->setFlags(Qt::ItemIsUserCheckable | Qt::ItemIsEnabled | Qt::ItemIsSelectable);
    group2->setCheckState(0, Qt::Unchecked);
    QTreeWidgetItem *subItem21 = new QTreeWidgetItem(group2);
    subItem21->setFlags(Qt::ItemIsUserCheckable | Qt::ItemIsEnabled | Qt::ItemIsSelectable);
    subItem21->setText(0, "subItem21");
```

```cpp
        subItem21->setCheckState(0, Qt::Unchecked);
        QTreeWidgetItem *subItem22 = new QTreeWidgetItem(group2);
        subItem22->setFlags(Qt::ItemIsUserCheckable | Qt::ItemIsEnabled | Qt::ItemIsSelectable);
        subItem22->setText(0, "subItem22");
        subItem22->setCheckState(0, Qt::Unchecked);
        QTreeWidgetItem *subItem23 = new QTreeWidgetItem(group2);
        subItem23->setFlags(Qt::ItemIsUserCheckable | Qt::ItemIsEnabled | Qt::ItemIsSelectable);
        subItem23->setText(0, "subItem23");
        subItem23->setCheckState(0, Qt::Unchecked);
}
```

函数 treeItemChanged() 的具体实现代码如下：

```cpp
void Widget::treeItemChanged(QTreeWidgetItem* item, int column)
{
    QString itemText = item->text(0);
    //选中时
    if(item->childCount()>0)
    {
        if (Qt::Checked == item->checkState(0))
        {
            QTreeWidgetItem* parent = item;
            int count = parent->childCount();
            if (count > 0)
            {
                for (int i = 0; i < count; i++)
                {
                    //子节点也选中
                    item->child(i)->setCheckState(0, Qt::Checked);
                }
            }
            else
            {
                //是子节点
                updateParentItem(item);
            }
        }
        else if (Qt::Unchecked == item->checkState(0))
        {
            int count = item->childCount();
            if (count > 0)
            {
                for (int i = 0; i < count; i++)
                {
                    item->child(i)->setCheckState(0, Qt::Unchecked);
                }
            }
            else
```

```cpp
            {
                updateParentItem(item);
            }
        }
    }
    else if(item->parent() != NULL)
    {
        updateParentItem(item);
    }
}
```

函数 updateParentItem()的具体实现代码如下:

```cpp
void Widget::updateParentItem(QTreeWidgetItem* item)
{
    QTreeWidgetItem *parent = item->parent();
    if (parent == NULL)
    {
        return;
    }
    //选中的子节点个数
    int selectedCount = 0;
    int childCount = parent->childCount();
    for (int i = 0; i < childCount; i++)
    {
        QTreeWidgetItem *childItem = parent->child(i);
        if (childItem->checkState(0) == Qt::Checked)
        {
            selectedCount++;
        }
    }
    if (selectedCount <= 0)
    {
        //未选中状态
        parent->setCheckState(0, Qt::Unchecked);
    }
    else if (selectedCount > 0 && selectedCount < childCount)
    {
        //部分选中状态
        parent->setCheckState(0, Qt::PartiallyChecked);
    }
    else if (selectedCount == childCount)
    {
        //选中状态
        parent->setCheckState(0, Qt::Checked);
    }
}
```

(5) 运行结果如图 2.10 所示。

2.5.9 多控件实例

【例】（难度一般）（CH210）将上面介绍的控件综合起来使用。
具体步骤如下。

（1）新建 Qt Widgets Application（详见 1.3.1 节），项目名称为"Test"，基类选择"QDialog"，类名保持"Dialog"不变，**保持"Generate form"**（创建界面）复选框的选中状态。

（2）双击"dialog.ui"文件，打开 Qt 的设计器，中间的空白窗体为一个 Parent Widget，接着需要建立一些 Child Widget。在左边的工具箱中找到所需要的 Widget：拖曳出一个 Label、一个 Line Edit（用于输入文字）、一个 Horizontal Spacer 及两个 Push Button。现在不需要花太多时间在这些 Widget 的位置编排上，以后可利用 Qt 的 Layout Manage 进行位置的编排。

（3）设置 Widget 的属性。

- 选择 Label，确定 objectName 属性为"label"，并且设定 text 属性为"&Cell Location"。
- 选择 Line Edit，确定 objectName 属性为"lineEdit"。
- 选择第一个按钮，将其 objectName 属性设定为"okButton"，enabled 属性设为"false"，text 属性设为"OK"，并将 default 属性设为"true"。
- 选择第二个按钮，将其 objectName 属性设为"cancelButton"，并将 text 属性设为"Cancel"。
- 将表单背景的 window Title 属性设为"Go To Cell"。

初始的设计效果如图 2.11 所示。

（4）运行项目，此时看到界面中的 label 会显示一个"&"。为了解决这个问题，选择**"编辑"→"Edit Buddies"**（编辑伙伴）命令，在此模式下，可以设定伙伴。选中 label 并拖曳至 lineEdit，然后放开，此时会有一个红色箭头由 label 指向 lineEdit，如图 2.12 所示。

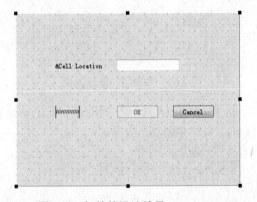 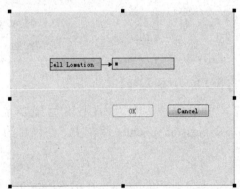

图 2.11　初始的设计效果　　　　　图 2.12　编辑伙伴模式

再次运行该程序，label 的"&"不再出现，如图 2.13 所示，此时 label 与 lineEdit 这两个 Widget 就互为伙伴了。选择**"编辑"→"Edit Widgets"**（编辑控件）命令，即可离开此模式，回到原本的编辑模式。

（5）对 Widget 进行位置编排的布局（layout）。

- 利用 Ctrl 键一次选取多个 Widget，首先选取 label 与 lineEdit；接着单击上方工具栏中的水平布局按钮。
- 类似地，首先选取 Spacer 与两个 Push Button，接着单击上方工具栏中的按钮即可，水平布局后的效果如图 2.14 所示。

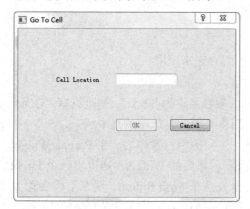

图 2.13　"&"消失了

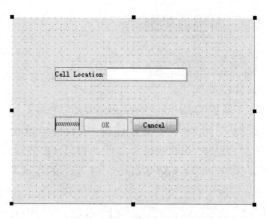

图 2.14　水平布局后的效果

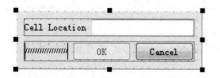

图 2.15　垂直布局和调整大小后的效果

● 选取整个 form（不选任何项目），单击上方工具栏中的 垂直布局按钮。

● 单击上方工具栏中的 调整大小按钮，整个表单就自动调整为合适的大小。此时，出现红色的线将各 Widget 框起来，被框起来的 Widget 表示已经被选定为某种布局了，如图 2.15 所示。

（6）单击 编辑 Tab 键顺序按钮，每个 Widget 上都会出现一个方框显示数字，这就是表示按下 Tab 键的顺序，调整到需要的顺序，如图 2.16 所示。单击 编辑元件按钮，即可离开此模式，回到原来的编辑模式。此时，运行该程序后的效果如图 2.17 所示。

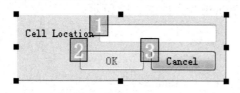

图 2.16　调整【Tab】键的顺序

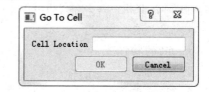

图 2.17　布局后的运行效果

（7）由于本例要使用正则表达式功能，需要用到 Qt 6 的 QRegularExpression 和 QRegularExpressionValidator 两个类，在项目的 qmake 文件 Test.pro 中添加：

```
QT       += core                          # 支持 QRegularExpression
QT       += gui                           # 支持 QRegularExpressionValidator
```

然后在头文件"dialog.h"开头添加包含语句：

```
#include <QRegularExpression>
#include <QRegularExpressionValidator>
```

这样，在下面的编程中就可以使用这两个类了。

（8）在头文件"dialog.h"中的 Dialog 类声明中添加语句：

```
private slots:
    void on_lineEdit_textChanged();
```

（9）在源文件"dialog.cpp"中的构造函数中添加代码如下：

```
ui->setupUi(this);                                      //(a)
QRegularExpression regExp("[A-Za-z][1-9][0-9]{0,2}");
```

```
                                              //正则表达式限制输入字元的范围
ui->lineEdit->setValidator(new QRegularExpressionValidator(regExp,this));
                                              //(b)
connect(ui->okButton,SIGNAL(clicked()),this,SLOT(accept()));
                                              //(c)
connect(ui->cancelButton,SIGNAL(clicked()),this,SLOT(reject()));
```
其中，

(a) ui->setupUi(this);： 在构造函数中使用该语句进行初始化。在生成界面之后，setupUi()将根据 naming convention 对 slot 进行连接，即连接 on_objectName_signalName()与 objectName 中 signalName()的 signal。在此，setupUi()会自动建立下列的 signal-slot 连接：

```
connect(ui->lineEdit,SIGNAL(textChanged(QString)),this,SLOT(on_lineEdit_textChanged()));
```

(b)ui->lineEdit->setValidator(new QRegularExpressionValidator(regExp,this))： 使用 QregularExpressionValidator 类搭配正则表示法"[A-Za-z][1-9][0-9]{0,2}"。这样，只允许第一个字元输入大小写英文字母，后面接一位非 0 的数字，再接 0～2 位可为 0 的数字。

(c) connect(…)： 连接了"OK"按钮至 QDialog 的 accept()槽函数，以及"Cancel"按钮至 QDialog 的 reject()槽函数。这两个槽函数都会关闭 Dialog 视窗，但是 accept()会设定 Dialog 的结果至 QDialog::Accepted（结果设为 1），而 reject()则会设定为 QDialog::Rejected（结果设为 0），因此可以根据这个结果来判断按下的是"OK"按钮还是"Cancel"按钮。

> **注意：** parent-child 机制：当建立一个物件（widget、validator 或其他元件）时，若此物件伴随着一个 parent，则此 parent 就将此物件加入它的 children list。而当 parent 被消除时，会根据 children list 将这些 child 消除掉。若这些 child 也有其 children，也会连同一起被消除。这个机制大大简化了记忆体管理，降低了 memory leak 的风险。因此，唯有那些没有 parent 的物件才使用 delete 消除。对于 Widget 来说，parent 有着另外的意义，即 Child Widget 是显示在 parent 范围之内的。当消除了 Parent Widget 后，将不只是 child 从记忆体中消失，而是整个窗体都会消失。

实现槽函数 on_lineEdit_textChanged()：

```
void Dialog::on_lineEdit_textChanged()
{
    ui->okButton->setEnabled(ui->lineEdit->hasAcceptableInput());
}
```

此槽函数会根据在 lineEdit 中输入的文字是否有效来启用或停用"OK"按钮，QLineEdit::hasAcceptableInput()中使用到构造函数中的 validator。

（10）运行此项目。当在 lineEdit 中输入 A12 后，"OK"按钮将自动变为可用状态，当单击"Cancel"按钮时则会关闭窗口，如图 2.18 所示。

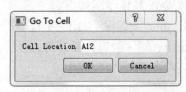

图 2.18　最终运行效果

第 3 章

Qt 6 布局管理

本章简单介绍布局管理的使用方法。首先通过三个小实例分别介绍分割窗口 QSplitter 类、停靠窗口 QDockWidget 类及堆栈窗口 QStackedWidget 类的使用，然后通过一个实例介绍布局管理器的使用方法，最后通过一个修改用户资料综合实例介绍以上内容的综合应用。

3.1 分割窗口类：QSplitter

分割窗口 QSplitter 类在应用程序中经常用到，它可以灵活分割窗口的布局，经常用在类似文件资源管理器的窗口设计中。

【例】（简单）（CH301）一个十分简单的分割窗口功能，整个窗口由三个子窗口组成，各个子窗口之间的大小可随意拖曳改变，效果如图 3.1 所示。

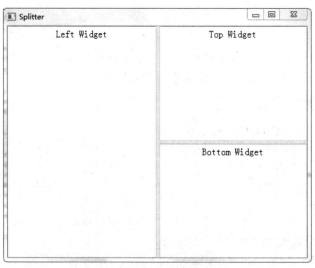

图 3.1　简单分割窗口实例效果

本实例采用编写代码的方式实现，具体步骤如下：

（1）新建 Qt Widgets Application（详见 1.3.1 节），项目名称为"Splitter"，基类选择"QMainWindow"，取消"Generate form"（创建界面）复选框的选中状态。

（2）在项目的"main.cpp"文件中添加如下代码：

```
int main(int argc, char *argv[])
{
```

```cpp
        QApplication a(argc, argv);
        QFont font("ZYSong18030",12);                          //指定显示字体
        a.setFont(font);
        //主分割窗口
        QSplitter *splitterMain = new QSplitter(Qt::Horizontal,0);
                                                                //(a)
        QTextEdit *textLeft = new QTextEdit(QObject::tr("Left Widget"), splitterMain);
                                                                //(b)
        textLeft->setAlignment(Qt::AlignCenter);                //(c)
        //右分割窗口                                              //(d)
        QSplitter *splitterRight = new QSplitter(Qt::Vertical,splitterMain);
        splitterRight->setOpaqueResize(false);                  //(e)
        QTextEdit *textUp = new QTextEdit(QObject::tr("Top Widget"), splitterRight);
        textUp->setAlignment(Qt::AlignCenter);
        QTextEdit   *textBottom  =  new  QTextEdit(QObject::tr("Bottom Widget"),
splitterRight);
        textBottom->setAlignment(Qt::AlignCenter);
        splitterMain->setStretchFactor(1,1);                    //(f)
        splitterMain->setWindowTitle(QObject::tr("Splitter"));
        splitterMain->show();
        //MainWindow w;
        //w.show();
        return a.exec();
}
```

其中,

(a) QSplitter *splitterMain = new QSplitter(Qt::Horizontal,0)：新建一个 QSplitter 类对象，作为主分割窗口，设定此分割窗口为水平分割窗口。

(b) QTextEdit *textLeft = new QTextEdit(QObject::tr("Left Widget"),splitterMain)：新建一个 QTextEdit 类对象，并将其插入主分割窗口中。

(c) textLeft->setAlignment(Qt::AlignCenter)：设定 TextEdit 中文字的对齐方式，常用的对齐方式有以下几种。

- Qt::AlignLeft：左对齐。
- Qt::AlignRight：右对齐。
- Qt::AlignCenter：文字居中（Qt::AlignHCenter 为水平居中，Qt::AlignVCenter 为垂直居中）。
- Qt::AlignUp：文字与顶端对齐。
- Qt::AlignBottom：文字与底部对齐。

(d) QSplitter *splitterRight = new QSplitter(Qt::Vertical,splitterMain)：新建一个 QSplitter 类对象，作为右分割窗口，设定此分割窗口为垂直分割窗口，并以主分割窗口为父窗口。

(e) splitterRight->setOpaqueResize(false)：调用 setOpaqueResize(bool)方法用于设定分割窗口的分割条在拖曳时是否实时更新显示，若设为 true 则实时更新显示，若设为 false 则在拖曳时只显示一条灰色的粗线条，在拖曳到位并释放鼠标后再显示分割条。默认设置为 true。

(f) splitterMain->setStretchFactor(1,1)：调用 setStretchFactor()方法用于设定可伸缩控件，它的第 1 个参数用于指定设置的控件序号，控件序号按插入的先后次序从 0 起依次编号；第 2 个参数为大于 0 的值，表示此控件为可伸缩控件。此实例中设定右部分分割窗口为可伸缩控件，

当整个对话框的宽度发生改变时，左部的文件编辑框宽度保持不变，右部的分割窗口宽度随整个对话框大小的改变进行调整。

（3）在"main.cpp"文件的开始部分加入以下头文件：

```
#include<QSplitter>
#include<QTextEdit>
```

（4）运行程序，显示效果如图 3.1 所示。

3.2 停靠窗口类：QDockWidget

停靠窗口 QDockWidget 类也是应用程序中经常用到的，设置停靠窗口的一般流程如下。

（1）创建一个 QDockWidget 对象的停靠窗体。
（2）设置此停靠窗体的属性，通常调用 setFeatures()及 setAllowedAreas()两种方法。
（3）新建一个要插入停靠窗体的控件，常用的有 QListWidget 和 QTextEdit。
（4）将控件插入停靠窗体，调用 QDockWidget 的 setWidget()方法。
（5）使用 addDockWidget()方法在 MainWindow 中加入此停靠窗体。

【例】（简单）（CH302）停靠窗口 QDockWidget 类的使用：窗口 1 只可在主窗口的左边和右边停靠；窗口 2 只可在浮动和右部停靠两种状态间切换，并且不可移动；窗口 3 不可移动，在左边显示垂直的标签栏。效果如图 3.2 所示。

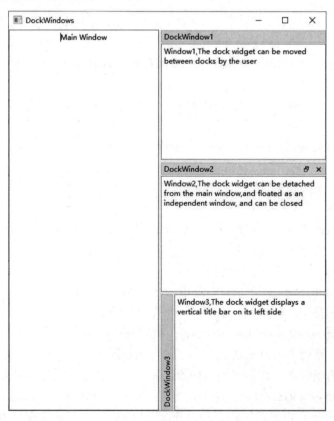

图 3.2 简单停靠窗口实例效果

本实例是采用编写代码的方式实现的，具体步骤如下。

（1）新建 Qt Widgets Application （详见 1.3.1 节），项目名称为"DockWindows"，基类选择"QMainWindow"，类名命名为"DockWindows"，取消"Generate form"（创建界面）复选框的选中状态。

QMainWindow 主窗口的使用将在本书第 5 章中详细介绍。

（2）DockWindows 类中只有一个构造函数的声明，位于"dockwindows.h"文件中，代码如下：

```cpp
class DockWindows : public QMainWindow
{
    Q_OBJECT
public:
    DockWindows(QWidget *parent = 0);
    ~DockWindows();
};
```

（3）打开"dockwindows.cpp"文件，DockWindows 类构造函数实现窗口的初始化及功能实现，具体代码如下：

```cpp
DockWindows::DockWindows(QWidget *parent) : QMainWindow(parent)
{
    setWindowTitle(tr("DockWindows"));          //设置主窗口的标题栏文字
    QTextEdit *te = new QTextEdit(this);        //定义一个 QTextEdit 对象作为主窗口
    te->setText(tr("Main Window"));
    te->setAlignment(Qt::AlignCenter);
    setCentralWidget(te);                        //将此编辑框设为主窗口的中央窗体
    //停靠窗口 1
    QDockWidget *dock = new QDockWidget(tr("DockWindow1"),this);
    //可移动
    dock->setFeatures(QDockWidget::DockWidgetMovable); //(a)
    dock->setAllowedAreas(Qt::LeftDockWidgetArea|Qt::RightDockWidgetArea);
                                                 //(b)
    QTextEdit *te1 = new QTextEdit();
    te1->setText(tr("Window1,The dock widget can be moved between docks by the user" ""));
    dock->setWidget(te1);
    addDockWidget(Qt::RightDockWidgetArea,dock);
    //停靠窗口 2
    dock = new QDockWidget(tr("DockWindow2"),this);
    dock->setFeatures(QDockWidget::DockWidgetClosable|QDockWidget::DockWidgetFloatable);
                                                 //可关闭、可浮动
    QTextEdit *te2 = new QTextEdit();
    te2->setText(tr("Window2,The dock widget can be detached from the main window,""and floated as an independent window, and can be closed"));
    dock->setWidget(te2);
    addDockWidget(Qt::RightDockWidgetArea,dock);
    //停靠窗口 3
    dock = new QDockWidget(tr("DockWindow3"),this);
    dock->setFeatures(QDockWidget::DockWidgetVerticalTitleBar);
                                                 //带垂直标签栏
```

```
    QTextEdit *te3 = new QTextEdit();
    te3->setText(tr("Window3,The dock widget displays a vertical title bar on its left side"));
    dock->setWidget(te3);
    addDockWidget(Qt::RightDockWidgetArea,dock);
}
```

其中,

(a) setFeatures() 方法设置停靠窗体的特性,原型如下:

```
void setFeatures(DockWidgetFeatures features)
```

参数 QDockWidget::DockWidgetFeatures 指定停靠窗体的特性,包括以下几种参数。

① QDockWidget::DockWidgetClosable:停靠窗体可关闭。
② QDockWidget::DockWidgetMovable:停靠窗体可移动。
③ QDockWidget::DockWidgetFloatable:停靠窗体可浮动。
④ QDockWidget::DockWidgetVerticalTitleBar:在左边显示垂直的标签栏。
⑤ QDockWidget::NoDockWidgetFeatures:不可移动、不可关闭、不可浮动。

此参数可采用或(|)的方式对停靠窗体多个特性进行组合设定。

(b) setAllowedAreas() 方法设置停靠窗体可停靠的区域,原型如下:

```
void setAllowedAreas(Qt::DockWidgetAreas areas)
```

参数 Qt::DockWidgetAreas 指定了停靠窗体可停靠的区域,包括以下几种参数。

① Qt::LeftDockWidgetArea:可在主窗口的左侧停靠。
② Qt::RightDockWidgetArea:可在主窗口的右侧停靠。
③ Qt::TopDockWidgetArea:可在主窗口的顶端停靠。
④ Qt::BottomDockWidgetArea:可在主窗口的底部停靠。
⑤ Qt::AllDockWidgetArea:可在主窗口任意(以上四个)部位停靠。
⑥ Qt::NoDockWidgetArea:只可停靠在插入处。

各区域也可采用或(|)的方式进行组合设定。

(4)在"dockwindows.cpp"文件的开始部分加入以下头文件:

```
#include <QTextEdit>
#include <QDockWidget>
```

(5)运行程序,显示效果如图 3.2 所示。

3.3 堆栈窗体类:QStackedWidget

堆栈窗体 QStackedWidget 类也是应用程序中经常用到的。在实际应用中,堆栈窗体多与列表框 QListWidget 及下拉列表框 QComboBox 配合使用。

【例】(简单)(CH303)堆栈窗体 QStackedWidget 类的使用,当选择左侧列表框中不同的选项时,右侧显示所选的不同的窗体。在此使用列表框 QListWidget,效果如图 3.3 所示。

本实例是采用编写代码的方式实现的,具体步骤如下:

(1)新建 Qt Widgets Application(详见 1.3.1 节),项目名称为"StackedWidget",基类选择"QDialog",类名命名为"StackDlg",取消"Generate form"(创建界面)复选框的选中状态。

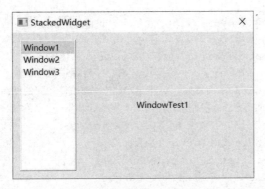

图 3.3　简单堆栈窗体实例效果

（2）打开"stackdlg.h"文件，添加如下加黑代码：

```
class StackDlg : public QDialog
{
    Q_OBJECT
public:
    StackDlg(QWidget *parent = 0);
    ~StackDlg();
private:
    QListWidget *list;
    QStackedWidget *stack;
    QLabel *label1;
    QLabel *label2;
    QLabel *label3;
};
```

在文件开始部分添加以下头文件：

```
#include <QListWidget>
#include <QStackedWidget>
#include <QLabel>
```

（3）打开"stackdlg.cpp"文件，在停靠窗体 StackDlg 类的构造函数中添加如下代码：

```
StackDlg::StackDlg(QWidget *parent) : QDialog(parent)
{
    setWindowTitle(tr("StackedWidget"));
    list = new QListWidget(this);    //新建一个 QListWidget 控件对象
    //在新建的 QListWidget 控件中插入三个条目，作为选择项
    list->insertItem(0,tr("Window1"));
    list->insertItem(1,tr("Window2"));
    list->insertItem(2,tr("Window3"));
    //创建三个 QLabel 标签控件对象，作为堆栈窗口需要显示的三层窗体
    label1 = new QLabel(tr("WindowTest1"));
    label2 = new QLabel(tr("WindowTest2"));
    label3 = new QLabel(tr("WindowTest3"));
    stack = new QStackedWidget(this);
                                //新建一个 QStackedWidget 堆栈窗体对象
    //将创建的三个 QLabel 标签控件依次插入堆栈窗体中
    stack->addWidget(label1);
```

```
        stack->addWidget(label2);
        stack->addWidget(label3);
        QHBoxLayout *mainLayout = new QHBoxLayout(this);
                                            //对整个对话框进行布局
        mainLayout->setSpacing(5);          //设定各个控件之间的间距为 5
        mainLayout->addWidget(list);
        mainLayout->addWidget(stack,0,Qt::AlignHCenter);
        mainLayout->setStretchFactor(list,1);        //(a)
        mainLayout->setStretchFactor(stack,3);
        connect(list,SIGNAL(currentRowChanged(int)),stack,SLOT(setCurrentIndex(int)));                                                       //(b)
    }
```

其中，

(a) mainLayout->setStretchFactor(list,1)：设定可伸缩控件，第 1 个参数用于指定设置的控件（序号从 0 起编号），第 2 个参数的值大于 0 则表示此控件为可伸缩控件。

(b) connect(list,SIGNAL(currentRowChanged(int)),stack,SLOT(setCurrentIndex(int)))：将 QListWidget 的 currentRowChanged()信号与堆栈窗体的 setCurrentIndex()槽函数连接起来，实现按选择显示窗体。此处的堆栈窗体 index 按插入的顺序从 0 起依次排序，与 QListWidget 的条目排序相一致。

（4）在"stackdlg.cpp"文件的开始部分加入以下头文件：

```
#include <QHBoxLayout>
```

（5）运行程序，显示效果如图 3.3 所示。

3.4 基本布局类：QLayout

Qt 提供了 QHBoxLayout 类、QVBoxLayout 类及 QGridLayout 类等基本布局管理，分别实现水平布局、垂直布局和网格布局。它们之间的继承关系如图 3.4 所示。

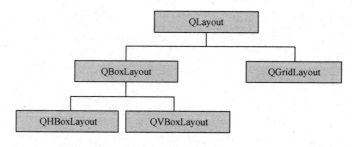

图 3.4 各种布局类及继承关系

布局中常用的方法有 addWidget()和 addLayout()。
addWidget()方法用于加入需要布局的控件，原型如下：

```
void addWidget
(
    QWidget *widget,                    //需要插入的控件对象
    int  fromRow,                       //插入的行
```

```
    int     fromColumn,                    //插入的列
    int     rowSpan,                       //表示占用的行数
    int     columnSpan,                    //表示占用的列数
    Qt::Alignment  alignment = 0           //描述各个控件的对齐方式
)
```

addLayout()方法用于加入子布局，原型如下：

```
void addLayout
(
    QLayout *layout,                       //表示需要插入的子布局对象
    int row,                               //插入的起始行
    int column,                            //插入的起始列
    int rowSpan,                           //表示占用的行数
    int columnSpan,                        //表示占用的列数
    Qt::Alignment  alignment = 0           //指定对齐方式
)
```

其中各个参数的作用如注释所示。

【例】（难度一般）（CH304）通过实现一个"用户基本资料修改"的功能表单来介绍如何使用基本布局管理，如 QHBoxLayout 类、QVBoxLayout 类及 QGridLayout 类，效果如图 3.5 所示。

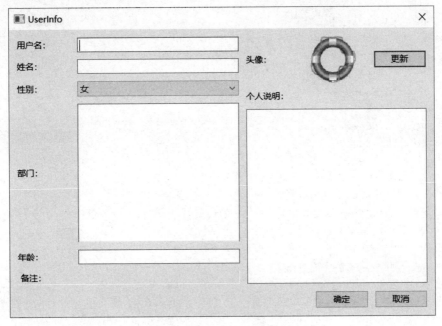

图 3.5　基本布局实例效果

本实例共用到四个布局管理器，分别是 LeftLayout、RightLayout、BottomLayout 和 MainLayout，其布局框架如图 3.6 所示。

本实例是采用编写代码的方式实现的，具体步骤如下。

（1）新建 Qt Widgets Application（详见 1.3.1 节），项目名称为"UserInfo"，基类选择"QDialog"，取消"Generate form"（创建界面）复选框的选中状态。

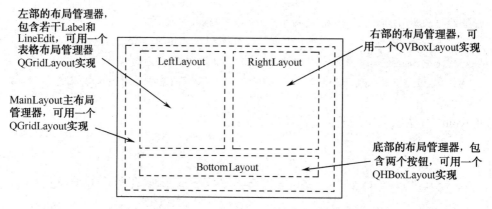

图 3.6 本实例的布局框架

(2)打开"dialog.h"头文件,在头文件中声明对话框中的各个控件。添加如下代码:

```
class Dialog : public QDialog
{
    Q_OBJECT
public:
    Dialog(QWidget *parent = 0);
    ~Dialog();
private:
    //左侧
    QLabel *UserNameLabel;
    QLabel *NameLabel;
    QLabel *SexLabel;
    QLabel *DepartmentLabel;
    QLabel *AgeLabel;
    QLabel *OtherLabel;
    QLineEdit *UserNameLineEdit;
    QLineEdit *NameLineEdit;
    QComboBox *SexComboBox;
    QTextEdit *DepartmentTextEdit;
    QLineEdit *AgeLineEdit;
    QGridLayout *LeftLayout;
    //右侧
    QLabel *HeadLabel;               //右上角部分
    QLabel *HeadIconLabel;
    QPushButton *UpdateHeadBtn;
    QHBoxLayout *TopRightLayout;
    QLabel *IntroductionLabel;
    QTextEdit *IntroductionTextEdit;
    QVBoxLayout *RightLayout;
    //底部
    QPushButton *OkBtn;
    QPushButton *CancelBtn;
    QHBoxLayout *BottomLayout;
};
```

添加如下头文件：
```cpp
#include <QLabel>
#include <QLineEdit>
#include <QComboBox>
#include <QTextEdit>
#include <QGridLayout>
```

（3）打开"dialog.cpp"文件，在类 Dialog 的构造函数中添加如下代码：
```cpp
Dialog::Dialog(QWidget *parent) : QDialog(parent)
{
    setWindowTitle(tr("UserInfo"));
    /************* 左侧 *****************************/
    UserNameLabel = new QLabel(tr("用户名："));
    UserNameLineEdit = new QLineEdit;
    NameLabel = new QLabel(tr("姓名："));
    NameLineEdit = new QLineEdit;
    SexLabel = new QLabel(tr("性别："));
    SexComboBox = new QComboBox;
    SexComboBox->addItem(tr("女"));
    SexComboBox->addItem(tr("男"));
    DepartmentLabel = new QLabel(tr("部门："));
    DepartmentTextEdit = new QTextEdit;
    AgeLabel = new QLabel(tr("年龄："));
    AgeLineEdit = new QLineEdit;
    OtherLabel = new QLabel(tr("备注："));
    OtherLabel->setFrameStyle(QFrame::Panel|QFrame::Sunken);     //(a)
    LeftLayout = new QGridLayout();                              //(b)
    //向布局中加入需要布局的控件
    LeftLayout->addWidget(UserNameLabel,0,0);                    //用户名
    LeftLayout->addWidget(UserNameLineEdit,0,1);
    LeftLayout->addWidget(NameLabel,1,0);                        //姓名
    LeftLayout->addWidget(NameLineEdit,1,1);
    LeftLayout->addWidget(SexLabel,2,0);                         //性别
    LeftLayout->addWidget(SexComboBox,2,1);
    LeftLayout->addWidget(DepartmentLabel,3,0);                  //部门
    LeftLayout->addWidget(DepartmentTextEdit,3,1);
    LeftLayout->addWidget(AgeLabel,4,0);                         //年龄
    LeftLayout->addWidget(AgeLineEdit,4,1);
    LeftLayout->addWidget(OtherLabel,5,0,1,2);                   //其他
    LeftLayout->setColumnStretch(0,1);                           //(c)
    LeftLayout->setColumnStretch(1,3);
    /*********右侧*********/
    HeadLabel = new QLabel(tr("头像："));                         //右上角部分
    HeadIconLabel = new QLabel;
    QPixmap icon("312.png");
    HeadIconLabel->setPixmap(icon);
    HeadIconLabel->resize(icon.width(),icon.height());
    UpdateHeadBtn = new QPushButton(tr("更新"));
    //完成右上侧头像选择区的布局
```

```cpp
        TopRightLayout = new QHBoxLayout();
        TopRightLayout->setSpacing(20);            //设定各个控件之间的间距为20
        TopRightLayout->addWidget(HeadLabel);
        TopRightLayout->addWidget(HeadIconLabel);
        TopRightLayout->addWidget(UpdateHeadBtn);
        IntroductionLabel = new QLabel(tr("个人说明："));      //右下角部分
        IntroductionTextEdit = new QTextEdit;
        //完成右侧的布局
        RightLayout = new QVBoxLayout();
        RightLayout->addLayout(TopRightLayout);
        RightLayout->addWidget(IntroductionLabel);
        RightLayout->addWidget(IntroductionTextEdit);
        /*--------------------- 底部 ---------------------*/
        OkBtn = new QPushButton(tr("确定"));
        CancelBtn = new QPushButton(tr("取消"));
        //完成下方两个按钮的布局
        BottomLayout = new QHBoxLayout();
        BottomLayout->addStretch();                            //(d)
        BottomLayout->addWidget(OkBtn);
        BottomLayout->addWidget(CancelBtn);
        /*-------------------------------------------*/
        QGridLayout *mainLayout = new QGridLayout(this);       //(e)
        mainLayout->setSpacing(10);
        mainLayout->addLayout(LeftLayout,0,0);
        mainLayout->addLayout(RightLayout,0,1);
        mainLayout->addLayout(BottomLayout,1,0,1,2);
        mainLayout->setSizeConstraint(QLayout::SetFixedSize);  //(f)
}
```

其中，

(a) OtherLabel->setFrameStyle(QFrame::Panel|QFrame::Sunken)：设置控件的风格。setFrameStyle()是 QFrame 的方法，参数以或(|)的方式设定控件的面板风格，由形状（QFrame::Shape）和阴影（QFrame::shadow）两项配合设定。其中，形状包括六种，分别是 NoFrame、Panel、Box、HLine、VLine 及 WinPanel；阴影包括三种，分别是 Plain、Raised 和 Sunken。

(b) LeftLayout = new QGridLayout()：左部布局，由于此布局管理器不是主布局管理器，所以不用指定父窗口。

(c) LeftLayout->setColumnStretch(0,1)、LeftLayout->setColumnStretch(1,3)：设定两列分别占用空间的比例，本例设定为 1:3。即使对话框框架大小改变了，两列之间的宽度比依然保持不变。

(d) ButtomLayout->addStretch()：在按钮之前插入一个占位符，使两个按钮能够靠右对齐，并且在整个对话框的大小发生改变时，保证按钮的大小不发生变化。

(e) QGridLayout *mainLayout = new QGridLayout(this)：实现主布局，指定父窗口 this，也可调用 this->setLayout(mainLayout)实现。

(f) mainLayout->setSizeConstraint(QLayout::SetFixedSize)：设定最优化显示，并且使用户无法改变对话框的大小。所谓最优化显示，即控件都按其 sizeHint()的大小显示。

（4）在"dialog.cpp"文件的开始部分加入以下头文件：

```
#include <QLabel>
#include <QLineEdit>
#include <QComboBox>
#include <QPushButton>
#include <QFrame>
#include <QGridLayout>
#include <QPixmap>
#include <QHBoxLayout>
```

（5）选择"构建"→"构建项目"UserInfo""命令，为了能够在界面上显示头像图片，请将事先准备好的图片 312.png 复制到 C:\Qt6\CH3\CH304\build-UserInfo-Desktop_Qt_6_0_1_MinGW_64_bit-Debug 目录下，再重新构建项目。

运行程序，显示效果如图 3.5 所示。

此实例是通过编写代码实现的，当然也可以采用 Qt Designer 来布局。

注意： QHBoxLayout 默认采取的是以自左向右的方式顺序排列插入控件或子布局，也可通过调用 setDirection()方法设定排列的顺序（如 layout->setDirection (QBoxLayout:: RightToLeft)）。QVBoxLayout 默认采取的是以自上而下的方式顺序排列插入控件或子布局，也可通过调用 setDirection()方法设定排列的顺序。

3.5 【综合实例】：修改用户资料表单

【例】（难度中等）（CH305）通过实现修改用户资料表单这一综合实例，介绍如何使用布局方法实现一个复杂的窗口布局，以及分割窗口和堆栈窗体的应用，效果如图 3.7 所示。

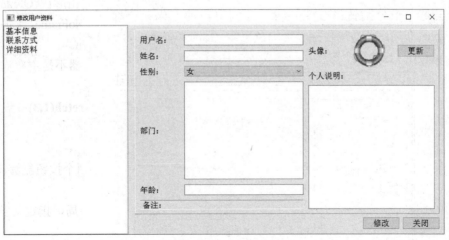

(a) "基本信息"页面

图 3.7 修改用户资料表单实例效果

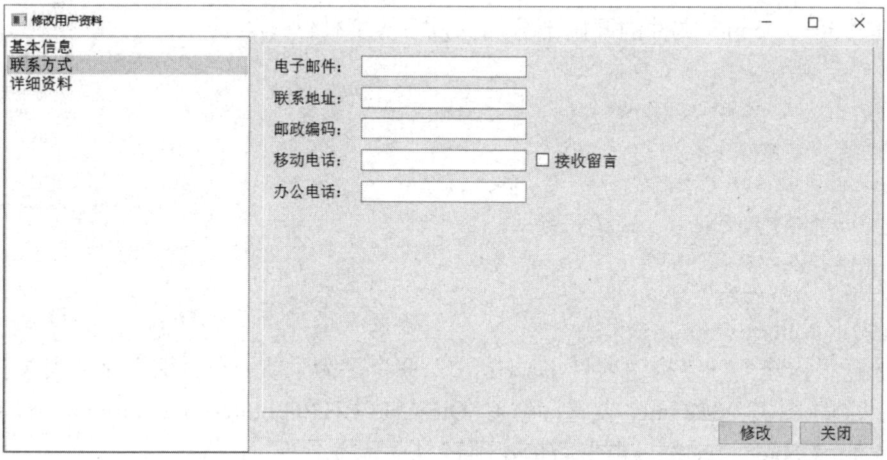

（b）"联系方式"页面

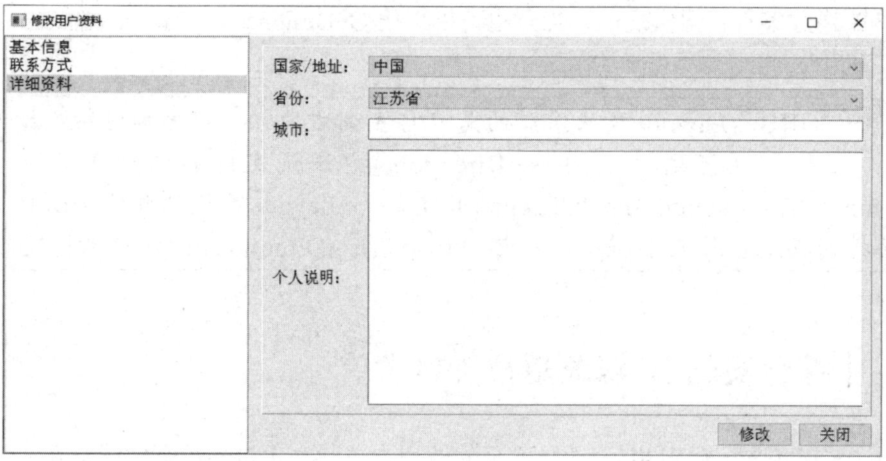

（c）"详细资料"页面

图 3.7 修改用户资料表单实例效果（续）

最外层是一个分割窗口 QSplitter，分割窗口的左侧是一个 QListWidget，右侧是一个 QVBoxLayout 布局，此布局包括一个堆栈窗体 QStackWidget 和一个按钮布局。在此堆栈窗体 QStackWidget 中又包含三个窗体，每个窗体采用基本布局方式进行布局管理，如图 3.8 所示。

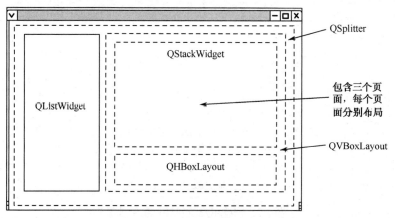

图 3.8 布局框架

3.5.1 导航页实现

导航页的实现步骤如下。

(1) 新建 Qt Widgets Application(详见 1.3.1 节)，项目名称为"Example"，基类选择"QDialog"，类名命名为"Content"，取消"Generate form"（创建界面）复选框的选中状态。

(2) 在如图 3.8 所示的布局框架中，框架左侧的页面（导航页）就用 Content 类来实现。打开"content.h"头文件，修改 Content 类继承自 QFrame 类，类声明中包含自定义的三个页面类对象、两个按钮对象及一个堆栈窗体对象，添加如下代码：

```cpp
//添加的头文件
#include <QStackedWidget>
#include <QPushButton>
#include "baseinfo.h"
#include "contact.h"
#include "detail.h"
class Content : public QFrame
{
    Q_OBJECT
public:
    Content(QWidget *parent = 0);
    ~Content();
    QStackedWidget *stack;
    QPushButton *AmendBtn;
    QPushButton *CloseBtn;
    BaseInfo *baseInfo;
    Contact *contact;
    Detail *detail;
};
```

(3) 打开"content.cpp"文件，添加如下代码：

```cpp
Content::Content(QWidget *parent) : QFrame(parent)
{
    stack = new QStackedWidget(this);      //创建一个QStackedWiget对象
    //对堆栈窗口的显示风格进行设置
    stack->setFrameStyle(QFrame::Panel|QFrame::Raised);
    /* 插入三个页面 */                      //(a)
    baseInfo = new BaseInfo();
    contact = new Contact();
    detail = new Detail();
    stack->addWidget(baseInfo);
    stack->addWidget(contact);
    stack->addWidget(detail);
    /* 创建两个按钮 */                      //(b)
    AmendBtn = new QPushButton(tr("修改"));
    CloseBtn = new QPushButton(tr("关闭"));
```

```
    QHBoxLayout *BtnLayout = new QHBoxLayout;
    BtnLayout->addStretch(1);
    BtnLayout->addWidget(AmendBtn);
    BtnLayout->addWidget(CloseBtn);
    /* 进行整体布局 */
    QVBoxLayout *RightLayout = new QVBoxLayout(this);
    RightLayout->setSpacing(6);
    RightLayout->addWidget(stack);
    RightLayout->addLayout(BtnLayout);
}
```

其中，

(a) baseInfo = new BaseInfo()至 stack->addWidget(detail)：这段代码是在堆栈窗口中顺序插入"基本信息"、"联系方式"及"详细资料"三个页面。其中，BaseInfo 类的具体完成代码参照 3.4 节，后两个与此类似。

(b) AmendBtn = new QPushButton(tr("修改"))至 BtnLayout->addWidget(CloseBtn)：这段代码用于创建两个按钮，并利用 QHBoxLayout 对其进行布局。

3.5.2 "基本信息"页设计

第一个"基本信息"页面的设计步骤如下。

(1) 添加显示基本信息页面的函数所在的源文件。

在"Example"项目名上单击鼠标右键，在弹出的快捷菜单中选择"Add New..."菜单项，在弹出的如图 3.9 所示的对话框中选择"C++ Class"选项，单击"Choose..."按钮。

(2) 弹出如图 3.10 所示的对话框，在"Class name"栏输入类的名称"BaseInfo"，在"Base class"栏的下拉列表中选择基类名"QWidget"。单击"下一步"按钮，再单击"完成"按钮，添加"baseinfo.h"头文件和"baseinfo.cpp"源文件。

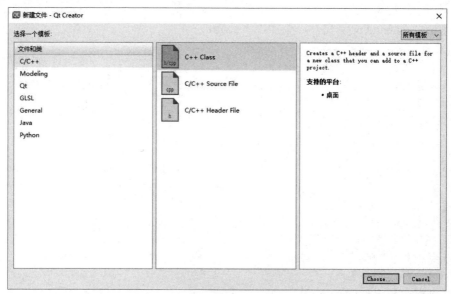

图 3.9 添加"C++类"

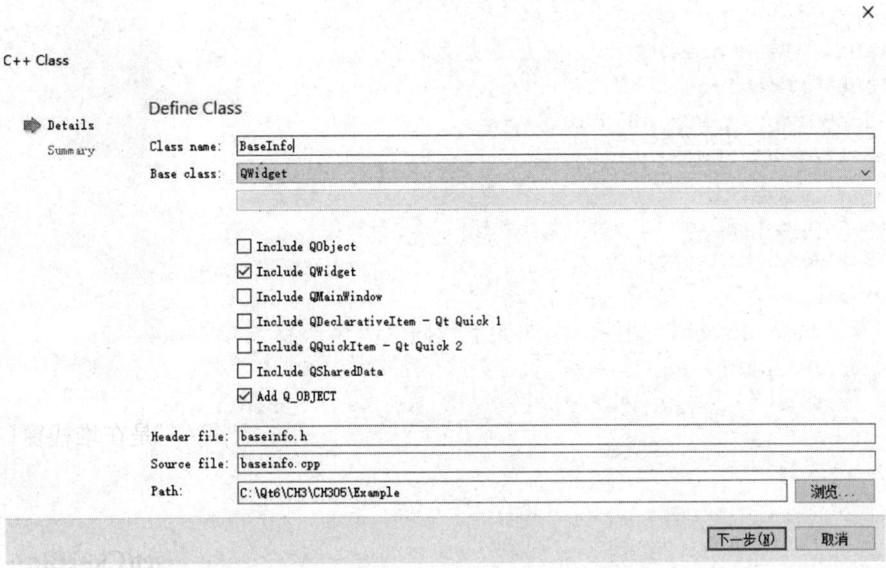

图 3.10　输入类名

（3）打开"baseinfo.h"头文件，添加的代码如下（具体解释请参照 3.4 节）：

```
//添加的头文件
#include <QLabel>
#include <QLineEdit>
#include <QComboBox>
#include <QTextEdit>
#include <QGridLayout>
#include <QPushButton>
class BaseInfo : public QWidget
{
    Q_OBJECT
public:
    explicit BaseInfo(QWidget *parent = 0);
signals:

public slots:
private:
    //左侧
    QLabel *UserNameLabel;
    QLabel *NameLabel;
    QLabel *SexLabel;
    QLabel *DepartmentLabel;
    QLabel *AgeLabel;
    QLabel *OtherLabel;
    QLineEdit *UserNameLineEdit;
    QLineEdit *NameLineEdit;
    QComboBox *SexComboBox;
    QTextEdit *DepartmentTextEdit;
    QLineEdit *AgeLineEdit;
    QGridLayout *LeftLayout;
```

```
    //右侧
    QLabel *HeadLabel;                    //右上角部分
    QLabel *HeadIconLabel;
    QPushButton *UpdateHeadBtn;
    QHBoxLayout *TopRightLayout;
    QLabel *IntroductionLabel;
    QTextEdit *IntroductionTextEdit;
    QVBoxLayout *RightLayout;
};
```

（4）打开"baseinfo.cpp"文件，添加如下代码（具体解释请参照 3.4 节）：

```cpp
#include "baseinfo.h"
BaseInfo::BaseInfo(QWidget *parent) : QWidget(parent)
{
    /**** 左侧 ****/
    UserNameLabel = new QLabel(tr("用户名："));
    UserNameLineEdit = new QLineEdit;
    NameLabel = new QLabel(tr("姓名："));
    NameLineEdit = new QLineEdit;
    SexLabel = new QLabel(tr("性别："));
    SexComboBox = new QComboBox;
    SexComboBox->addItem(tr("女"));
    SexComboBox->addItem(tr("男"));
    DepartmentLabel = new QLabel(tr("部门："));
    DepartmentTextEdit = new QTextEdit;
    AgeLabel = new QLabel(tr("年龄："));
    AgeLineEdit = new QLineEdit;
    OtherLabel = new QLabel(tr("备注："));
    OtherLabel->setFrameStyle(QFrame::Panel|QFrame::Sunken);
    LeftLayout = new QGridLayout();
    LeftLayout->addWidget(UserNameLabel,0,0);
    LeftLayout->addWidget(UserNameLineEdit,0,1);
    LeftLayout->addWidget(NameLabel,1,0);
    LeftLayout->addWidget(NameLineEdit,1,1);
    LeftLayout->addWidget(SexLabel,2,0);
    LeftLayout->addWidget(SexComboBox,2,1);
    LeftLayout->addWidget(DepartmentLabel,3,0);
    LeftLayout->addWidget(DepartmentTextEdit,3,1);
    LeftLayout->addWidget(AgeLabel,4,0);
    LeftLayout->addWidget(AgeLineEdit,4,1);
    LeftLayout->addWidget(OtherLabel,5,0,1,2);
    LeftLayout->setColumnStretch(0,1);
    LeftLayout->setColumnStretch(1,3);
    /****右侧****/
    HeadLabel = new QLabel(tr("头像："));                    //右上角部分
    HeadIconLabel = new QLabel;
    QPixmap icon("312.png");
    HeadIconLabel->setPixmap(icon);
    HeadIconLabel->resize(icon.width(),icon.height());
```

```
    UpdateHeadBtn = new QPushButton(tr("更新"));
    TopRightLayout = new QHBoxLayout();
    TopRightLayout->setSpacing(20);
    TopRightLayout->addWidget(HeadLabel);
    TopRightLayout->addWidget(HeadIconLabel);
    TopRightLayout->addWidget(UpdateHeadBtn);
    IntroductionLabel = new QLabel(tr("个人说明："));       //右下角部分
    IntroductionTextEdit = new QTextEdit;
    RightLayout = new QVBoxLayout();
    RightLayout->addLayout(TopRightLayout);
    RightLayout->addWidget(IntroductionLabel);
    RightLayout->addWidget(IntroductionTextEdit);
    /*******************************/
    QGridLayout *mainLayout = new QGridLayout(this);
    mainLayout->setSpacing(10);
    mainLayout->addLayout(LeftLayout,0,0);
    mainLayout->addLayout(RightLayout,0,1);
    mainLayout->setSizeConstraint(QLayout::SetFixedSize);
}
```

3.5.3 "联系方式"页设计

第二个"联系方式"页面的设计步骤如下。

（1）添加显示联系方式页面的函数所在的源文件。

在"Example"项目名上单击鼠标右键，在弹出的快捷菜单中选择"Add New..."菜单项，在弹出的对话框中选择"C++ Class"选项。单击"Choose..."按钮，弹出对话框，在"Class name"栏输入类的名称"Contact"，在"Base class"栏的下拉列表中选择基类名"QWidget"。

（2）单击"下一步"按钮，再单击"完成"按钮，添加"contact.h"头文件和"contact.cpp"源文件。

（3）打开"contact.h"头文件，添加如下代码：

```
//添加的头文件
#include <QLabel>
#include <QGridLayout>
#include <QLineEdit>
#include <QCheckBox>
class Contact : public QWidget
{
    Q_OBJECT
public:
    explicit Contact(QWidget *parent = 0);
signals:

public slots:
private:
    QLabel *EmailLabel;
    QLineEdit *EmailLineEdit;
```

```cpp
    QLabel *AddrLabel;
    QLineEdit *AddrLineEdit;
    QLabel *CodeLabel;
    QLineEdit *CodeLineEdit;
    QLabel *MobiTelLabel;
    QLineEdit *MobiTelLineEdit;
    QCheckBox *MobiTelCheckBook;
    QLabel *ProTelLabel;
    QLineEdit *ProTelLineEdit;
    QGridLayout *mainLayout;
};
```

(4) 打开"contact.cpp"文件，添加如下代码：

```cpp
Contact::Contact(QWidget *parent) : QWidget(parent)
{
    EmailLabel = new QLabel(tr("电子邮件："));
    EmailLineEdit = new QLineEdit;
    AddrLabel = new QLabel(tr("联系地址："));
    AddrLineEdit = new QLineEdit;
    CodeLabel = new QLabel(tr("邮政编码："));
    CodeLineEdit = new QLineEdit;
    MobiTelLabel = new QLabel(tr("移动电话："));
    MobiTelLineEdit = new QLineEdit;
    MobiTelCheckBook = new QCheckBox(tr("接收留言"));
    ProTelLabel = new QLabel(tr("办公电话："));
    ProTelLineEdit = new QLineEdit;
    mainLayout = new QGridLayout(this);
    mainLayout->setSpacing(10);
    mainLayout->addWidget(EmailLabel,0,0);
    mainLayout->addWidget(EmailLineEdit,0,1);
    mainLayout->addWidget(AddrLabel,1,0);
    mainLayout->addWidget(AddrLineEdit,1,1);
    mainLayout->addWidget(CodeLabel,2,0);
    mainLayout->addWidget(CodeLineEdit,2,1);
    mainLayout->addWidget(MobiTelLabel,3,0);
    mainLayout->addWidget(MobiTelLineEdit,3,1);
    mainLayout->addWidget(MobiTelCheckBook,3,2);
    mainLayout->addWidget(ProTelLabel,4,0);
    mainLayout->addWidget(ProTelLineEdit,4,1);
    mainLayout->setSizeConstraint(QLayout::SetFixedSize);
}
```

3.5.4 "详细资料"页设计

第三个"详细资料"页面的设计步骤如下。

（1）添加显示详细资料页面的函数所在的源文件。

在"Example"项目名上单击鼠标右键，在弹出的快捷菜单中选择"Add New..."菜单项，在弹出的对话框中选择"C++ Class"选项,单击"Choose..."按钮,弹出对话框,在"Class name"栏输入类的名称"Detail",在"Base class"栏的下拉列表中选择基类名"QWidget"。

(2)单击"下一步"按钮,再单击"完成"按钮,添加"detail.h"头文件和"detail.cpp"源文件。

(3)打开"detail.h"头文件,添加如下代码:

```cpp
//添加的头文件
#include <QLabel>
#include <QComboBox>
#include <QLineEdit>
#include <QTextEdit>
#include <QGridLayout>
class Detail : public QWidget
{
    Q_OBJECT
public:
    explicit Detail(QWidget *parent = 0);
signals:

public slots:
private:
    QLabel *NationalLabel;
    QComboBox *NationalComboBox;
    QLabel *ProvinceLabel;
    QComboBox *ProvinceComboBox;
    QLabel *CityLabel;
    QLineEdit *CityLineEdit;
    QLabel *IntroductLabel;
    QTextEdit *IntroductTextEdit;
    QGridLayout *mainLayout;
};
```

(4)打开"detail.cpp"文件,添加如下代码:

```cpp
Detail::Detail(QWidget *parent) : QWidget(parent)
{
    NationalLabel = new QLabel(tr("国家/地址:"));
    NationalComboBox = new QComboBox;
    NationalComboBox->insertItem(0,tr("中国"));
    NationalComboBox->insertItem(1,tr("美国"));
    NationalComboBox->insertItem(2,tr("英国"));
    ProvinceLabel = new QLabel(tr("省份:"));
    ProvinceComboBox = new QComboBox;
    ProvinceComboBox->insertItem(0,tr("江苏省"));
    ProvinceComboBox->insertItem(1,tr("山东省"));
    ProvinceComboBox->insertItem(2,tr("浙江省"));
    CityLabel = new QLabel(tr("城市:"));
    CityLineEdit = new QLineEdit;
    IntroductLabel = new QLabel(tr("个人说明:"));
    IntroductTextEdit = new QTextEdit;
```

```
    mainLayout = new QGridLayout(this);
    mainLayout->setSpacing(10);
    mainLayout->addWidget(NationalLabel,0,0);
    mainLayout->addWidget(NationalComboBox,0,1);
    mainLayout->addWidget(ProvinceLabel,1,0);
    mainLayout->addWidget(ProvinceComboBox,1,1);
    mainLayout->addWidget(CityLabel,2,0);
    mainLayout->addWidget(CityLineEdit,2,1);
    mainLayout->addWidget(IntroductLabel,3,0);
    mainLayout->addWidget(IntroductTextEdit,3,1);
}
```

3.5.5 编写主函数

下面编写该项目的主函数，所在的文件为"main.cpp"，打开文件编写以下代码：

```
#include "content.h"
#include <QApplication>
#include <QSplitter>
#include <QListWidget>
int main(int argc, char *argv[])
{
    QApplication a(argc, argv);
    QFont font("AR PL KaitiM GB",12);        //设置整个程序采用的字体与字号
    a.setFont(font);
    //新建一个水平分割窗口对象，作为主布局框
    QSplitter *splitterMain = new QSplitter(Qt::Horizontal,0);
    splitterMain->setOpaqueResize(true);
    QListWidget *list = new QListWidget(splitterMain);    //(a)
    list->insertItem(0,QObject::tr("基本信息"));
    list->insertItem(1,QObject::tr("联系方式"));
    list->insertItem(2,QObject::tr("详细资料"));
    Content *content = new Content(splitterMain);          //(b)
    QObject::connect(list,SIGNAL(currentRowChanged(int)),content->stack,
    SLOT(setCurrentIndex(int)));                            //(c)
    //设置主布局框即水平分割窗口的标题
    splitterMain->setWindowTitle(QObject::tr("修改用户资料"));
    //设置主布局框即水平分割窗口的最小尺寸
    splitterMain->setMinimumSize(splitterMain->minimumSize());
    //设置主布局框即水平分割窗口的最大尺寸
    splitterMain->setMaximumSize(splitterMain->maximumSize());
    splitterMain->show();                  //显示主布局框，其上面的控件一同显示
    //Content w;
    //w.show();
    return a.exec();
}
```

其中，

(a) QListWidget *list = new QListWidget(splitterMain)：在新建的水平分割窗的左侧窗口中

插入一个 QListWidget 作为条目选择框，并在此依次插入"基本信息"、"联系方式"及"详细资料"条目。

(b) Content *content = new Content(splitterMain)：在新建的水平分割窗的右侧窗口中插入 Content 类对象。

(c) QObject::connect(list,SIGNAL(currentRowChanged(int)),content->stack,SLOT (setCurrentIndex(int)))：连接列表框的 currentRowChanged()信号与堆栈窗口的 setCurrentIndex()槽函数。

选择"构建"→"构建项目"Example""菜单项，与上例一样，为了能够在界面上显示头像图片，将事先准备好的图片 312.png 复制到"C:\Qt6\CH3\CH305\build-Example-Desktop_Qt_6_0_1_MinGW_64_bit-Debug"目录下。

编译此程序，然后运行，效果如图 3.7 所示。

要达到同样的显示效果，有多种可能的布局方案，在实际应用中，应根据具体情况进行选择，使用最方便、合理的布局方式。

> **注意**：通常，QgridLayout 就能够完成 QHBoxLayout 与 QVBoxLayout 的功能，但若只是实现简单的水平或垂直的排列，则使用后两个更方便，而 QGridLayout 适合较为方正整齐的界面布局。

第 4 章

Qt 6 基本对话框

本章通过一个实例详细介绍标准基本对话框的使用方法，首先介绍标准文件对话框（QFileDialog）、标准颜色对话框（QColorDialog）、标准字体对话框（QFontDialog）、标准输入对话框（QInputDialog）及标准消息对话框（QMessageBox），运行效果如图4.1所示。

本章后面将介绍 QToolBox 类的使用、进度条的用法、QPalette 类的用法、QTime 类的用法、mousePressEvent/mouseMoveEvent 类的用法、可扩展对话框的基本实现方法、不规则窗体的实现及程序启动画面（QSplashScreen）的使用。

按如图 4.1 所示依次执行如下操作。

（1）单击"文件标准对话框实例"按钮，弹出"open file dialog"对话框（文件选择），如图 4.2 所示。选中的文件名所在目录路径将显示在图 4.1 中该按钮右侧的标签中。

图 4.1　标准基本对话框实例运行效果　　　图 4.2　"文件选择"对话框（open file dialog）

（2）单击"颜色标准对话框实例"按钮，弹出"Select Color"（颜色选择）对话框，如图 4.3 所示。选中的颜色将显示在图 4.1 中该按钮右侧的标签中。

（3）单击"字体标准对话框实例"按钮，弹出"Select Font"（字体选择）对话框，如图 4.4 所示。选中的字体将应用于如图 4.1 所示中该按钮右侧显示的文字。

（4）标准输入对话框包括：标准字符串输入对话框、标准条目选择对话框、标准 int 类型输入对话框和标准 double 类型输入对话框。

单击"标准输入对话框实例"按钮，弹出"标准输入对话框实例"界面，如图 4.5（a）所示。在"标准输入对话框实例"界面中，若调用"修改姓名"输入框，则为一个 QLineEdit，如图 4.5（b）所示；若调用"修改性别"列表框，则为一个 QComboBox，如图 4.5（c）所示;若调用"修改年龄"(int 类型)或"修改成绩"(double 类型)输入框,则为一个 QSpinBox,如图 4.5(d)和图 4.5(e)所示。每种标准输入对话框都包括一个"OK"(确定输入)按钮和一个"Cancel"(取消输入)按钮。

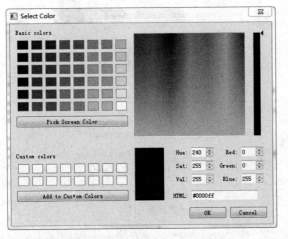

图 4.3 "Select Color"(颜色选择)对话框

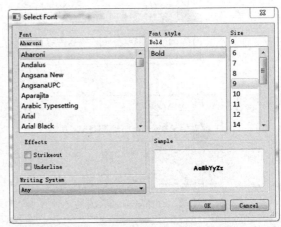

图 4.4 "Select Font"(字体选择)对话框

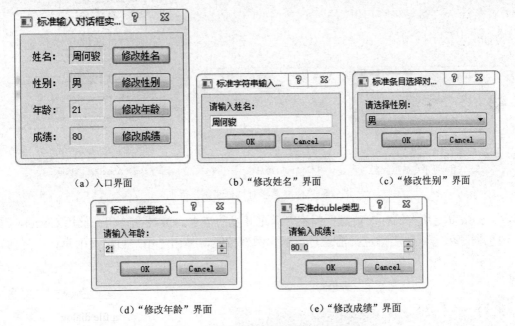

图 4.5 "标准输入对话框实例"界面

(5)单击"标准消息对话框实例"按钮,弹出"标准消息对话框实例"界面,如图 4.6(a)所示。"标准消息对话框实例"界面包括 Question 消息框,如图 4.6(b)所示;Information 消息框,如图 4.6(c)所示;Warning 消息框,如图 4.6(d)所示;Critical 消息框,如图 4.6(e)所示;About 消息框,如图 4.6(f)所示;About Qt 消息框,如图 4.6(g)所示。

图 4.6 "标准消息对话框实例"界面

（6）如果以上所有的标准消息框都不能满足开发的需求，Qt 还允许用户使用 Custom（自定义）消息框。单击"用户自定义消息对话框实例"按钮，弹出"用户自定义消息框"界面，如图 4.7 所示。

图 4.7 "用户自定义消息框"界面

各种标准基本对话框通过调用各自不同的静态函数来完成其功能，具体说明见表 4.1。

表 4.1　标准基本对话框所需的静态函数

相　关　类	类　说　明	静　态　函　数	函　数　说　明
QFileDialog 类	标准文件对话框	getOpenFileName	获得用户选择的文件名
		getSaveFileName	获得用户保存的文件名
		getExistingDirectory	获得用户选择的已存在的目录名
		getOpenFileNames	获得用户选择的文件名列表
QColorDialog 类	标准颜色对话框	getColor	获得用户选择的颜色值
QFontDialog 类	标准字体对话框	getFont	获得用户选择的字体
QInputDialog 类	标准输入对话框	getText	标准字符串输入对话框
		getItem	下拉表条目输入框
		getInt	int 类型数据输入对话框
		getDouble	double 类型数据输入对话框
QMessageBox 类	标准消息对话框	QMessageBox::question	Question 消息框
		QMessageBox::information	Information 消息框
		QMessageBox::warning	Warning 消息框
		QMessageBox::critical	Critical 消息框
		QMessageBox::about	About 消息框
		QMessageBox::aboutQt	About Qt 消息框

【例】（难度一般）（CH401）完成如图 4.1 所示的界面显示。

新建 Qt Widgets Application，项目名为 "DialogExample"，基类选择 "QDialog"，类名保持 "Dialog" 不变，取消 "Generate form"（创建界面）复选框的选中状态。

为了能够显示该项目的对话框标题，在 "dialog.cpp" 文件中 Dialog 构造函数中添加如下语句：

setWindowTitle(tr("各种标准对话框的实例"));

下面从 4.1～4.6 节的例子都是在这同一个项目中开发的，添加代码的顺序是依次进行的。以下所有程序中凡在用到某个 Qt 类库时，都要将该类所在的库文件包含进项目中，不再重复说明。

4.1　标准文件对话框类

4.1.1　函数说明

QFileDialog 类的几个静态函数见表 4.1，用户通过这些函数可以很方便地定制自己的文件对话框。其中，getOpenFileName()静态函数返回用户选择的文件名。但是，当用户选择文件时，若选择"取消"（Cancel），则返回一个空串。在此仅详细说明 getOpenFileName()静态函数中各个参数的作用，其他文件对话框类中相关的静态函数的参数有与其类似之处。

其函数形式如下：

```
QString QFileDialog::getOpenFileName
(
    QWidget* parent = 0,                        //标准文件对话框的父窗口
    const QString & caption = QString(),        //标准文件对话框的标题名
    const QString & dir = QString(),            //(a)
    const QString & filter = QString(),         //(b)
    QString * selectedFilter = 0,               //用户选择的过滤器通过此参数返回
    Options options = 0         //选择显示文件名的格式，默认是同时显示目录与文件名
)
```

其中，

(a) const QString & dir = QString()：指定了默认的目录，若此参数带有文件名，则文件将是默认选中的文件。

(b) const QString & filter = QString()：此参数对文件类型进行过滤，只有与过滤器匹配的文件类型才显示，可以同时指定多种过滤方式供用户选择，多种过滤器之间用";;"隔开。

4.1.2 创建步骤

下面是创建一个标准文件对话框的详细步骤。

（1）在"dialog.h"中，添加 private 成员变量如下：

```
QPushButton *fileBtn;
QLineEdit *fileLineEdit;
QGridLayout *mainLayout;
```

（2）添加槽函数：

```
private slots:
    void showFile();
```

在开始部分添加头文件：

```
#include <QLineEdit>
#include <QGridLayout>
```

（3）在"dialog.cpp"文件的构造函数中添加如下代码：

```
fileBtn = new QPushButton;                      //各个控件对象的初始化
fileBtn->setText(tr("文件标准对话框实例"));
fileLineEdit = new QLineEdit;                   //用来显示选择的文件名
```

添加布局管理：

```
mainLayout = new QGridLayout(this);             //布局设计
mainLayout->addWidget(fileBtn,0,0);
mainLayout->addWidget(fileLineEdit,0,1);
```

最后添加信号/槽关联：

```
connect(fileBtn,SIGNAL(clicked()),this,SLOT(showFile()));
```

其中，槽函数 showFile()的具体实现代码如下：

```
void Dialog::showFile()
{
    QString s = QFileDialog::getOpenFileName(this,"open file dialog","/",
```

```
                        "C++ files(*.cpp);;C files(*.c);;Head files(*.h)");
    fileLineEdit->setText(s);
}
```
在"dialog.cpp"文件的开始部分添加头文件:
```
#include <QGridLayout>
#include <QFileDialog>
#include <QPushButton>
```
（4）运行该程序后，单击"文件标准对话框实例"按钮后弹出对话框如图 4.2 所示。选择某个文件，单击"打开"按钮，此文件名及其所在目录将显示在 Dialog 对话框右边的标签中。

4.2 标准颜色对话框类

4.2.1 函数说明

getColor()函数是标准颜色对话框 QColorDialog 类的一个静态函数，该函数返回用户选择的颜色值。下面是 getColor()函数形式：
```
QColor getColor
(
    const QColor& initial = Qt::white,          //(a)
    QWidget* parent = 0                         //标准颜色对话框的父窗口
);
```
其中，

(a) const QColor& initial = Qt::white：指定了默认选中的颜色，默认为白色。通过 QColor::isValid()函数可以判断用户选择的颜色是否有效，但是当用户选择文件时，如果选择"取消"（Cancel），则 QColor::isValid()函数将返回 false。

4.2.2 创建步骤

下面是创建一个标准颜色对话框的详细步骤。
（1）在"dialog.h"中，添加 private 成员变量如下：
```
QPushButton *colorBtn;
QFrame *colorFrame;
```
（2）添加槽函数：
```
void showColor();
```
（3）在"dialog.cpp"文件的构造函数中添加如下代码：
```
colorBtn = new QPushButton;                                   //创建各个控件的对象
colorBtn->setText(tr("颜色标准对话框实例"));
colorFrame = new QFrame;
colorFrame->setFrameShape(QFrame::Box);
colorFrame->setAutoFillBackground(true);
```
其中，QFrame 类的对象 colorFrame 用于根据用户选择的不同颜色更新不同的背景。

在布局管理中添加代码：
```
mainLayout->addWidget(colorBtn,1,0);                              //布局设计
mainLayout->addWidget(colorFrame,1,1);
```
最后添加信号/槽关联：
```
connect(colorBtn,SIGNAL(clicked()),this,SLOT(showColor()));
```
其中，槽函数 showColor()的实现代码如下：
```
void Dialog::showColor()
{
    QColor c = QColorDialog::getColor(Qt::blue);
    if(c.isValid())
    {
        colorFrame->setPalette(QPalette(c));
    }
}
```
（4）在文件的开始部分添加头文件：
```
#include <QColorDialog>
```
（5）运行该程序后，单击"颜色标准对话框实例"按钮后显示的界面如图 4.3 所示。选择某个颜色，单击"OK"按钮，选择的颜色将显示在 Dialog 对话框右边的标签中。

4.3 标准字体对话框类

4.3.1 函数说明

getFont()函数是标准字体对话框 QFontDialog 类的一个静态函数，该函数返回用户所选择的字体，下面是 getFont()函数形式：
```
QFont getFont
(
    bool *ok,                    //(a)
    QWidget* parent = 0          //标准字体对话框的父窗口
);
```
其中，

(a) bool *ok：若用户单击"OK"按钮，则该参数*ok 将设为 true，函数返回用户所选择的字体；否则，将设为 false，此时函数返回默认字体。

4.3.2 创建步骤

下面是创建标准字体对话框的详细步骤。
（1）在"dialog.h"中，添加 private 成员变量如下：
```
QPushButton *fontBtn;
QLineEdit *fontLineEdit;
```
（2）添加槽函数：
```
void showFont();
```

（3）在"dialog.cpp"文件的构造函数中添加如下代码：

```
fontBtn = new QPushButton;                              //创建控件的对象
fontBtn->setText(tr("字体标准对话框实例"));
fontLineEdit = new QLineEdit;                           //显示更改的字符串
fontLineEdit->setText(tr("Welcome!"));
```

添加布局管理：

```
mainLayout->addWidget(fontBtn,2,0);                     //布局设计
mainLayout->addWidget(fontLineEdit,2,1);
```

最后添加信号/槽关联：

```
connect(fontBtn,SIGNAL(clicked()),this,SLOT(showFont()));
```

其中，槽函数 showFont()的实现代码如下：

```
void Dialog::showFont()
{
    bool ok;
    QFont f = QFontDialog::getFont(&ok);
    if (ok)
    {
        fontLineEdit->setFont(f);
    }
}
```

（4）在文件的开始部分添加头文件：

```
#include <QFontDialog>
```

（5）运行该程序后，单击"字体标准对话框实例"按钮后显示的界面如图 4.4 所示。选择某个字体，单击"OK"按钮，文字将应用选择的字体格式更新显示在 Dialog 对话框右边的标签中。

4.4 标准输入对话框类

标准输入对话框提供四种数据类型的输入，包括字符串、下拉列表框的条目、int 数据类型和 double 数据类型。下面的例子演示了各种标准输入框的使用方法，首先完成界面的设计。具体操作步骤如下。

（1）在"DialogExample"项目名上单击鼠标右键，在弹出的快捷菜单中选择"Add New..."选项，在弹出的对话框中选择"C++ Class"选项，单击"Choose..."按钮，在弹出的对话框的"Class name"栏输入类的名称"InputDlg"，在"Base class"栏输入基类名"QDialog"（需要由用户手动输入）。

（2）单击"下一步"按钮，再单击"完成"按钮，在该项目中就添加了"inputdlg.h"头文件和"inputdlg.cpp"源文件。

（3）打开"inputdlg.h"头文件，完成所需要的各种控件的创建和各种功能的槽函数声明，具体代码如下：

```
//添加的头文件
#include <QLabel>
#include <QPushButton>
#include <QGridLayout>
#include <QDialog>
```

```cpp
class InputDlg : public QDialog
{
    Q_OBJECT
public:
    InputDlg(QWidget* parent = 0);
private slots:
    void ChangeName();
    void ChangeSex();
    void ChangeAge();
    void ChangeScore();
private:
    QLabel *nameLabel1;
    QLabel *sexLabel1;
    QLabel *ageLabel1;
    QLabel *scoreLabel1;
    QLabel *nameLabel2;
    QLabel *sexLabel2;
    QLabel *ageLabel2;
    QLabel *scoreLabel2;
    QPushButton *nameBtn;
    QPushButton *sexBtn;
    QPushButton *ageBtn;
    QPushButton *scoreBtn;
    QGridLayout *mainLayout;
};
```

（4）打开"inputdlg.cpp"源文件，完成所需要的各种控件的创建和槽函数的实现，具体代码如下：

```cpp
InputDlg::InputDlg(QWidget* parent):QDialog(parent)
{
    setWindowTitle(tr("标准输入对话框实例"));
    nameLabel1 = new QLabel;
    nameLabel1->setText(tr("姓名："));
    nameLabel2 = new QLabel;
    nameLabel2->setText(tr("周何骏"));                    //姓名的初始值
    nameLabel2->setFrameStyle(QFrame::Panel|QFrame::Sunken);
    nameBtn = new QPushButton;
    nameBtn->setText(tr("修改姓名"));
    sexLabel1 = new QLabel;
    sexLabel1->setText(tr("性别："));
    sexLabel2 = new QLabel;
    sexLabel2->setText(tr("男"));                         //性别的初始值
    sexLabel2->setFrameStyle(QFrame::Panel|QFrame::Sunken);
    sexBtn = new QPushButton;
    sexBtn->setText(tr("修改性别"));
    ageLabel1 = new QLabel;
    ageLabel1->setText(tr("年龄："));
    ageLabel2 = new QLabel;
    ageLabel2->setText(tr("21"));                         //年龄的初始值
    ageLabel2->setFrameStyle(QFrame::Panel|QFrame::Sunken);
```

```cpp
    ageBtn = new QPushButton;
    ageBtn->setText(tr("修改年龄"));
    scoreLabel1 = new QLabel;
    scoreLabel1->setText(tr("成绩："));
    scoreLabel2 = new QLabel;
    scoreLabel2->setText(tr("80"));                      //成绩的初始值
    scoreLabel2->setFrameStyle(QFrame::Panel|QFrame::Sunken);
    scoreBtn = new QPushButton;
    scoreBtn->setText(tr("修改成绩"));
    mainLayout = new QGridLayout(this);
    mainLayout->addWidget(nameLabel1,0,0);
    mainLayout->addWidget(nameLabel2,0,1);
    mainLayout->addWidget(nameBtn,0,2);
    mainLayout->addWidget(sexLabel1,1,0);
    mainLayout->addWidget(sexLabel2,1,1);
    mainLayout->addWidget(sexBtn,1,2);
    mainLayout->addWidget(ageLabel1,2,0);
    mainLayout->addWidget(ageLabel2,2,1);
    mainLayout->addWidget(ageBtn,2,2);
    mainLayout->addWidget(scoreLabel1,3,0);
    mainLayout->addWidget(scoreLabel2,3,1);
    mainLayout->addWidget(scoreBtn,3,2);
    mainLayout->setSpacing(10);
    connect(nameBtn,SIGNAL(clicked()),this,SLOT(ChangeName()));
    connect(sexBtn,SIGNAL(clicked()),this,SLOT(ChangeSex()));
    connect(ageBtn,SIGNAL(clicked()),this,SLOT(ChangeAge()));
    connect(scoreBtn,SIGNAL(clicked()),this,SLOT(ChangeScore()));
}
void InputDlg::ChangeName()
{

}
void InputDlg::ChangeSex()
{

}
void InputDlg::ChangeAge()
{

}
void InputDlg::ChangeScore()
{

}
```

下面是完成主对话框的操作过程。

（1）在"dialog.h"中，添加头文件：

```cpp
#include "inputdlg.h"
```

添加 private 成员变量：

```cpp
QPushButton *inputBtn;
```

添加实现标准输入对话框实例的 InputDlg 类：

```cpp
InputDlg *inputDlg;
```

（2）添加槽函数：

```cpp
void showInputDlg();
```

第1部分　Qt 6基础

（3）在"dialog.cpp"文件的构造函数中添加如下代码：

```
inputBtn = new QPushButton;                             //创建控件的对象
inputBtn->setText(tr("标准输入对话框实例"));
```

添加布局管理：

```
mainLayout->addWidget(inputBtn,3,0);                    //布局设计
```

最后添加信号/槽关联：

```
connect(inputBtn,SIGNAL(clicked()),this,SLOT(showInputDlg()));
```

其中，槽函数showInputDlg()的实现代码如下：

```
void Dialog::showInputDlg()
{
    inputDlg = new InputDlg(this);
    inputDlg->show();
}
```

（4）运行该程序后，单击"标准输入对话框实例"按钮后显示的界面如图4.5（a）所示。

4.4.1　标准字符串输入对话框

标准字符串输入对话框通过QInputDialog类的静态函数getText()完成，getText()函数形式如下：

```
QString getText
(
    QWidget* parent,                          //标准输入对话框的父窗口
    const QString& title,                     //标准输入对话框的标题名
    const QString& label,                     //标准输入对话框的标签提示
    QLineEdit::EchoMode mode = QLineEdit::Normal,
                //指定标准输入对话框中QLineEdit控件的输入模式
    const QString& text = QString(),
                //标准字符串输入对话框弹出时QLineEdit控件中默认出现的文字
    bool* ok = 0,                             //(a)
    Qt::WindowFlags flags=0                   //指明标准输入对话框的窗体标识
);
```

其中，

(a) bool* ok = 0：指示标准输入对话框的哪个按钮被触发，若为true，则表示用户单击了"OK"（确定）按钮；若为false，则表示用户单击了"Cancle"（取消）按钮。

接着上述的程序，完成"inputdlg.cpp"文件中的槽函数ChangeName()的实现。具体代码如下：

```
void InputDlg::ChangeName()
{
    bool ok;
    QString text = QInputDialog::getText(this,tr("标准字符串输入对话框"), tr("请输入姓名："), QLineEdit::Normal,nameLabel2->text(),&ok);
    if (ok && !text.isEmpty())
        nameLabel2->setText(text);
}
```

在"inputdlg.cpp"文件的开始部分添加头文件：

```
#include <QInputDialog>
```

再次运行程序,单击"修改姓名"按钮后出现对话框,可以在该对话框内修改姓名,如图 4.5(b)所示。

4.4.2 标准条目选择对话框

标准条目选择对话框是通过 QInputDialog 类的静态函数 getItem()来完成的,getItem()函数形式如下:

```
QString getItem
(
    QWidget* parent,              //标准输入对话框的父窗口
    const QString& title,         //标准输入对话框的标题名
    const QString& label,         //标准输入对话框的标签提示
    const QStringList& items,     //(a)
    int current = 0,              //(b)
    bool editable = true,         //指定 QComboBox 控件中显示的文字是否可编辑
    bool* ok = 0,                 //(c)
    Qt::WindowFlags flags = 0     //指明标准输入对话框的窗体标识
);
```

其中,

(a) const QStringList& items:指定标准输入对话框中 QComboBox 控件显示的可选条目为一个 QStringList 对象。

(b) int current = 0:标准条目选择对话框弹出时 QComboBox 控件中默认显示的条目序号。

(c) bool* ok = 0:指示标准输入对话框的哪个按钮被触发,若 ok 为 true,则表示用户单击了"OK"(确定)按钮;若 ok 为 false,则表示用户单击了"Cancle"(取消)按钮。

同上,接着上述的程序,完成"inputdlg.cpp"文件中的槽函数 ChangeSex()的实现。具体代码如下:

```
void InputDlg::ChangeSex()
{
    QStringList SexItems;
    SexItems << tr("男") << tr("女");
    bool ok;
    QString SexItem = QInputDialog::getItem(this, tr("标准条目选择对话框"),
        tr("请选择性别:"), SexItems, 0, false, &ok);
    if (ok && !SexItem.isEmpty())
        sexLabel2->setText(SexItem);
}
```

再次运行程序,单击"修改性别"按钮后出现对话框,可以在该对话框内选择性别,如图 4.5(c)所示。

4.4.3 标准 int 类型输入对话框

标准 int 类型输入对话框是通过 QInputDialog 类的静态函数 getInt()来完成的,getInt()函数形式如下:

```
int getInt
(
    QWidget* parent,                //标准输入对话框的父窗口
    const QString& title,           //标准输入对话框的标题名
    const QString& label,           //标准输入对话框的标签提示
    int value = 0,                  //指定标准输入对话框中QSpinBox控件的默认显示值
    int min = -2147483647,          //指定QSpinBox控件的数值范围
    int max = 2147483647,
    int step = 1,                   //指定QSpinBox控件的步进值
    bool* ok = 0,                   //(a)
    Qt::WindowFlags flags = 0       //指明标准输入对话框的窗口标识
);
```

其中，

(a) bool* ok = 0：用于指示标准输入对话框的哪个按钮被触发。若 ok 为 true，则表示用户单击了"OK"（确定）按钮；若 ok 为 false，则表示用户单击了"Cancel"（取消）按钮。

同上，接着上述的程序，完成"inputdlg.cpp"文件中的槽函数 ChangeAge()的实现。具体代码如下：

```
void InputDlg::ChangeAge()
{
    bool ok;
    int age = QInputDialog::getInt(this, tr("标准int类型输入对话框"),
        tr("请输入年龄："), ageLabel2->text().toInt(&ok), 0, 100, 1, &ok);
    if (ok)
        ageLabel2->setText(QString(tr("%1")).arg(age));
}
```

再次运行程序，单击"修改年龄"按钮后出现对话框，可以在该对话框内修改年龄，如图 4.5（d）所示。

4.4.4 标准 double 类型输入对话框

标准 double 类型输入对话框是通过 QInputDialog 类的静态函数 getDouble()来完成的，getDouble()函数形式如下：

```
double getDouble
(
    QWidget* parent,                //标准输入对话框的父窗口
    const QString& title,           //标准输入对话框的标题名
    const QString& label,           //标准输入对话框的标签提示
    double value = 0,               //指定标准输入对话框中QSpinBox控件默认的显示值
    double min = -2147483647,       //指定QSpinBox控件的数值范围
    double max = 2147483647,
    int decimals = 1,               //指定QSpinBox控件的小数位数
    bool* ok = 0,                   //(a)
    Qt::WindowFlags flags = 0       //指明标准输入对话框的窗口标识
);
```

其中，

(a) bool* ok = 0:用于指示标准输入对话框的哪个按钮被触发,若 ok 为 true,则表示用户单击了"OK"(确定)按钮;若 ok 为 false,则表示用户单击了"Cancel"(取消)按钮。

同上,接着上述的程序,完成"inputdlg.cpp"文件中槽函数 ChangeScore()的实现。具体代码如下:

```
void InputDlg::ChangeScore()
{
    bool ok;
    double score = QInputDialog::getDouble(this, tr("标准 double 类型输入对话框"),tr("请输入成绩: "),scoreLabel2->text().toDouble(&ok), 0, 100, 1, &ok);
    if (ok)
        scoreLabel2->setText(QString(tr("%1")).arg(score));
}
```

再次运行程序,单击"修改成绩"按钮后出现对话框,可以在该对话框内修改成绩,如图 4.5(e)所示。

4.5 消息对话框类

在实际的程序开发中,经常会用到各种各样的消息框来为用户提供一些提示或提醒,Qt 提供了 QMessageBox 类用于实现此项功能。

常用的消息对话框包括 Question 消息框、Information 消息框、Warning 消息框、Critical 消息框、About(关于)消息框、About Qt 消息框及 Custom(自定义)消息框。其中,Question 消息框、Information 消息框、Warning 消息框和 Critical 消息框的用法大同小异。这些消息框通常都包含为用户提供一些提醒或一些简单询问用的一个图标、一条提示信息及若干个按钮。Question 消息框为正常的操作提供一个简单的询问;Information 消息框为正常的操作提供一个提示;Warning 消息框提醒用户发生了一个错误;Critical 消息框警告用户发生了一个严重错误。

下面的例子演示了各种消息对话框的使用。首先完成界面的设计,具体实现步骤如下。

(1)添加显示标准消息对话框界面的函数所在的源文件。

在"DialogExample"项目名上单击鼠标右键,在弹出的快捷菜单中选择"Add New..."选项,在弹出的对话框中选择"C++ Class"选项,单击"Choose..."按钮,在弹出的对话框的"Class name"栏输入类的名称"MsgBoxDlg",在"Base class"栏下拉列表中选择基类名"QDialog"。

(2)单击"下一步"按钮,再单击"完成"按钮,在该项目中就添加了"msgboxdlg.h"头文件和"msgboxdlg.cpp"源文件。

(3)打开"msgboxdlg.h"头文件,完成所需要的各种控件的创建和槽函数的声明,具体代码如下:

```
//添加的头文件
#include <QLabel>
#include <QPushButton>
#include <QGridLayout>
#include <QDialog>
class MsgBoxDlg : public QDialog
{
    Q_OBJECT
```

```cpp
public:
    MsgBoxDlg(QWidget* parent = 0);
private slots:
    void showQuestionMsg();
    void showInformationMsg();
    void showWarningMsg();
    void showCriticalMsg();
    void showAboutMsg();
    void showAboutQtMsg();
private:
    QLabel *label;
    QPushButton *questionBtn;
    QPushButton *informationBtn;
    QPushButton *warningBtn;
    QPushButton *criticalBtn;
    QPushButton *aboutBtn;
    QPushButton *aboutQtBtn;
    QGridLayout *mainLayout;
};
```

（4）打开"msgboxdlg.cpp"源文件，完成所需要的各种控件的创建和槽函数的实现，具体代码如下：

```cpp
MsgBoxDlg::MsgBoxDlg(QWidget *parent):QDialog(parent)
{
    setWindowTitle(tr("标准消息对话框实例"));        //设置对话框的标题
    label = new QLabel;
    label->setText(tr("请选择一种消息框"));
    questionBtn = new QPushButton;
    questionBtn->setText(tr("QuestionMsg"));
    informationBtn = new QPushButton;
    informationBtn->setText(tr("InformationMsg"));
    warningBtn = new QPushButton;
    warningBtn->setText(tr("WarningMsg"));
    criticalBtn = new QPushButton;
    criticalBtn->setText(tr("CriticalMsg"));
    aboutBtn = new QPushButton;
    aboutBtn->setText(tr("AboutMsg"));
    aboutQtBtn = new QPushButton;
    aboutQtBtn->setText(tr("AboutQtMsg"));
    //布局
    mainLayout = new QGridLayout(this);
    mainLayout->addWidget(label,0,0,1,2);
    mainLayout->addWidget(questionBtn,1,0);
    mainLayout->addWidget(informationBtn,1,1);
    mainLayout->addWidget(warningBtn,2,0);
    mainLayout->addWidget(criticalBtn,2,1);
    mainLayout->addWidget(aboutBtn,3,0);
    mainLayout->addWidget(aboutQtBtn,3,1);
    //信号/槽关联
```

```
    connect(questionBtn,SIGNAL(clicked()),this,SLOT(showQuestionMsg()));
    connect(informationBtn,SIGNAL(clicked()),this,SLOT(showInformationMsg()));
    connect(warningBtn,SIGNAL(clicked()),this,SLOT(showWarningMsg()));
    connect(criticalBtn,SIGNAL(clicked()),this,SLOT(showCriticalMsg()));
    connect(aboutBtn,SIGNAL(clicked()),this,SLOT(showAboutMsg()));
    connect(aboutQtBtn,SIGNAL(clicked()),this,SLOT(showAboutQtMsg()));
}
void MsgBoxDlg::showQuestionMsg()
{
}
void MsgBoxDlg::showInformationMsg()
{
}
void MsgBoxDlg::showWarningMsg()
{
}
void MsgBoxDlg::showCriticalMsg()
{
}
void MsgBoxDlg::showAboutMsg()
{
}
void MsgBoxDlg::showAboutQtMsg()
{
}
```

下面是完成主对话框的操作过程。

（1）在"dialog.h"中，添加头文件：
```
#include "msgboxdlg.h"
```
添加 private 成员变量如下：
```
QPushButton *MsgBtn;
```
添加实现各种消息对话框实例的 MsgBoxDlg 类：
```
MsgBoxDlg *msgDlg;
```
（2）添加槽函数：
```
void showMsgDlg();
```
（3）在"dialog.cpp"文件的构造函数中添加如下代码：
```
MsgBtn = new QPushButton;                                      //创建控件对象
MsgBtn->setText(tr("标准消息对话框实例"));
```
添加布局管理：
```
mainLayout->addWidget(MsgBtn,3,1);
```
最后添加信号/槽关联：
```
connect(MsgBtn,SIGNAL(clicked()),this,SLOT(showMsgDlg()));
```
其中，槽函数 showMsgDlg()的实现代码如下：
```
void Dialog::showMsgDlg()
{
    msgDlg = new MsgBoxDlg();
    msgDlg->show();
}
```
（4）运行该程序后，单击"标准消息对话框实例"按钮后，显示效果如图 4.6（a）所示。

4.5.1 Question 消息框

Question 消息框使用 QMessageBox::question()函数实现，该函数形式如下：

```
StandardButton QMessageBox::question
(
    QWidget* parent,                              //消息框的父窗口指针
    const QString& title,                         //消息框的标题栏
    const QString& text,                          //消息框的文字提示信息
    StandardButtons buttons = Ok,                 //(a)
    StandardButton defaultButton = NoButton       //(b)
);
```

其中，

(a) StandardButtons buttons = Ok：填写希望在消息框中出现的按钮，可根据需要在标准按钮中选择，用"|"连写，默认为 QMessageBox::Ok。QMessageBox 类提供了许多标准按钮，如 QMessageBox::Ok、QMessageBox::Close、QMessageBox::Discard 等。虽然在此可以选择，但并不是随意选择的，应注意按常规成对出现。例如，通常 Save 与 Discard 成对出现，而 Abort、Retry、Ignore 则一起出现。

(b) StandardButton defaultButton = NoButton：默认按钮，即消息框出现时，焦点默认处于哪个按钮上。

实现文件"msgboxdlg.cpp"中的槽函数 showQuestionMsg()，具体代码如下：

```
void MsgBoxDlg::showQuestionMsg()
{
    label->setText(tr("Question Message Box"));
    switch(QMessageBox::question(this,tr("Question 消息框"),
        tr("您现在已经修改完成，是否要结束程序？"),
        QMessageBox::Ok|QMessageBox::Cancel,QMessageBox::Ok))
    {
        case QMessageBox::Ok:
            label->setText("Question button/Ok");
            break;
        case QMessageBox::Cancel:
            label->setText("Question button/Cancel");
            break;
        default:
            break;
    }
    return;
}
```

在"msgboxdlg.cpp"的开始部分添加头文件：

```
#include <QMessageBox>
```

运行程序，单击"QuestionMsg"按钮后，显示效果如图 4.6（b）所示。

4.5.2 Information 消息框

Information 消息框使用 QMessageBox::information()函数实现,该函数形式如下:
```
StandardButton QMessageBox::information
(
    QWidget* parent,                              //消息框的父窗口指针
    const QString& title,                         //消息框的标题栏
    const QString& text,                          //消息框的文字提示信息
    StandardButtons buttons = Ok,                 //同 Question 消息框的注释内容
    StandardButton defaultButton = NoButton       //同 Question 消息框的注释内容
);
```

完成文件"msgboxdlg.cpp"中的槽函数 showInformationMsg(),具体代码如下:
```
void MsgBoxDlg::showInformationMsg()
{
    label->setText(tr("Information Message Box"));
    QMessageBox::information(this,tr("Information 消息框"),
                    tr("这是 Information 消息框测试,欢迎您!"));
    return;
}
```

运行程序,单击"InformationMsg"按钮后,显示效果如图 4.6(c)所示。

4.5.3 Warning 消息框

Warning 消息框使用 QMessageBox::warning()函数实现,该函数形式如下:
```
StandardButton QMessageBox::warning
(
    QWidget* parent,                              //消息框的父窗口指针
    const QString& title,                         //消息框的标题栏
    const QString& text,                          //消息框的文字提示信息
    StandardButtons buttons = Ok,                 //同 Question 消息框的注释内容
    StandardButton defaultButton = NoButton       //同 Question 消息框的注释内容
);
```

实现文件"msgboxdlg.cpp"中的槽函数 showWarningMsg(),具体代码如下:
```
void MsgBoxDlg::showWarningMsg()
{
    label->setText(tr("Warning Message Box"));
    switch(QMessageBox::warning(this,tr("Warning 消息框"),
        tr("您修改的内容还未保存,是否要保存对文档的修改?"),
        QMessageBox::Save|QMessageBox::Discard|QMessageBox::Cancel,
        QMessageBox::Save))
    {
        case QMessageBox::Save:
            label->setText(tr("Warning button/Save"));
            break;
```

```
            case QMessageBox::Discard:
                label->setText(tr("Warning button/Discard"));
                break;
            case QMessageBox::Cancel:
                label->setText(tr("Warning button/Cancel"));
                break;
            default:
                break;
    }
    return;
}
```

运行程序,单击"WarningMsg"按钮后,显示效果如图 4.6(d)所示。

4.5.4 Critical 消息框

Critical 消息框使用 QMessageBox::critical()函数实现,该函数形式如下:

```
StandardButton QMessageBox::critical
(
    QWidget* parent,                          //消息框的父窗口指针
    const QString& title,                     //消息框的标题栏
    const QString& text,                      //消息框的文字提示信息
    StandardButtons buttons = Ok,             //同 Question 消息框的注释内容
    StandardButton defaultButton = NoButton   //同 Question 消息框的注释内容
);
```

实现文件"msgboxdlg.cpp"中的槽函数 showCriticalMsg(),具体代码如下:

```
void MsgBoxDlg::showCriticalMsg()
{
    label->setText(tr("Critical Message Box"));
    QMessageBox::critical(this,tr("Critical 消息框"),tr("这是一个 Critical 消息框测试!"));
    return;
}
```

运行程序,单击"CriticalMsg"按钮后,显示效果如图 4.6(e)所示。

4.5.5 About 消息框

About 消息框使用 QMessageBox::about()函数实现,该函数形式如下:

```
void QMessageBox::about
(
    QWidget* parent,              //消息框的父窗口指针
    const QString& title,         //消息框的标题栏
    const QString& text           //消息框的文字提示信息
);
```

实现文件"msgboxdlg.cpp"中的槽函数 showAboutMsg()，具体代码如下：

```
void MsgBoxDlg::showAboutMsg()
{
    label->setText(tr("About Message Box"));
    QMessageBox::about(this,tr("About 消息框"),tr("这是一个About 消息框测试！"));
    return;
}
```

运行程序，单击"AboutMsg"按钮后，显示效果如图4.6（f）所示。

4.5.6 About Qt 消息框

About Qt 消息框使用 QMessageBox:: aboutQt()函数实现，该函数形式如下：

```
void QMessageBox::aboutQt
(
    QWidget* parent,                    //消息框的父窗口指针
    const QString& title = QString()    //消息框的标题栏
);
```

实现文件"msgboxdlg.cpp"中的槽函数 showAboutQtMsg()，具体代码如下：

```
void MsgBoxDlg::showAboutQtMsg()
{
    label->setText(tr("About Qt Message Box"));
    QMessageBox::aboutQt(this,tr("About Qt 消息框"));
    return;
}
```

运行程序，单击"AboutQtMsg"按钮后，显示效果如图4.6（g）所示。

4.6 自定义消息框

当以上所有消息框都不能满足开发的需求时，Qt 还允许自定义（Custom）消息框。对消息框的图标、按钮和内容等都可根据需要进行设定。下面介绍自定义消息框的具体创建方法。

（1）在"dialog.h"中添加 private 成员变量：

```
QPushButton *CustomBtn;
QLabel *label;
```

（2）添加槽函数：

```
void showCustomDlg();
```

（3）在"dialog.cpp"的构造函数中添加如下代码：

```
CustomBtn = new QPushButton;
CustomBtn->setText(tr("用户自定义消息对话框实例"));
label = new QLabel;
label->setFrameStyle(QFrame::Panel|QFrame::Sunken);
```

添加布局管理：

```
mainLayout->addWidget(CustomBtn,4,0);
```

```
mainLayout->addWidget(label,4,1);
```
在 Dialog 构造函数的最后添加信号/槽关联代码：
```
connect(CustomBtn,SIGNAL(clicked()),this,SLOT(showCustomDlg()));
```
其中，"dialog.cpp"文件中的槽函数 showCustomDlg()实现的具体代码如下：
```
void Dialog::showCustomDlg()
{
    label->setText(tr("Custom Message Box"));
    QMessageBox customMsgBox;
    customMsgBox.setWindowTitle(tr("用户自定义消息框"));  //设置消息框的标题
    QPushButton *yesBtn = customMsgBox.addButton(tr("Yes"),QMessageBox::
ActionRole);                                                        //(a)
    QPushButton *noBtn = customMsgBox.addButton(tr("No"),QMessageBox::ActionRole);
    QPushButton *cancelBtn = customMsgBox.addButton(QMessageBox::Cancel); //(b)
    customMsgBox.setText(tr("这是一个用户自定义消息框!"));              //(c)
    customMsgBox.setIconPixmap(QPixmap("Qt.png"));                     //(d)
    customMsgBox.exec();                            //显示此自定义消息框
    if(customMsgBox.clickedButton() == yesBtn)
        label->setText("Custom Message Box/Yes");
    if(customMsgBox.clickedButton() == noBtn)
        label->setText("Custom Message Box/No");
    if(customMsgBox.clickedButton() == cancelBtn)
        label->setText("Custom Message Box/Cancel");
    return;
}
```
在开始部分添加头文件：
```
#include <QMessageBox>
```
其中，

(a) QPushButton *yesBtn = customMsgBox.addButton(tr("Yes"),QMessageBox:: ActionRole)：定义消息框所需的按钮，由于 QMessageBox::standardButtons 只提供了常用的一些按钮，并不能满足所有应用的需求，故 QMessageBox 类提供了一个 addButton()函数来为消息框增加自定义的按钮，addButton()函数的第 1 个参数为按钮显示的文字，第 2 个参数为按钮类型的描述。

(b) QPushButton *cancelBtn = customMsgBox.addButton(QMessageBox::Cancel)：为 addButton()函数加入一个标准按钮。消息框将会按调用 addButton()函数的先后顺序在消息框中由左至右地依次插入按钮。

(c) customMsgBox.setText(tr("这是一个用户自定义消息框!"))：设置自定义消息框中显示的提示信息内容。

(d) customMsgBox.setIconPixmap(QPixmap("Qt.png"))：设置自定义消息框的图标。

（4）为了能够在自定义消息框中显示 Qt 图标，请将事先准备好的图片 Qt.png 复制到 "C:\Qt6\CH4\CH401\build-DialogExample-Desktop_Qt_6_0_1_MinGW_64_bit-Debug" 目录下。运行该程序，单击"用户自定义消息对话框实例"按钮后，显示效果如图 4.7 所示。

4.7 工具盒类

工具盒类又称为 QToolBox，它提供了一种列状的层叠窗体，而 QToolButton 提供了一种快速访问命令或选择项的按钮,通常在工具条中使用。

抽屉效果是软件界面设计中的一种常用形式,可以以一种动态直观的方式在大小有限的界面上扩展出更多的功能。

【例】(难度一般)(CH402)通过实现类似 QQ 抽屉效果的实例来介绍 QToolBox 类的使用,运行效果如图 4.8 所示。

下面介绍实现的具体步骤。

(1)新建 Qt Widgets Application(详见 1.3.1 节),项目名称为"MyQQExample",基类选择"QDialog",取消"Generate form"(创建界面)复选框的选中状态。

(2)添加显示界面的函数所在的文件。

在"MyQQExample"项目名上单击鼠标右键,在弹出的快捷菜单中选择"Add New..."选项,在弹出的对话框中选择"C++ Class"选项。单击"Choose..."按钮,在弹出对话框的"Class name"栏输入类的名称"Drawer","Base class"栏输入基类名"QToolBox"(手工添加)。

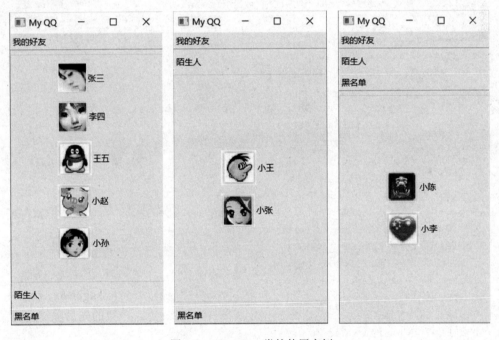

图 4.8 QToolBox 类的使用实例

(3)单击"下一步"按钮,再单击"完成"按钮,添加"drawer.h"头文件和"drawer.cpp"源文件。

(4)Drawer 类继承自 QToolBox 类,打开"drawer.h"头文件,定义实例中需要用到的各种窗体控件。具体代码如下:

```
#include <QToolBox>
#include <QToolButton>
class Drawer : public QToolBox
{
    Q_OBJECT
public:
    Drawer(QWidget *parent = 0);
private:
```

```
    QToolButton *toolBtn1_1;
    QToolButton *toolBtn1_2;
    QToolButton *toolBtn1_3;
    QToolButton *toolBtn1_4;
    QToolButton *toolBtn1_5;
    QToolButton *toolBtn2_1;
    QToolButton *toolBtn2_2;
    QToolButton *toolBtn3_1;
    QToolButton *toolBtn3_2;
};
```

(5) 打开"drawer.cpp"源文件,添加以下代码:

```
#include "drawer.h"
#include <QGroupBox>
#include <QVBoxLayout>
Drawer::Drawer(QWidget *parent):QToolBox(parent)
{
    setWindowTitle(tr("My QQ"));                                    //设置主窗体的标题
    toolBtn1_1 = new QToolButton;                                   //(a)
    toolBtn1_1->setText(tr("张三"));                                //(b)
    toolBtn1_1->setIcon(QPixmap("11.png"));                         //(c)
    toolBtn1_1->setIconSize(QPixmap("11.png").size());              //(d)
    toolBtn1_1->setAutoRaise(true);                                 //(e)
    toolBtn1_1->setToolButtonStyle(Qt::ToolButtonTextBesideIcon);   //(f)
    toolBtn1_2 = new QToolButton;
    toolBtn1_2->setText(tr("李四"));
    toolBtn1_2->setIcon(QPixmap("12.png"));
    toolBtn1_2->setIconSize(QPixmap("12.png").size());
    toolBtn1_2->setAutoRaise(true);
    toolBtn1_2->setToolButtonStyle(Qt::ToolButtonTextBesideIcon);
    toolBtn1_3 = new QToolButton;
    toolBtn1_3->setText(tr("王五"));
    toolBtn1_3->setIcon(QPixmap("13.png"));
    toolBtn1_3->setIconSize(QPixmap("13.png").size());
    toolBtn1_3->setAutoRaise(true);
    toolBtn1_3->setToolButtonStyle(Qt::ToolButtonTextBesideIcon);
    toolBtn1_4 = new QToolButton;
    toolBtn1_4->setText(tr("小赵"));
    toolBtn1_4->setIcon(QPixmap("14.png"));
    toolBtn1_4->setIconSize(QPixmap("14.png").size());
    toolBtn1_4->setAutoRaise(true);
    toolBtn1_4->setToolButtonStyle(Qt::ToolButtonTextBesideIcon);
    toolBtn1_5 = new QToolButton;
    toolBtn1_5->setText(tr("小孙"));
    toolBtn1_5->setIcon(QPixmap("155.png"));
    toolBtn1_5->setIconSize(QPixmap("155.png").size());
    toolBtn1_5->setAutoRaise(true);
    toolBtn1_5->setToolButtonStyle(Qt::ToolButtonTextBesideIcon);
    QGroupBox *groupBox1 = new QGroupBox;                           //(g)
```

```cpp
    QVBoxLayout *layout1 = new QVBoxLayout(groupBox1);          //(h)
    layout1->setAlignment(Qt::AlignHCenter);                    //布局中各窗体的显示位置
    //加入抽屉内的各个按钮
    layout1->addWidget(toolBtn1_1);
    layout1->addWidget(toolBtn1_2);
    layout1->addWidget(toolBtn1_3);
    layout1->addWidget(toolBtn1_4);
    layout1->addWidget(toolBtn1_5);
    //插入一个占位符
    layout1->addStretch();                                      //(i)
    toolBtn2_1 = new QToolButton;
    toolBtn2_1->setText(tr("小王"));
    toolBtn2_1->setIcon(QPixmap("21.png"));
    toolBtn2_1->setIconSize(QPixmap("21.png").size());
    toolBtn2_1->setAutoRaise(true);
    toolBtn2_1->setToolButtonStyle(Qt::ToolButtonTextBesideIcon);
    toolBtn2_2 = new QToolButton;
    toolBtn2_2->setText(tr("小张"));
    toolBtn2_2->setIcon(QPixmap("22.png"));
    toolBtn2_2->setIconSize(QPixmap("22.png").size());
    toolBtn2_2->setAutoRaise(true);
    toolBtn2_2->setToolButtonStyle(Qt::ToolButtonTextBesideIcon);
    QGroupBox *groupBox2 = new QGroupBox;
    QVBoxLayout *layout2 = new QVBoxLayout(groupBox2);
    layout2->setAlignment(Qt::AlignHCenter);
    layout2->addWidget(toolBtn2_1);
    layout2->addWidget(toolBtn2_2);
    toolBtn3_1 = new QToolButton;
    toolBtn3_1->setText(tr("小陈"));
    toolBtn3_1->setIcon(QPixmap("31.png"));
    toolBtn3_1->setIconSize(QPixmap("31.png").size());
    toolBtn3_1->setAutoRaise(true);
    toolBtn3_1->setToolButtonStyle(Qt::ToolButtonTextBesideIcon);
    toolBtn3_2 = new QToolButton;
    toolBtn3_2->setText(tr("小李"));
    toolBtn3_2->setIcon(QPixmap("32.png"));
    toolBtn3_2->setIconSize(QPixmap("32.png").size());
    toolBtn3_2->setAutoRaise(true);
    toolBtn3_2->setToolButtonStyle(Qt::ToolButtonTextBesideIcon);
    QGroupBox *groupBox3 = new QGroupBox;
    QVBoxLayout *layout3 = new QVBoxLayout(groupBox3);
    layout3->setAlignment(Qt::AlignHCenter);
    layout3->addWidget(toolBtn3_1);
    layout3->addWidget(toolBtn3_2);
    //将准备好的抽屉插入ToolBox中
    this->addItem((QWidget*)groupBox1,tr("我的好友"));
    this->addItem((QWidget*)groupBox2,tr("陌生人"));
    this->addItem((QWidget*)groupBox3,tr("黑名单"));
}
```

其中，

(a) **toolBtn1_1 = new QToolButton**：创建一个 QToolButton 类实例，分别对应于抽屉中的每个按钮。

(b) **toolBtn1_1->setText(tr("张三"))**：设置按钮的文字。

(c) **toolBtn1_1->setIcon(QPixmap("11.png"))**：设置按钮的图标。

(d) **toolBtn1_1->setIconSize(QPixmap("11.png").size())**：设置按钮的大小，本例将其设置为与图标的大小相同。

(e) **toolBtn1_1->setAutoRaise(true)**：当鼠标离开时，按钮自动恢复为弹起状态。

(f) **toolBtn1_1->setToolButtonStyle(Qt::ToolButtonTextBesideIcon)**：设置按钮的 ToolButtonStyle 属性。

ToolButtonStyle 属性主要用来描述按钮的文字和图标的显示方式。Qt 定义了五种 ToolButtonStyle 类型，可以根据需要选择显示的方式。

- Qt::ToolButtonIconOnly：只显示图标。
- Qt::ToolButtonTextOnly：只显示文字。
- Qt::ToolButtonTextBesideIcon：文字显示在图标旁边。
- Qt::ToolButtonTextUnderIcon：文字显示在图标下面。
- Qt::ToolButtonFollowStyle：遵循 Style 标准。

(g) **QGroupBox *groupBox1 = new QGroupBox**：创建一个 QGroupBox 类实例，在本例中对应每一个抽屉。QGroupBox *groupBox2 = new QGroupBox、QGroupBox *groupBox3 = new QGroupBox 创建其余两栏抽屉。

(h) **QVBoxLayout *layout1 = new QVBoxLayout(groupBox1)**：创建一个 QVBoxLayout 类实例，用来设置抽屉内各个按钮的布局。

(i) **layout1->addStretch()**：在按钮之后插入一个占位符，使得所有按钮能够靠上对齐，并且在整个抽屉大小发生改变时保证按钮的大小不发生变化。

（6）在 "drawer.cpp" 文件的开头加入以下头文件：

```
#include <QGroupBox>
#include <QVBoxLayout>
```

（7）打开 "main.cpp" 文件，添加以下代码：

```
#include "dialog.h"
#include <QApplication>
#include "drawer.h"
int main(int argc, char *argv[])
{
    QApplication a(argc, argv);
    Drawer drawer;
    drawer.show();
    return a.exec();
}
```

（8）编译运行此程序，此时未看到加载的图片，这是因为图片放置的路径不是默认的，只要将需用到的图片放置到 "C:\Qt6\CH4\CH402\build-MyQQExample-Desktop_Qt_6_0_1_MinGW_64_bit-Debug" 文件夹下即可。最后运行该程序，显示效果如图 4.8 所示。

4.8 进度条

通常,在处理长时间任务时需要提供进度条用于显示时间,告诉用户当前任务的进展情况。进度条对话框的使用方法有两种,即模态方式与非模态方式。模态方式的使用比较简单方便,但必须使用 QApplication::processEvents()使事件循环保持正常进行状态,以确保应用不会被阻塞。若使用非模态方式,则需要通过 QTime 实现定时设置进度条的值。

Qt 提供了两种显示进度条的方式:一种是 QProgressBar(见图 4.9),提供了一种横向或纵向显示进度的控件表示方式,用来描述任务的完成情况;另一种是 QProgressDialog(见图 4.10),提供了一种针对慢速过程的进度对话框表示方式,用于描述任务完成的进度情况。标准的进度条对话框包括一个进度显示条、一个"Cancel"(取消)按钮及一个标签。

【例】(简单)(CH403)实现图 4.9 和图 4.10 中的显示进度条。

图 4.9 进度条 QProgressBar 的使用实例

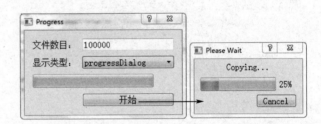

图 4.10 进度条 QProgressDialog 的使用实例

实现步骤如下。

(1)新建 Qt Widgets Application(详见 1.3.1 节),项目名称为"Progress",类命名为"ProgressDlg",基类选择"QDialog",取消"Generate form"(创建界面)复选框的选中状态。单击"下一步"按钮,最后单击"完成"按钮,完成该项目的建立。

(2)ProgressDlg 类继承自 QDialog 类,打开"progressdlg.h"头文件,添加如下加黑代码:

```
//添加的头文件
#include <QLabel>
#include <QLineEdit>
#include <QProgressBar>
#include <QComboBox>
#include <QPushButton>
#include <QGridLayout>
class ProgressDlg : public QDialog
{
    Q_OBJECT
public:
    ProgressDlg(QWidget *parent = 0);
    ~ProgressDlg();
private slots:
    void startProgress();
```

```cpp
private:
    QLabel *FileNum;
    QLineEdit *FileNumLineEdit;
    QLabel *ProgressType;
    QComboBox *comboBox;
    QProgressBar *progressBar;
    QPushButton *startBtn;
    QGridLayout *mainLayout;
};
```

(3) 构造函数主要完成主界面的初始化工作,包括各控件的创建、布局及信号/槽的连接。打开 "progressdlg.cpp" 文件,添加以下代码:

```cpp
#include "progressdlg.h"
#include <QProgressDialog>
#include <QFont>
ProgressDlg::ProgressDlg(QWidget *parent)
    : QDialog(parent)
{
    QFont font("ZYSong18030",12);
    setFont(font);
    setWindowTitle(tr("Progress"));
    FileNum = new QLabel;
    FileNum->setText(tr("文件数目: "));
    FileNumLineEdit = new QLineEdit;
    FileNumLineEdit->setText(tr("100000"));
    ProgressType = new QLabel;
    ProgressType->setText(tr("显示类型: "));
    comboBox = new QComboBox;
    comboBox->addItem(tr("progressBar"));
    comboBox->addItem(tr("progressDialog"));
    progressBar = new QProgressBar;
    startBtn = new QPushButton();
    startBtn->setText(tr("开始"));
    mainLayout = new QGridLayout(this);
    mainLayout->addWidget(FileNum,0,0);
    mainLayout->addWidget(FileNumLineEdit,0,1);
    mainLayout->addWidget(ProgressType,1,0);
    mainLayout->addWidget(comboBox,1,1);
    mainLayout->addWidget(progressBar,2,0,1,2);
    mainLayout->addWidget(startBtn,3,1);
    mainLayout->setSpacing(10);
    connect(startBtn,SIGNAL(clicked()),this,SLOT(startProgress()));
}
```

其中,槽函数 startProgress() 的具体代码如下:

```cpp
void ProgressDlg::startProgress()
{
    bool ok;
```

```
        int num = FileNumLineEdit->text().toInt(&ok);      //(a)
        if(comboBox->currentIndex() == 0)                  //采用进度条的方式显示进度
        {
            progressBar->setRange(0,num);                  //(b)
            for(int i = 1;i < num + 1;i++)
            {
                progressBar->setValue(i);                  //(c)
            }
        }
        else if(comboBox->currentIndex() == 1)             //采用进度对话框显示进度
        {
            //创建一个进度对话框
            QProgressDialog *progressDialog = new QProgressDialog(this);
            QFont font("ZYSong18030",12);
            progressDialog->setFont(font);
            progressDialog->setWindowModality(Qt::WindowModal);    //(d)
            progressDialog->setMinimumDuration(5);                 //(e)
            progressDialog->setWindowTitle(tr("Please Wait"));     //(f)
            progressDialog->setLabelText(tr("Copying..."));        //(g)
            progressDialog->setCancelButtonText(tr("Cancel"));     //(h)
            progressDialog->setRange(0,num);               //设置进度对话框的步进范围
            for(int i = 1;i < num + 1;i++)
            {
                progressDialog->setValue(i);                       //(i)
                if(progressDialog->wasCanceled())                  //(j)
                    return;
            }
        }
    }
```

其中,

(a) int num = FileNumLineEdit->text().toInt(&ok):获取当前需要复制的文件数目,这里对应进度条的总步进值。

(b) progressBar->setRange(0,num):设置进度条的步进范围从 0 到需要复制的文件数目。

(c) progressBar->setValue(i):模拟每一个文件的复制过程,进度条总的步进值为需要复制的文件数目。当复制完一个文件后,步进值增加 1。

(d) progressDialog->setWindowModality(Qt::WindowModal):设置进度对话框采用模态方式进行显示,即在显示进度的同时,其他窗口将不响应输入信号。

(e) progressDialog->setMinimumDuration(5):设置进度对话框出现需等待的时间,此处设定为 5 秒(s),默认为 4 秒。

(f) progressDialog->setWindowTitle(tr("Please Wait")):设置进度对话框的窗体标题。

(g) progressDialog->setLabelText(tr("Copying...")):设置进度对话框的显示文字信息。

(h) progressDialog->setCancelButtonText(tr("Cancel")):设置进度对话框的"取消"按钮的显示文字。

(i) progressDialog->setValue(i):模拟每个文件的复制过程,进度条总的步进值为需要复制的文件数目。当复制完一个文件后,步进值增加 1。

(j) if(progressDialog->wasCanceled()):检测"取消"按钮是否被触发,若触发则退出循环

并关闭进度对话框。

（4）运行程序，查看显示效果。

QProgressBar 类有如下几个重要的属性。

- minimum、maximum：决定进度条指示的最小值和最大值。
- format：决定进度条显示文字的格式，可以有三种显示格式，即%p%、%v 和%m。其中，%p%显示完成的百分比，这是默认显示方式；%v 显示当前的进度值；%m 显示总的步进值。
- invertedAppearance：可以使进度条以反方向显示进度。

QProgressDialog 类也有几个重要的属性值，决定了进度条对话框何时出现、出现多长时间。它们分别是 mininum、maximum 和 minimumDuration。其中，mininum 和 maximum 分别表示进度条的最小值和最大值，决定了进度条的变化范围；minimumDuration 为进度条对话框出现前的等待时间。系统根据所需完成的工作量估算一个预计花费的时间，若大于设定的等待时间（minimumDuration），则出现进度条对话框；若小于设定的等待时间，则不出现进度条对话框。

进度条使用了一个步进值的概念，即一旦设置好进度条的最大值和最小值，进度条将会显示完成的步进值占总的步进值的百分比，百分比的计算公式为：

百分比 = (value() - minimum()) / (maximum() - minimum())

要在 ProgressDlg 的构造函数中的开始处添加以下代码，以便以设定的字体形式显示。

```
QFont font("ZYSong18030",12);
setFont(font);
setWindowTitle(tr("Progress"));
```

4.9 调色板与电子钟

在实际应用中，经常需要改变某个控件的颜色外观，如背景、文字颜色等。Qt 提供的 QPalette 类专门用于管理对话框的外观显示，它相当于对话框或控件的调色板，管理着控件或窗体的所有颜色信息。每个窗体或控件都包含一个 QPalette 对象，在显示时，按照它的 QPalette 对象中对各部分各状态下的颜色的描述进行绘制。

此外，Qt 还提供了 QTime 类用于获取和显示系统时间。

4.9.1 QPalette 类

在本节中详细介绍 QPalette 类的使用方法，该类有两个基本的概念：一个是 ColorGroup，另一个是 ColorRole。其中，ColorGroup 指的是以下三种不同的状态。

- QPalette::Active：获得焦点的状态。
- QPalette::Inactive：未获得焦点的状态。
- QPalette::Disable：不可用状态。

其中，Active 状态与 Inactive 状态在通常情况下，颜色显示是一致的，也可以根据需要设置为不一样的颜色。

ColorRole 指的是颜色主题，即对窗体中不同部位颜色的分类。例如，QPalette::Window 是指背景色，QPalette::WindowText 是指前景色，等等。

QPalette 类使用最多、最重要的函数是 setColor()函数，其原型如下：

```
void QPalette::setColor(ColorGroup group,ColorRole role,const QColor & color);
```

在对主题颜色进行设置的同时，还区分了状态，即对某个主题在某个状态下的颜色进行了设置：

```
void QPalette::setColor(ColorRole role,const QColor & color);
```

只对某个主题的颜色进行设置，并不区分状态。

QPalette 类同时还提供了 setBrush()函数，通过画刷的设置对显示进行更改，这样就有可能使用图片而不仅是单一的颜色来对主题进行填充。Qt 之前的版本中有关背景色设置的函数（如 setBackgroundColor()）或前景色设置的函数（如 setForegroundColor()）在 Qt 6 中都被废止，统一由 QPalette 类进行管理。例如，setBackgroundColor()函数可由以下语句代替：

```
xxx->setAutoFillBackground(true);
QPalette p = xxx->palette();
```

注意：如果并不是使用单一的颜色填充背景，也可将 setColor()函数换为 setBrush()函数对背景主题进行设置。

```
p.setColor(QPalette::Window,color);   //p.setBrush(QPalette::Window,brush);
xxx->setPalette(p);
```

以上代码段要首先调用 setAutoFillBackground(true)设置窗体自动填充背景。

【例】（难度一般）（CH404）利用 QPalette 类改变控件颜色的方法。本实例实现的窗体分为两部分：左半部分用于对不同主题颜色的选择，右半部分用于显示选择的颜色对窗体外观的改变。运行效果如图 4.11 所示。

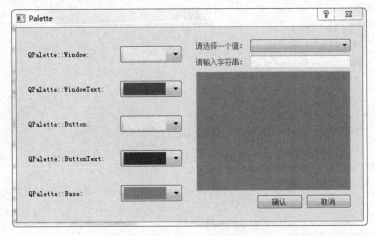

图 4.11　QPalette 类的使用实例

实现步骤如下。

（1）新建 Qt Widgets Application（详见 1.3.1 节），项目名称为"Palette"，类命名为"Palette"，

基类选择"QDialog",取消"Generate form"(创建界面)复选框的选中状态。单击"下一步"按钮,最后单击"完成"按钮,完成该项目的建立。

(2)定义的 Palette 类继承自 QDialog 类,打开"palette.h"文件,声明实例中所用到的函数和控件,具体代码如下:

```cpp
//添加的头文件
#include <QComboBox>
#include <QLabel>
#include <QTextEdit>
#include <QPushButton>
#include <QLineEdit>
class Palette : public QDialog
{
    Q_OBJECT
public:
    Palette(QWidget *parent = 0);
    ~Palette();
    void createCtrlFrame();              //完成窗体左半部分颜色选择区的创建
    void createContentFrame();           //完成窗体右半部分的创建
    void fillColorList(QComboBox *);     //完成向颜色下拉列表框中插入颜色的工作
private slots:
    void ShowWindow();
    void ShowWindowText();
    void ShowButton();
    void ShowButtonText();
    void ShowBase();
private:
    QFrame *ctrlFrame;                   //颜色选择面板
    QLabel *windowLabel;
    QComboBox *windowComboBox;
    QLabel *windowTextLabel;
    QComboBox *windowTextComboBox;
    QLabel *buttonLabel;
    QComboBox *buttonComboBox;
    QLabel *buttonTextLabel;
    QComboBox *buttonTextComboBox;
    QLabel *baseLabel;
    QComboBox *baseComboBox;
    QFrame *contentFrame;                //具体显示面板
    QLabel *label1;
    QComboBox *comboBox1;
    QLabel *label2;
    QLineEdit *lineEdit2;
    QTextEdit *textEdit;
    QPushButton *OkBtn;
    QPushButton *CancelBtn;
};
```

(3)打开"palette.cpp"文件,添加以下代码:

```cpp
#include <QHBoxLayout>
#include <QGridLayout>
Palette::Palette(QWidget *parent)
    : QDialog(parent)
{
    createCtrlFrame();
    createContentFrame();
    QHBoxLayout *mainLayout = new QHBoxLayout(this);
    mainLayout->addWidget(ctrlFrame);
    mainLayout->addWidget(contentFrame);
}
```

createCtrlFrame()函数用于创建颜色选择区：

```cpp
void Palette::createCtrlFrame()
{
    ctrlFrame = new QFrame;                          //颜色选择面板
    windowLabel = new QLabel(tr("QPalette::Window: "));
    windowComboBox = new QComboBox;                  //创建一个QComboBox对象
    fillColorList(windowComboBox);                   //(a)
    connect(windowComboBox,SIGNAL(activated(int)),this,SLOT(ShowWindow()));
                                                     //(b)
    windowTextLabel = new QLabel(tr("QPalette::WindowText: "));
    windowTextComboBox = new QComboBox;
    fillColorList(windowTextComboBox);
    connect(windowTextComboBox,SIGNAL(activated(int)),this,SLOT(ShowWindowText()));
    buttonLabel = new QLabel(tr("QPalette::Button: "));
    buttonComboBox = new QComboBox;
    fillColorList(buttonComboBox);
    connect(buttonComboBox,SIGNAL(activated(int)),this,SLOT(ShowButton()));
    buttonTextLabel = new QLabel(tr("QPalette::ButtonText: "));
    buttonTextComboBox = new QComboBox;
    fillColorList(buttonTextComboBox);
    connect(buttonTextComboBox,SIGNAL(activated(int)),this,SLOT(ShowButtonText()));
    baseLabel = new QLabel(tr("QPalette::Base: "));
    baseComboBox = new QComboBox;
    fillColorList(baseComboBox);
    connect(baseComboBox,SIGNAL(activated(int)),this,SLOT(ShowBase()));
    QGridLayout *mainLayout = new QGridLayout(ctrlFrame);
    mainLayout->setSpacing(20);
    mainLayout->addWidget(windowLabel,0,0);
    mainLayout->addWidget(windowComboBox,0,1);
    mainLayout->addWidget(windowTextLabel,1,0);
    mainLayout->addWidget(windowTextComboBox,1,1);
    mainLayout->addWidget(buttonLabel,2,0);
    mainLayout->addWidget(buttonComboBox,2,1);
    mainLayout->addWidget(buttonTextLabel,3,0);
    mainLayout->addWidget(buttonTextComboBox,3,1);
```

```cpp
    mainLayout->addWidget(baseLabel,4,0);
    mainLayout->addWidget(baseComboBox,4,1);
}
```

其中,

(a) fillColorList(windowComboBox):向下拉列表框中插入各种不同的颜色选项。

(b) connect(windowComboBox,SIGNAL(activated(int)),this,SLOT(ShowWindow())):连接下拉列表框的 activated()信号与改变背景色的槽函数 ShowWindow()。

createContentFrame()函数用于显示选择的颜色对窗体外观的改变,具体代码如下:

```cpp
void Palette::createContentFrame()
{
    contentFrame = new QFrame;                                  //具体显示面板
    label1 = new QLabel(tr("请选择一个值:"));
    comboBox1 = new QComboBox;
    label2 = new QLabel(tr("请输入字符串:"));
    lineEdit2 = new QLineEdit;
    textEdit = new QTextEdit;
    QGridLayout *TopLayout = new QGridLayout;
    TopLayout->addWidget(label1,0,0);
    TopLayout->addWidget(comboBox1,0,1);
    TopLayout->addWidget(label2,1,0);
    TopLayout->addWidget(lineEdit2,1,1);
    TopLayout->addWidget(textEdit,2,0,1,2);
    OkBtn = new QPushButton(tr("确认"));
    CancelBtn = new QPushButton(tr("取消"));
    QHBoxLayout *BottomLayout = new QHBoxLayout;
    BottomLayout->addStretch(1);
    BottomLayout->addWidget(OkBtn);
    BottomLayout->addWidget(CancelBtn);
    QVBoxLayout *mainLayout = new QVBoxLayout(contentFrame);
    mainLayout->addLayout(TopLayout);
    mainLayout->addLayout(BottomLayout);
}
```

ShowWindow()函数用于响应对背景颜色的选择:

```cpp
void Palette::ShowWindow()
{
    //获得当前选择的颜色值
    QStringList colorList = QColor::colorNames();
    QColor color = QColor(colorList[windowComboBox->currentIndex()]);
    QPalette p = contentFrame->palette();                   //(a)
    p.setColor(QPalette::Window,color);                     //(b)
    //把修改后的调色板信息应用到 contentFrame 窗体中,更新显示
    contentFrame->setPalette(p);
    contentFrame->update();
}
```

其中,

(a) QPalette p = contentFrame->palette():获得右部窗体 contentFrame 的调色板信息。

(b) p.setColor(QPalette::Window,color):设置 contentFrame 窗体的 Window 类颜色,即背景

色,setColor()的第一个参数为设置的颜色主题,第二个参数为具体的颜色值。

ShowWindowText()函数响应对文字颜色的选择,即对前景色进行设置,具体代码如下:

```
void Palette::ShowWindowText()
{
    QStringList colorList = QColor::colorNames();
    QColor color = colorList[windowTextComboBox->currentIndex()];
    QPalette p = contentFrame->palette();
    p.setColor(QPalette::WindowText,color);
    contentFrame->setPalette(p);
}
```

ShowButton()函数响应对按钮背景色的选择:

```
void Palette::ShowButton()
{
    QStringList colorList = QColor::colorNames();
    QColor color = QColor(colorList[buttonComboBox->currentIndex()]);
    QPalette p = contentFrame->palette();
    p.setColor(QPalette::Button,color);
    contentFrame->setPalette(p);
    contentFrame->update();
}
```

ShowButtonText()函数响应对按钮上文字颜色的选择:

```
void Palette::ShowButtonText()
{
    QStringList colorList = QColor::colorNames();
    QColor color = QColor(colorList[buttonTextComboBox->currentIndex()]);
    QPalette p = contentFrame->palette();
    p.setColor(QPalette::ButtonText,color);
    contentFrame->setPalette(p);
}
```

ShowBase()函数响应对可输入文本框背景色的选择:

```
void Palette::ShowBase()
{
    QStringList colorList = QColor::colorNames();
    QColor color = QColor(colorList[baseComboBox->currentIndex()]);
    QPalette p = contentFrame->palette();
    p.setColor(QPalette::Base,color);
    contentFrame->setPalette(p);
}
```

fillColorList()函数用于插入颜色:

```
void Palette::fillColorList(QComboBox *comboBox)
{
    QStringList colorList = QColor::colorNames();       //(a)
    QString color;                                       //(b)
    foreach(color,colorList)                             //对颜色名列表进行遍历
    {
        QPixmap pix(QSize(70,20));                       //(c)
        pix.fill(QColor(color));                         //为pix填充当前遍历的颜色
```

```
            comboBox->addItem(QIcon(pix),NULL);           //(d)
            comboBox->setIconSize(QSize(70,20));          //(e)
            comboBox->setSizeAdjustPolicy(QComboBox::AdjustToContents);
                                                          //(f)
        }
    }
```

其中，

(a) QStringList colorList = QColor::colorNames()：获得 Qt 所有内置名称的颜色名列表，返回的是一个字符串列表 colorList。

(b) QString color：新建一个 QString 对象，为循环遍历做准备。

(c) QPixmap pix(QSize(70,20))：新建一个 QPixmap 对象 pix 作为显示颜色的图标。

(d) comboBox->addItem(QIcon(pix),NULL)：调用 QComboBox 的 addItem()函数为下拉列表框插入一个条目，并以准备好的 pix 作为插入条目的图标，名称设为 NULL，即不显示颜色的名称。

(e) comboBox->setIconSize(QSize(70,20))：设置图标的尺寸，图标默认尺寸是一个方形，将它设置为与 pix 尺寸相同的长方形。

(f) comboBox->setSizeAdjustPolicy(QComboBox::AdjustToContents)：设置下拉列表框的尺寸调整策略为 AdjustToContents（符合内容的大小）。

（4）运行程序，显示效果如图 4.11 所示。

4.9.2　QTime 类

QTime 类的 currentTime()函数用于获取当前的系统时间；QTime 的 toString()函数用于将获取的当前时间转换为字符串类型。为了便于显示，toString()函数的参数需指定转换后时间的显示格式。

- H/h：小时（若使用 H 表示小时，则无论何时都以 24 小时制显示小时；若使用 h 表示小时，则当同时指定 AM/PM 时，采用 12 小时制显示小时，其他情况下仍采用 24 小时制进行显示）。
- m：分。
- s：秒。
- AP/A：显示 AM 或 PM。
- Ap/a：显示 am 或 pm。

可根据实际显示需要进行格式设置，例如：

hh:mm:ss A　　　　22:30:08　PM
H:mm:s a　　　　　10:30:8　pm

QTime 类的 toString()函数也可直接利用 Qt::DateFormat 作为参数指定时间显示的格式，如 Qt::TextDate、Qt::ISODate、Qt::LocaleDate 等。

4.9.3　【综合实例】：电子时钟

【例】（难度一般）（CH405）通过实现显示于桌面上并可随意拖曳至桌面任意位置的电子时钟综合实例，实践 QPalette 类、QTime 类和 mousePressEvent/mouseMoveEvent 响应函数的用法。

第4章 Qt 6基本对话框

实现步骤如下。

（1）新建Qt Widgets Application（详见1.3.1节），项目名称为"Clock"，基类选择"QDialog"，取消"Generate form"（创建界面）复选框的选中状态。

（2）添加显示界面的函数所在的文件。

在"Clock"项目名上单击鼠标右键，在弹出的快捷菜单中选择"Add New..."选项，在弹出的对话框中选择"C++ Class"选项，单击"Choose..."按钮，在弹出的对话框的"Class name"栏输入类的名称"DigiClock"，在"Base class"栏输入基类名"QLCDNumber"（手工添加）。

（3）单击"下一步"按钮，再单击"完成"按钮，添加"digiclock.h"头文件和"digiclock.cpp"源文件。

（4）DigiClock类继承自QLCDNumber类，该类中重定义了鼠标按下事件和鼠标移动事件以使电子时钟可随意拖曳，同时还定义了相关的槽函数和私有变量。打开"digiclock.h"文件，添加如下代码：

```cpp
#include <QLCDNumber>
class DigiClock : public QLCDNumber
{
    Q_OBJECT
public:
    DigiClock(QWidget *parent = 0);
    void mousePressEvent(QMouseEvent *);
    void mouseMoveEvent(QMouseEvent *);
public slots:
    void showTime();                    //显示当前的时间
private:
    QPoint dragPosition;                //保存鼠标点相对电子时钟窗体左上角的偏移值
    bool showColon;                     //用于显示时间时是否显示":"
};
```

（5）在DigiClock的构造函数中，完成外观的设置及定时器的初始化工作，打开"digiclock.cpp"文件，添加下列代码：

```cpp
//添加的头文件
#include <QTimer>
#include <QTime>
#include <QMouseEvent>
DigiClock::DigiClock(QWidget *parent):QLCDNumber(parent)
{
    /* 设置时钟背景 */                                  //(a)
    QPalette p = palette();
    p.setColor(QPalette::Window,Qt::blue);
    setPalette(p);
    setWindowFlags(Qt::FramelessWindowHint);            //(b)
    setWindowOpacity(0.5);                              //(c)
    QTimer *timer = new QTimer(this);                   //新建一个定时器对象
    connect(timer,SIGNAL(timeout()),this,SLOT(showTime()));
                                                        //(d)
    timer->start(1000);                                 //(e)
    showTime();                                         //初始时间显示
```

```
    resize(150,60);                          //设置电子时钟显示的尺寸
    showColon = true;                        //初始化
}
```

其中，

(a) QPalette p = palette()、**p.setColor(QPalette::Window,Qt::blue)**、**setPalette(p)**：完成电子时钟窗体背景色的设置，此处设置背景色为蓝色。QPalette 类的详细用法参照 4.9.1 节。

(b) setWindowFlags(Qt::FramelessWindowHint)：设置窗体的标识，此处设置窗体为一个没有面板边框和标题栏的窗体。

(c) setWindowOpacity(0.5)：设置窗体的透明度为 0.5，即半透明。但此函数在 X11 系统中并不起作用，当程序在 Windows 系统下编译运行时，此函数才起作用，即电子时钟半透明显示。

(d) connect(timer,SIGNAL(timeout()),this,SLOT(showTime()))：连接定时器的 timeout()信号与显示时间的槽函数 showTime()。

(e) timer->start(1000)：以 1000 毫秒（ms）为周期启动定时器。

槽函数 showTime()完成电子钟的显示时间的功能。具体代码如下：

```
void DigiClock::showTime()
{
    QTime time = QTime::currentTime();       //(a)
    QString text = time.toString("hh:mm");   //(b)
    if(showColon)                            //(c)
    {
        text[2] = ':';
        showColon = false;
    }
    else
    {
        text[2] = ' ';
        showColon = true;
    }
    display(text);                           //显示转换好的字符串时间
}
```

其中，

(a) QTime time = QTime::currentTime()：获取当前的系统时间，保存在一个 QTime 对象中。

(b) QString text = time.toString("hh:mm")：把获取的当前时间转换为字符串类型。QTime 类的详细介绍参照 4.9.2 节。

(c) showColon：控制电子时钟"时"与"分"之间表示秒的两个点的闪显功能。

（6）通过执行鼠标按下事件响应函数 mousePressEvent(QMouseEvent*)和鼠标移动事件响应函数 mouseMoveEvent(QMouseEvent*)的重定义，可以实现用鼠标在桌面上随意拖曳电子时钟。

在鼠标按下响应函数 mousePressEvent(QMouseEvent*)中，首先判断按下的键是否为鼠标左键。若按下的键是鼠标左键，则保存当前鼠标点所在的位置相对于窗体左上角的偏移值 dragPosition；若按下的键是鼠标右键，则退出窗体。

在鼠标移动响应函数 mouseMoveEvent(QMouseEvent*)中，首先判断当前鼠标状态。调用 event->buttons()返回鼠标的状态，若为左侧按键，则调用 QWidget 的 move()函数将窗体移动至鼠标当前点。由于 move()函数的参数指的是窗体的左上角的位置，所以要使用鼠标当前点的位

置减去相对窗体左上角的偏移值 dragPosition。

以上函数的具体代码如下：

```
void DigiClock::mousePressEvent(QMouseEvent *event)
{
    if(event->button() == Qt::LeftButton)
    {
        dragPosition = event->globalPos()-frameGeometry().topLeft();
        event->accept();
    }
    if(event->button() == Qt::RightButton)
    {
        close();
    }
}
void DigiClock::mouseMoveEvent(QMouseEvent *event)
{
    if(event->buttons()&Qt::LeftButton)
    {
        move(event->globalPos()-dragPosition);
        event->accept();
    }
}
```

（7）在"main.cpp"文件中添加以下代码：

```
#include "digiclock.h"
int main(int argc, char *argv[])
{
    QApplication a(argc, argv);
    DigiClock clock;
    clock.show();
    return a.exec();
}
```

（8）运行程序，显示效果如图 4.12 所示。

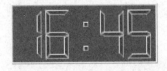

图 4.12　电子时钟综合实例

4.10　可扩展对话框

可扩展对话框通常用于用户对界面有不同要求的场合。通常情况下，只出现基本对话窗体；当供高级用户使用或需要更多信息时，可通过某种方式的切换显示完整对话窗体（扩展窗体），切换的工作通常由一个按钮来实现。

可扩展对话框的基本实现方法是利用 setSizeConstraint(QLayout::SetFixedSize)方法使对话框

尺寸保持相对固定。其中，最关键的部分有以下两点。

- 在整个对话框的构造函数中调用。

```
layout->setSizeConstraint(QLayout::SetFixedSize);
```

这个设置保证了对话框的尺寸保持相对固定，始终保持各个控件组合的默认尺寸。在扩展部分显示时，对话框尺寸根据需要显示的控件被扩展；而在扩展部分隐藏时，对话框尺寸又恢复至初始状态。

- 切换按钮的实现。整个窗体可扩展的工作都是在此按钮所连接的槽函数中完成的。

【例】（难度一般）（CH406）简单地填写资料。通常情况下，只需填写姓名和性别。若有特殊需要，还需填写更多信息时，则切换至完整对话窗体，运行效果如图 4.13 所示。

如图 4.13（b）所示是单击图 4.13（a）中的"详细"按钮后展开的对话框，再次单击"详细"按钮，扩展开的部分又重新隐藏。

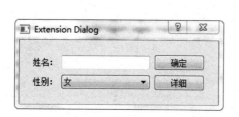

（a）展开前　　　　　　　　　　　　（b）展开后

图 4.13　可扩展对话框的使用实例

实现步骤如下。

（1）新建 Qt Widgets Application（详见 1.3.1 节），项目名称为"ExtensionDlg"，类命名为"ExtensionDlg"，基类选择"QDialog"，取消"Generate form"（创建界面）复选框的选中状态。单击"下一步"按钮，最后单击"完成"按钮，完成该项目的建立。

（2）ExtensionDlg 类继承自 QDialog，打开"extensiondlg.h"头文件，具体代码如下：

```
#include <QDialog>
class ExtensionDlg : public QDialog
{
    Q_OBJECT
public:
    ExtensionDlg(QWidget *parent = 0);
    ~ExtensionDlg();
private slots:
    void showDetailInfo();
private:
    void createBaseInfo();                  //实现基本对话窗体部分
    void createDetailInfo();                //实现扩展窗体部分
    QWidget *baseWidget;                    //基本对话窗体部分
    QWidget *detailWidget;                  //扩展窗体部分
};
```

(3) 打开 "extensiondlg.cpp" 源文件，添加以下代码：

```cpp
#include <QVBoxLayout>
#include <QLabel>
#include <QLineEdit>
#include <QComboBox>
#include <QPushButton>
#include <QDialogButtonBox>
#include <QHBoxLayout>
ExtensionDlg::ExtensionDlg(QWidget *parent)
    : QDialog(parent)
{
    setWindowTitle(tr("Extension Dialog"));          //设置对话框的标题栏信息
    createBaseInfo();
    createDetailInfo();
    QVBoxLayout *layout = new QVBoxLayout(this);     //布局
    layout->addWidget(baseWidget);
    layout->addWidget(detailWidget);
    layout->setSizeConstraint(QLayout::SetFixedSize);  //(a)
    layout->setSpacing(10);
}
```

其中，

(a) layout->setSizeConstraint(QLayout::SetFixedSize)：设置窗体的大小固定，不能利用拖曳改变大小，否则当再次单击"详细"按钮时，对话框不能恢复到初始状态。

createBaseInfo()函数完成基本信息窗体部分的构建，其中，连接实现切换功能的"详细"按钮 DetailBtn 的 clicked()信号与槽函数 showDetailInfo()以实现对话框的可扩展，其具体实现代码如下：

```cpp
void ExtensionDlg::createBaseInfo()
{
    baseWidget = new QWidget;
    QLabel *nameLabel = new QLabel(tr("姓名："));
    QLineEdit *nameLineEdit = new QLineEdit;
    QLabel *sexLabel = new QLabel(tr("性别："));
    QComboBox *sexComboBox = new QComboBox;
    sexComboBox->insertItem(0,tr("女"));
    sexComboBox->insertItem(1,tr("男"));
    QGridLayout *LeftLayout = new QGridLayout;
    LeftLayout->addWidget(nameLabel,0,0);
    LeftLayout->addWidget(nameLineEdit,0,1);
    LeftLayout->addWidget(sexLabel);
    LeftLayout->addWidget(sexComboBox);
    QPushButton *OKBtn = new QPushButton(tr("确定"));
    QPushButton *DetailBtn = new QPushButton(tr("详细"));
    QDialogButtonBox *btnBox = new QDialogButtonBox(Qt::Vertical);
    btnBox->addButton(OKBtn,QDialogButtonBox::ActionRole);
    btnBox->addButton(DetailBtn,QDialogButtonBox::ActionRole);
    QHBoxLayout *mainLayout = new QHBoxLayout(baseWidget);
    mainLayout->addLayout(LeftLayout);
    mainLayout->addWidget(btnBox);
```

```
    connect(DetailBtn,SIGNAL(clicked()),this,SLOT(showDetailInfo()));
}
```

createDetailInfo()函数实现详细信息窗体部分 detailWidget 的构建，并在函数的最后调用 hide()函数隐藏此部分窗体，实现代码如下：

```
void ExtensionDlg::createDetailInfo()
{
    detailWidget = new QWidget;
    QLabel *ageLabel = new QLabel(tr("年龄："));
    QLineEdit *ageLineEdit = new QLineEdit;
    ageLineEdit->setText(tr("30"));
    QLabel *departmentLabel = new QLabel(tr("部门："));
    QComboBox *departmentComBox = new QComboBox;
    departmentComBox->addItem(tr("部门1"));
    departmentComBox->addItem(tr("部门2"));
    departmentComBox->addItem(tr("部门3"));
    departmentComBox->addItem(tr("部门4"));
    QLabel *emailLabel = new QLabel(tr("email: "));
    QLineEdit *emailLineEdit = new QLineEdit;
    QGridLayout *mainLayout = new QGridLayout(detailWidget);
    mainLayout->addWidget(ageLabel,0,0);
    mainLayout->addWidget(ageLineEdit,0,1);
    mainLayout->addWidget(departmentLabel,1,0);
    mainLayout->addWidget(departmentComBox,1,1);
    mainLayout->addWidget(emailLabel,2,0);
    mainLayout->addWidget(emailLineEdit,2,1);
    detailWidget->hide();
}
```

showDetailInfo()函数完成窗体扩展切换工作，在用户单击 DetailBtn 时调用此函数，首先检测 detailWidget 窗体处于何种状态。若此时是隐藏状态，则应用 show()函数显示 detailWidget 窗体，否则调用 hide()函数隐藏 detailWidget 窗体。其具体实现代码如下：

```
void ExtensionDlg::showDetailInfo()
{
    if(detailWidget->isHidden())
        detailWidget->show();
    else detailWidget->hide();
}
```

（4）运行程序，显示效果如图 4.13 所示。

4.11 不规则窗体

常见的窗体通常是各种方形的对话框，但有时也需要使用非方形的窗体，如圆形、椭圆形，甚至是不规则形状的对话框。

利用 setMask()函数为窗体设置遮罩，实现不规则窗体。设置遮罩后的窗体尺寸仍是原窗体大小，只是被遮罩的地方不可见。

【例】（简单）（CH407）不规则窗体的实现方法。具体实现一个蝴蝶图形外沿形状的不规则形状对话框，也可以在不规则窗体上放置按钮等控件，可以通过鼠标左键拖曳窗体，单击鼠标右键关闭窗体。运行效果如图4.14所示。

实现步骤如下。

（1）新建Qt Widgets Application（详见1.3.1节），项目名称为"ShapeWidget"，类名命名为"ShapeWidget"，基类选择"QWidget"，取消"Generate form"（创建界面）复选框的选中状态。单击"下一步"按钮，最后单击"完成"按钮，完成该项目的建立。

（2）不规则窗体类ShapeWidget继承自QWidget类，为了使不规则窗体能够通过鼠标随意拖曳，在该类中重定义了鼠标事件函数 mousePressEvent()、mouseMoveEvent()及重绘函数paintEvent()。打开"shapewidget.h"头文件，添加如下代码：

图4.14 不规则窗体的实现实例

```
class ShapeWidget : public QWidget
{
    Q_OBJECT
public:
    ShapeWidget(QWidget *parent = 0);
    ~ShapeWidget();
protected:
    void mousePressEvent(QMouseEvent *);
    void mouseMoveEvent(QMouseEvent *);
    void paintEvent(QPaintEvent *);
private:
    QPoint dragPosition;
};
```

（3）打开"shapewidget.cpp"文件，ShapeWidget的构造函数部分是实现不规则窗体的关键，添加的具体代码如下：

```
//添加的头文件
#include <QMouseEvent>
#include <QPainter>
#include <QPixmap>
#include <QBitmap>
ShapeWidget::ShapeWidget(QWidget *parent)
    : QWidget(parent)
{
    QPixmap pix;                           //新建一个QPixmap对象
    pix.load("16.png",0,Qt::AvoidDither|Qt::ThresholdDither|Qt::ThresholdAlphaDither);                           //(a)
    resize(pix.size());                    //(b)
    setMask(QBitmap(pix.mask()));          //(c)
}
```

其中，

(a)pix.load("16.png",0,Qt::AvoidDither|Qt::ThresholdDither|Qt::ThresholdAlphaDither)：调用QPixmap的load()函数为QPixmap对象填入图像值。

load()函数的原型如下：

```
bool QPixmap::load ( const QString & fileName, const char * format = 0, Qt::
ImageConversionFlags flags = Qt::AutoColor )
```
其中，参数 fileName 为图片文件名；参数 format 表示读取图片文件采用的格式，此处为 0 表示采用默认的格式；参数 flags 表示读取图片的方式，由 Qt::ImageConversionFlags 定义，此处设置的标识为避免图片抖动方式。

(b) resize(pix.size())：重设主窗体的尺寸为所读取的图片的大小。

(c) setMask(QBitmap(pix.mask()))：为调用它的控件增加一个遮罩，遮住所选区域以外的部分使其看起来是透明的，它的参数可为一个 QBitmap 对象或一个 QRegion 对象，此处调用 QPixmap 的 mask()函数用于获得图片自身的遮罩，为一个 QBitmap 对象，实例中使用的是 PNG 格式的图片，它的透明部分实际上是一个遮罩。

（4）使不规则窗体能够响应鼠标事件、随意拖曳的函数，是重定义的鼠标按下响应函数 mousePressEvent(QMouseEvent *)。首先判断按下的是否为鼠标左键：若是，则保存当前鼠标点所在的位置相对于窗体左上角的偏移值 dragPosition；若按下的是鼠标右键，则关闭窗体。

鼠标移动响应函数 mouseMoveEvent(QMouseEvent*)，首先判断当前鼠标状态，调用 event->buttons()返回鼠标的状态，若为左键则调用 QWidget 的 move()函数将窗体移动至鼠标当前点。由于 move()函数的参数指的是窗体的左上角的位置，因此要使用鼠标当前点的位置减去相对窗体左上角的偏移值 dragPosition。具体的实现代码如下：

```
void ShapeWidget::mousePressEvent(QMouseEvent *event)
{
    if(event->button() == Qt::LeftButton)
    {
        dragPosition = event->globalPos()-frameGeometry().topLeft();
        event->accept();
    }
    if(event->button() == Qt::RightButton)
    {
        close();
    }
}
void ShapeWidget::mouseMoveEvent(QMouseEvent *event)
{
    if(event->buttons()&Qt::LeftButton)
    {
        move(event->globalPos()-dragPosition);
        event->accept();
    }
}
```

重绘函数 paintEvent()主要完成在窗体上绘制图片的工作。此处为方便显示在窗体上，所绘制的是用来确定窗体外形的 PNG 图片。具体实现代码如下：

```
void ShapeWidget::paintEvent(QPaintEvent *event)
{
    QPainter painter(this);
    painter.drawPixmap(0,0,QPixmap("16.png"));
}
```

（5）选择"构建"→"构建项目"ShapeWidget""菜单项，将事先准备的图片 16.png 复制到项目"C:\Qt6\CH4\CH407\build-ShapeWidget-Desktop_Qt_6_0_1_MinGW_64_bit-Debug"目录下，重启 Qt 6.0 开发工具后重新构建、运行程序，显示效果如图 4.14 所示。

4.12 程序启动画面类：QSplashScreen

多数大型应用程序启动时都会在程序完全启动前显示一个启动画面，在程序完全启动后消失。程序启动画面可以显示相关产品的一些信息，使用户在等待程序启动的同时了解相关产品的功能，这也是一个宣传的方式。Qt 中提供的 QSplashScreen 类实现了在程序启动过程中显示启动画面的功能。

【例】（简单）（CH408）程序启动画面（QSplashScreen）的使用方法。当运行程序时，在显示屏的中央出现一个启动画面，经过一段时间，在应用程序完成初始化工作后，启动画面隐去，出现程序的主窗口界面。

实现步骤如下。

（1）新建 Qt Widgets Application（详见 1.3.1 节），项目名称为"SplashSreen"，类命名为"MainWindow"，基类选择"QMainWindow"，取消"Generate form"（创建界面）复选框的选中状态。单击"下一步"按钮，最后单击"完成"按钮，完成该项目的建立。

（2）主窗体 MainWindow 类继承自 QMainWindow 类，模拟一个程序的启动，打开"mainwindow.h"头文件，自动生成的代码如下：

```cpp
#ifndef MAINWINDOW_H
#define MAINWINDOW_H
#include <QMainWindow>
class MainWindow : public QMainWindow
{
    Q_OBJECT
public:
    MainWindow(QWidget *parent = 0);
    ~MainWindow();
};
#endif // MAINWINDOW_H
```

（3）打开"mainwindow.cpp"源文件，添加如下代码：

```cpp
//添加的头文件
#include <QTextEdit>
#include <windows.h>
MainWindow::MainWindow(QWidget *parent)
    : QMainWindow(parent)
{
    setWindowTitle("Splash Example");
    QTextEdit *edit = new QTextEdit;
    edit->setText("Splash Example!");
    setCentralWidget(edit);
    resize(600,450);
    Sleep(1000);                              //(a)
}
```

其中，

(a) Sleep(1000)：由于启动画面通常在程序初始化时间较长的情况下出现，为了使程序初始化时间加长以显示启动画面，此处调用 Sleep()函数，使主窗口程序在初始化时休眠几秒。

（4）启动画面主要在 main()函数中实现，打开"main.cpp"文件，添加以下加黑代码：

```
#include "mainwindow.h"
#include <QApplication>
#include <QPixmap>
#include <QSplashScreen>
int main(int argc, char *argv[])
{
    QApplication a(argc, argv);              //创建一个 QApplication 对象
    QPixmap pixmap("Qt.png");                //(a)
    QSplashScreen splash(pixmap);            //(b)
    splash.show();                           //显示此启动图片
    a.processEvents();                       //(c)
    MainWindow w;                            //(d)
    w.show();
    splash.finish(&w);                       //(e)
    return a.exec();
}
```

其中，

(a) QPixmap pixmap("Qt.png")：创建一个 QPixmap 对象，设置启动图片（这里设置为 Qt 的图标"Qt.png"）。

(b) QSplashScreen splash(pixmap)：利用 QPixmap 对象创建一个 QSplashScreen 对象。

(c) a.processEvents()：使程序在显示启动画面的同时仍能响应鼠标等其他事件。

(d) MainWindow w、w.show()：正常创建主窗体对象，并调用 show()函数显示。

(e) splash.finish(&w)：表示在主窗体对象初始化完成后，结束启动画面。

（5）选择"构建"→"构建项目"SplashSreen""菜单项，将事先准备好的图片 Qt.png 复制到项目"C:\Qt6\CH4\CH408\build-SplashSreen-Desktop_Qt_6_0_1_MinGW_64_bit-Debug"目录下，运行程序，启动效果如图 4.15 所示。

图 4.15　程序启动效果

注意，图 4.15 中央的 Qt 图片首先出现 1 秒（s），然后才弹出"Splash Example"窗口。

第 5 章

Qt 6 主窗口

5.1 Qt 6 主窗口构成

5.1.1 基本元素

QMainWindow 是一个为用户提供主窗口程序的类,包含一个菜单栏(menu bar)、多个工具栏(tool bars)、多个锚接部件(dock widgets)、一个状态栏(status bar)及一个中心部件(central widget),是许多应用程序(如文本编辑器、图片编辑器等)的基础。本章将对此进行详细介绍。Qt 6 主窗口界面布局如图 5.1 所示。

图 5.1 Qt 6 主窗口界面布局

1. 菜单栏

菜单是一系列命令的列表。为了实现菜单、工具栏按钮、键盘快捷方式等命令的一致性,Qt 使用动作(Action)来表示这些命令。Qt 的菜单就是由一系列的 QAction 动作对象构成的列表,而菜单栏则是包容菜单的面板,它位于主窗口标题栏的下面。一个主窗口只能有一个菜单栏。

2. 状态栏

状态栏通常显示 GUI 应用程序的一些状态信息,它位于主窗口的底部。用户可以在状态栏上添加、使用 Qt 窗口部件。一个主窗口只能有一个状态栏。

3. 工具栏

工具栏是由一系列的类似于按钮的动作排列而成的面板,它通常由一些经常使用的命令(动作)组成。工具栏位于菜单栏的下面、状态栏的上面,可以停靠在主窗口的上、下、左、右四个方向上。一个主窗口可以包含多个工具栏。

4. 锚接部件

锚接部件作为一个容器使用,以包容其他窗口部件来实现某些功能。例如,Qt 设计器的属性编辑器、对象监视器等都是由锚接部件包容其他的 Qt 窗口部件来实现的。它位于工具栏区的内部，可以作为一个窗口自由地浮动在主窗口上面，也可以像工具栏一样停靠在主窗口的上、下、左、右四个方向上。一个主窗口可以包含多个锚接部件。

5. 中心部件

中心部件处在锚接部件区的内部、主窗口的中心。一个主窗口只能有一个中心部件。

 主窗口具有自己的布局管理器，因此在主窗口 QMainWindow 上设置布局管理器或者创建一个父窗口部件作为 QMainWindow 的布局管理器都是不允许的。但可以在主窗口的中心部件上设置管理器。

为了控制主窗口工具栏和锚接部件的显隐，在默认情况下，主窗口 QMainWindow 提供了一个上下文菜单（Context Menu）。通常，通过在工具栏或锚接部件上单击鼠标右键就可以激活该上下文菜单，也可以通过函数 QMainWindow::createPopupMenu()激活该菜单。此外，还可以重写 QMainWindow::createPopupMenu()函数，实现自定义的上下文菜单。

5.1.2 【综合实例】：文本编辑器

本章通过完成一个文本编辑器应用实例，介绍 QMainWindow 主窗口的创建流程和各种功能的开发。

（1）文件操作功能：包括新建一个文件，利用标准文件对话框 QFileDialog 类打开一个已存在的文件，利用 QFile 和 QTextStream 读取文件内容，打印文件（分文本打印和图片打印）。通过实例介绍标准打印对话框 QPrintDialog 类的使用方法，以 QPrinter 作为 QPaintDevice 画图工具实现图片打印。

（2）图片处理中的常用功能：包括图片的缩放、旋转、镜像等坐标变换，使用 QMatrix 实现图片的各种坐标变换。

（3）开发文本编辑功能：通过在工具栏上设置文字字体、字号大小、加粗、斜体、下画线及字体颜色等快捷按钮的实现，介绍在工具栏中嵌入控件的方法。其中，通过设置字体颜色功能，介绍标准颜色对话框 QColorDialog 类的使用方法。

（4）排版功能：通过选择某种排序方式实现对文本排序，以及实现文本对齐（包括左对齐、右对齐、居中对齐和两端对齐）和撤销、重做的方法。

【例】（难度一般）（CH501）设计界面，效果如图 5.2 所示。

图 5.2 文本编辑器实例效果

首先建立项目的框架代码,具体步骤如下。

(1)新建 Qt Widgets Application(详见 1.3.1 节),项目名称为"ImageProcessor",类命名为"ImgProcessor",基类选择"QMainWindow",取消"Generate form"(创建界面)复选框的选中状态。单击"下一步"按钮,最后单击"完成"按钮,完成该项目的建立。

(2)添加显示文本编辑框函数所在的源文件。

在"ImageProcessor"项目名上单击鼠标右键,在弹出的快捷菜单中选择"Add New..."选项,在弹出的对话框中选择"C++ Class"选项,单击"Choose..."按钮,在弹出的对话框的"Class name"栏输入类的名称"ShowWidget",在"Base class"栏下拉列表中选择基类名"QWidget"。

(3)单击"下一步"按钮,再单击"完成"按钮,添加"showwidget.h"头文件和"showwidget.cpp"源文件。

(4)打开"showwidget.h"头文件,具体代码如下:

```cpp
#include <QWidget>
#include <QLabel>
#include <QTextEdit>
#include <QImage>
class ShowWidget : public QWidget
{
    Q_OBJECT
public:
    explicit ShowWidget(QWidget *parent = 0);
    QImage img;
    QLabel *imageLabel;
    QTextEdit *text;
signals:
public slots:
};
```

(5)打开"showwidget.cpp"文件,添加如下代码:

```cpp
#include "showwidget.h"
#include <QHBoxLayout>
ShowWidget::ShowWidget(QWidget *parent):QWidget(parent)
{
    imageLabel = new QLabel;
    imageLabel->setScaledContents(true);
    text = new QTextEdit;
    QHBoxLayout *mainLayout = new QHBoxLayout(this);
    mainLayout->addWidget(imageLabel);
    mainLayout->addWidget(text);
}
```

(6)主函数 ImgProcessor 类声明中的 createActions()函数用于创建所有的动作、createMenus()函数用于创建菜单、createToolBars()函数用于创建工具栏;接着声明实现主窗口所需的各个元素,包括菜单、工具栏及各个动作等;最后声明用到的槽函数,打开"imgprocessor.h"文件,添加如下代码:

```cpp
#include <QMainWindow>
#include <QImage>
```

```cpp
#include <QLabel>
#include <QMenu>
#include <QMenuBar>
#include <QAction>
#include <QComboBox>
#include <QSpinBox>
#include <QToolBar>
#include <QFontComboBox>
#include <QToolButton>
#include <QTextCharFormat>
#include "showwidget.h"
class ImgProcessor : public QMainWindow
{
    Q_OBJECT
public:
    ImgProcessor(QWidget *parent = 0);
    ~ImgProcessor();
    void createActions();                       //创建动作
    void createMenus();                         //创建菜单
    void createToolBars();                      //创建工具栏
    void loadFile(QString filename);
    void mergeFormat(QTextCharFormat);
private:
    QMenu *fileMenu;                            //各项菜单栏
    QMenu *zoomMenu;
    QMenu *rotateMenu;
    QMenu *mirrorMenu;
    QImage img;
    QString fileName;
    ShowWidget *showWidget;
    QAction *openFileAction;                    //文件菜单项
    QAction *NewFileAction;
    QAction *PrintTextAction;
    QAction *PrintImageAction;
    QAction *exitAction;
    QAction *copyAction;                        //编辑菜单项
    QAction *cutAction;
    QAction *pasteAction;
    QAction *aboutAction;
    QAction *zoomInAction;
    QAction *zoomOutAction;
    QAction *rotate90Action;                    //旋转菜单项
    QAction *rotate180Action;
    QAction *rotate270Action;
    QAction *mirrorVerticalAction;              //镜像菜单项
    QAction *mirrorHorizontalAction;
    QAction *undoAction;
    QAction *redoAction;
```

```
    QToolBar *fileTool;                              //工具栏
    QToolBar *zoomTool;
    QToolBar *rotateTool;
    QToolBar *mirrorTool;
    QToolBar *doToolBar;
};
```

（7）下面是主窗口构造函数部分的内容，构造函数主要实现窗体的初始化，打开"imgprocessor.cpp"文件，添加如下代码：

```
ImgProcessor::ImgProcessor(QWidget *parent)
    : QMainWindow(parent)
{
    setWindowTitle(tr("Easy Word"));                 //设置窗体标题
    showWidget = new ShowWidget(this);               //(a)
    setCentralWidget(showWidget);
    /* 创建动作、菜单、工具栏的函数 */
    createActions();
    createMenus();
    createToolBars();
    if(img.load("image.png"))
    {
        //在 imageLabel 对象中放置图片
        showWidget->imageLabel->setPixmap(QPixmap::fromImage(img));
    }
}
```

其中，

(a) showWidget = new ShowWidget(this)、setCentralWidget(showWidget)：创建放置图片 QLabel 和文本编辑框 QTextEdit 的 QWidget 对象 showWidget，并将它设置为中心部件。

至此，本章文本编辑器的项目框架就建好了。

5.1.3 菜单与工具栏的实现

菜单与工具栏都与 QAction 类密切相关，工具栏上的功能按钮与菜单中的选项条目相对应，完成相同的功能，使用相同的快捷键与图标。QAction 类为用户提供了一个统一的命令接口，无论是从菜单触发还是从工具栏触发，或通过快捷键触发都调用同样的操作接口，以达到同样的目的。

1．动作（Action）的实现

以下是实现基本文件操作动作（Action）的代码：

```
void ImgProcessor::createActions()
{
    //"打开"动作
    openFileAction = new QAction(QIcon("open.png"),tr("打开"),this);
                                                                    //(a)
    openFileAction->setShortcut(tr("Ctrl+O"));                      //(b)
    openFileAction->setStatusTip(tr("打开一个文件"));                //(c)
```

```cpp
    //"新建"动作
    NewFileAction = new QAction(QIcon("new.png"),tr("新建"),this);
    NewFileAction->setShortcut(tr("Ctrl+N"));
    NewFileAction->setStatusTip(tr("新建一个文件"));
    //"退出"动作
    exitAction = new QAction(tr("退出"),this);
    exitAction->setShortcut(tr("Ctrl+Q"));
    exitAction->setStatusTip(tr("退出程序"));
    connect(exitAction,SIGNAL(triggered()),this,SLOT(close()));
    //"复制"动作
    copyAction = new QAction(QIcon("copy.png"),tr("复制"),this);
    copyAction->setShortcut(tr("Ctrl+C"));
    copyAction->setStatusTip(tr("复制文件"));
    connect(copyAction,SIGNAL(triggered()),showWidget->text,SLOT (copy()));
    //"剪切"动作
    cutAction = new QAction(QIcon("cut.png"),tr("剪切"),this);
    cutAction->setShortcut(tr("Ctrl+X"));
    cutAction->setStatusTip(tr("剪切文件"));
    connect(cutAction,SIGNAL(triggered()),showWidget->text,SLOT (cut()));
    //"粘贴"动作
    pasteAction = new QAction(QIcon("paste.png"),tr("粘贴"),this);
    pasteAction->setShortcut(tr("Ctrl+V"));
    pasteAction->setStatusTip(tr("粘贴文件"));
    connect(pasteAction,SIGNAL(triggered()),showWidget->text,SLOT (paste()));
    //"关于"动作
    aboutAction = new QAction(tr("关于"),this);
    connect(aboutAction,SIGNAL(triggered()),this,SLOT(QApplication::aboutQt()));
    ...
}
```

其中，

(a) openFileAction = new QAction(QIcon("open.png"),tr("打开"),this)：在创建"打开文件"动作的同时，指定了此动作使用的图标、名称及父窗口。

(b) openFileAction->setShortcut(tr("Ctrl+O"))：设置此动作的组合键为 Ctrl+O。

(c) openFileAction->setStatusTip(tr("打开一个文件"))：设定了状态栏显示，当鼠标光标移至此动作对应的菜单条目或工具栏按钮上时，在状态栏上显示"打开一个文件"的提示。

在创建动作时，也可不指定图标。这类动作通常只在菜单中出现，而不在工具栏上使用。

以下是实现打印文本和图片、图片缩放、旋转和镜像的动作（Action）的代码（位于 ImgProcessor::createActions()方法中）：

```cpp
    //"打印文本"动作
    PrintTextAction = new QAction(QIcon("printText.png"),tr("打印文本"), this);
    PrintTextAction->setStatusTip(tr("打印一个文本"));
    //"打印图片"动作
    PrintImageAction = new QAction(QIcon("printImage.png"),tr("打印图片"), this);
    PrintImageAction->setStatusTip(tr("打印一幅图片"));
    //"放大"动作
```

```
zoomInAction = new QAction(QIcon("zoomin.png"),tr("放大"),this);
zoomInAction->setStatusTip(tr("放大一幅图片"));
//"缩小"动作
zoomOutAction = new QAction(QIcon("zoomout.png"),tr("缩小"),this);
zoomOutAction->setStatusTip(tr("缩小一幅图片"));
//实现图片旋转的动作(Action)
//旋转90°
rotate90Action = new QAction(QIcon("rotate90.png"),tr("旋转90°"),this);
rotate90Action->setStatusTip(tr("将一幅图旋转90°"));
//旋转180°
rotate180Action = new QAction(QIcon("rotate180.png"),tr("旋转180°"),this);
rotate180Action->setStatusTip(tr("将一幅图旋转180°"));
//旋转270°
rotate270Action = new QAction(QIcon("rotate270.png"),tr("旋转270°"),this);
rotate270Action->setStatusTip(tr("将一幅图旋转270°"));
//实现图片镜像的动作(Action)
//纵向镜像
mirrorVerticalAction = new QAction(QIcon("mirrorVertical.png"),tr("纵向镜像"),this);
mirrorVerticalAction->setStatusTip(tr("对一幅图做纵向镜像"));
//横向镜像
mirrorHorizontalAction = new QAction(QIcon("mirrorHorizontal.png"),tr("横向镜像"),this);
mirrorHorizontalAction->setStatusTip(tr("对一幅图做横向镜像"));
//实现撤销和重做的动作(Action)
//撤销和重做
undoAction = new QAction(QIcon("undo.png"),"撤销",this);
connect(undoAction,SIGNAL(triggered()),showWidget->text,SLOT(undo()));
redoAction = new QAction(QIcon("redo.png"),"重做",this);
connect(redoAction,SIGNAL(triggered()),showWidget->text,SLOT(redo()));
```

2. 菜单(Menus)的实现

在实现了各个动作之后,需要将它们通过菜单、工具栏或快捷键的方式体现出来,以下是菜单的实现函数 createMenus() 代码:

```
void ImgProcessor::createMenus()
{
    //文件菜单
    fileMenu = menuBar()->addMenu(tr("文件"));                //(a)
    fileMenu->addAction(openFileAction);                      //(b)
    fileMenu->addAction(NewFileAction);
    fileMenu->addAction(PrintTextAction);
    fileMenu->addAction(PrintImageAction);
    fileMenu->addSeparator();
    fileMenu->addAction(exitAction);
    //缩放菜单
    zoomMenu = menuBar()->addMenu(tr("编辑"));
    zoomMenu->addAction(copyAction);
    zoomMenu->addAction(cutAction);
```

```
    zoomMenu->addAction(pasteAction);
    zoomMenu->addAction(aboutAction);
    zoomMenu->addSeparator();
    zoomMenu->addAction(zoomInAction);
    zoomMenu->addAction(zoomOutAction);
    //旋转菜单
    rotateMenu = menuBar()->addMenu(tr("旋转"));
    rotateMenu->addAction(rotate90Action);
    rotateMenu->addAction(rotate180Action);
    rotateMenu->addAction(rotate270Action);
    //镜像菜单
    mirrorMenu = menuBar()->addMenu(tr("镜像"));
    mirrorMenu->addAction(mirrorVerticalAction);
    mirrorMenu->addAction(mirrorHorizontalAction);
}
```

其中，在实现文件菜单中，

(a) fileMenu = menuBar()->addMenu(tr("文件"))：直接调用 QMainWindow 的 menuBar() 函数即可得到主窗口的菜单栏指针，再调用菜单栏 QMenuBar 的 addMenu() 函数，即可在菜单栏中插入一个新菜单 fileMenu，fileMenu 为一个 QMenu 类对象。

(b) fileMenu->addAction(...)：调用 QMenu 的 addAction() 函数在菜单中加入"打开""新建""打印文本""打印图片"条目。

类似地，实现缩放菜单、旋转菜单和镜像菜单。

3．工具栏（ToolBars）的实现

接下来实现相对应的工具栏 createToolBars()，主窗口的工具栏上可以有多个工具条，通常采用一个菜单对应一个工具条的方式，也可根据需要进行工具条的划分。

```
void ImgProcessor::createToolBars()
{
    //文件工具条
    fileTool = addToolBar("File");                          //(a)
    fileTool->addAction(openFileAction);                    //(b)
    fileTool->addAction(NewFileAction);
    fileTool->addAction(PrintTextAction);
    fileTool->addAction(PrintImageAction);
    //编辑工具条
    zoomTool = addToolBar("Edit");
    zoomTool->addAction(copyAction);
    zoomTool->addAction(cutAction);
    zoomTool->addAction(pasteAction);
    zoomTool->addSeparator();
    zoomTool->addAction(zoomInAction);
    zoomTool->addAction(zoomOutAction);
    //旋转工具条
    rotateTool = addToolBar("rotate");
    rotateTool->addAction(rotate90Action);
    rotateTool->addAction(rotate180Action);
```

```
    rotateTool->addAction(rotate270Action);
    //撤销和重做工具条
    doToolBar = addToolBar("doEdit");
    doToolBar->addAction(undoAction);
    doToolBar->addAction(redoAction);
}
```

其中，在文件工具条中，

(a) fileTool = addToolBar("File")：直接调用 QMainWindow 的 addToolBar()函数即可获得主窗口的工具条对象，每新增一个工具条调用一次 addToolBar()函数，赋予不同的名称，即可在主窗口中新增一个工具条。

(b) fileTool->addAction(…)：调用 QToolBar 的 addAction()函数在工具条中插入属于本工具条的动作。类似地，实现"编辑工具条""旋转工具条""撤销和重做工具条"。工具条的显示可以由用户进行选择，在工具栏上单击鼠标右键将弹出工具条显示的选择菜单，用户对需要显示的工具条进行选择即可。

工具条是一个可移动的窗口，它可停靠的区域由 QToolBar 的 allowAreas 决定，包括 Qt::LeftToolBarArea、Qt::RightToolBarArea、Qt::TopToolBarArea、Qt::BottomToolBarArea 和 Qt::AllToolBarAreas。默认为 Qt::AllToolBarAreas，启动后默认出现于主窗口的顶部。可通过调用 setAllowedAreas()函数来指定工具条可停靠的区域，例如：

```
fileTool->setAllowedAreas(Qt::TopToolBarArea|Qt::LeftToolBarArea);
```

此函数限定文件工具条只可出现在主窗口的顶部或左侧。工具条也可通过调用 setMovable()函数设定可移动性，例如：

```
fileTool->setMovable(false);
```

指定文件工具条不可移动，只出现于主窗口的顶部。

选择"构建"→"构建项目"ImageProcessor""菜单项，将程序中用到的图片保存到项目 "C:\Qt6\CH5\CH501\build-ImageProcessor-Desktop_Qt_6_0_1_MinGW_64_bit-Debug"目录下，运行程序，效果如图 5.3 所示。

图 5.3　运行效果

下面 5.2～5.5 节具体介绍这个文本编辑器的各项功能（即每个槽函数）的实现。

5.2 Qt 6 文件操作功能

5.2.1 新建文件

在图 5.3 中，当单击"文件"→"新建"命令时，没有任何反应。下面将介绍如何实现新建一个空白文件的功能。

(1) 打开"imgprocessor.h"头文件，添加"protected slots:"变量：

```
protected slots:
    void ShowNewFile();
```

(2) 在 createActions()函数的""新建"动作"最后添加信号/槽关联：

```
connect(NewFileAction,SIGNAL(triggered()),this,SLOT(ShowNewFile()));
```

(3) 实现新建文件功能的函数 ShowNewFile()如下：

```
void ImgProcessor::ShowNewFile()
{
    ImgProcessor *newImgProcessor = new ImgProcessor;
    newImgProcessor->show();
}
```

(4) 运行程序，单击"文件"→"新建"命令或单击工具栏上的 按钮，弹出新的文件编辑窗口，如图 5.4 所示。

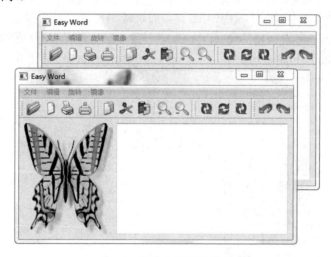

图 5.4　新的文件编辑窗口

5.2.2 打开文件

利用标准文件对话框 QFileDialog 打开一个已经存在的文件。若当前中央窗体中已有打开的文件，则在一个新的窗口中打开选定的文件；若当前中央窗体是空白的，则在当前中央窗体中打开。

(1) 在"imgprocessor.h"头文件中添加"protected slots:"变量:
```
void ShowOpenFile();
```
(2) 在 createActions()函数的""打开"动作"最后添加信号/槽关联:
```
connect(openFileAction,SIGNAL(triggered()),this,SLOT(ShowOpenFile()));
```
(3) 实现打开文件功能的函数 ShowOpenFile()如下:
```
void ImgProcessor::ShowOpenFile()
{
    fileName = QFileDialog::getOpenFileName(this);
    if(!fileName.isEmpty())
    {
        if(showWidget->text->document()->isEmpty())
        {
            loadFile(fileName);
        }
        else
        {
            ImgProcessor *newImgProcessor = new ImgProcessor;
            newImgProcessor->show();
            newImgProcessor->loadFile(fileName);
        }
    }
}
```

其中,loadFile()函数利用 QFile 和 QTextStream 完成具体读取文件内容的工作,实现如下:
```
void ImgProcessor::loadFile(QString filename)
{
    printf("file name:%s\n",filename.data());
    QFile file(filename);
    if(file.open(QIODevice::ReadOnly|QIODevice::Text))
    {
        QTextStream textStream(&file);
        while(!textStream.atEnd())
        {
            showWidget->text->append(textStream.readLine());
            printf("read line\n");
        }
        printf("end\n");
    }
}
```

在此仅详细说明标准文件对话框 QFileDialog 的 getOpenFileName()静态函数各个参数的作用,其他文件对话框类中相关的静态函数的参数有与其类似之处。
```
QString QFileDialog::getOpenFileName
(
    QWidget* parent = 0,                        //定义标准文件对话框的父窗口
    const QString & caption = QString(),        //定义标准文件对话框的标题名
    const QString & dir = QString(),            //(a)
    const QString & filter = QString(),         //(b)
    QString * selectedFilter = 0,               //用户选择过滤器通过此参数返回
```

```
    Options options = 0
);
```

其中，

(a) const QString & dir = QString()：指定了默认的目录，若此参数带有文件名，则文件将是默认选中的文件。

(b) const QString & filter = QString()：此参数对文件类型进行过滤，只有与过滤器匹配的文件类型才显示，可以同时指定多种过滤方式供用户选择，多种过滤器之间用"**;**"隔开。

（4）在该源文件的开始部分添加如下头文件：

```
#include <QFileDialog>
#include <QFile>
#include <QTextStream>
```

（5）运行程序，单击"文件"→"打开"命令或单击工具栏上的 按钮，弹出"打开"对话框，如图 5.5（a）所示。选择某个文件，单击"打开"按钮，文本编辑框中将显示出该文件的内容，如图 5.5（b）所示。

（a）"打开"对话框

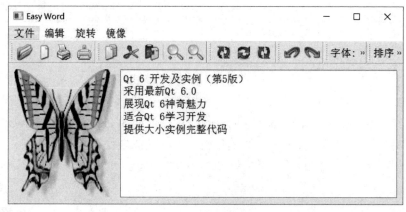

（b）显示文件内容

图 5.5 "打开"对话框和显示文件内容

5.2.3 打印文件

打印的文件有文本和图像两种形式，下面分别加以介绍。

1．文本打印

打印文本在文本编辑工作中经常使用，下面将介绍如何实现文本打印功能。标准打印对话框效果如图 5.6 所示。

图 5.6 标准打印对话框效果

QPrintDialog 是 Qt 提供的标准打印对话框，为打印机的使用提供了一种方便、规范的方法。

如图 5.6 所示，QPrintDialog 标准打印对话框提供了打印机的选择、配置功能，并允许用户改变文档有关的设置，如页面范围、打印份数等。

具体实现步骤如下。

（1）在"imgprocessor.h"头文件中添加"protected slots:"变量：

```
void ShowPrintText();
```

（2）在 createActions()函数的""打印文本"动作"最后添加信号/槽关联：

```
connect(PrintTextAction,SIGNAL(triggered()),this,SLOT(ShowPrintText()));
```

（3）实现打印文本功能的函数 ShowPrintText ()如下：

```
void ImgProcessor::ShowPrintText()
{
    QPrinter printer;                                //新建一个 QPrinter 对象
    QPrintDialog printDialog(&printer,this);         //(a)
    if(printDialog.exec())                           //(b)
    {
        //获得 QTextEdit 对象的文档
        QTextDocument *doc = showWidget->text->document();
        doc->print(&printer);                        //打印
```

    }
}
其中，

(a) QPrintDialog printDialog(&printer,this)：创建一个 QPrintDialog 对象，参数为 QPrinter 对象。

(b) if(printDialog.exec())：判断标准打印对话框显示后用户是否单击"打印"按钮。若单击"打印"按钮，则相关打印属性将可以通过创建 QPrintDialog 对象时使用的 QPrinter 对象获得；若用户单击"取消"按钮，则不执行后续的打印操作。

（4）在该源文件的开始部分添加如下头文件：
```
#include <QPrintDialog>
#include <QPrinter>
```

> Qt 6 中将 QPrinter、QPrintDialog 等类归入 printsupport 模块中。如果在项目中引入了上面的两个头文件，则需要在工程文件（".pro"文件）中加入"QT += printsupport"，否则编译会出错。

（5）运行程序，单击"文件"→"打印文本"命令或工具栏上的 按钮，弹出标准打印对话框，如图 5.6 所示。

2. 图像打印

打印图像实际上是在一个 QPaintDevice 中画图，与平常在 QWidget、QPixmap 和 QImage 中画图相同，都是创建一个 QPainter 对象进行画图，只是打印使用的是 QPrinter，QPrinter 本质上也是一个绘图设备 QPaintDevice。下面将介绍如何实现图像打印功能。

（1）在"imgprocessor.h"头文件中添加"protected slots:"变量：
```
void ShowPrintImage();
```
（2）在 createActions()函数的""打印图像"动作"最后添加信号/槽关联：
```
connect(PrintImageAction,SIGNAL(triggered()),this,SLOT(ShowPrintImage()));
```
（3）实现打印图像功能的函数 ShowPrintImage ()如下：
```
void ImgProcessor::ShowPrintImage()
{
    QPrinter printer;                               //新建一个QPrinter对象
    QPrintDialog printDialog(&printer,this);        //(a)
    if(printDialog.exec())                          //(b)
    {
        QPainter painter(&printer);                 //(c)
        QRect rect = painter.viewport();            //获得QPainter对象的视图矩形区域
        QSize size = img.size();                    //获得图像的大小
        /* 按照图形的比例大小重新设置视图矩形区域 */
        size.scale(rect.size(),Qt::KeepAspectRatio);
        painter.setViewport(rect.x(),rect.y(),size.width(),size.height());
        painter.setWindow(img.rect());              //设置QPainter窗口大小为图像的大小
        painter.drawImage(0,0,img);                 //打印图像
    }
}
```

其中，

(a) QPrintDialog printDialog(&printer,this)：创建一个 QPrintDialog 对象，参数为 QPrinter 对象。

(b) if(printDialog.exec())：判断打印对话框显示后用户是否单击"打印"按钮。若单击"打印"按钮，则相关打印属性将可以通过创建 QPrintDialog 对象时使用的 QPrinter 对象获得；若用户单击"取消"按钮，则不执行后续的打印操作。

(c) QPainter painter(&printer)：创建一个 QPainter 对象，并指定绘图设备为一个 QPrinter 对象。

（4）在该源文件的开始部分添加如下头文件：
```
#include <QPainter>
```
（5）运行程序，单击"文件"→"打印图像"命令或单击工具栏上的 按钮，弹出标准打印对话框，显示效果如图5.6所示。

5.3　Qt 6 图像坐标变换

Qt 6 的 QTransform 类提供了世界坐标系统的二维转换功能，可以使窗体转换变形，经常在绘图程序中使用，还可以实现坐标系统的移动、缩放、变形及旋转功能。

setScaledContents 用来设置该控件的 scaledContents 属性，确定是否根据其大小自动调节内容大小，以使内容充满整个有效区域。若设置值为 true，则当显示图片时，控件会根据其大小对图片进行调节。该属性默认值为 false。另外，可以通过 hasScaledContents() 来获取该属性的值。

5.3.1　缩放功能

下面将介绍如何实现缩放功能，具体步骤如下。

（1）在"imgprocessor.h"头文件中添加"protected slots:"变量：
```
void ShowZoomIn();
```
（2）在 createActions() 函数的""放大"动作"最后添加信号/槽关联：
```
connect(zoomInAction,SIGNAL(triggered()),this,SLOT(ShowZoomIn()));
```
（3）实现图形放大功能的函数 ShowZoomIn() 如下：
```
void ImgProcessor::ShowZoomIn()
{
    if(img.isNull())                        //有效性判断
        return;
    QTransform transform;                   //声明一个QTransform类的实例
    transform.scale(2,2);                   //(a)
    img = img.transformed(transform);
    //重新设置显示图形
    showWidget->imageLabel->setPixmap(QPixmap::fromImage(img));
}
```
其中，

(a) transform.scale(2,2)、img = img.transformed(transform)：按照2倍比例对水平和垂直

方向进行放大,并将当前显示的图形按照坐标矩阵进行转换。

QTransform & QTransform::scale(qreal sx,qreal sy)函数返回缩放后的 transform 对象引用,若要实现 2 倍比例的缩小,则将参数 sx 和 sy 改为 0.5 即可。

(4) 在"imgprocessor.h"头文件中添加"protected slots:"变量:

```
void ShowZoomOut();
```

(5) 在 createActions()函数的""缩小"动作"最后添加信号/槽关联:

```
connect(zoomOutAction,SIGNAL(triggered()),this,SLOT(ShowZoomOut()));
```

(6) 实现图形缩小功能的函数 ShowZoomOut()如下:

```
void ImgProcessor::ShowZoomOut()
{
    if(img.isNull())
        return;
    QTransform transform;
    transform.scale(0.5,0.5);              //(a)
    img = img.transformed(transform);
    showWidget->imageLabel->setPixmap(QPixmap::fromImage(img));
}
```

其中,

(a) scale(qreal sx,qreal sy):此函数的参数是 qreal 类型值。qreal 定义了一种 double 数据类型,该数据类型适用于所有的平台。需要注意的是,对于 ARM 体系结构的平台,qreal 是一种 float 类型。在 Qt 6 中还声明了一些指定位长度的数据类型,目的是保证程序能够在 Qt 支持的所有平台上正常运行。例如,qint8 表示一个有符号的 8 位字节,qlonglong 表示 long long int 类型,与 qint64 相同。

(7) 运行程序,单击"编辑"→"放大"命令或单击工具栏上的 按钮,图像放大效果如图 5.7 所示。

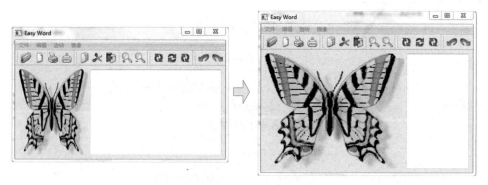

图 5.7　图像放大效果

同理,也可以缩小图像,操作与此类似。

5.3.2　旋转功能

ShowRotate90()函数实现的是图形的旋转,将坐标逆时针旋转 90°。具体实现步骤如下。

(1) 在"imgprocessor.h"头文件中添加"protected slots:"变量:

```
void ShowRotate90();
```

（2）在 createActions()函数的"旋转90°"最后添加信号/槽关联：
```
connect(rotate90Action,SIGNAL(triggered()),this,SLOT(ShowRotate90()));
```
（3）ShowRotate90()函数的具体实现代码如下：
```
void ImgProcessor::ShowRotate90()
{
    if(img.isNull())
        return;
    QTransform transform;
    transform.rotate(90);
    img = img.transformed(transform);
    showWidget->imageLabel->setPixmap(QPixmap::fromImage(img));
}
```
类似地，下面是实现旋转180°和270°的功能。

（4）在"imgprocessor.h"头文件中添加"protected slots:"变量：
```
void ShowRotate180();
void ShowRotate270();
```
（5）在 createActions()函数的"旋转180°""旋转270°"最后分别添加信号/槽关联：
```
connect(rotate180Action,SIGNAL(triggered()),this,SLOT(ShowRotate180()));
connect(rotate270Action,SIGNAL(triggered()),this,SLOT(ShowRotate270()));
```
（6）ShowRotate180()、ShowRotate270()函数的具体实现代码如下：
```
void ImgProcessor::ShowRotate180()
{
    if(img.isNull())
        return;
    QTransform transform;
    transform.rotate(180);
    img = img.transformed(transform);
    showWidget->imageLabel->setPixmap(QPixmap::fromImage(img));
}
void ImgProcessor::ShowRotate270()
{
    if(img.isNull())
        return;
    QTransform transform;
    transform.rotate(270);
    img = img.transformed(transform);
    showWidget->imageLabel->setPixmap(QPixmap::fromImage(img));
}
```
（7）运行程序，单击"旋转"→"旋转 90°"命令或单击工具栏上的 按钮，图像旋转90°的效果如图5.8所示。

需要注意的是，在窗口设计中，由于坐标系的 Y 轴是向下的，所以用户看到的图形是顺时针旋转90°，而实际上是逆时针旋转90°。

同样，可以选择相应的命令将图像旋转180°或270°。

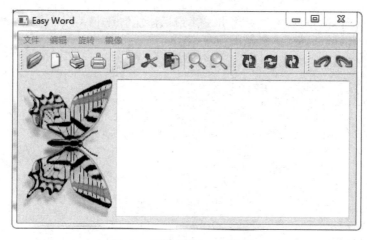

图 5.8 图像旋转 90°的效果

5.3.3 镜像功能

ShowMirrorVertical()函数实现的是图形的纵向镜像，ShowMirrorHorizontal()函数实现的则是横向镜像。通过 QImage::mirrored(bool horizontal,bool vertical)实现图形的镜像功能，参数 horizontal 和 vertical 分别指定了镜像的方向。具体实现步骤如下。

（1）在"imgprocessor.h"头文件中添加"protected slots:"变量：

```
void ShowMirrorVertical();
void ShowMirrorHorizontal();
```

（2）在 createActions()函数的"纵向镜像""横向镜像"最后分别添加信号/槽关联：

```
connect(mirrorVerticalAction,SIGNAL(triggered()),this,SLOT(ShowMirrorVertical()));
connect(mirrorHorizontalAction,SIGNAL(triggered()),this,SLOT(ShowMirrorHorizontal()));
```

（3）ShowMirrorVertical ()、ShowMirrorHorizontal ()函数的具体实现代码如下：

```
void ImgProcessor::ShowMirrorVertical()
{
    if(img.isNull())
        return;
    img = img.mirrored(false,true);
    showWidget->imageLabel->setPixmap(QPixmap::fromImage(img));
}
void ImgProcessor::ShowMirrorHorizontal()
{
    if(img.isNull())
        return;
    img = img.mirrored(true,false);
    showWidget->imageLabel->setPixmap(QPixmap::fromImage(img));
}
```

（4）此时运行程序，单击"镜像"→"横向镜像"命令，蝴蝶翅膀底部的阴影从右边移到左边，横向镜像效果如图 5.9 所示。

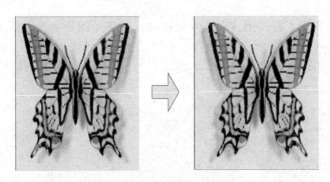

图 5.9 横向镜像效果

同理，读者也可以试着实验"纵向镜像"的效果。

5.4 Qt 6 文本编辑功能

在编写包含格式设置的文本编辑程序时，经常用到的 Qt 类有 QTextEdit、QTextDocument、QTextBlock、QTextList、QTextFrame、QTextTable、QTextCharFormat、QTextBlockFormat、QTextListFormat、QTextFrameFormat 和 QTextTableFormat 等。

文本编辑各类之间的划分与关系如图 5.10 所示。

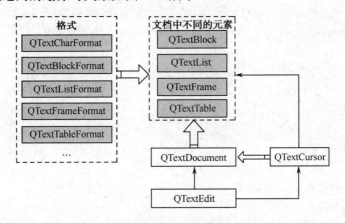

图 5.10 文本编辑各类之间的划分与关系

任何一个文本编辑的程序都要用 QTextEdit 作为输入文本的容器，在它里面输入可编辑文本由 QTextDocument 作为载体，而用来表示 QTextDocument 的元素的 QTextBlock、QTextList、QTextFrame 等是 QTextDocument 的不同表现形式，可以表示为字符串、段落、列表、表格或图片等。

每种元素都有自己的格式，这些格式则用 QTextCharFormat、QTextBlockFormat、QTextListFormat、QTextFrameFormat 等类来描述与实现。例如，QTextBlockFormat 类对应于 QTextBlock 类，QTextBlock 类用于表示一块文本，通常可以理解为一个段落，但它并不仅指段落；QTextBlockFormat 类则表示这一块文本的格式，如缩进的值、与四边的边距等。

从图 5.10 中可以看出，用于表示编辑文本中的光标的 QTextCursor 类是一个非常重要且经常用到的类，它提供了对 QTextDocument 文档的修改接口，所有对文档格式的修改，说到底都与光标有关。例如，改变字符的格式，实际上指的是改变光标处字符的格式。又例如，改变段落的格式，实际上指的是改变光标所在段落的格式。因此，所有对 QTextDocument 的修改都能够通过 QTextCursor 类实现，QTextCursor 类在文本编辑类程序中具有重要的作用。

实现文本编辑的具体操作步骤如下。

（1）在"imgprocessor.h"头文件中添加"private:"变量：

```
QLabel *fontLabel1;                              //字体设置项
QFontComboBox *fontComboBox;
QLabel *fontLabel2;
QComboBox *sizeComboBox;
QToolButton *boldBtn;
QToolButton *italicBtn;
QToolButton *underlineBtn;
QToolButton *colorBtn;
QToolBar *fontToolBar;                           //字体工具栏
```

（2）在"imgprocessor.h"头文件中添加"protected slots:"变量：

```
void ShowFontComboBox(QFont comboFont);
void ShowSizeSpinBox(QString spinValue);
void ShowBoldBtn();
void ShowItalicBtn();
void ShowUnderlineBtn();
void ShowColorBtn();
void ShowCurrentFormatChanged(const QTextCharFormat &fmt);
```

（3）在相对应的构造函数中，在语句"setCentralWidget(showWidget);"与语句"createActions();"之间添加如下代码：

```
ImgProcessor::ImgProcessor(QWidget *parent)
    : QMainWindow(parent)
{
    ...
    setCentralWidget(showWidget);
    //在工具栏上嵌入控件
    //设置字体
    fontLabel1 = new QLabel(tr("字体:"));
    fontComboBox = new QFontComboBox;
    fontComboBox->setFontFilters(QFontComboBox::ScalableFonts);
    fontLabel2 = new QLabel(tr("字号:"));
    sizeComboBox = new QComboBox;
    QFontDatabase db;
    foreach(int size,db.standardSizes())
        sizeComboBox->addItem(QString::number(size));
    boldBtn = new QToolButton;
    boldBtn->setIcon(QIcon("bold.png"));
    boldBtn->setCheckable(true);
    italicBtn = new QToolButton;
    italicBtn->setIcon(QIcon("italic.png"));
    italicBtn->setCheckable(true);
    underlineBtn = new QToolButton;
    underlineBtn->setIcon(QIcon("underline.png"));
    underlineBtn->setCheckable(true);
```

```
    colorBtn = new QToolButton;
    colorBtn->setIcon(QIcon("color.png"));
    colorBtn->setCheckable(true);
    /* 创建动作、菜单、工具栏的函数 */
    createActions();
    ...
}
```

（4）在该构造函数的最后部分添加相关的信号/槽关联：

```
    connect(fontComboBox,SIGNAL(currentFontChanged(QFont)),this,SLOT(ShowFontComboBox(QFont)));
    connect(sizeComboBox,SIGNAL(textActivated(QString)),this,SLOT(ShowSizeSpinBox(QString)));
    connect(boldBtn,SIGNAL(clicked()),this,SLOT(ShowBoldBtn()));
    connect(italicBtn,SIGNAL(clicked()),this,SLOT(ShowItalicBtn()));
    connect(underlineBtn,SIGNAL(clicked()),this,SLOT(ShowUnderlineBtn()));
    connect(colorBtn,SIGNAL(clicked()),this,SLOT(ShowColorBtn()));
    connect(showWidget->text,SIGNAL(currentCharFormatChanged(const QTextCharFormat&)),this,SLOT(ShowCurrentFormatChanged(const QTextCharFormat&)));
```

（5）在相对应的工具栏 createToolBars()函数中添加如下代码：

```
//字体工具条
fontToolBar = addToolBar("Font");
fontToolBar->addWidget(fontLabel1);
fontToolBar->addWidget(fontComboBox);
fontToolBar->addWidget(fontLabel2);
fontToolBar->addWidget(sizeComboBox);
fontToolBar->addSeparator();
fontToolBar->addWidget(boldBtn);
fontToolBar->addWidget(italicBtn);
fontToolBar->addWidget(underlineBtn);
fontToolBar->addSeparator();
fontToolBar->addWidget(colorBtn);
```

调用 QFontComboBox 的 setFontFilters 接口可过滤只在下拉列表框中显示某一类字体，默认情况下为 QFontComboBox::AllFonts 列出所有字体。

使用 QFontDatabase 实现在字号下拉列表框中填充各种不同的字号条目，QFontDatabase 类用于表示当前系统中所有可用的格式信息，主要是字体和字号大小。

调用 standardSizes()函数返回可用标准字号的列表，并将它们插入到字号下拉列表框中。本实例中只是列出字号。

> **注意**：foreach 是 Qt 提供的替代 C++中 for 循环的关键字，它的使用方法如下。
> foreach(variable,container)：其中，参数 container 表示程序中需要循环读取的一个列表；参数 variable 用于表示每个元素的变量。例如：
>
> ```
> foreach(int ,QList<int>)
> {
>    //process
> }
> ```
>
> 循环至列表尾结束循环。

5.4.1 设置字体

设置选定文字字体的函数 ShowFontComboBox(),代码如下:

```
void ImgProcessor::ShowFontComboBox(QFont comboFont)    //设置字体
{
    QTextCharFormat fmt;              //创建一个 QTextCharFormat 对象
    fmt.setFont(comboFont);           //选择的字体设置给 QTextCharFormat 对象
    mergeFormat(fmt);                 //将新的格式应用到光标选区内的字符
}
```

前面介绍过,所有对于 QTextDocument 进行的修改都通过 QTextCursor 类来完成,具体代码如下:

```
void ImgProcessor::mergeFormat(QTextCharFormat format)
{
    QTextCursor cursor = showWidget->text->textCursor();   //获得编辑框中的光标
    if(!cursor.hasSelection())                              //(a)
        cursor.select(QTextCursor::WordUnderCursor);
    cursor.mergeCharFormat(format);                         //(b)
    showWidget->text->mergeCurrentCharFormat(format);       //(c)
}
```

其中,

(a) if(!cursor.hasSelection())、cursor.select(QTextCursor::WordUnderCursor):若光标没有高亮选区,则将光标所在处的词作为选区,由前后空格或",""."等标点符号区分词。

(b) cursor.mergeCharFormat(format):调用 QTextCursor 的 mergeCharFormat()函数将参数 format 所表示的格式应用到光标所在处的字符上。

(c) showWidget->text->mergeCurrentCharFormat(format):调用 QTextEdit 的 merge CurrentCharFormat()函数将格式应用到选区内的所有字符上。

随后的其他的格式设置也可采用此种方法。

5.4.2 设置字号

设置选定文字字号大小的 ShowSizeSpinBox()函数,代码如下:

```
void ImgProcessor::ShowSizeSpinBox(QString spinValue)    //设置字号
{
    QTextCharFormat fmt;
    fmt.setFontPointSize(spinValue.toFloat());
    showWidget->text->mergeCurrentCharFormat(fmt);
}
```

5.4.3 设置文字加粗

设置选定文字为加粗显示的 ShowBoldBtn()函数,代码如下:

```
void ImgProcessor::ShowBoldBtn()                         //设置文字显示加粗
```

```
{
    QTextCharFormat fmt;
    fmt.setFontWeight(boldBtn->isChecked()?QFont::Bold:QFont:: Normal);
    showWidget->text->mergeCurrentCharFormat(fmt);
}
```

其中，调用 QTextCharFormat 的 setFontWeight()函数设置粗细值，若检测到"加粗"按钮被按下，则设置字符的 Weight 值为 QFont::Bold，可直接设为 75；反之，则设为 QFont::Normal。文字的粗细值由 QFont::Weight 表示，它是一个整型值，取值的范围可为 0～99，有 5 个预置值，分别为 QFont::Light(25)、QFont::Normal(50)、QFont::DemiBold(63)、QFont::Bold(75)和 QFont::Black(87)，通常在 QFont::Normal 和 QFont::Bold 之间转换。

5.4.4 设置文字斜体

设置选定文字为斜体显示的 ShowItalicBtn()函数，代码如下：

```
void ImgProcessor::ShowItalicBtn()              //设置文字显示斜体
{
    QTextCharFormat fmt;
    fmt.setFontItalic(italicBtn->isChecked());
    showWidget->text->mergeCurrentCharFormat(fmt);
}
```

5.4.5 设置文字加下画线

在选定文字下方加下画线的 ShowUnderlineBtn()函数，代码如下：

```
void ImgProcessor::ShowUnderlineBtn()           //设置文字加下画线
{
    QTextCharFormat fmt;
    fmt.setFontUnderline(underlineBtn->isChecked());
    showWidget->text->mergeCurrentCharFormat(fmt);
}
```

5.4.6 设置文字颜色

设置选定文字颜色的 ShowColorBtn()函数，代码如下：

```
void ImgProcessor::ShowColorBtn()               //设置文字颜色
{
    QColor color = QColorDialog::getColor(Qt::red,this);    //(a)
    if(color.isValid())
    {
        QTextCharFormat fmt;
        fmt.setForeground(color);
        showWidget->text->mergeCurrentCharFormat(fmt);
    }
}
```

在"imgprocessor.cpp"文件的开头添加声明：

```
#include <QColorDialog>
#include <QColor>
```

其中，

(a) QColor color = QColorDialog::getColor(Qt::red,this)：使用了标准颜色对话框的方式，当单击"颜色"按钮时，在弹出的标准颜色对话框中选择颜色。

标准颜色对话框 QColorDialog 类的使用：

```
QColor getColor
(
    const QColor& initial = Qt::white,
    QWidget* parent = 0
);
```

第 1 个参数指定了选中的颜色，默认为白色。通过 QColor::isValid()可以判断用户选择的颜色是否有效，若用户单击"取消"（Cancel）按钮，则 QColor::isValid()返回 false。第 2 个参数定义了标准颜色对话框的父窗口。

5.4.7 设置字符格式

当光标所在处的字符格式发生变化时调用此槽函数，函数根据新的字符格式将工具栏上各个格式控件的显示更新，代码如下：

```
void ImgProcessor::ShowCurrentFormatChanged(const QTextCharFormat &fmt)
{
    fontComboBox->setCurrentIndex(fontComboBox->findText(fmt.fontFamily()));
    sizeComboBox->setCurrentIndex(sizeComboBox->findText(QString::number(fmt.fontPointSize())));
    boldBtn->setChecked(fmt.font().bold());
    italicBtn->setChecked(fmt.fontItalic());
    underlineBtn->setChecked(fmt.fontUnderline());
}
```

此时运行程序，可根据需要设置字体的各种形式。

5.5 Qt 6 排版功能

具体实现步骤如下。

（1）在"imgprocessor.h"头文件中添加"private:"变量：

```
QLabel *listLabel;                                      //排序设置项
QComboBox *listComboBox;
QActionGroup *actGrp;
QAction *leftAction;
QAction *rightAction;
QAction *centerAction;
QAction *justifyAction;
QToolBar *listToolBar;                                  //排序工具栏
```

（2）在"imgprocessor.h"头文件中添加"protected slots:"变量：

```
void ShowList(int);
void ShowAlignment(QAction *act);
void ShowCursorPositionChanged();
```

（3）在相对应的构造函数中，在语句 "setCentralWidget(showWidget);" 与语句 "createActions();" 之间添加如下代码：

```
//排序
listLabel = new QLabel(tr("排序"));
listComboBox = new QComboBox;
listComboBox->addItem("Standard");
listComboBox->addItem("QTextListFormat::ListDisc");
listComboBox->addItem("QTextListFormat::ListCircle");
listComboBox->addItem("QTextListFormat::ListSquare");
listComboBox->addItem("QTextListFormat::ListDecimal");
listComboBox->addItem("QTextListFormat::ListLowerAlpha");
listComboBox->addItem("QTextListFormat::ListUpperAlpha");
listComboBox->addItem("QTextListFormat::ListLowerRoman");
listComboBox->addItem("QTextListFormat::ListUpperRoman");
```

（4）在构造函数的最后添加相关的信号/槽关联：

```
connect(listComboBox,SIGNAL(activated(int)),this,SLOT(ShowList(int)));
connect(showWidget->text->document(),SIGNAL(undoAvailable(bool)),undoAction,SLOT(setEnabled(bool)));
connect(showWidget->text->document(),SIGNAL(redoAvailable(bool)),redoAction,SLOT(setEnabled(bool)));
connect(showWidget->text,SIGNAL(cursorPositionChanged()),this,SLOT(ShowCursorPositionChanged()));
```

（5）在相对应的工具栏 createActions() 函数中添加如下代码：

```
//排序：左对齐、右对齐、居中和两端对齐
actGrp = new QActionGroup(this);
leftAction = new QAction(QIcon("left.png"),"左对齐",actGrp);
leftAction->setCheckable(true);
rightAction = new QAction(QIcon("right.png"),"右对齐",actGrp);
rightAction->setCheckable(true);
centerAction = new QAction(QIcon("center.png"),"居中",actGrp);
centerAction->setCheckable(true);
justifyAction = new QAction(QIcon("justify.png"),"两端对齐",actGrp);
justifyAction->setCheckable(true);
connect(actGrp,SIGNAL(triggered(QAction*)),this,SLOT(ShowAlignment(QAction*)));
```

（6）在相对应的工具栏 createToolBars() 函数中添加如下代码：

```
//排序工具条
listToolBar = addToolBar("list");
listToolBar->addWidget(listLabel);
listToolBar->addWidget(listComboBox);
listToolBar->addSeparator();
listToolBar->addActions(actGrp->actions());
```

（7）在 "imgprocessor.cpp" 文件的开头添加声明：

```
#include <QActionGroup>
```

5.5.1 实现段落对齐

完成对按下某个对齐按钮的响应使用 ShowAlignment()函数，根据比较判断触发的是哪个对齐按钮，调用 QTextEdit 的 setAlignment()函数可以实现当前段落的对齐调整。具体代码如下：

```cpp
void ImgProcessor::ShowAlignment(QAction *act)
{
    if(act == leftAction)
        showWidget->text->setAlignment(Qt::AlignLeft);
    if(act == rightAction)
        showWidget->text->setAlignment(Qt::AlignRight);
    if(act == centerAction)
        showWidget->text->setAlignment(Qt::AlignCenter);
    if(act == justifyAction)
        showWidget->text->setAlignment(Qt::AlignJustify);
}
```

响应文本中光标位置处发生改变的信号的 ShowCursorPositionChanged()函数代码如下：

```cpp
void ImgProcessor::ShowCursorPositionChanged()
{
    if(showWidget->text->alignment() == Qt::AlignLeft)
        leftAction->setChecked(true);
    if(showWidget->text->alignment() == Qt::AlignRight)
        rightAction->setChecked(true);
    if(showWidget->text->alignment() == Qt::AlignCenter)
        centerAction->setChecked(true);
    if(showWidget->text->alignment() == Qt::AlignJustify)
        justifyAction->setChecked(true);
}
```

完成四个对齐按钮的状态更新。通过调用 QTextEdit 类的 alignment()函数获得当前光标所在处段落的对齐方式，设置相应的对齐按钮为按下状态。

5.5.2 实现文本排序

首先，介绍文本排序功能实现的基本流程（见图 5.11）。

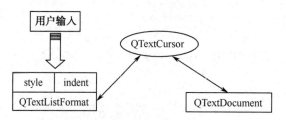

图 5.11 文本排序功能实现的基本流程

主要用于描述文本排序格式的 QTextListFormat 包含两个基本的属性：一个为 QTextListFormat::style，表示文本采用哪种排序方式；另一个为 QTextListFormat::indent，表示排序后的缩进值。因此，若要实现文本排序的功能，则只需设置好 QTextListFormat 的以上两个属性，并将整个格式通过

QTextCursor 类应用到文本中即可。

在通常的文本编辑器中，QTextListFormat 的缩进值 indent 都是预设好的，并不需要由用户设定。本实例采用在程序中通过获取当前文本段 QTextBlockFormat 的缩进值来进行相应的计算的方法，以获得排序文本的缩进值。

实现根据用户选择的不同排序方式对文本进行排序的 ShowList()函数代码如下：

```cpp
void ImgProcessor::ShowList(int index)
{
    //获得编辑框的 QTextCursor 对象指针
    QTextCursor cursor=showWidget->text->textCursor();
    if(index != 0)
    {
        QTextListFormat::Style style = QTextListFormat::ListDisc;    //(a)
        switch(index)                                                //设置 style 属性值
        {
         default:
         case 1:
             style = QTextListFormat::ListDisc; break;
         case 2:
             style = QTextListFormat::ListCircle; break;
         case 3:
             style = QTextListFormat::ListSquare; break;
         case 4:
             style = QTextListFormat::ListDecimal; break;
         case 5:
             style = QTextListFormat::ListLowerAlpha; break;
         case 6:
             style = QTextListFormat::ListUpperAlpha; break;
         case 7:
             style = QTextListFormat::ListLowerRoman; break;
         case 8:
             style = QTextListFormat::ListUpperRoman; break;
        }
        /* 设置缩进值 */                                              //(b)
        cursor.beginEditBlock();
        QTextBlockFormat blockFmt = cursor.blockFormat();
        QTextListFormat listFmt;
        if(cursor.currentList())
        {
            listFmt = cursor.currentList()->format();
        }
        else
        {
            listFmt.setIndent(blockFmt.indent() + 1);
            blockFmt.setIndent(0);
            cursor.setBlockFormat(blockFmt);
        }
        listFmt.setStyle(style);
```

```
        cursor.createList(listFmt);
        cursor.endEditBlock();
    }
    else
    {
        QTextBlockFormat bfmt;
        bfmt.setObjectIndex(-1);
        cursor.mergeBlockFormat(bfmt);
    }
}
```

其中，

(a) QTextListFormat::Style style = QTextListFormat::ListDisc：从下拉列表框中选择确定 QTextListFormat 的 style 属性值。Qt 提供了 8 种文本排序的方式，分别是 QTextListFormat::ListDisc、QTextListFormat::ListCircle、QTextListFormat::ListSquare、QTextListFormat::ListDecimal、QTextListFormat::ListLowerAlpha、QTextListFormat::ListUpperAlpha、QTextListFormat::ListLowerRoman 和 QTextListFormat::ListUpperRoman。

(b) cursor.beginEditBlock();

…

cursor.endEditBlock();

此代码段完成 QTextListFormat 的另一个属性 indent（即缩进值）的设定，并将设置的格式应用到光标所在的文本处。

以 cursor.beginEditBlock()开始，以 cursor.endEditBlock()结束，这两个函数的作用是设定这两个函数之间的所有操作相当于一个动作。如果需要进行撤销或恢复，则这两个函数之间的所有操作将同时被撤销或恢复，这两个函数通常成对出现。

设置 QTextListFormat 的缩进值首先通过 QTextCursor 获得 QTextBlockFormat 对象，由 QTextBlockFormat 获得段落的缩进值，在此基础上定义 QTextListFormat 的缩进值，本实例是在段落缩进的基础上加 1，也可根据需要进行其他设定。

在"imgprocessor.cpp"文件的开头添加声明：

```
#include <QTextList>
```

最后，打开"main.cpp"文件，具体代码（加黑代码是后添加的）如下：

```
#include "imgprocessor.h"
#include <QApplication>
int main(int argc, char *argv[])
{
    QApplication a(argc, argv);
    QFont f("ZYSong18030",12);                    //设置显示的字体格式
    a.setFont(f);
    ImgProcessor w;
    w.show();
    return a.exec();
}
```

这样修改的目的是定制程序主界面的显示字体。

此时运行程序，可实现段落的对齐和文本排序功能，一段文本的排版示例如图 5.12 所示。本书选择使用了"QTextListFormat::ListDisc"（黑色实心圆点）的文本排序方式。

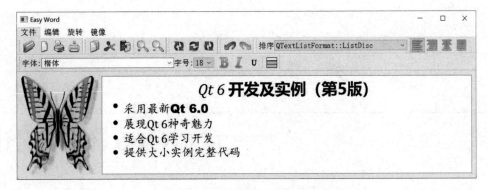

图 5.12　一段文本的排版示例

当然，读者也可以尝试其他几种方式的排版效果。

第 6 章

Qt 6 图形与图片

本章首先介绍 Qt 的位置函数及其使用场合；然后，通过一个简单绘图工具实例，介绍如何利用 QPainter 和 QPainterPath 两种方法绘制各种基础图形；最后，通过几个实例介绍如何利用这些基础的图形来绘制更复杂的图形。

6.1　Qt 6 位置函数

6.1.1　各种位置函数及区别

Qt 提供了很多关于获取窗体位置及显示区域大小的函数，如 x()、y()和 pos()、rect()、size()、geometry()等，统称为"位置相关函数"或"位置函数"。几种主要位置函数及其之间的区别如图 6.1 所示。

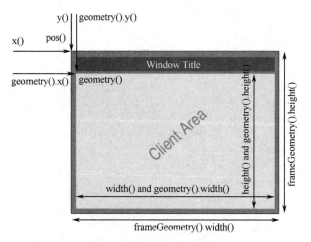

图 6.1　几种主要位置函数及其之间的区别

其中，
- x()、y()和 pos()函数的作用都是获得整个窗体左上角的坐标位置。
- frameGeometry()函数与 geometry()函数相对应。frameGeometry()函数获得的是整个窗体的左上顶点和长、宽值，而 geometry()函数获得的是窗体内中央区域的左上顶点坐标及长、宽值。

- 直接调用 width()和 height()函数获得的是中央区域的长、宽值。
- rect()、size()函数获得的结果也都是对于窗体的中央区域而言的。size()函数获得的是窗体中央区域的长、宽值。rect()函数与 geometry()函数相同，返回一个 QRect 对象，这两个函数获得的长、宽值是相同的，都是窗体中央区域的长、宽值，只是左上顶点的坐标值不一样。geometry()函数获得的左上顶点坐标是相对于父窗体而言的坐标，而 rect()函数获得的左上顶点坐标始终为(0,0)。

在实际应用中，需要根据情况使用正确的位置函数以获得准确的位置尺寸信息，尤其是在编写对位置精度要求较高的程序（如地图浏览程序）时，更应注意函数的选择，以避免产生不必要的误差。

6.1.2 位置函数的应用

本节通过一个简单的例子介绍 QWidget 提供的 x()、y()、frameGeometry、pos()、rect()、size()和 geometry()等函数的使用场合。

【例】（难度一般）（CH601）设计界面，当改变对话框的大小或移动对话框时，调用各个函数所获得的信息也相应地发生变化，从变化中可得知各函数之间的区别。

具体实现步骤如下。

（1）新建 Qt Widgets Application（详见 1.3.1 节），项目名称为"Geometry"，基类选择"QDialog"，类命名为"Geometry"，取消"Generate form"（创建界面）复选框的选中状态。单击"下一步"按钮，最后单击"完成"按钮，完成该项目工程的建立。

（2）Geometry 类继承自 QDialog 类，在头文件中声明所需的控件（主要为 QLabel 类）及所需要的函数。

打开"geometry.h"头文件，添加如下代码：

```
//添加的头文件
#include <QLabel>
#include <QGridLayout>
class Geometry : public QDialog
{
    Q_OBJECT
public:
    Geometry(QWidget *parent = 0);
    ~Geometry();
    void updateLabel();
private:
    QLabel *xLabel;
    QLabel *xValueLabel;
    QLabel *yLabel;
    QLabel *yValueLabel;
    QLabel *FrmLabel;
    QLabel *FrmValueLabel;
    QLabel *posLabel;
    QLabel *posValueLabel;
    QLabel *geoLabel;
    QLabel *geoValueLabel;
```

```cpp
    QLabel *widthLabel;
    QLabel *widthValueLabel;
    QLabel *heightLabel;
    QLabel *heightValueLabel;
    QLabel *rectLabel;
    QLabel *rectValueLabel;
    QLabel *sizeLabel;
    QLabel *sizeValueLabel;
    QGridLayout *mainLayout;
protected:
    void moveEvent(QMoveEvent *);
    void resizeEvent(QResizeEvent *);
};
```

（3）在构造函数中完成控件的创建及初始化工作，打开"geometry.cpp"文件，添加如下代码：

```cpp
Geometry::Geometry(QWidget *parent)
    : QDialog(parent)
{
    setWindowTitle(tr("Geometry"));
    xLabel = new QLabel(tr("x():"));
    xValueLabel = new QLabel;
    yLabel = new QLabel(tr("y():"));
    yValueLabel = new QLabel;
    FrmLabel = new QLabel(tr("Frame:"));
    FrmValueLabel = new QLabel;
    posLabel = new QLabel(tr("pos():"));
    posValueLabel = new QLabel;
    geoLabel = new QLabel(tr("geometry():"));
    geoValueLabel = new QLabel;
    widthLabel = new QLabel(tr("width():"));
    widthValueLabel = new QLabel;
    heightLabel = new QLabel(tr("height():"));
    heightValueLabel = new QLabel;
    rectLabel = new QLabel(tr("rect():"));
    rectValueLabel = new QLabel;
    sizeLabel = new QLabel(tr("size():"));
    sizeValueLabel = new QLabel;
    mainLayout = new QGridLayout(this);
    mainLayout->addWidget(xLabel,0,0);
    mainLayout->addWidget(xValueLabel,0,1);
    mainLayout->addWidget(yLabel,1,0);
    mainLayout->addWidget(yValueLabel,1,1);
    mainLayout->addWidget(posLabel,2,0);
    mainLayout->addWidget(posValueLabel,2,1);
    mainLayout->addWidget(FrmLabel,3,0);
    mainLayout->addWidget(FrmValueLabel,3,1);
    mainLayout->addWidget(geoLabel,4,0);
    mainLayout->addWidget(geoValueLabel,4,1);
    mainLayout->addWidget(widthLabel,5,0);
    mainLayout->addWidget(widthValueLabel,5,1);
```

```
    mainLayout->addWidget(heightLabel,6,0);
    mainLayout->addWidget(heightValueLabel,6,1);
    mainLayout->addWidget(rectLabel,7,0);
    mainLayout->addWidget(rectValueLabel,7,1);
    mainLayout->addWidget(sizeLabel,8,0);
    mainLayout->addWidget(sizeValueLabel,8,1);
    updateLabel();
}
```

updateLabel()函数完成获得各位置函数的信息并显示功能,具体代码如下:

```
void Geometry::updateLabel()
{
    QString xStr;                        //获得x()函数的结果并显示
    xValueLabel->setText(xStr.setNum(x()));
    QString yStr;                        //获得y()函数的结果并显示
    yValueLabel->setText(yStr.setNum(y()));
    QString frameStr;                    //获得frameGeometry()函数的结果并显示
    QString tempStr1,tempStr2,tempStr3,tempStr4;
    frameStr = tempStr1.setNum(frameGeometry().x())+","+
        tempStr2.setNum(frameGeometry().y())+","+
        tempStr3.setNum(frameGeometry().width())+","+
        tempStr4.setNum(frameGeometry().height());
    FrmValueLabel->setText(frameStr);
    QString positionStr;                 //获得pos()函数的结果并显示
    QString tempStr11,tempStr12;
    positionStr = tempStr11.setNum(pos().x())+","+tempStr12.setNum(pos().y());
    posValueLabel->setText(positionStr);
    QString geoStr;                      //获得geometry()函数的结果并显示
    QString tempStr21,tempStr22,tempStr23,tempStr24;
    geoStr = tempStr21.setNum(geometry().x())+","+
        tempStr22.setNum(geometry().y())+","+
        tempStr23.setNum(geometry().width())+","+
        tempStr24.setNum(geometry().height());
    geoValueLabel->setText(geoStr);
    QString wStr,hStr;                   //获得width()、height()函数的结果并显示
    widthValueLabel->setText(wStr.setNum(width()));
    heightValueLabel->setText(hStr.setNum(height()));
    QString rectStr;                     //获得rect()函数的结果并显示
    QString tempStr31,tempStr32,tempStr33,tempStr34;
    rectStr = tempStr31.setNum(rect().x())+","+
        tempStr32.setNum(rect().y())+","+
        tempStr33.setNum(/*rect().width()*/width())+","+
        tempStr34.setNum(height()/*rect().height()*/);
    rectValueLabel->setText(rectStr);
    QString sizeStr;                     //获得size()函数的结果并显示
    QString tempStr41,tempStr42;
    sizeStr = tempStr41.setNum(size().width())+","+tempStr42.setNum(size().height());
    sizeValueLabel->setText(sizeStr);
}
```

重新定义 QWidget 的 moveEvent()函数，响应对话框的移动事件，使得窗体在被移动时能够同步更新各函数的显示结果，具体代码如下：

```
void Geometry::moveEvent(QMoveEvent *)
{
    updateLabel();
}
```

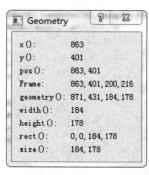

图 6.2　各位置函数应用举例

重新定义 QWidget 的 resizeEvent()函数，响应对话框的大小调整事件，使得在窗体大小发生改变时，也能够同步更新各函数的显示结果，具体代码如下：

```
void Geometry::resizeEvent(QResizeEvent *)
{
    updateLabel();
}
```

（4）运行程序，效果如图 6.2 所示。

6.2　Qt 6 基础图形的绘制

【例】（难度中等）（CH602）设计界面，区分各种形状及画笔颜色、画笔线宽、画笔风格、画笔顶帽、画笔连接点、填充模式、铺展效果、画刷颜色、画刷风格设置等。

6.2.1　绘图框架设计

利用 QPainter 绘制各种图形使用的框架的实例如图 6.3 所示。

图 6.3　利用 QPainter 绘制各种图形使用的框架的实例

此实例的具体实现包含两个部分的内容：一是用于画图的区域 PaintArea 类，二是主窗口 MainWidget 类。绘制各种图形实例的框架如图 6.4 所示。

图 6.4 绘制各种图形实例的框架

程序中,首先在 PaintArea 类中完成各种图形显示功能的 Widget,重绘 paintEvent()函数。然后在主窗口 MainWidget 类中完成各种图形参数的选择。

具体实现步骤如下。

(1)新建 Qt Widgets Application(详见 1.3.1 节),项目名称为"PaintEx",基类选择"QWidget",类命名为"MainWidget",取消"Generate form"(创建界面)复选框的选中状态。单击"下一步"按钮,最后单击"完成"按钮,完成该项目工程的建立。

(2)添加实现绘图区的函数所在的源文件。

在"PaintEx"项目名上单击鼠标右键,在弹出的快捷菜单中选择"添加新文件..."选项,在弹出的对话框中选择"C++ Class"选项。单击"Choose..."按钮,在弹出的对话框的"Base class"栏下拉列表中选择基类名"QWidget",在"Class name"栏输入类的名称"PaintArea"。

(3)单击"下一步"按钮,再单击"完成"按钮,添加文件"paintarea.h"和"paintarea.cpp"。

6.2.2 绘图区的实现

PaintArea 类继承自 QWidget 类,在类声明中,首先声明一个枚举型数据 Shape,列举了所有本实例可能用到的图形形状;其次声明 setShape()函数用于设置形状,setPen()函数用于设置画笔,setBrush()函数用于设置画刷,setFillRule()函数用于设置填充模式,以及重绘事件 paintEvent()函数;最后声明表示各种属性的私有变量。

打开"paintarea.h"头文件,添加如下代码:

```
#include <QPen>
#include <QBrush>
class PaintArea : public QWidget
{
    Q_OBJECT
public:
    enum Shape{Line,Rectangle,RoundRect,Ellipse,Polygon,Polyline,Points,Arc,Path,Text,Pixmap};
    explicit PaintArea(QWidget *parent = 0);
    void setShape(Shape);
    void setPen(QPen);
    void setBrush(QBrush);
    void setFillRule(Qt::FillRule);
    void paintEvent(QPaintEvent *);
signals:
```

```
public slots:
private:
    Shape shape;
    QPen pen;
    QBrush brush;
    Qt::FillRule fillRule;
};
```

PaintArea 类的构造函数用于完成初始化工作，设置图形显示区域的背景色及最小显示尺寸，具体代码如下：

```
#include "paintarea.h"
#include <QPainter>
#include <QPainterPath>

PaintArea::PaintArea(QWidget *parent):QWidget(parent)
{
    setPalette(QPalette(Qt::white));
    setAutoFillBackground(true);
    setMinimumSize(400,400);
}
```

其中，setPalette(QPalette(Qt::white))、setAutoFillBackground(true)完成对窗体背景色的设置，与下面的代码效果一致：

```
QPalette p = palette();
p.setColor(QPalette::Window,Qt::white);
setPalette(p);
```

setShape()函数可以设置形状，setPen()函数可以设置画笔，setBrush()函数可以设置画刷，setFillRule()函数可以设置填充模式，具体代码如下：

```
void PaintArea::setShape(Shape s)
{
    shape = s;
    update();
}
void PaintArea::setPen(QPen p)
{
    pen = p;
    update();
}
void PaintArea::setBrush(QBrush b)
{
    brush = b;
    update();
}
void PaintArea::setFillRule(Qt::FillRule rule)
{
    fillRule = rule;
    update();                                        //重画绘制区窗体
}
```

PaintArea 类的重画函数代码如下:

```
void PaintArea::paintEvent(QPaintEvent *)
{
    QPainter p(this);                           //新建一个QPainter对象
    p.setPen(pen);                              //设置QPainter对象的画笔
    p.setBrush(brush);                          //设置QPainter对象的画刷
    QRect rect(50,100,300,200);                 //(a)
    static const QPoint points[4] =             //(b)
    {
        QPoint(150,100),
        QPoint(300,150),
        QPoint(350,250),
        QPoint(100,300)
    };
    int startAngle = 30*16;                     //(c)
    int spanAngle = 120*16;
    QPainterPath path;                          //新建一个QPainterPath对象为画路径做准备
    path.addRect(150,150,100,100);
    path.moveTo(100,100);
    path.cubicTo(300,100,200,200,300,300);
    path.cubicTo(100,300,200,200,100,100);
    path.setFillRule(fillRule);
    switch(shape)                               //(d)
    {
        case Line:                              //直线
            p.drawLine(rect.topLeft(),rect.bottomRight());break;
        case Rectangle:                         //长方形
            p.drawRect(rect);break;
        case RoundRect:                         //圆角方形
            p.drawRoundedRect(rect,4,4);break;
        case Ellipse:                           //椭圆形
            p.drawEllipse(rect); break;
        case Polygon:                           //多边形
            p.drawPolygon(points,4); break;
        case Polyline:                          //多边线
            p.drawPolyline(points,4);break;
        case Points:                            //点
            p.drawPoints(points,4);break;
        case Arc:                               //弧
            p.drawArc(rect,startAngle,spanAngle);break;
        case Path:                              //路径
            p.drawPath(path);break;
        case Text:                              //文字
            p.drawText(rect,Qt::AlignCenter,tr("Hello Qt!"));break;
        case Pixmap:                            //图片
            p.drawPixmap(150,150,QPixmap("butterfly.png")); break;
        default: break;
    }
}
```

其中，

(a) QRect rect(50,100,300,200)：设定一个方形区域，为画长方形、圆角方形、椭圆等做准备。

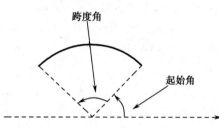

图 6.5　弧形的起始角与跨度角

(b) static const QPoint points[4]={ ... }：创建一个 QPoint 的数组，包含四个点，为画多边形、多边线及点做准备。

(c) int startAngle = 30*16、int spanAngle = 120*16：其中，参数 startAngle 表示起始角，为弧形的起始点与圆心之间连线与水平方向的夹角；参数 spanAngle 表示的是跨度角，为弧形起点、终点分别与圆心连线之间的夹角，如图 6.5 所示。

> **注意**：
> 用 QPainter 画弧形所使用的角度值，是以 1/16°为单位的，在画弧时即 1°用 16 表示。

(d) switch(shape){ ... }：使用一个 switch()语句，对所要画的形状做判断，调用 QPainter 的各个 draw()函数完成图形的绘制。

（1）利用 QPainter 绘制图形（Shape）。

Qt 为开发者提供了丰富的绘制基本图形的 draw()函数，如图 6.6 所示。

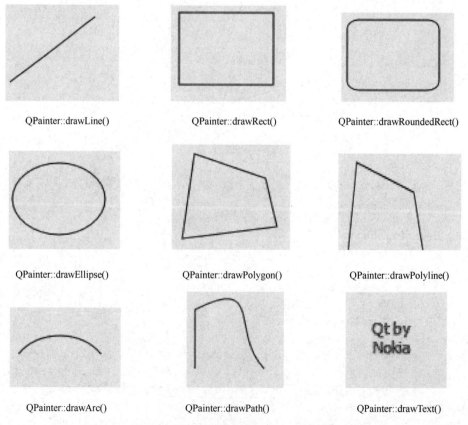

图 6.6　各种绘制基本图形的 draw()函数

除此之外，QPainter 类还提供了一个 drawPixmap()函数，可以直接将图片画到控件上。

（2）利用 QPainterPath 绘制简单图形。

QPainterPath 类为 QPainter 类提供了一个存储容器，里面包含了所要绘制的内容的集合及绘制的顺序，如长方形、多边形、曲线等各种任意图形。当需要绘制预先存储在 QPainterPath 对象中的内容时，只需调用 QPainter 类的 drawPath()函数即可。

QPainterPath 类提供了许多函数接口，可以很方便地加入一些规则图形。例如，addRect()函数加入一个方形，addEllipse()函数加入一个椭圆形，addText()函数加入一个字符串，addPolygon()函数加入一个多边形等。同时，QPainterPath 类还提供了 addPath()函数，用于加入另一个 QPainterPath 对象中保存的内容。

QPainterPath 对象的当前点自动处在上一部分图形内容的结束点上，若下一部分图形的起点不在此结束点，则需调用 moveTo()函数将当前点移动到下一部分图形的起点。

cubicTo()函数绘制的是贝赛尔曲线，如图 6.7 所示。

需要三个参数，分别表示三个点 cubicTo(c1,c2,endPoint)。

利用 QPainterPath 类可以实现 QPainter 类的 draw()函数能够实现的所有图形。例如，对于 QPainter::drawRect()函数，除可用上面介绍的 QPainterPath::addRect()的方式实现外，还可以用如下方式实现：

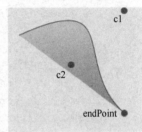

图 6.7　绘制贝赛尔曲线

```
QPainterPath path;
path.moveTo(0,0);
path.lineTo(200,0);
path.lineTo(200,100);
path.lineTo(0,100);
path.lineTo(0,0);
```

这是一个更通用的方法，其他（如多边形等）图形都能够使用这种方式实现。

至此，一个能够响应鼠标事件进行绘图功能的窗体类 Widget 已实现，接下来的工作是完成在主窗口中应用此窗体类。

6.2.3　主窗口的实现

主窗口类 MainWidget 继承自 QWidget 类，包含完成各种图形参数选择的控制区的声明、一系列设置与画图相关参数的槽函数的声明，以及一个绘图区 PaintArea 对象的声明。

打开"mainwidget.h"头文件，添加如下代码：

```
#include <QWidget>
#include "paintarea.h"
#include <QLabel>
#include <QComboBox>
#include <QSpinBox>
#include <QPushButton>
#include <QGridLayout>
#include <QGradient>
class MainWidget : public QWidget
{
    Q_OBJECT
```

```cpp
public:
    MainWidget(QWidget *parent = 0);
    ~MainWidget();
private:
    PaintArea *paintArea;
    QLabel *shapeLabel;
    QComboBox *shapeComboBox;
    QLabel *penWidthLabel;
    QSpinBox *penWidthSpinBox;
    QLabel *penColorLabel;
    QFrame *penColorFrame;
    QPushButton *penColorBtn;
    QLabel *penStyleLabel;
    QComboBox *penStyleComboBox;
    QLabel *penCapLabel;
    QComboBox *penCapComboBox;
    QLabel *penJoinLabel;
    QComboBox *penJoinComboBox;
    QLabel *fillRuleLabel;
    QComboBox *fillRuleComboBox;
    QLabel *spreadLabel;
    QComboBox *spreadComboBox;
    QGradient::Spread spread;
    QLabel *brushStyleLabel;
    QComboBox *brushStyleComboBox;
    QLabel *brushColorLabel;
    QFrame *brushColorFrame;
    QPushButton *brushColorBtn;
    QGridLayout *rightLayout;
protected slots:
    void ShowShape(int);
    void ShowPenWidth(int);
    void ShowPenColor();
    void ShowPenStyle(int);
    void ShowPenCap(int);
    void ShowPenJoin(int);
    void ShowSpreadStyle();
    void ShowFillRule();
    void ShowBrushColor();
    void ShowBrush(int);
};
```

MainWidget 类的构造函数中创建了各参数选择控件，打开 "mainwidget.cpp" 文件，添加如下代码：

```cpp
#include "mainwidget.h"
#include <QColorDialog>
MainWidget::MainWidget(QWidget *parent)
    : QWidget(parent)
{
    paintArea = new PaintArea;
    shapeLabel = new QLabel(tr("形状："));        //形状选择下拉列表框
```

```cpp
shapeComboBox = new QComboBox;
shapeComboBox->addItem(tr("Line"),PaintArea::Line);              //(a)
shapeComboBox->addItem(tr("Rectangle"),PaintArea::Rectangle);
shapeComboBox->addItem(tr("RoundedRect"),PaintArea::RoundRect);
shapeComboBox->addItem(tr("Ellipse"),PaintArea::Ellipse);
shapeComboBox->addItem(tr("Polygon"),PaintArea::Polygon);
shapeComboBox->addItem(tr("Polyline"),PaintArea::Polyline);
shapeComboBox->addItem(tr("Points"),PaintArea::Points);
shapeComboBox->addItem(tr("Arc"),PaintArea::Arc);
shapeComboBox->addItem(tr("Path"),PaintArea::Path);
shapeComboBox->addItem(tr("Text"),PaintArea::Text);
shapeComboBox->addItem(tr("Pixmap"),PaintArea::Pixmap);
connect(shapeComboBox,SIGNAL(activated(int)),this,SLOT(ShowShape(int)));
penColorLabel = new QLabel(tr("画笔颜色: "));        //画笔颜色选择控件
penColorFrame = new QFrame;
penColorFrame->setFrameStyle(QFrame::Panel|QFrame::Sunken);
penColorFrame->setAutoFillBackground(true);
penColorFrame->setPalette(QPalette(Qt::blue));
penColorBtn = new QPushButton(tr("更改"));
connect(penColorBtn,SIGNAL(clicked()),this,SLOT(ShowPenColor()));
penWidthLabel = new QLabel(tr("画笔线宽: "));        //画笔线宽选择控件
penWidthSpinBox = new QSpinBox;
penWidthSpinBox->setRange(0,20);
connect(penWidthSpinBox,SIGNAL(valueChanged(int)),this,SLOT(ShowPenWidth(int)));
penStyleLabel = new QLabel(tr("画笔风格: "));        //画笔风格选择下拉列表框
penStyleComboBox = new QComboBox;
penStyleComboBox->addItem(tr("SolidLine"),                       //(b)
                          static_cast<int>(Qt::SolidLine));
penStyleComboBox->addItem(tr("DashLine"),
                          static_cast<int>(Qt::DashLine));
penStyleComboBox->addItem(tr("DotLine"),
                          static_cast<int>(Qt::DotLine));
penStyleComboBox->addItem(tr("DashDotLine"),
                          static_cast<int>(Qt::DashDotLine));
penStyleComboBox->addItem(tr("DashDotDotLine"),
                          static_cast<int>(Qt::DashDotDotLine));
penStyleComboBox->addItem(tr("CustomDashLine"),
                          static_cast<int>(Qt::CustomDashLine));
connect(penStyleComboBox,SIGNAL(activated(int)),this,SLOT(ShowPenStyle(int)));
penCapLabel = new QLabel(tr("画笔顶帽: "));        //画笔顶帽风格选择下拉列表框
penCapComboBox = new QComboBox;
penCapComboBox->addItem(tr("SquareCap"),Qt::SquareCap);          //(c)
penCapComboBox->addItem(tr("FlatCap"),Qt::FlatCap);
penCapComboBox->addItem(tr("RoundCap"),Qt::RoundCap);
connect(penCapComboBox,SIGNAL(activated(int)),this,SLOT(ShowPenCap(int)));
penJoinLabel = new QLabel(tr("画笔连接点: "));        //画笔连接点风格选择下拉列表框
```

```cpp
penJoinComboBox = new QComboBox;
penJoinComboBox->addItem(tr("BevelJoin"),Qt::BevelJoin);      //(d)
penJoinComboBox->addItem(tr("MiterJoin"),Qt::MiterJoin);
penJoinComboBox->addItem(tr("RoundJoin"),Qt::RoundJoin);
connect(penJoinComboBox,SIGNAL(activated(int)),this,SLOT(ShowPenJoin(int)));
fillRuleLabel = new QLabel(tr("填充模式："));       //填充模式选择下拉列表框
fillRuleComboBox = new QComboBox;
fillRuleComboBox->addItem(tr("Odd Even"),Qt::OddEvenFill); //(e)
fillRuleComboBox->addItem(tr("Winding"),Qt::WindingFill);
connect(fillRuleComboBox,SIGNAL(activated(int)),this,SLOT(ShowFillRule()));
spreadLabel = new QLabel(tr("铺展效果："));        //铺展效果选择下拉列表框
spreadComboBox = new QComboBox;
spreadComboBox->addItem(tr("PadSpread"),QGradient::PadSpread);
                                                                      //(f)
spreadComboBox->addItem(tr("RepeatSpread"),QGradient:: RepeatSpread);
spreadComboBox->addItem(tr("ReflectSpread"),QGradient:: ReflectSpread);
connect(spreadComboBox,SIGNAL(activated(int)),this,SLOT(ShowSpreadStyle()));
brushColorLabel = new QLabel(tr("画刷颜色："));   //画刷颜色选择控件
brushColorFrame = new QFrame;
brushColorFrame->setFrameStyle(QFrame::Panel|QFrame::Sunken);
brushColorFrame->setAutoFillBackground(true);
brushColorFrame->setPalette(QPalette(Qt::green));
brushColorBtn = new QPushButton(tr("更改"));
connect(brushColorBtn,SIGNAL(clicked()),this,SLOT(ShowBrushColor()));
brushStyleLabel = new QLabel(tr("画刷风格："));    //画刷风格选择下拉列表框
brushStyleComboBox = new QComboBox;
brushStyleComboBox->addItem(tr("SolidPattern"),            //(g)
                    static_cast<int>(Qt::SolidPattern));
brushStyleComboBox->addItem(tr("Dense1Pattern"),
                    static_cast<int>(Qt::Dense1Pattern));
brushStyleComboBox->addItem(tr("Dense2Pattern"),
                    static_cast<int>(Qt::Dense2Pattern));
brushStyleComboBox->addItem(tr("Dense3Pattern"),
                    static_cast<int>(Qt::Dense3Pattern));
brushStyleComboBox->addItem(tr("Dense4Pattern"),
                    static_cast<int>(Qt::Dense4Pattern));
brushStyleComboBox->addItem(tr("Dense5Pattern"),
                    static_cast<int>(Qt::Dense5Pattern));
brushStyleComboBox->addItem(tr("Dense6Pattern"),
                    static_cast<int>(Qt::Dense6Pattern));
brushStyleComboBox->addItem(tr("Dense7Pattern"),
                    static_cast<int>(Qt::Dense7Pattern));
brushStyleComboBox->addItem(tr("HorPattern"),
                    static_cast<int>(Qt::HorPattern));
brushStyleComboBox->addItem(tr("VerPattern"),
                    static_cast<int>(Qt::VerPattern));
brushStyleComboBox->addItem(tr("CrossPattern"),
                    static_cast<int>(Qt::CrossPattern));
```

```cpp
brushStyleComboBox->addItem(tr("BDiagPattern"),
                    static_cast<int>(Qt::BDiagPattern));
brushStyleComboBox->addItem(tr("FDiagPattern"),
                    static_cast<int>(Qt::FDiagPattern));
brushStyleComboBox->addItem(tr("DiagCrossPattern"),
                    static_cast<int>(Qt:: DiagCrossPattern));
brushStyleComboBox->addItem(tr("LinearGradientPattern"),
                    static_cast<int>(Qt::LinearGradientPattern));
brushStyleComboBox->addItem(tr("ConicalGradientPattern"),
                    static_cast<int>(Qt::ConicalGradientPattern));
brushStyleComboBox->addItem(tr("RadialGradientPattern"),
                    static_cast<int>(Qt::RadialGradientPattern));
brushStyleComboBox->addItem(tr("TexturePattern"),
                    static_cast<int>(Qt::TexturePattern));
connect(brushStyleComboBox,SIGNAL(activated(int)),this,SLOT(ShowBrush(int)));
rightLayout = new QGridLayout;                      //控制面板的布局
rightLayout->addWidget(shapeLabel,0,0);
rightLayout->addWidget(shapeComboBox,0,1);
rightLayout->addWidget(penColorLabel,1,0);
rightLayout->addWidget(penColorFrame,1,1);
rightLayout->addWidget(penColorBtn,1,2);
rightLayout->addWidget(penWidthLabel,2,0);
rightLayout->addWidget(penWidthSpinBox,2,1);
rightLayout->addWidget(penStyleLabel,3,0);
rightLayout->addWidget(penStyleComboBox,3,1);
rightLayout->addWidget(penCapLabel,4,0);
rightLayout->addWidget(penCapComboBox,4,1);
rightLayout->addWidget(penJoinLabel,5,0);
rightLayout->addWidget(penJoinComboBox,5,1);
rightLayout->addWidget(fillRuleLabel,6,0);
rightLayout->addWidget(fillRuleComboBox,6,1);
rightLayout->addWidget(spreadLabel,7,0);
rightLayout->addWidget(spreadComboBox,7,1);
rightLayout->addWidget(brushColorLabel,8,0);
rightLayout->addWidget(brushColorFrame,8,1);
rightLayout->addWidget(brushColorBtn,8,2);
rightLayout->addWidget(brushStyleLabel,9,0);
rightLayout->addWidget(brushStyleComboBox,9,1);
QHBoxLayout *mainLayout = new QHBoxLayout(this);    //整体的布局
mainLayout->addWidget(paintArea);
mainLayout->addLayout(rightLayout);
mainLayout->setStretchFactor(paintArea,1);
mainLayout->setStretchFactor(rightLayout,0);
ShowShape(shapeComboBox->currentIndex());           //显示默认的图形
}
```

其中，

(a) shapeComboBox->addItem(tr("Line"),PaintArea::Line)：QComboBox 的 addItem()函数可以仅插入文本，也可同时插入与文本相对应的具体数据，通常为枚举型数据，便于后面操作时确定选择的是哪个数据。

(b) penStyleComboBox->addItem(tr("SolidLine"),static_cast<int>(Qt::SolidLine))：选用不同的参数，对应画笔的不同风格，如图 6.8 所示。

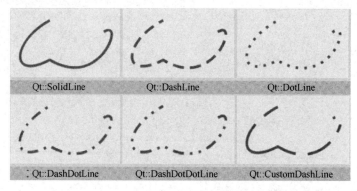

图 6.8　画笔的各种风格

(c) penCapComboBox->addItem(tr("SquareCap"),Qt::SquareCap)：选用不同的参数，对应画笔顶帽的不同风格，如图 6.9 所示。

图 6.9　画笔顶帽的各种风格

其中，Qt::SquareCap 表示在线条的顶点处是方形的，且线条绘制的区域包括了端点，并且再往外延伸半个线宽的长度；Qt::FlatCap 表示在线条的顶点处是方形的，但线条绘制区域不包括端点在内；Qt::RoundCap 表示在线条的顶点处是圆形的，且线条绘制区域包含了端点。

(d) penJoinComboBox->addItem(tr("BevelJoin"),Qt::BevelJoin)：选用不同的参数，对应画笔连接点的不同风格，如图 6.10 所示。

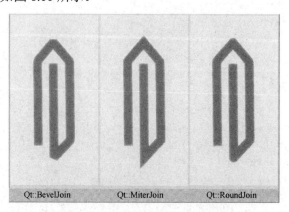

图 6.10　画笔连接点的各种风格

其中，Qt::BevelJoin 风格连接点是指两条线的中心线顶点相汇，相连处依然保留线条各自的方形顶端；Qt::MiterJoin 风格连接点是指两条线的中心线顶点相汇，相连处线条延长到线的外侧汇集至点，形成一个尖顶的连接；Qt::RoundJoin 风格连接点是指两条线的中心线顶点相汇，相连处以圆弧形连接。

(e) fillRuleComboBox->addItem(tr("Odd Even"),Qt::OddEvenFill)：Qt 为 QPainterPath 类提供了两种填充规则，分别是 Qt::OddEvenFill 和 Qt::WindingFill，如图 6.11 所示。这两种填充规则在判定图形中某一点是处于内部还是外部时，判断依据不同。

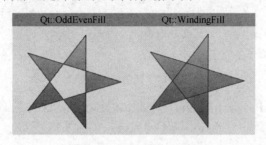

图 6.11　两种填充规则

其中，Qt::OddEvenFill 填充规则判断的依据是从图形中某一点画一条水平线到图形外。若这条水平线与图形边线的交点数目为奇数，则说明此点位于图形的内部；若交点数目为偶数，则此点位于图形的外部，如图 6.12 所示。

而 Qt::WindingFill 填充规则的判断依据则是从图形中某一点画一条水平线到图形外，每个交点外边线的方向可能向上，也可能向下，将这些交点数累加，方向相反的相互抵消，若最后结果不为 0 则说明此点在图形内，若最后结果为 0 则说明在图形外，如图 6.13 所示。

其中，边线的方向是由 QPainterPath 创建时根据描述的顺序决定的。如果采用 addRect()或 addPolygon()等函数加入的图形，默认是按顺时针方向。

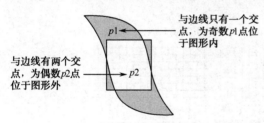　　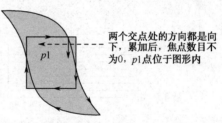

图 6.12　Qt::OddEvenFill 填充规则的判断依据　　图 6.13　Qt::WindingFill 填充规则的判断依据

(f) spreadComboBox->addItem(tr("PadSpread"),QGradient::PadSpread)：铺展效果有三种，分别为 QGradient::PadSpread、QGradient::RepeatSpread 和 QGradient:: ReflectSpread。其中，PadSpread 是默认的铺展效果，也是最常见的铺展效果，没有被渐变覆盖的区域填充单一的起始颜色或终止颜色；RepeatSpread 效果与 ReflectSpread 效果只对线性渐变和圆形渐变起作用，如图 6.14 所示。

使用 QGradient 的 setColorAt()函数设置起止的颜色，其中，第 1 个参数表示所设颜色点的位置，取值范围为 0.0～1.0，0.0 表示起点，1.0 表示终点；第 2 个参数表示该点的颜色值。除可设置起点和终点的颜色外，如有需要还可设置中间任意位置的颜色，例如，setColorAt (0.3,Qt::white)，设置起、终点之间 1/3 位置的颜色为白色。

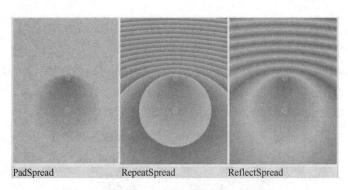

图 6.14 铺展效果类型

(g)brushStyleComboBox->addItem(tr("SolidPattern"),static_cast<int>(Qt::SolidPattern))：选用不同的参数，对应画刷的不同风格，如图 6.15 所示。

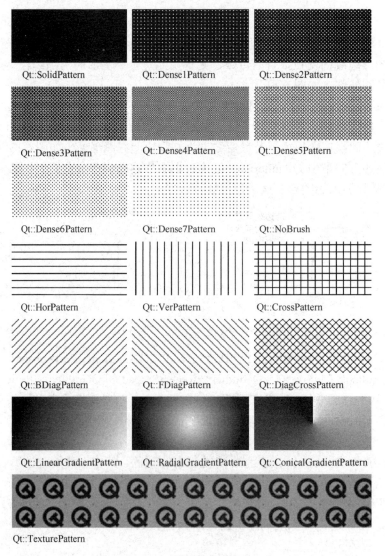

图 6.15 画刷的各种风格

ShowShape()槽函数，根据当前下拉列表框中选择的选项，调用 PaintArea 类的 setShape()函数设置 PaintArea 对象的形状参数，具体代码如下：
```cpp
void MainWidget::ShowShape(int value)
{
    PaintArea::Shape shape = PaintArea::Shape(shapeComboBox->itemData(value,
Qt::UserRole).toInt());
    paintArea->setShape(shape);
}
```

其中，QComboBox 类的 itemData 方法返回当前显示的下拉列表框数据，是一个 QVariant 对象，此对象与控件初始化时插入的枚举型数据相关，调用 QVariant 类的 toInt()函数获得此数据在枚举型数据集合中的序号。

ShowPenColor()槽函数，利用标准颜色对话框 QColorDialog 获取所选的颜色，采用 QFrame 和 QPushButton 对象组合完成，QFrame 对象负责显示当前所选择的颜色，QPushButton 对象用于触发标准颜色对话框进行颜色的选择。

在此函数中获得与画笔相关的所有属性值，包括画笔颜色、画笔线宽、画笔风格、画笔顶帽及画笔连接点，共同构成 QPen 对象，并调用 PaintArea 对象的 setPen()函数设置 PaintArea 对象的画笔属性。其他与画笔参数相关的响应函数完成的工作与此类似，具体代码如下：

```cpp
void MainWidget::ShowPenColor()
{
    QColor color = QColorDialog::getColor(static_cast<int>(Qt::blue));
    penColorFrame->setPalette(QPalette(color));
    int value = penWidthSpinBox->value();
    Qt::PenStyle style = Qt::PenStyle(penStyleComboBox->itemData(
        penStyleComboBox->currentIndex(),Qt::UserRole).toInt());
    Qt::PenCapStyle cap = Qt::PenCapStyle(penCapComboBox->itemData(
        penCapComboBox->currentIndex(),Qt::UserRole).toInt());
    Qt::PenJoinStyle join = Qt::PenJoinStyle(penJoinComboBox->itemData(
penJoinComboBox->currentIndex(),Qt::UserRole).toInt());
    paintArea->setPen(QPen(color,value,style,cap,join));
}
```

ShowPenWidth()槽函数的具体实现代码如下：
```cpp
void MainWidget::ShowPenWidth(int value)
{
    QColor color = penColorFrame->palette().color(QPalette::Window);
    Qt::PenStyle style = Qt::PenStyle(penStyleComboBox->itemData(
        penStyleComboBox->currentIndex(),Qt::UserRole).toInt());
    Qt::PenCapStyle cap = Qt::PenCapStyle(penCapComboBox->itemData(
        penCapComboBox->currentIndex(),Qt::UserRole).toInt());
    Qt::PenJoinStyle join = Qt::PenJoinStyle(penJoinComboBox->itemData(
penJoinComboBox->currentIndex(),Qt::UserRole).toInt());
    paintArea->setPen(QPen(color,value,style,cap,join));
}
```

ShowPenStyle()槽函数的具体实现代码如下：
```cpp
void MainWidget::ShowPenStyle(int styleValue)
{
    QColor color = penColorFrame->palette().color(QPalette::Window);
    int value = penWidthSpinBox->value();
```

```cpp
    Qt::PenStyle style = Qt::PenStyle(penStyleComboBox->itemData(
        styleValue,Qt::UserRole).toInt());
    Qt::PenCapStyle cap = Qt::PenCapStyle(penCapComboBox->itemData(
        penCapComboBox->currentIndex(),Qt::UserRole).toInt());
    Qt::PenJoinStyle join = Qt::PenJoinStyle(penJoinComboBox->itemData(
        penJoinComboBox->currentIndex(),Qt::UserRole).toInt());
    paintArea->setPen(QPen(color,value,style,cap,join));
}
```

ShowPenCap()槽函数的具体实现代码如下：

```cpp
void MainWidget::ShowPenCap(int capValue)
{
    QColor color = penColorFrame->palette().color(QPalette::Window);
    int value = penWidthSpinBox->value();
    Qt::PenStyle style = Qt::PenStyle(penStyleComboBox->itemData(
        penStyleComboBox->currentIndex(),Qt::UserRole).toInt());
    Qt::PenCapStyle cap = Qt::PenCapStyle(penCapComboBox->itemData(
        capValue,Qt::UserRole).toInt());
    Qt::PenJoinStyle join = Qt::PenJoinStyle(penJoinComboBox->itemData(
        penJoinComboBox->currentIndex(),Qt::UserRole).toInt());
    paintArea->setPen(QPen(color,value,style,cap,join));
}
```

ShowPenJoin()槽函数的具体实现代码如下：

```cpp
void MainWidget::ShowPenJoin(int joinValue)
{
    QColor color = penColorFrame->palette().color(QPalette::Window);
    int value = penWidthSpinBox->value();
    Qt::PenStyle style = Qt::PenStyle(penStyleComboBox->itemData(
        penStyleComboBox->currentIndex(),Qt::UserRole).toInt());
    Qt::PenCapStyle cap = Qt::PenCapStyle(penCapComboBox->itemData(
        penCapComboBox->currentIndex(),Qt::UserRole).toInt());
    Qt::PenJoinStyle join = Qt::PenJoinStyle(penJoinComboBox->itemData(
        joinValue,Qt::UserRole).toInt());
    paintArea->setPen(QPen(color,value,style,cap,join));
}
```

ShowFillRule()槽函数的具体实现代码如下：

```cpp
void MainWidget::ShowFillRule()
{
    Qt::FillRule rule = Qt::FillRule(fillRuleComboBox->itemData(
        fillRuleComboBox->currentIndex(),Qt::UserRole).toInt());
    paintArea->setFillRule(rule);
}
```

ShowSpreadStyle()槽函数的具体实现代码如下：

```cpp
void MainWidget::ShowSpreadStyle()
{
    spread = QGradient::Spread(spreadComboBox->itemData(
        spreadComboBox->currentIndex(),Qt::UserRole).toInt());
}
```

ShowBrushColor()槽函数,与设置画笔颜色函数类似,但选定颜色后并不直接调用 PaintArea 对象的 setBrush()函数,而是调用 ShowBrush()函数设置显示区的画刷属性,具体实现代码如下:

```cpp
void MainWidget::ShowBrushColor()
{
    QColor color = QColorDialog::getColor(static_cast<int>(Qt:: blue));
    brushColorFrame->setPalette(QPalette(color));
    ShowBrush(brushStyleComboBox->currentIndex());
}
```

ShowBrush()槽函数的具体实现代码如下:

```cpp
void MainWidget::ShowBrush(int value)
{
    //获得画刷的颜色
    QColor color = brushColorFrame->palette().color(QPalette:: Window);
    Qt::BrushStyle style = Qt::BrushStyle(brushStyleComboBox-> itemData(
        value,Qt::UserRole).toInt());                    //(a)
    if(style == Qt::LinearGradientPattern)               //(b)
    {
        QLinearGradient linearGradient(0,0,400,400);
        linearGradient.setColorAt(0.0,Qt::white);
        linearGradient.setColorAt(0.2,color);
        linearGradient.setColorAt(1.0,Qt::black);
        linearGradient.setSpread(spread);
        paintArea->setBrush(linearGradient);
    }
    else if(style == Qt::RadialGradientPattern)          //(c)
    {
        QRadialGradient radialGradient(200,200,150,150,100);
        radialGradient.setColorAt(0.0,Qt::white);
        radialGradient.setColorAt(0.2,color);
        radialGradient.setColorAt(1.0,Qt::black);
        radialGradient.setSpread(spread);
        paintArea->setBrush(radialGradient);
    }
    else if(style == Qt::ConicalGradientPattern)         //(d)
    {
        QConicalGradient conicalGradient(200,200,30);
        conicalGradient.setColorAt(0.0,Qt::white);
        conicalGradient.setColorAt(0.2,color);
        conicalGradient.setColorAt(1.0,Qt::black);
        paintArea->setBrush(conicalGradient);
    }
    else if(style == Qt::TexturePattern)
    {
        paintArea->setBrush(QBrush(QPixmap("butterfly.png")));
    }
    else
    {
        paintArea->setBrush(QBrush(color,style));
```

            }
    }
其中，

(a) Qt::BrushStyle style = Qt::BrushStyle(brushStyleComboBox->itemData (value, Qt:: UserRole).toInt())：获得所选的画刷风格，若选择的是渐变或者纹理图案，则需要进行一定的处理。

(b) 主窗口的 style 变量值为 Qt::LinearGradientPattern 时，表明选择的是线形渐变。

QLinearGradient linearGradient(startPoint,endPoint) 创建线形渐变类对象需要两个参数，分别表示起止点位置。

(c) 主窗口的 style 变量值为 Qt::RadialGradientPattern 时，表明选择的是圆形渐变。

QRadialGradiend radialGradient(startPoint,r,endPoint)创建圆形渐变类对象需要三个参数，分别表示圆心位置、半径值和焦点位置。QRadialGradiend radialGradient(startPoint,r,endPoint)表示以 startPoint 作为圆心和焦点的位置，以 startPoint 和 endPoint 之间的距离 r 为半径，当然圆心和焦点的位置也可以不重合。

(d) 主窗口的 style 变量值为 Qt::ConicalGradientPattern 时，表明选择的是锥形渐变。

QConicalGradient conicalGradient(startPoint,-(180*angle)/PI)创建锥形渐变类对象需要两个参数，分别是锥形的顶点位置和渐变分界线与水平方向的夹角，如图 6.16 所示。锥形渐变不需要设置铺展效果，它的铺展效果只能是 QGradient::PadSpread。

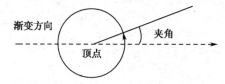

图 6.16 锥形渐变

 注意： 锥形渐变的方向默认是逆时针方向。

Qt 画图的坐标系默认以左上角为原点，x 轴向右，y 轴向下。此坐标系可受 QPainter 类控制，对其进行变形，QPainter 类提供了相应的变形函数，包括旋转、缩放、平移和切变。调用这些函数时，显示设备的坐标系会发生相应变形，但绘制内容相对坐标系的位置并不会发生改变，因此看起来像是对绘制内容进行了变形，而实质上是坐标系的变形。若还需实现更加复杂的变形，则可以采用 QTransform 类实现。

打开 "main.cpp" 文件，添加如下代码：

```
#include "mainwidget.h"
#include <QApplication>
#include <QFont>
int main(int argc, char *argv[])
{
    QApplication a(argc, argv);
    QFont f("ZYSong18030",12);
    a.setFont(f);
    MainWidget w;
    w.show();
    return a.exec();
}
```

运行程序，效果如图 6.17 所示。

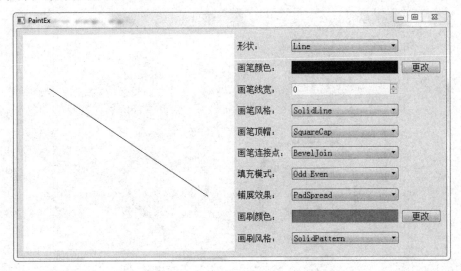

图 6.17　运行效果

6.3　Qt 6 双缓冲机制

6.3.1　原理与设计

所谓双缓冲机制，是指在绘制控件时，首先将要绘制的内容绘制在一个图片中，再将图片一次性地绘制到控件上。在早期的 Qt 版本中，若直接在控件上进行绘制工作，则在控件重绘时会产生闪烁的现象，控件重绘频繁时，闪烁尤为明显。双缓冲机制可以有效地消除这种闪烁现象。Qt 6 版的 QWidget 控件已经能够自动处理闪烁的问题。因此，在控件上直接绘图时，不用再操心显示的闪烁问题，但双缓冲机制在很多场合仍然有其用武之地。当所需绘制的内容较复杂并需要频繁刷新，或者每次只需要刷新整个控件的一小部分时，仍应尽量采用双缓冲机制。

下面通过一个实例来演示双缓冲机制。

【例】（难度中等）（CH603）实现一个简单的绘图工具，可以选择线型、线宽、颜色等基本要素，如图 6.18 所示。QMainWindow 对象作为主窗口，QToolBar 对象作为工具栏，QWidget 对象作为主窗口的中央窗体，也就是绘图区，如图 6.19 所示。

由于本实例是完成一个通过响应鼠标事件进行绘图的功能，而这是在绘图区窗体完成的，所以首先实现此窗体 DrawWidget 对鼠标事件进行重定义；然后实现可以选择线型、线宽及颜色等基本要素的主窗口。

具体实现步骤如下。

（1）新建 Qt Widgets Application（详见 1.3.1 节），项目名称为"DrawWidget"，基类选择"QMainWindow"，类命名默认为"MainWindow"，取消"Generate form"（创建界面）复选框的选中状态。单击"下一步"按钮，最后单击"完成"按钮，完成该项目工程的建立。

图6.18 简单绘图工具实例

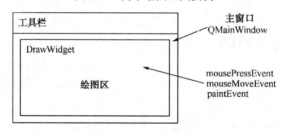

图6.19 绘图工具框架

（2）添加实现绘图区的函数所在的源文件。

在"DrawWidget"项目名上单击鼠标右键，在弹出的快捷菜单中选择"添加新文件…"选项，在弹出的对话框中选择"C++ Class"选项。单击"Choose…"按钮，在弹出的对话框的"Base class"栏下拉列表中选择基类名"QWidget"，在"Class name"栏输入类的名称"DrawWidget"。

（3）单击"下一步"按钮，再单击"完成"按钮，添加文件"drawwidget.h"和文件"drawwidget.cpp"。

6.3.2 绘图区的实现

DrawWidget 类继承自 QWidget 类，在类声明中对鼠标事件 mousePressEvent()和 mouseMoveEvent()、重绘事件 paintEvent()、尺寸变化事件 resizeEvent()进行了重定义。setStyle()、setWidth()及 setColor()函数主要用于为主窗口传递各种与绘图有关的参数。

（1）打开"drawwidget.h"头文件，添加的代码如下：

```
//添加的头文件
#include <QtGui>
#include <QMouseEvent>
#include <QPaintEvent>
#include <QResizeEvent>
```

```cpp
#include <QColor>
#include <QPixmap>
#include <QPoint>
#include <QPainter>
#include <QPalette>
class DrawWidget : public QWidget
{
    Q_OBJECT
public:
    explicit DrawWidget(QWidget *parent = 0);
    void mousePressEvent(QMouseEvent *);
    void mouseMoveEvent(QMouseEvent *);
    void paintEvent(QPaintEvent *);
    void resizeEvent(QResizeEvent *);
signals:
public slots:
    void setStyle(int);
    void setWidth(int);
    void setColor(QColor);
    void clear();
private:
    QPixmap *pix;
    QPoint startPos;
    QPoint endPos;
    int style;
    int weight;
    QColor color;
};
```

（2）打开"drawwidget.cpp"文件，DrawWidget 构造函数完成对窗体参数及部分功能的初始化工作，具体代码如下：

```cpp
#include "drawwidget.h"
#include <QtGui>
#include <QPen>
DrawWidget::DrawWidget(QWidget *parent) : QWidget(parent)
{
    setAutoFillBackground(true);          //对窗体背景色的设置
    setPalette(QPalette(Qt::white));
    pix = new QPixmap(size());            //此QPixmap对象用于准备随时接收绘制的内容
    pix->fill(Qt::white);                 //填充背景色为白色
    setMinimumSize(600,400);              //设置绘制区窗体的最小尺寸
}
```

setStyle()函数接收主窗口传来的线型风格参数，setWidth()函数接收主窗口传来的线宽参数值，setColor()函数接收主窗口传来的画笔颜色值。具体代码如下：

```cpp
void DrawWidget::setStyle(int s)
{
    style = s;
}
```

```
void DrawWidget::setWidth(int w)
{
    weight = w;
}
void DrawWidget::setColor(QColor c)
{
    color = c;
}
```

重定义鼠标按下事件 mousePressEvent()，在按下鼠标按键时，记录当前的鼠标位置值 startPos。

```
void DrawWidget::mousePressEvent(QMouseEvent *e)
{
    startPos = e->pos();
}
```

重定义鼠标移动事件 mouseMoveEvent()，鼠标移动事件在默认情况下，在鼠标按键被按下的同时拖曳鼠标时被触发。

QWidget 的 mouseTracking 属性指示窗体是否追踪鼠标，默认为 false（不追踪），即在至少有一个鼠标按键被按下的前提下移动鼠标才触发 mouseMoveEvent()事件，可以通过 setMouseTracking(bool enable)方法对该属性值进行设置。如果设置为追踪，则无论鼠标按键是否被按下，只要鼠标移动，就会触发 mouseMoveEvent()事件。在此事件处理函数中，完成向 QPixmap 对象中绘图的工作。具体代码如下：

```
void DrawWidget::mouseMoveEvent(QMouseEvent *e)
{
    QPainter *painter = new QPainter;            //新建一个 QPainter 对象
    QPen pen;                                    //新建一个 QPen 对象
    pen.setStyle((Qt::PenStyle)style);           //(a)
    pen.setWidth(weight);                        //设置画笔的线宽值
    pen.setColor(color);                         //设置画笔的颜色
    painter->begin(pix);                         //(b)
    painter->setPen(pen);                        //将 QPen 对象应用到绘制对象中
    //绘制从 startPos 到鼠标当前位置的直线
    painter->drawLine(startPos,e->pos());
    painter->end();
    startPos = e->pos();                         //更新鼠标的当前位置，为下次绘制做准备
    update();                                    //重绘绘制区窗体
}
```

其中，

(a) pen.setStyle((Qt::PenStyle)style)：设置画笔的线型，style 表示当前选择的线型是 Qt::PenStyle 枚举数据中的第几个元素。

(b) painter->begin(pix)、painter->end()：以 QPixmap 对象为 QPaintDevice 参数绘制。在构造一个 QPainter 对象时，就立即开始对绘画设备进行绘制。此构造 QPainter 对象是短时期的，如应定义在 QWidget::paintEvent()中，并只能调用一次。此构造函数调用开始于 begin()函数，并且在 QPainter 的析构函数中自动调用 end()函数。由于当一个 QPainter 对象的初始化失败时构造函数不能提供反馈信息，所以在绘制外部设备时应使用 begin()和 end()函数，如打印机等外部设备。

下面是使用 begin()和 end()函数的一个例子：

```
void MyWidget::paintEvent(QPaintEvent *)
{
    QPainter p;
    p.begin(this);
    p.drawLine(…);
    p.end();
}
```
类似于下面的形式：
```
void MyWidget::paintEvent(QPaintEvent *)
{
    QPainter p(this);
    p.drawLine(…);
}
```

重绘函数 paintEvent()完成绘制区窗体的更新工作，只需调用 drawPixmap()函数将用于接收图形绘制的 QPixmap 对象绘制在绘制区窗体控件上即可。具体代码如下：
```
void DrawWidget::paintEvent(QPaintEvent *)
{
    QPainter painter(this);
    painter.drawPixmap(QPoint(0,0),*pix);
}
```

调整绘制区大小函数 resizeEvent()，当窗体的大小发生改变时，效果看起来虽然像是绘制区大小改变了，但实际能够进行绘制的区域仍然没有改变。因为绘图的大小并没有改变，还是原来绘制区窗口的大小，所以在窗体尺寸变化时应及时调整用于绘制的 QPixmap 对象的大小。具体代码如下：
```
void DrawWidget::resizeEvent(QResizeEvent *event)
{
    if(height()>pix->height()||width()>pix->width())          //(a)
    {
        QPixmap *newPix = new QPixmap(size());    //创建一个新的QPixmap对象
        newPix->fill(Qt::white);   //填充新QPixmap对象newPix的颜色为白色背景色
        QPainter p(newPix);
        p.drawPixmap(QPoint(0,0),*pix);       //在newPix中绘制原pix中的内容
        pix = newPix;              //将newPix赋值给pix作为新的绘制图形接收对象
    }
    QWidget::resizeEvent(event);              //完成其余的工作
}
```

其中，

(a) if(height()>pix->height()||width()>pix->width())：判断改变后的窗体长或宽是否大于原窗体的长或宽。若大于则进行相应的调整，否则直接调用 QWidget 的 resizeEvent()函数返回。

clear()函数完成绘制区的清除工作，只需调用一个新的、干净的 QPixmap 对象来代替 pix，并调用 update()函数重绘即可。具体代码如下：
```
void DrawWidget::clear()
{
    QPixmap *clearPix = new QPixmap(size());
    clearPix->fill(Qt::white);
    pix = clearPix;
```

```
        update();
}
```

至此，一个能够响应鼠标事件进行绘图功能的窗体类 DrawWidget 已实现，可以进行接下来的工作，即在主窗口中应用此窗体类。

6.3.3 主窗口的实现

主窗口类 MainWindow 继承自 QMainWindow 类，只包含一个工具栏和一个中央窗体。首先，声明一个构造函数、一个用于创建工具栏的函数 createToolBar()、一个用于进行选择线型风格的槽函数 ShowStyle() 和一个用于进行颜色选择的槽函数 ShowColor()。然后，声明一个 DrawWidget 类对象作为主窗口的私有变量，以及声明代表线型风格、线宽选择、颜色选择及清除按钮的私有变量。

（1）打开"mainwindow.h"文件，添加如下代码：

```
//添加的头文件
#include <QToolButton>
#include <QLabel>
#include <QComboBox>
#include <QSpinBox>
#include "drawwidget.h"
class MainWindow : public QMainWindow
{
    Q_OBJECT
public:
    MainWindow(QWidget *parent = 0);
    ~MainWindow();
    void createToolBar();
public slots:
    void ShowStyle();
    void ShowColor();
private:
    DrawWidget *drawWidget;
    QLabel *styleLabel;
    QComboBox *styleComboBox;
    QLabel *widthLabel;
    QSpinBox *widthSpinBox;
    QToolButton *colorBtn;
    QToolButton *clearBtn;
};
```

（2）打开"mainwindow.cpp"文件，MainWindow 类的构造函数完成初始化工作，各个功能见注释说明，具体代码如下：

```
#include "mainwindow.h"
#include <QToolBar>
#include <QColorDialog>
MainWindow::MainWindow(QWidget *parent)
    : QMainWindow(parent)
```

```
{
    drawWidget = new DrawWidget;              //新建一个 DrawWidget 对象
    setCentralWidget(drawWidget);             //新建的 DrawWidget 对象作为主窗口的中央窗体
    createToolBar();                          //实现一个工具栏
    setMinimumSize(600,400);                  //设置主窗口的最小尺寸
    ShowStyle();                              //初始化线型，设置控件中的当前值作为初始值
    drawWidget->setWidth(widthSpinBox->value());    //初始化线宽
    drawWidget->setColor(Qt::black);          //初始化颜色
}
```

createToolBar()函数完成工具栏的创建：

```
void MainWindow::createToolBar()
{
    QToolBar *toolBar = addToolBar("Tool");             //为主窗口新建一个工具栏对象
    styleLabel = new QLabel(tr("线型风格: "));          //创建线型风格选择控件
    styleComboBox = new QComboBox;
    styleComboBox->addItem(tr("SolidLine"),
                           static_cast<int>(Qt::SolidLine));
    styleComboBox->addItem(tr("DashLine"),
                           static_cast<int>(Qt::DashLine));
    styleComboBox->addItem(tr("DotLine"),
                           static_cast<int>(Qt::DotLine));
    styleComboBox->addItem(tr("DashDotLine"),
                           static_cast<int>(Qt::DashDotLine));
    styleComboBox->addItem(tr("DashDotDotLine"),
                           static_cast<int>(Qt::DashDotDotLine));
                                                        //关联相应的槽函数
connect(styleComboBox,SIGNAL(activated(int)),this,SLOT(ShowStyle()));
    widthLabel = new QLabel(tr("线宽: "));              //创建线宽选择控件
    widthSpinBox = new QSpinBox;
    connect(widthSpinBox,SIGNAL(valueChanged(int)),drawWidget,SLOT
(setWidth(int)));
    colorBtn = new QToolButton;                         //创建颜色选择控件
    QPixmap pixmap(20,20);
    pixmap.fill(Qt::black);
    colorBtn->setIcon(QIcon(pixmap));
    connect(colorBtn,SIGNAL(clicked()),this,SLOT(ShowColor()));
    clearBtn = new QToolButton();                       //创建"清除"按钮
    clearBtn->setText(tr("清除"));
    connect(clearBtn,SIGNAL(clicked()),drawWidget,SLOT(clear()));
    toolBar->addWidget(styleLabel);
    toolBar->addWidget(styleComboBox);
    toolBar->addWidget(widthLabel);
    toolBar->addWidget(widthSpinBox);
    toolBar->addWidget(colorBtn);
    toolBar->addWidget(clearBtn);
}
```

改变线型参数的槽函数 ShowStyle()，通过调用 DrawWidget 类的 setStyle()函数将当前线型选择控件中的线型参数传给绘制区；设置画笔颜色的槽函数 ShowColor()，通过调用 DrawWidget

类的 setColor()函数将用户在标准颜色对话框中选择的颜色值传给绘制区。这两个函数的具体代码如下：

```cpp
void MainWindow::ShowStyle()
{
    drawWidget->setStyle(styleComboBox->itemData(
        styleComboBox->currentIndex(),Qt::UserRole).toInt());
}
void MainWindow::ShowColor()
{
    QColor color = QColorDialog::getColor(static_cast<int> (Qt::black), this);
    //使用标准颜色对话框 QColorDialog 获得一个颜色值
    if(color.isValid())
    {
        //将新选择的颜色传给绘制区，用于改变画笔的颜色值
        drawWidget->setColor(color);
        QPixmap p(20,20);
        p.fill(color);
        colorBtn->setIcon(QIcon(p));         //更新颜色选择按钮上的颜色显示
    }
}
```

（3）打开"main.cpp"文件，添加如下代码：

```cpp
#include <QFont>
int main(int argc, char *argv[])
{
    QApplication a(argc, argv);
    QFont font("ZYSong18030",12);
    a.setFont(font);
    MainWindow w;
    w.show();
    return a.exec();
}
```

（4）运行程序，显示效果如图 6.18 所示。

6.4　显示 Qt 6 SVG 格式图片

SVG 的英文全称是 Scalable Vector Graphics，即可缩放的矢量图形。它是由万维网联盟（World Wide Web Consortium，W3C）在 2000 年 8 月制定的一种新的二维矢量图形格式，也是规范中的网格矢量图形标准，是一个开放的图形标准。

SVG 格式的特点如下。

（1）基于 XML。

（2）采用文本来描述对象。

（3）具有交互性和动态性。

（4）完全支持 DOM。

Qt 的 XML 模块支持两种 XML 解析方法：DOM 和 SAX。其中，DOM 方法将 XML 文件

表示为一棵树,以便随机访问其中的节点,但消耗内存相对多一些。而 SAX 是一种事件驱动的 XML API,其速度快,但不便于随机访问任意节点。因此,通常根据实际应用选择合适的解析方法。这里只介绍 DOM 的使用方法。

文档对象模型(Document Object Model,DOM)是 W3C 开发的独立于平台和语言的接口,它可以使程序和脚本动态地存取和更新 XML 文档的内容、结构和风格。

DOM 在内存中将 XML 文件表示为一棵树,用户通过 API 可以随意地访问树的任意节点内容。在 Qt 中,XML 文档自身用 QDomDocument 表示,所有的节点类都从 QDomNode 继承。

SVG 文件是利用 XML 表示的矢量图形文件,每种图形都用 XML 标签表示。例如,在 SVG 中画折线的标签如下:

```
<polyline fill="none" stroke="#888888" stroke-width="2" points="100, 200, 100,100"/>
```

其中,
- **polyline**:表示绘制折线。
- **fill**:表示填充。
- **stroke**:表示画笔颜色。
- **stroke-width**:表示画笔宽度。
- **points**:表示折线的点。

SVG 是一种矢量图形格式,比 GIF、JPEG 等栅格格式具有众多优势,如文件小,对于网络而言,下载速度快;可任意缩放而不会破坏图像的清晰度和细节;图像中的文字独立于图像,文字保留可编辑和可搜寻的状态,也没有字体限制,用户系统即使没有安装某一种字体,也可看到与制作时完全相同的画面等。正是基于其格式的各种优点及开放性,SVG 得到了众多组织和知名厂商的支持与认可,因此能够迅速地开发和推广应用。

Qt 为 SVG 格式图片的显示与生成提供了专门的 QtSvg 模块,此模块中包含了与 SVG 图片相关的所有类,主要有 QSvgWidget、QSvgRender 和 QGraphicsSvgItem。

【例】(难度一般)(CH604)通过利用 QSvgWidget 类和 QSvgRender 类实现一个 SVG 图片浏览器,显示以".svg"结尾的文件以介绍 SVG 格式图片显示的方法,如图 6.20 所示。

此实例由三个层次的窗体构成,如图 6.21 所示。

图 6.20 SVG 格式图片显示实例

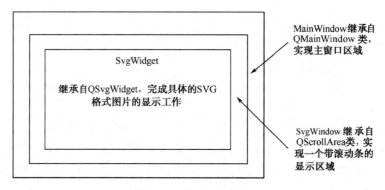

图 6.21　绘图工具框架

在完成此功能的程序中使用与 SVG 相关的类，必须在程序中包含 SVG 相关的头文件：
```
#include <QtSvg>
```
由于 Qt 默认生成的 Makefile 中只加入了 QtGui、QtCore 模块的库，所以必须在工程文件".pro"中加入一行代码：
```
QT       += svgwidgets
```
这样才可在编译时加入 QtSvg 的库。

具体实现步骤如下。

（1）新建 Qt Widgets Application（详见 1.3.1 节），项目名称为"SVGTest"，基类选择"QMainWindow"，类名命名默认为"MainWindow"，取消"Generate form"（创建界面）复选框的选中状态。单击"下一步"按钮，最后单击"完成"按钮，完成该项目工程的建立。

（2）下面添加实现一个带滚动条显示区域的函数所在的源文件。

在"SVGTest"项目名上单击鼠标右键，在弹出的快捷菜单中选择"添加新文件..."选项，在弹出的对话框中选择"C++ Class"选项。单击"Choose..."按钮，在弹出的对话框的"Base class"栏输入基类名"QScrollArea"（手工添加），在"Class name"栏输入类的名称"SvgWindow"。

（3）单击"下一步"按钮，再单击"完成"按钮，添加文件"svgwindow.h"和文件"svgwindow.cpp"。

（4）添加显示 SVG 图片的函数所在的源文件。

在"SVGTest"项目名上单击鼠标右键，在弹出的快捷菜单中选择"添加新文件..."选项，在弹出的对话框中选择"C++ Class"选项。单击"Choose..."按钮，在弹出的对话框的"Base class"栏输入基类名"QSvgWidget"（手工添加），在"Class name"栏输入类的名称"SvgWidget"。

（5）单击"下一步"按钮，再单击"完成"按钮，添加文件"svgwidget.h"和文件"svgwidget.cpp"。

（6）打开"svgwidget.h"头文件。SvgWidget 类继承自 QSvgWidget 类，主要显示 SVG 图片。具体代码如下：

```
#include <QtSvg>
#include <QSvgWidget>
#include <QSvgRenderer>
class SvgWidget : public QSvgWidget
{
    Q_OBJECT
public:
    SvgWidget(QWidget *parent = 0);
    void wheelEvent(QWheelEvent *);
```

```
                    //响应鼠标的滚轮事件,使SVG图片能够通过鼠标滚轮的滚动进行缩放
private:
    QSvgRenderer *render;              //用于图片显示尺寸的确定
};
```

(7) 打开 "svgwidget.cpp" 文件,SvgWidget 构造函数获得本窗体的 QSvgRenderer 对象。具体代码如下:

```
SvgWidget::SvgWidget(QWidget *parent):QSvgWidget(parent)
{
    render = renderer();
}
```

以下是鼠标滚轮的响应事件,使 SVG 图片能够通过鼠标滚轮的滚动进行缩放。具体代码如下:

```
void SvgWidget::wheelEvent(QWheelEvent *e)
{
    const double diff = 0.1;                    //(a)
    QSize size = render->defaultSize();         //(b)
    int width = size.width();
    int height = size.height();
    if(e->angleDelta().y() > 0)                 //(c)
    {
        //对图片的长、宽值进行处理,放大一定的比例
        width = int(this->width()+this->width()*diff);
        height = int(this->height()+this->height()*diff);
    }
    else
    {
        //对图片的长、宽值进行处理,缩小一定的比例
        width = int(this->width()-this->width()*diff);
        height = int(this->height()-this->height()*diff);
    }
    resize(width,height);                       //利用新的长、宽值对图片进行resize()操作
}
```

其中,

(a) const double diff = 0.1:diff 的值表示每次滚轮滚动一定的值,图片大小改变的比例。

(b) QSize size = render->defaultSize():该行代码及下面两行代码用于获取图片显示区的尺寸,以便进行下一步的缩放操作。

(c) if(e->angleDelta().y() > 0):利用 QWheelEvent 的 angleDelta().y()函数获得垂直鼠标滚轮旋转的角度,通过此值来判断滚轮滚动的方向。若 angleDelta().y()值大于零,表示滚轮向前(远离用户的方向)滚动;若小于零则表示滚轮向后(靠近用户的方向)滚动。

鼠标滚动事件,滚轮每滚动 1°相当于移动 8°,而常见的滚轮鼠标拨动一下滚动的角度为 15°,因此滚轮拨动一下相当于移动了 120(=15*8)°。

(8) SvgWindow 类继承自 QScrollArea 类,是一个带滚动条的显示区域。在 SvgWindow 类实现中包含 SvgWidget 类的头文件。SvgWindow 类使图片在放大到超过主窗口大小时,能够通过拖曳滚动条的方式进行查看。

打开 "svgwindow.h" 头文件,具体代码如下:

```cpp
#include <QScrollArea>
#include "svgwidget.h"
class SvgWindow : public QScrollArea
{
    Q_OBJECT
public:
    SvgWindow(QWidget *parent = 0);
    void setFile(QString);
    void mousePressEvent(QMouseEvent *);
    void mouseMoveEvent(QMouseEvent *);
private:
    SvgWidget *svgWidget;
    QPoint mousePressPos;
    QPoint scrollBarValuesOnMousePress;
};
```

（9）SvgWindow 类的构造函数，构造 SvgWidget 对象，并调用 QScrollArea 类的 setWidget()函数设置滚动区的窗体，使 svgWidget 成为 SvgWindow 的子窗口。

打开"svgwindow.cpp"文件，具体代码如下：

```cpp
SvgWindow::SvgWindow(QWidget *parent):QScrollArea(parent)
{
    svgWidget = new SvgWidget;
    setWidget(svgWidget);
}
```

当主窗口中对文件进行了选择或修改时，将调用 setFile()函数设置新的文件，具体代码如下：

```cpp
void SvgWindow::setFile(QString fileName)
{
    svgWidget->load(fileName);                          //(a)
    QSvgRenderer *render = svgWidget->renderer();
    svgWidget->resize(render->defaultSize());           //(b)
}
```

其中，

(a) svgWidget->load(fileName)：将新的 SVG 文件加载到 svgWidget 中进行显示。

(b) svgWidget->resize(render->defaultSize())：使 svgWidget 窗体按 SVG 图片的默认尺寸进行显示。

当鼠标键被按下时，对 mousePressPos 和 scrollBarValuesOnMousePress 进行初始化，QScrollArea 类的 horizontalScrollBar()和 verticalScrollBar()函数可以分别获得 svgWindow 的水平滚动条和垂直滚动条。具体代码如下：

```cpp
void SvgWindow::mousePressEvent(QMouseEvent *event)
{
    mousePressPos = event->pos();
    scrollBarValuesOnMousePress.rx() = horizontalScrollBar()->value();
    scrollBarValuesOnMousePress.ry() = verticalScrollBar()->value();
    event->accept();
}
```

当鼠标键被按下并拖曳鼠标时触发 mouseMoveEvent()函数，通过滚动条的位置设置实现图片拖曳的效果，具体代码如下：

```
void SvgWindow::mouseMoveEvent(QMouseEvent *event)
{
horizontalScrollBar()->setValue(scrollBarValuesOnMousePress.x()-event->pos().x()
+mousePressPos.x());                         //对水平滚动条的新位置进行设置

verticalScrollBar()->setValue(scrollBarValuesOnMousePress.y()-event->pos().y()+m
ousePressPos.y());                           //对垂直滚动条的新位置进行设置
    horizontalScrollBar()->update();
    verticalScrollBar()->update();
    event->accept();
}
```

（10）主窗口 MainWindow 继承自 QMainWindow 类，包含一个菜单栏，其中有一个"文件"菜单条，包含一个"打开"菜单项。打开"mainwindow.h"头文件，具体代码如下：

```
#include <QMainWindow>
#include "svgwindow.h"
class MainWindow : public QMainWindow
{
    Q_OBJECT
public:
    MainWindow(QWidget *parent = 0);
    ~MainWindow();
    void createMenu();
public slots:
    void slotOpenFile();
private:
    SvgWindow *svgWindow;              //用于调用相关函数传递选择的文件名
};
```

（11）在 MainWindow 构造函数中，创建一个 SvgWindow 对象作为主窗口的中央窗体。打开"mainwindow.cpp"文件，具体代码如下：

```
MainWindow::MainWindow(QWidget *parent)
    : QMainWindow(parent)
{
    setWindowTitle(tr("SVG Viewer"));
    createMenu();
    svgWindow = new SvgWindow;
    setCentralWidget(svgWindow);
}
```

创建菜单栏，具体代码如下：

```
void MainWindow::createMenu()
{
    QMenu *fileMenu = menuBar()->addMenu(tr("文件"));
    QAction *openAct = new QAction(tr("打开"),this);
    connect(openAct,SIGNAL(triggered()),this,SLOT(slotOpenFile()));
```

```
    fileMenu->addAction(openAct);
}
```

通过标准文件对话框选择 SVG 文件,并调用 SvgWindow 的 setFile()函数将选择的文件名传递给 svgWindow 进行显示,具体代码如下:

```
void MainWindow::slotOpenFile()
{
    QString name = QFileDialog::getOpenFileName(this," 打 开 ","/","svg files(*.svg)");
    svgWindow->setFile(name);
}
```

(12)运行程序,打开一张 SVG 图片,查看预览效果,如图 6.20 所示。

第 7 章
Qt 6 图形视图框架

Graphics View（图形视图）框架结构取代了之前版本中的 QCanvas 模块，它提供基于图元的模型/视图编程，类似于 QtInterView 的模型/视图结构（详见第 8 章），只是这里的数据是图形。

7.1 图形视图体系结构（Graphics View）

本节简介 Graphics View 框架结构的主要特点、三元素及坐标系统。

7.1.1 Graphics View 框架结构的主要特点

Graphics View 框架结构的主要特点如下。

（1）在 Graphics View 框架结构中，系统可以利用 Qt 绘图系统的反锯齿、OpenGL 工具来改善绘图性能。

（2）Graphics View 支持事件传播体系结构，可以使图元在场景（scene）中的交互能力提高 1 倍，图元能够处理键盘事件和鼠标事件。其中，鼠标事件包括鼠标被按下、移动、释放和双击，还可以跟踪鼠标的移动。

（3）在 Graphics View 框架中，通过二元空间划分树（Binary Space Partitioning，BSP）提供快速的图元查找，这样就能够实时地显示包含上百万个图元的大场景。

7.1.2 Graphics View 框架结构的三元素

Graphics View 框架结构主要包含三个类，即场景类（QGraphicsScene）、视图类（QGraphicsView）和图元类（QGraphicsItem），统称为"三元素"。其中，场景类提供了一个用于管理位于其中的众多图元容器，视图类用于显示场景中的图元，一个场景可以通过多个视图表现，一个场景包括多个几何图形。Graphics View 三元素之间的关系如图 7.1 所示。

1. 场景类：QGraphicsScene 类

它是一个用于放置图元的容器，本身是不可见的，必须通过与之相连的视图类来显示及与外界进行互操作。通过 QGraphicsScene::addItem()可以添加一个图元到场景中。图元可以通过多个函数进行检索。QGraphicsScene::items()和一些重载函数可以返回与点、矩形、多边形或向量路径相交的所有图元。QGraphicsScene::itemAt()返回指定点的顶层图元。

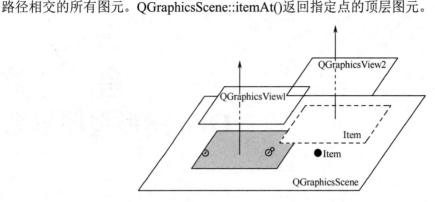

图 7.1 Graphics View 三元素之间的关系

场景类主要完成的工作包括提供对它包含的图元的操作接口和传递事件、管理各个图元的状态（如选择和焦点处理）、提供无变换的绘制功能（如打印）等。

事件传播体系结构将场景事件发送给图元，同时也管理图元之间的事件传播。如果场景接收了在某一点的鼠标单击事件，场景会将事件传给这一点的图元。

管理各个图元的状态（如选择和焦点处理）。可以通过 QGraphicsScene::setSelectionArea()函数选择图元，选择区域可以是任意的形状，使用 QPainterPath 表示。若要得到当前选择的图元列表，则可以使用 QGraphicsScene::selectedItems()函数。可以通过 QGraphicsScene::setFocusItem()函数或 QGraphicsScene::setFocus()函数来设置图元的焦点，获得当前具有焦点的图元使用 QGraphicsScene::focusItem()函数。

如果需要将场景内容绘制到特定的绘图设备，则可以使用 QGraphicsScene::render()函数在绘图设备上绘制场景。

2．视图类：QGraphicsView 类

它提供一个可视的窗口，用于显示场景中的图元。在同一个场景中可以有多个视图，也可以为相同的数据集提供几种不同的视图。

QGraphicsView 是可滚动的窗口部件，可以提供滚动条来浏览大的场景。如果需要使用 OpenGL，则可以使用 QGraphicsView::setViewport()函数将视图设置为 QGLWidget。

视图接收键盘和鼠标的输入事件，并将它们翻译为场景事件（将坐标转换为场景的坐标）。使用变换矩阵函数 QGraphicsView::matrix()可以变换场景的坐标，实现场景缩放和旋转。QGraphicsView 提供 QGraphicsView::mapToScene()和 QGraphicsView::mapFromScene()函数用于与场景的坐标进行转换。

3．图元类：QGraphicsItem 类

它是场景中各个图元的基类，在它的基础上可以继承出各种图元类，Qt 已经预置的包括直线（QGraphicsLineItem）、椭圆（QGraphicsEllipseItem）、文本图元（QGraphicsTextItem）、矩形（QGraphicsRectItem）等。当然，也可以在 QGraphicsItem 类的基础上实现自定义的图元类，即用户可以继承 QGraphicsItem 实现符合自己需要的图元。

QGraphicsItem 主要有以下功能。
- 处理鼠标按下、移动、释放、双击、悬停、滚轮和右键菜单事件。

- 处理键盘输入事件。
- 处理拖曳事件。
- 分组。
- 碰撞检测。

此外,图元有自己的坐标系统,也提供场景和图元。图元还可以通过 QGraphicsItem:: matrix() 函数来进行自身的交换,可以包含子图元。

7.1.3 GraphicsView 框架结构的坐标系统

Graphics View 坐标基于笛卡儿坐标系,一个图元的场景具有 x 坐标和 y 坐标。当使用没有变换的视图观察场景时,场景中的一个单元对应屏幕上的一个像素。

三个 Graphics View 基本类有各自不同的坐标系,场景坐标、视图坐标和图元坐标。Graphics View 提供了三个坐标系统之间的转换函数。在绘制图形时,GraphicsView 的场景坐标对应 QPainter 的逻辑坐标、视图坐标和设备坐标。

1. 场景坐标

场景坐标是所有图元的基础坐标系统。场景坐标系统描述了顶层的图元,每个图元都有场景坐标和相应的包容框。场景坐标的原点在场景中心,坐标原点是 x 轴正方向向右,y 轴正方向向下。QGraphicsScene 类的坐标系以中心为原点(0,0),如图 7.2 所示。

2. 视图坐标

视图坐标是窗口部件的坐标。视图坐标的单位是像素。QGraphicsView 视图的左上角是(0,0),x 轴正方向向右,y 轴正方向向下。所有的鼠标事件最开始都是使用视图坐标。

QGraphicsView 类继承自 QWidget 类,因此它与其他的 QWidget 类一样,以窗口的左上角作为自己坐标系的原点,如图 7.3 所示。

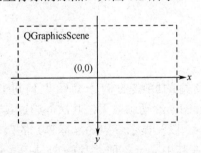
图 7.2 QGraphicsScene 类的坐标系

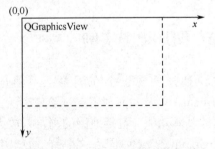
图 7.3 QGraphicsView 类的坐标系

3. 图元坐标

图元使用自己的本地坐标,这个坐标系统通常以图元中心为原点,这也是所有变换的原点。图元坐标方向是 x 轴正方向向右,y 轴正方向向下。创建图元后,只需注意图元坐标就可以了,QGraphicsScene 和 QGraphicsView 会完成所有的变换。

QGraphicsItem 类的坐标系,在调用 QGraphicsItem 类的 paint()函数重绘图元时,则以此坐标系为基准,如图 7.4 所示。

根据需要，Qt 提供了这三个坐标系之间的互相转换函数，以及图元与图元之间的转换函数，若需从 QGraphicsItem 坐标系中的某一点坐标转换到场景中的坐标，则可调用 QGraphicsItem 的 mapToScene()函数进行映射。而 QGraphicsItem 的 mapToParent()函数则可将 QGraphicsItem 坐标系中的某点坐标映射至它的上一级坐标系中，有可能是场景坐标，也有可能是另一个 QGraphicsItem 坐标。

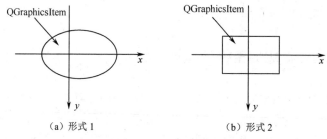

图 7.4 QGraphicsItem 的坐标系

Graphics View 框架提供了多种坐标变换函数，见表 7.1。

表 7.1 Graphics View 框架提供的多种坐标变换函数

映 射 函 数	转 换 类 型
QGraphicsView::mapToScene()	从视图到场景
QGraphicsView::mapFromScene()	从场景到视图
QGraphicsItem:: mapFromScene()	从场景到图元
QGraphicsItem:: mapToScene()	从图元到场景
QGraphicsItem:: mapToParent()	从子图元到父图元
QGraphicsItem:: mapFromParent()	从父图元到子图元
QGraphicsItem:: mapToItem()	从本图元到其他图元
QGraphicsItem:: mapFromItem()	从其他图元到本图元

7.2 图形视图实例

首先，通过实现一个在屏幕上不停地上下飞舞的蝴蝶的例子介绍如何进行自定义 QGraphicsItem，以及如何利用定时器来实现 QGraphicsItem 动画效果；其次，通过实现一个地图浏览器的基本功能（包括地图的浏览、放大、缩小，以及显示各点的坐标等）的例子，介绍如何使用 Graphics View 框架；然后，通过实现一个在其中显示各种类型 QGraphicsItem 的窗体例子，介绍如何使用 Qt 预定义 QGraphicsEllipseItem、QGraphicsRectItem 等各种标准的 QGraphicsItem 类型，以及使用自定义 QGraphicsItem 类型创建图元；最后，通过一个实例介绍如何实现 QGraphicsItem 类的旋转、缩放、切变、位移等各种变形操作。

7.2.1 飞舞的蝴蝶实例

通过实现的例子介绍如何进行自定义 QGraphicsItem，以及如何利用定时器来实现 QGraphicsItem 动画效果。

第7章 Qt 6 图形视图框架

【例】（难度中等）（CH701）设计界面，一只蝴蝶在屏幕上不停地上下飞舞。

操作步骤如下。

（1）新建 Qt Widgets Application（详见 1.3.1 节），项目名为"Butterfly"，基类选择"QMainWindow"，类命名默认为"MainWindow"，取消"Generate form"（创建界面）复选框的选中状态。单击"下一步"按钮，最后单击"完成"按钮，完成该项目工程的建立。

（2）在"Butterfly"项目名上单击鼠标右键，在弹出的快捷菜单中选择"添加新文件..."选项，在弹出的对话框中选择"C++ Class"选项。单击"Choose..."按钮，在弹出的对话框的"Base class"栏下拉列表中选择基类名"QObject"，在"Class name"栏输入类的名称"Butterfly"。

（3）单击"下一步"按钮，再单击"完成"按钮，添加文件"butterfly.h"和"butterfly.cpp"。

（4）Butterfly 类继承自 QObject 类、QGraphicsItem 类，在头文件"butterfly.h"中完成的代码如下：

```cpp
#include <QObject>
#include <QGraphicsItem>
#include <QPainter>
#include <QGraphicsScene>
#include <QGraphicsView>
class Butterfly : public QObject,public QGraphicsItem
{
    Q_OBJECT
public:
    explicit Butterfly(QObject *parent = 0);
    void timerEvent(QTimerEvent *);              //(a)
    QRectF boundingRect() const;                 //(b)
signals:
public slots:
protected:
    void paint(QPainter *painter, const QStyleOptionGraphicsItem *option, QWidget *widget);                             //重绘函数
private:
    bool up;                                     //(c)
    QPixmap pix_up;                              //用于表示两幅蝴蝶的图片
    QPixmap pix_down;
    qreal angle;
};
```

其中，

(a) void timerEvent(QTimerEvent *)：定时器实现动画的原理是在定时器的 timerEvent()中对 QGraphicsItem 进行重绘。

(b) QRectF boundingRect() const：为图元限定区域范围，所有继承自 QGraphicsItem 的自定义图元都必须实现此函数。

(c) bool up：用于标志蝴蝶翅膀的位置（位于上或下），以便实现动态效果。

（5）在源文件"butterfly.cpp"中完成的代码如下：

```cpp
#include "butterfly.h"
#include <math.h>
const static double PI=3.1416;
```

```cpp
Butterfly::Butterfly(QObject *parent) : QObject(parent)
{
    up = true;                          //给标志蝴蝶翅膀位置的变量赋初值
    pix_up.load("up.png");              //调用QPixmap的load()函数加载所用到的图片
    pix_down.load("down.png");
    startTimer(100);                    //启动定时器,并设置时间间隔为100毫秒
}
```

boundingRect()函数为图元限定区域范围。此范围是以图元自身的坐标系为基础设定的。具体实现代码如下:

```cpp
QRectF Butterfly::boundingRect() const
{
    qreal adjust = 2;
    return QRectF(-pix_up.width()/2-adjust,-pix_up.height()/2-adjust,
                  pix_up.width()+adjust*2,pix_up.height()+adjust*2);
}
```

在重画函数 paint()中,首先判断当前已显示的图片是 pix_up 还是 pix_down。实现蝴蝶翅膀上下飞舞效果时,若当前显示的是 pix_up 图片,则重绘 pix_down 图片,反之亦然。具体实现代码如下:

```cpp
void Butterfly::paint(QPainter *painter, const QStyleOptionGraphicsItem *option, QWidget *widget)
{
    if(up)
    {
        painter->drawPixmap(boundingRect().topLeft(),pix_up);
        up =! up;
    }
    else
    {
        painter->drawPixmap(boundingRect().topLeft(),pix_down);
        up =! up;
    }
}
```

定时器的 timerEvent()函数实现蝴蝶的飞舞,具体实现代码如下:

```cpp
void Butterfly::timerEvent(QTimerEvent *)
{
    //边界控制
    qreal edgex = scene()->sceneRect().right()+boundingRect().width()/2;
                                        //限定蝴蝶飞舞的右边界
    qreal edgetop = scene()->sceneRect().top()+boundingRect().height()/2;
                                        //限定蝴蝶飞舞的上边界
    qreal edgebottom = scene()->sceneRect().bottom()+boundingRect().height()/2;
                                        //限定蝴蝶飞舞的下边界
    if(pos().x() >= edgex)              //若超过了右边界,则水平移回左边界处
        setPos(scene()->sceneRect().left(),pos().y());
    if(pos().y() <= edgetop)            //若超过了上边界,则垂直移回下边界处
        setPos(pos().x(),scene()->sceneRect().bottom());
    if(pos().y() >= edgebottom)         //若超过了下边界,则垂直移回上边界处
```

```
        setPos(pos().x(),scene()->sceneRect().top());
    angle += (rand()%10)/20.0;
    qreal dx = fabs(sin(angle*PI)*10.0);
    qreal dy = (rand()%20)-10.0;
    setPos(mapToParent(dx,dy));       //(a)
}
```

其中，

(a) setPos(mapToParent(dx,dy))：dx、dy 完成蝴蝶随机飞行的路径，且 dx、dy 是相对于蝴蝶的坐标系而言的，因此应使用 mapToParent()函数映射为场景的坐标。

（6）完成了蝴蝶图元的实现后，在源文件"main.cpp"中将它加载到场景中，并关联一个视图，具体实现代码如下：

```cpp
#include <QApplication>
#include "butterfly.h"
#include <QGraphicsScene>
int main(int argc,char* argv[])
{
    QApplication a(argc,argv);
    QGraphicsScene *scene = new QGraphicsScene;
    scene->setSceneRect(QRectF(-200,-200,400,400));
    Butterfly *butterfly = new Butterfly;
    butterfly->setPos(-100,0);
    scene->addItem(butterfly);
    QGraphicsView *view = new QGraphicsView;
    view->setScene(scene);
    view->resize(400,400);
    view->show();
    return a.exec();
}
```

（7）运行程序，将程序中用到的图片保存到该项目的"C:\Qt6\CH7\CH701\build-Butterfly-Desktop_Qt_6_0_2_MinGW_64_bit-Debug"文件夹中，运行效果如图 7.5 所示。

图 7.5 飞舞的蝴蝶效果

7.2.2 地图浏览器实例

本节通过实现一个地图浏览器的基本功能，介绍如何使用 Graphics View 框架。

【例】（难度中等）（CH702）设计一个地图浏览器，包括地图的浏览、放大、缩小，以及显示各点的坐标等。

操作步骤如下。

（1）新建 Qt Widgets Application（详见 1.3.1 节），项目名称为"MapWidget"，基类选择"QMainWindow"，类命名默认为"MainWindow"，取消"Generate form"（创建界面）复选框的选中状态。单击"下一步"按钮，最后单击"完成"按钮，完成该项目工程的建立。

（2）在"MapWidget"项目名上单击鼠标右键，在弹出的快捷菜单中选择"添加新文件..."选项，在弹出的对话框中选择"C++ Class"选项。单击"Choose..."按钮，在弹出的对话框的"Base class"栏输入基类名"QGraphicsView"（手工添加），在"Class name"栏输入类的名称"MapWidget"。

（3）单击"下一步"按钮，再单击"完成"按钮，添加文件"mapwidget.h"和"mapwidget.cpp"。

（4）MapWidget 类继承自 QGraphicsView 类，作为地图浏览器的主窗体。在头文件"mapwidget.h"中完成的代码如下：

```cpp
#include <QGraphicsView>
#include <QLabel>
#include <QMouseEvent>
class MapWidget : public QGraphicsView
{
    Q_OBJECT
public:
    MapWidget();
    void readMap();                           //读取地图信息
    //用于实现场景坐标系与地图坐标之间的映射，以获得某点的经纬度值
    QPointF mapToMap(QPointF);
public slots:
    void slotZoom(int);
protected:
    void drawBackground(QPainter *painter, const QRectF &rect);
                                        //完成地图显示的功能
    void mouseMoveEvent(QMouseEvent *event);
private:
    QPixmap map;
    qreal zoom;
    QLabel *viewCoord;
    QLabel *sceneCoord;
    QLabel *mapCoord;
    double x1,y1;
    double x2,y2;
};
```

（5）在源文件"mapwidget.cpp"中完成的代码如下：

```cpp
#include "mapwidget.h"
#include <QSlider>
#include <QGridLayout>
#include <QFile>
#include <QTextStream>
#include <QGraphicsScene>
#include <math.h>
MapWidget::MapWidget()
{
    //读取地图信息
    readMap();                                              //(a)
    zoom = 50;
    int width = map.width();
    int height = map.height();
    QGraphicsScene *scene = new QGraphicsScene(this);       //(b)
    //限定场景的显示区域为地图的大小
    scene->setSceneRect(-width/2,-height/2,width,height);
    setScene(scene);
    setCacheMode(CacheBackground);
    //用于地图缩放的滚动条                                    //(c)
    QSlider *slider = new QSlider;
    slider->setOrientation(Qt::Vertical);
    slider->setRange(1,100);
    slider->setTickInterval(10);
    slider->setValue(50);
    connect(slider,SIGNAL(valueChanged(int)),this,SLOT(slotZoom(int)));
    QLabel *zoominLabel = new QLabel;
    zoominLabel->setScaledContents(true);
    zoominLabel->setPixmap(QPixmap("zoomin.png"));
    QLabel *zoomoutLabel = new QLabel;
    zoomoutLabel->setScaledContents(true);
    zoomoutLabel->setPixmap(QPixmap("zoomout.png"));
    //坐标值显示区
    QLabel *label1 = new QLabel(tr("GraphicsView:"));
    viewCoord = new QLabel;
    QLabel *label2 = new QLabel(tr("GraphicsScene:"));
    sceneCoord = new QLabel;
    QLabel *label3 = new QLabel(tr("map:"));
    mapCoord = new QLabel;
    //坐标显示区布局
    QGridLayout *gridLayout = new QGridLayout;
    gridLayout->addWidget(label1,0,0);
    gridLayout->addWidget(viewCoord,0,1);
    gridLayout->addWidget(label2,1,0);
    gridLayout->addWidget(sceneCoord,1,1);
    gridLayout->addWidget(label3,2,0);
    gridLayout->addWidget(mapCoord,2,1);
    gridLayout->setSizeConstraint(QLayout::SetFixedSize);
```

```
    QFrame *coordFrame = new QFrame;
    coordFrame->setLayout(gridLayout);
    //缩放控制子布局
    QVBoxLayout *zoomLayout = new QVBoxLayout;
    zoomLayout->addWidget(zoominLabel);
    zoomLayout->addWidget(slider);
    zoomLayout->addWidget(zoomoutLabel);
    //坐标显示区域布局
    QVBoxLayout *coordLayout = new QVBoxLayout;
    coordLayout->addWidget(coordFrame);
    coordLayout->addStretch();
    //主布局
    QHBoxLayout *mainLayout = new QHBoxLayout;
    mainLayout->addLayout(zoomLayout);
    mainLayout->addLayout(coordLayout);
    mainLayout->addStretch();
    //mainLayout->setMargin(30);
    mainLayout->setSpacing(10);
    setLayout(mainLayout);
    setWindowTitle("Map Widget");
    setMinimumSize(600,400);
}
```

其中，

(a) readMap()：用于读取描述地图信息的文件（包括地图名及经纬度等信息）。

(b) QGraphicsScene *scene = new QGraphicsScene(this)：新建一个 QGraphicsScene 对象为主窗口连接一个场景。

(c) 从 "**QSlider *slider = new QSlider**" 到 "**connect(slider,SIGNAL(valueChanged (int)),this, SLOT(slotZoom(int)))**" 之间的代码段：新建一个 QSlider 对象作为地图的缩放控制，设置地图缩放比例值范围为 0～100，当前初始值为 50，并将缩放控制条的 valueChanged()信号与地图缩放 slotZoom()槽函数相关联。

（6）新建一个文本文件"maps.txt"，利用该文本文件描述与地图相关的信息，将该文件保存在该工程下的 "C:\Qt6\CH7\CH702\build-MapWidget-Desktop_Qt_6_0_2_MinGW_64_bit-Debug" 文件夹中，文件内容为：

```
China.jpg 114.4665527 35.96022297 119.9597168 31.3911575
```

上述代码依次是地图的名称、地图左上角的经纬度值、地图右下角的经纬度值。

（7）打开"mapwidget.cpp"文件，添加读取地图信息 readMap()函数的具体实现代码如下：

```
void MapWidget::readMap()                         //读取地图信息
{
    QString mapName;
    QFile mapFile("maps.txt");                    //(a)
    int ok = mapFile.open(QIODevice::ReadOnly);   //以"只读"方式打开此文件
    if(ok)                                        //分别读取地图的名称和四个经纬度信息
    {
        QTextStream ts(&mapFile);
        if(!ts.atEnd())
        {
```

```
            ts>>mapName;
            ts>>x1>>y1>>x2>>y2;
        }
    }
    map.load(mapName);                           //将地图读取至私有变量map中
}
```

其中，

(a) QFile mapFile("maps.txt")：新建一个QFile对象，"maps.txt"是描述地图信息的文本文件。

根据缩放滚动条的当前值，确定缩放的比例，调用scale()函数实现地图缩放。完成地图缩放功能的slotZoom()函数的具体实现代码如下：

```
void MapWidget::slotZoom(int value)              //地图缩放
{
    qreal s;
    if(value > zoom)                             //放大
    {
        s = pow(1.01,(value-zoom));
    }
    else                                         //缩小
    {
        s = pow(1/1.01,(zoom-value));
    }
    scale(s,s);
    zoom = value;
}
```

QGraphicsView类的drawBackground()函数中以地图图片重绘场景的背景来实现地图显示。具体实现代码如下：

```
void MapWidget::drawBackground(QPainter *painter, const QRectF &rect)
{
    painter->drawPixmap(int(sceneRect().left()),int(sceneRect().top()), map);
}
```

响应鼠标移动事件的mouseMoveEvent()函数，完成某点在各层坐标中的映射及显示。具体实现代码如下：

```
void MapWidget::mouseMoveEvent(QMouseEvent *event)
{
    //QGraphicsView 坐标
    QPoint viewPoint = event->pos();
    viewCoord->setText(QString::number(viewPoint.x())+","+QString::number(viewPoint.y()));
    //QGraphicsScene 坐标
    QPointF scenePoint = mapToScene(viewPoint);
    sceneCoord->setText(QString::number(scenePoint.x())+","+QString::number(scenePoint.y()));
    //地图坐标(经、纬度值)
    QPointF latLon = mapToMap(scenePoint);
    mapCoord->setText(QString::number(latLon.x())+","+QString::number(latLon.
```

```
y()));
}
```

完成从场景坐标至地图坐标的转换的 mapToMap() 函数。具体实现代码如下：

```
QPointF MapWidget::mapToMap(QPointF p)
{
    QPointF latLon;
    qreal w = sceneRect().width();
    qreal h = sceneRect().height();
    qreal lon = y1-((h/2+p.y())*abs(y1-y2)/h);
    qreal lat = x1+((w/2+p.x())*abs(x1-x2)/w);
    latLon.setX(lat);
    latLon.setY(lon);
    return latLon;
}
```

（8）下面是文件"main.cpp"的具体代码：

```
#include <QApplication>
#include "mapwidget.h"
#include <QFont>
int main(int argc, char *argv[])
{
    QApplication a(argc, argv);
    QFont font("ARPL KaitiM GB",12);
    font.setBold(true);
    a.setFont(font);
    MapWidget mapWidget;
    mapWidget.show();
    return a.exec();
}
```

（9）将程序用到的图片保存到该工程的"C:\Qt6\CH7\CH702\build-MapWidget-Desktop_Qt_6_0_2_MinGW_64_bit-Debug"文件夹中，运行程序。在地图上拖曳鼠标，地图左上部就会动态显示视图坐标、场景坐标和当前经纬度值。

7.2.3 图元创建实例

通过介绍如何使用 Qt 预定义的各种标准的 QGraphicsItem 类型（如 QGraphicsEllipseItem、QGraphicsRectItem 等），以及自定义的 QGraphicsItem 类型来创建图元。

【例】（难度中等）（CH703）设计窗体，显示各种 QGraphicsItem 类型（包括不停闪烁的圆及来回移动的星星等），如图 7.6 所示。

操作步骤如下。

（1）新建 Qt Widgets Application（详见 1.3.1 节），项目名称为"GraphicsItem"，基类选择"QMainWindow"，类命名默认为"MainWindow"，取消"Generate form"（创建界面）复选框的选中状态。单击"下一步"按钮，最后单击"完成"按钮，完成该项目工程的建立。

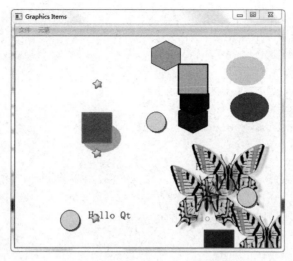

图 7.6　各种 GraphicsItem 实例

（2）MainWindow 类继承自 QMainWindow 作为主窗体，包含一个加入图元的各种操作的菜单栏，以及一个显示各种类型图元的 QGraphicsView 作为主窗体的 centralWidget。"mainwindow.h"文件的具体代码实现内容如下：

```cpp
#include <QMainWindow>
#include <QGraphicsScene>
#include <QGraphicsView>
#include <QMenuBar>
#include <QGraphicsEllipseItem>
class MainWindow : public QMainWindow
{
    Q_OBJECT
public:
    MainWindow(QWidget *parent = 0);
    ~MainWindow();
    void initScene();                    //初始化场景
    void createActions();                //创建主窗体的所有动作
    void createMenus();                  //创建主窗体的菜单栏
public slots:
    void slotNew();                      //新建一个显示窗体
    void slotClear();                    //清除场景中所有的图元
    void slotAddEllipseItem();           //在场景中加入一个椭圆形图元
    void slotAddPolygonItem();           //在场景中加入一个多边形图元
    void slotAddTextItem();              //在场景中加入一个文字图元
    void slotAddRectItem();              //在场景中加入一个长方形图元
    void slotAddAlphaItem();             //在场景中加入一个透明蝴蝶图片
private:
    QGraphicsScene *scene;
    QAction *newAct;
    QAction *clearAct;
    QAction *exitAct;
    QAction *addEllipseItemAct;
    QAction *addPolygonItemAct;
```

```cpp
    QAction *addTextItemAct;
    QAction *addRectItemAct;
    QAction *addAlphaItemAct;
};
```

(3)"mainwindow.cpp"文件中的代码如下:

```cpp
#include "mainwindow.h"
MainWindow::MainWindow(QWidget *parent)
    : QMainWindow(parent)
{
    createActions();                    //创建主窗体的所有动作
    createMenus();                      //创建主窗体的菜单栏
    scene = new QGraphicsScene;
    scene->setSceneRect(-200,-200,400,400);
    initScene();                        //初始化场景
    QGraphicsView *view = new QGraphicsView;
    view->setScene(scene);
    view->setMinimumSize(400,400);
    view->show();
    setCentralWidget(view);
    resize(550,450);
    setWindowTitle(tr("Graphics Items"));
}
MainWindow::~MainWindow()
{
}
void MainWindow::createActions()        //创建主窗体的所有动作
{
    newAct = new QAction(tr("新建"),this);
    clearAct = new QAction(tr("清除"),this);
    exitAct = new QAction(tr("退出"),this);
    addEllipseItemAct = new QAction(tr("加入 椭圆"),this);
    addPolygonItemAct = new QAction(tr("加入 多边形"),this);
    addTextItemAct = new QAction(tr("加入 文字"),this);
    addRectItemAct = new QAction(tr("加入 长方形"),this);
    addAlphaItemAct = new QAction(tr("加入 透明图片"),this);
    connect(newAct,SIGNAL(triggered()),this,SLOT(slotNew()));
    connect(clearAct,SIGNAL(triggered()),this,SLOT(slotClear()));
    connect(exitAct,SIGNAL(triggered()),this,SLOT(close()));
    connect(addEllipseItemAct,SIGNAL(triggered()),this,SLOT(slotAddEllipseItem()));
    connect(addPolygonItemAct,SIGNAL(triggered()),this,SLOT(slotAddPolygonItem()));
    connect(addTextItemAct,SIGNAL(triggered()),this,SLOT(slotAddTextItem()));
    connect(addRectItemAct,SIGNAL(triggered()),this,SLOT(slotAddRectItem()));
    connect(addAlphaItemAct,SIGNAL(triggered()),this,SLOT(slotAddAlphaItem()));
}
void MainWindow::createMenus()          //创建主窗体的菜单栏
{
```

```cpp
    QMenu *fileMenu = menuBar()->addMenu(tr("文件"));
    fileMenu->addAction(newAct);
    fileMenu->addAction(clearAct);
    fileMenu->addSeparator();
    fileMenu->addAction(exitAct);
    QMenu *itemsMenu = menuBar()->addMenu(tr("元素"));
    itemsMenu->addAction(addEllipseItemAct);
    itemsMenu->addAction(addPolygonItemAct);
    itemsMenu->addAction(addTextItemAct);
    itemsMenu->addAction(addRectItemAct);
    itemsMenu->addAction(addAlphaItemAct);
}
void MainWindow::initScene()                //初始化场景
{
    int i;
    for(i = 0;i < 3;i++)
        slotAddEllipseItem();
    for(i = 0;i < 3;i++)
        slotAddPolygonItem();
    for(i = 0;i < 3;i++)
        slotAddTextItem();
    for(i = 0;i < 3;i++)
        slotAddRectItem();
    for(i = 0;i < 3;i++)
        slotAddAlphaItem();
}
void MainWindow::slotNew()                  //新建一个显示窗体
{
    slotClear();
    initScene();
    MainWindow *newWin = new MainWindow;
    newWin->show();
}
void MainWindow::slotClear()                //清除场景中所有的图元
{
    QList<QGraphicsItem*> listItem = scene->items();
    while(!listItem.empty())
    {
        scene->removeItem(listItem.at(0));
        listItem.removeAt(0);
    }
}
void MainWindow::slotAddEllipseItem()    //在场景中加入一个椭圆形图元
{
    QGraphicsEllipseItem *item = new QGraphicsEllipseItem(QrectF(0,0,80, 60));
    item->setPen(Qt::NoPen);
    item->setBrush(QColor(rand()%256,rand()%256,rand()%256));
    item->setFlag(QGraphicsItem::ItemIsMovable);
```

```cpp
    scene->addItem(item);
    item->setPos((rand()%int(scene->sceneRect().width()))-200,
            (rand()%int(scene->sceneRect().height()))-200);
}
void MainWindow::slotAddPolygonItem()    //在场景中加入一个多边形图元
{
    QVector<QPoint> v;
    v<<QPoint(30,-15)<<QPoint(0,-30)<<QPoint(-30,-15)
        <<QPoint(-30,15)<<QPoint(0,30)<<QPoint(30,15);
    QGraphicsPolygonItem *item = new QgraphicsPolygonItem(QPolygonF(v));
    item->setBrush(QColor(rand()%256,rand()%256,rand()%256));
    item->setFlag(QGraphicsItem::ItemIsMovable);
    scene->addItem(item);
    item->setPos((rand()%int(scene->sceneRect().width()))-200,
            (rand()%int(scene->sceneRect().height()))-200);
}
void MainWindow::slotAddTextItem()      //在场景中加入一个文字图元
{
    QFont font("Times",16);
    QGraphicsTextItem *item = new QGraphicsTextItem("Hello Qt");
    item->setFont(font);
    item->setFlag(QGraphicsItem::ItemIsMovable);
    item->setDefaultTextColor(QColor(rand()%256,rand()%256,rand ()%256));
    scene->addItem(item);
    item->setPos((rand()%int(scene->sceneRect().width()))-200,
            (rand()%int(scene->sceneRect().height()))-200);
}
void MainWindow::slotAddRectItem()      //在场景中加入一个长方形图元
{
    QGraphicsRectItem *item = new QGraphicsRectItem(QRectF(0,0, 60,60));
    QPen pen;
    pen.setWidth(3);
    pen.setColor(QColor(rand()%256,rand()%256,rand()%256));
    item->setPen(pen);
    item->setBrush(QColor(rand()%256,rand()%256,rand()%256));
    item->setFlag(QGraphicsItem::ItemIsMovable);
    scene->addItem(item);
    item->setPos((rand()%int(scene->sceneRect().width()))-200,
            (rand()%int(scene->sceneRect().height()))-200);
}
void MainWindow::slotAddAlphaItem()     //在场景中加入一个透明蝴蝶图片
{
    QGraphicsPixmapItem *item = scene->addPixmap(QPixmap("image.png"));
    item->setFlag(QGraphicsItem::ItemIsMovable);
    item->setPos((rand()%int(scene->sceneRect().width()))-200,
            (rand()%int(scene->sceneRect().height()))-200);
}
```

(4)将程序中所用图片保存到该项目的"C:\Qt6\CH7\CH703\build-GraphicsItem-Desktop_Qt_

6_0_2_MinGW_64_bit-Debug"文件夹下,此时运行效果如图 7.7 所示。

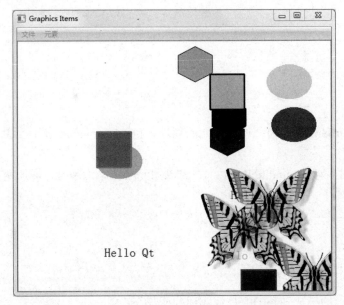

图 7.7　运行效果

以上完成了主窗体的显示工作,下面介绍如何实现圆的闪烁功能。

(1)在"GraphicsItem"项目名上单击鼠标右键,在弹出的快捷菜单中选择"添加新文件..."选项,在弹出的对话框中选择"C++ Class"选项。单击"Choose..."按钮,在弹出的对话框的"Base class"栏下拉列表中选择基类名"QObject",在"Class name"栏输入类的名称"FlashItem"。

FlashItem 类继承自 QGraphicsItem 类和 QObject 类,闪烁效果是通过利用定时器的 timerEvent()函数定时重画圆的颜色来实现的。

(2)单击"下一步"按钮,再单击"完成"按钮,添加文件"flashitem.h"和文件"flashitem.cpp"。
(3)"flashitem.h"文件的具体代码如下:

```
#include <QGraphicsItem>
#include <QPainter>
class FlashItem : public QObject,public QGraphicsItem
{
    Q_OBJECT
public:
    explicit FlashItem(QObject *parent = 0);
    QRectF boundingRect() const;
    void paint(QPainter *painter, const QStyleOptionGraphicsItem *option, QWidget *widget);
    void timerEvent(QTimerEvent *);
private:
    bool flash;
    QTimer *timer;
signals:
public slots:
};
```

(4)"flashitem.cpp"文件的具体代码如下:

```
#include "flashitem.h"
FlashItem::FlashItem(QObject *parent) : QObject(parent)
{
    flash = true;                          //为颜色切换标识赋初值
    setFlag(ItemIsMovable);                //(a)
    startTimer(1000);                      //启动一个定时器,以 1000 毫秒为时间间隔
}
```

其中,

(a) setFlag(ItemIsMovable)：设置图元的属性,ItemIsMovable 表示此图元是可移动的,可用鼠标进行拖曳操作。

定义图元边界的函数 boundingRect()，完成以图元坐标系为基础,增加两个像素点的冗余工作。具体实现代码如下:

```
QRectF FlashItem::boundingRect() const
{
    qreal adjust = 2;
    return QRectF(-10-adjust,-10-adjust,43+adjust,43+adjust);
}
```

自定义图元重绘的函数 paint()的具体实现代码如下:

```
void FlashItem::paint(QPainter *painter, const QStyleOptionGraphicsItem *option, QWidget *widget)
{
    painter->setPen(Qt::NoPen);              //闪烁图元的阴影区不绘制边线
    painter->setBrush(Qt::darkGray);         //闪烁图元的阴影区的阴影画刷颜色为深灰
    painter->drawEllipse(-7,-7,40,40);       //绘制阴影区
    painter->setPen(QPen(Qt::black,0));      //闪烁区的椭圆边线颜色为黑色、线宽为 0
    painter->setBrush(flash?(Qt::red):(Qt::yellow));    //(a)
    painter->drawEllipse(-10,-10,40,40);                //(b)
}
```

其中,

(a) painter->setBrush(flash?(Qt::red):(Qt::yellow))：设置闪烁区的椭圆画刷颜色,根据颜色切换标识 flash 决定在椭圆中填充哪种颜色,颜色在红色和黄色之间选择。

(b) painter->drawEllipse(-10,-10,40,40)：绘制与阴影区同样形状和大小的椭圆,并错开一定的距离以实现立体的感觉。

定时器响应函数 timerEvent()完成颜色切换标识的反置,并在每次反置后调用 update()函数重绘图元以实现闪烁的效果。具体实现代码如下:

```
void FlashItem::timerEvent(QTimerEvent *)
{
    flash =! flash;
    update();
}
```

（5）在"mainwindow.h"文件中添加代码如下:

```
public slots:
    void slotAddFlashItem();
private:
    QAction *addFlashItemAct;
```

（6）在"mainwindow.cpp"文件中添加代码如下：

```
#include "flashitem.h"
```

其中，在 createActions()函数中添加代码如下：

```
addFlashItemAct = new QAction(tr("加入闪烁圆"),this);
connect(addFlashItemAct,SIGNAL(triggered()),this,SLOT(slotAddFlashItem()));
```

在 createMenus()函数中添加代码如下：

```
itemsMenu->addAction(addFlashItemAct);
```

在 initScene()函数中添加代码如下：

```
for(i = 0;i < 3;i++)
    slotAddFlashItem();
```

函数 slotAddFlashItem()的具体实现代码如下：

```
void MainWindow::slotAddFlashItem()        //在场景中加入一个闪烁图元
{
    FlashItem *item = new FlashItem;
    scene->addItem(item);
    item->setPos((rand()%int(scene->sceneRect().width()))-200,
                 (rand()%int(scene->sceneRect().height()))-200);
}
```

（7）闪烁圆的运行效果如图 7.8 所示。

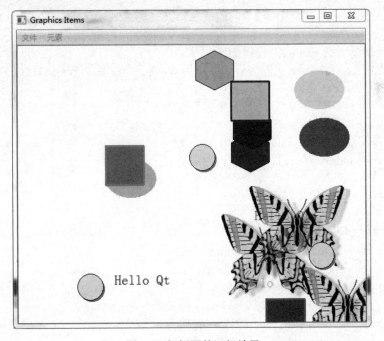

图 7.8　闪烁圆的运行效果

下面将接着实现星星移动的功能。

（1）向项目中添加一个新的 C++类，类命名为"StartItem"，操作步骤同前。StartItem 类继承自 QGraphicsItem 类，实际上是一个图片图元。

"startitem.h"文件的具体代码如下：

```
#include <QGraphicsItem>
#include <QPainter>
```

```cpp
class StartItem : public QGraphicsItem
{
public:
    StartItem();
    QRectF boundingRect() const;
    void paint(QPainter *painter, const QStyleOptionGraphicsItem *option, QWidget *widget);
private:
    QPixmap pix;
};
```

（2）在 StartItem()构造函数中仅完成读取图片信息的工作。

"startitem.cpp"文件中的具体代码如下：

```cpp
#include "startitem.h"
StartItem::StartItem()
{
    pix.load("star.png");
}
```

定义图元的边界函数 boundingRect()，它是所有自定义图元均必须实现的函数，代码如下：

```cpp
QRectF StartItem::boundingRect() const
{
    return QRectF(-pix.width()/2,-pix.height()/2,pix.width(),pix.height());
}
```

自定义图元重绘函数 paint()，代码如下：

```cpp
void StartItem::paint(QPainter *painter, const QStyleOptionGraphicsItem *option,QWidget *widget)
{
    painter->drawPixmap(boundingRect().topLeft(),pix);
}
```

（3）在"mainwindow.h"文件中添加代码如下：

```cpp
public slots:
    void slotAddAnimationItem();
private:
    QAction *addAnimItemAct;
```

（4）在"mainwindow.cpp"文件中添加代码如下：

```cpp
#include "startitem.h"
#include <QGraphicsItemAnimation>
#include <QTimeLine>
```

其中，在 createActions()函数中添加代码如下：

```cpp
addAnimItemAct = new QAction(tr("加入 星星"),this);
connect(addAnimItemAct,SIGNAL(triggered()),this,SLOT(slotAddAnimationItem()));
```

在 createMenus()函数中添加代码如下：

```cpp
itemsMenu->addAction(addAnimItemAct);
```

在 initScene()函数中添加代码如下：

```cpp
for(i = 0;i < 3;i++)
    slotAddAnimationItem();
```

实现函数 slotAddAnimationItem() 的具体代码如下：

```
void MainWindow::slotAddAnimationItem()      //在场景中加入一个动画星星
{
    StartItem *item = new StartItem;
    QGraphicsItemAnimation *anim = new QGraphicsItemAnimation;
    anim->setItem(item);
    QTimeLine *timeLine = new QTimeLine(4000);
    timeLine->setEasingCurve(QEasingCurve::OutSine);
    timeLine->setLoopCount(0);
    anim->setTimeLine(timeLine);
    int y = (rand()%400) - 200;
    for(int i = 0;i < 400;i++)
    {
        anim->setPosAt(i/400.0,QPointF(i-200,y));
    }
    timeLine->start();
    scene->addItem(item);
}
```

有两种方式可以实现图元的动画显示：一种是利用 QGraphicsItemAnimation 类和 QTimeLine 类实现；另一种是在图元类中利用定时器 QTimer 和图元的重画函数 paint() 实现。

（5）最终运行效果如图 7.8 所示，图中的小星星会不停地左右移动。

7.2.4 图元的旋转、缩放、切变和位移实例

本节通过实例介绍如何实现图元（QGraphicsItem）的旋转、缩放、切变、位移等各种变形操作。

【例】（难度中等）（CH704）设计界面，实现蝴蝶的各种变形，如图 7.9 所示。

（1）新建 Qt Widgets Application（详见 1.3.1 节），项目名称为 "ItemWidget"，基类选择 "QWidget"，类命名为 "MainWidget"，取消 "Generate form"（创建界面）复选框的选中状态。单击 "下一步" 按钮，最后单击 "完成" 按钮，完成该项目工程的建立。

（2）MainWidget 类继承自 QWidget，作为主窗体类，用于对图元的显示，包含一个控制面板区及一个显示区。

"mainwidget.h" 文件中的代码如下：

```
#include <QWidget>
#include <QGraphicsView>
#include <QGraphicsScene>
#include <QFrame>
class MainWidget : public QWidget
{
    Q_OBJECT
public:
    MainWidget(QWidget *parent = 0);
    ~MainWidget();
    void createControlFrame();
private:
```

```
    int angle;
    qreal scaleValue;
    qreal shearValue;
    qreal translateValue;
    QGraphicsView *view;
    QFrame *ctrlFrame;
};
```

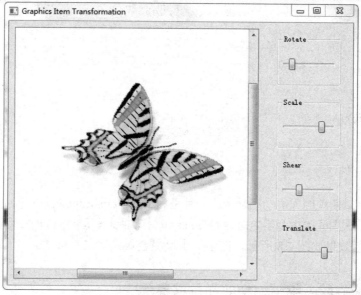

图 7.9　图元变形实例

(3)"mainwidget.cpp"文件中的具体代码如下：

```
#include "mainwidget.h"
#include <QHBoxLayout>
#include <QVBoxLayout>
#include <QSlider>
#include <QGroupBox>
MainWidget::MainWidget(QWidget *parent)
    : QWidget(parent)
{
    angle = 0;
    scaleValue = 5;
    shearValue = 5;
    translateValue = 50;
    QGraphicsScene *scene = new QGraphicsScene;
    //限定新建 QGraphicsScene 对象的显示区域
    scene->setSceneRect(-200,-200,400,400);
    view = new QGraphicsView;                  //新建一个视图对象
    view->setScene(scene);                     //将视图对象与场景相连
    view->setMinimumSize(400,400);             //设置视图的最小尺寸为（400,400）
    ctrlFrame = new QFrame;
    createControlFrame();                      //新建主窗体右侧的控制面板区
    //主窗口布局
```

```cpp
    QHBoxLayout *mainLayout = new QHBoxLayout;
    mainLayout->setSpacing(20);
    mainLayout->addWidget(view);
    mainLayout->addWidget(ctrlFrame);
    setLayout(mainLayout);
    setWindowTitle(tr("Graphics Item Transformation"));
                                        //设置主窗体的标题
}
```

右侧的控制面板区分为旋转控制区、缩放控制区、切变控制区、位移控制区，每个区均由包含一个 **QSlider** 对象的 **QGroupBox** 对象实现，具体实现代码如下：

```cpp
void MainWidget::createControlFrame()
{
    //旋转控制
    QSlider *rotateSlider = new QSlider;
    rotateSlider->setOrientation(Qt::Horizontal);
    rotateSlider->setRange(0,360);
    QHBoxLayout *rotateLayout = new QHBoxLayout;
    rotateLayout->addWidget(rotateSlider);
    QGroupBox *rotateGroup = new QGroupBox(tr("Rotate"));
    rotateGroup->setLayout(rotateLayout);
    //缩放控制
    QSlider *scaleSlider = new QSlider;
    scaleSlider->setOrientation(Qt::Horizontal);
    scaleSlider->setRange(0,2*scaleValue);
    scaleSlider->setValue(scaleValue);
    QHBoxLayout *scaleLayout = new QHBoxLayout;
    scaleLayout->addWidget(scaleSlider);
    QGroupBox *scaleGroup = new QGroupBox(tr("Scale"));
    scaleGroup->setLayout(scaleLayout);
    //切变控制
    QSlider *shearSlider = new QSlider;
    shearSlider->setOrientation(Qt::Horizontal);
    shearSlider->setRange(0,2*shearValue);
    shearSlider->setValue(shearValue);
    QHBoxLayout *shearLayout = new QHBoxLayout;
    shearLayout->addWidget(shearSlider);
    QGroupBox *shearGroup = new QGroupBox(tr("Shear"));
    shearGroup->setLayout(shearLayout);
    //位移控制
    QSlider *translateSlider = new QSlider;
    translateSlider->setOrientation(Qt::Horizontal);
    translateSlider->setRange(0,2*translateValue);
    translateSlider->setValue(translateValue);
    QHBoxLayout *translateLayout = new QHBoxLayout;
    translateLayout->addWidget(translateSlider);
    QGroupBox *translateGroup = new QGroupBox(tr("Translate"));
    translateGroup->setLayout(translateLayout);
    //控制面板布局
```

```
    QVBoxLayout *frameLayout = new QVBoxLayout;
    frameLayout->setSpacing(20);
    frameLayout->addWidget(rotateGroup);
    frameLayout->addWidget(scaleGroup);
    frameLayout->addWidget(shearGroup);
    frameLayout->addWidget(translateGroup);
    ctrlFrame->setLayout(frameLayout);
}
```

（4）运行效果如图 7.10 所示。

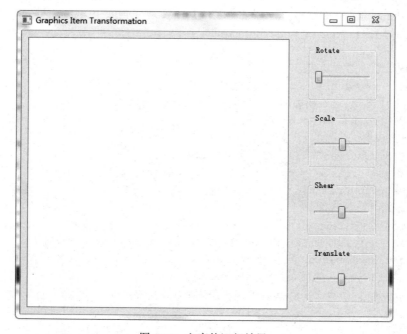

图 7.10 主窗体运行效果

上面完成的是主窗体的功能，下面介绍用于变形显示的图元的制作。

（1）在"ItemWidget"项目名上单击鼠标右键，在弹出的快捷菜单中选择"添加新文件..."选项，在弹出的对话框中选择"C++ Class"选项。单击"Choose..."按钮，在弹出的对话框的"Base class"栏输入基类名"QGraphicsItem"（手工添加），在"Class name"栏输入类的名称"PixItem"。

（2）单击"下一步"按钮，再单击"完成"按钮，添加文件"pixitem.h"和"pixitem.cpp"。

（3）自定义 PixItem 类继承自 QGraphicsItem 类。

"pixitem.h"文件中的具体代码如下：

```
#include <QGraphicsItem>
#include <QPixmap>
#include <QPainter>
class PixItem : public QGraphicsItem
{
public:
    PixItem(QPixmap *pixmap);
    QRectF boundingRect() const;
    void paint(QPainter *painter, const QStyleOptionGraphicsItem *option,
```

```
QWidget *widget);
private:
    QPixmap pix;                    //作为图元显示的图片
};
```

（4）PixItem 的构造函数只是初始化了变量 pix。"pixitem.cpp" 文件中的具体内容如下：

```
#include "pixitem.h"
PixItem::PixItem(QPixmap *pixmap)
{
    pix = *pixmap;
}
```

定义图元边界的函数 boundingRect()，完成以图元坐标系为基础增加两个像素点的冗余的工作。具体实现代码如下：

```
QRectF PixItem::boundingRect() const
{
    return     QRectF(-2-pix.width()/2,-2-pix.height()/2,pix.width()+4,   pix.height()+4);
}
```

重画函数只需用 QPainter 的 drawPixmap()函数将图元图片绘出即可。具体代码如下：

```
void  PixItem::paint(QPainter  *painter,  const  QStyleOptionGraphicsItem
*option,QWidget *widget)
{
    painter->drawPixmap(-pix.width()/2,-pix.height()/2,pix);
}
```

（5）在"mainwidget.h"文件中添加代码如下：

```
#include "pixitem.h"
private:
PixItem *pixItem;
```

（6）打开"mainwidget.cpp"文件，在语句"scene->setSceneRect(-200,-200,400,400)"与"view = new QGraphicsView"之间添加如下代码：

```
QPixmap *pixmap = new  QPixmap("image.png");
pixItem = new PixItem(pixmap);
scene->addItem(pixItem);
pixItem->setPos(0,0);
```

新建一个自定义图元 PixItem 对象，为它传入一个图片用于显示。将该图片保存到项目下的"C:\Qt6\CH7\CH704\build-ItemWidget-Desktop_Qt_6_0_2_MinGW_64_bit-Debug"文件夹中，然后，将此图元对象加入到场景中，并设置此图元在场景中的位置为中心（0,0）。

（7）运行效果如图 7.11 所示。

上述内容只是完成了图元图片的加载显示。下面介绍实现图元的各种变形的实际功能。

（1）在"mainwidget.h"文件中添加槽函数声明如下：

```
public slots:
    void slotRotate(int);
    void slotScale(int);
    void slotShear(int);
    void slotTranslate(int);
```

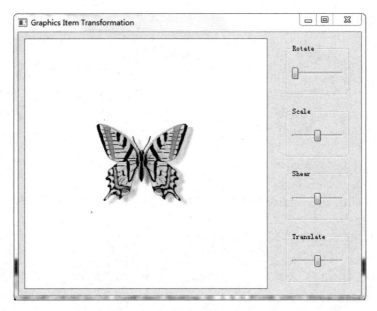

图 7.11　图元图片运行效果

（2）在"mainwidget.cpp"文件中添加头文件：

```
#include <math.h>
```

其中，在 createControlFrame()函数中的"QVBoxLayout *frameLayout = new QVBoxLayout"语句之前添加以下代码：

```
connect(rotateSlider,SIGNAL(valueChanged(int)),this,SLOT(slotRotate(int)));
connect(scaleSlider,SIGNAL(valueChanged(int)),this,SLOT(slotScale(int)));
connect(shearSlider,SIGNAL(valueChanged(int)),this,SLOT(slotShear(int)));
connect(translateSlider,SIGNAL(valueChanged(int)),this,SLOT(slotTranslate(int)));
```

此代码段完成了为每个 QSlider 对象的 valueChanged()信号连接一个槽函数，以便完成具体的变形操作。

图元的旋转功能函数 slotRotate()是调用 QGraphicsView 类的 rotate()函数实现的，它的参数为旋转角度值，具体实现代码如下：

```
void MainWidget::slotRotate(int value)
{
    view->rotate(value - angle);
    angle = value;
}
```

图元的缩放功能函数 slotScale()是调用 QGraphicsView 类的 scale()函数实现的，它的参数为缩放的比例，具体实现代码如下：

```
void MainWidget::slotScale(int value)
{
    qreal s;
    if(value > scaleValue)
        s = pow(1.1,(value - scaleValue));
    else
        s = pow(1/1.1,(scaleValue - value));
    view->scale(s,s);
```

```
    scaleValue = value;
}
```

图元的切变功能函数 slotShear()是调用 QGraphicsView 类的 shear()函数实现的,它的参数为切变的比例,具体实现代码如下:

```
void MainWidget::slotShear(int value)
{
    view->shear((value - shearValue)/10.0,0);
    shearValue = value;
}
```

图元的位移功能函数 slotTranslate()是调用 QGraphicsView 类的 translate()函数实现的,它的参数为位移的大小,具体实现代码如下:

```
void MainWidget::slotTranslate(int value)
{
    view->translate(value - translateValue,value - translateValue);
    translateValue = value;
}
```

(3) 最终运行效果如图 7.9 所示,读者可以试着拖曳滑条观看图形的各种变换效果。

第 8 章

Qt 6 模型/视图结构

MVC 设计模式是起源于 Smalltalk 的一种与用户界面相关的设计模式。通过使用此模式，可以有效地分离数据和用户界面。MVC 设计模式包括三个元素：表示数据的模型（Model）、表示用户界面的视图（View）和定义了用户在界面上操作的控制器（Controller）。

与 MVC 设计模式类似，Qt 引入了模型/视图结构用于完成数据与界面的分离，即 InterView 框架。但不同的是，Qt 的 InterView 框架把视图和控制器部件结合在一起，使得框架更为简洁。

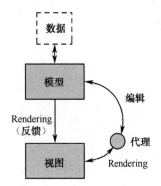

图 8.1 模型/视图结构

为了灵活地处理用户输入，InterView 框架引入了代理（Delegate）。通过使用代理，能够自定义数据条目（Item）的显示和编辑方式。

Qt 的模型/视图结构分为三部分：模型（Model）、视图（View）和代理（Delegate）。其中，模型与数据源通信，并为其他部件提供接口；而视图从模型中获得用来引用数据条目的模型索引（Model Index）。在视图中，代理负责绘制数据条目，当编辑条目时，代理和模型直接进行通信。模型/视图/代理之间通过信号和槽进行通信，如图 8.1 所示。它们之间的关系如下。

- 数据发生改变时，模型发出信号通知视图。
- 用户对界面进行操作，视图发出信号。
- 代理发出信号告知模型和视图编辑器目前的状态。

8.1 概述

本节简要地介绍 Qt InterView 框架中模型、视图和代理的基本概念，并给出一个简单的应用示例。

8.1.1 基本概念

1. 模型

InterView 框架中的所有模型都基于抽象基类 QAbstractItemModel，此类由 QProxyModel、QAbstractListModel、QAbstractTableModel、QAbstractProxyModel、QDirModel、QFileSystemModel、QHelpContentModel 和 QStandardItemModel 类继承。其中，QAbstractListModel 类和 QAbstractTableModel 类是列表和表格模型的抽象基类，如果需要实现列表或表格模型，则应从

这两个类继承。完成 QStringList 存储的 QStringListModel 类继承自 QAbstractListModel 类；与数据库有关的 QSqlQueryModel 类继承自 QAbstractTableModel 类；QAbstractProxyModel 类是代理模型的抽象类；QDirModel 和 QFileSystemModel 类是文件和目录的存储模型。对它们的具体用法将在本书后面用到的时候再进行详细介绍。

2. 视图

InterView 框架中的所有视图都基于抽象基类 QAbstractItemView，此类由 QColumnView、QHeaderView、QListView、QTableView 和 QTreeView 类继承。其中，QListView 类由 QUndoView 类和 QListWidget 类继承；QTableView 类由 QTableWidget 类继承；QTreeView 类由 QTreeWidget 类继承。而 QListWidget 类、QTableWidget 类和 QTreeWidget 类实际上已经包含了数据，是模型/视图集成在一起的类。

3. 代理

InterView 框架中的所有代理都基于抽象基类 QAbstractItemDelegate，此类由 QItemDelegate 和 QStyledItemDelegate 类继承。其中，QItemDelegate 类由表示数据库中关系代理的 QSqlRelationalDelegate 类继承。

8.1.2 模型类/视图类

InterView 框架提供了一些可以直接使用的模型类和视图类，如 QStandardItemModel 类、QFileSystemModel 类、QStringListModel 类，以及 QColumnView 类、QHeaderView 类、QListView 类、QTableView 类和 QTreeView 类等。

【例】（简单）（CH801）实现一个简单的文件目录浏览器，完成效果如图 8.2 所示。

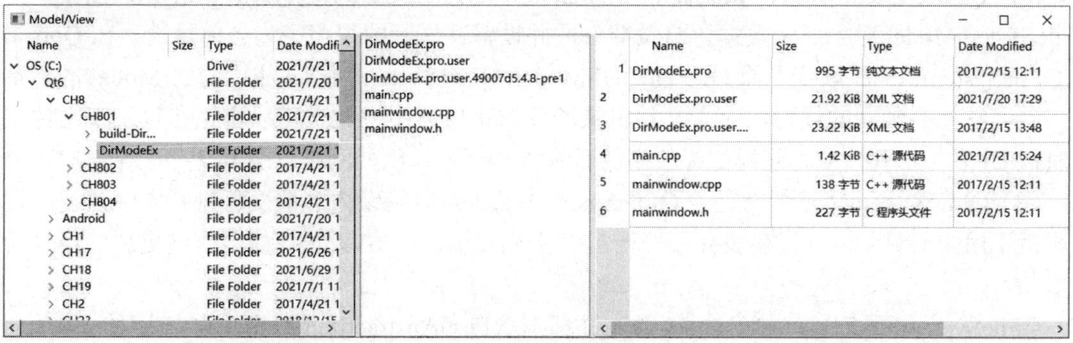

图 8.2　文件目录浏览器例子

创建工程"DirModeEx.pro"，其源文件"main.cpp"中的具体代码如下：

```
#include <QApplication>
#include <QAbstractItemModel>
#include <QAbstractItemView>
#include <QItemSelectionModel>
#include <QFileSystemModel>
#include <QTreeView>
#include <QListView>
#include <QTableView>
```

```
#include <QSplitter>
int main(int argc,char *argv[])
{
   QApplication a(argc,argv);
   QFileSystemModel model;                                     //(a)
   model.setRootPath(QDir::currentPath());                     //(a)
   /* 新建三种不同的View对象,以便文件目录可以以三种不同的方式显示 */
   QTreeView tree;
   QListView list;
   QTableView table;
   tree.setModel(&model);                                      //(b)
   list.setModel(&model);
   table.setModel(&model);
   tree.setSelectionMode(QAbstractItemView::MultiSelection);   //(c)
   list.setSelectionModel(tree.selectionModel());              //(d)
   table.setSelectionModel(tree.selectionModel());             //(e)
   QObject::connect(&tree,SIGNAL(doubleClicked(QModelIndex)),&list,
                    SLOT(setRootIndex(QModelIndex)));
   QObject::connect(&tree,SIGNAL(doubleClicked(QModelIndex)),&table,
                    SLOT(setRootIndex(QModelIndex)));          //(f)
   QSplitter *splitter = new QSplitter;
   splitter->addWidget(&tree);
   splitter->addWidget(&list);
   splitter->addWidget(&table);
   splitter->setWindowTitle(QObject::tr("Model/View"));
   splitter->show();
   return a.exec();
}
```

其中,

(a) QFileSystemModel model、model.setRootPath(QDir::currentPath()):新建一个 QFileSystemModel 对象,为数据访问做准备,并设置其显示的根路径为当前目录。在 Qt 6 中,用 QFileSystemModel 取代了原 Qt 5 的 QDirModel,QFileSystemModel 相比 QDirModel 的优点在于:(1)它拥有独立的线程,对于文件目录的获取采用异步方式,可以避免在目录下文件太多的时候 UI 发生卡死现象,同样如果枚举的目录来自远程(比如网络目录),也可以减少 UI 的阻塞;(2)QFileSystemModel 内置了 QFileSystemWatcher 对目录内容的变化进行实时监视,这样用户就不用担心目录文件发生变化了,一旦有变化发生,ItemView 自然会收到更新的信号而同步刷新。

QFileSystemModel 与 QDirModel 类一样都继承自 QAbstractItemModel 类,为访问本地文件系统提供数据模型。它提供新建、删除、创建目录等一系列与文件操作相关的函数,此处只是用来显示本地文件系统。

(b) tree.setModel(&model):调用 setModel() 函数设置 View 对象的 Model 为 QFileSystemModel 对象的 model。

(c) tree.setSelectionMode(QAbstractItemView::MultiSelection):设置 QTreeView 对象的选择方式为多选。

QAbstractItemView 提供五种选择模式,即 QAbstractItemView::SingleSelection、QAbstractItemView::NoSelection、QAbstractItemView::ContiguousSelection、QAbstractItemView:: ExtendedSelection

和 QAbstractItemView::MultiSelection。

(d) list.setSelectionModel(tree.selectionModel())：设置 QListView 对象与 QTreeView 对象使用相同的选择模式。

(e) table.setSelectionModel(tree.selectionModel())：设置 QTableView 对象与 QTreeView 对象使用相同的选择模式。

(f) QObject::connect(&tree,SIGNAL(doubleClicked(QModelIndex)),&list,SLOT(setRootIndex(QModelIndex)))、**QObject::connect(&tree,SIGNAL (doubleClicked (QModel Index)), &table,SLOT(setRootIndex(QModelIndex)))**：为了实现双击 QTreeView 对象中的某个目录时，QListView 对象和 QTableView 对象中显示此选定目录下的所有文件和目录，需要连接 QTreeView 对象的 doubleClicked()信号与 QListView 对象和 QTableView 对象的 setRootIndex()槽函数。

最后运行效果如图 8.2 所示。

8.2 模型（Model）

实现自定义模型可以通过 QAbstractItemModel 类继承，也可以通过 QAbstractListModel 和 QAbstractTableModel 类继承实现列表模型或表格模型。

在数据库中，通常需要首先将一些重复的文字字段使用数值代码保存，然后通过外键关联操作来查找其真实的含义，这一方法是为了避免冗余。

【例】（难度一般）（CH802）通过实现将数值代码转换为文字的模型来介绍如何使用自定义模型。此模型中保存了不同军种的各种武器，实现效果如图 8.3 所示。

图 8.3　Model 例子

具体操作步骤如下。

（1）ModelEx 类继承自 QAbstractTableModel 类，头文件"modelex.h"中的具体代码如下：

```
#include <QAbstractTableModel>
#include <QVector>
#include <QMap>
```

```cpp
#include <QStringList>
class ModelEx : public QAbstractTableModel
{
public:
    explicit ModelEx(QObject *parent=0);
    //虚函数声明                            //(a)
    virtual int rowCount(const QModelIndex &parent = QModelIndex()) const;
    virtual int columnCount(const QModelIndex &parent = QModelIndex()) const;
    QVariant data(const QModelIndex &index, int role) const;
    QVariant headerData(int section, Qt::Orientation orientation, int role) const;
signals:

public slots:
private:
    QVector<short> army;
    QVector<short> weaponType;
    QMap<short,QString> armyMap;          //使用QMap数据结构保存"数值—文字"的映射
    QMap<short,QString> weaponTypeMap;
    QStringList weapon;
    QStringList header;
    void populateModel();                  //完成表格数据的初始化填充
};
```

其中，

(a) **rowCount()**、**columnCount()**、**data()** 和返回表头数据的 **headerData()** 函数是 QAbstract TableModel 类的纯虚函数。

（2）源文件"modelex.cpp"中的具体代码如下：

```cpp
#include "modelex.h"
ModelEx::ModelEx(QObject *parent):QAbstractTableModel(parent)
{
    armyMap[1] = tr("空军");
    armyMap[2] = tr("海军");
    armyMap[3] = tr("陆军");
    armyMap[4] = tr("海军陆战队");
    weaponTypeMap[1] = tr("轰炸机");
    weaponTypeMap[2] = tr("战斗机");
    weaponTypeMap[3] = tr("航空母舰");
    weaponTypeMap[4] = tr("驱逐舰");
    weaponTypeMap[5] = tr("直升机");
    weaponTypeMap[6] = tr("坦克");
    weaponTypeMap[7] = tr("两栖攻击舰");
    weaponTypeMap[8] = tr("两栖战车");
    populateModel();
}
```

populateModel()函数的具体实现代码如下：

```cpp
void ModelEx::populateModel()
{
```

```
    header<<tr("军种")<<tr("种类")<<tr("武器");
    army<<1<<2<<3<<4<<2<<4<<3<<1;
    weaponType<<1<<3<<5<<7<<4<<8<<6<<2;
    weapon<<tr("B-2")<<tr("尼米兹级")<<tr("阿帕奇")<<tr("黄蜂级")
          <<tr("阿利伯克级")<<tr("AAAV")<<tr("M1A1")<<tr("F-22");
}
```

columnCount()函数中，因为模型的列固定为"3"，所以直接返回"3"。

```
int ModelEx::columnCount(const QModelIndex &parent) const
{    return 3;    }
```

rowCount()函数返回模型的行数。

```
int ModelEx::rowCount(const QModelIndex &parent) const
{
    return army.size();
}
```

data()函数返回指定索引的数据，即将数值映射为文字。

```
QVariant ModelEx::data(const QModelIndex &index, int role) const
{
    if(!index.isValid())
        return QVariant();
    if(role == Qt::DisplayRole)                  //(a)
    {
        switch(index.column())
        {
        case 0:
            return armyMap[army[index.row()]];
            break;
        case 1:
            return weaponTypeMap[weaponType[index.row()]];
            break;
        case 2:
            return weapon[index.row()];
        default:
            return QVariant();
        }
    }
    return QVariant();
}
```

其中，

(a) role == Qt::DisplayRole：模型中的条目能够有不同的角色，这样可以在不同的情况下提供不同的数据。例如，Qt::DisplayRole用来存取视图中显示的文字，角色由枚举类Qt::ItemDataRole定义。

表8.1列出了Item主要的角色及其描述。

表8.1 Item主要的角色及其描述

常　　量	描　　述
Qt::DisplayRole	显示文字
Qt::DecorationRole	绘制装饰数据（通常是图标）

续表

常量	描述
Qt::EditRole	在编辑器中编辑的数据
Qt::ToolTipRole	工具提示
Qt::StatusTipRole	状态栏提示
Qt::WhatsThisRole	What's This 文字
Qt::SizeHintRole	尺寸提示
Qt::FontRole	默认代理的绘制使用的字体
Qt::TextAlignmentRole	默认代理的对齐方式
Qt::BackgroundRole	默认代理的背景画刷
Qt::ForegroundRole	默认代理的前景画刷
Qt::CheckStateRole	默认代理的检查框状态
Qt::UserRole	用户自定义的数据的起始位置

headerData()函数返回固定的表头数据，设置水平表头的标题，具体代码如下：

```
QVariant ModelEx::headerData(int section, Qt::Orientation orientation, int role) const
{
    if(role == Qt::DisplayRole && orientation == Qt::Horizontal)
        return header[section];
    return QAbstractTableModel::headerData(section,orientation,role);
}
```

（3）在源文件"main.cpp"中，将模型和视图关联，具体代码如下：

```
#include <QApplication>
#include "modelex.h"
#include <QTableView>
int main(int argc,char *argv[])
{
    QApplication a(argc,argv);
    ModelEx modelEx;
    QTableView view;
    view.setModel(&modelEx);
    view.setWindowTitle(QObject::tr("modelEx"));
    view.resize(400,400);
    view.show();
    return a.exec();
}
```

（4）运行效果如图 8.3 所示。

8.3 视图（View）

实现自定义的 View，可继承自 QAbstractItemView 类，对所需的纯虚函数进行重定义与实现，对于 QAbstractItemView 类中的纯虚函数，在子类中必须进行重定义，但不一定要实现，可根据需要选择实现。

【例】（难度中等）（CH803）通过利用自定义的 View，实现一个对 TableModel 的表格数据进行显示的柱状统计图例子，以此介绍如何应用自定义的 View。实现效果如图 8.4 所示。

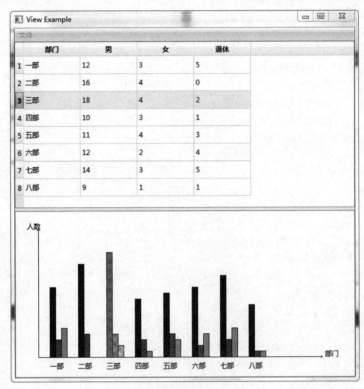

图 8.4　View 例子

具体实现步骤如下。

（1）完成主窗体，以便显示 View 的内容。MainWindow 类继承自 QMainWindow 类，作为主窗体。以下是头文件"mainwindow.h"的具体代码：

```
#include <QMainWindow>
#include <QStandardItemModel>
#include <QTableView>
#include <QMenuBar>
#include <QMenu>
#include <QAction>
#include <QSplitter>
class MainWindow : public QMainWindow
{
    Q_OBJECT
public:
    MainWindow(QWidget *parent = 0);
    ~MainWindow();
    void createAction();
    void createMenu();
    void setupModel();
    void setupView();
```

```
private:
    QMenu *fileMenu;
    QAction *openAct;
    QStandardItemModel *model;
    QTableView *table;
    QSplitter *splitter;
};
```

（2）下面是源文件"mainwindow.cpp"中的具体代码：

```
#include "mainwindow.h"
#include <QItemSelectionModel>
MainWindow::MainWindow(QWidget *parent)
    : QMainWindow(parent)
{
    createAction();
    createMenu();
    setupModel();
    setupView();
    setWindowTitle(tr("View Example"));
    resize(600,600);
}
MainWindow::~MainWindow()
{
}
void MainWindow::createAction()
{
    openAct = new QAction(tr("打开"),this);
}
void MainWindow::createMenu()
{
    fileMenu = new QMenu(tr("文件"),this);
    fileMenu->addAction(openAct);
    menuBar()->addMenu(fileMenu);
}
```

setupModel()函数新建一个Model，并设置表头数据，其具体实现代码如下：

```
void MainWindow::setupModel()
{
    model = new QStandardItemModel(4,4,this);
    model->setHeaderData(0,Qt::Horizontal,tr("部门"));
    model->setHeaderData(1,Qt::Horizontal,tr("男"));
    model->setHeaderData(2,Qt::Horizontal,tr("女"));
    model->setHeaderData(3,Qt::Horizontal,tr("退休"));
}
```

setupView()函数的具体实现代码如下：

```
void MainWindow::setupView()
{
    table = new QTableView;                    //新建一个QTableView对象
    table->setModel(model);                    //为QTableView对象设置相同的Model
    QItemSelectionModel *selectionModel = new QItemSelectionModel(model);
```

```
                                  //(a)
    table->setSelectionModel(selectionModel);
    connect(selectionModel,SIGNAL(selectionChanged(QItemSelection,
ItemSelection)),table,SLOT(selectionChanged(QItemSelection,QItemSelection)));
                                  //(b)
    splitter = new QSplitter;
    splitter->setOrientation(Qt::Vertical);
    splitter->addWidget(table);
    setCentralWidget(splitter);
}
```

其中，

(a) QItemSelectionModel *selectionModel = new QItemSelectionModel(model)：新建一个 QItemSelectionModel 对象作为 QTableView 对象使用的选择模型。

(b) connect(selectionModel,SIGNAL(selectionChanged(QItemSelection,ItemSelection)),table, SLOT (selectionChanged(QItemSelection,QItemSelection)))：连接选择模型的 selectionChanged() 信号与 QTableView 对象的 selectionChanged()槽函数，以便使自定义的 HistogramView 对象中的选择变化能够反映到 QTableView 对象的显示中。

（3）此时，运行效果如图 8.5 所示。

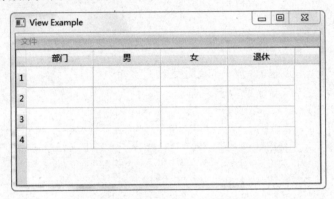

图 8.5 主窗体框架运行效果

以上只是实现了简单的主窗体框架显示，还没有完成事件。具体实现步骤如下。

（1）在头文件"mainwindow.h"中添加代码如下：

```
public:
    void openFile(QString);
public slots:
    void slotOpen();
```

（2）在源文件 mainwindow.cpp 中添加代码如下：

```
#include <QFileDialog>
#include <QFile>
#include <QTextStream>
#include <QStringList>
```

其中，在 createAction()函数中添加代码如下：

```
connect(openAct,SIGNAL(triggered()),this,SLOT(slotOpen()));
```

slotOpen()槽函数完成打开标准文件对话框，具体代码如下：

```cpp
void MainWindow::slotOpen()
{
    QString name;
    name = QFileDialog::getOpenFileName(this," 打 开 ",".","histogram files (*.txt)");
    if (!name.isEmpty())
        openFile(name);
}
```

openFile()函数完成打开所选的文件内容,其具体实现代码如下:

```cpp
void MainWindow::openFile(QString path)
{
    if (!path.isEmpty())
    {
        QFile file(path);
        if (file.open(QFile::ReadOnly | QFile::Text))
        {
            QTextStream stream(&file);
            QString line;
            model->removeRows(0,model->rowCount(QModelIndex()),
                QModelIndex());
            int row = 0;
            do
            {
                line = stream.readLine();
                if (!line.isEmpty())
                {
                    model->insertRows(row, 1, QModelIndex());
                    QStringList pieces = line.split(",", Qt::SkipEmptyParts);
                    model->setData(model->index(row, 0, QModelIndex()),
                        pieces.value(0));
                    model->setData(model->index(row, 1, QModelIndex()),
                        pieces.value(1));
                    model->setData(model->index(row, 2, QModelIndex()),
                        pieces.value(2));
                    model->setData(model->index(row,3, QModelIndex()),
                        pieces.value(3));
                    row++;
                }
            } while (!line.isEmpty());
            file.close();
        }
    }
}
```

新建一个文本文件,命名为"histogram.txt",保存在项目"C:\Qt6\CH8\CH803"目录下,加载文件数据后的运行效果如图 8.6 所示。

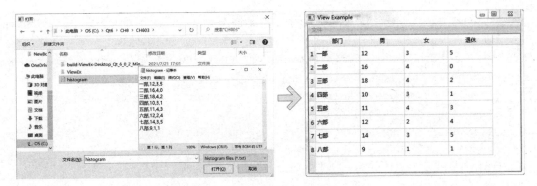

图 8.6 加载文件数据后的运行效果

以上完成了表格数据的加载,下面介绍柱状统计图的绘制。

具体实现步骤如下。

(1) 自定义 HistogramView 类继承自 QAbstractItemView 类,用于对表格数据进行柱状图显示。下面是头文件"histogramview.h"的具体代码:

```
#include <QAbstractItemView>
#include <QItemSelectionModel>
#include <QRegion>
#include <QMouseEvent>
class HistogramView : public QAbstractItemView
{
    Q_OBJECT
public:
    HistogramView(QWidget *parent = 0);
    //虚函数声明                                            //(a)
    QRect visualRect(const QModelIndex &index)const;
    void scrollTo(const QModelIndex &index,ScrollHint hint = EnsureVisible);
    QModelIndex indexAt(const QPoint &point)const;          //(b)
    //为 selections 赋初值
    void setSelectionModel(QItemSelectionModel *selectionModel);
    QRegion itemRegion(QModelIndex index);
    void paintEvent(QPaintEvent *);
    void mousePressEvent(QMouseEvent *event);              //(c)
protected slots:
    void selectionChanged(const QItemSelection &selected,
        const QItemSelection &deselected);                  //(d)
    void dataChanged(const QModelIndex &topLeft,
        const QModelIndex &bottomRight);                    //(e)
protected:
    //虚函数声明
    QModelIndex moveCursor(QAbstractItemView::CursorAction cursorAction,
        Qt::KeyboardModifiers modifiers);
    int horizontalOffset()const;
    int verticalOffset()const;
    bool isIndexHidden(const QModelIndex &index)const;
```

```
    void setSelection(const QRect &rect,QItemSelectionModel:: SelectionFlags flags);
                                                                //(f)
    QRegion visualRegionForSelection(const QItemSelection &selection) const;
private:
    QItemSelectionModel *selections;                            //(g)
    QList<QRegion> MRegionList;                                 //(h)
    QList<QRegion> FRegionList;
    QList<QRegion> SRegionList;
};
```

其中，

(a) visualRect()、scrollTo()、indexAt()、moveCursor()、horizontalOffset()、verticalOffset()、isIndexHidden()、setSelection()和 visualRegionForSelection()：QAbstractItemView 类中的纯虚函数。这些纯虚函数不一定都要实现，可以根据需要选择性地实现，但一定要声明。

(b) QModelIndex indexAt(const QPoint &point)const：当鼠标在视图中单击或位置发生改变时被触发，它返回鼠标所在点的 QModelIndex 值。若鼠标处在某个数据项的区域中，则返回此数据项的 Index 值，否则返回一个空的 Index。

(c) void mousePressEvent(QMouseEvent *event)：柱状统计图可以被鼠标单击选择，选中后以不同的方式显示。

(d) void selectionChanged(const QItemSelection &selected,const QItemSelection &deselected)：当数据项选择发生变化时，此槽函数将响应。

(e) void dataChanged(const QModelIndex &topLeft,const QModelIndex &bottomRight)：当模型中的数据发生变更时，此槽函数将响应。

(f) void setSelection(const QRect &rect,QItemSelectionModel::SelectionFlags flags)：将位于 QRect 内的数据项按照 SelectionFlags（描述被选择的数据项以何种方式进行更新）指定的方式进行更新。QItemSelectionModel 类提供多种可用的 SelectionFlags，常用的有 QItemSelectionModel::Select、QItemSelectionModel::Current 等。

(g) QItemSelectionModel *selections：用于保存与视图选择项相关的内容。

(h) QList<QRegion> MRegionList：用于保存其中某一类型柱状图的区域范围，而每个区域是 QList 中的一个值。

（2）源文件"histogramview.cpp"的具体代码如下：

```
#include "histogramview.h"
#include <QPainter>
HistogramView::HistogramView(QWidget parent):QAbstractItemView(parent)
{
}
//paintEvent()函数具体完成柱状统计图的绘制工作
void HistogramView::paintEvent(QPaintEvent *)
{
    QPainter painter(viewport());                       //(a)
    painter.setPen(Qt::black);
    int x0 = 40;
    int y0 = 250;
    /* 完成了x、y坐标轴的绘制，并标注坐标轴的变量 */
```

```cpp
//y 坐标轴
painter.drawLine(x0,y0,40,30);
painter.drawLine(38,32,40,30);
painter.drawLine(40,30,42,32);
painter.drawText(20,30,tr("人数"));
for(int i = 1;i < 5;i++)
{
    painter.drawLine(-1,-i*50,1,-i*50);
    painter.drawText(-20,-i*50,tr("%1").arg(i*5));
}
//x 坐标轴
painter.drawLine(x0,y0,540,250);
painter.drawLine(538,248,540,250);
painter.drawLine(540,250,538,252);
painter.drawText(545,250,tr("部门"));
int posD = x0 + 20;
int row;
for(row = 0;row < model()->rowCount(rootIndex());row++)
{
    QModelIndex index = model()->index(row,0,rootIndex());
    QString dep = model()->data(index).toString();
    painter.drawText(posD,y0+20,dep);
    posD += 50;
}
/* 完成了表格第 1 列数据的柱状统计图的绘制 */
//男
int posM = x0 + 20;
MRegionList.clear();
for(row = 0;row < model()->rowCount(rootIndex());row++)
{
    QModelIndex index = model()->index(row,1,rootIndex());
    int male = model()->data(index).toDouble();
    int width = 10;
    if(selections->isSelected(index))                              //(b)
        painter.setBrush(QBrush(Qt::blue,Qt::Dense3Pattern));
    else
        painter.setBrush(Qt::blue);
    painter.drawRect(QRect(posM,y0-male*10,width,male*10));        //(c)
    QRegion regionM(posM,y0-male*10,width,male*10);
    MRegionList.insert(row,regionM);                               //(d)
    posM += 50;
}
/* 完成了表格第 2 列数据的柱状统计图的绘制 */                          //(e)
//女
int posF = x0 + 30;
FRegionList.clear();
for(row = 0;row < model()->rowCount(rootIndex());row++)
{
```

```cpp
        QModelIndex index = model()->index(row,2,rootIndex());
        int female = model()->data(index).toDouble();
        int width = 10;
        if(selections->isSelected(index))
            painter.setBrush(QBrush(Qt::red,Qt::Dense3Pattern));
        else
            painter.setBrush(Qt::red);
        painter.drawRect(QRect(posF,y0-female*10,width,female*10));
        QRegion regionF(posF,y0-female*10,width,female*10);
        FRegionList.insert(row,regionF);
        posF += 50;
    }
    /* 完成了表格第 3 列数据的柱状统计图的绘制 */                              //(f)
    //退休
    int posS = x0 + 40;
    SRegionList.clear();
    for(row = 0;row < model()->rowCount(rootIndex());row++)
    {
        QModelIndex index = model()->index(row,3,rootIndex());
        int retire = model()->data(index).toDouble();
        int width = 10;
        if(selections->isSelected(index))
            painter.setBrush(QBrush(Qt::green,Qt::Dense3Pattern));
        else
            painter.setBrush(Qt::green);
        painter.drawRect(QRect(posS,y0-retire*10,width,retire*10));
        QRegion regionS(posS,y0-retire*10,width,retire*10);
        SRegionList.insert(row,regionS);
        posS += 50;
    }
}
```

其中，

(a) QPainter painter(viewport())：以 viewport()作为绘图设备新建一个 QPainter 对象。

(b) if(selections->isSelected(index)){…} else{…}：使用不同画刷颜色区别选中与未被选中的数据项。

(c) painter.drawRect(QRect(posM,y0-male*10,width,male*10))：根据当前数据项的值按比例绘制一个方形表示此数据项。

(d) MRegionList.insert(row,regionM)：将此数据所占据的区域保存到 MRegionList 列表中，为后面的数据项选择做准备。

(e) 从"**int posF = x0 + 30**"语句到"**posF += 50**"语句之间的代码段：完成了表格第 2 列数据的柱状统计图的绘制。同样，使用不同画刷颜色区别选中与未被选中的数据项，同时保存每个数据项所占的区域至 FRegionList 列表中。

(f) 从"**int posS = x0 + 40**"语句到"**posS += 50**"语句之间的代码段：完成了表格第 3 列数据的柱状统计图的绘制。同样，使用不同画刷颜色区别选中与未被选中的数据项，同时保存每个数据项所占的区域至 SRegionList 列表中。

dataChanged()函数实现当 Model 中的数据更改时，调用绘图设备的 update()函数进行更新，反映数据的变化。具体实现代码如下：

```cpp
void HistogramView::dataChanged(const QModelIndex &topLeft,
    const QModelIndex &bottomRight)
{
    QAbstractItemView::dataChanged(topLeft,bottomRight);
    viewport()->update();
}
```

setSelectionModel()函数为 selections 赋初值，具体代码如下：

```cpp
void HistogramView::setSelectionModel(QItemSelectionModel *selectionModel)
{
    selections = selectionModel;
}
```

至此，View 已经能正确显示表格的统计数据，而且对表格中的某个数据项进行修改时能够及时将变化反映在柱状统计图中。

（3）下面的工作是完成对选择项的更新。

selectionChanged()函数中完成当数据项发生变化时调用 update()函数，重绘绘图设备即可工作。此函数是将其他 View 中的操作引起的数据项选择变化反映到自身 View 的显示中。具体代码如下：

```cpp
void HistogramView::selectionChanged(const QItemSelection &selected,
    const QItemSelection &deselected)
{
    viewport()->update();
}
```

鼠标按下事件函数 mousePressEvent()，在调用 setSelection()函数时确定鼠标单击点是否在某个数据项的区域内，并设置选择项。具体代码如下：

```cpp
void HistogramView::mousePressEvent(QMouseEvent *event)
{
    QAbstractItemView::mousePressEvent(event);
    setSelection(QRect(event->pos().x(),event->pos().y(),1,1),QItemSelectionModel::SelectCurrent);
}
```

setSelection()函数的具体代码如下：

```cpp
void HistogramView::setSelection(const QRect &rect,QItemSelectionModel
::SelectionFlags flags)
{
    int rows = model()->rowCount(rootIndex());          //获取总行数
    int columns = model()->columnCount(rootIndex());    //获取总列数
    QModelIndex selectedIndex;                          //(a)
    for(int row = 0; row < rows; ++row)                 //(b)
    {
        for(int column = 1; column < columns; ++column)
        {
            QModelIndex index = model()->index(row,column,rootIndex());
            QRegion region = itemRegion(index);          //(c)
```

```
            if(!region.intersected(rect).isEmpty())
                selectedIndex = index;
        }
    }
    if(selectedIndex.isValid())                              //(d)
        selections->select(selectedIndex,flags);
    else
    {
        QModelIndex noIndex;
        selections->select(noIndex,flags);
    }
}
```

其中，

(a) QModelIndex selectedIndex：用于保存被选中的数据项的 Index 值。此处只实现用鼠标单击选择，而没有实现用鼠标拖曳框选，因此，鼠标动作只可能选中一个数据项。若需实现框选，则可使用 QModelIndexList 来保存所有被选中的数据项的 Index 值。

(b) for(int row = 0;row < rows;++row){for(int column = 1;column < columns; ++column){...}}：确定在 rect 中是否含有数据项。此处采用遍历的方式将每个数据项的区域与 rect 区域进行 intersected 操作，获得两者之间的交集。若此交集不为空，则说明此数据项被选中，将它的 Index 值赋给 selectedIndex。

(c) QRegion region = itemRegion(index)：返回指定 index 的数据项所占用的区域。

(d) if(selectedIndex.isValid()){...}else{...}：完成 select()函数的调用，即完成最后对选择项的设置工作。select()函数是在实现 setSelection()函数时必须调用的。

indexAt()函数的具体内容如下：

```
QModelIndex HistogramView::indexAt(const QPoint &point)const
{
    QPoint newPoint(point.x(),point.y());
    QRegion region;
    //男列
    foreach(region,MRegionList)                              //(a)
    {
        if(region.contains(newPoint))
        {
            int row = MRegionList.indexOf(region);
            QModelIndex index = model()->index(row,1,rootIndex());
            return index;
        }
    }
    //女列
    foreach(region,FRegionList)                              //(b)
    {
        if(region.contains(newPoint))
        {
            int row = FRegionList.indexOf(region);
            QModelIndex index = model()->index(row,2,rootIndex());
            return index;
        }
```

```
    }
    //合计 列
    foreach(region,SRegionList)                           //(c)
    {
        if(region.contains(newPoint))
        {
            int row = SRegionList.indexOf(region);
            QModelIndex index = model()->index(row,3,rootIndex());
            return index;
        }
    }
    return QModelIndex();
}
```

其中，

(a) foreach(region,MRegionList) {…}：检查当前点是否处于第1列（男）数据的区域中。

(b) foreach(region,FRegionList) {…}：检查当前点是否处于第2列（女）数据的区域中。

(c) foreach(region, SRegionList) {…}：检查当前点是否处于第3列（合计）数据的区域中。

由于本例未用到以下函数的功能，所以没有实现具体内容，但仍然要写出函数体的框架，代码如下：

```
QRect HistogramView::visualRect(const QModelIndex &index)const{}
void HistogramView::scrollTo(const QModelIndex &index,ScrollHint){}
QModelIndex HistogramView::moveCursor(QAbstractItemView::CursorAction cursorAction, Qt::KeyboardModifiers modifiers){}
int HistogramView::horizontalOffset()const{}
int HistogramView::verticalOffset()const{}
bool HistogramView::isIndexHidden(const QModelIndex &index)const{}
QRegion HistogramView::visualRegionForSelection(const QItemSelection & selection)const{}
```

itemRegion()函数的具体代码如下：

```
QRegion HistogramView::itemRegion(QModelIndex index)
{
    QRegion region;
    if(index.column() == 1)      //男
        region = MRegionList[index.row()];
    if(index.column() == 2)      //女
        region = FRegionList[index.row()];
    if(index.column() == 3)      //退休
        region = SRegionList[index.row()];
    return region;
}
```

（4）在头文件"mainwindow.h"中添加代码如下：

```
#include "histogramview.h"
private:
    HistogramView *histogram;
```

（5）在源文件"mainwindow.cpp"中添加代码，其中，setupView()函数的代码修改如下：

```
void MainWindow::setupView()
{
    splitter = new QSplitter;
```

```
        splitter->setOrientation(Qt::Vertical);
        histogram = new HistogramView(splitter);
                                                    //新建一个 HistogramView 对象
        histogram->setModel(model);              //为 HistogramView 对象设置相同的 Model
        table = new QTableView;
        table->setModel(model);
        QItemSelectionModel *selectionModel = new QItemSelectionModel(model);
        table->setSelectionModel(selectionModel);
        histogram->setSelectionModel(selectionModel);                        //(a)
        splitter->addWidget(table);
        splitter->addWidget(histogram);
        setCentralWidget(splitter);
    connect(selectionModel,SIGNAL(selectionChanged(QItemSelection,QItemSelection
)),table,SLOT(selectionChanged(QItemSelection,QItemSelection)));
    connect(selectionModel,SIGNAL(selectionChanged(QItemSelection,QItemSe
lection)),histogram,SLOT(selectionChanged(QItemSelection,QItemSelection)));
                                                                         //(b)
}
```

其中，

(a) histogram->setSelectionModel(selectionModel)：新建的 QItemSelectionModel 对象作为 QTableView 对象和 HistogramView 对象使用的选择模型。

(b) connect(selectionModel,SIGNAL(selectionChanged(QItemSelection,QItemSelection)), histogram,SLOT(selectionChanged(QItemSelection,QItemSelection)))：连接选择模型的 selectionChanged()信号与 HistogramView 对象的 selectionChanged()槽函数，以便使 QTableView 对象中的选择变化能够反映到自定义的 HistogramView 对象的显示中。

（6）运行效果如图 8.4 所示。

8.4 代理（Delegate）

在表格中嵌入各种不同控件，通过表格中的控件对编辑的内容进行限定。通常情况下，采用这种在表格中插入控件的方式，控件始终显示。当表格中控件数目较多时，将影响表格的美观。此时，可利用 Delegate 的方式实现同样的效果，控件只有在需要编辑数据项时才会显示，从而解决了所遇到的上述问题。

【例】（难度中等）（CH804）利用 Delegate 设计表格中控件，如图 8.7 所示。

图 8.7 Delegate 例子

实现步骤如下。

(1) 首先，加载表格数据，以便后面的操作。源文件"main.cpp"中的具体代码如下：

```cpp
#include <QApplication>
#include <QStandardItemModel>
#include <QTableView>
#include <QFile>
#include <QTextStream>
int main(int argc,char *argv[])
{
    QApplication a(argc,argv);
    QStandardItemModel model(4,4);
    QTableView tableView;
    tableView.setModel(&model);
    model.setHeaderData(0,Qt::Horizontal,QObject::tr("姓名"));
    model.setHeaderData(1,Qt::Horizontal,QObject::tr("生日"));
    model.setHeaderData(2,Qt::Horizontal,QObject::tr("职业"));
    model.setHeaderData(3,Qt::Horizontal,QObject::tr("收入"));
    QFile file("test.txt");
    if(file.open(QFile::ReadOnly|QFile::Text))
    {
        QTextStream stream(&file);
        QString line;
        model.removeRows(0,model.rowCount(QModelIndex()),QModelIndex());
        int row = 0;
        do{
            line = stream.readLine();
            if(!line.isEmpty())
            {
                model.insertRows(row,1,QModelIndex());
                QStringList pieces = line.split(",",Qt::SkipEmptyParts);
                model.setData(model.index(row,0,QModelIndex()), pieces
                    .value(0));
                model.setData(model.index(row,1,QModelIndex()), pieces
                    .value(1));
                model.setData(model.index(row,2,QModelIndex()), pieces
                    .value(2));
                model.setData(model.index(row,3,QModelIndex()), pieces
                    .value(3));
                row++;
            }
        }while(!line.isEmpty());
        file.close();
    }
    tableView.setWindowTitle(QObject::tr("Delegate"));
    tableView.show();
    return app.exec();
}
```

图 8.8　数据文件

（2）选择"构建"→"构建项目"DateDelegate""菜单项，首先按照如图 8.8 所示的格式编辑本例所用的数据文件"test.txt"，保存在项目"C:\Qt6\CH8\CH804\build-DateDelegate-Desktop_Qt_6_0_2_MinGW_64_bit-Debug"目录下，然后运行程序，效果如图 8.7 所示。

（3）在图 8.7 中，使用手动的方式实现对生日的录入编辑。下面使用日历编辑框 QDateTimeEdit 控件实现对生日的编辑，用自定义的 Delegate 来实现。

（4）DateDelegate 继承自 QItemDelegate 类。头文件"datedelegate.h"中的具体代码如下：

```
#include <QItemDelegate>
class DateDelegate : public QItemDelegate
{
    Q_OBJECT
public:
    DateDelegate(QObject *parent = 0);
    QWidget *createEditor(QWidget *parent, const QStyleOptionViewItem & option, const QModelIndex &index) const;                //(a)
    void setEditorData(QWidget *editor, const QModelIndex &index) const;
                                       //(b)
    void setModelData(QWidget *editor, QAbstractItemModel *model, const QModelIndex &index) const;        //将 Delegate 中对数据的改变更新至 Model 中
    void updateEditorGeometry(QWidget *editor, const QStyleOptionViewItem & option, const QModelIndex &index) const;          //更新控件区的显示
};
```

其中，

(a) **QWidget *createEditor(QWidget *parent, const QStyleOptionViewItem &option, const QModelIndex &index) const**：完成创建控件的工作，创建由参数中的 QModelIndex 对象指定的表项数据的编辑控件，并对控件的内容进行限定。

(b) **void setEditorData(QWidget *editor, const QModelIndex &index) const**：设置控件显示的数据，将 Model 中的数据更新至 Delegate 中，相当于一个初始化工作。

（5）源文件"datedelegate.cpp"中的具体代码如下：

```
#include "datedelegate.h"
#include <QDateTimeEdit>
DateDelegate::DateDelegate(QObject *parent):QItemDelegate(parent)
{

}
```

createEditor()函数的具体实现代码如下：

```
QWidget *DateDelegate::createEditor(QWidget *parent,const QStyleOptionView
Item &/*option*/,const QModelIndex &/*index*/) const
{
    QDateTimeEdit *editor = new QDateTimeEdit(parent);        //(a)
    editor->setDisplayFormat("yyyy-MM-dd");                   //(b)
    editor->setCalendarPopup(true);                           //(c)
    editor->installEventFilter(const_cast<DateDelegate*>(this));
                                                              //(d)
```

```
        return editor;
}
```
其中，

(a) QDateTimeEdit *editor = new QDateTimeEdit(parent)：新建一个 QDateTimeEdit 对象作为编辑时的输入控件。

(b) editor->setDisplayFormat("yyyy-MM-dd")：设置该 QDateTimeEdit 对象的显示格式为 yyyy-MM-dd，此为 ISO 标准显示方式。

日期的显示格式有多种，可设定为：

```
yy.MM.dd       22.01.01
d.MM.yyyy      1.01.2022
```

其中，y 表示年，M 表示月（必须大写），d 表示日。

(c) editor->setCalendarPopup(true)：设置日历选择的显示以 Popup 的方式，即下拉菜单方式显示。

(d) editor->installEventFilter(const_cast<DateDelegate*>(this))：调用 QObject 类的 installEventFilter()函数安装事件过滤器，使 DateDelegate 能够捕获 QDateTimeEdit 对象的事件。

setEditorData()函数的具体代码如下：

```
void DateDelegate::setEditorData(QWidget *editor,
    const QModelIndex &index) const
{
    QString dateStr = index.model()->data(index).toString();          //(a)
    QDate date = QDate::fromString(dateStr,Qt::ISODate);              //(b)
    QDateTimeEdit *edit = static_cast<QDateTimeEdit*>(editor);        //(c)
    edit->setDate(date);                                    //设置控件的显示数据
}
```

其中，

(a) QString dateStr = index.model()->data(index).toString()：获取指定 index 数据项的数据。调用 QModelIndex 的 model()函数可获得提供 index 的 Model 对象，data()函数返回的是一个 QVariant 对象，toString()函数将它转换为一个 QString 类型数据。

(b) QDate date = QDate::fromString(dateStr,Qt::ISODate)：通过 QDate 的 fromString()函数将以 QString 类型表示的日期数据转换为 QDate 类型。Qt::ISODate 表示 QDate 类型的日期是以 ISO 格式保存的，这样最终转换获得的 QDate 数据也是 ISO 格式，使控件显示与表格显示保持一致。

(c) QDateTimeEdit *edit = static_cast<QDateTimeEdit*>(editor)：将 editor 转换为 QDateTimeEdit 对象，以获得编辑控件的对象指针。

setModelData()函数的具体代码如下：

```
void DateDelegate::setModelData(QWidget *editor,QAbstractItemModel *model,
const QModelIndex &index) const
{
    QDateTimeEdit *edit = static_cast<QDateTimeEdit*>(editor);           //(a)
    QDate date = edit->date();                                           //(b)
    model->setData(index,QVariant(date.toString(Qt::ISODate)));          //(c)
}
```

其中，

(a) static_cast<QDateTimeEdit*>(editor)：通过紧缩转换获得编辑控件的对象指针。

(b) QDate date = edit->date()：获得编辑控件中的数据更新。
(c) model->setData(index,QVariant(date.toString(Qt::ISODate)))：调用 setData()函数将数据修改更新到 Model 中。

updateEditorGeometry()函数的具体代码如下：

```
void DateDelegate::updateEditorGeometry(QWidget *editor,const QStyleOptionViewItem
&option,const QModelIndex &index) const
{
    editor->setGeometry(option.rect);
}
```

（6）在"main.cpp"文件中添加如下代码：

```
#include "datedelegate.h"
```

在语句"tableView.setModel(&model)"后面添加如下代码：

```
DateDelegate dateDelegate;
tableView.setItemDelegateForColumn(1,&dateDelegate);
```

（7）此时运行程序，双击第 1 行第 2 列，将显示如图 8.9 所示的日历编辑框控件。

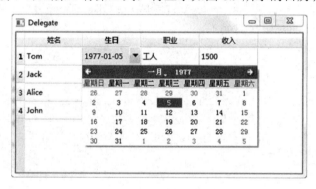

图 8.9　QDateTimeEdit 控件的嵌入

下面使用下拉列表框 QComboBox 控件实现对职业类型的输入编辑，使用自定义的 Delegate 实现。

（1）ComboDelegate 继承自 QItemDelegate 类。

头文件"combodelegate.h"中的具体代码如下：

```
#include <QItemDelegate>
class ComboDelegate : public QItemDelegate
{
    Q_OBJECT
public:
    ComboDelegate(QObject *parent = 0);
    QWidget *createEditor(QWidget *parent,const QStyleOptionViewItem &option,
constQModelIndex  &index) const;
    void setEditorData(QWidget *editor, const QModelIndex &index) const;
    void setModelData(QWidget *editor, QAbstractItemModel *model, const QModelIndex &index) const;
    void updateEditorGeometry(QWidget *editor, const QStyleOptionViewItem &option, const QModelIndex &index) const;
};
```

ComboDelegate 的类声明与 DateDelegate 类似，需要重定义的函数也一样。在此不再详细介绍。

（2）源文件"combodelegate.cpp"中的具体代码如下：

```cpp
#include "combodelegate.h"
#include <QComboBox>
ComboDelegate::ComboDelegate(QObject *parent):QItemDelegate(parent)
{
}
```

createEditor()函数中创建了一个 QComboBox 控件，并插入可显示的条目，安装事件过滤器。具体代码如下：

```cpp
QWidget *ComboDelegate::createEditor(QWidget *parent,const QStyleOptionViewItem &/*option*/,const QModelIndex &/*index*/) const
{
    QComboBox *editor = new QComboBox(parent);
    editor->addItem("工人");
    editor->addItem("农民");
    editor->addItem("医生");
    editor->addItem("律师");
    editor->addItem("军人");
    editor->installEventFilter(const_cast<ComboDelegate*>(this));
    return editor;
}
```

setEditorData()函数中更新了 Delegate 控件中的数据显示，具体代码如下：

```cpp
void ComboDelegate::setEditorData(QWidget *editor,const QModelIndex &index) const
{
    QString str = index.model()->data(index).toString();
    QComboBox *box = static_cast<QComboBox*>(editor);
    int i = box->findText(str);
    box->setCurrentIndex(i);
}
```

setModelData()函数中更新了 Model 中的数据，具体代码如下：

```cpp
void ComboDelegate::setModelData(QWidget *editor, QAbstractItemModel *model, const QModelIndex &index) const
{
    QComboBox *box = static_cast<QComboBox*>(editor);
    QString str = box->currentText();
    model->setData(index,str);
}
```

updateEditorGeometry()函数的具体代码如下：

```cpp
void ComboDelegate::updateEditorGeometry(QWidget *editor,
const QStyleOptionViewItem &option, const QModelIndex &/*index*/) const
{
    editor->setGeometry(option.rect);
}
```

在"main.cpp"文件中添加以下内容：

```cpp
#include "combodelegate.h"
```
在语句"tableView.setModel(&model)"的后面添加以下代码:
```cpp
ComboDelegate comboDelegate;
tableView.setItemDelegateForColumn(2,&comboDelegate);
```
此时运行程序,双击第1行第3列,显示如图8.10所示的下拉列表。

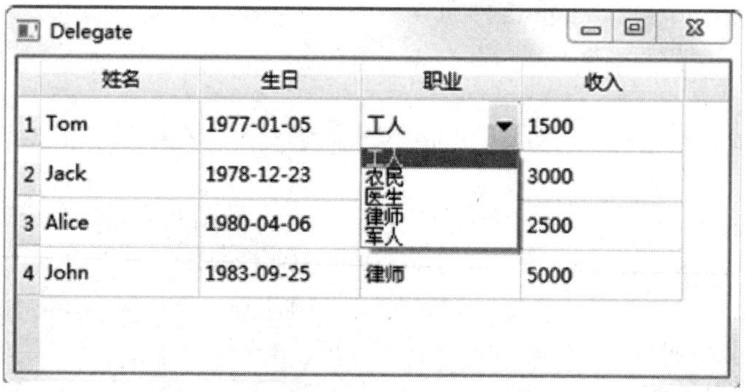

图 8.10　QComboBox 控件的嵌入

下面使用 QSpinBox 控件实现对收入的输入编辑,调用自定义的 Delegate 来实现。SpinDelegate 类的实现与 ComboDelegate 类的实现类似,此处不再详细讲解。

（1）头文件"spindelegate.h"中的具体代码如下:
```cpp
#include <QItemDelegate>
class SpinDelegate : public QItemDelegate
{
    Q_OBJECT
public:
    SpinDelegate(QObject *parent = 0);
    QWidget *createEditor(QWidget *parent, const QStyleOptionViewItem &option, const QModelIndex &index) const;
    void setEditorData(QWidget *editor, const QModelIndex &index) const;
    void setModelData(QWidget *editor, QAbstractItemModel *model, const QModelIndex &index) const;
    void updateEditorGeometry(QWidget *editor, const QStyleOptionViewItem &option, const QModelIndex &index) const;
};
```

（2）源文件"spindelegate.cpp"中的具体代码如下:
```cpp
#include "spindelegate.h"
#include <QSpinBox>
SpinDelegate::SpinDelegate(QObject *parent): QItemDelegate(parent)
{
}
```
createEditor()函数的具体实现代码如下:
```cpp
QWidget          *SpinDelegate::createEditor(QWidget          *parent,const QStyleOptionViewItem &/*option*/,const QModelIndex &/*index*/) const
{
    QSpinBox *editor = new QSpinBox(parent);
    editor->setRange(0,10000);
```

```
    editor->installEventFilter(const_cast<SpinDelegate*>(this));
    return editor;
}
```

setEditorData()函数的具体实现代码如下：

```
void SpinDelegate::setEditorData(QWidget *editor,const QModelIndex &index) const
{
    int value = index.model()->data(index).toInt();
    QSpinBox *box = static_cast<QSpinBox*>(editor);
    box->setValue(value);
}
```

setModelData()函数的具体实现代码如下：

```
void SpinDelegate::setModelData(QWidget *editor, QAbstractItemModel *model,const QModelIndex &index) const
{
    QSpinBox *box = static_cast<QSpinBox*>(editor);
    int value = box->value();
    model->setData(index,value);
}
```

updateEditorGeometry()函数的具体实现代码如下：

```
void SpinDelegate::updateEditorGeometry(QWidget *editor,
const QStyleOptionViewItem &option, const QModelIndex &/*index*/) const
{
    editor->setGeometry(option.rect);
}
```

（3）在"main.cpp"文件中添加代码如下：

```
#include "spindelegate.h"
```

在语句"tableView.setModel(&model)"的后面添加内容如下：

```
SpinDelegate spinDelegate;
tableView.setItemDelegateForColumn(3,&spinDelegate);
```

（4）此时运行程序，双击第1行第4列后的效果如图8.11所示。

图8.11　QSpinBox控件的嵌入

第 9 章

Qt 6 文件及磁盘处理

Qt 提供了 QFile 类用于进行文件操作。QFile 类提供了读写文件的接口,可以读写文本文件、二进制文件和 Qt 的资源文件。

处理文本文件和二进制文件,可以使用 QTextStream 类和 QDataStream 类。处理临时文件可以使用 QTemporaryFile,获取文件信息可以使用 QFileInfo,处理目录可以使用 QDir,监视文件和目录变化可以使用 QFileSystemWatcher。

9.1 读写文本文件

读写文本文件的方法通常有两种:一种是直接利用传统的 QFile 类方法;另一种是利用更为方便的 QTextStream 类方法。

9.1.1 使用 QFile 类读写文本文件

QFile 类提供了读写文件的接口。这里介绍如何使用 QFile 类读写文本文件。

【例】(简单)(CH901)建立基于控制台的 Qt 项目,使用 QFile 类读写文本文件。

实现步骤如下:

(1) 创建一个项目。选择"文件"→"新建文件或项目..."菜单项,在弹出的对话框中选择"项目"组下的"Application (Qt)"→"Qt Console Application"选项,单击"Choose..."按钮。

(2) 在弹出的对话框中对该项目进行命名并选择保存路径,这里将项目命名为"TextFile",连续两次单击"下一步"按钮,"Kit Selection"界面选择编译器为"Desktop Qt 6.0.2 MinGW 64-bit",单击"下一步"按钮,最后单击"完成"按钮,完成该文件读写项目的建立。

(3) 源文件"main.cpp"的具体实现代码如下:

```
#include <QCoreApplication>
#include <QFile>
#include <QtDebug>
int main(int argc, char *argv[])
{
    QCoreApplication a(argc, argv);
    QFile file("textFile1.txt");                              //(a)
    if(file.open(QIODevice::ReadOnly))                        //(b)
    {
```

```
        char buffer[2048];
        qint64 lineLen = file.readLine(buffer,sizeof(buffer));    //(c)
        if(lineLen != -1)                                          //(d)
        {
            qDebug()<<buffer;
        }
    }
    return a.exec();
}
```

其中，

(a) QFile file("textFile1.txt")：打开一个文件有两种方式。一种方式是在构造函数中指定文件名；另一种方式是使用 setFileName()函数设置文件名。

(b) if(file.open(QIODevice::ReadOnly))：打开文件使用 open()函数，关闭文件使用 close()函数。此处的 open()函数以只读方式打开文件。只读方式参数为 QIODevice:: ReadOnly，只写方式参数为 QIODevice::WriteOnly，读写方式参数为 QIODevice:: ReadWrite。

(c) qint64 lineLen = file.readLine(buffer,sizeof(buffer))：在 QFile 中可以使用从 QIODevice 中继承的 readLine()函数读取文本文件的一行。

(d) if(lineLen != -1){ qDebug()<<buffer;}：如果读取成功，则 readLine()函数返回实际读取的字节数；如果读取失败，则返回"-1"。

（4）选择"构建"→"构建项目 "TextFile""菜单项，首先编辑本例所用的文本文件 "textFile1.txt"，保存在项目 "C:\Qt6\CH9\CH901\build-TextFile-Desktop_Qt_6_0_2_MinGW_64_bit-Debug"目录下，然后运行程序，运行结果如图 9.1 所示。

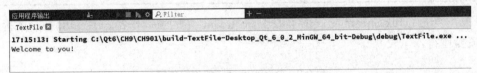

图 9.1　使用 QFile 类读写文本文件

其中，显示的字符串"Welcome to you!"是文本文件"textFile1.txt"中的内容。

9.1.2　使用 QTextStream 类读写文本文件

QTextStream 提供了更为方便的接口来读写文本文件，它可以操作 QIODevice、QByteArray 和 QString。使用 QTextStream 的流操作符，可以方便地读写单词、行和数字。为了产生文本，QTextStream 还提供了填充、对齐和数字格式化的选项。

【例】（简单）（CH902）建立基于控制台的 Qt 项目，使用 QTextStream 类读写文本文件。创建项目的操作步骤与上节的实例类似，不再重复介绍，项目名为"TextFile2"。

（1）源文件"main.cpp"的具体实现代码如下：

```
#include <QCoreApplication>
#include <QFile>
#include <QTextStream>
int main(int argc, char *argv[])
{
```

```
    QCoreApplication a(argc, argv);
    QFile data("data.txt");
    if(data.open(QFile::WriteOnly|QFile::Truncate))      //(a)
    {
        QTextStream out(&data);
        out << "score:" << qSetFieldWidth(10) << Qt::left << 90 << Qt::endl;
                                                         //(b)
    }
    return a.exec();
}
```

其中，

(a) if(data.open(QFile::WriteOnly|QFile::Truncate))：参数 QFile::Truncate 表示将原来文件中的内容清空。输出时将格式设为左对齐，占 10 个字符位置。

(b) out << "score:" << qSetFieldWidth(10) << Qt::left << 90 << Qt::endl：用户使用格式化函数和流操作符设置需要的输出格式。其中，qSetFieldWidth()函数是设置字段宽度的格式化函数。除此之外，QTextStream 还提供了其他一些格式化函数，见表 9.1。

表 9.1 QTextStream 的格式化函数

函 数	功 能 描 述
qSetFieldWidth(int width)	设置字段宽度
qSetPadChar(QChar ch)	设置填充字符
qSetRealNumberPercision(int precision)	设置实数精度

left 操作符是 QTextStream 定义的类似于<iostream>中的流操作符。QTextStream 还提供了其他一些流操作符，见表 9.2。

表 9.2 QTextStream 的流操作符

操 作 符	作 用 描 述
bin	设置读写的整数为二进制数
oct	设置读写的整数为八进制数
dec	设置读写的整数为十进制数
hex	设置读写的整数为十六进制数
showbase	强制显示进制前缀，如十六进制（0x）、八进制（0）、二进制（0b）
forcesign	强制显示符号（+，-）
forcepoint	强制显示小数点
noshowbase	不显示进制前缀
noforcesign	不显示符号
uppercasebase	显示大写的进制前缀
lowercasebase	显示小写的进制前缀
uppercasedigits	用大写字母表示
lowercasedigits	用小写字母表示

续表

操 作 符	作 用 描 述
fixed	用固定小数点表示
scientific	用科学计数法表示
left	左对齐
right	右对齐
center	居中
endl	换行
flush	清除缓冲

 注意： 在 QTextStream 中使用的默认编码是 QTextCodec::codecForLocale()函数返回的编码，同时能够自动检测 Unicode，也可以使用 QTextStream:: setCodec(QTextCodec *codec)函数设置流的编码。

（2）运行此程序后，可以看到在项目的"C:\Qt6\CH9\CH902\build-TextFile2-Desktop_Qt_6_0_2_MinGW_64_bit-Debug"文件夹下自动建立了一个文本文件"data.txt"，打开后看到的内容如图 9.2 所示。

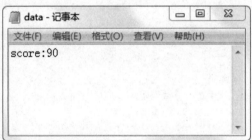

图 9.2　使用 QTextStream 类读写文本文件

9.2　读写二进制文件

QDataStream 类提供了将二进制文件序列化的功能，用于实现 C++基本数据类型，如 char、short、int、char *等的序列化。更复杂的序列化操作则是通过将数据类型分解为基本类型来完成的。

【例】（简单）（CH903）使用 QDataStream 类读写二进制文件。

（1）头文件"mainwindow.h"的具体代码如下：

```
#include <QMainWindow>
class MainWindow : public QMainWindow
{
    Q_OBJECT
public:
    MainWindow(QWidget *parent = 0);
    ~MainWindow();
```

```
    void fileFun();
};
```

（2）源文件"mainwindow.cpp"的具体代码如下：

```
#include "mainwindow.h"
#include <QtDebug>
#include <QFile>
#include <QDataStream>
#include <QDate>
MainWindow::MainWindow(QWidget *parent)
    : QMainWindow(parent)
{
    fileFun();
}
```

函数 fileFun()完成主要功能，其具体代码如下：

```
void MainWindow::fileFun()
{
    /*将二进制数据写到数据流 */                    //(a)
    QFile file("binary.dat");
    file.open(QIODevice::WriteOnly | QIODevice::Truncate);
    QDataStream out(&file);                        //将数据序列化
    out << QString(tr("周何骏: "));                 //字符串序列化
    out << QDate::fromString("2003/09/25", "yyyy/MM/dd");
    out << (qint32)19;                             //整数序列化
    file.close();
    /*从文件中读取数据 */                          //(b)
    file.setFileName("binary.dat");
    if(!file.open(QIODevice::ReadOnly))
    {
        qDebug()<< "error!";
        return;
    }
    QDataStream in(&file);                         //从文件中读出数据
    QString name;
    QDate birthday;
    qint32 age;
    in >> name >> birthday >> age;                 //获取字符串和整数
    qDebug() << name << birthday << age;
    file.close();
}
```

其中，

(a) 从"**QFile file("binary.dat")**"到"**file.close()**"之间的代码段：每一个条目都以定义的二进制格式写入文件。Qt 中的很多类型，包括 QBrush、QColor、QDateTime、QFont、QPixmap、QString、QVariant 等都可以写入数据流。QDataStream 类写入了 name(QString)、birthday(QDate) 和 age(qint32)这三个数据。注意，在读取时也要使用相同的类型读出。

(b) 从"**file.setFileName("binary.dat")**"到"**file.close()**"之间的代码段：QDataStream 类可以读取任意的以 QIODevice 为基类的类生成对象产生的数据，如 QTcpSocket、QUdpSocket、

QBuffer、QFile、QProcess 等类的数据。可以使用 QDataStream 在 QAbstractSocket 一端写数据，在另一端使用 QDataStream 读取数据，这样就免去了烦琐的高低字节转换工作。如果需要读取原始数据，则可以使用 readRawdata()函数读取数据并保存到预先定义好的 char*缓冲区，写原始数据使用 writeRawData()函数。读写原始数据需要对数据进行编码和解码。

（3）运行结果如图 9.3 所示。

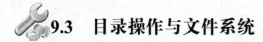

图 9.3　使用 QDataStream 类读写二进制文件

9.3　目录操作与文件系统

QDir 类具有存取目录结构和内容的能力，使用它可以操作目录、存取目录或文件信息、操作底层文件系统，而且还可以存取 Qt 的资源文件。

Qt 使用 "/" 作为通用的目录分隔符和 URL 路径分隔符。如果在程序中使用 "/" 作为目录分隔符，Qt 会将其自动转换为符合底层操作系统的分隔符（如 Linux 使用 "/"，Windows 使用 "\"）。

QDir 可以使用相对路径或绝对路径指向一个文件。isRelative()和 isAbsolute()函数可以判断 QDir 对象使用的是相对路径还是绝对路径。如果需要将一个相对路径转换为绝对路径，则使用 makeAbsolute()函数。

目录的路径可以通过 path()函数返回，通过 setPath()函数设置新路径。绝对路径使用 absolutePath()函数返回，目录名可以使用 dirName()函数获得，它通常返回绝对路径中的最后一个元素，如果 QDir 指向当前目录，则返回 "."。目录的路径可以通过 cd()和 cdUp()函数改变。可以使用 mkdir()函数创建目录，使用 rename()函数改变目录名。

判断目录是否存在可以使用 exists()函数，目录的属性可以使用 isReadable()、isAbsolute()、isRelative()和 isRoot()函数来获取。目录下有很多条目，包括文件、目录和符号连接，总的条目数可以使用 count()函数来统计。entryList()函数返回目录下所有条目组成的字符串链表。可以使用 remove()函数删除文件，使用 rmdir()函数删除目录。

9.3.1　文件大小及路径获取

【例】（难度一般）（CH904）得到一个文件的大小和所在的目录路径。

创建基于控制台的 Qt 项目 "dirProcess.pro"，前面已介绍过其建立步骤，这里不再赘述。
源文件 "main.cpp" 的具体代码如下：

```
#include <QCoreApplication>
#include <QStringList>
#include <QDir>
#include <QtDebug>
qint64 du(const QString &path)
```

```cpp
{
    QDir dir(path);
    qint64 size = 0;
    foreach(QFileInfo fileInfo,dir.entryInfoList(QDir::Files))
    {
        size += fileInfo.size();
    }
    foreach(QString subDir,dir.entryList(QDir::Dirs|QDir::NoDotAndDotDot))
    {
        size += du(path+QDir::separator()+subDir);
    }

    char unit = 'B';
    qint64 curSize = size;
    if(curSize > 1024)
    {
        curSize /= 1024;
        unit = 'K';
        if(curSize > 1024)
        {
            curSize /= 1024;
            unit = 'M';
            if(curSize > 1024)
            {
                curSize /= 1024;
                unit = 'G';
            }
        }
    }
    qDebug()<<curSize<<unit<<"\t"<<qPrintable(path)<<Qt::endl;
    return size;
}
int main(int argc, char *argv[])
{
    QCoreApplication a(argc, argv);
    QStringList args = a.arguments();
    QString path;
    if(args.count() > 1)
    {
        path = args[1];
    }
    else
    {
        path = QDir::currentPath();
    }
    qDebug()<<path<<Qt::endl;
```

```
        du(path);
        return a.exec();
}
```

运行结果如图9.4所示。

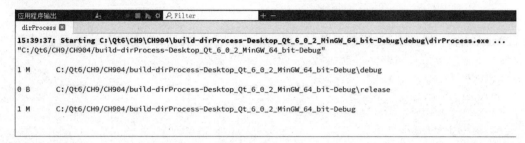

图9.4 运行结果

以上输出结果表示的意思如下。

本例项目编译后生成的文件所在的目录是：

C:/Qt6/CH9/CH904/build-dirProcess-Desktop_Qt_6_0_2_MinGW_64_bit-Debug

该目录下"debug"文件夹大小为1MB，release文件夹大小为0B（空），编译生成的整个目录的总大小为1MB。

9.3.2 文件系统浏览

文件系统的浏览是目录操作的一个常用功能。本节介绍如何使用QDir类显示文件系统目录及用过滤方式显示文件列表。

【例】（难度一般）（CH905）文件系统的浏览。

创建项目"FileView.pro"，具体内容如下。

（1）在头文件"fileview.h"中，FileView类继承自QDialog类，具体代码如下：

```
#include <QDialog>
#include <QLineEdit>
#include <QListWidget>
#include <QVBoxLayout>
#include <QDir>
#include <QListWidgetItem>
#include <QFileInfoList>
class FileView : public QDialog
{
    Q_OBJECT
public:
    FileView(QWidget *parent = 0);
    ~FileView();

    void showFileInfoList(QFileInfoList list);
    void slotShow(QDir dir);
public slots:
    void enterLineEdit();
```

```
    void slotDirShow(QListWidgetItem * item);
private:
    QLineEdit *fileLineEdit;
    QListWidget *fileListWidget;
    QVBoxLayout *mainLayout;
};
```

(2) 源文件 "fileview.cpp" 的具体代码如下:

```
#include "fileview.h"
#include <QStringList>
#include <QIcon>
FileView::FileView(QWidget *parent)
    : QDialog(parent)
{
    setWindowTitle(tr("File View"));
    fileLineEdit = new QLineEdit(tr("/"));
    fileListWidget = new QListWidget;
    mainLayout = new QVBoxLayout(this);
    mainLayout->addWidget(fileLineEdit);
    mainLayout->addWidget(fileListWidget);
    connect(fileLineEdit,SIGNAL(returnPressed()),this,SLOT(enterLineEdit()));
    connect(fileListWidget,SIGNAL(itemDoubleClicked (QListWidgetItem*)),
        this,SLOT(slotDirShow(QListWidgetItem*)));
    QString root = "/";
    QDir rootDir(root);
    QStringList string;
    string << "*";
    QFileInfoList list = rootDir.entryInfoList(string);
    showFileInfoList(list);
}
```

槽函数 enterLineEdit ()与函数 slotShow()配合实现显示目录 dir 下的所有文件,具体内容如下:

```
void FileView::enterLineEdit()
{
    QDir dir(fileLineEdit->text());
    slotShow(dir);
}
void FileView::slotShow(QDir dir)
{
    QStringList string;
    string<<"*";
    QFileInfoList list = dir.entryInfoList(string,QDir::AllEntries,QDir:: DirsFirst);
                                                            //(a)
    showFileInfoList(list);
}
```

其中,

(a) QFileInfoList list = dir.entryInfoList(string,QDir::AllEntries,QDir::DirsFirst): QDir 的 entry InfoList()方法是按照某种过滤方式获得目录下的文件列表。其函数原型如下:

```
QFileInfoList  QDir::entryInfoList
(
    const QStringList &nameFilters,
                        //此参数指定了文件名的过滤方式,如"*"".tar.gz"
    Filters filters = NoFilter,
                        //此参数指定了文件属性的过滤方式,如目录、文件、读写属性等
    SortFlags sort = NoSort
                        //此参数指定了列表的排序情况
)const
```

其中，**QDir::Filter** 定义了一系列的过滤方式，见表 9.3。

表 9.3　QDir::Filter 定义的过滤方式

过滤方式	作用描述
QDir::Dirs	按照过滤方式列出所有目录
QDir::AllDirs	列出所有目录，不考虑过滤方式
QDir::Files	只列出文件
QDir::Drives	列出磁盘驱动器（UNIX 系统无效）
QDir::NoSymLinks	不列出符号连接（对不支持符号连接的操作系统无效）
QDir::NoDotAndDotDot	不列出"."和".."
QDir::AllEntries	列出目录、文件和磁盘驱动器，相当于 Dirs|Files|Drives
QDir::Readable	列出所有具有"读"属性的文件和目录
QDir::Writable	列出所有具有"写"属性的文件和目录
QDir::Executable	列出所有具有"执行"属性的文件和目录
QDir::Modified	只列出被修改过的文件（UNIX 系统无效）
QDir::Hidden	列出隐藏文件（在 UNIX 系统下，隐藏文件的文件名以"."开始）
QDir::System	列出系统文件（在 UNIX 系统下指 FIFO、套接字和设备文件）
QDir::CaseSensitive	文件系统如果区分文件名大小写，则按大小写方式进行过滤

QDir::SortFlag 定义了一系列排序方式，见表 9.4。

表 9.4　QDir::SortFlag 定义的排序方式

排序方式	作用描述
QDir::Name	按名称排序
QDir::Time	按时间排序（修改时间）
QDir::Size	按文件大小排序
QDir::Type	按文件类型排序
QDir::Unsorted	不排序
QDir::DirsFirst	目录优先排序
QDir::DirsLast	目录最后排序
QDir::Reversed	反序
QDir::IgnoreCase	忽略大小写方式排序
QDir::LocaleAware	使用当前本地排序方式进行排序

函数 showFileInfoList()实现了用户可以双击浏览器中显示的目录进入下一级目录，或单击"…"返回上一级目录，顶部的编辑框显示当前所在的目录路径，列表中显示该目录下的所有文件。其具体代码如下：

```cpp
void FileView::showFileInfoList(QFileInfoList list)
{
    fileListWidget->clear();                          //首先清空列表控件
    for(unsigned int i = 0;i < list.count();i++)      //(a)
    {
        QFileInfo tmpFileInfo = list.at(i);
        if(tmpFileInfo.isDir())
        {
            QIcon icon("dir.png");
            QString fileName = tmpFileInfo.fileName();
            QListWidgetItem *tmp = new QListWidgetItem(icon,fileName);
            fileListWidget->addItem(tmp);
        }
        else if(tmpFileInfo.isFile())
        {
            QIcon icon("file.png");
            QString fileName = tmpFileInfo.fileName();
            QListWidgetItem *tmp = new QListWidgetItem(icon,fileName);
            fileListWidget->addItem(tmp);
        }
    }
}
```

其中，

(a) for(unsigned int i = 0;i < list.count();i++){…}：依次从 QFileInfoList 对象中取出所有项，按目录和文件两种方式加入列表控件中。

槽函数 slotDirShow()根据用户的选择显示下一级目录的所有文件。其具体实现代码如下：

```cpp
void FileView::slotDirShow(QListWidgetItem * item)
{
    QString str = item->text();                       //将下一级的目录名保存在 str 中
    QDir dir;                                         //定义一个 QDir 对象
    dir.setPath(fileLineEdit->text());                //设置 QDir 对象的路径为当前目录路径
    dir.cd(str);                                      //根据下一级目录名重新设置 QDir 对象的路径
    fileLineEdit->setText(dir.absolutePath());        //(a)
    slotShow(dir);                                    //显示当前目录下的所有文件
}
```

其中，

(a) fileLineEdit-> setText(dir.absolutePath())：刷新显示当前的目录路径。Qdir 的 absolutePath()方法用于获取目录的绝对路径，即以"/"开头的路径名，同时忽略多余的"."或".."及多余的分隔符。

（3）运行结果如图 9.5 所示。

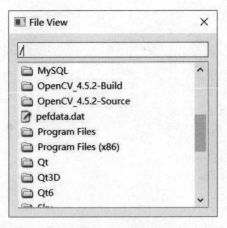

图 9.5 使用 QDir 类处理目录

9.4 获取文件信息

QFileInfo 类提供了对文件进行操作时获得的文件相关属性信息，包括文件名、文件大小、创建时间、最后修改时间、最后访问时间及一些文件是否为目录、文件或符号链接和读写属性等。

【例】（简单）（CH906）利用 QFileInfo 类获得文件信息，如图 9.6 所示。

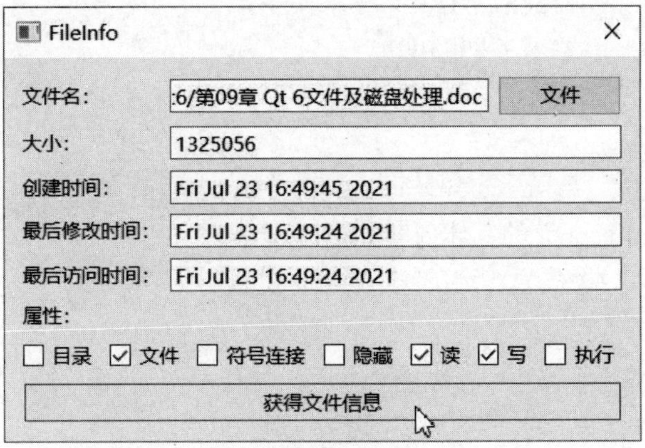

图 9.6 利用 QFileInfo 类获得文件信息

项目"FileInfo.pro"的具体内容如下。

（1）在头文件"fileinfo.h"中，FileInfo 类继承自 QDialog 类，此类中声明了用到的各种相关控件和函数，其具体内容如下：

```
#include <QDialog>
#include <QLabel>
#include <QLineEdit>
#include <QPushButton>
#include <QCheckBox>
class FileInfo : public QDialog
{
```

```cpp
    Q_OBJECT
public:
    FileInfo(QWidget *parent = 0);
    ~FileInfo();
public slots:
    void slotFile();
    void slotGet();
private:
    QLabel *fileNameLabel;
    QLineEdit *fileNameLineEdit;
    QPushButton *fileBtn;
    QLabel *sizeLabel;
    QLineEdit *sizeLineEdit;
    QLabel *createTimeLabel;
    QLineEdit *createTimeLineEdit;
    QLabel *lastModifiedLabel;
    QLineEdit *lastModifiedLineEdit;
    QLabel *lastReadLabel;
    QLineEdit *lastReadLineEdit;
    QLabel *propertyLabel;
    QCheckBox *isDirCheckBox;
    QCheckBox *isFileCheckBox;
    QCheckBox *isSymLinkCheckBox;
    QCheckBox *isHiddenCheckBox;
    QCheckBox *isReadableCheckBox;
    QCheckBox *isWritableCheckBox;
    QCheckBox *isExecutableCheckBox;
    QPushButton *getBtn;
};
```

（2）源文件"fileinfo.cpp"的具体内容如下：

```cpp
#include "fileinfo.h"
#include <QHBoxLayout>
#include <QVBoxLayout>
#include <QFileDialog>
#include <QDateTime>
FileInfo::FileInfo(QWidget *parent)
    : QDialog(parent)
{
    fileNameLabel = new QLabel(tr("文件名："));
    fileNameLineEdit = new QLineEdit;
    fileBtn = new QPushButton(tr("文件"));
    sizeLabel = new QLabel(tr("大小："));
    sizeLineEdit = new QLineEdit;
    createTimeLabel = new QLabel(tr("创建时间："));
    createTimeLineEdit = new QLineEdit;
    lastModifiedLabel = new QLabel(tr("最后修改时间："));
    lastModifiedLineEdit = new QLineEdit;
    lastReadLabel = new QLabel(tr("最后访问时间："));
```

```cpp
    lastReadLineEdit = new QLineEdit;
    propertyLabel = new QLabel(tr("属性："));
    isDirCheckBox = new QCheckBox(tr("目录"));
    isFileCheckBox = new QCheckBox(tr("文件"));
    isSymLinkCheckBox = new QCheckBox(tr("符号连接"));
    isHiddenCheckBox = new QCheckBox(tr("隐藏"));
    isReadableCheckBox = new QCheckBox(tr("读"));
    isWritableCheckBox = new QCheckBox(tr("写"));
    isExecutableCheckBox = new QCheckBox(tr("执行"));
    getBtn = new QPushButton(tr("获得文件信息"));
    QGridLayout *gridLayout = new QGridLayout;
    gridLayout->addWidget(fileNameLabel,0,0);
    gridLayout->addWidget(fileNameLineEdit,0,1);
    gridLayout->addWidget(fileBtn,0,2);
    gridLayout->addWidget(sizeLabel,1,0);
    gridLayout->addWidget(sizeLineEdit,1,1,1,2);
    gridLayout->addWidget(createTimeLabel,2,0);
    gridLayout->addWidget(createTimeLineEdit,2,1,1,2);
    gridLayout->addWidget(lastModifiedLabel,3,0);
    gridLayout->addWidget(lastModifiedLineEdit,3,1,1,2);
    gridLayout->addWidget(lastReadLabel,4,0);
    gridLayout->addWidget(lastReadLineEdit,4,1,1,2);
    QHBoxLayout *layout2 = new QHBoxLayout;
    layout2->addWidget(propertyLabel);
    layout2->addStretch();
    QHBoxLayout *layout3 = new QHBoxLayout;
    layout3->addWidget(isDirCheckBox);
    layout3->addWidget(isFileCheckBox);
    layout3->addWidget(isSymLinkCheckBox);
    layout3->addWidget(isHiddenCheckBox);
    layout3->addWidget(isReadableCheckBox);
    layout3->addWidget(isWritableCheckBox);
    layout3->addWidget(isExecutableCheckBox);
    QHBoxLayout *layout4 = new QHBoxLayout;
    layout4->addWidget(getBtn);
    QVBoxLayout *mainLayout = new QVBoxLayout(this);
    mainLayout->addLayout(gridLayout);
    mainLayout->addLayout(layout2);
    mainLayout->addLayout(layout3);
    mainLayout->addLayout(layout4);
    connect(fileBtn,SIGNAL(clicked()),this,SLOT(slotFile()));
    connect(getBtn,SIGNAL(clicked()),this,SLOT(slotGet()));
}
```

槽函数 slotFile()完成通过标准文件对话框获得所需要文件的文件名功能,其具体内容如下:

```cpp
void FileInfo::slotFile()
{
    QString fileName = QFileDialog::getOpenFileName(this,"打开","/", "files(*)");
```

```
    fileNameLineEdit->setText(fileName);
}
```

槽函数 slotGet()通过 QFileInfo 获得具体的文件信息，其具体内容如下：

```
void FileInfo::slotGet()
{
    QString file = fileNameLineEdit->text();
    QFileInfo info(file);                       //根据输入参数创建一个QFileInfo对象
    qint64 size = info.size();                  //获得QFileInfo对象的大小
    QDateTime created = info.birthTime();
                                                //获得QFileInfo对象的创建时间
    QDateTime lastModified = info.lastModified();
                                                //获得QFileInfo对象的最后修改时间
    QDateTime lastRead = info.lastRead();
                                                //获得QFileInfo对象的最后访问时间
    /* 判断QFileInfo对象的文件类型属性 */
    bool isDir = info.isDir();                  //是否为目录
    bool isFile = info.isFile();                //是否为文件
    bool isSymLink = info.isSymLink();          //(a)
    bool isHidden = info.isHidden();            //判断QFileInfo对象的隐藏属性
    bool isReadable = info.isReadable();        //判断QFileInfo对象的读属性
    bool isWritable = info.isWritable();        //判断QFileInfo对象的写属性
    bool isExecutable = info.isExecutable();
                                                //判断QFileInfo对象的可执行属性
    /* 根据上面得到的结果更新界面显示 */
    sizeLineEdit->setText(QString::number(size));
    createTimeLineEdit->setText(created.toString());
    lastModifiedLineEdit->setText(lastModified.toString());
    lastReadLineEdit->setText(lastRead.toString());
    isDirCheckBox->setCheckState(isDir?Qt::Checked:Qt::Unchecked);
    isFileCheckBox->setCheckState(isFile?Qt::Checked:Qt::Unchecked);
    isSymLinkCheckBox->setCheckState(isSymLink?Qt::Checked:Qt::Unchecked);
    isHiddenCheckBox->setCheckState(isHidden?Qt::Checked:Qt::Unchecked);
    isReadableCheckBox->setCheckState(isReadable?Qt::Checked:Qt::Unchecked);
    isWritableCheckBox->setCheckState(isWritable?Qt::Checked:Qt::Unchecked);
    isExecutableCheckBox->setCheckState(isExecutable?Qt::Checked:Qt::Unchecked);
}
```

其中，

(a) bool isSymLink = info.isSymLink()：判断 QFileInfo 对象的文件类型属性，此处判断是否为符号连接。而 symLinkTarget()方法可进一步获得符号连接指向的文件名称。

① 文件的所有权限可以由 owner()、ownerId()、group()、groupId()等方法获得。测试一个文件的权限可以使用 Permission()方法。

② 为了提高执行的效率，QFileInfo 可以将文件信息进行一次读取缓存，这样后续的访问就不需要持续访问文件了。但是，由于文件在读取信息之后可能被其他程序或本程序改变属性，所以 QFileInfo 通过 refresh()方法提供了一种可以更新文件信息的刷新机制，用户也可以通过 setCaching()方法关闭这种缓冲功能。

③ QFileInfo 可以使用绝对路径和相对路径指向同一个文件。其中，绝对路径以"/"开头（在 Windows 中以磁盘符号开头），相对路径则以目录名或文件名开头，isRelative()方法可以用来判断 QFileInfo 使用的是绝对路径还是相对路径。makeAbsolute()方法可以用来将相对路径转化为绝对路径。

（3）运行结果如图 9.6 所示。

9.5 监视文件和目录变化

在 Qt 中可以使用 QFileSystemWatcher 类监视文件和目录的改变。在使用 addPath()函数监视指定的文件和目录时，如果需要监视多个目录，可以使用 addPaths()函数加入监视。若要移除不需要监视的目录，可以使用 removePath()和 removePaths()函数。

当监视的文件被修改或删除时，产生一个 fileChanged()信号。如果所监视的目录被改变或删除，则产生 directoryChanged()信号。

【例】（简单）（CH907）监视指定目录功能，介绍如何使用 QFileSystemWatcher 类。

项目"fileWatcher.pro"的具体内容如下。

（1）在头文件"watcher.h"中，Watcher 类继承自 QWidget 类，其具体内容如下：

```cpp
#include <QWidget>
#include <QLabel>
#include <QFileSystemWatcher>
class Watcher : public QWidget
{
    Q_OBJECT
public:
    Watcher(QWidget *parent = 0);
    ~Watcher();
public slots:
    void directoryChanged(QString path);
private:
    QLabel *pathLabel;
    QFileSystemWatcher fsWatcher;
};
```

（2）源文件"watcher.cpp"的具体内容如下：

```cpp
#include "watcher.h"
#include <QVBoxLayout>
#include <QDir>
#include <QMessageBox>
#include <QApplication>
Watcher::Watcher(QWidget *parent)
    : QWidget(parent)
{
    QStringList args = qApp->arguments();
    QString path;
    if(args.count() > 1)                                    //(a)
```

```
    {
        path = args[1];
    }
    else
    {
        path = QDir::currentPath();
    }
    pathLabel = new QLabel;
    pathLabel->setText(tr("监视的目录：")+path);
    QVBoxLayout *mainLayout = new QVBoxLayout(this);
    mainLayout->addWidget(pathLabel);
    fsWatcher.addPath(path);
    connect(&fsWatcher,SIGNAL(directoryChanged(QString)),
        this,SLOT(directoryChanged(QString)));        //(b)
}
```

其中，

(a) if(args.count() > 1){…}：读取命令行指定的目录作为监视目录。如果没有指定，则监视当前目录。

(b) connect(&fsWatcher,SIGNAL(directoryChanged(QString)),this,SLOT(directoryChanged (QString)))：将目录的 directoryChanged()信号与响应函数 directoryChanged()连接。

响应函数 directoryChanged()使用消息对话框提示用户目录发生了改变，具体实现代码如下：

```
void Watcher::directoryChanged(QString path)
{
    QMessageBox::information(NULL,tr("目录发生变化"),path);
}
```

（3）运行结果如图 9.7 所示。

图 9.7　监视指定目录

第10章

Qt 6 网络与通信

在应用程序开发中，网络编程非常重要。目前，互联网通行的 TCP/IP 协议自上而下地分为应用层、传输层、网际层和网络接口层这四层。实际编写网络应用程序时只使用传输层和应用层，所涉及的协议主要包括 UDP、TCP、FTP 和 HTTP 等。

虽然目前主流的操作系统（Windows、Linux 等）都提供了统一的套接字（Socket）抽象编程接口（API），用于编写不同层次的网络程序，但是这种方式比较烦琐，甚至有时需要引用底层操作系统的相关数据结构，而 Qt 提供的网络模块 QtNetwork 圆满地解决了这一问题。

10.1 获取本机网络信息

在网络应用中，经常需要获取本机的主机名、IP 地址和硬件地址等网络信息。运用 QHostInfo、QNetworkInterface、QNetworkAddressEntry 可获取本机的网络信息。

【例】（简单）（CH1001）获得本机网络信息。

实现步骤如下。

（1）头文件"networkinformation.h"的具体代码如下：

```
#include <QWidget>
#include <QLabel>
#include <QPushButton>
#include <QLineEdit>
#include <QGridLayout>
#include <QMessageBox>
class NetworkInformation : public QWidget
{
    Q_OBJECT
public:
    NetworkInformation(QWidget *parent = 0);
    ~NetworkInformation();
private:
    QLabel *hostLabel;
    QLineEdit *LineEditLocalHostName;
    QLabel *ipLabel;
    QLineEdit *LineEditAddress;
    QPushButton *detailBtn;
```

```
    QGridLayout *mainLayout;
};
```

（2）源文件"networkinformation.cpp"的具体代码如下：

```
#include "networkinformation.h"
NetworkInformation::NetworkInformation(QWidget *parent)
    : QWidget(parent)
{
    hostLabel = new QLabel(tr("主机名："));
    LineEditLocalHostName = new QLineEdit;
    ipLabel = new QLabel(tr("IP 地址："));
    LineEditAddress = new QLineEdit;
    detailBtn = new QPushButton(tr("详细"));
    mainLayout = new QGridLayout(this);
    mainLayout->addWidget(hostLabel,0,0);
    mainLayout->addWidget(LineEditLocalHostName,0,1);
    mainLayout->addWidget(ipLabel,1,0);
    mainLayout->addWidget(LineEditAddress,1,1);
    mainLayout->addWidget(detailBtn,2,0,1,2);
}
```

此时，运行结果如图 10.1 所示。

图 10.1 获取本机网络信息界面

以上步骤完成了界面，下面开始真正实现获取本机网络信息的内容。

（1）在文件"NetworkInformation.pro"中添加如下代码：

```
QT += network
```

（2）在头文件"networkinformation.h"中添加如下代码：

```
#include <QHostInfo>
#include <QNetworkInterface>
public:
    void getHostInformation();
public slots:
    void slotDetail();
```

（3）在源文件"networkinformation.cpp"中添加代码。其中，在构造函数的最后添加：

```
getHostInformation();
connect(detailBtn,SIGNAL(clicked()),this,SLOT(slotDetail()));
```

getHostInformation()函数用于获取主机信息。具体实现代码如下：

```
void NetworkInformation::getHostInformation()
{
    QString localHostName = QHostInfo::localHostName();        //(a)
```

```
        LineEditLocalHostName->setText(localHostName);
        QHostInfo hostInfo = QHostInfo::fromName(localHostName);    //(b)
        //获取主机的IP地址列表
        QList<QHostAddress> listAddress = hostInfo.addresses();
        if(!listAddress.isEmpty())                                  //(c)
        {
            LineEditAddress->setText(listAddress.at(2).toString());
        }
    }
```

其中，

(a) QString localHostName = QHostInfo::localHostName()：获取本机主机名。QHostInfo提供了一系列有关网络信息的静态函数，可以根据主机名获取分配的IP地址，也可以根据IP地址获取相应的主机名。

(b) QHostInfo hostInfo = QHostInfo::fromName(localHostName)：根据主机名获取相关主机信息，包括IP地址等。QHostInfo::fromName()函数通过主机名查找IP地址信息。

(c) if(!listAddress.isEmpty()){…}：获取的主机IP地址列表可能为空。在不为空的情况下使用第一个IP地址。

slotDetail()函数获取与网络接口相关的信息，具体实现代码如下：

```
void NetworkInformation::slotDetail()
{
    QString detail = "";
    QList<QNetworkInterface> list = QNetworkInterface::allInterfaces();
                                                                        //(a)
    for(int i = 0;i < list.count();i++)
    {
        QNetworkInterface interface = list.at(i);
        detail = detail + tr("设备: ") + interface.name() + "\n";
                                                                        //(b)
        detail = detail + tr("硬件地址: ") + interface.hardwareAddress() + "\n";
                                                                        //(c)
        QList<QNetworkAddressEntry> entryList = interface.addressEntries();
                                                                        //(d)
        for(int j = 1;j < entryList.count();j++)
        {
            QNetworkAddressEntry entry = entryList.at(j);
            detail = detail + "\t" + tr("IP 地址: ") + entry.ip().toString() + "\n";
            detail = detail + "\t" + tr("子网掩码: ") + entry.netmask().toString() + "\n";
            detail = detail + "\t" + tr("广播地址: ") + entry.broadcast().toString() + "\n";
        }
    }
    QMessageBox::information(this,tr("Detail"),detail);
}
```

其中，

(a) QList<QNetworkInterface> list = QNetworkInterface::allInterfaces()：QNetworkInterface 类提供了一个主机 IP 地址和网络接口的列表。

(b) interface.name()：获取网络接口的名称。

(c) interface.hardwareAddress()：获取网络接口的硬件地址。

(d) interface.addressEntries()：每个网络接口包括 1 个或多个 IP 地址，每个 IP 地址有选择性地与一个子网掩码和（或）一个广播地址相关联。QNetworkAddressEntry 类存储了被网络接口支持的一个 IP 地址，同时还包括与之相关的子网掩码和广播地址。

（4）运行结果如图 10.2 所示。

单击"详细"按钮后，弹出如图 10.3 所示的信息窗口。

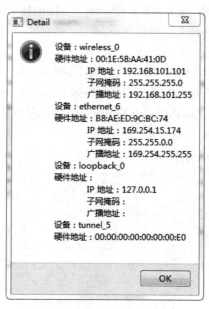

图 10.2 获取本机网络信息　　　　图 10.3 获取本机详细网络信息

10.2 基于 UDP 的网络广播程序

用户数据报协议（User Data Protocol，UDP）是一种简单轻量级、不可靠、面向数据报、无连接的传输层协议，可以应用在可靠性不是十分重要的场合，如短消息、广播信息等。

适合应用 UDP 的情况有以下几种：

- 网络数据大多为短消息。
- 拥有大量客户端。
- 对数据安全性无特殊要求。
- 网络负担非常重，但对响应速度要求高。

10.2.1 UDP 工作原理

如图 10.4 所示，UDP 客户端向 UDP 服务器发送一定长度的请求报文，报文大小的限制与各系统的协议实现有关，但不得超过其下层 IP 规定的 64KB；UDP 服务器同样以报文形式做出响应。如果服务器未收到此请求,客户端不会进行重发,因此报文的传输是不可靠的。

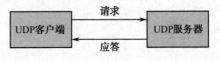

图 10.4　UDP 工作原理

例如,常用的聊天工具——腾讯 QQ 软件就是使用 UDP 发送消息的,因此有时会出现收不到消息的情况。

10.2.2　UDP 编程模型

下面介绍基于 UDP 的经典编程模型,UDP 客户端与服务器间的交互时序如图 10.5 所示。

可以看出,在 UDP 方式下,客户端并不与服务器建立连接,它只负责调用发送函数向服务器发出数据报。类似地,服务器也不从客户端接收连接,只负责调用接收函数,等待来自某客户端的数据到达。

Qt 中通过 QUdpSocket 类实现 UDP 协议的编程。下面通过一个实例,介绍如何实现基于 UDP 的广播应用,它由 UDP 服务器和 UDP 客户端两部分组成。

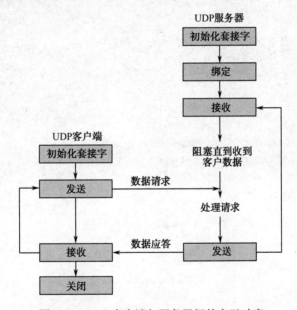

图 10.5　UDP 客户端与服务器间的交互时序

10.2.3　UDP 服务器编程实例

【例】(简单)(CH1002)服务器端的编程。

(1) 在头文件"udpserver.h"中声明了需要的各种控件,其具体代码如下:

```
#include <QDialog>
#include <QLabel>
#include <QLineEdit>
```

```cpp
#include <QPushButton>
#include <QVBoxLayout>
class UdpServer : public QDialog
{
    Q_OBJECT
public:
    UdpServer(QWidget *parent = 0);
    ~UdpServer();
private:
    QLabel *TimerLabel;
    QLineEdit *TextLineEdit;
    QPushButton *StartBtn;
    QVBoxLayout *mainLayout;
};
```

(2)源文件"udpserver.cpp"的具体代码如下:

```cpp
#include "udpserver.h"
UdpServer::UdpServer(QWidget *parent)
    : QDialog(parent)
{
    setWindowTitle(tr("UDP Server"));                    //设置窗体的标题
    /* 初始化各个控件 */
    TimerLabel = new QLabel(tr("计时器: "),this);
    TextLineEdit = new QLineEdit(this);
    StartBtn = new QPushButton(tr("开始"),this);
    /* 设置布局 */
    mainLayout = new QVBoxLayout(this);
    mainLayout->addWidget(TimerLabel);
    mainLayout->addWidget(TextLineEdit);
    mainLayout->addWidget(StartBtn);
}
```

(3)服务器界面如图10.6所示。

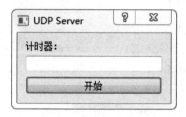

图10.6 服务器界面

以上只是完成了服务器界面,下面完成它的广播功能。
具体操作步骤如下。
(1)在"UdpServer.pro"中添加如下语句:

```
QT += network
```

(2)在头文件"udpserver.h"中添加需要的槽函数,其具体代码如下:

```cpp
#include <QUdpSocket>
#include <QTimer>
public slots:
```

```
    void StartBtnClicked();
    void timeout();
private:
    int port;
    bool isStarted;
    QUdpSocket *udpSocket;
    QTimer *timer;
```

(3) 在源文件"udpserver.cpp"中添加声明:
```
#include <QHostAddress>
```
其中,在构造函数中添加如下代码:
```
connect(StartBtn,SIGNAL(clicked()),this,SLOT(StartBtnClicked()));
port = 5555;                    //设置UDP的端口号参数,服务器定时向此端口发送广播信息
isStarted = false;
udpSocket = new QUdpSocket(this);
timer = new QTimer(this);    //创建一个QUdpSocket
//定时发送广播信息
connect(timer,SIGNAL(timeout()),this,SLOT(timeout()));
```

StartBtnClicked()函数的具体代码如下:
```
void UdpServer::StartBtnClicked()
{
    if(!isStarted)
    {
        StartBtn->setText(tr("停止"));
        timer->start(1000);
        isStarted = true;
    }
    else
    {
        StartBtn->setText(tr("开始"));
        isStarted = false;
        timer->stop();
    }
}
```

timeout()函数完成了向端口发送广播信息的功能,其具体代码如下:
```
void UdpServer::timeout()
{
    QString msg = TextLineEdit->text();
    int length = 0;
    if(msg == "")
    {
        return;
    }
    if((length = udpSocket->writeDatagram(msg.toLatin1(),
    msg.length(),QHostAddress::Broadcast,port)) != msg.length())
    {
        return;
    }
}
```

其中，**QHostAddress::Broadcast** 指定向广播地址发送。

10.2.4 UDP 客户端编程实例

【例】（简单）（CH1003）客户端的编程。

（1）在头文件"udpclient.h"中声明了需要的各种控件，其具体代码如下：

```cpp
#include <QDialog>
#include <QVBoxLayout>
#include <QTextEdit>
#include <QPushButton>
class UdpClient : public QDialog
{
    Q_OBJECT
public:
    UdpClient(QWidget *parent = 0);
    ~UdpClient();
private:
    QTextEdit *ReceiveTextEdit;
    QPushButton *CloseBtn;
    QVBoxLayout *mainLayout;
};
```

（2）源文件"udpclient.cpp"的具体代码如下：

```cpp
#include "udpclient.h"
UdpClient::UdpClient(QWidget *parent)
    : QDialog(parent)
{
    setWindowTitle(tr("UDP Client"));        //设置窗体的标题
    /* 初始化各个控件 */
    ReceiveTextEdit = new QTextEdit(this);
    CloseBtn = new QPushButton(tr("Close"),this);
    /* 设置布局 */
    mainLayout = new QVBoxLayout(this);
    mainLayout->addWidget(ReceiveTextEdit);
    mainLayout->addWidget(CloseBtn);
}
```

（3）客户端界面如图 10.7 所示。

图 10.7　客户端界面

以上只是完成了客户端界面,下面完成它的数据接收和显示的功能。
操作步骤如下。
(1) 在 "UdpClient.pro" 中添加如下语句:

```
QT += network
```

(2) 在头文件 "udpclient.h" 中添加如下代码:

```
#include <QUdpSocket>
public slots:
    void CloseBtnClicked();
    void dataReceived();
private:
    int port;
    QUdpSocket *udpSocket;
```

(3) 在源文件 "udpclient.cpp" 中添加如下声明:

```
#include <QMessageBox>
#include <QHostAddress>
```

其中,在构造函数中添加的代码如下:

```
connect(CloseBtn,SIGNAL(clicked()),this,SLOT(CloseBtnClicked()));
port = 5555;                              //设置 UDP 的端口号,指定在此端口上监听数据
udpSocket = new QUdpSocket(this);         //创建一个 QUdpSocket
connect(udpSocket,SIGNAL(readyRead()),this,SLOT(dataReceived()));
                                          //(a)
bool result = udpSocket->bind(port);      //绑定到指定的端口上
if(!result)
{
    QMessageBox::information(this,tr("error"),tr("udp socket create error!"));
    return;
}
```

其中,

(a) connect(udpSocket,SIGNAL(readyRead()),this,SLOT(dataReceived()))):连接 QIODevice 的 readyRead() 信号。QUdpSocket 也是一个 I/O 设备,从 QIODevice 继承而来,当有数据到达 I/O 设备时,发出 readyRead() 信号。

CloseBtnClicked() 函数的具体内容如下:

```
void UdpClient::CloseBtnClicked()
{
    close();
}
```

dataReceived() 函数响应 QUdpSocket 的 readyRead() 信号,一旦 UdpSocket 对象中有数据可读时,即通过 readDatagram() 方法将数据读出并显示。其具体代码如下:

```
void UdpClient::dataReceived()
{
    while(udpSocket->hasPendingDatagrams())                    //(a)
    {
        QByteArray datagram;
        datagram.resize(udpSocket->pendingDatagramSize());
        udpSocket->readDatagram(datagram.data(),datagram.size());
                                                               //(b)
```

```
            QString msg = datagram.data();
            ReceiveTextEdit->insertPlainText(msg);             //显示数据内容
    }
}
```

其中,

(a) while(udpSocket->hasPendingDatagrams()):判断 UdpSocket 中是否有数据报可读,hasPendingDatagrams()方法在至少有一个数据报可读时返回 true,否则返回 false。

(b) "**QByteArray datagram**"到"**udpSocket->readDatagram(datagram.data(), datagram.size())**"这段代码:实现了读取第一个数据报,pendingDatagramSize()可以获得第一个数据报的长度。

同时运行 UdpServer 与 UdpClient 项目,首先在服务器界面的文本框中输入"hello!",然后单击"开始"按钮,按钮文本变为"停止",客户端就开始不断地收到"hello!"字符消息并显示在文本区,当单击服务器的"停止"按钮后,按钮文本又变回"开始",客户端也就停止了字符的显示,再次单击服务器的"开始"按钮,客户端又继续接收并显示……如此循环往复,效果如图 10.8 所示。

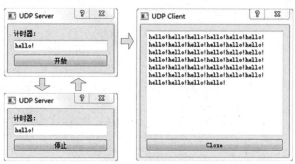

图 10.8 UDP 收发数据演示

10.3 基于 TCP 的网络聊天室程序

传输控制协议(Transmission Control Protocol,TCP)是一种可靠、面向连接、面向数据流的传输协议,许多高层应用协议(包括 HTTP、FTP 等)都是以它为基础的,TCP 非常适合数据的连续传输。

TCP 与 UDP 的差别见表 10.1。

表 10.1 TCP 与 UDP 的差别

比 较 项	TCP	UDP
是否连接	面向连接	无连接
传输可靠性	可靠	不可靠
流量控制	提供	不提供
工作方式	全双工	可以是全双工
应用场合	大量数据	少量数据
速度	慢	快

10.3.1 TCP 工作原理

如图 10.9 所示，TCP 能够为应用程序提供可靠的通信连接，使一台计算机发出的字节流无差错地送达网络上的其他计算机。因此，对可靠性要求高的数据通信系统往往使用 TCP 传输数据，但在正式收发数据前，通信双方必须首先建立连接。

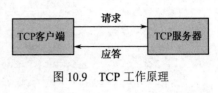

图 10.9　TCP 工作原理

10.3.2 TCP 编程模型

下面介绍基于 TCP 的经典编程模型，TCP 客户端与服务器间的交互时序如图 10.10 所示。

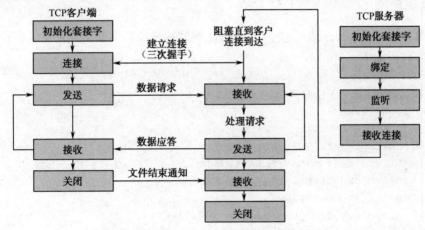

图 10.10　TCP 客户端与服务器间的交互时序

首先启动服务器，一段时间后启动客户端，它与此服务器经过三次握手后建立连接。此后的一段时间内，客户端向服务器发送一个请求，服务器处理这个请求，并为客户端发回一个响应。这个过程一直持续下去，直到客户端为服务器发一个文件结束符，并关闭客户端连接，接着服务器也关闭服务器端的连接，结束运行或等待一个新的客户端连接。

Qt 中通过 QTcpSocket 类和 QTcpServer 类实现 TCP 的编程。下面介绍如何实现一个基于 TCP 的网络聊天室应用，它同样也由客户端和服务器两部分组成。

10.3.3 TCP 服务器端编程实例

【例】（难度中等）（CH1004）TCP 服务器端的编程。

建立项目"TcpServer.pro"，文件代码如下。

（1）头文件"tcpserver.h"中声明了需要的各种控件，TcpServer 类继承自 QDialog 类，实现了服务器端的对话框显示与控制。其具体代码如下：

```
#include <QDialog>
#include <QListWidget>
#include <QLabel>
```

```cpp
#include <QLineEdit>
#include <QPushButton>
#include <QGridLayout>
class TcpServer : public QDialog
{
    Q_OBJECT
public:
    TcpServer(QWidget *parent = 0);
    ~TcpServer();
private:
    QListWidget *ContentListWidget;
    QLabel *PortLabel;
    QLineEdit *PortLineEdit;
    QPushButton *CreateBtn;
    QGridLayout *mainLayout;
};
```

(2)在源文件"tcpserver.cpp"中,TcpServer类的构造函数主要实现窗体各控件的创建、布局等,其具体代码如下:

```cpp
#include "tcpserver.h"
TcpServer::TcpServer(QWidget *parent)
    : QDialog(parent)
{
    setWindowTitle(tr("TCP Server"));
    ContentListWidget = new QListWidget;
    PortLabel = new QLabel(tr("端口:"));
    PortLineEdit = new QLineEdit;
    CreateBtn = new QPushButton(tr("创建聊天室"));
    mainLayout = new QGridLayout(this);
    mainLayout->addWidget(ContentListWidget,0,0,1,2);
    mainLayout->addWidget(PortLabel,1,0);
    mainLayout->addWidget(PortLineEdit,1,1);
    mainLayout->addWidget(CreateBtn,2,0,1,2);
}
```

(3)服务器端界面如图 10.11 所示。

图 10.11　服务器端界面

以上完成了服务器端界面的设计，下面将完成聊天室的服务器端功能。

（1）在项目文件"TcpServer.pro"中添加如下语句：

```
QT += network
```

（2）在项目文件"TcpServer.pro"中添加 C++类文件"tcpclientsocket.h"及"tcpclientsocket.cpp"。TcpClientSocket 继承自 QTcpSocket，创建一个 **TCP** 套接字，以便在服务器端实现与客户端程序的通信。

头文件"tcpclientsocket.h"的具体代码如下：

```cpp
#include <QTcpSocket>
#include <QObject>
class TcpClientSocket : public QTcpSocket
{
    Q_OBJECT                //添加宏(Q_OBJECT)是为了实现信号与槽的通信
public:
    TcpClientSocket(QObject *parent = 0);
signals:
    void updateClients(QString,int);
    void disconnected(int);
protected slots:
    void dataReceived();
    void slotDisconnected();
};
```

（3）在源文件"tcpclientsocket.cpp"中，构造函数（TcpClientSocket）的内容（指定了信号与槽的连接关系）如下：

```cpp
#include "tcpclientsocket.h"
TcpClientSocket::TcpClientSocket(QObject *parent)
{
    connect(this,SIGNAL(readyRead()),this,SLOT(dataReceived()));        //(a)
    connect(this,SIGNAL(disconnected()),this,SLOT(slotDisconnected())); //(b)
}
```

其中，

(a) connect(this,SIGNAL(readyRead()),this,SLOT(dataReceived()))：readyRead()是 QIODevice 的 signal，由 QTcpSocket 继承而来。QIODevice 是所有输入/输出设备的一个抽象类，其中定义了基本的接口，在 Qt 中，QTcpSocket 也被看成一个 QIODevice，readyRead()信号在有数据到来时发出。

(b) connect(this,SIGNAL(disconnected()),this,SLOT(slotDisconnected()))：disconnected()信号在断开连接时发出。

在源文件"tcpclientsocket.cpp"中，dataReceived()函数的具体代码如下：

```cpp
void TcpClientSocket::dataReceived()
{
    while(bytesAvailable() > 0)
    {
        int length = bytesAvailable();
        char buf[1024];
        read(buf,length);
        QString msg = buf;
```

```
        emit updateClients(msg,length);
    }
}
```

其中，当有数据到来时，触发 dataReceived()函数，从套接字中将有效数据取出，然后发出 updateClients()信号。updateClients()信号是通知服务器向聊天室内的所有成员广播信息。

在源文件"tcpclientsocket.cpp"中，槽函数 slotDisconnected()的具体代码如下：

```
void TcpClientSocket::slotDisconnected()
{
    emit disconnected(this->socketDescriptor());
}
```

（4）在项目文件"TcpServer.pro"中添加 C++类文件"server.h"及"server.cpp"，Server 继承自 QTcpServer，**实现一个 TCP 协议的服务器**。利用 QTcpServer，开发者可以监听到指定端口的 TCP 连接。其具体代码如下：

```
#include <QTcpServer>
#include <QObject>
#include "tcpclientsocket.h"      //包含 TCP 的套接字
class Server : public QTcpServer
{
    Q_OBJECT                          //添加宏(Q_OBJECT)是为了实现信号与槽的通信
public:
    Server(QObject *parent = 0,int port = 0);
    QList<TcpClientSocket*> tcpClientSocketList;
signals:
    void updateServer(QString,int);
public slots:
    void updateClients(QString,int);
    void slotDisconnected(int);
protected:
    void incomingConnection(int socketDescriptor);
};
```

其中，**QList<TcpClientSocket*> tcpClientSocketList** 用来保存与每一个客户端连接的 TcpClientSocket。

（5）在源文件"server.cpp"中，构造函数（Server）的具体内容如下：

```
#include "server.h"
Server::Server(QObject *parent,int port):QTcpServer(parent)
{
    listen(QHostAddress::Any,port);
}
```

其中，**listen(QHostAddress::Any,port)** 在指定的端口对任意地址进行监听。

QHostAddress 定义了几种特殊的 IP 地址，如 QHostAddress::Null 表示一个空地址；QHostAddress::LocalHost 表示 IPv4 的本机地址 127.0.0.1；QHostAddress::LocalHostIPv6 表示 IPv6 的本机地址；QHostAddress::Broadcast 表示广播地址 255.255.255.255；QHostAddress::Any 表示 IPv4 的任意地址 0.0.0.0；QHostAddress::AnyIPv6 表示 IPv6 的任意地址。

在源文件"server.cpp"中，当出现一个新的连接时，QTcpSever 触发 incomingConnection()函数，参数 socketDescriptor 指定了连接的 Socket 描述符，其具体代码如下：

```
void Server::incomingConnection(int socketDescriptor)
{
    TcpClientSocket *tcpClientSocket = new TcpClientSocket(this);   //(a)
    connect(tcpClientSocket,SIGNAL(updateClients(QString,int)),
            this,SLOT(updateClients(QString,int)));                 //(b)
    connect(tcpClientSocket,SIGNAL(disconnected(int)),this,
            SLOT(slotDisconnected(int)));                           //(c)
    tcpClientSocket->setSocketDescriptor(socketDescriptor);         //(d)
    tcpClientSocketList.append(tcpClientSocket);                    //(e)
}
```

其中，

(a) **TcpClientSocket *tcpClientSocket = new TcpClientSocket(this):** 创建一个新的 TcpClient Socket 与客户端通信。

(b) **connect(tcpClientSocket,SIGNAL(updateClients(QString,int)),this,SLOT(update Clients (QString,int))):** 连接 TcpClientSocket 的 updateClients 信号。

(c) **connect(tcpClientSocket,SIGNAL(disconnected(int)),this,SLOT(slotDisconnected(int))):** 连接 TcpClientSocket 的 disconnected 信号。

(d) **tcpClientSocket->setSocketDescriptor(socketDescriptor):** 将新创建的 TcpClientSocket 的套接字描述符指定为参数 socketDescriptor。

(e) **tcpClientSocketList.append(tcpClientSocket):** 将 tcpClientSocket 加入客户端套接字列表以便管理。

在源文件"server.cpp"中，updateClients()函数将任意客户端发来的信息进行广播，保证聊天室的所有成员均能看到其他人的发言。其具体代码如下：

```
void Server::updateClients(QString msg,int length)
{
    emit updateServer(msg,length);                                  //(a)
    for(int i = 0;i < tcpClientSocketList.count();i++)              //(b)
    {
        QTcpSocket *item = tcpClientSocketList.at(i);
        if(item->write(msg.toLatin1(),length) != length)
        {
            continue;
        }
    }
}
```

其中，

(a) **emit updateServer(msg,length):** 发出 updateServer 信号，用来通知服务器对话框更新相应的显示状态。

(b) **for(int i = 0;i < tcpClientSocketList.count();i++){ …}:** 实现信息的广播，tcpClientSocketList 中保存了所有与服务器相连的 TcpClientSocket 对象。

在源文件"server.cpp"中，slotDisconnected()函数实现从 tcpClientSocketList 列表中将断开连接的 TcpClientSocket 对象删除的功能。其具体代码如下：

```
void Server::slotDisconnected(int descriptor)
{
```

```
    for(int i = 0;i < tcpClientSocketList.count();i++)
    {
        QTcpSocket *item = tcpClientSocketList.at(i);
        if(item->socketDescriptor() == descriptor)
        {
            tcpClientSocketList.removeAt(i);
            return;
        }
    }
    return;
}
```

（6）在头文件"tcpserver.h"中添加如下内容：
```
#include "server.h"
private:
    int port;
    Server *server;
public slots:
    void slotCreateServer();
    void updateServer(QString,int);
```

（7）在源文件"tcpserver.cpp"中，在构造函数中添加如下代码：
```
port = 8010;
PortLineEdit->setText(QString::number(port));
connect(CreateBtn,SIGNAL(clicked()),this,SLOT(slotCreateServer()));
```

其中，槽函数 slotCreateServer()用于创建一个 TCP 服务器，具体内容如下：
```
void TcpServer::slotCreateServer()
{
    server = new Server(this,port);                    //创建一个 Server 对象
    connect(server,SIGNAL(updateServer(QString,int)),this,
        SLOT(updateServer(QString,int)));       //(a)
    CreateBtn->setEnabled(false);
}
```

其中，

(a) connect(server,SIGNAL(updateServer(QString,int)),this,SLOT(updateServer (QString,int)))： 将 Server 对象的 updateServer()信号与相应的槽函数进行连接。

槽函数 updateServer()用于更新服务器上的信息显示，具体内容如下：
```
void TcpServer::updateServer(QString msg,int length)
{
    ContentListWidget->addItem(msg.left(length));
}
```

（8）此时，项目中添加了很多文件，文件中的内容已经被改变，故需要重新在项目文件"TcpServer.pro"中添加：
```
QT += network
```

此时，运行服务器端项目"TcpServer"，单击"创建聊天室"按钮，便开通了一个 TCP 聊天室的服务器，如图 10.12 所示。

图 10.12　开通 TCP 聊天室的服务器

10.3.4　TCP 客户端编程实例

【例】（难度中等）（CH1005）TCP 客户端编程。

建立项目"TcpClient.pro"，文件代码如下。

（1）在头文件"tcpclient.h"中，TcpClient 类继承自 QDialog 类，声明了需要的各种控件，其具体代码如下：

```
#include <QDialog>
#include <QListWidget>
#include <QLineEdit>
#include <QPushButton>
#include <QLabel>
#include <QGridLayout>
class TcpClient : public QDialog
{
    Q_OBJECT
public:
    TcpClient(QWidget *parent = 0);
    ~TcpClient();
private:
    QListWidget *contentListWidget;
    QLineEdit *sendLineEdit;
    QPushButton *sendBtn;
    QLabel *userNameLabel;
    QLineEdit *userNameLineEdit;
    QLabel *serverIPLabel;
    QLineEdit *serverIPLineEdit;
    QLabel *portLabel;
    QLineEdit *portLineEdit;
    QPushButton *enterBtn;
    QGridLayout *mainLayout;
};
```

（2）源文件"tcpclient.cpp"的具体代码如下：

```
#include "tcpclient.h"
```

```
TcpClient::TcpClient(QWidget *parent)
    : QDialog(parent,f)
{
    setWindowTitle(tr("TCP Client"));
    contentListWidget = new QListWidget;
    sendLineEdit = new QLineEdit;
    sendBtn = new QPushButton(tr("发送"));
    userNameLabel = new QLabel(tr("用户名："));
    userNameLineEdit = new QLineEdit;
    serverIPLabel = new QLabel(tr("服务器地址："));
    serverIPLineEdit = new QLineEdit;
    portLabel = new QLabel(tr("端口："));
    portLineEdit = new QLineEdit;
    enterBtn = new QPushButton(tr("进入聊天室"));
    mainLayout = new QGridLayout(this);
    mainLayout->addWidget(contentListWidget,0,0,1,2);
    mainLayout->addWidget(sendLineEdit,1,0);
    mainLayout->addWidget(sendBtn,1,1);
    mainLayout->addWidget(userNameLabel,2,0);
    mainLayout->addWidget(userNameLineEdit,2,1);
    mainLayout->addWidget(serverIPLabel,3,0);
    mainLayout->addWidget(serverIPLineEdit,3,1);
    mainLayout->addWidget(portLabel,4,0);
    mainLayout->addWidget(portLineEdit,4,1);
    mainLayout->addWidget(enterBtn,5,0,1,2);
}
```

（3）客户端界面如图10.13所示。

图10.13 客户端界面

以上完成了客户端界面的设计，下面将完成客户端的聊天功能。
（1）在客户端项目文件"TcpClient.pro"中添加如下语句：

```
QT += network
```

（2）在头文件"tcpclient.h"中添加如下代码：

```cpp
#include <QHostAddress>
#include <QTcpSocket>
private:
    bool status;
    int port;
    QHostAddress *serverIP;
    QString userName;
    QTcpSocket *tcpSocket;
public slots:
    void slotEnter();
    void slotConnected();
    void slotDisconnected();
    void dataReceived();
    void slotSend();
```

(3) 在源文件"tcpclient.cpp"中添加头文件:

```cpp
#include <QMessageBox>
#include <QHostInfo>
```

在其构造函数中添加如下代码:

```cpp
    status = false;
    port = 8010;
    portLineEdit->setText(QString::number(port));
    serverIP = new QHostAddress();
    connect(enterBtn,SIGNAL(clicked()),this,SLOT(slotEnter()));
    connect(sendBtn,SIGNAL(clicked()),this,SLOT(slotSend()));
    sendBtn->setEnabled(false);
```

在以上代码中,槽函数 slotEnter()实现了进入和离开聊天室的功能。具体代码如下:

```cpp
void TcpClient::slotEnter()
{
    if(!status)                                              //(a)
    {
        /* 完成输入合法性检验 */
        QString ip = serverIPLineEdit->text();
        if(!serverIP->setAddress(ip))                        //(b)
        {
            QMessageBox::information(this,tr("error"),tr("server ip address error!"));
            return;
        }
        if(userNameLineEdit->text() == "")
        {
            QMessageBox::information(this,tr("error"),tr("User name error!"));
            return;
        }
        userName = userNameLineEdit->text();
        /* 创建了一个 QTcpSocket 类对象,并将信号/槽连接起来 */
        tcpSocket = new QTcpSocket(this);
        connect(tcpSocket,SIGNAL(connected()),this,SLOT (slotConnected()));
        connect(tcpSocket,SIGNAL(disconnected()),this,SLOT (slotDisconnected()));
```

```
        connect(tcpSocket,SIGNAL(readyRead()),this,SLOT (dataReceived()));
        tcpSocket->connectToHost(*serverIP,port);          //(c)
        status = true;
    }
    else
    {
        int length = 0;
        QString msg = userName + tr(":Leave Chat Room");//(d)
        if((length = tcpSocket->write(msg.toLatin1(),msg.length())) != msg.length())
                                                            //(e)
        {
            return;
        }
        tcpSocket->disconnectFromHost();                    //(f)
        status = false;                                     //将status状态复位
    }
}
```

其中，

(a) if(!status)：status 表示当前的状态，true 表示已经进入聊天室，false 表示已经离开聊天室。这里根据 status 的状态决定是执行"进入"还是"离开"的操作。

(b) if(!serverIP->setAddress(ip))：用来判断给定的 IP 地址能否被正确解析。

(c) tcpSocket->connectToHost(*serverIP,port)：与 TCP 服务器端连接，连接成功后发出 connected()信号。

(d) QString msg = userName + tr(":Leave Chat Room")：构造一条离开聊天室的消息。

(e) if((length = tcpSocket->write(msg.toLatin1(),msg.length())) != msg.length())：通知服务器端以上构造的消息。

(f) tcpSocket->disconnectFromHost()：与服务器断开连接，断开连接后发出 disconnected()信号。

在源文件"tcpclient.cpp"中，槽函数 slotConnected()为 connected()信号的响应槽，当与服务器连接成功后，客户端构造一条进入聊天室的消息，并通知服务器。其具体代码如下：

```
void TcpClient::slotConnected()
{
    sendBtn->setEnabled(true);
    enterBtn->setText(tr("离开"));
    int length = 0;
    QString msg = userName + tr(":Enter Chat Room");
    if((length = tcpSocket->write(msg.toLatin1(),msg.length())) != msg.length())
    {
        return;
    }
}
```

在源文件"tcpclient.cpp"中，槽函数 slotSend()的具体代码如下：

```
void TcpClient::slotSend()
{
    if(sendLineEdit->text() == "")
```

```
        {
            return;
        }
        QString msg = userName + ":" + sendLineEdit->text();
        tcpSocket->write(msg.toLatin1(),msg.length());
        sendLineEdit->clear();
}
```

在源文件"tcpclient.cpp"中，槽函数 slotDisconnected()的具体内容如下：

```
void TcpClient::slotDisconnected()
{
    sendBtn->setEnabled(false);
    enterBtn->setText(tr("进入聊天室"));
}
```

当有数据到来时，触发源文件"tcpclient.cpp"的 dataReceived()函数，从套接字中将有效数据取出并显示，其代码如下：

```
void TcpClient::dataReceived()
{
    while(tcpSocket->bytesAvailable() > 0)
    {
        QByteArray datagram;
        datagram.resize(tcpSocket->bytesAvailable());
        tcpSocket->read(datagram.data(),datagram.size());
        QString msg = datagram.data();
        contentListWidget->addItem(msg.left(datagram.size()));
    }
}
```

（4）此时运行客户端 TcpClient 项目，结果如图 10.14 所示。

图 10.14　未登录状态的客户端

最后，同时运行服务器和客户端程序，运行结果如图 10.15 所示，这里演示的是系统中登录了两个用户的状态。

(a)服务器　　　　　　　(b)客户端1　　　　　　　(c)客户端2

图 10.15　登录了两个用户的状态

10.4　Qt 网络应用开发初步

前两节编程所使用的 QUdpSocket、QTcpSocket 和 QTcpServer 类都是网络传输层上的类，它们封装实现的是底层的网络进程通信（Socket 通信）的功能。而 Qt 网络应用开发则是要在此基础上进一步实现应用型的协议功能。应用层的网络协议（如 HTTP/FTP/SMTP 等）简称为"应用协议"，它们运行在 TCP/UDP 之上，如图 10.16 所示。

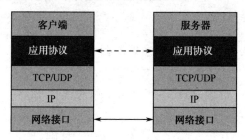

图 10.16　应用协议所处的层次

Qt 4 以前的版本提供 QHttp 类用于构建 HTTP 客户端，提供 QFtp 类用于开发 FTP 客户端。从 Qt 5 开始，已经不再分别提供 QHttp 类、QFtp 类，应用层的编程使用 QNetworkRequest、QNetworkReply 和 QNetworkAccessManager 这几个高层次的类，它们提供更加简单和强大的接口。

其中，网络请求由 QNetworkRequest 类来表示，作为与请求有关的信息的统一容器，在创建请求对象时指定的 URL 决定了请求使用的协议，目前支持 HTTP、FTP 和本地文件 URLs 的上传和下载；QNetworkAceessManager 类用于协调网络操作，每当创建一个请求后，该类用来调度它，并发送信号以报告进度；而对于网络请求的应答则使用 QNetworkReply 类表示，它会在请求被完成调度时由 QNetworkAccessManager 类创建。

10.4.1 简单网页浏览器实例

【例】（难度中等）（CH1006）简单网页浏览器。

操作步骤如下。

新建 Qt Widgets Application 项目，名称为"myHTTP"，类名为"MainWindow"，基类保持"QMainWindow"不变。完成后在"myHTTP.pro"文件中添加语句"QT += network"，并保存该文件。进入设计模式，向界面上拖入一个 Text Browser，进入"mainwindow.h"文件，首先添加类的前置声明：

```
class QNetworkReply;
class QNetworkAccessManager;
```

然后添加一个私有对象定义：

```
QNetworkAccessManager *manager;
```

再添加一个私有槽的声明：

```
private slots:
    void replyFinished(QNetworkReply *);
```

在"mainwindow.cpp"文件中，首先添加头文件：

```
#include <QtNetwork>
```

然后在构造函数中添加如下代码：

```
manager = new QNetworkAccessManager(this);
connect(manager,SIGNAL(finished(QNetworkReply*)),this
        ,SLOT(replyFinished(QNetworkReply*)));
manager->get(QNetworkRequest(QUrl("http://www.baidu.com")));
```

这里首先创建了一个 QNetworkAccessManager 类的实例，它用来发送网络请求和接收应答。然后关联了管理器的 finished()信号和自定义的槽，每当网络应答结束时都会发送这个信号。最后使用了 get()函数来发送一个网络请求，网络请求使用 QNetworkRequest 类表示，get()函数返回一个 QNetworkReply 对象。

下面添加槽的定义：

```
void MainWindow::replyFinished(QNetworkReply *reply)
{
    QString all = reply->readAll();
    ui->textBrowser->setText(all);
    reply->deleteLater();
}
```

因为 QNetworkReply 类继承自 QIODevice 类，所以可以像操作一般的 I/O 设备一样操作该类。这里使用了 readAll()函数来读取所有的应答数据。在完成数据的读取后，需要使用 deleteLater()函数删除 reply 对象。

运行程序，显示出"百度搜索"首页，效果如图 10.17 所示。

本例只是初步地演示了网页文字链接的显示，并未像实用的浏览器那样完整地显示页面上的图片、脚本特效等。

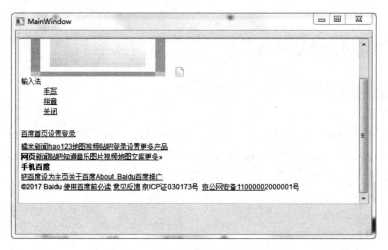

图 10.17　显示简单网页文字链接

10.4.2　文件下载实例

下面在网页浏览实例的基础上，实现一般页面文件的下载，并且显示下载进度。进入设计模式，向界面上拖入 Label、Line Edit、Progress Bar 和 Push Button 等部件，最终效果如图 10.18 所示。

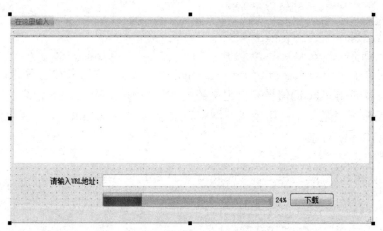

图 10.18　添加部件后的程序界面

首先，在"mainwindow.h"文件中添加头文件和类的前置声明：

```
#include <QUrl>
class QFile;
```

其次，添加如下私有槽声明：

```
void httpFinished();
void httpReadyRead();
void updateDataReadProgress(qint64,qint64);
```

再添加一个 public() 函数声明：

```
void startRequest(QUrl url);
```

再次，添加几个私有对象定义：

```
QNetworkReply *reply;
QUrl url;
QFile *file;
```
在"mainwindow.cpp"文件中,在构造函数中添加:
```
ui->progressBar->hide();
```
这里开始将进度条隐藏了,因此在没有下载文件时是不显示进度条的。

接下来添加几个新函数,首先添加网络请求函数:
```
void MainWindow::startRequest(QUrl url)
{
    reply = manager->get(QNetworkRequest(url));
    connect(reply,SIGNAL(readyRead()),this,SLOT(httpReadyRead()));
    connect(reply,SIGNAL(downloadProgress(qint64,qint64)),this
            ,SLOT(updateDataReadProgress(qint64,qint64)));
    connect(reply,SIGNAL(finished()),this,SLOT(httpFinished()));
}
```
这里使用了 get()函数发送网络请求,进行了 QNetworkReply 对象的几个信号和自定义槽的关联。其中,readyRead()信号继承自 QIODevice 类,每当有新的数据可以读取时,都会发送该信号;每当网络请求的下载进度更新时,都会发送 downloadProgress()信号,用于更新进度条;每当应答处理结束时,都会发送 finished()信号,该信号与前面程序中 QNetworkAccessManager 类的 finished()信号作用相同,只不过是发送者不同,参数也不同而已。

下面添加几个槽的定义:
```
void MainWindow::httpReadyRead()
{
    if(file)file->write(reply->readAll());
}
```
这里首先判断是否创建了文件。如果是,则读取返回的所有数据,然后写入文件中。该文件是在后面的"下载"按钮的单击信号的槽中创建并打开的。
```
void MainWindow::updateDataReadProgress(qint64 bytesRead, qint64 totalBytes)
{
    ui->progressBar->setMaximum(totalBytes);
    ui->progressBar->setValue(bytesRead);
}
```
这里设置了进度条的最大值和当前值。
```
void MainWindow::httpFinished()
{
    ui->progressBar->hide();
    file->flush();
    file->close();
    reply->deleteLater();
    reply = 0;
    delete file;
    file = 0;
}
```
当完成下载后,重新隐藏进度条,删除 reply 和 file 对象。

进入设计模式,进入"下载"按钮的单击信号的槽,添加如下代码:

```
void MainWindow::on_pushButton_clicked()
{
    url = ui->lineEdit->text();
    QFileInfo info(url.path());
    QString fileName(info.fileName());
    file = new QFile(fileName);
    if(!file->open(QIODevice::WriteOnly))
    {
        qDebug()<<"file open error";
        delete file;
        file = 0;
        return;
    }
    startRequest(url);
    ui->progressBar->setValue(0);
    ui->progressBar->show();
}
```

这里使用要下载的文件名创建了本地文件，使用输入的 url 进行网络请求，并显示进度条。

现在可以运行程序了，可以输入一个网络文件地址，单击"下载"按钮将其下载到本地。例如，下载免费软件"微信 2017 官方电脑版"。

可以使用如下 URL 地址（地址会有变化，读者请根据实际情况测试程序）：

http://sqdownb.onlinedown.net/down/WeChatSetup.zip

在下载过程中，进度条出现并动态变化，如图 10.19 所示。下载完成后，可在项目工程所在的"C:\Qt6\CH10\CH1006\build-myHTTP-Desktop_Qt_6_0_2_MinGW_64_bit-Debug"文件夹下找到该文件。

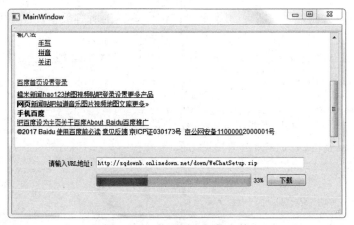

图 10.19　从网页上下载文件

第 11 章
Qt 6 事件处理及实例

本章通过鼠标事件、键盘事件和事件过滤的三个实例介绍事件处理的实现。

 11.1 鼠标事件实例

鼠标事件包括鼠标的移动，鼠标键按下、松开、单击、双击等。

【例】（简单）（CH1101）本例将介绍如何获得和处理鼠标事件。程序最终演示效果如图 11.1 所示。

当用户操作鼠标在特定区域内移动时，状态栏右侧会实时地显示当前鼠标所在的位置信息；当用户按下鼠标键时，状态栏左侧会显示用户按下的键属性（左键、右键或中键），并显示按键时的鼠标位置；当用户松开鼠标键时，状态栏左侧又会显示松开时的位置信息。

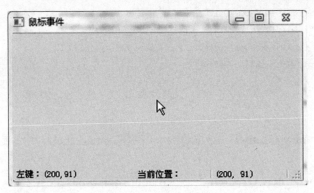

图 11.1 鼠标事件实例

下面是鼠标事件实例的具体实现步骤。

（1）在头文件"mouseevent.h"中，重定义了 QWidget 类的三个鼠标事件方法，即 mouseMoveEvent、mousePressEvent 和 mouseReleaseEvent。当有鼠标事件发生时，就会响应相应的函数，其具体内容如下：

```
#include <QMainWindow>
#include <QLabel>
#include <QStatusBar>
#include <QMouseEvent>
class MouseEvent : public QMainWindow
```

```cpp
{
    Q_OBJECT
public:
    MouseEvent(QWidget *parent = 0);
    ~MouseEvent();
protected:
    void mousePressEvent(QMouseEvent *e);
    void mouseMoveEvent(QMouseEvent *e);
    void mouseReleaseEvent(QMouseEvent *e);
    void mouseDoubleClickEvent(QMouseEvent *e);
private:
    QLabel *statusLabel;
    QLabel *MousePosLabel;
};
```

（2）源文件"mouseevent.cpp"的具体代码如下：

```cpp
#include "mouseevent.h"
MouseEvent::MouseEvent(QWidget *parent)
    : QMainWindow(parent)
{
    setWindowTitle(tr("鼠标事件"));                        //设置窗体的标题
    statusLabel = new QLabel;                             //(a)
    statusLabel->setText(tr("当前位置："));
    statusLabel->setFixedWidth(100);
    MousePosLabel = new QLabel;                           //(b)
    MousePosLabel->setText(tr(""));
    MousePosLabel->setFixedWidth(100);
    statusBar()->addPermanentWidget(statusLabel);         //(c)
    statusBar()->addPermanentWidget(MousePosLabel);
    this->setMouseTracking(true);                         //(d)
    resize(400,200);
}
```

其中，

(a) statusLabel = new QLabel：创建 QLabel 控件 statusLabel，用于显示鼠标移动时的实时位置。

(b) MousePosLabel = new QLabel：创建 QLabel 控件 MousePosLabel，用于显示鼠标键按下或释放时的位置。

(c) statusBar( )->addPermanentWidget(…)：在 QMainWindow 的状态栏中增加控件。

(d) this->setMouseTracking(true)：设置窗体追踪鼠标。setMouseTracking()函数设置窗体是否追踪鼠标，默认为 false，不追踪，在此情况下应至少有一个鼠标键被按下时才响应鼠标移动事件，在前面的例子中有很多类似的情况，如绘图程序。在这里需要实时显示鼠标的位置，因此设置为 true，追踪鼠标。

mousePressEvent()函数为鼠标按下事件响应函数，QMouseEvent 类的 button()方法可以获得发生鼠标事件的按键属性（左键、右键、中键等）。具体代码如下：

```cpp
void MouseEvent::mousePressEvent(QMouseEvent *e)
{
    QString str = "(" + QString::number(e->x()) + "," + QString::number(e->y())
```

```
+ ")";                                                      //(a)
    if(e->button()== Qt::LeftButton)
    {
        statusBar()->showMessage(tr("左键：") + str);
    }
    else if(e->button() == Qt::RightButton)
    {
        statusBar()->showMessage(tr("右键：") + str);
    }
    else if(e->button() == Qt::MiddleButton)
    {
        statusBar()->showMessage(tr("中键：") + str);
    }
}
```

其中，

(a) QMouseEvent 类的 **x()和 y()**方法可以获得鼠标相对于接收事件的窗体位置，globalX()和 globalY()方法可以获得鼠标相对窗口系统的位置。

mouseMoveEvent()函数为鼠标移动事件响应函数，QMouseEvent 类的 x()和 y()方法可以获得鼠标的相对位置，即相对于应用程序的位置。具体代码如下：

```
void MouseEvent::mouseMoveEvent(QMouseEvent *e)
{
    MousePosLabel->setText("(" + QString::number(e->x()) + "," + QString::number(e->y()) + ")");
}
```

mouseReleaseEvent()函数为鼠标松开事件响应函数，其具体代码如下：

```
void MouseEvent::mouseReleaseEvent(QMouseEvent *e)
{
    QString str = "(" + QString::number(e->x()) + "," + QString::number(e->y()) + ")";
    statusBar()->showMessage(tr("释放在：") + str,3000);
}
```

mouseDoubleClickEvent()函数为鼠标双击事件响应函数，此处没有实现具体功能，但仍要写出函数体框架：

```
void MouseEvent::mouseDoubleClickEvent(QMouseEvent *e){}
```

（3）运行程序，效果如图 11.1 所示。

11.2 键盘事件实例

在图像处理和游戏应用程序中，有时需要通过键盘控制某个对象的移动，此功能可以通过对键盘事件的处理来实现。键盘事件的获取是通过重定义 QWidget 类的 keyPressEvent()和 keyReleaseEvent()来实现的。

【例】（难度一般）（CH1102）下面通过实现键盘控制图标的移动来介绍键盘事件的应用，如图 11.2 所示。

第1部分 Qt 6 基础

通过键盘的上、下、左、右方向键可以控制图标的移动,移动的步进值为网格的大小,如果同时按下 Ctrl 键,则实现细微移动;若按下 Home 键,则光标回到界面的左上顶点;若按下 End 键,则光标到达界面的右下顶点。

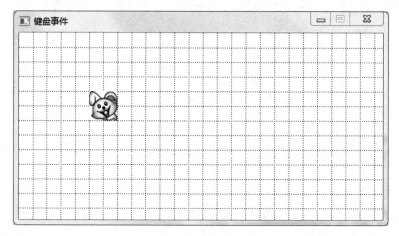

图 11.2 键盘事件实例

具体实现步骤如下。

(1)头文件"keyevent.h"的具体内容如下:

```cpp
#include <QWidget>
#include <QKeyEvent>
#include <QPaintEvent>
class KeyEvent : public QWidget
{
    Q_OBJECT
public:
    KeyEvent(QWidget *parent = 0);
    ~KeyEvent();
    void drawPix();
    void keyPressEvent(QKeyEvent *);
    void paintEvent(QPaintEvent *);
private:
    QPixmap *pix;         //作为一个绘图设备,使用双缓冲机制实现图形的绘制
    QImage image;         //界面中间的小图标
    /* 图标的左上顶点位置 */
    int startX;
    int startY;
    /* 界面的宽度和高度 */
    int width;
    int height;
    int step;             //网格的大小,即移动的步进值
};
```

(2)源文件"keyevent.cpp"的具体代码如下:

```cpp
#include "keyevent.h"
#include <QPainter>
KeyEvent::KeyEvent(QWidget *parent)
```

```
    : QWidget(parent)
{
    setWindowTitle(tr("键盘事件"));
    setAutoFillBackground(true);
    QPalette palette = this->palette();
    palette.setColor(QPalette::Window,Qt::white);
    setPalette(palette);
    setMinimumSize(512,256);
    setMaximumSize(512,256);
    width = size().width();
    height = size().height();
    pix = new QPixmap(width,height);
    pix->fill(Qt::white);
    image.load("../image/image.png");
    startX = 100;
    startY = 100;
    step = 20;
    drawPix();
    resize(512,256);
}
```

（3）在项目工程所在的"C:\Qt6\CH11\CH1102\KeyEvent"目录下新建一个文件夹并命名为"image"，在文件夹内保存一个名为"image.png"的图片；在项目中按照以下步骤添加资源文件。

① 在项目名"KeyEvent"上单击鼠标右键→"Add New…"菜单项，在如图11.3所示的对话框中单击"Qt"（模板）→"Qt Resource File"→"Choose..."按钮。

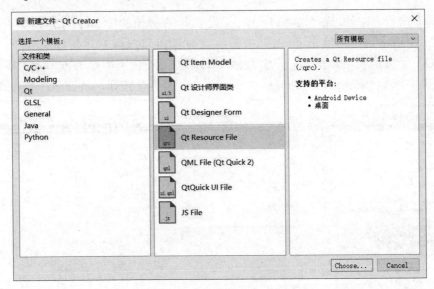

图11.3　添加Qt资源文件

② 在弹出的对话框中选择资源要存放的路径，如图11.4所示，在"名称"栏中填写资源名称"keyevent"。

单击"下一步"按钮，单击"完成"按钮。此时，项目下自动添加了一个"keyevent.qrc"资源文件，如图11.5所示。

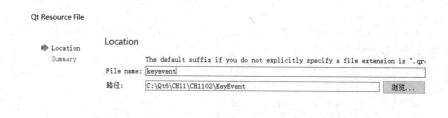

图11.4 为资源命名和选择资源要存放的路径

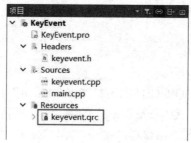

图11.5 添加后的项目目录树

③ 鼠标右击资源文件,选择"Add Prefix..."菜单项,在弹出的"Add Prefix"对话框的"Prefix:"栏中填写"/new/prefix1",单击"OK"按钮,此时项目目录树右区资源文件下新增了一个"/new/prefix1"子目录项,单击该区下方"Add Files"按钮,按照如图11.6所示的步骤操作,在弹出的对话框中选择"image/image.png"文件,单击"打开"按钮,将该图片添加到项目中。

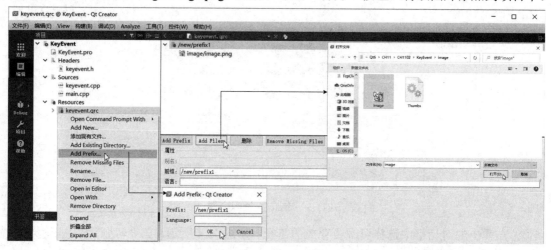

图11.6 将资源加入项目

(4) drawPix()函数实现了在QPixmap对象上绘制图像,其具体代码如下:

```
void KeyEvent::drawPix()
```

```cpp
{
    pix->fill(Qt::white);                            //重新刷新 pix 对象为白色底色
    QPainter *painter = new QPainter;                //创建一个 QPainter 对象
    QPen pen(Qt::DotLine);                                              //(a)
    for(int i = step;i < width;i = i + step)         //按照步进值的间隔绘制纵向的网格线
    {
        painter->begin(pix);                         //指定 pix 为绘图设备
        painter->setPen(pen);
        painter->drawLine(QPoint(i,0),QPoint(i,height));
        painter->end();
    }
    for(int j = step;j < height;j = j + step)        //按照步进值的间隔绘制横向的网格线
    {
        painter->begin(pix);
        painter->setPen(pen);
        painter->drawLine(QPoint(0,j),QPoint(width,j));
        painter->end();
    }
    painter->begin(pix);
    painter->drawImage(QPoint(startX,startY),image);     //(b)
    painter->end();
}
```

其中，

(a) QPen pen(Qt::DotLine): 创建一个 QPen 对象，设置画笔的线型为 Qt::DotLine，用于绘制网格。

(b) painter->drawImage(QPoint(startX,startY),image): 在 pix 对象中绘制可移动的小图标。

keyPressEvent()函数处理键盘的按下事件，具体代码如下：

```cpp
void KeyEvent::keyPressEvent(QKeyEvent *event)
{
    if(event->modifiers() == Qt::ControlModifier)           //(a)
    {
        if(event->key() == Qt::Key_Left)                    //(b)
        {
            startX = (startX - 1 < 0) ? startX : startX - 1;
        }
        if(event->key() == Qt::Key_Right)                   //(c)
        {
            startX = (startX + 1 + image.width() > width) ? startX : startX + 1;
        }
        if(event->key() == Qt::Key_Up)                      //(d)
        {
            startY = (startY - 1 < 0) ? startY : startY - 1;
        }
        if(event->key() == Qt::Key_Down)                    //(e)
        {
            startY = (startY + 1 + image.height() > height) ? startY : startY + 1;
        }
    }
```

```
        }
        else                                          //对 Ctrl 键没有按下的处理
        {
            /* 首先调节图标左上顶点的位置至网格的顶点上 */
            startX = startX - startX % step;
            startY = startY - startY % step;
            if(event->key() == Qt::Key_Left)           //(f)
            {
                startX = (startX - step < 0) ? startX : startX - step;
            }
            if(event->key() == Qt::Key_Right)          //(g)
            {
                startX = (startX + step + image.width() > width) ? startX : startX + step;
            }
            if(event->key() == Qt::Key_Up)             //(h)
            {
                startY = (startY - step < 0) ? startY : startY - step;
            }
            if(event->key() == Qt::Key_Down)           //(i)
            {
                startY = (startY + step + image.height() > height) ? startY : startY + step;
            }
            if(event->key() == Qt::Key_Home)           //(j)
            {
                startX = 0;
                startY = 0;
            }
            if(event->key() == Qt::Key_End)            //(k)
            {
                startX = width - image.width();
                startY = height - image.height();
            }
        }
        drawPix();                                    //根据调整后的图标位置重新在 pix 中绘制图像
        update();                                     //触发界面重画
}
```

其中，

(a) if(event->modifiers() == Qt::ControlModifier)：判断修饰键 Ctrl 是否按下。Qt::Keyboard Modifier 定义了一系列修饰键，如下所示。

- **Qt::NoModifier**：没有修饰键按下。
- **Qt::ShiftModifier**：Shift 键按下。
- **Qt::ControlModifier**：Ctrl 键按下。
- **Qt::AltModifier**：Alt 键按下。
- **Qt::MetaModifier**：Meta 键按下。
- **Qt::KeypadModifier**：小键盘按键按下。

● **Qt::GroupSwitchModifier**：Mode switch 键按下。

(b) **if(event->key() == Qt::Key_Left)**：根据按下的左方向键调节图标的左上顶点的位置，步进值为 1，即细微移动。

(c) **if(event->key() == Qt::Key_Right)**：根据按下的右方向键调节图标的左上顶点的位置，步进值为 1，即细微移动。

(d) **if(event->key() == Qt::Key_Up)**：根据按下的上方向键调节图标的左上顶点的位置，步进值为 1，即细微移动。

(e) **if(event->key() == Qt::Key_Down)**：根据按下的下方向键调节图标的左上顶点的位置，步进值为 1，即细微移动。

(f) **if(event->key() == Qt::Key_Left)**：根据按下的左方向键调节图标的左上顶点的位置，步进值为网格的大小。

(g) **if(event->key() == Qt::Key_Right)**：根据按下的右方向键调节图标的左上顶点的位置，步进值为网格的大小。

(h) **if(event->key() == Qt::Key_Up)**：根据按下的上方向键调节图标的左上顶点的位置，步进值为网格的大小。

(i) **if(event->key() == Qt::Key_Down)**：根据按下的下方向键调节图标的左上顶点的位置，步进值为网格的大小。

(j) **if(event->key() == Qt::Key_Home)**：表示如果按下 Home 键，则恢复图标位置为界面的左上顶点。

(k) **if(event->key() == Qt::Key_End)**：表示如果按下 End 键，则将图标位置设置为界面的右下顶点，这里注意需要考虑图标自身的大小。

界面重绘函数 paintEvent()，将 pix 绘制在界面上。其具体代码如下：

```
void KeyEvent::paintEvent(QPaintEvent *)
{
    QPainter painter;
    painter.begin(this);
    painter.drawPixmap(QPoint(0,0),*pix);
    painter.end();
}
```

（5）运行结果如图 11.2 所示。

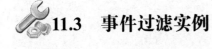

11.3 事件过滤实例

Qt 的事件模型中提供的事件过滤器功能使得一个 QObject 对象可以监视另一个 QObject 对象中的事件，通过在一个 QObject 对象中安装事件过滤器，可以在事件到达该对象前捕获事件，从而起到监视该对象事件的作用。

例如，Qt 已经提供了 QPushButton 用于表示一个普通的按钮类。如果需要实现一个动态的图片按钮，即当鼠标键按下时按钮图片发生变化，则需要同时响应鼠标按下等事件。

【例】（难度一般）（CH1103）通过事件过滤器实现动态图片按钮效果，如图 11.7 所示。

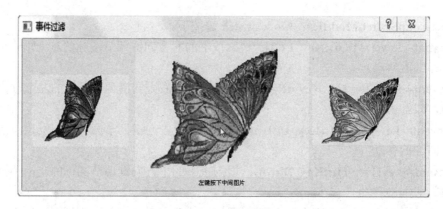

图 11.7 事件过滤实例

三个图片分别对应三个 QLabel 对象。当用鼠标键按下某个图片时,图片大小会发生变化;而释放鼠标键时,图片又恢复初始大小,并且程序将提示当前事件的状态信息,如鼠标键类型、被鼠标键按下的图片序号等。

具体实现步骤如下。

(1) 头文件 "eventfilter.h" 中声明了所需的各种控件及槽函数,其具体代码如下:

```cpp
#include <QDialog>
#include <QLabel>
#include <QImage>
#include <QEvent>
class EventFilter : public QDialog
{
    Q_OBJECT
public:
    EventFilter(QWidget *parent = 0);
    ~EventFilter();
public slots:
    bool eventFilter(QObject *, QEvent *);
private:
    QLabel *label1;
    QLabel *label2;
    QLabel *label3;
    QLabel *stateLabel;
    QImage Image1;
    QImage Image2;
    QImage Image3;
};
```

其中,eventFilter() 函数是 QObject 的事件监视函数。

(2) 源文件 "eventfilter.cpp" 的具体代码如下:

```cpp
#include "eventfilter.h"
#include <QHBoxLayout>
#include <QVBoxLayout>
#include <QMouseEvent>
EventFilter::EventFilter(QWidget *parent)
    : QDialog(parent)
```

```cpp
{
    setWindowTitle(tr("事件过滤"));
    label1 = new QLabel;
    Image1.load("../image/1.png");
    label1->setAlignment(Qt::AlignHCenter|Qt::AlignVCenter);
    label1->setPixmap(QPixmap::fromImage(Image1));
    label2 = new QLabel;
    Image2.load("../image/2.png");
    label2->setAlignment(Qt::AlignHCenter|Qt::AlignVCenter);
    label2->setPixmap(QPixmap::fromImage(Image2));
    label3 = new QLabel;
    Image3.load("../image/3.png");
    label3->setAlignment(Qt::AlignHCenter|Qt::AlignVCenter);
    label3->setPixmap(QPixmap::fromImage(Image3));
    stateLabel = new QLabel(tr("鼠标键按下标志"));
    stateLabel->setAlignment(Qt::AlignHCenter);
    QHBoxLayout *layout=new QHBoxLayout;
    layout->addWidget(label1);
    layout->addWidget(label2);
    layout->addWidget(label3);
    QVBoxLayout *mainLayout = new QVBoxLayout(this);
    mainLayout->addLayout(layout);
    mainLayout->addWidget(stateLabel);
    label1->installEventFilter(this);
    label2->installEventFilter(this);
    label3->installEventFilter(this);
}
```

其中，installEventFilter()函数为每一个图片安装事件过滤器，指定整个窗体为监视事件的对象，函数原型如下：

```cpp
void QObject::installEventFilter
(
    QObject * filterObj
)
```

参数 filterObj 是监视事件的对象，此对象可以通过 eventFilter()函数接收事件。如果某个事件需要被过滤，即停止正常的事件响应，则在 eventFilter()函数中返回 true，否则返回 false。

QObject 的 removeEventFilter()函数可以解除已安装的事件过滤器。

（3）资源文件的添加如上例演示的步骤，不再赘述。

（4）QObject 的事件监视函数 eventFilter()的具体实现代码如下：

```cpp
bool EventFilter::eventFilter(QObject *watched, QEvent *event)
{
    if(watched == label1)                              //首先判断当前发生事件的对象
    {
        //判断发生的事件类型
        if(event->type() == QEvent::MouseButtonPress)
        {
            //将事件 event 转化为鼠标事件
            QMouseEvent *mouseEvent = (QMouseEvent *)event;
```

```cpp
            /* 以下根据鼠标键的类型分别显示 */
            if(mouseEvent->buttons()&Qt::LeftButton)
            {
                stateLabel->setText(tr("左键按下左边图片"));
            }
            else if(mouseEvent->buttons()&Qt::MiddleButton)
            {
                stateLabel->setText(tr("中键按下左边图片"));
            }
            else if(mouseEvent->buttons()&Qt::RightButton)
            {
                stateLabel->setText(tr("右键按下左边图片"));
            }
            /* 显示缩小的图片 */
            QTransform transform;
            transform.scale(1.8,1.8);
            QImage tmpImg = Image1.transformed(transform);
            label1->setPixmap(QPixmap::fromImage(tmpImg));
        }
        /* 鼠标释放事件的处理,恢复图片的大小 */
        if(event->type() == QEvent::MouseButtonRelease)
        {
            stateLabel->setText(tr("鼠标释放左边图片"));
            label1->setPixmap(QPixmap::fromImage(Image1));
        }
    }
    else if(watched == label2)
    {
        if(event->type() == QEvent::MouseButtonPress)
        {
            //将事件 event 转化为鼠标事件
            QMouseEvent *mouseEvent = (QMouseEvent *)event;
            /* 以下根据鼠标键的类型分别显示 */
            if(mouseEvent->buttons()&Qt::LeftButton)
            {
                stateLabel->setText(tr("左键按下中间图片"));
            }
            else if(mouseEvent->buttons()&Qt::MiddleButton)
            {
                stateLabel->setText(tr("中键按下中间图片"));
            }
            else if(mouseEvent->buttons()&Qt::RightButton)
            {
                stateLabel->setText(tr("右键按下中间图片"));
            }
            /* 显示缩小的图片 */
            QTransform transform;
            transform.scale(1.8,1.8);
```

```cpp
            QImage tmpImg = Image2.transformed(transform);
            label2->setPixmap(QPixmap::fromImage(tmpImg));
        }
        /* 鼠标释放事件的处理，恢复图片的大小 */
        if(event->type() == QEvent::MouseButtonRelease)
        {
            stateLabel->setText(tr("鼠标释放中间图片"));
            label2->setPixmap(QPixmap::fromImage(Image2));
        }
    }
    else if(watched == label3)
    {
        if(event->type() == QEvent::MouseButtonPress)
        {
            //将事件 event 转化为鼠标事件
            QMouseEvent *mouseEvent = (QMouseEvent *)event;
            /* 以下根据鼠标键的类型分别显示 */
            if(mouseEvent->buttons()&Qt::LeftButton)
            {
                stateLabel->setText(tr("左键按下右边图片"));
            }
            else if(mouseEvent->buttons()&Qt::MiddleButton)
            {
                stateLabel->setText(tr("中键按下右边图片"));
            }
            else if(mouseEvent->buttons()&Qt::RightButton)
            {
                stateLabel->setText(tr("右键按下右边图片"));
            }
            /* 显示缩小的图片 */
            QTransform transform;
            transform.scale(1.8,1.8);
            QImage tmpImg = Image3.transformed(transform);
            label3->setPixmap(QPixmap::fromImage(tmpImg));
        }
        /* 鼠标释放事件的处理，恢复图片的大小 */
        if(event->type() == QEvent::MouseButtonRelease)
        {
            stateLabel->setText(tr("鼠标释放右边图片"));
            label3->setPixmap(QPixmap::fromImage(Image3));
        }
    }
    //将事件交给上层对话框
    return QDialog::eventFilter(watched,event);
}
```

（5）运行结果如图 11.7 所示。

第 12 章

Qt 6 多线程

通常情况下，应用程序都在一个线程中执行操作。但是，当调用一个耗时操作（例如，大批量 I/O 或大量矩阵变换等 CPU 密集操作）时，用户界面常常会冻结。而使用多线程可解决这一问题。

多线程具有以下优势。

（1）提高应用程序的响应速度。这对于开发图形界面的程序尤为重要，当一个操作耗时很长时，整个系统都会等待这个操作，程序就不能响应键盘、鼠标、菜单等的操作，而使用多线程技术可将耗时长的操作置于一个新的线程，从而避免出现以上问题。

（2）使多 CPU 系统更加有效。当线程数不大于 CPU 数目时，操作系统可以调度不同的线程运行于不同的 CPU 上。

（3）改善程序结构。一个既长又复杂的进程可以考虑分为多个线程，成为独立或半独立的运行部分，这样有利于代码的理解和维护。

多线程程序具有以下特点。

（1）多线程程序的行为无法预期，当多次执行上述程序时，每次的运行结果都可能不同。

（2）多线程的执行顺序无法保证，它与操作系统的调度策略和线程优先级等因素有关。

（3）多线程的切换可能发生在任何时刻、任何地点。

（4）由于多线程对代码的敏感度高，因此对代码的细微修改都可能产生意想不到的结果。

基于以上这些特点，为了有效地使用线程，开发人员必须对其进行控制。

 ## 12.1 多线程实例

下面的例子介绍如何实现一个简单的多线程程序。

【例】（难度一般）（CH1201）如图 12.1 所示，单击"开始"按钮将启动数个工作线程（工作线程数目由 MAXSIZE 宏决定），各个线程循环打印数字 0~9，直到单击"停止"按钮终止所有线程为止。

图 12.1 多线程简单实现界面

具体步骤如下。

(1) 在头文件 "threaddlg.h" 中声明用于界面显示所需的控件，其具体代码如下：

```cpp
#include <QDialog>
#include <QPushButton>
class ThreadDlg : public QDialog
{
    Q_OBJECT
public:
    ThreadDlg(QWidget *parent = 0);
    ~ThreadDlg();
private:
    QPushButton *startBtn;
    QPushButton *stopBtn;
    QPushButton *quitBtn;
};
```

(2) 在源文件 "threaddlg.cpp" 的构造函数中，完成各个控件的初始化工作，其具体代码如下：

```cpp
#include "threaddlg.h"
#include <QHBoxLayout>
ThreadDlg::ThreadDlg(QWidget *parent)
    : QDialog(parent)
{
    setWindowTitle(tr("线程"));
    startBtn = new QPushButton(tr("开始"));
    stopBtn = new QPushButton(tr("停止"));
    quitBtn = new QPushButton(tr("退出"));
    QHBoxLayout *mainLayout = new QHBoxLayout(this);
    mainLayout->addWidget(startBtn);
    mainLayout->addWidget(stopBtn);
    mainLayout->addWidget(quitBtn);
}
```

(3) 此时运行程序，界面显示如图 12.1 所示。

以上完成了界面的设计，下面的内容是具体的功能实现。

(1) 在头文件 "workthread.h" 中，工作线程 WorkThread 类继承自 QThread 类。重新实现 run()函数。其具体代码如下：

```cpp
#include <QThread>
class WorkThread : public QThread
{
    Q_OBJECT
public:
    WorkThread();
protected:
    void run();
};
```

(2) 在源文件 "workthread.cpp" 中添加具体实现代码如下：

```cpp
#include "workthread.h"
#include <QtDebug>
WorkThread::WorkThread()
```

```
    {
    }
```

run()函数实际上是一个死循环,它不停地打印数字0~9。为了显示效果明显,程序将每一个数字重复打印8次。

```
void WorkThread::run()
{
    while(true)
    {
        for(int n = 0;n < 10;n++)
            qDebug()<<n<<n<<n<<n<<n<<n<<n<<n;
    }
}
```

 注意: 线程将因为调用printf()函数而持有一个控制I/O的锁(lock),多个线程同时调用printf()函数在某些情况下将造成控制台输出阻塞,而使用Qt提供的qDebug()函数作为控制台输出则不会出现上述问题。

(3)在头文件"threaddlg.h"中添加以下内容:

```
#include "workthread.h"
#define MAXSIZE 1                           //MAXSIZE 宏定义了线程的数目
public slots:
    void slotStart();                       //槽函数用于启动线程
    void slotStop();                        //槽函数用于终止线程
private:
WorkThread *workThread[MAXSIZE];            //(a)
```

其中,

(a) WorkThread *workThread[MAXSIZE]: 指向工作线程(WorkThread)的私有指针数组workThread,记录了所启动的全部线程。

(4)在源文件"threaddlg.cpp"中添加以下内容。

其中,在构造函数中添加如下代码:

```
connect(startBtn,SIGNAL(clicked()),this,SLOT(slotStart()));
connect(stopBtn,SIGNAL(clicked()),this,SLOT(slotStop()));
connect(quitBtn,SIGNAL(clicked()),this,SLOT(close()));
```

当用户单击"开始"按钮时,将调用槽函数slotStart()。这里使用两个循环,目的是使新建的线程尽可能同时开始执行,其具体实现代码如下:

```
void ThreadDlg::slotStart()
{
    for(int i = 0;i < MAXSIZE;i++)
    {
        workThread[i] = new WorkThread();       //(a)
    }
    for(int i = 0;i < MAXSIZE;i++)
    {
        workThread[i]->start();                 //(b)
    }
```

```
    startBtn->setEnabled(false);
    stopBtn->setEnabled(true);
}
```

其中，

(a) workThread[i] = new WorkThread()：创建指定数目的 WorkThread 线程，并将 WorkThread 实例的指针保存在指针数组 workThread 中。

(b) workThread[i]->start()：调用 QThread 基类的 start()函数，此函数将启动 run()函数，从而使线程开始真正运行。

当用户单击"停止"按钮时，将调用槽函数 slotStop()。其具体实现代码如下：

```
void ThreadDlg::slotStop()
{
    for(int i = 0;i < MAXSIZE;i++)
    {
        workThread[i]->terminate();
        workThread[i]->wait();
    }
    startBtn->setEnabled(true);
    stopBtn->setEnabled(false);
}
```

其中，workThread[i]->terminate()、workThread[i]->wait()：调用 QThread 基类的 terminate()函数，依次终止保存在 workThread[]数组中的 WorkThread 类实例。但是，terminate()函数并不会立刻终止这个线程，该线程何时终止取决于操作系统的调度策略。因此，程序紧接着调用了 QThread 基类的 wait()函数，它使线程阻塞等待直到退出或超时。

（5）多线程简单实现结果如图 12.2 所示。

第 1 列是启动 5 个线程的运行结果，第 2 列是启动单一线程的运行结果。可以看出，单一线程的输出结果是顺序打印的，而多线程的输出结果则是乱序打印的，这正是多线程的一大特点。

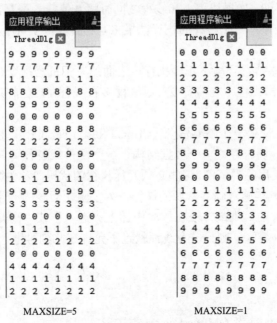

图 12.2 多线程简单实现结果

12.2 多线程控制

本节介绍 Qt 线程同步、互斥控制的基本方法。线程之间存在着互相制约的关系，具体可分为互斥和同步这两种关系。

实现线程的互斥与同步常使用的类有 QMutex、QMutexLocker、QReadWriteLocker、QReadLocker、QWriteLocker、QSemaphore 和 QWaitCondition。

下面举一个例子加以说明：

```
class Key
{
public:
    Key() {key = 0;}
    int creatKey() {++key; return key;}
    int value()const {return key;}
private:
    int key;
};
```

这是实现生成从 0 开始递增且不允许重复的值的 Key 类。

在多线程环境下，这个类是不安全的，因为存在多个线程同时修改私有成员 key，其结果是不可预知的。

虽然 Key 类产生主键的函数 creatKey()只有一条语句执行修改成员变量 key 的值，但是 C++的"++"操作符并不是原子操作，通常编译后，它将被展开成为以下三条机器命令：

- 将变量值载入寄存器。
- 将寄存器中的值加 1。
- 将寄存器中的值写回主存。

假设当前的 key 值为 0，如果线程 1 和线程 2 同时将 0 值载入寄存器，执行加 1 操作并将加 1 后的值写回主存，则结果是两个线程的执行结果将互相覆盖，实际上仅进行了一次加 1 操作，此时的 key 值为 1。

为了保证 Key 类在多线程环境下正确执行，上面的三条机器指令必须串行执行且不允许中途被打断（原子操作），即线程 1 在线程 2（或线程 2 在线程 1）之前完整执行上述三条机器指令。

实际上，私有变量 key 是一个临界资源（Critical Resource，CR）。临界资源一次仅允许被一个线程使用，它可以是一块内存、一个数据结构、一个文件或者任何其他具有排他性使用的东西。在程序中,通常竞争使用临界资源。这些必须互斥执行的代码段称为"临界区（Critical Section，CS）"。临界区（代码段）实施对临界资源的操作，为了阻止问题的产生，一次只能有一个线程进入临界区。通常有相关的机制或方法在程序中加上"进入"或"离开"临界区等操作。如果一个线程已经进入某个临界区，则另一个线程就绝不允许在此刻再进入同一个临界区。

12.2.1 互斥量

互斥量可通过 QMutex 或者 QMutexLocker 类实现。

1. QMutex 类

QMutex 类是对互斥量的处理。它被用来保护一段临界区代码，即每次只允许一个线程访问这段代码。

QMutex 类的 lock()函数用于锁住互斥量。如果互斥量处于解锁状态，则当前线程就会立即抓住并锁定它，否则当前线程就会被阻塞，直到持有这个互斥量的线程对它解锁。线程调用 lock()函数后就会持有这个互斥量，直到调用 unlock()函数为止。

QMutex 类还提供了一个 tryLock()函数。如果互斥量已被锁定，则立即返回。

例如：

```
class Key
{
public:
    Key() {key = 0;}
    int creatKey() { mutex.lock(); ++key; return key; mutex.unlock();}
    int value()const { mutex.lock(); return key; mutex.unlock();}
private:
    int key;
    QMutex mutex;
};
```

在上述的代码段中，虽然 creatKey()函数中使用 mutex 进行了互斥操作，但是 unlock()函数却不得不在 return 之后，从而导致 unlock()函数永远无法执行。同样，value()函数也存在这个问题。

2. QMutexLocker 类

Qt 提供的 QMutexLocker 类可以简化互斥量的处理，它在构造函数中接收一个 QMutex 对象作为参数并将其锁定，在析构函数中解锁这个互斥量，这样就解决了以上问题。

例如：

```
class Key
{
public:
    Key() {key = 0;}
    int creatKey() { QMutexLocker locker(&mutex); ++key; return key; }
    int value()const { QMutexLocker locker(&mutex); return key; }
private:
    int key;
    QMutex mutex;
};
```

locker()函数作为局部变量会在函数退出时结束其作用域，从而自动对互斥量 mutex 解锁。

在实际应用中，一些互斥量锁定和解锁逻辑通常比较复杂，并且容易出错，而使用 QMutexLocker 类后，通常只需要这一条语句，从而大大降低了编程的复杂度。

12.2.2 信号量

信号量可以理解为对互斥量功能的扩展，互斥量只能锁定一次而信号量可以获取多次，它可以用来保护一定数量的同种资源。信号量的典型用法是控制生产者/消费者之间共享的环形缓冲区。

生产者/消费者实例中对同步的需求有两处：

（1）如果生产者过快地生产数据，将会覆盖消费者还没有读取的数据。

（2）如果消费者过快地读取数据，将越过生产者并且读取到一些过期数据。

针对以上问题，有两种解决方法：

（1）首先使生产者填满整个缓冲区，然后等待消费者读取整个缓冲区，这是一种比较笨拙的方法。

（2）使生产者和消费者线程同时分别操作缓冲区的不同部分，这是一种比较高效的方法。

【例】（难度一般）（CH1202）基于控制台程序实现。

（1）在源文件"main.cpp"中添加的具体实现代码如下：

```cpp
#include <QCoreApplication>
#include <QSemaphore>
#include <QThread>
#include <stdio.h>
const int DataSize = 1000;
const int BufferSize = 80;
int buffer[BufferSize];                              //(a)
QSemaphore freeBytes(BufferSize);                    //(b)
QSemaphore usedBytes(0);                             //(c)
```

（2）Producer 类继承自 QThread 类，作为生产者类，其声明如下：

```cpp
class Producer : public QThread
{
public:
    Producer();
    void run();
};
```

其中，

(a) int buffer[BufferSize]：首先，生产者向 buffer 中写入数据，直到它到达终点，然后从起点重新开始覆盖已经存在的数据。消费者读取前者生产的数据，在此处每个 int 字长都被看成一个资源，实际应用中常会在更大的单位上进行操作，从而减少使用信号量带来的开销。

(b) QSemaphore freeBytes(BufferSize)：freeBytes 信号量控制可被生产者填充的缓冲区部分，被初始化为 BufferSize(80)，表示程序一开始有 BufferSize 个缓冲区单元可被填充。

(c) QSemaphore usedBytes(0)：usedBytes 信号量控制可被消费者读取的缓冲区部分，被初始化为 0，表示程序一开始时缓冲区中没有数据可供读取。

Producer()构造函数中没有实现任何内容：

```cpp
Producer::Producer()
{
}
```

Producer::run()函数的具体实现代码如下：

```cpp
void Producer::run()
{
    for(int i = 0;i < DataSize;i++)
    {
```

```
        freeBytes.acquire();                          //(a)
        buffer[i%BufferSize] = (i%BufferSize);        //(b)
        usedBytes.release();                          //(c)
    }
}
```

其中，

(a) freeBytes.acquire()：生产者线程首先获取一个空闲单元，如果此时缓冲区被消费者尚未读取的数据填满，对此函数的调用就会阻塞，直到消费者读取了这些数据为止。

acquire(n)函数用于获取 n 个资源，当没有足够的资源时，调用者将被阻塞，直到有足够的可用资源为止。

除此之外，QSemaphore 类还提供了一个 tryAcquire(n)函数，在没有足够的资源时，该函数会立即返回。

(b) buffer[i%BufferSize] = (i%BufferSize)：一旦生产者获取了某个空闲单元，就使用当前的缓冲区单元序号填写这个缓冲区单元。

(c) usedBytes.release()：调用该函数将可用资源加 1，表示消费者此时可以读取这个刚刚填写的单元了。

release(n)函数用于释放 n 个资源。

（3）Consumer 类继承自 QThread 类，作为消费者类，其声明如下：

```
class Consumer : public QThread
{
public:
    Consumer();
    void run();
};
```

Consumer()构造函数中没有实现任何内容：

```
Consumer::Consumer()
{
}
```

Consumer::run()函数的具体实现代码如下：

```
void Consumer::run()
{
    for(int i = 0;i < DataSize;i++)
    {
        usedBytes.acquire();                                //(a)
        fprintf(stderr,"%d",buffer[i%BufferSize]);          //(b)
        if(i%16==0 && i!=0)
            fprintf(stderr,"\n");
        freeBytes.release();                                //(c)
    }
    fprintf(stderr,"\n");
}
```

其中，

(a) usedBytes.acquire()：消费者线程首先获取一个可被读取的单元，如果缓冲区中没有包含任何可以读取的数据，对此函数的调用就会阻塞，直到生产者生产了一些数据为止。

(b) fprintf(stderr,"%d",buffer[i%BufferSize])：一旦消费者获取了这个单元，会将这个单元的内容打印出来。

(c) freeBytes.release()：调用该函数使得这个单元变为空闲，以备生产者下次填充。

（4）main()函数的具体内容如下：

```
int main(int argc, char *argv[])
{
    QCoreApplication a(argc, argv);
    Producer producer;
    Consumer consumer;
    /* 启动生产者和消费者线程 */
    producer.start();
    consumer.start();
    /* 等待生产者和消费者各自执行完毕后自动退出 */
    producer.wait();
    consumer.wait();
    return a.exec();
}
```

（5）最终运行结果如图 12.3 所示。

```
65666768697071727374757677 7 8 7 9 9 0
12345678910111213141516
171819202122232425262728293 0 3 1 3 2
33343536373839404142434445464748
49505152535455565758596061626364
65666768697071727374757677 7 8 7 9 9 0
12345678910111213141516
171819202122232425262728293 0 3 1 3 2
33343536373839404142434445464748
49505152535455565758596061626364
65666768697071727374757677 7 8 7 9 9 0
12345678910111213141516
171819202122232425262728293 0 3 1 3 2
33343536373839404142434445464748
49505152535455565758596061626364
65666768697071727374757677 7 8 7 9 9 0
12345678910111213141516
171819202122232425262728293 0 3 1 3 2
33343536373839404142434445464748
49505152535455565758596061626364
65666768697071727374757677 7 8 7 9 9 0
12345678910111213141516
171819202122232425262728293 0 3 1 3 2
33343536373839
```

图 12.3 使用 QSemaphore 类实例

12.2.3 线程等待与唤醒

对生产者和消费者问题的另一个解决方法是使用 QWaitCondition 类，允许线程在一定条件下唤醒其他线程。

【例】（难度一般）（CH1203）使用 QWaitCondition 类解决生产者和消费者问题。

源文件"main.cpp"的具体内容如下：

```
#include <QCoreApplication>
#include <QWaitCondition>
#include <QMutex>
```

```cpp
#include <QThread>
#include <stdio.h>
const int DataSize = 1000;
const int BufferSize = 80;
int buffer[BufferSize];
QWaitCondition bufferEmpty;
QWaitCondition bufferFull;
QMutex mutex;                                    //(a)
int numUsedBytes = 0;                            //(b)
int rIndex = 0;                                  //(c)
```

其中,

(a) QMutex mutex:使用互斥量保证对线程操作的原子性。

(b) int numUsedBytes = 0:变量 numUsedBytes 表示存在多少"可用字节"。

(c) int rIndex = 0:本例中启动了两个消费者线程,并且这两个线程读取同一个缓冲区,为了不重复读取,设置全局变量 rIndex 用于指示当前所读取缓冲区位置。

生产者线程 Producer 类继承自 QThread 类,其声明如下:

```cpp
class Producer : public QThread
{
public:
    Producer();
    void run();
};
```

Producer()构造函数无须实现内容:

```cpp
Producer::Producer()
{
}
```

Producer::run()函数的具体内容如下:

```cpp
void Producer::run()
{
    for(int i = 0;i < DataSize;i++)              //(a)
    {
        mutex.lock();
        if(numUsedBytes == BufferSize)           //(b)
            bufferEmpty.wait(&mutex);            //(c)
        buffer[i%BufferSize] = numUsedBytes;     //(d)
        ++numUsedBytes;                          //增加 numUsedBytes 变量
        bufferFull.wakeAll();                    //(e)
        mutex.unlock();
    }
}
```

其中,

(a) for(int i = 0;i < DataSize;i++) { mutex.lock(); … mutex.unlock();}:for 循环中的所有语句都需要使用互斥量加以保护,以保证其操作的原子性。

(b) if(numUsedBytes == BufferSize):首先检查缓冲区是否已被填满。

(c) bufferEmpty.wait(&mutex):如果缓冲区已被填满,则等待"缓冲区有空位"(bufferEmpty

变量）条件成立。wait()函数将互斥量解锁并在此等待，其原型如下：

```
bool QWaitCondition::wait
(
    QMutex * mutex,
    unsigned long time = ULONG_MAX
)
```

① 参数 mutex 为一个锁定的互斥量。如果此参数的互斥量在调用时不是锁定的或者出现递归锁定的情况，则 wait()函数将立刻返回。

② 参数 time 为等待时间。

调用 wait()函数的线程使得作为参数的互斥量在调用前首先变为解锁定状态，然后自身被阻塞变为等待状态直到满足以下条件之一：

● 其他线程调用了 wakeOne()或者 wakeAll()函数，这种情况下将返回"true"值。
● 第 2 个参数 time 超时（以毫秒为单位），该参数默认情况下为 ULONG_MAX，表示永不超时，这种情况下将返回"false"值。
● wait()函数返回前会将互斥量参数重新设置为锁定状态，从而保证从锁定状态到等待状态的原子性转换。

(d) buffer[i%BufferSize] = numUsedBytes：如果缓冲区未被填满，则向缓冲区中写入一个整数值。

(e) bufferFull.wakeAll()：最后唤醒等待"缓冲区有可用数据"（bufferEmpty 变量）条件为"真"的线程。

wakeOne()函数在条件满足时随机唤醒一个等待线程，而 wakeAll()函数则在条件满足时唤醒所有等待线程。

消费者线程 Consumer 类继承自 QThread 类，其声明如下：

```
class Consumer : public QThread
{
public:
    Consumer();
    void run();
};
```

Consumer()构造函数中无须实现内容：

```
Consumer::Consumer()
{
}
```

Consumer::run()函数的具体内容如下：

```
void Consumer::run()
{
    forever
    {
        mutex.lock();
        if(numUsedBytes == 0)
            bufferFull.wait(&mutex);                    //(a)
        printf("%ul::[%d]=%d\n",currentThreadId(),rIndex,buffer[rIndex]);
                                                        //(b)
        rIndex = (++rIndex)%BufferSize;                 //将 rIndex 变量循环加 1
        --numUsedBytes;                                 //(c)
```

```
            bufferEmpty.wakeAll();                              //(d)
            mutex.unlock();
        }
        printf("\n");
}
```

其中，

(a) bufferFull.wait(&mutex)：当缓冲区中无数据时，等待"缓冲区有可用数据"（bufferFull 变量）条件成立。

(b) printf("%ul::[%d]=%d\n",currentThreadId(),rIndex,buffer[rIndex])：当缓冲区中有可用数据即条件成立时，打印当前线程号和 rIndex 变量，以及其指示的当前可读取数据。这里为了区分究竟是哪一个消费者线程消耗了缓冲区里的数据，使用了 QThread 类的 currentThreadId() 静态函数输出当前线程的 ID。这个 ID 在 X11 环境下是一个 unsigned long 类型的值。

(c) --numUsedBytes：numUsedBytes 变量减 1，即可用的数据减 1。

(d) bufferEmpty.wakeAll()：唤醒等待"缓冲区有空位"（bufferEmpty 变量）条件的生产者线程。

main()函数的具体内容如下：
```
int main(int argc, char *argv[])
{
    QCoreApplication a(argc, argv);
    Producer producer;
    Consumer consumerA;
    Consumer consumerB;
    producer.start();
    consumerA.start();
    consumerB.start();
    producer.wait();
    consumerA.wait();
    consumerB.wait();
    return a.exec();
}
```

其中，consumerA.start()、consumerB.start()函数启动了两个消费者线程。

程序最终的运行结果如图 12.4 所示。

图 12.4 使用 QWaitCondition 类实例

12.3 多线程应用

本节中通过实现一个多线程的网络时间服务器,介绍如何综合运用多线程技术编程。每当有客户请求到达时,服务器将启动一个新线程为它返回当前的时间,服务完毕后,这个线程将自动退出。同时,用户界面会显示当前已接收请求的次数。

12.3.1 服务器端编程实例

【例】(难度中等)(CH1204)服务器端编程。

首先,建立服务器端项目"TimeServer"。文件代码如下。

(1)在头文件"dialog.h"中,定义服务器端界面 Dialog 类继承自 QDialog 类,其具体代码如下:

```cpp
#include <QDialog>
#include <QLabel>
#include <QPushButton>
class Dialog : public QDialog
{
    Q_OBJECT
public:
    Dialog(QWidget *parent = 0);
    ~Dialog();
private:
    QLabel *Label1;              //此标签用于显示监听端口
    QLabel *Label2;              //此标签用于显示请求次数
    QPushButton *quitBtn;        //退出按钮
};
```

(2)在源文件"dialog.cpp"中,Dialog 类的构造函数完成了初始化界面,其具体代码如下:

```cpp
#include "dialog.h"
#include <QHBoxLayout>
#include <QVBoxLayout>
Dialog::Dialog(QWidget *parent)
    : QDialog(parent)
{
    setWindowTitle(tr("多线程时间服务器"));
    Label1 = new QLabel(tr("服务器端口: "));
    Label2 = new QLabel;
    quitBtn = new QPushButton(tr("退出"));
    QHBoxLayout *BtnLayout = new QHBoxLayout;
    BtnLayout->addStretch(1);
    BtnLayout->addWidget(quitBtn);
    BtnLayout->addStretch(1);
    QVBoxLayout *mainLayout = new QVBoxLayout(this);
    mainLayout->addWidget(Label1);
    mainLayout->addWidget(Label2);
```

```
    mainLayout->addLayout(BtnLayout);
    connect(quitBtn,SIGNAL(clicked()),this,SLOT(close()));
}
```
(3) 此时运行服务器端项目,界面显示如图 12.5 所示。

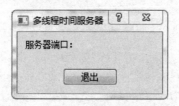

图 12.5 服务器端界面

(4) 在服务器端项目中添加 C++ Class 文件 "timethread.h" 及 "timethread.cpp"。在头文件 "timethread.h"中,工作线程 TimeThread 类继承自 QThread 类,实现 TCP 套接字,其具体代码如下:

```
#include <QThread>
#include <QtNetwork>
#include <QTcpSocket>
class TimeThread : public QThread
{
    Q_OBJECT
public:
    TimeThread(int socketDescriptor,QObject *parent = 0);
    void run();                                          //重写此虚函数
signals:
    void error(QTcpSocket::SocketError socketError);     //出错信号
private:
    int socketDescriptor;                                //套接字描述符
};
```

(5) 在源文件 "timethread.cpp"中,TimeThread 类的构造函数只是初始化了套接字描述符, 其具体代码如下:

```
#include "timethread.h"
#include <QDateTime>
#include <QByteArray>
#include <QDataStream>
TimeThread::TimeThread(int socketDescriptor,QObject *parent)
    :QThread(parent),socketDescriptor(socketDescriptor)
{
}
```

TimeThread::run()函数是工作线程(TimeThread)的实质所在,当在 TimeServer::incomingConnection()函数中调用了 thread->start()函数后,此虚函数开始执行,其具体代码如下:

```
void TimeThread::run()
{
    QTcpSocket tcpSocket;                                //创建一个QTcpSocket 类
    if(!tcpSocket.setSocketDescriptor(socketDescriptor))  //(a)
    {
        emit error(tcpSocket.error());                   //(b)
```

```
        return;
    }
    QByteArray block;
    QDataStream out(&block,QIODevice::WriteOnly);
    out.setVersion(QDataStream::Qt_6_0);
    uint time2u = QDateTime::currentDateTime().toSecsSinceEpoch();
                                                    //(c)
    out<<time2u;
    tcpSocket.write(block);             //将获得的当前时间传回客户端
    tcpSocket.disconnectFromHost();     //断开连接
    tcpSocket.waitForDisconnected();    //等待返回
}
```

其中，

(a) tcpSocket.setSocketDescriptor(socketDescriptor)：将以上创建的 QTcpSocket 类置以从构造函数中传入的套接字描述符，用于向客户端传回服务器端的当前时间。

(b) emit error(tcpSocket.error())：如果出错，则发出 error(tcpSocket.error())信号报告错误。

(c) uint time2u = QDateTime::currentDateTime().toSecsSinceEpoch()：如果不出错，则开始获取当前时间。

此处需要注意的是时间数据的传输格式，Qt 虽然可以很方便地通过 QDateTime 类的静态函数 currentDateTime()获取一个时间对象，但类结构是无法直接在网络间传输的，此时需要将它转换为一个标准的数据类型后再传输。而 QDateTime 类提供了 toSecsSinceEpoch()函数，这个函数返回当前自 1970-01-01 00:00:00（UNIX 纪元）经过了多少秒，返回值为一个 uint 类型，可以将这个值传输给客户端。在客户端方面，使用 QDateTime 类的 fromSecsSinceEpoch(uint seconds)函数将这个时间还原。

（6）在服务器端项目中添加 C++ Class 文件 "timeserver.h" 及 "timeserver.cpp"。在头文件 "timeserver.h" 中，实现了一个 TCP 服务器端，TimeServer 类继承自 QTcpServer 类，其具体代码如下：

```
#include <QTcpServer>
class Dialog;                                           //服务器端的声明
class TimeServer : public QTcpServer
{
    Q_OBJECT
public:
    TimeServer(QObject *parent = 0);
protected:
    void incomingConnection(int socketDescriptor);      //(a)
private:
    Dialog *dlg;                                        //(b)
};
```

其中，

(a) void incomingConnection(int socketDescriptor)：重写此虚函数。这个函数在 TCP 服务器端有新的连接时被调用，其参数为所接收新连接的套接字描述符。

(b) Dialog *dlg：用于记录创建这个 TCP 服务器端对象的父类，这里是界面指针，通过这个指针将线程发出的消息关联到界面的槽函数中。

(7) 在源文件 "timeserver.cpp" 中，构造函数只是用传入的父类指针 parent 初始化私有变量 dlg，其具体代码如下：

```cpp
#include "timeserver.h"
#include "timethread.h"
#include "dialog.h"
TimeServer::TimeServer(QObject *parent):QTcpServer(parent)
{
    dlg = (Dialog *)parent;
}
```

重写的虚函数 incomingConnection() 的具体代码如下：

```cpp
void TimeServer::incomingConnection(int socketDescriptor)
{
    TimeThread *thread = new TimeThread(socketDescriptor,0);    //(a)
    connect(thread,SIGNAL(finished()),dlg,SLOT(slotShow()));    //(b)
    connect(thread,SIGNAL(finished()),thread,SLOT(deleteLater()),
            Qt::DirectConnection);                              //(c)
    thread->start();                                            //(d)
}
```

其中，

(a) TimeThread *thread = new TimeThread(socketDescriptor,0)：以返回的套接字描述符 socketDescriptor 创建一个工作线程 TimeThread。

(b) connect(thread,SIGNAL(finished()),dlg,SLOT(slotShow()))：将上述创建的线程结束消息函数 finished() 关联到槽函数 slotShow() 用于显示请求计数。此操作中，因为信号是跨线程的，所以使用了排队连接方式。

(c) connect(thread,SIGNAL(finished()),thread,SLOT(deleteLater()), Qt::Direct Connection)：将上述创建的线程结束消息函数 finished() 关联到线程自身的槽函数 deleteLater() 用于结束线程。在此操作中，因为信号是在同一个线程中的，使用了直接连接方式，故最后一个参数可以省略而使用 Qt 的自动连接选择方式。

另外，由于工作线程中存在网络事件，所以不能被外界线程销毁，这里使用了延迟销毁函数 deleteLater() 保证由工作线程自身销毁。

(d) thread->start()：启动上述创建的线程。执行此语句后，工作线程（TimeThread）的虚函数 run() 开始执行。

(8) 在服务器端界面的头文件 "dialog.h" 中添加的具体代码如下：

```cpp
class TimeServer;
public slots:
    void slotShow();                //此槽函数用于界面上显示的请求次数
private:
    TimeServer *timeServer;         //TCP 服务器端 timeServer
    int count;                      //请求次数计数器 count
```

(9) 在源文件 "dialog.cpp" 中，添加的头文件如下：

```cpp
#include <QMessageBox>
#include "timeserver.h"
```

其中，在 Dialog 类的构造函数中添加的内容，用于启动服务器端的网络监听，其具体实现如下：

```
count = 0;
timeServer = new TimeServer(this);
if(!timeServer->listen())
{
    QMessageBox::critical(this,tr("多线程时间服务器"),
        tr("无法启动服务器：%1.").arg(timeServer->errorString()));
    close();
    return;
}
Label1->setText(tr("服务器端口：%1.").arg(timeServer->serverPort()));
```

在源文件"dialog.cpp"中，槽函数 slotShow()的具体内容如下：

```
void Dialog::slotShow()
{
    Label2->setText(tr("第%1 次请求完毕。").arg(++count));
}
```

其中，**Label2->setText(tr("第%1 次请求完毕。").arg(++count))**在标签 Label2 上显示当前的请求次数，并将请求数计数 count 加 1。注意，槽函数 slotShow()虽然被多个线程激活，但调用入口只有主线程的事件循环这一个。多个线程的激活信号最终会在主线程的事件循环中排队调用此槽函数，从而保证了 count 变量的互斥访问。因此，槽函数 slotShow()是一个天然的临界区。

（10）在服务器端项目文件"TimeServer.pro"中添加如下代码：

```
QT += network
```

（11）最后运行服务器端项目，结果如图 12.6 所示。

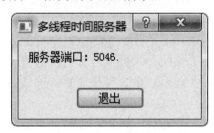

图 12.6　运行服务器端项目

12.3.2　客户端编程实例

【例】（难度中等）（CH1205）客户端编程。客户端界面如图 12.7 所示。

图 12.7　客户端界面

操作步骤如下。

（1）建立客户端项目"TimeClient"。在头文件"timeclient.h"中，定义了客户端界面类 TimeClient 继承自 QDialog 类，其具体代码如下：

```cpp
#include <QDialog>
#include <QLabel>
#include <QLineEdit>
#include <QPushButton>
#include <QDateTimeEdit>
#include <QTcpSocket>
#include <QAbstractSocket>
class TimeClient : public QDialog
{
    Q_OBJECT
public:
    TimeClient(QWidget *parent = 0);
    ~TimeClient();
public slots:
    void enableGetBtn();
    void getTime();
    void readTime();
    void showError(QAbstractSocket::SocketError socketError);
private:
    QLabel *serverNameLabel;
    QLineEdit *serverNameLineEdit;
    QLabel *portLabel;
    QLineEdit *portLineEdit;
    QDateTimeEdit *dateTimeEdit;
    QLabel *stateLabel;
    QPushButton *getBtn;
    QPushButton *quitBtn;
    uint time2u;
    QTcpSocket *tcpSocket;
};
```

（2）在源文件"timeclient.cpp"中，TimeClient 类的构造函数完成了初始化界面，其具体代码如下：

```cpp
#include "timeclient.h"
#include <QHBoxLayout>
#include <QVBoxLayout>
#include <QGridLayout>
#include <QDataStream>
#include <QMessageBox>
TimeClient::TimeClient(QWidget *parent)
    : QDialog(parent)
{
    setWindowTitle(tr("多线程时间服务客户端"));
    serverNameLabel = new QLabel(tr("服务器名："));
    serverNameLineEdit = new QLineEdit("Localhost");
```

```cpp
    portLabel = new QLabel(tr("端口: "));
    portLineEdit = new QLineEdit;
    QGridLayout *layout = new QGridLayout;
    layout->addWidget(serverNameLabel,0,0);
    layout->addWidget(serverNameLineEdit,0,1);
    layout->addWidget(portLabel,1,0);
    layout->addWidget(portLineEdit,1,1);
    dateTimeEdit = new QDateTimeEdit(this);
    QHBoxLayout *layout1 = new QHBoxLayout;
    layout1->addWidget(dateTimeEdit);
    stateLabel = new QLabel(tr("请首先运行时间服务器! "));
    QHBoxLayout *layout2 = new QHBoxLayout;
    layout2->addWidget(stateLabel);
    getBtn = new QPushButton(tr("获取时间"));
    getBtn->setDefault(true);
    getBtn->setEnabled(false);
    quitBtn = new QPushButton(tr("退出"));
    QHBoxLayout *layout3 = new QHBoxLayout;
    layout3->addStretch();
    layout3->addWidget(getBtn);
    layout3->addWidget(quitBtn);
    QVBoxLayout *mainLayout = new QVBoxLayout(this);
    mainLayout->addLayout(layout);
    mainLayout->addLayout(layout1);
    mainLayout->addLayout(layout2);
    mainLayout->addLayout(layout3);
    connect(serverNameLineEdit,SIGNAL(textChanged(QString)),
        this,SLOT(enableGetBtn()));
    connect(portLineEdit,SIGNAL(textChanged(QString)),
        this,SLOT(enableGetBtn()));
    connect(getBtn,SIGNAL(clicked()),this,SLOT(getTime()));
    connect(quitBtn,SIGNAL(clicked()),this,SLOT(close()));
    tcpSocket = new QTcpSocket(this);
    connect(tcpSocket,SIGNAL(readyRead()),this,SLOT(readTime()));
    connect(tcpSocket,SIGNAL(error(QAbstractSocket::SocketError)),this,
        SLOT(showError(QAbstractSocket::SocketError)));
    portLineEdit->setFocus();
}
```

在源文件"timeclient.cpp"中,enableGetBtn()函数的具体代码如下:

```cpp
void TimeClient::enableGetBtn()
{
    getBtn->setEnabled(!serverNameLineEdit->text().isEmpty()&&
        !portLineEdit->text().isEmpty());
}
```

在源文件"timeclient.cpp"中,getTime()函数的具体代码如下:

```cpp
void TimeClient::getTime()
{
    getBtn->setEnabled(false);
```

```
    time2u = 0;
    tcpSocket->abort();
    tcpSocket->connectToHost(serverNameLineEdit->text(),
        portLineEdit->text().toInt());
}
```

在源文件"timeclient.cpp"中，readTime()函数的具体代码如下：
```
void TimeClient::readTime()
{
    QDataStream in(tcpSocket);
    in.setVersion(QDataStream::Qt_6_0);
    if(time2u == 0)
    {
        if(tcpSocket->bytesAvailable()<(int)sizeof(uint))
            return;
        in>>time2u;
    }
    dateTimeEdit->setDateTime(QDateTime::fromTime_t(time2u));
    getBtn->setEnabled(true);
}
```

在源文件"timeclient.cpp"中，showError()函数的具体代码如下：
```
void TimeClient::showError(QAbstractSocket::SocketError socketError)
{
    switch (socketError)
    {
    case QAbstractSocket::RemoteHostClosedError:
        break;
    case QAbstractSocket::HostNotFoundError:
        QMessageBox::information(this, tr("时间服务客户端"),
            tr("主机不可达！"));
        break;
    case QAbstractSocket::ConnectionRefusedError:
        QMessageBox::information(this, tr("时间服务客户端"),
            tr("连接被拒绝！"));
        break;
    default:
        QMessageBox::information(this, tr("时间服务客户端"),
            tr("产生如下错误: %1.").arg(tcpSocket->errorString()));
    }
    getBtn->setEnabled(true);
}
```

（3）在客户端项目文件"TimeClient.pro"中，添加如下代码：
```
QT += network
```
（4）运行客户端项目，显示界面如图12.7所示。

最后，同时运行服务器和客户端程序，单击客户端"获取时间"按钮，从服务器上获得当前的系统时间，如图12.8所示。

图 12.8 多线程从服务器上获取当前的系统时间

第 13 章

Qt 6 数据库

本章首先复习数据库的相关基本知识,然后介绍在 Qt 中是如何使用数据库的。

 13.1 数据库基本概念

本节简要介绍关于数据库系统的基本概念和术语,以及进行数据库应用开发中常用的数据库管理系统。

1. 数据和数据库(DB)

利用计算机进行数据处理,首先需要将信息以数据形式存储到计算机中,因为数据是可以被计算机接收和处理的符号。根据所表示的信息特征不同,数据有不同的类别,如数字、文字、表格、图形/图像和声音等。

数据库(DataBase,简称 DB),顾名思义,就是存放数据的仓库,其特点是:数据按照数据模型组织,是高度结构化的,可供多个用户共享并且具有一定的安全性。

实际开发中使用的数据库几乎都是关系型的。关系数据库是按照二维表结构方式组织的数据集合,二维表由行和列组成,表的行称为元组,列称为属性。对表的操作称为关系运算,主要的关系运算有投影、选择和连接等。

2. 数据库管理系统(DBMS)

数据库管理系统(DataBase Management System,DBMS),是位于用户应用程序和操作系统之间的数据库管理系统软件,其主要功能是组织、存储和管理数据,高效地访问和维护数据,即提供数据定义、数据操纵、数据控制和数据维护等功能。常用的数据库管理系统有 Oracle、Microsoft SQL Server 和 MySQL 等。

数据库系统(DataBase System,DBS),是指按照数据库方式存储和维护数据,并向应用程序提供数据访问接口的系统。DBS 通常由数据库、计算机硬件(支持 DB 存储和访问)、软件(包括操作系统、DBMS 及应用开发支撑软件)和数据库管理员(DataBase Administrator,DBA)四个部分组成。其中,DBA 是控制数据整体结构的人,负责数据库系统的正常运行,承担创建、监控和维护整个数据库结构的责任。DBA 必须具有的素质是,熟悉所有数据的性质和用途,充分了解用户需求,对系统性能非常熟悉。

在实际应用中,数据库系统通常分为桌面型和网络型两类。

桌面型数据库系统是指只在本机运行、不与其他计算机交换数据的系统,常用于小型信息管理系统，这类数据库系统的典型代表是 VFP 和 Access。

网络型数据库系统是指能够通过计算机网络进行数据共享和交换的系统，常用于构建较复杂的 C/S 结构或 B/S 结构的分布式应用系统，大多数数据库系统均属于此类，如 Oracle、Microsoft SQL Server 等。随着计算机网络的普及，计算模式正迅速从单机向网络计算平台迁移，网络型数据库系统的应用将越来越广泛。

3. 结构化查询语言（SQL）

结构化查询语言（Structured Query Language，SQL）是用于关系数据库操作的标准语言，最早由 Boyce 和 Chambedin 在 1974 年提出，称为 SEQUEL 语言。1976 年，IBM 公司的 San Jose 研究所在研制关系数据库管理系统 System R 时将 SEQUEL 修改为 SEQUEL2，后来简称为 SQL。1976 年，SQL 开始在商品化关系数据库管理系统中应用。1982 年，美国国家标准化组织（ANSI）确认 SQL 为数据库系统的工业标准。1986 年，ANSI 公布了 SQL 的第一个标准 X3.135-1986。随后，国际标准化组织（ISO）也通过了这个标准，即通常所说的 SQL-86。1987 年，ISO 又将其采纳为国际标准。1989 年，ANSI 和 ISO 公布了经过增补和修改的 SQL-89。1992 年，公布了 SQL-92（SQL-2），对语言表达式做了较大扩充。1999 年，推出 SQL-99（SQL-3），新增了对面向对象的支持。

目前，许多关系型数据库供应商都在自己的数据库中支持 SQL 语言，如 Access、MySQL、Oracle 和 Microsoft SQL Server 等，其中大部分数据库遵守的是 SQL-89 标准。

SQL 语言由以下三部分组成。

（1）数据定义语言（Data Description Language，DDL），用于执行数据库定义的任务，对数据库及数据库中的各种对象进行创建、删除和修改等操作。数据库对象主要包括表、默认约束、规则、视图、触发器和存储过程等。

（2）数据操纵语言（Data Manipulation Language，DML），用于操纵数据库中各种对象，检索和修改数据。

（3）数据控制语言（Data Control Language，DCL），用于安全管理，确定哪些用户可以查看或修改数据库中的数据。

SQL 语言主体由大约 40 条语句组成，每条语句都会对 DBMS 产生特定的动作，如创建新表、检索数据和更新数据等。SQL 语句通常由一个描述要产生的动作谓词（Verb）关键字开始，如 Create、Select、Update 等。紧随语句的是一个或多个子句（Clause），子句进一步指明语句对数据的作用条件、范围和方式等。

4. 表和视图

（1）表（Table）。

表是关系数据库中最主要的数据库对象，它是用来存储和操作数据的一种逻辑结构。表由行和列组成，因此也称为二维表。

表是在日常工作和生活中经常使用的一种表示数据及其关系的形式，如表 13.1 为一个学生表。

表 13.1 学生表

学　号	姓　名	专　业　名	性　别	出 生 时 间
170201	王　一	计算机	男	1998/10/01
170202	王　巍	计算机	女	1999/02/08
170302	林　滔	电子工程	男	1998/04/06
170303	江为中	电子工程	男	2001/12/08

每个表都有一个名字，以标志该表。例如，表 13.1 的名字是学生表，它共有五列，每列也都有一个名字，描述学生的某一方面特性。每个表由若干行组成，表的第一行为各列标题，即"栏目信息"，其余各行都是数据。例如，表 13.1 分别描述了四位同学的情况。下面是表的定义。

● 表结构

每个数据库包含若干个表。每个表具有一定的结构，称为表的"型"。所谓表型是指组成表的各列的名称及数据类型，也就是日常表格的"栏目信息"。

● 记录

每个表包含若干行数据，它们是表的"值"，表中的一行称为一个记录（Record）。因此，表是记录的有限集合。

● 字段

每个记录由若干个数据项构成，将构成记录的每个数据项称为字段（Field）。字段包含的属性有字段名、字段数据类型、字段长度及是否为关键字等。其中，字段名是字段的标识，字段的数据类型可以是多样的，如整型、实型、字符型、日期型或二进制型等。

例如，在表 13.1 中，表结构为（学号，姓名，专业名，性别，出生时间），该表由四条记录组成，它们分别是（170201，王一，计算机，男，1998/10/01）、（170202，王巍，计算机，女，1999/02/08）、（170302，林滔，电子工程，男，1998/04/06）和（170303，江为中，电子工程，男，2001/12/08），每条记录包含五个字段。

● 关键字

在学生表中，若不加以限制，则每条记录的姓名、专业名、性别和出生时间这四个字段的值都有可能相同，但是学号字段的值对表中所有记录来说则一定不同，即通过"学号"字段可以将表中的不同记录区分开来。

若表中记录的某一字段或字段组合能够唯一标志记录，则称该字段或字段组合为候选关键字（Candidate key）。若一个表有多个候选关键字，则选定其中一个为主关键字（Primary key），也称为主键。当一个表仅有唯一的一个候选关键字时，该候选关键字就是主关键字，如学生表的主关键字为学号。

若某字段或字段组合不是数据库中 A 表的关键字，但它是数据库中另外一个表即 B 表的关键字，则称该字段或字段组合为 A 表的外关键字（Foreign key）。

例如，设学生数据库有三个表，即学生表、课程表和学生成绩表，其结构分别如下：

学生表（<u>学号</u>，姓名，专业名，性别，出生时间）

课程表（<u>课程号</u>，课程名，学分）

学生成绩表（<u>学号，课程号</u>，分数）

（用下画线表示的字段或字段组合为关键字。）

由此可见，单独的学号、课程号都不是学生成绩表的关键字，但它们分别是学生表和课程表的关键字，因此它们都是学生成绩表的外关键字。

外关键字表示了表之间的参照完整性约束。例如，在学生数据库中，在学生成绩表中出现的学号必须是在学生表中已出现的；同样，课程号也必须是在课程表中已出现的。若在学生成绩表中出现了一个未在学生表中出现的学号，则会违背参照完整性约束。

（2）视图（View）。

视图是从一个或多个表（或视图）导出的表。

视图与表不同，它是一个虚表，即对视图所对应的数据不进行实际存储，数据库中只存储视图的定义，对视图的数据进行操作时，系统根据视图的定义操作与视图相关联的基本表。视图一经定义后，就可以像表一样被查询、修改、删除和更新。使用视图具有便于数据共享、简化用户权限管理和屏蔽数据库的复杂性等优点。

例如，对于以上所述学生数据库，可创建"学生选课"视图，该视图包含学号、姓名、课程号、课程名、学分和成绩字段。

13.2 常用 SQL 命令

13.2.1 数据查询

SELECT 查询是 SQL 语言的核心，其功能强大，与 SQL 子句结合，可完成各类复杂的查询操作。在数据库应用中，最常用的操作是查询，同时查询还是数据库的其他操作（如统计、插入、删除及修改）的基础。

1. SELECT 语句

完备的 SELECT 语句很复杂，其主要的子句如下：

```
SELECT [DISTINCT] [别名.]列名或表达式 [AS 列标题]  /* 指定要选择的列及其限定 */
                                                    //(a)
FROM      表数据源                                  /* FROM 子句，指定表或视图 */
[ WHERE   条件 ]                                    /* WHERE 子句，指定查询条件 */
                                                    //(b)
[ GROUP BY 表达式 ]                                 /* GROUP BY 子句，指定分组表达式 */
[ ORDER BY 表达式 [ ASC | DESC ]]                   /* ORDER BY 子句，指定排序表达式和顺序 */
                                                    //(c)
```

其中，SELECT 和 FROM 子句是不可缺少的。

(a) SELECT 子句指出查询结果中显示的列名，以及列名和函数组成的表达式等。可用 DISTINCT 去除重复的记录行；AS 列标题指定查询结果显示的列标题。当要显示表中所有列时，可用通配符 "*" 代替列名列表。

(b) WHERE 子句定义了查询条件。WHERE 子句必须紧跟 FROM 子句，其基本格式为：

```
WHERE 条件
```

其中，条件的常用格式为：

```
            { [ NOT ] <谓词> | (<查询条件>) }
            [ { AND | OR } [ NOT ] { <谓词> | (<查询条件>) } ]
    } [ ,…n ]
```

在 SQL 中，返回逻辑值（TRUE 或 FALSE）的运算符或关键字都可称为谓词，这里的谓词为判定运算，结果为 TRUE、FALSE 或 UNKNOWN，格式为：

```
{ 表达式 { = | < | <= | > | >= | <> | != | !< | !> } 表达式        /* 比较运算 */
| 字符串表达式 [ NOT ] LIKE 字符串表达式 [ ESCAPE '转义字符' ]       /* 字符串模式匹配 */
| 表达式 [ NOT ] BETWEEN 表达式1 AND 表达式2                        /* 指定范围 */
| 表达式 IS [ NOT ] NULL                                           /* 是否空值判断 */
| 表达式 [ NOT ] IN ( 子查询 | 表达式 [,…n] )                      /* IN 子句 */
| 表达式 { = | < | <= | > | >= | <> | != | !< | !> } { ALL | SOME | ANY } ( 子
查询 )                                                             /* 比较子查询 */
| EXIST ( 子查询 )                                                 /* EXIST 子查询 */
}
```

从查询条件的构成可以看出，查询条件能够将多个判定运算的结果通过逻辑运算符组成更为复杂的查询条件。判定运算包括比较运算、模式匹配、范围比较、空值比较和子查询等。

(c) GROUP BY 子句和 ORDER BY 子句分别对查询结果进行分组和排序。

下面用示例说明使用 SQL 语句对 Student 数据库进行的各种查询。

（1）查询 Student 数据库。

查询 students 表中每个同学的姓名和总学分：

```
USE Student
SELECT name,totalscore FROM students
```

（2）查询表中所有记录。

查询 students 表中每个同学的所有信息：

```
SELECT * FROM students
```

（3）条件查询。

查询 students 表中总学分大于或等于 120 的同学的情况：

```
SELECT * FROM students WHERE totalscore >= 120
```

（4）多重条件查询。

查询 students 表中所在系为"计算机"且总学分大于或等于 120 的同学的情况：

```
SELECT * FROM students WHERE department = '计算机' AND totalscore >= 120
```

（5）使用 LIKE 谓词进行模式匹配。

查询 students 表中姓"王"且单名的学生情况：

```
SELECT * FROM students WHERE name LIKE '王_'
```

（6）用 BETWEEN…AND 指定查询范围。

查询 students 表中不在 1999 年出生的学生情况：

```
SELECT * FROM students
    WHERE birthday NOT BETWEEN '1999-1-1' and '1999-12-31'
```

（7）空值比较。

查询总学分尚不确定的学生情况：

```
SELECT * FROM students
   WHERE totalscore IS NULL
```

（8）自然连接查询。

查找计算机系学生姓名及其"C 程序设计"课程的考试分数情况：

```
SLELCT name,grade
    FROM students, courses, grades,
   WHERE department = '计算机' AND coursename = 'C程序设计' AND
     students.studentid = grades.studentid AND courses.courseid =
     grades.coursesid
```

（9）IN 子查询。

查找选修了课程号为 101 的学生情况：

```
SELECT * FROM students
    WHERE studentid IN
       ( SELECT studentid FROM courses WHERE courseid = '101' )
```

在执行包含子查询的 SELECT 语句时，系统首先执行子查询，产生一个结果表，再执行外查询。本例中，首先执行子查询：

```
SELECT studentid FROM courses WHERE courseid = '101'
```

得到一个只含有 studentid 列的结果表，courses 中 courseid 列值为 101 的行在该结果表中都有一行。再执行外查询，若 students 表中某行的 studentid 列值等于子查询结果表中的任意一个值，则该行就被选择到最终的结果表中。

（10）比较子查询。

这种子查询可以认为是 IN 子查询的扩展，它是表达式的值与子查询的结果进行比较运算。查找课程号 206 的成绩不低于课程号 101 的最低成绩的学生学号：

```
SELECT studentid FROM grades
    WHERE courseid = '206' AND grade !< ANY
       ( SELECT grade FROM grades
              WHERE courseid = '101'
       )
```

（11）EXISTS 子查询。

EXISTS 谓词用于测试子查询的结果集是否为空表，若子查询的结果集不为空，则 EXISTS 返回 TRUE，否则返回 FALSE。EXISTS 还可与 NOT 结合使用，即 NOT EXISTS，其返回值与 EXISTS 刚好相反。

查找选修 206 号课程的学生姓名：

```
SELECT name FROM students
    WHERE EXISTS
       ( SELECT * FROM grades
            WHERE studentid = students.studentid AND courseid = '206'
       )
```

查找选修了全部课程（即没有一门功课不选修）的学生姓名：

```
SELECT name FROM students
  WHERE NOT EXISTS
     ( SELECT * FROM courses
          WHERE NOT EXISTS
             ( SELECT * FROM grades
                  WHERE studentid = students.studentid
                    AND courseid = courses.courseid
             )
     )
```

（12）查询结果分组。

将各门课程成绩按学号分组:
```
SELECT studentid,grade FROM grades
    GROUP BY studentid
```
(13) 查询结果排序。

将计算机系的学生按出生时间先后排序:
```
SELECT * FROM students
    WHERE department = '计算机'
        ORDER BY birthday
```

2. 常用聚合函数

在对表数据进行检索时,经常需要对结果进行汇总或计算,如在学生成绩数据库中求某门功课的总成绩、统计各分数段的人数等。聚合函数用于计算表中的数据,返回单个计算结果。常用的聚合函数见表 13.2。

表 13.2 常用的聚合函数

函 数 名	说 明
AVG	求组中值的平均值
COUNT	求组中项数,返回 int 类型整数
MAX	求最大值
MIN	求最小值
SUM	返回表达式中所有值的和
VAR	返回给定表达式中所有值的统计方差

本例对 students 表执行查询,使用常用的聚合函数。

(1) 求选修课程 101 的学生的平均成绩:
```
SELECT AVG(grade) AS '课程101平均成绩'
    FROM grades
    WHERE courseid = '101'
```
(2) 求选修课程 101 的学生的最高分和最低分:
```
SELECT MAX(grade) AS '课程101最高分', MIN(grade) AS '课程101最低分'
    FROM grades
    WHERE courseid = '101'
```
(3) 求学生的总人数:
```
SELECT COUNT(*) AS '学生总数'
    FROM students
```

13.2.2 数据操作

数据更新语句包括 INSERT、UPDATE 和 DELETE 语句。

1. 插入数据语句 INSERT

INSERT 语句可插入一条或多条记录至一个表中,它有两种语法形式。

语法 1：
```
INSERT INTO 目标源 [IN 外部数据库] (字段列表)                    //(a)
{DEFAULT VALUES|VALUES(DEFAULT|表达式列表)}                    //(b)
```
语法 2：
```
INSERT INTO 目标源 [IN 外部数据库] 字段列表
{SELECT…|EXECUTE…}
```

其中，

(a) 目标源：是欲追加记录的表（Table）或视图（View）的名称；**外部数据库**：需要同时包含数据库的路径和名称。

(b) 表达式列表：需要插入的字段值表达式列表，其个数应与记录的字段个数一致，若指定要插入值的字段列表，则应与字段列表中的字段个数一致。

使用第 1 种语法将一个记录或记录的部分字段插入表或视图中；而第 2 种语法的 INSERT 语句插入来自 SELECT 语句或来自使用 EXECUTE 语句执行的存储过程的结果集。

例如，用以下语句向 students 表插入一条记录：
```
INSERT INTO students
    VALUES('170206','罗亮', 0 ,'1/30/1998', 1, 150)
```

2. 删除数据语句 DELETE

DELETE 语句用于从一个或多个表中删除记录，语法格式如下：
```
DELETE FROM 表名
[WHERE…]
```
例如，用以下语句从 students 表中删除姓名为"罗亮"的记录：
```
DELETE FROM students
    WHERE name = '罗亮'
```

3. 更新数据语句 UPDATE

UPDATE 语句用于更新表中的记录，语法格式如下：
```
UPDATE 表名
SET 字段名1 = 表达式1[,字段名2 = 表达式2…]
[FROM 表名1|视图名1[,表名2|视图名2…]]
[WHERE…]
```
其中，以 SET 子句罗列出所有需要更新的字段，等号后面的表达式是要更新字段的新值。

例如，用以下语句将计算机系学生的总分增加 10：
```
UPDATE students
SET totalscore = totalscore + 10
WHERE department = '计算机'
```

13.3 Qt 操作 SQLite 数据库及实例

Qt 提供的 QtSql 模块实现了对数据库的访问，同时提供了一套与平台和具体所用数据库均无关的调用接口。此模块为不同层次的用户提供了不同的丰富的数据库操作类。例如，对于习惯使用 SQL 语法的用户，QSqlQuery 类提供了直接执行任意 SQL 语句并处理返回结果的方法；

而对于习惯使用较高层数据库接口以避免使用 SQL 语句的用户，QSqlTableModel 和 QSqlRelationalTableModel 类则提供了合适的抽象。

除此之外，此模型还支持常用的数据库模式，如主从视图（master-detail views）和向下钻取（drill-down）模式。

这个模块由不同 Qt 类支撑的三部分组成，QtSql 模块层次结构见表 13.3。

表 13.3　QtSql 模块层次结构

层　　次	描　　述
驱动层	实现了特定数据库与 SQL 接口的底层桥接，包括的支持类有 QSqlDriver、QSqlDriverCreator<T>、QSqlDriverCreatorBase、QSqlDriverPlugin 和 QSqlResult
SQL 接口层	QSqlDatabase 类提供了数据库访问、数据库连接操作，QSqlQuery 类提供了与数据库的交互操作，其他支持类有 QSqlError、QSqlField、QSqlTableModel 和 QSqlRecord
用户接口层	提供从数据库数据到用于数据表示的窗体的映射，包括的支持类有 QSqlQueryModel、QSqlTableModel 和 QSqlRelationalTableModel，这些类均依据 Qt 的模型/视图结构设计

本章通过列举一些 Qt 数据库应用的例子详细介绍 Qt 访问数据库的方法。

13.3.1　控制台方式操作及实例

项目中通常采用各种数据库（如 Oracle、SQL Server、MySQL 等）来实现对数据的存储、检索等功能。这些数据库除提供基本的查询、删除和添加等功能外，还提供很多高级特性，如触发器、存储过程、数据备份恢复和全文检索功能等。但实际上，很多应用仅利用了这些数据库的基本特性，而且在某些特殊场合的应用中，这些数据库明显有些臃肿。

Qt 提供了一种进程内数据库 SQLite。它小巧灵活，无须额外安装配置且支持大部分 ANSI SQL-92 标准，是一个轻量级的数据库，概括起来具有以下优点。

（1）SQLite 的设计目的是实现嵌入式 SQL 数据库引擎，它基于纯 C 语言代码，已经应用在非常广泛的领域内。

（2）SQLite 在需要持久存储时可以直接读写硬盘上的数据文件，在无须持久存储时也可以将整个数据库置于内存中，两者均不需要额外的服务器端进程，即 SQLite 是无须独立运行的数据库引擎。

（3）开放源代码，整套代码少于 3 万行，有良好的注释和 90% 以上的测试覆盖率。

（4）少于 250KB 的内存占用容量（gcc 编译情况下）。

（5）支持视图、触发器和事务，支持嵌套 SQL 功能。

（6）提供虚拟机用于处理 SQL 语句。

（7）不需要配置，不需要安装，也不需要管理员。

（8）支持大部分 ANSI SQL-92 标准。

（9）大部分应用的速度比目前常见的客户端/服务器结构的数据库快。

（10）编程接口简单易用。

在持久存储的情况下，一个完整的数据库对应于磁盘上的一个文件，它是一种具备基本数据库特性的数据文件，同一个数据文件可以在不同机器上使用，可以在不同字节序的机器间自由共享；最大支持 2TB 数据容量，而且性能仅受限于系统的可用内存；没有其他依赖，可以应用于多种操作系统平台。

【例】（难度中等）（CH1301）基于控制台的程序，使用 SQLite 数据库完成大批量数据的增加、删除、更新和查询操作并输出。

操作步骤如下。

（1）在"QSQLiteEx.pro"文件中添加如下语句：

```
QT += sql
QT += core5compat
```

（2）源文件"main.cpp"的具体代码如下：

```cpp
#include <QCoreApplication>
#include <QTextCodec>
#include <QSqlDatabase>
#include <QSqlQuery>
#include <QTime>
#include <QSqlError>
#include <QtDebug>
#include <QSqlDriver>
#include <QSqlRecord>
int main(int argc,char * argv[])
{
    QCoreApplication a(argc, argv);
    QTextCodec::setCodecForLocale(QTextCodec::codecForLocale());
                                                //设置中文显示
    QSqlDatabase db = QSqlDatabase::addDatabase("QSQLITE");
                                                //(a)
    db.setHostName("easybook-3313b0");          //设置数据库主机名
    db.setDatabaseName("qtDB.db");              //(b)
    db.setUserName("zhouhejun");                //设置数据库用户名
    db.setPassword("123456");                   //设置数据库密码
    db.open();                                  //打开连接

    //创建数据库表
    QSqlQuery query;                            //(c)
    bool success = query.exec("create table automobile
                    (id int primary key,
                    attribute varchar,
                    type varchar,
                    kind varchar,
                    nation int,
                    carnumber int,
                    elevaltor int,
                    distance int,
                    oil int,
                    temperature int)");         //(d)
    if(success)
        qDebug()<<QObject::tr("数据库表创建成功！\n");
    else
        qDebug()<<QObject::tr("数据库表创建失败！\n");
    //查询
```

```cpp
    query.exec("select * from automobil");
    QSqlRecord rec = query.record();
    qDebug() << QObject::tr("automobil 表字段数: " )<< rec.count();
    //插入记录
    QTime t = QTime::currentTime();                     //创建一个计时器,统计操作耗时
    query.prepare("insert into automobil values(?,?,?,?,?,?,?,?,?,?)");
                                                        //(e)
    long records = 100;                                 //向表中插入任意的100条记录
    for(int i = 0;i < records;i++)
    {
        query.bindValue(0,i);                           //(f)
        query.bindValue(1,"四轮");
        query.bindValue(2,"轿车");
        query.bindValue(3,"富康");
        query.bindValue(4,rand()%100);
        query.bindValue(5,rand()%10000);
        query.bindValue(6,rand()%300);
        query.bindValue(7,rand()%200000);
        query.bindValue(8,rand()%52);
        query.bindValue(9,rand()%100);
        success=query.exec();                           //(g)
        if(!success)
        {
            QSqlError lastError=query.lastError();
            qDebug()<<lastError.driverText()<<QString(QObject::tr("插入失败"));
        }
    }
    QTime curtime = QTime::currentTime();
    qDebug()<<QObject::tr("插入 %1 条记录,耗时: %2 ms").arg(records).arg(0 - curtime.msecsTo(t));                                         //(h)
    //排序
    t = curtime;                                        //重新开始计时
    success = query.exec("select * from automobil order by id desc");
                                                        //(i)
    curtime = QTime::currentTime();
    if(success)
        qDebug()<<QObject::tr("排序 %1 条记录,耗时: %2 ms").arg(records).arg(0 - curtime.msecsTo(t));                                     //输出操作耗时
    else
        qDebug()<<QObject::tr("排序失败!");
    //更新记录
    t = curtime;                                        //重新开始计时
    for(int i = 0;i < records;i++)
    {
        query.clear();
        query.prepare(QString("update automobil set attribute=?,type=?,"
                              "kind=?,nation=?,"
                              "carnumber=?,elevaltor=?,"
```

```cpp
                            "distance=?,oil=?,"
                            "temperature=? where id=%1").arg(i));
                                                                    //(j)
        query.bindValue(0,"四轮");
        query.bindValue(1,"轿车");
        query.bindValue(2,"富康");
        query.bindValue(3,rand()%100);
        query.bindValue(4,rand()%10000);
        query.bindValue(5,rand()%300);
        query.bindValue(6,rand()%200000);
        query.bindValue(7,rand()%52);
        query.bindValue(8,rand()%100);
        success = query.exec();
        if(!success)
        {
            QSqlError lastError = query.lastError();
            qDebug()<<lastError.driverText()<<QString(QObject::tr("更新失败"));
        }
    }
    curtime = QTime::currentTime();
    qDebug()<<QObject::tr("更新 %1 条记录，耗时：%2 ms").arg(records).arg(0 - curtime.msecsTo(t));
    //删除
    t = curtime;                                        //重新开始计时
    query.exec("delete from automobil where id=15");//(k)
    curtime = QTime::currentTime();
    //输出操作耗时
    qDebug()<<QObject::tr("删除一条记录,耗时：%1 ms").arg(0 - curtime.msecsTo(t));
    return 0;
    //return a.exec();
}
```

其中，

(a) QSqlDatabase db = QSqlDatabase::addDatabase("QSQLITE")：以"QSQLITE"为数据库类型，在本进程地址空间内创建一个 SQLite 数据库。此处涉及的知识点有以下两点。

① 在进行数据库操作之前，必须首先建立与数据库的连接。数据库连接由任意字符串标识。在没有指定连接的情况下，QSqlDatabase 可以提供默认连接供 Qt 其他的 SQL 类使用。建立一条数据库连接的代码如下：

```cpp
QSqlDatabase db = QSqlDatabase::addDatabase("QSQLITE");
db.setHostName("easybook-3313b0");      //设置数据库主机名
db.setDatabaseName("qtDB.db");          //设置数据库名
db.setUserName("zhouhejun");            //设置数据库用户名
db.setPassword("123456");               //设置数据库密码
db.open();                              //打开连接
```

其中，静态函数 QSqlDatabase::addDatabase()返回一条新建立的数据库连接，其原型为：

```cpp
QSqlDatabase::addDatabase
(
    const QString &type,
```

```
    const QString &connectionName = QLatin1String(defaultConnection)
)
```

● 参数 type 为驱动名，本例使用的是 QSQLITE 驱动。

● 参数 connectionName 为连接名，默认值为默认连接，本例的连接名为 connect。如果没有指定此参数，则新建立的数据库连接将成为本程序的默认连接，并且可以被后续不带参数的函数 database()引用。如果指定了此参数（连接名），则函数 database（connectionName）将获取这个指定的数据库连接。

② QtSql 模块使用驱动插件（driver plugins）与不同的数据库接口通信。由于 QtSql 模块的应用程序接口是与具体数据库无关的，所以所有与数据库相关的代码均包含在这些驱动插件中。目前，Qt 支持的数据库驱动插件见表 13.4。由于版权的限制，开源版 Qt 不提供上述全部驱动，所以配置 Qt 时，可以选择将 SQL 驱动内置于 Qt 中或编译成插件。如果 Qt 中支持的驱动不能满足要求，还可以参照 Qt 的源代码编写数据库驱动。

表 13.4 Qt 支持的数据库驱动插件

驱　　动	数据库管理系统
QDB2	IBM DB2 及其以上版本
QIBASE	Borland InterBase
QMYSQL	MySQL
QOCI	Oracle Call Interface Driver
QODBC	Open Database Connectivity（ODBC）包括 Microsoft SQL Server 和其他 ODBC 兼容数据库
QPSQL	PostgreSQL 版本 6.x 和 7.x
QSQLITE	SQLite 版本 3 及以上版本
QSQLITE2	SQLite 版本 2
QTDS	Sybase Adaptive Server

(b) db.setDatabaseName("qtDB.db")：以上创建的数据库以"qtDB.db"为数据库名。它是 SQLite 在建立内存数据库时唯一可用的名字。

(c) QSqlQuery query：创建 QSqlQuery 对象。QtSql 模块中的 QSqlQuery 类提供了一个执行 SQL 语句的接口，并且可以遍历执行的返回结果集。除 QSqlQuery 类外，Qt 还提供了三种用于访问数据库的高层类，即 QSqlQueryModel、QSqlTableModel 和 QSqlRelationTableModel。它们无须使用 SQL 语句就可以进行数据库操作，而且可以很容易地将结果在表格中表示出来。访问数据库的高层类见表 13.5。

表 13.5 访问数据库的高层类

类　　名	用　　途
QSqlQueryModel	基于任意 SQL 语句的只读模型
QsqlTableModel	基于单个表的读写模型
QSqlRelationalTableModel	QSqlTableModel 的子类，增加了外键支持

这三个类均从 QAbstractTableModel 类继承，在不涉及数据的图形表示时可以单独使用以进行数据库操作，也可以作为数据源将数据库内的数据在 QListView 或 QTableView 等基于视图模

式的 Qt 类中表示出来。使用它们的另一个好处是，程序员很容易在编程时采用不同的数据源。例如，假设起初打算使用数据库存储数据并使用了 QSqlTableModel 类，后因需求变化决定改用 XML 文件存储数据，程序员此时要做的仅是更换数据模型类。

QSqlRelationalTableModel 类是对 QSqlTableModel 类的扩展，它提供了对外键的支持。外键是一张表中的某个字段与另一张表中的主键间的一一映射。

在此，一旦数据库连接建立后，就可以使用 QSqlQuery 执行底层数据库支持的 SQL 语句，此方法所要做的仅是创建一个 QSqlQuery 对象，然后再调用 QSqlQuery::exec()函数。

(d) bool success = query.exec("create table automobil…")：创建数据库表 "automobil"，该表具有 10 个字段。在执行 exec()函数调用后，就可以操作返回的结果了。

(e) query.prepare("insert into automobil values(?,?,?,?,?,?,?,?,?,?)")：如果要插入多条记录，或者避免将值转换为字符串（即正确地转义），则可以首先调用 prepare()函数指定一个包含占位符的 query，然后绑定要插入的值。Qt 对所有数据库均可以支持 Oracle 类型的占位符和 ODBC 类型的占位符。此处使用了 ODBC 类型的定位占位符。

等价于使用 Oracle 语法的有名占位符的具体形式如下：

```
query.prepare("insert into automobile(id,attribute,type,kind,nation,
    carnumber,elevaltor,distance,oil,temperature)
    values(:id, :attribute, :type, :kind, :nation,
    :carnumber,:elevaltor,:distance,:oil,:temperature)");
long records = 100;
for(int i = 0;i < records;i++)
{
    query.bindValue(:id,i);
    query.bindValue(:attribute,"四轮");
    query.bindValue(:type,"轿车");
    query.bindValue(:kind,"富康");
    query.bindValue(:nation,rand()%100);
    query.bindValue(:carnumber,rand()%10000);
    query.bindValue(:elevaltor,rand()%300);
    query.bindValue(:distance,rand()%200000);
    query.bindValue(:oil,rand()%52);
    query.bindValue(:temperature,rand()%100);
}
```

占位符通常使用包含 non-ASCII 字符或非 non-Latin-1 字符的二进制数据和字符串。无论数据库是否支持 Unicode 编码，Qt 在后台均使用 Unicode 字符。对于不支持 Unicode 编码的数据库，Qt 将进行隐式的字符串编码转换。

(f) query.bindValue(0,i)：调用 bindValue()或 addBindValue()函数绑定要插入的值。

(g) success = query.exec()：调用 exec()函数在 query 中插入对应的值，之后，可以继续调用 bindValue()或 addBindValue()函数绑定新值，然后再次调用 exec()函数在 query 中插入新值。

(h) qDebug()<<QObject::tr("插入 %1 条记录，耗时: %2 ms").arg(records).arg(0 - curtime.msecsTo(t))：向表中插入任意的 100 条记录，操作成功后输出操作消耗的时间。

(i) success = query.exec("select * from automobil order by id desc")：按 id 字段的降序将查询表中刚刚插入的 100 条记录进行排序。

(j) query.prepare(QString("update automobil set…"))：更新操作与插入操作类似，只是使

用的 SQL 语句不同。

(k) query.exec("delete from automobil where id=15")：执行删除 id 为 15 的记录的操作。

（3）运行结果如图 13.1 所示。

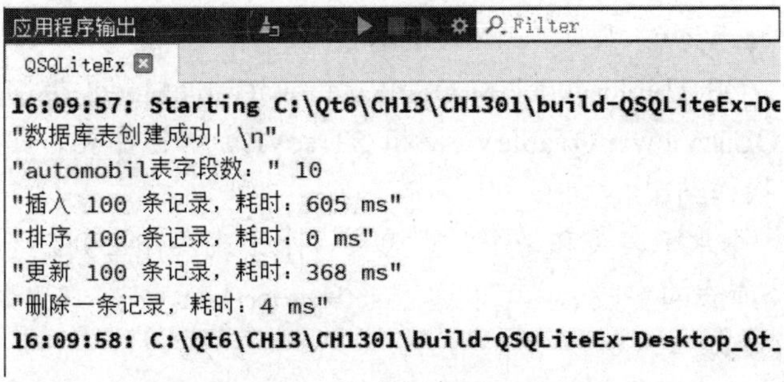

图 13.1　SQLite 数据库操作

13.3.2 【综合实例】：操作 SQLite 数据库和主/从视图操作 XML

【例】（难度中上）（CH1302）以主/从视图的模式展现汽车制造商与生产汽车的关系。当在汽车制造商表中选中某一个制造商时，下面的汽车表中将显示出该制造商生产的所有产品。当在汽车表中选中某个车型时，右边的列表将显示出该车的车型和制造商的详细信息，所不同的是，车型的相关信息存储在 XML 文件中。

1．主界面布局

（1）主窗口 MainWindow 类继承自 QMainWindow 类，定义了主显示界面，头文件 "mainwindow.h" 的具体代码如下：

```
#include <QMainWindow>
#include <QGroupBox>
#include <QTableView>
#include <QListWidget>
#include <QLabel>
class MainWindow : public QMainWindow
{
    Q_OBJECT
public:
    MainWindow(QWidget *parent = 0);
    ~MainWindow();
private:
    QGroupBox *createCarGroupBox();
    QGroupBox *createFactoryGroupBox();
    QGroupBox *createDetailsGroupBox();
    void createMenuBar();
    QTableView *carView;                          //(a)
    QTableView *factoryView;                      //(b)
    QListWidget *attribList;                      //显示车型的详细信息列表
    /* 声明相关的信息标签 */
```

```
    QLabel *profileLabel;
    QLabel *titleLabel;
};
```

其中,

(a) QTableView *carView:显示汽车的视图。

QSqlQueryModel、QSqlTableModel 和 QSqlRelationalTableModel 类均可以作为数据源在 Qt 的视图类中表示,如 QListView、QTableView 和 QTreeView 等视图类。其中,QTableView 类最适合表示二维的 SQL 操作结果。

视图类可以显示一个水平表头和一个垂直表头。水平表头在每列之上显示一个列名,默认情况下,列名就是数据库表的字段名,可以通过 setHeaderData()函数修改列名。垂直表头在每行的最左侧显示本行的行号。

如果调用 QSqlTableModel::insertRows()函数插入了一行,那么新插入行的行号将被标以星号("*"),直到调用了 submitAll()函数进行提交或系统进行了自动提交。如果调用 QSqlTableModel::removeRows()函数删除了一行,则这一行将被标以感叹号("!"),直到提交。

还可以将同一个数据模型用于多个视图,一旦用户通过其中某个视图编辑了数据模型,其他视图也会立即随之得到更新。

(b) QTableView *factoryView:显示汽车制造商的视图。

(2) 源文件"mainwindow.cpp"的具体内容如下:

```cpp
#include "mainwindow.h"
#include <QGridLayout>
#include <QAbstractItemView>
#include <QHeaderView>
#include <QAction>
#include <QMenu>
#include <QMenuBar>
MainWindow::MainWindow(QWidget *parent)
    : QMainWindow(parent)
{
    QGroupBox *factory = createFactoryGroupBox();
    QGroupBox *cars = createCarGroupBox();
    QGroupBox *details = createDetailsGroupBox();
    //布局
    QGridLayout *layout = new QGridLayout;
    layout->addWidget(factory, 0, 0);
    layout->addWidget(cars, 1, 0);
    layout->addWidget(details, 0, 1, 2, 1);
    layout->setColumnStretch(1, 1);
    layout->setColumnMinimumWidth(0, 500);
    QWidget *widget = new QWidget;
    widget->setLayout(layout);
    setCentralWidget(widget);
    createMenuBar();
    resize(850, 400);
    setWindowTitle(tr("主从视图"));
}
```

createFactoryGroupBox()函数的具体内容如下：

```cpp
QGroupBox* MainWindow::createFactoryGroupBox()
{
    factoryView = new QTableView;
    factoryView->setEditTriggers(QAbstractItemView::NoEditTriggers);
                                                                //(a)
    factoryView->setSortingEnabled(true);
    factoryView->setSelectionBehavior(QAbstractItemView::SelectRows);
    factoryView->setSelectionMode(QAbstractItemView::SingleSelection);
    factoryView->setShowGrid(false);
    factoryView->setAlternatingRowColors(true);
    QGroupBox *box = new QGroupBox(tr("汽车制造商"));
    QGridLayout *layout = new QGridLayout;
    layout->addWidget(factoryView, 0, 0);
    box->setLayout(layout);
    return box;
}
```

其中，

(a) factoryView->setEditTriggers(QAbstractItemView::NoEditTriggers)： 对于可读写的模型类 QSqlTableModel 和 QSqlRelationalTableModel，视图允许用户编辑其中的字段，也可以通过调用此语句禁止用户编辑。

createCarGroupBox()函数的具体代码如下：

```cpp
QGroupBox* MainWindow::createCarGroupBox()
{
    QGroupBox *box = new QGroupBox(tr("汽车"));
    carView = new QTableView;
    carView->setEditTriggers(QAbstractItemView::NoEditTriggers);
    carView->setSortingEnabled(true);
    carView->setSelectionBehavior(QAbstractItemView::SelectRows);
    carView->setSelectionMode(QAbstractItemView::SingleSelection);
    carView->setShowGrid(false);
    carView->verticalHeader()->hide();
    carView->setAlternatingRowColors(true);
    QVBoxLayout *layout = new QVBoxLayout;
    layout->addWidget(carView, 0);
    box->setLayout(layout);
    return box;
}
```

createDetailsGroupBox()函数的具体代码如下：

```cpp
QGroupBox* MainWindow::createDetailsGroupBox()
{
    QGroupBox *box = new QGroupBox(tr("详细信息"));
    profileLabel = new QLabel;
    profileLabel->setWordWrap(true);
    profileLabel->setAlignment(Qt::AlignBottom);
    titleLabel = new QLabel;
    titleLabel->setWordWrap(true);
```

```
    titleLabel->setAlignment(Qt::AlignBottom);
    attribList = new QListWidget;
    QGridLayout *layout = new QGridLayout;
    layout->addWidget(profileLabel, 0, 0, 1, 2);
    layout->addWidget(titleLabel, 1, 0, 1, 2);
    layout->addWidget(attribList, 2, 0, 1, 2);
    layout->setRowStretch(2, 1);
    box->setLayout(layout);
    return box;
}
```

createMenuBar()函数的具体代码如下：

```
void MainWindow::createMenuBar()
{
    QAction *addAction = new QAction(tr("添加"), this);
    QAction *deleteAction = new QAction(tr("删除"), this);
    QAction *quitAction = new QAction(tr("退出"), this);
    addAction->setShortcut(tr("Ctrl+A"));
    deleteAction->setShortcut(tr("Ctrl+D"));
    quitAction->setShortcut(tr("Ctrl+Q"));
    QMenu *fileMenu = menuBar()->addMenu(tr("操作菜单"));
    fileMenu->addAction(addAction);
    fileMenu->addAction(deleteAction);
    fileMenu->addSeparator();
    fileMenu->addAction(quitAction);
}
```

（3）运行结果如图 13.2 所示。

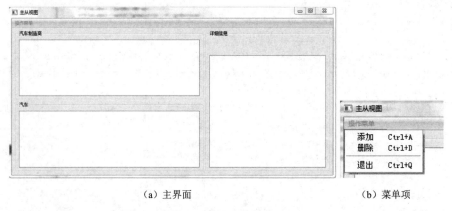

（a）主界面　　　　　　　　　　　　　　（b）菜单项

图 13.2　主界面及菜单项

2. 连接数据库

以上完成了主界面的布局，下面介绍数据库连接功能，用户是在一个对话框图形界面上配置数据库连接参数信息的。

（1）右击项目名，选择"Add New..."→"Qt"→"Qt 设计师界面类"菜单项，如图 13.3 所示，单击"Choose..."按钮。

第 13 章 Qt 6 数据库

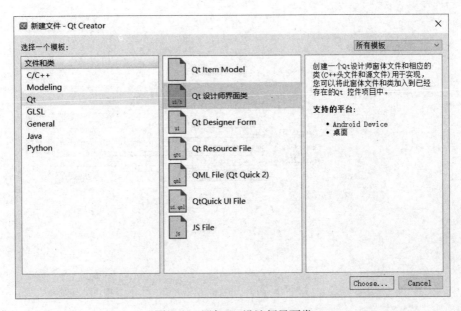

图 13.3　添加 Qt 设计师界面类

接下来在如图 13.4 所示的对话框中，选择"Dialog without Buttons"界面模板，单击"下一步"按钮。

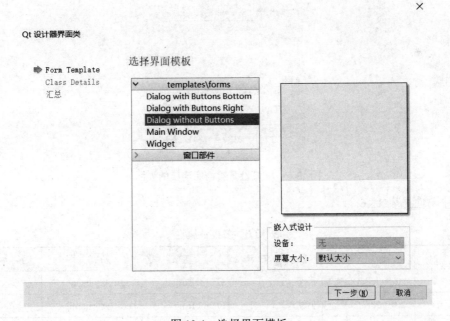

图 13.4　选择界面模板

将类名"Class name"设置为"ConnDlg"，在"Header file"文本框中输入"connectdlg.h"；在"Source file"文本框中输入"connectdlg.cpp"；在"Form file"文本框中输入"connectdlg.ui"，如图 13.5 所示，单击"下一步"按钮，单击"完成"按钮。

图 13.5 设置类名及相关程序文件名

打开"connectdlg.ui",单击"Form"的空白处修改"QDialog"的"objectName: QSqlConnectionDialogUi"。最后添加如图 13.6 所示的控件。

图 13.6 用户设置数据库连接的界面

各控件属性见表 13.6。

表 13.6 各控件属性

类	名 字	显示文本	类	名 字	显示文本
QLabel	status_label	状态:	QLineEdit	editDatabase	
QLabel	textLabel2	驱动:	QLineEdit	editUsername	
QLabel	textLabel3	数据库名:	QLineEdit	editPassword	
QLabel	textLabel4	用户名:	QLineEdit	editHostname	
QLabel	textLabel4_2	密码:	QSpinBox	portSpinBox	
QLabel	textLabel5	主机名:	QPushButton	okButton	连接
QLabel	textLabel5_2	端口:	QPushButton	cancelButton	退出
QComboBox	comboDriver		QGroupBox	connGroupBox	数据库连接设置

注意： 添加控件的顺序为首先添加"GroupBox"控件，再添加其他控件。

添加完控件之后运行，以便生成"ui_connectdlg.h"文件。

（2）在头文件"connectdlg.h"中，ConnDlg类继承自QDialog类，主要完成从界面获取用户设置的连接参数信息。ConnDlg类的定义中声明了需要的各种函数，其具体代码如下：

```cpp
#include <QDialog>
#include <QMessageBox>
#include "ui_connectdlg.h"
class QSqlError;
class ConnDlg: public QDialog
{
    Q_OBJECT
public:
    ConnDlg(QWidget *parent = 0);
    QString driverName() const;
    QString databaseName() const;
    QString userName() const;
    QString password() const;
    QString hostName() const;
    int port() const;
    QSqlError addConnection(const QString &driver, const QString &dbName, const QString &host,const QString &user, const QString &passwd, int port = -1);
    void creatDB();
    void addSqliteConnection();
private slots:
    void on_okButton_clicked();
    void on_cancelButton_clicked() { reject(); }
    void driverChanged(const QString &);
private:
    Ui::QSqlConnectionDialogUi ui;
};
```

（3）在源文件"connectdlg.cpp"中，ConnDlg类的构造函数完成了初始化ui界面及查找当前所有可用的Qt数据库驱动，并将其加入ui界面的驱动组合框中，以及其他一些功能，其具体代码如下：

```cpp
#include "connectdlg.h"
#include "ui_connectdlg.h"
#include <QSqlDatabase>
#include <QtSql>
ConnDlg::ConnDlg(QWidget *parent)
    : QDialog(parent)
{
    ui.setupUi(this);
    QStringList drivers = QSqlDatabase::drivers();            //(a)
    ui.comboDriver->addItems(drivers);                        //(b)
    connect(ui.comboDriver,SIGNAL(currentIndexChanged( const QString & )),this, SLOT(driverChanged(const QString &)));            //(c)
    ui.status_label->setText(tr("准备连接数据库！"));            //(d)
}
```

其中，

(a) QStringList drivers = QSqlDatabase::drivers()：查找数据库驱动，以 QStringList 的形式返回所有可用驱动名。

(b) ui.comboDriver->addItems(drivers)：将这些驱动名加入 ui 界面的组合框。

(c) connect(ui.comboDriver,SIGNAL(currentIndexChanged(const QString&)),this,SLOT (driverChanged(const QString &)))：关联这个组合框的信号 currentIndexChanged(const QString&) 与槽函数 driverChanged(const QString &)，以便每当用户在这个组合框中选取了不同的驱动时，槽函数 driverChanged() 都会被调用。

(d) ui.status_label->setText(tr("准备连接数据库！"))：设置当前程序运行状态。

槽函数 driverChanged() 的具体代码如下：

```cpp
void ConnDlg::driverChanged(const QString &text)
{
    if(text == "QSQLITE")                                    //(a)
    {
        ui.editDatabase->setEnabled(false);
        ui.editUsername->setEnabled(false);
        ui.editPassword->setEnabled(false);
        ui.editHostname->setEnabled(false);
        ui.portSpinBox->setEnabled(false);
    }
    else
    {
        ui.editDatabase->setEnabled(true);
        ui.editUsername->setEnabled(true);
        ui.editPassword->setEnabled(true);
        ui.editHostname->setEnabled(true);
        ui.portSpinBox->setEnabled(true);
    }
}
```

其中，

(a) if(text == "QSQLITE"){…}：由于 QSQLITE 数据库驱动对应的 SQLite 数据库是一种进程内的本地数据库，不需要数据库名、用户名、密码、主机名和端口等特性，所以当用户选择的数据库驱动是 QSQLITE 时，将禁用以上特性。

driverName() 函数的具体代码如下：

```cpp
QString ConnDlg::driverName() const
{
    return ui.comboDriver->currentText();
}
```

databaseName() 函数的具体代码如下：

```cpp
QString ConnDlg::databaseName() const
{
    return ui.editDatabase->text();
}
```

userName() 函数的具体代码如下：

```cpp
QString ConnDlg::userName() const
{
```

```cpp
    return ui.editUsername->text();
}
```

password()函数的具体代码如下:
```cpp
QString ConnDlg::password() const
{
    return ui.editPassword->text();
}
```

hostName()函数的具体代码如下:
```cpp
QString ConnDlg::hostName() const
{
    return ui.editHostname->text();
}
```

port()函数的具体代码如下:
```cpp
int ConnDlg::port() const
{
    return ui.portSpinBox->value();
}
```

当用户单击"连接"按钮时,调用on_okButton_clicked()函数,其具体实现代码如下:
```cpp
void ConnDlg::on_okButton_clicked()
{
    if(ui.comboDriver->currentText().isEmpty())                     //(a)
    {
        ui.status_label->setText(tr("请选择一个数据库驱动!"));
        ui.comboDriver->setFocus();
    }
    else if(ui.comboDriver->currentText() == "QSQLITE")    //(b)
    {
        addSqliteConnection();
        //创建数据库表,如已存在则无须执行
        creatDB();                                                   //(c)
        accept();
    }
    else
    {
        QSqlError err = addConnection(driverName(), databaseName(), hostName(),
userName(), password(), port());                                    //(d)
        if(err.type() != QSqlError::NoError)                         //(e)
            ui.status_label->setText(err.text());
        else                                                         //(f)
            ui.status_label->setText(tr("连接数据库成功!"));
        //创建数据库表,如已存在则无须执行
        accept();
    }
}
```

其中，

(a) if (ui.comboDriver->currentText().isEmpty())：检查用户是否选择了一个数据库驱动。

(b) if(ui.comboDriver->currentText() == "QSQLITE")：根据驱动类型进行处理。如果是 QSQLITE 驱动，则调用 addSqliteConnection()函数创建一个内存数据库。

(c) creatDB()：当打开数据库连接成功时，程序使用 SQL 语句创建相关数据表，并插入记录信息。

(d) QSqlError err = addConnection(driverName(), databaseName(), hostName(), userName(), password(), port())：如果是其他驱动，则调用 addConnection()函数创建一个其他所选类型数据库的连接。

(e) if(err.type() != QSqlError::NoError)ui.status_label->setText(err.text())：在连接出错时显示错误信息。使用 QSqlError 类处理连接错误，QSqlError 类提供与具体数据库相关的错误信息。

(f) else ui.status_label->setText(tr("连接数据库成功!"))：当连接没有错误时，在状态栏显示数据库连接成功信息。

addConnection()函数用来建立一条数据库连接，其具体实现内容如下：

```
QSqlError ConnDlg::addConnection(const QString &driver, const QString &dbName,
const QString &host,const QString &user, const QString &passwd, int port)
{
    QSqlError err;
    QSqlDatabase db = QSqlDatabase::addDatabase(driver);
    db.setDatabaseName(dbName);
    db.setHostName(host);
    db.setPort(port);
    if(!db.open(user, passwd))                          //(a)
    {
        err = db.lastError();
    }
    return err;                                         //返回这个错误信息
}
```

其中，

(a) if (!db.open(user, passwd)) {err = db.lastError() …}：当数据库打开失败时，记录最后的错误，然后引用默认数据库连接，并删除刚才打开失败的连接。

addSqliteConnection()函数建立一条 QSQLITE 数据库驱动对应的 SQLite 数据库连接，其具体内容如下：

```
void ConnDlg::addSqliteConnection()
{
    QSqlDatabase db = QSqlDatabase::addDatabase("QSQLITE");
    db.setDatabaseName("databasefile");
    if(!db.open())
    {
        ui.status_label->setText(db.lastError().text());
        return;
    }
    ui.status_label->setText(tr("创建 sqlite 数据库成功!"));
}
```

ConnDlg::creatDB()函数创建了相关的两张数据表,并在其中插入适当信息。其具体代码如下:

```
void ConnDlg::creatDB()
{
    QSqlQuery query;                                    //(a)
    query.exec("create table factory (id int primary key,manufactory varchar(40),address varchar(40))");   //(b)
    query.exec(QObject::tr("insert into factory values(1, '一汽大众', '长春')"));
    query.exec(QObject::tr("insert into factory values(2, '二汽神龙', '武汉')"));
    query.exec(QObject::tr("insert into factory values(3, '上海大众', '上海')"));
    query.exec("create table cars (carid int primary key, name varchar(50), factoryid int, year int, foreign key(factoryid) references factory)");
                                                        //(c)
    query.exec(QObject::tr("insert into cars values(1,'奥迪A6',1,2005)"));
    query.exec(QObject::tr("insert into cars values(2,'捷达', 1, 1993)"));
    query.exec(QObject::tr("insert into cars values(3,'宝来', 1, 2000)"));
    query.exec(QObject::tr("insert into cars values(4,'毕加索',2, 1999)"));
    query.exec(QObject::tr("insert into cars values(5,'富康', 2, 2004)"));
    query.exec(QObject::tr("insert into cars values(6,'标致307',2, 2001)"));
    query.exec(QObject::tr("insert into cars values(7,'桑塔纳',3, 1995)"));
    query.exec(QObject::tr("insert into cars values(8,'帕萨特',3, 2000)"));
}
```

其中,

(a) QSqlQuery query:创建 QSqlQuery 对象。一旦数据库连接建立后,就可以使用 QSqlQuery 对象执行底层数据库支持的 SQL 语句,此方法所要做的仅是首先创建一个 QSqlQuery 对象,然后调用 QSqlQuery::exec()函数。

(b) query.exec("create table factory (id int primary key, manufactory varchar(40), address varchar(40))"):此处是将 SQL 语句作为 QSqlQuery::exec()的参数,但是它同样可以直接传给构造函数,从而使该语句立即被执行。这两行代码等价于:

```
QSqlQuery query.exec("create table factory (id int primary key, manufactory varchar(40), address varchar(40))");
```

(c) "foreign key(factoryid) references factory)":汽车表"cars"中有一个表示生产厂家的字段 factoryid 指向 factory 的 id 字段,即 factoryid 是一个外键。一些数据库不支持外键,如果将此语句去掉,程序仍然可以运行,但数据库将不强制执行参照完整性。

(4)修改"main.cpp"的代码如下:

```
#include "mainwindow.h"
#include <QApplication>
#include <QDialog>
#include "connectdlg.h"
int main(int argc, char *argv[])
{
    QApplication a(argc, argv);
    ConnDlg dialog;
    if(dialog.exec() != QDialog::Accepted)
        return -1;
    dialog.show();
```

```
    return a.exec();
}
```
（5）在"SQLEx.pro"文件中添加如下内容：
```
QT += sql
```
（6）运行程序，出现如图 13.7 所示的界面。

图 13.7　测试数据库连接

在"驱动："栏中选择"QSQLITE"，单击"连接"按钮，在"状态："栏中将显示"创建 sqlite 数据库成功！"，这说明之前编写的创建及连接数据库的代码是正确的，接下来实现用主/从视图模式浏览数据库中的信息。

3．主/从视图应用

（1）在头文件"mainwindow.h"中添加如下代码：
```
#include <QFile>
#include <QSqlRelationalTableModel>
#include <QSqlTableModel>
#include <QModelIndex>
#include <QDomNode>
#include <QDomDocument>
public:
    MainWindow(const QString &factoryTable, const QString &carTable, QFile
*carDetails,QWidget *parent = 0);                                    //(a)
    ~MainWindow();
private slots:
    void addCar();
    void changeFactory(QModelIndex index);
    void delCar();
    void showCarDetails(QModelIndex index);
    void showFactorytProfile(QModelIndex index);
private:
    void decreaseCarCount(QModelIndex index);
    void getAttribList(QDomNode car);
    QModelIndex indexOfFactory(const QString &factory);
    void readCarData();
```

```
    void removeCarFromDatabase(QModelIndex index);
    void removeCarFromFile(int id);
    QDomDocument carData;
    QFile *file;
    QSqlRelationalTableModel *carModel;
    QSqlTableModel *factoryModel;
```

其中,

(a) MainWindow(const QString &factoryTable, const QString &carTable, QFile *carDetails, QWidget *parent = 0): 构造函数,参数 factoryTable 是需要传入的汽车制造商表名,参数 carTable 是需要传入的汽车表名,参数 carDetails 是需要传入的读取 XML 文件的 QFile 指针。

(2) 在源文件"mainwindow.cpp"中添加如下代码:

```
#include <QMessageBox>
#include <QSqlRecord>
MainWindow::MainWindow(const QString &factoryTable, const QString &car Table,
QFile *carDetails, QWidget *parent) : QMainWindow(parent)
{
    file = carDetails;
    readCarData();                                          //(a)
    carModel = new QSqlRelationalTableModel(this);          //(b)
    carModel->setTable(carTable);
    carModel->setRelation(2, QSqlRelation(factoryTable, "id", "manufactory"));
                                                            //(c)
    carModel->select();
    factoryModel = new QSqlTableModel(this);                //(d)
    factoryModel->setTable(factoryTable);
    factoryModel->select();
    ...
}
```

其中,

(a) readCarData():将 XML 文件里的车型信息读入 QDomDocument 类实例 carData 中,以便后面的操作。

(b) carModel = new QSqlRelationalTableModel(this):为汽车表"cars"创建一个 QSqlRelationalTableModel 模型。

(c) carModel->setRelation(2, QSqlRelation(factoryTable, "id", "manufactory")):说明上面创建的 QSqlRelationalTableModel 模型的第二个字段(即汽车表"cars"中的 factoryid 字段)是汽车制造商表"factory"中 id 字段的外键,但其显示为汽车制造商表"factory"的 manufactory 字段,而不是 id 字段。

(d) factoryModel = new QSqlTableModel(this):为汽车制造商表"factory"创建一个 QSqlTableModel 模型。

changeFactory()函数的具体代码如下:

```
void MainWindow::changeFactory(QModelIndex index)
{
    QSqlRecord record = factoryModel->record(index.row());  //(a)
    QString factoryId = record.value("id").toString();      //(b)
    carModel->setFilter("id = '"+ factoryId +"'") ;         //(c)
```

```
        showFactorytProfile(index);                          //(d)
}
```
其中，

(a) QSqlRecord record = factoryModel->record(index.row())：取出用户选择的这条汽车制造商记录。

(b) QString factoryId = record.value("id").toString()：获取以上选择的汽车制造商的主键。QSqlRecord::value()需要指定字段名或字段索引。

(c) carModel->setFilter("id = '"+ factoryId +"'")：在汽车表模型"carModel"中设置过滤器，使其只显示所选汽车制造商的车型。

(d) showFactorytProfile(index)：在"详细信息"中显示所选汽车制造商的信息。

在"详细信息"中显示所选汽车制造商的信息函数showFactorytProfile()的具体代码如下：

```
void MainWindow::showFactorytProfile(QModelIndex index)
{
    QSqlRecord record = factoryModel->record(index.row());       //(a)
    QString name = record.value("manufactory").toString();        //(b)
    int count = carModel->rowCount();                             //(c)
    profileLabel->setText(tr("汽车制造商:%1\n 产品数量: %2").arg(name).arg(count));
                                                                  //(d)
    profileLabel->show();
    titleLabel->hide();
    attribList->hide();
}
```

其中，

(a) QSqlRecord record = factoryModel->record(index.row())：取出用户选择的这条汽车制造商记录。

(b) QString name = record.value("manufactory").toString()：从汽车制造商模型"factoryModel"中获得制造商的名称。

(c) int count = carModel->rowCount()：从汽车表模型"carModel"中获得车型数量。

(d) profileLabel->setText(tr("汽车制造商:%1\n 产品数量:%2").arg(name).arg (count))：在"详细信息"的 profileLabel 标签中显示这两部分信息。

showCarDetails()函数的具体代码如下：

```
void MainWindow::showCarDetails(QModelIndex index)
{
    QSqlRecord record = carModel->record(index.row());       //(a)
    QString factory = record.value("manufactory").toString();
                                                              //(b)
    QString name = record.value("name").toString();           //(c)
    QString year = record.value("year").toString();           //(d)
    QString carId = record.value("carid").toString();         //(e)
    showFactorytProfile(indexOfFactory(factory));             //(f)
    titleLabel->setText(tr("品牌: %1 (%2)").arg(name).arg(year));
                                                              //(g)
    titleLabel->show();
    QDomNodeList cars = carData.elementsByTagName("car");    //(h)
    for(int i = 0; i < cars.count(); i++)                     //找出所有car标签
```

```
        {
            QDomNode car = cars.item(i);
            if(car.toElement().attribute("id") == carId)          //(i)
            {
                getAttribList(car.toElement());                   //(j)
                break;
            }
        }
        if(!attribList->count() == 0)
            attribList->show();
}
```

其中，

(a) **QSqlRecord record = carModel->record(index.row())**：首先从汽车表模型"carModel"中获取所选记录。

(b) **QString factory = record.value("manufactory").toString()**：获得所选记录的制造商名 factory 字段。

(c) **QString name = record.value("name").toString()**：获得所选记录的车型 name 字段。

(d) **QString year = record.value("year").toString()**：获得所选记录的生产时间 year 字段。

(e) **QString carId = record.value("carid").toString()**：获得所选记录的车型主键 carId 字段。

(f) **showFactorytProfile(indexOfFactory(factory))**：重复显示制造商信息。其中，indexOfFactory() 函数通过制造商的名称进行检索，并返回一个匹配的模型索引 QModelIndex，供汽车制造商表模型的其他操作使用。

(g) **titleLabel->setText(tr("品牌：%1 (%2)").arg(name).arg(year))**：在"详细信息"的 titleLabel 标签中显示该车型的品牌名和生产时间。

(h) **QDomNodeList cars = carData.elementsByTagName("car")代码及以下的代码段**：记录了车型信息的 XML 文件中搜索匹配的车型，这个 XML 文件的具体内容详见"attribs.xml"文件。

(i) **if (car.toElement().attribute("id") == carId) {…}**：在这些标签中找出 id 属性与所选车型主键 carId 相同的属性 id。

(j) **getAttribList(car.toElement())**：显示这个匹配的 car 标签中的相关信息（如信息编号 number 和该编号下的信息内容）。

getAttribList()函数检索以上获得的 car 标签下的所有子节点，将这些子节点的信息在"详细信息"的 QListWidget 窗体中显示。这些信息包括信息编号 number 和该编号下的信息内容，其具体代码如下：

```
void MainWindow::getAttribList(QDomNode car)
{
    attribList->clear();
    QDomNodeList attribs = car.childNodes();
    QDomNode node;
    QString attribNumber;
    for (int j = 0; j < attribs.count(); j++)
    {
        node = attribs.item(j);
        attribNumber = node.toElement().attribute("number");
        QListWidgetItem *item = new QListWidgetItem(attribList);
```

```
            QString showText(attribNumber + ": " + node.toElement().text());
            item->setText(tr("%1").arg(showText));
        }
    }
```

因为addCar()函数在此时还没有实现具体的功能，所以代码部分暂时为空：

```
void MainWindow::addCar(){}
```

delCar()函数的具体代码如下：

```
void MainWindow::delCar()
{
    QModelIndexList selection = carView->selectionModel() ->selectedRows(0);
    if (!selection.empty())                                           //(a)
    {
        QModelIndex idIndex = selection.at(0);
        int id = idIndex.data().toInt();
        QString name = idIndex.sibling(idIndex.row(), 1).data(). toString();
        QString factory = idIndex.sibling(idIndex.row(), 2).data(). toString();
        QMessageBox::StandardButton button;
        button = QMessageBox::question(this, tr("删除汽车记录"),QString(tr("确认
删除由'%1'生产的'%2'吗？")).arg(factory).arg(name)),QMessageBox::Yes | QMessageBox::
No);                                                                  //(b)
        if (button == QMessageBox::Yes)        //得到用户确认
        {
            removeCarFromFile(id);              //从XML文件中删除相关内容
            removeCarFromDatabase(idIndex);   //从数据库表中删除相关内容
            decreaseCarCount(indexOfFactory(factory));                //(c)
        }
        else                                                          //(d)
        {
            QMessageBox::information(this,tr("删除汽车记录"),tr("请选择要删除的记
录。"));
        }
    }
}
```

其中，

(a) QModelIndexList selection=carView->selectionModel()->selectedRows(0)、if (!selec tion. empty()) {…}：判断用户是否在汽车表中选中了一条记录。

(b) button = QMessageBox::question(this, tr("删除汽车记录"),Qstring(tr("确认删除由'%1'生产的'%2'吗？")).arg(factory).arg(name)),QMessageBox::Yes | QMessageBox::No)：如果是，则弹出一个确认对话框，提示用户是否删除该记录。

(c) decreaseCarCount(indexOfFactory(factory))：调整汽车制造商表中的内容。

(d) else { QMessageBox::information(this, tr("删除汽车记录"),tr("请选择要删除的记录。"));}：如果用户没有在汽车表中选中记录，则提示用户进行选择。

removeCarFromFile()函数遍历XML文件中的所有car标签，首先找出id属性与汽车表中所选记录主键相同的节点，然后将其删除。其具体代码如下：

```
void MainWindow::removeCarFromFile(int id)
{
    QDomNodeList cars = carData.elementsByTagName("car");
```

```
    for(int i = 0; i < cars.count(); i++)
    {
        QDomNode node = cars.item(i);
        if(node.toElement().attribute("id").toInt() == id)
        {
            carData.elementsByTagName("archive").item(0).removeChild(node);
            break;
        }
    }
}
```

removeCarFromDatabase()函数将汽车表中所选中的行从汽车表模型"carModel"中移除，这个模型将自动删除数据库表中的对应记录，其具体代码如下：

```
void MainWindow::removeCarFromDatabase(QModelIndex index)
{
    carModel->removeRow(index.row());
}
```

删除了某个汽车制造商的全部产品后，需要删除这个汽车制造商，decreaseCarCount()函数实现了此功能，其具体代码如下：

```
void MainWindow::decreaseCarCount(QModelIndex index)
{
    int row = index.row();
    int count = carModel->rowCount();              //(a)
    if(count == 0)                                  //(b)
        factoryModel->removeRow(row);
}
```

其中，

(a) int count = carModel->rowCount()：汽车表中的当前记录数。

(b) if (count == 0)　factoryModel->removeRow(row)：判断这个记录数，如果为0，则从汽车制造商表中删除对应的制造商。

readCarData()函数的具体代码如下：

```
void MainWindow::readCarData()
{
    if(!file->open(QIODevice::ReadOnly))
        return;
    if(!carData.setContent(file))
    {
        file->close();
        return;
    }
    file->close();
}
```

其中，在QGroupBox* MainWindow::createFactoryGroupBox()函数的**"factoryView-> setAlternatingRowColors(true)"** 和 **"QGroupBox *box = new QGroupBox (tr("汽车制造商"))"** 语句之间添加以下代码：

```
factoryView->setModel(factoryModel);
connect(factoryView, SIGNAL(clicked (QModelIndex )), this, SLOT(changeFactory(QModelIndex )));
```

当用户选择了汽车制造商表中的某一行时，槽函数 changeFactory()被调用。

其中，在 QGroupBox* MainWindow::createCarGroupBox()函数的"**carView-> set Alternating RowColors(true)**"和"**QVBoxLayout *layout = new QVBoxLayout**"语句之间添加以下代码：

```
carView->setModel(carModel);
connect(carView, SIGNAL(clicked(QModelIndex)), this, SLOT(showCarDetails(QModelIndex)));
connect(carView, SIGNAL(activated(QModelIndex)), this, SLOT(showCarDetails(QModelIndex)));
```

当用户选择了汽车表中的某一行时，槽函数 showCarDetails()被调用。

其中，在 void MainWindow::createMenuBar()函数的最后添加如下代码：

```
connect(addAction, SIGNAL(triggered(bool)), this, SLOT(addCar()));
connect(deleteAction, SIGNAL(triggered(bool)), this, SLOT(delCar()));
connect(quitAction, SIGNAL(triggered(bool)), this, SLOT(close()));
```

当用户在菜单中选择了添加操作 addAction 时，槽函数 addCar()被调用；当用户在菜单中选择了删除操作 deleteAction 时，槽函数 delCar()被调用；当用户在菜单中选择了退出操作 quitAction 时，槽函数 close()被调用。

indexOfFactory()函数通过制造商的名称进行检索，并返回一个匹配的模型索引 QModelIndex，供汽车制造商表模型的其他操作使用，其具体代码如下：

```
QModelIndex MainWindow::indexOfFactory(const QString &factory)
{
    for(int i = 0; i < factoryModel->rowCount(); i++)
    {
        QSqlRecord record = factoryModel->record(i);
        if(record.value("manufactory") == factory)
            return factoryModel->index(i, 1);
    }
    return QModelIndex();
}
```

（3）源文件"main.cpp"的具体代码如下：

```
#include <QDialog>
#include <QFile>
#include "connectdlg.h"
int main(int argc, char *argv[])
{
    QApplication a(argc, argv);
    //MainWindow w;
    //w.show();
    ConnDlg dialog;
    if(dialog.exec() != QDialog::Accepted)
        return -1;
    QFile *carDetails = new QFile("attribs.xml");
    MainWindow window("factory", "cars", carDetails);
    window.show();
    return a.exec();
}
```

(4) 新建一个 XML 文件, 将该文件存放在该工程的目录下, 以下是"attribs.xml"文件的详细内容:

```xml
<?xml version="1.0" encoding="gb2312"?>
<archive>
    <car id="1" >
        <attrib number="01" >排量:2393ml</attrib>
        <attrib number="02" >价格:43.26 万元</attrib>
        <attrib number="03" >排放:欧 4</attrib>
        <attrib number="04" >油耗:7.0l(90km/h) 8.3l(120km/h) </attrib>
        <attrib number="05" >功率:130/6000</attrib>
    </car>
    <car id="2" >
        <attrib number="01" >排量:1600ml</attrib>
        <attrib number="02" >价格:8.98 万元</attrib>
        <attrib number="03" >排放:欧 3</attrib>
        <attrib number="04" >油耗:6.1l(90km/h)</attrib>
        <attrib number="05" >功率:68/5800</attrib>
    </car>
    <car id="3" >
        <attrib number="01" >排量:1600ml</attrib>
        <attrib number="02" >价格:11.25 万元</attrib>
        <attrib number="03" >排放:欧 3 带 OBD</attrib>
        <attrib number="04" >油耗:6.0l(90km/h)8.1l(120km/h)</attrib>
        <attrib number="05" >功率:74/6000</attrib>
    </car>
    <car id="4" >
        <attrib number="01" >排量:1997ml</attrib>
        <attrib number="02" >价格:15.38 万元</attrib>
        <attrib number="03" >排放:欧 3 带 OBD</attrib>
        <attrib number="04" >油耗:6.8l(90km/h)</attrib>
        <attrib number="05" >功率:99/6000</attrib>
    </car>
    <car id="5" >
        <attrib number="01" >排量:1600ml</attrib>
        <attrib number="02" >价格:6.58 万元</attrib>
        <attrib number="03" >排放:欧 3</attrib>
        <attrib number="04" >油耗:6.5l(90km/h)</attrib>
        <attrib number="05" >功率:65/5600</attrib>
    </car>
    <car id="6" >
        <attrib number="01" >排量:1997ml</attrib>
        <attrib number="02" >价格:16.08 万元</attrib>
        <attrib number="03" >排放:欧 4</attrib>
        <attrib number="04" >油耗:7.0l(90km/h)</attrib>
        <attrib number="05" >功率:108/6000</attrib>
    </car>
    <car id="7" >
        <attrib number="01" >排量:1781ml</attrib>
```

```
            <attrib number="02" >价格:7.98万元</attrib>
            <attrib number="03" >排放:国3</attrib>
            <attrib number="04" >油耗:≤7.2l(90km/h)</attrib>
            <attrib number="05" >功率:70/5200</attrib>
        </car>
        <car id="8" >
            <attrib number="01" >排量:1984ml</attrib>
            <attrib number="02" >价格:19.58万元</attrib>
            <attrib number="03" >排放:欧4</attrib>
            <attrib number="04" >油耗:7.1l(90km/h)</attrib>
            <attrib number="05" >功率:85/5400</attrib>
        </car>
    </archive>
```

（5）在"SQLEx.pro"文件中添加如下内容：

```
QT += xml
```

（6）运行程序，"驱动"选择"QSQLITE"，单击"连接"按钮，弹出如图13.8所示的主界面。当用户在"操作菜单"中选择"删除"子菜单时，弹出如图13.9所示的"删除汽车记录"对话框。

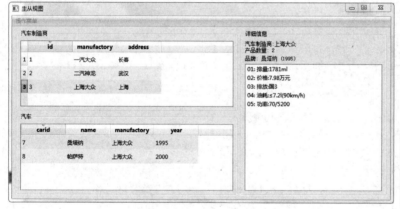

图13.8　主界面显示的内容

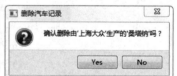

图13.9　"删除汽车记录"对话框

4．添加记录功能

以上完成了除"添加记录"功能外的所有功能实现工作。下面详细介绍"添加记录"功能的实现。

（1）Dialog类继承自QDialog类，该类定义了"添加产品"对话框的界面及完成将新加入的记录分别插入汽车制造商表和汽车表，并且将详细的车型信息写入XML文件中的功能，其头文件"editdialog.h"的具体代码如下：

```
#include <QtGui>
#include <QtSql>
#include <QtXml>
#include "ui_connectdlg.h"
#include <QtWidgets/QDialogButtonBox>
class Dialog : public QDialog
{
```

```
    Q_OBJECT
public:
    Dialog(QSqlRelationalTableModel *cars, QSqlTableModel *factory,
QDomDocument details, QFile *output, QWidget *parent = 0);
private slots:
    void revert();
    void submit();
private:
    int addNewCar(const QString &name, int factoryId);
    int addNewFactory(const QString &factory,const QString &address);
    void addAttribs(int carId, QStringList attribs);
    QDialogButtonBox *createButtons();
    QGroupBox *createInputWidgets();
    int findFactoryId(const QString &factory);
    int generateCarId();
    int generateFactoryId();
    QSqlRelationalTableModel *carModel;
    QSqlTableModel *factoryModel;
    QDomDocument carDetails;
    QFile *outputFile;
    QLineEdit *factoryEditor;
    QLineEdit *addressEditor;
    QLineEdit *carEditor;
    QSpinBox *yearEditor;
    QLineEdit *attribEditor;
};
```

（2）源文件"editdialog.cpp"的具体代码如下：

```
#include "editdialog.h"
#include <QMessageBox>
int uniqueCarId;
int uniqueFactoryId;
Dialog::Dialog(QSqlRelationalTableModel  *cars,  QSqlTableModel  *factory,
QDomDocument details,QFile *output, QWidget *parent) : QDialog(parent)
                                                                //(a)
{
    carModel = cars;                                            //(b)
    factoryModel = factory;
    carDetails = details;
    outputFile = output;
    QGroupBox *inputWidgetBox = createInputWidgets();
    QDialogButtonBox *buttonBox = createButtons();
    //界面布局
    QVBoxLayout *layout = new QVBoxLayout;
    layout->addWidget(inputWidgetBox);
    layout->addWidget(buttonBox);
    setLayout(layout);
    setWindowTitle(tr("添加产品"));
}
```

其中，

(a) Dialog::Dialog(QSqlRelationalTableModel *cars, QSqlTableModel *factory, QDomDocument details,QFile *output, QWidget *parent)：Dialog 类的构造函数需要传入汽车表模型（cars）参数、汽车制造商表模型（factory）参数、解析 XML 文件的 QDomDocument 类对象（details）参数、读写 XML 文件的 QFile 指针（output）参数。

(b) carModel = cars、factoryModel = factory、carDetails = details、outputFile = output：将这些参数保存在 Dialog 类的私有变量中。

Dialog::submit()函数的具体代码如下：

```
void Dialog::submit()
{
    QString factory = factoryEditor->text();                //(a)
    QString address = addressEditor->text();                //(b)
    QString name = carEditor->text();                       //(c)
    if (factory.isEmpty() || address.isEmpty()||name.isEmpty())
    {
        QString message(tr("请输入厂名、厂址和商品名称！"));
        QMessageBox::information(this, tr("添加产品"), message);
    }                                                       //(d)
    else                                                    //(e)
    {
        int factoryId = findFactoryId(factory);
        if(factoryId == -1)                                 //(f)
        {
            factoryId = addNewFactory(factory,address);
        }
        int carId = addNewCar(name, factoryId);             //(g)
        QStringList attribs;
        attribs = attribEditor->text().split(";", Qt::SkipEmptyParts);
                                                            //(h)
        addAttribs(carId, attribs);                         //(i)
        accept();
    }
}
```

其中，

(a) QString factory = factoryEditor->text()：从界面获取用户输入的制造商名 factory。

(b) QString address = addressEditor->text()：从界面获取用户输入的厂址 address。

(c) QString name = carEditor->text()：从界面获取用户输入的车型名称 name。

(d) if (factory.isEmpty() || address.isEmpty()||name.isEmpty())

{

　　QString message(tr("请输入厂名、厂址和商品名称！"));

　　QMessageBox::information(this, tr("添加产品"), message);

}：如果这三个值中的任意一个为空，则以提示框的形式要求用户重新输入。

(e) else { int factoryId = findFactoryId(factory);…}：如果这三个值都不为空，则首先调用 findFactoryId()函数在汽车制造商表中查找录入的制造商 factory 的主键 factoryId。

(f) if(factoryId == -1){factoryId = addNewFactory(factory,address);}：如果该主键为"-1"表明录入的制造商不存在，则需要调用 addNewFactory()函数插入一条新记录。

(g) int carId = addNewCar(name, factoryId)：如果制造商存在，则调用 addNewCar()函数在汽车表中插入一条新记录。

(h) attribs = attribEditor->text().split(";", Qt::SkipEmptyParts)：从 attribEditor 编辑框中分离出"分号"间隔的各个属性，将它们保存在 QStringList 列表的 attribs 中。

(i) addAttribs(carId, attribs)：将录入的车型信息写入 XML 文件中。

findFactoryId()函数的具体代码如下：

```
int Dialog::findFactoryId(const QString &factory)
{
    int row = 0;
    while (row < factoryModel->rowCount())
    {
        QSqlRecord record = factoryModel->record(row);       //(a)
        if(record.value("manufactory") == factory)           //(b)
            return record.value("id").toInt();               //(c)
        else
            row++;
    }
    return -1;                           //如果未查询到则返回"-1"
}
```

其中，

(a) QSqlRecord record = factoryModel->record(row)：检索制造商模型 factoryModel 中的全部记录。

(b) if (record.value("manufactory") == factory)：找出与制造商参数匹配的记录。

(c) return record.value("id").toInt()：将该记录的主键返回。

addNewFactory()函数的具体代码如下：

```
int Dialog::addNewFactory(const QString &factory,const QString &address)
{
    QSqlRecord record;
    int id = generateFactoryId();             //生成一个汽车制造商表的主键值
    /* 在汽车制造商表中插入一条新记录，厂名和地址由参数传入 */
    QSqlField f1("id", QVariant::Int);
    QSqlField f2("manufactory", QVariant::String);
    QSqlField f3("address", QVariant::String);
    f1.setValue(QVariant(id));
    f2.setValue(QVariant(factory));
    f3.setValue(QVariant(address));
    record.append(f1);
    record.append(f2);
    record.append(f3);
    factoryModel->insertRecord(-1, record);
    return id;                                //返回新记录的主键值
}
```

addNewCar()函数与 addNewFactory()函数的操作类似，其具体代码如下：

```cpp
int Dialog::addNewCar(const QString &name, int factoryId)
{
    int id = generateCarId();                          //生成一个汽车表的主键值
    QSqlRecord record;
    /* 在汽车表中插入一条新记录 */
    QSqlField f1("carid", QVariant::Int);
    QSqlField f2("name", QVariant::String);
    QSqlField f3("factoryid", QVariant::Int);
    QSqlField f4("year", QVariant::Int);
    f1.setValue(QVariant(id));
    f2.setValue(QVariant(name));
    f3.setValue(QVariant(factoryId));
    f4.setValue(QVariant(yearEditor->value()));
    record.append(f1);
    record.append(f2);
    record.append(f3);
    record.append(f4);
    carModel->insertRecord(-1, record);
    return id;                                         //返回这条新记录的主键值
}
```

addAttribs() 函数实现了将录入的车型信息写入 XML 文件的功能，其具体代码如下：

```cpp
void Dialog::addAttribs(int carId, QStringList attribs)
{
    /* 创建一个 car 标签 */
    QDomElement carNode = carDetails.createElement("car");
    carNode.setAttribute("id", carId);                 //(a)
    for(int i = 0; i < attribs.count(); i++)           //(b)
    {
        QString attribNumber = QString::number(i+1);
        if(i < 10)
            attribNumber.prepend("0");
        QDomText textNode = carDetails.createTextNode(attribs.at(i));
        QDomElement attribNode = carDetails.createElement("attrib");
        attribNode.setAttribute("number", attribNumber);
        attribNode.appendChild(textNode);
        carNode.appendChild(attribNode);
    }
    QDomNodeList archive = carDetails.elementsByTagName("archive");
    archive.item(0).appendChild(carNode);
    if(!outputFile->open(QIODevice::WriteOnly))        //(c)
    {
        return;
    }
    else
    {
        QTextStream stream(outputFile);
        archive.item(0).save(stream, 4);
        outputFile->close();
```

            }
}

其中，

(a) carNode.setAttribute("id", carId)：将 id 属性设置为传入的车型主键 carId。

(b) for (int i = 0; i < attribs.count(); i++) {…}：将每一条信息作为子节点插入。

(c) if (!outputFile->open(QIODevice::WriteOnly)) {…} else {…}：通过输出文件指针 outputFile 将修改后的文件写回磁盘。

revert()函数实现了撤销用户在界面中的录入信息功能，其具体代码如下：

```
void Dialog::revert()
{
    factoryEditor->clear();
    addressEditor->clear();
    carEditor->clear();
    yearEditor->setValue(QDate::currentDate().year());
    attribEditor->clear();
}
```

createInputWidgets()函数实现了输入界面的完成，其具体代码如下：

```
QGroupBox *Dialog::createInputWidgets()
{
    QGroupBox *box = new QGroupBox(tr("添加产品"));
    QLabel *factoryLabel = new QLabel(tr("制造商:"));
    QLabel *addressLabel = new QLabel(tr("厂址:"));
    QLabel *carLabel = new QLabel(tr("品牌:"));
    QLabel *yearLabel = new QLabel(tr("上市时间:"));
    QLabel *attribLabel = new QLabel(tr("产品属性（由分号;隔开):"));
    factoryEditor = new QLineEdit;
    carEditor = new QLineEdit;
    addressEditor = new QLineEdit;
    yearEditor = new QSpinBox;
    yearEditor->setMinimum(1900);
    yearEditor->setMaximum(QDate::currentDate().year());
    yearEditor->setValue(yearEditor->maximum());
    yearEditor->setReadOnly(false);
    attribEditor = new QLineEdit;
    QGridLayout *layout = new QGridLayout;
    layout->addWidget(factoryLabel, 0, 0);
    layout->addWidget(factoryEditor, 0, 1);
    layout->addWidget(addressLabel, 1, 0);
    layout->addWidget(addressEditor, 1, 1);
    layout->addWidget(carLabel, 2, 0);
    layout->addWidget(carEditor, 2, 1);
    layout->addWidget(yearLabel, 3, 0);
    layout->addWidget(yearEditor, 3, 1);
    layout->addWidget(attribLabel, 4, 0, 1, 2);
    layout->addWidget(attribEditor, 5, 0, 1, 2);
```

```
    box->setLayout(layout);
    return box;
}
```

createButtons()函数完成了按钮的组合功能,其具体代码如下:

```
QDialogButtonBox *Dialog::createButtons()
{
    QPushButton *closeButton = new QPushButton(tr("关闭"));
    QPushButton *revertButton = new QPushButton(tr("撤销"));
    QPushButton *submitButton = new QPushButton(tr("提交"));
    closeButton->setDefault(true);
    connect(closeButton, SIGNAL(clicked()), this, SLOT(close()));
    connect(revertButton, SIGNAL(clicked()), this, SLOT(revert()));
    connect(submitButton, SIGNAL(clicked()), this, SLOT(submit()));
                                                            //(a)
    QDialogButtonBox *buttonBox = new QDialogButtonBox;
    buttonBox->addButton(submitButton, QDialogButtonBox::ResetRole);
    buttonBox->addButton(revertButton, QDialogButtonBox::ResetRole);
    buttonBox->addButton(closeButton, QDialogButtonBox::RejectRole);
    return buttonBox;
}
```

其中,

(a) connect(submitButton, SIGNAL(clicked()), this, SLOT(submit())):当用户单击"提交"按钮时,槽函数 submit()被调用。

generateFactoryId()函数将全局变量 uniqueFactoryId 以顺序加 1 的方式生成一个不重复的主键值,并将其返回供添加操作使用,其具体代码如下:

```
int Dialog::generateFactoryId()
{
    uniqueFactoryId += 1;
    return uniqueFactoryId;
}
```

generateCarId()函数将全局变量 uniqueCarId 以顺序加 1 的方式生成一个不重复的主键值,并将其返回供添加操作使用,其具体内容如下:

```
int Dialog::generateCarId()
{
    uniqueCarId += 1;
    return uniqueCarId;
}
```

(3)在源文件"mainwindow.cpp"中添加的代码如下:

```
#include "editdialog.h"
extern int uniqueCarId;
extern int uniqueFactoryId;
```

在 MainWindow 构造函数中的"**QGroupBox *details = createDetailsGroupBox()**"和"**QGridLayout *layout = new QGridLayout**"语句之间添加以下代码:

```
    uniqueCarId = carModel->rowCount();                    //(a)
```

```
uniqueFactoryId = factoryModel->rowCount();            //(b)
```

其中，**uniqueCarId** 用于记录汽车表"cars"的主键；**uniqueFactoryId** 用于记录汽车制造商表"factory"的主键。

(a) uniqueCarId = carModel->rowCount()：设置全局变量 uniqueCarId 为汽车模型的记录行数，作为这个模型的主键。

(b) uniqueFactoryId = factoryModel->rowCount()：设置全局变量 uniqueFactoryId 为汽车制造商模型的记录行数，作为这个模型的主键。

MainWindow::addCar()函数启动了一个添加记录的对话框，具体添加操作由该对话框完成，添加完成后进行显示，其具体实现内容如下：

```
void MainWindow::addCar()
{
    Dialog *dialog = new Dialog(carModel, factoryModel, carData, file, this);
    int accepted = dialog->exec();
    if(accepted == 1)
    {
        int lastRow = carModel->rowCount() -1;
        carView->selectRow(lastRow);
        carView->scrollToBottom();
        showCarDetails(carModel->index(lastRow, 0));
    }
}
```

（4）当用户选择"添加"菜单时，弹出如图 13.10 所示的"添加产品"对话框，在其中输入新添加的汽车品牌信息。

操作之后，在主界面中就立即能够看到新加入的汽车品牌的记录信息，如图 13.11 所示。

图 13.10 "添加产品"对话框

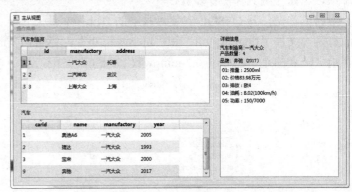

图 13.11 添加新记录成功

13.4 Qt 操作流行关系数据库及实例

除了 Qt 自带的 SQLite，Qt 还对当前流行的关系数据库如 MySQL、PostgreSQL、DB2、Oracle 等提供了支持。下面以最常用的 MySQL 为例，演示 Qt 对其访问和操作的方法。

【**例**】（难度中等）（CH1303）在 MySQL 数据库中创建一个商品信息数据库，以 Qt 访问 MySQL 读取其中的商品信息和图片，并在界面上显示出来，如图 13.12 所示。

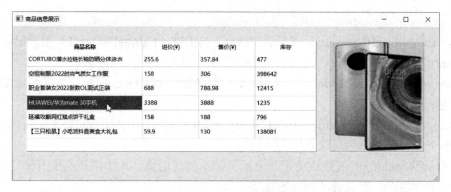

图 13.12　Qt 访问 MySQL 读取和显示商品信息

实现步骤如下。

1. 创建和配置项目

（1）创建 Qt 桌面应用程序项目，项目名称为"MySQLEx"。
（2）在"MySQLEx.pro"文件中添加如下语句：

```
QT += sql
```

2. 编译 MySQL 驱动

自从 Oracle 收购 MySQL 后对其进行了商业化，如今的 MySQL 已经不能算是一个完全开源的数据库了，而 Qt 官方则一直严格秉持着开源理念，故 Qt 6 取消了对 MySQL 数据库的默认支持，Qt 环境中不再内置 MySQL 的驱动（QMYSQL），用户若是还想使用 Qt 连接操作 MySQL，只能用 Qt 的源码工程自行编译生成 MySQL 的驱动 DLL 库，然后引入开发环境使用，过程比较麻烦，下面介绍具体操作步骤。

（1）首先打开 MySQL 安装目录下的"lib"文件夹（笔者的是"C:\MySQL\lib"），看到里面有两个文件"libmysql.dll"和"libmysql.lib"，将它们复制到 Qt 的 MinGW 编译器的"bin"目录（笔者的是"C:\Qt\6.0.2\mingw81_64\bin"）下，如图 13.13 所示。

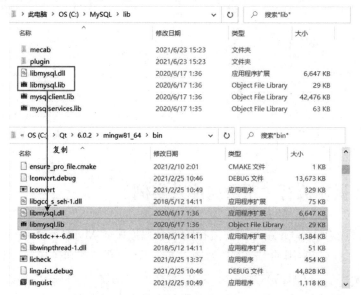

图 13.13　复制库文件

（2）找到 Qt 安装目录下源代码目录中的"mysql"文件夹（笔者的路径是"C:\Qt\6.0.2\Src\qtbase\src\plugins\sqldrivers\mysql"，读者请根据自己安装的实际路径寻找），进入此文件夹，可见其中有一个名为"mysql.pro"的 Qt 项目工程配置文件，如图 13.14 所示。

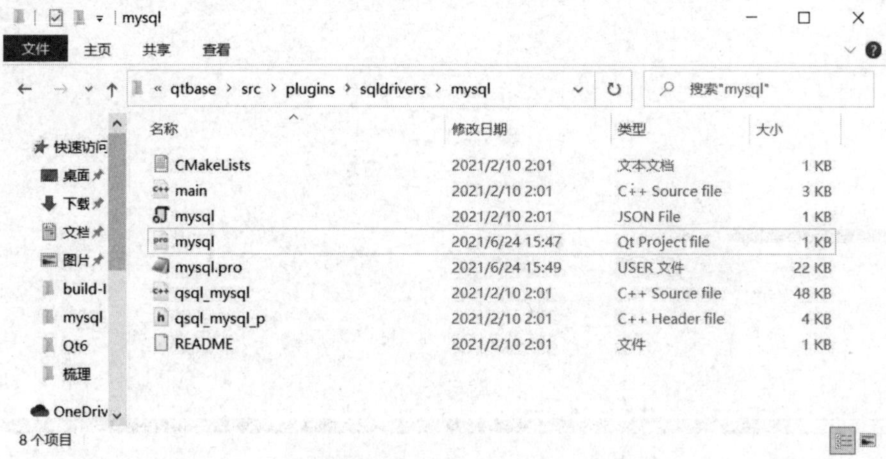

图 13.14 找到 MySQL 驱动的源码工程配置文件

用 Windows 记事本打开"mysql.pro"文件，修改其内容如下（加黑处为需要修改添加的地方）：

```
TARGET = qsqlmysql

# 添加 MySQL 的 include 路径
INCLUDEPATH += "C:\MySQL\include"
# 添加 MySQL 的 libmysql.lib 路径，为驱动的生成提供 lib 文件
LIBS += "C:\MySQL\lib\libmysql.lib"

HEADERS += $$PWD/qsql_mysql_p.h
SOURCES += $$PWD/qsql_mysql.cpp $$PWD/main.cpp

#注释掉这条语句
#QMAKE_USE += mysql

OTHER_FILES += mysql.json

PLUGIN_CLASS_NAME = QMYSQLDriverPlugin
include(../qsqldriverbase.pri)

# 生成 dll 驱动文件的目标地址，这里将地址设置在 mysql 下的 lib 文件夹中
DESTDIR = C:\Qt\6.0.2\Src\qtbase\src\plugins\sqldrivers\mysql\lib
```

以上配置的这几个路径请读者根据自己计算机上安装 MySQL 及 Qt 的实际情况填写。

（3）启动 Qt Creator，定位到"mysql"文件夹下，打开"mysql.pro"对应的 Qt 项目，运行此项目，系统会弹出消息框提示有一些构建错误，单击"Yes"按钮忽略，如图 13.15 所示。

第 1 部分　Qt 6 基础

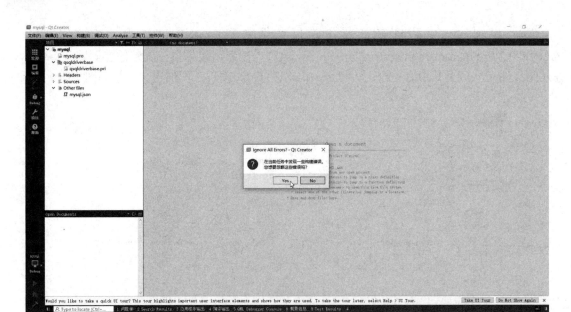

图 13.15　忽略构建错误

（4）打开"mysql"文件夹，可看到其中多了个"lib"子文件夹，进入可看到编译生成的 3 个文件，如图 13.16 所示。

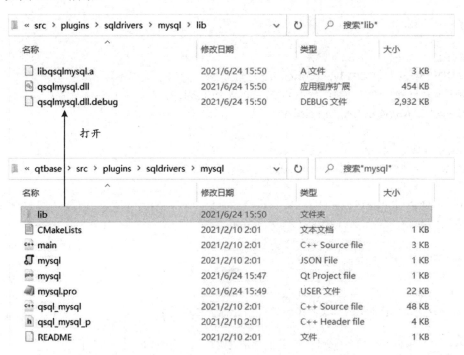

图 13.16　编译生成的"lib"文件夹及其中的 3 个文件

其中，"qsqlmysql.dll"和"qsqlmysql.dll.debug"即是我们需要的 Qt 环境 MySQL 数据库的驱动。

（5）复制 MySQL 驱动到 Qt 的"sqldrivers"文件夹中。

选中上面生成的"qsqlmysql.dll"和"qsqlmysql.dll.debug"驱动文件并复制，然后将其粘贴到

Qt 安装目录下的"sqldrivers"文件夹（笔者的路径为"C:\Qt\6.0.2\mingw81_64\plugins\sqldrivers"，读者请根据自己安装 Qt 的实际路径复制）下，如图 13.17 所示。

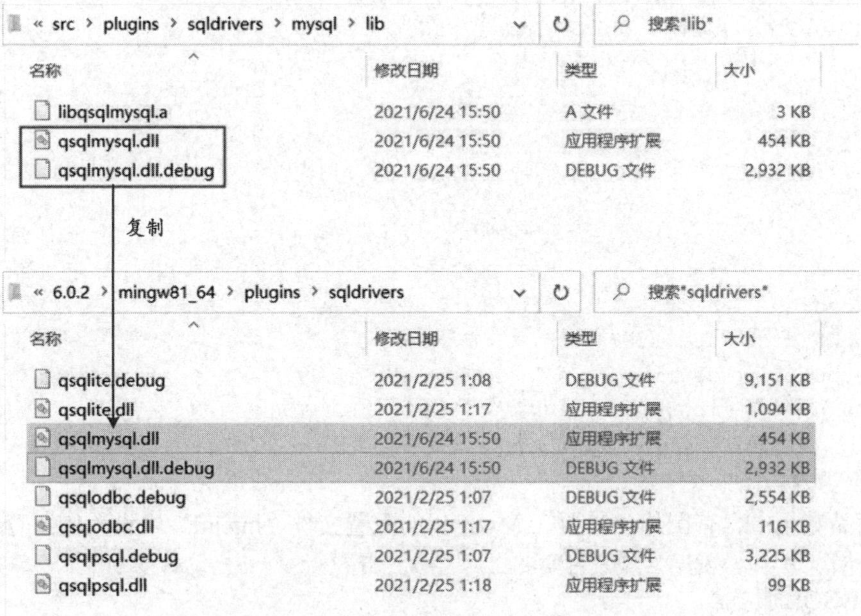

图 13.17 复制 MySQL 驱动到 Qt 的"sqldrivers"文件夹

这样，我们就成功地给 Qt 环境添加了 MySQL 驱动，后面编程中就可以使用这个驱动访问 MySQL 数据库了。为方便读者，我们在本书源码资源中也会提供编译好的 MySQL 驱动文件。

注意： 以上编译 MySQL 驱动的操作要求 Qt 编译器的位数要与 MySQL 的相同（比如都是 64 位或者都是 32 位）。

3. 数据库准备

（1）设计数据库和表。

存放商品信息的数据库名为"netshop"，为简单起见，数据库中只有一个 commodity 表（商品表），表结构如表 13.7 所示。

表 13.7 commodity 表结构

列 名	类 型	长 度	允许空值	说 明
CommodityID	int	6	否	商品编号，主键，自动递增
Name	char	32	否	商品名称
Picture	blob	默认	是	商品图片
InputPrice	decimal	6，2 位小数	否	商品购入价格（进价）
OutputPrice	decimal	6，2 位小数	否	商品售出价格（单价）
Amount	int	6	否	商品库存量，无符号，默认 0

执行以下语句创建数据库和表：
```
CREATE DATABASE IF NOT EXISTS netshop
    DEFAULT CHARACTER SET = gbk
    DEFAULT COLLATE = gbk_chinese_ci
    ENCRYPTION = 'N';

USE netshop;
CREATE TABLE commodity
(
    CommodityID int(6)       NOT NULL PRIMARY KEY AUTO_INCREMENT,/*商品编号*/
    Name        char(32)     NOT NULL,                           /*商品名称*/
    Picture     blob,                                            /*商品图片*/
    InputPrice  decimal(6,2) NOT NULL,               /*商品购入价格（进价）*/
    OutputPrice decimal(6,2) NOT NULL,               /*商品售出价格（单价）*/
    Amount      int(6)       UNSIGNED DEFAULT 0                  /*商品库存量*/
);
```

（2）录入数据。

由于商品数据中含有图片，需要在 MySQL 的配置文件 "my.ini" 中设置图片存放路径：
```
secure_file_priv=C:\MySQL\pic
```
重启 MySQL 服务。

然后在该路径下预先准备要用的各个商品的图片（注意图片文件大小不能超过 64KB），如图 13.18 所示。

图 13.18　准备商品图片

接着向数据库表中录入商品样本记录，并创建一个商品表上的视图，依次执行语句如下：
```
INSERT INTO commodity VALUES(1, 'CORTUBO 潜水拉链长袖防晒分体泳衣', LOAD_FILE('C:/MySQL/pic/11.jpg'), 255.60, 357.84, 477);
INSERT INTO commodity VALUES(2, '空姐制服 2022 时尚气质女工作服', LOAD_FILE('C:/MySQL/pic/12.jpg'), 158.00, 306.00, 398642);
INSERT INTO commodity VALUES(3, '职业套装女 2022 新款 OL 面试正装', LOAD_FILE('C:/MySQL/pic/13.jpg'), 688.00, 788.98, 12415);
INSERT INTO commodity VALUES(4, 'HUAWEI/华为 mate 30 手机', LOAD_FILE('C:/MySQL/pic/31.jpg'), 3388.00, 3888.00, 1235);
INSERT INTO commodity VALUES(5, '延禧攻略网红糕点饼干礼盒', LOAD_FILE('C:/MySQL/pic/22.jpg'), 158.00, 188.00, 796);
INSERT INTO commodity VALUES(6, '【三只松鼠】小吃货抖音美食大礼包', LOAD_FILE('C:/MySQL/pic/21.jpg'), 59.90, 130.00, 138081);
CREATE VIEW commodity_inf AS SELECT Name AS '商品名称', InputPrice AS '进价(¥)', OutputPrice AS '售价(¥)', Amount AS '库存' FROM commodity;
```

4.界面设计

程序的界面非常简单,使用一个 QTableView 控件(左)作为加载商品信息的数据网格;一个 QLabel 控件(右)作为商品图片显示框,如图 13.19 所示。

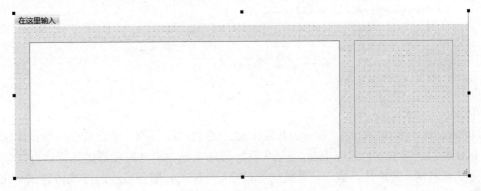

图 13.19 程序界面设计

这两个控件的一些关键属性设置见表 13.8。

表 13.8 界面控件的关键属性

控 件	名 称	属 性	设 置
QTableView	commodityTableView	horizontalHeaderVisible	勾选
		horizontalHeaderDefaultSectionSize	120
		horizontalHeaderMinimumSectionSize	25
		horizontalHeaderStretchLastSection	勾选
		verticalHeaderVisible	取消勾选
QLabel	newPictureLabel	geometry	宽度 201,高度 231;
		frameShape	Box
		frameShadow	Sunken
		text	空
		scaledContents	勾选

5.实现功能

(1) main.cpp。

它是整个程序的主启动文件,代码如下:

```cpp
#include "mainwindow.h"

#include <QApplication>
#include <QProcess>                                    //Qt 进程模块

int main(int argc, char *argv[])
{
    QApplication a(argc, argv);
    if(!createMySqlConn())                             //(a)
    {
```

```
        //若初次尝试连接不成功,就转而用代码方式启动MySQL服务进程
        QProcess process;
        process.start("C:/MySQL/bin/mysqld.exe");
        //第二次尝试连接
        if(!createMySqlConn()) return 1;
    }
    MainWindow w;
    w.show();                                            //启动主窗体
    return a.exec();
}
```

其中,

(a) if(!createMySqlConn())：createMySqlConn()是我们编写的一个连接后台数据库的方法，它返回 true 表示连接成功，返回 false 表示失败。程序在开始启动时就通过执行该方法来检查数据库连接是否就绪。若连接不成功，系统则通过启动 MySQL 服务进程的方式再尝试一次；若依旧连接不成功，则提示连接失败，交由用户检查排除故障。

（2）mainwindow.h。

它是程序头文件，包含程序中用到的各个全局变量的定义、方法声明，完整的代码如下：

```
#ifndef MAINWINDOW_H
#define MAINWINDOW_H

#include <QMainWindow>
#include <QSqlDatabase>                          //MySQL 数据库类
#include <QSqlTableModel>                        //MySQL 表模型库
#include <QMessageBox>

QT_BEGIN_NAMESPACE
namespace Ui { class MainWindow; }
QT_END_NAMESPACE

class MainWindow : public QMainWindow
{
    Q_OBJECT

public:
    MainWindow(QWidget *parent = nullptr);
    ~MainWindow();
    void initMainWindow();                       //界面初始化方法
    void onTableSelectChange(int row);           //数据网格选中条目与商品图片对应

private slots:
    void on_commodityTableView_clicked(const QModelIndex &index);
                                                 //商品信息数据网格单击事件槽
private:
    Ui::MainWindow *ui;
    QSqlTableModel *commodity_model;             //访问数据库商品信息视图的模型
};
```

```cpp
/**访问 MySQL 数据库的静态方法*/
static bool createMySqlConn()
{
    QSqlDatabase sqldb = QSqlDatabase::addDatabase("QMYSQL");
    sqldb.setHostName("localhost");              //本地机器
    sqldb.setDatabaseName("netshop");            //数据库名称
    sqldb.setUserName("root");                   //用户名
    sqldb.setPassword("123456");                 //登录密码
    if (!sqldb.open()) {
        QMessageBox::critical(0, QObject::tr("后台数据库连接失败"), "无法创建连接！请检查排除故障后重启程序。", QMessageBox::Cancel);
        return false;
    }
    return true;
}
#endif // MAINWINDOW_H
```

上述连接数据库的 createMySqlConn()方法就是刚刚在前面主启动文件"main.cpp"中一开始所执行的。

（3）mainwindow.cpp。

它是本程序的主体源文件，代码如下：

```cpp
#include "mainwindow.h"
#include "ui_mainwindow.h"

MainWindow::MainWindow(QWidget *parent)
    : QMainWindow(parent)
    , ui(new Ui::MainWindow)
{
    ui->setupUi(this);
    initMainWindow();                            //执行初始化方法
}

MainWindow::~MainWindow()
{
    delete ui;
}

void MainWindow::initMainWindow()
{
    commodity_model = new QSqlTableModel(this);           //创建模型
    commodity_model->setTable("commodity_inf");           //设置模型数据为商品信息视图
    commodity_model->select();
    ui->commodityTableView->setModel(commodity_model);
                                                          //加载到界面数据网格中
    ui->commodityTableView->setColumnWidth(0,250);        //设置第1列（商品名称）宽度
}

void MainWindow::onTableSelectChange(int row)
```

```cpp
{
    //当用户变更选择商品信息数据网格中的条目时执行对应的图片切换
    int r = 1;                                              //默认索引为1
    if(row != 0) r = ui->commodityTableView->currentIndex().row();
    QPixmap photo;
    QModelIndex index;
    QSqlQueryModel *pictureModel = new QSqlQueryModel(this);
                                                            //商品图片模型数据
    index = commodity_model->index(r, 0);                   //获取商品名称（用于检索图片）
    QString name = commodity_model->data(index).toString();
    pictureModel->setQuery("select Picture from commodity where Name='" + name + "'");
    index = pictureModel->index(0, 0);
    photo.loadFromData(pictureModel->data(index).toByteArray(), "JPG");
    ui->newPictureLabel->setPixmap(photo);                  //载入图片
}

void MainWindow::on_commodityTableView_clicked(const QModelIndex &index)
{
    onTableSelectChange(1);         //在选择数据网格中不同的商品条目时执行图片切换
}
```

第 14 章

Qt 6 操作 Office

与其他高级语言平台一样，Qt 也提供了访问 Office 文档的功能，可实现对 Mircosoft Office 套件（包括 Excel、Word 等）的访问和灵活操作。本书使用 Windows 7 操作系统下的 Office 2010 来演示各实例。

14.1　Qt 操作 Office 的基本方式

Qt 可在程序中直接操作读写 Office 中的数据，也可以通过控件将 Office 文档中的数据显示在应用程序图形界面上供用户预览。在开始做实例之前，先介绍这两种操作方式通行的编程步骤。

14.1.1　QAxObject 对象访问

QAxObject 是 Qt 提供给程序员从代码中访问 Office 的对象类，其本质上是一个面向微软操作系统的 COM 接口，它操作 Excel 和 Word 的基本流程分别如图 14.1 和图 14.2 所示。QAxObject 将所有 Office 的工作簿、表格、文档等都作为其子对象，程序员通过调用 querySubObject()这个统一的方法来获取各个子对象的实例，再用 dynamicCall()方法执行各对象上的具体操作。

1. 操作 Excel 的基本流程

从图 14.1 可看出 Qt 操作 Excel 的基本流程。

图 14.1　Qt 操作 Excel 的基本流程

（1）启动 Excel 进程、获取 Excel 工作簿集。

创建 Excel 进程使用如下语句：

```
QAxObject *myexcel = new QAxObject("Excel.Application");
```

其中，myexcel 为进程的实例对象名，该名称由用户自己定义，整个程序中引用一致即可。

通过进程获取 Excel 工作簿集，语句为：

```
QAxObject *myworks = myexcel->querySubObject("WorkBooks");
```

其中，myworks 是工作簿集的引用，用户可根据需要定义其名称，同样，在程序中也要求引用一致。

有了 Excel 进程和工作簿集的引用，就可以使用它们对 Excel 进行一系列文档级别的操作，例如：

```
myworks->dynamicCall("Add");                        //添加一个工作簿
myexcel->querySubObject("ActiveWorkBook");          //获取当前活动的工作簿
```

（2）获取电子表格集。

每个 Excel 工作簿中都可以包含若干电子表格（Sheet），通过打开的当前工作簿获取其所有电子表格的程序语句为：

```
QAxObject *mysheets = workbook->querySubObject("Sheets");
```

其中，workbook 也是一个 QAxObject 对象，引用的是当前正在操作的一个活动工作簿。

同理，在获取了电子表格集后，就可以像操作工作簿文档那样，对其中的表格执行各种操作，例如：

```
mysheets->dynamicCall("Add");                       //添加一个表格
workbook->querySubObject("ActiveSheet");            //获取工作簿中当前活动表格
sheet->setProperty("Name", 字符串);                  //给表格命名
```

其中，sheet 也是个 QAxObject 对象，代表当前所操作的表格。

（3）操作单元格及其数据。

对 Excel 的操作最终要落实到对某个电子表格单元格中数据信息的读写上，在 Qt 中的 Excel 单元格同样是作为 QAxObject 对象来看待的，对它的操作通过其所在表格的 QAxObject 对象句柄执行，如下：

```
QAxObject *cell = sheet->querySubObject("Range(QVariant, QVariant)", 单元格编号);
cell->dynamicCall("SetValue(const QVariant&)", QVariant(字符串));
```

这样，就实现了对 Excel 各个级别对象的灵活操作和使用。

为避免资源无谓消耗和程序死锁，通常在编程结束时还必须通过语句释放该 Excel 进程所占据的系统资源，如下：

```
workbook->dynamicCall("Close()");                   //关闭工作簿
myexcel->dynamicCall("Quit()");                     //退出进程
```

2. 操作 Word 的基本流程

从图 14.2 可看出 Qt 操作 Word 的基本流程。

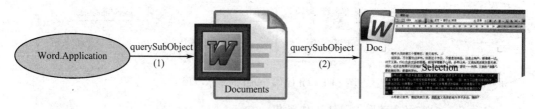

图 14.2　Qt 操作 Word 的基本流程

（1）启动 Word 进程、获取 Word 文档集。

创建 Word 进程使用如下语句：

```
QAxObject *myword = new QAxObject("Word.Application");
```

其中，myword 为进程的实例对象名，该名称由用户自己定义，整个程序中引用一致即可。

通过进程获取 Word 文档集，语句为：

```
QAxObject *mydocs = myword->querySubObject("Documents");
```

其中，mydocs 是文档集的引用，用户可根据需要定义其名称，同样，在程序中也要求引用一致。

有了 Word 进程和文档集的引用，就可以使用它们对 Word 文档执行操作，例如：

```
mydocs->dynamicCall("Add(void)");                       //添加一个新文档
myword->querySubObject("ActiveDocument");               //获取当前打开的活动文档
```

（2）获取和操作当前选中的段落。

一个 Word 文档由若干文本段落构成，通过文档句柄可对当前选中的段落执行特定的操作，如下：

```
QAxObject *paragraph = myword->querySubObject("Selection");
```

其中，paragraph 是一个 QAxObject 对象，引用的是当前所选中将要对其执行操作的一个段落文本。

下面举两个操作 Word 文档段落的语句的例子：

```
paragraph->dynamicCall("TypeText(const QString&)", 字符串);    //写入文本字符串
paragraph = document->querySubObject("Range()");              //获取文本
QString str = paragraph->property("Text").toString();         //读出文本字符串
```

其中，document 是一个表示当前活动文档的 QAxObject 对象。

同样，在使用完 Word 文档之后也要进行释放资源和关闭进程的善后处理，如下：

```
document->dynamicCall("Close()");                       //关闭文档
myword->dynamicCall("Quit()");                          //退出进程
```

从以上介绍可以看出，Qt 对 Excel 和 Word 的操作有很多相通的地方，读者可以将两者放在一起比照学习以加深理解。

14.1.2 AxWidget 界面显示

除用程序代码中的 QAxObject 对象直接操作 Office 外，Qt 还支持用户在应用程序界面上实时地显示和预览 Office 文档的内容，这通过 Qt 中的 QAxWidget 对象来实现。它的机制是：将桌面程序界面上的某个 Qt 控件重定义包装为专用于显示 Office 文档的 QAxWidget 对象实例，该实例与用户程序中所启动的特定 Office 进程相关联，就具备了显示外部文档的增强功能，本质上就是用 Qt 的组件调用外部的 Microsoft Office 组件，实际在后台执行功能的仍然是 Microsoft Office 的 COM 组件。例如，将一个 Qt 的标签（QLabel）控件绑定到 Excel 进程来显示表格的程序代码如下：

```
QAxWidget * mywidget = new QAxWidget("Excel.Application", ui->标签控件名);
mywidget->dynamicCall("SetVisible(bool Visible)", "false");
                                                        //隐藏不显示 Office 窗体
mywidget->setProperty("DisplayAlerts", false);          //屏蔽 Office 的警告消息框
mywidget->setGeometry(ui->标签控件名->geometry().x(), ui->标签控件名->geometry().y(),
宽度, 高度);                                             //设置显示区尺寸
mywidget->setControl(Excel 文件名);                      //指定要打开的文件名
mywidget->show();                                       //显示内容
```

一个 Office 表格在 Qt 界面上的典型显示效果如图 14.3 所示。

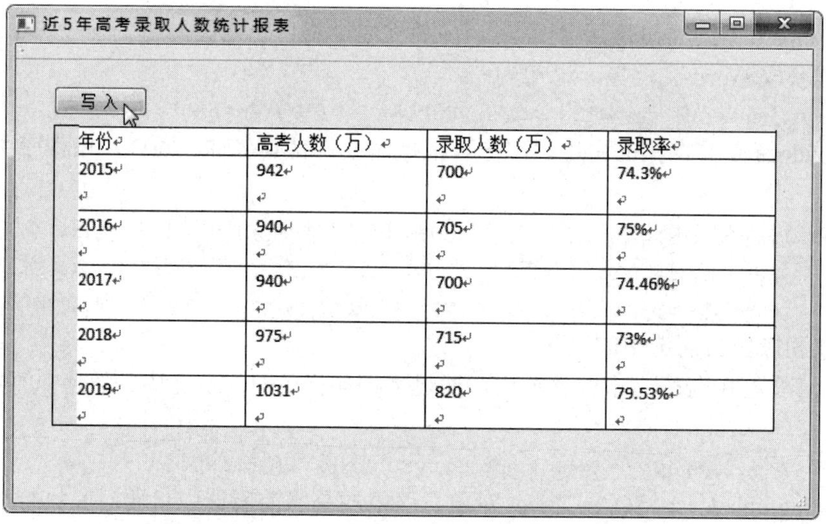

年份	高考人数（万）	录取人数（万）	录取率
2015	942	700	74.3%
2016	940	705	75%
2017	940	700	74.46%
2018	975	715	73%
2019	1031	820	79.53%

图 14.3　一个 Office 表格在 Qt 界面上的典型显示效果

下面还会介绍更多的实例应用。

14.1.3 项目配置

为了能在 Qt 项目中使用 QAxObject 和 QAxWidget 对象，对于每个需要操作 Office 的 Qt 程序项目都要进行配置，在项目的.pro 文件中添加语句（加黑处），例如：

```
#-------------------------------------------------
#
# Project created by QtCreator 创建日期时间
#
#-------------------------------------------------

QT       += core gui

greaterThan(QT_MAJOR_VERSION, 4): QT += widgets

TARGET = 项目名称
TEMPLATE = app

# The following define makes your compiler emit warnings if you use
# any feature of Qt which has been marked as deprecated (the exact warnings
# depend on your compiler). Please consult the documentation of the
# deprecated API in order to know how to port your code away from it.
DEFINES += QT_DEPRECATED_WARNINGS

# You can also make your code fail to compile if you use deprecated APIs.
# In order to do so, uncomment the following line.
# You can also select to disable deprecated APIs only up to a certain version
of Qt.
# DEFINES += QT_DISABLE_DEPRECATED_BEFORE=0x060000
```

```
# disables all the APIs deprecated before Qt 6.0.0

SOURCES += \
        main.cpp \
        mainwindow.cpp

HEADERS += \
        mainwindow.h

FORMS += \
        mainwindow.ui
QT += axcontainer
```
这样配置后，就可以使用上面介绍的 QAxObject、QAxWidget 及其全部接口方法了。

14.2 Qt 对 Office 的基本读写

Excel 软件具有完善的电子表格处理和计算功能，可在表格特定行列的单元格上定义公式，对其中的数据进行批量运算处理，用 Qt 操作 Excel 可辅助执行大量原始数据的计算功能，巧妙地借助单元格的运算功能就能极大地减轻 Qt 程序本身的计算负担。Word 是最为常用的办公软件，很多日常工作资料都是以 Word 文档格式保存的。用 Qt 既可以对 Word 中的文字也可以对表格中的信息进行读写。

【例】（简单）（CH1401）下面通过一个实例演示 Qt 对 Excel 和 Word 的基本读写操作。

14.2.1 程序界面

创建一个 Qt 桌面应用程序项目，项目名称为"OfficeHello"，为了方便对比 Qt 对两种不同类型文档的操作，设计程序界面，Qt 对 Office 基本读写程序界面如图 14.4 所示。

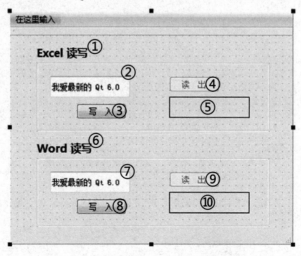

图 14.4　Qt 对 Office 基本读写程序界面

分别用两个分组框（QGroupBox）演示对相同文字内容的读写功能。界面上各控件都用数字序号①，②，③，…标注，其名称、类型及属性设置见表 14.1。

表 14.1 界面上各控件的名称、类型及属性

序 号	名 称	类 型	属 性 设 置
①	label	QLabel	text: Excel 读写; font: 微软雅黑,12
②	InExcelLineEdit	QLineEdit	text: 我爱最新的 Qt 6.0
③	writeExcelPushButton	QPushButton	text: 写 入
④	readExcelPushButton	QPushButton	text: 读 出; enabled: 取消勾选
⑤	OutExcelLabel	QLabel	frameShape: Panel; frameShadow: Plain
⑥	label_2	QLabel	text: Word 读写; font: 微软雅黑,12
⑦	InWordLineEdit	QLineEdit	text: 我爱最新的 Qt 6.0
⑧	writeWordPushButton	QPushButton	text: 写 入
⑨	readWordPushButton	QPushButton	text: 读 出; enabled: 取消勾选
⑩	OutWordLabel	QLabel	frameShape: Panel; frameShadow: Plain

14.2.2 全局变量及方法

为了提高程序代码的使用效率，通常建议将程序中公用的 Office 对象的句柄声明为全局变量，定义在项目.h 头文件中。

"mainwindow.h" 头文件的代码如下：

```cpp
#ifndef MAINWINDOW_H
#define MAINWINDOW_H
#include <QMainWindow>
#include <QMessageBox>
#include <QAxObject>                                //访问 Office 对象类
namespace Ui {
class MainWindow;
}
class MainWindow : public QMainWindow
{
    Q_OBJECT
public:
    explicit MainWindow(QWidget *parent = 0);
    ~MainWindow();
private slots:
    void on_writeExcelPushButton_clicked();         //写 Excel 按钮单击事件槽
    void on_readExcelPushButton_clicked();          //读 Excel 按钮单击事件槽
```

```
        void on_writeWordPushButton_clicked();        //写 Word 按钮单击事件槽
        void on_readWordPushButton_clicked();         //读 Word 按钮单击事件槽
private:
    Ui::MainWindow *ui;
    QAxObject *myexcel;                               //Excel 应用程序指针
    QAxObject *myworks;                               //工作簿集指针
    QAxObject *workbook;                              //工作簿指针
    QAxObject *mysheets;                              //电子表格集指针
    //
    QAxObject *myword;                                //Word 应用程序指针
    QAxObject *mydocs;                                //文档集指针
    QAxObject *document;                              //文档指针
    QAxObject *paragraph;                             //文本段指针
};
#endif // MAINWINDOW_H
```

后面实现具体读写功能的代码皆在"mainwindow.cpp"源文件中。

14.2.3 对 Excel 的读写

对于对电子表格的基本读写,介绍下列几点:
(1) 在构造方法中添加如下代码:

```
MainWindow::MainWindow(QWidget *parent) :
    QMainWindow(parent),
    ui(new Ui::MainWindow)
{
    ui->setupUi(this);
    myexcel = new QAxObject("Excel.Application");
    myworks = myexcel->querySubObject("WorkBooks");        //获取工作簿集
    myworks->dynamicCall("Add");                           //添加工作簿
    workbook = myexcel->querySubObject("ActiveWorkBook");
                                                           //获取当前活动工作簿
    mysheets = workbook->querySubObject("Sheets");         //获取电子表格集
}
```

(2) 写 Excel 的事件方法代码:

```
void MainWindow::on_writeExcelPushButton_clicked()
{
    mysheets->dynamicCall("Add");                          //添加一个表
    QAxObject *sheet = workbook->querySubObject("ActiveSheet");
                                                           //指向当前活动表格
    sheet->setProperty("Name", "我爱 Qt");                  //给表格命名
    QAxObject *cell = sheet->querySubObject("Range(QVariant, QVariant)", "C3");
                                                           //指向 C3 单元格
    QString inStr = ui->InExcelLineEdit->text();
    cell->dynamicCall("SetValue(const QVariant&)", QVariant(inStr));
                                                           //向单元格写入内容
    sheet = mysheets->querySubObject("Item(int)", 2);      //指向第二个表格
    sheet->setProperty("Name", "Hello Qt");
```

```cpp
    cell = sheet->querySubObject("Range(QVariant, QVariant)", "B5");
    cell->dynamicCall("SetValue(const QVariant&)", QVariant("Hello!I love Qt."));
    workbook->dynamicCall("SaveAs(const QString&)", "D:\\Qt\\Office\\我爱 Qt6.xls");
                                                            //保存 Excel
    workbook->dynamicCall("Close()");
    myexcel->dynamicCall("Quit()");
    QMessageBox::information(this, tr("完毕"), tr("Excel 工作表已保存。"));
    ui->writeExcelPushButton->setEnabled(false);
    ui->readExcelPushButton->setEnabled(true);
}
```

（3）读 Excel 的事件方法代码：

```cpp
void MainWindow::on_readExcelPushButton_clicked()
{
    myexcel = new QAxObject("Excel.Application");
    myworks = myexcel->querySubObject("WorkBooks");
    myworks->dynamicCall("Open(const QString&)", "D:\\Qt\\Office\\我爱 Qt6.xls");
                                                            //打开 Excel
    workbook = myexcel->querySubObject("ActiveWorkBook");
    mysheets = workbook->querySubObject("WorkSheets");
    QAxObject *sheet = workbook->querySubObject("Sheets(int)", 1);
    QAxObject *cell = sheet->querySubObject("Range(QVariant, QVariant)", "C3");
    QString outStr = cell->dynamicCall("Value2()").toString();
                                                            //读出 C3 单元格内容
    ui->OutExcelLabel->setText(outStr);
    sheet = workbook->querySubObject("Sheets(int)", 2);     //定位到第二张表
    cell = sheet->querySubObject("Range(QVariant, QVariant)", "B5");
    outStr = cell->dynamicCall("Value2()").toString();      //读出 B5 单元格内容
    workbook->dynamicCall("Close()");
    myexcel->dynamicCall("Quit()");
    QMessageBox::information(this, tr("消息"), outStr);
    ui->writeExcelPushButton->setEnabled(true);
    ui->readExcelPushButton->setEnabled(false);
}
```

（4）运行效果。

程序运行后，单击"写入"按钮，弹出消息框提示 Excel 工作表已保存，即说明界面文本框里的文字"我爱最新的 Qt 6.0"已成功写入 Excel 表格，为试验英文语句的读写，程序在后台还往 Excel 另一张表中写入了一句"Hello!I love Qt."。写入完成后，原"写入"按钮变为不可用，"读出"按钮变为可用。

单击"读出"按钮，标签框中会输出刚刚写入保存的 Excel 单元格内容（"我爱最新的 Qt 6.0"），同时弹出消息框显示另一句英文文本"Hello!I love Qt."，如图 14.5 所示。

该程序在计算机"D:\Qt\Office\"路径下生成了一个名为"我爱 Qt6.xls"的 Excel 文件，打开后可看到之前 Qt 写入 Excel 表格的内容，如图 14.6 所示。

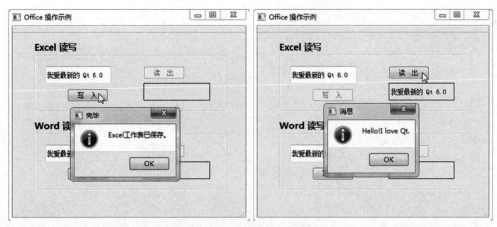

图 14.5 Qt 输出 Excel 单元格内容

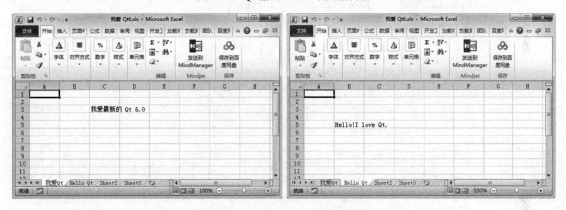

图 14.6 Qt 写入 Excel 表格的内容

14.2.4 对 Word 的读写

对于 Word 文档进行最简单的读写操作，介绍下列几点：
（1）在构造方法中添加代码如下：

```
MainWindow::MainWindow(QWidget *parent) :
    QMainWindow(parent),
    ui(new Ui::MainWindow)
{
    ui->setupUi(this);
    ...
    myword = new QAxObject("Word.Application");
    mydocs = myword->querySubObject("Documents");            //获取文档集
    mydocs->dynamicCall("Add(void)");                        //添加一个文档
    document = myword->querySubObject("ActiveDocument");     //指向当前活动文档
    paragraph = myword->querySubObject("Selection");         //指向当前选中文本
}
```

（2）写 Word 的事件方法代码：

```
void MainWindow::on_writeWordPushButton_clicked()
{
```

```cpp
    QString inStr = ui->InWordLineEdit->text();
    paragraph->dynamicCall("TypeText(const QString&)", inStr);
                                        //写入从界面文本框获取的文本
    paragraph->dynamicCall("TypeText(const QVariant&)",QVariant("\nHello!I love Qt."));
                                        //写入指定的文本
    document->dynamicCall("SaveAs(const QString&)","D:\\Qt\\Office\\我爱Qt6.doc");
                                        //保存文档
    delete paragraph;
    paragraph = nullptr;
    document->dynamicCall("Close()");
    myword->dynamicCall("Quit()");
    QMessageBox::information(this, tr("完毕"), tr("Word 文档已保存。"));
    ui->writeWordPushButton->setEnabled(false);
    ui->readWordPushButton->setEnabled(true);
}
```

(3) 读 Word 的事件方法代码：

```cpp
void MainWindow::on_readWordPushButton_clicked()
{
    myword = new QAxObject("Word.Application");
    mydocs = myword->querySubObject("Documents");          //获取文档集
    mydocs->dynamicCall("Open(const QString&)","D:\\Qt\\Office\\我爱Qt6.doc");
                                                           //打开文档
    document = myword->querySubObject("ActiveDocument");   //指向活动文档
    paragraph = document->querySubObject("Range()");       //指向当前文本
    QString outStr = paragraph->property("Text").toString();   //读出文本
    ui->OutWordLabel->setText(outStr.split("H").at(0));
    paragraph = document->querySubObject("Range(QVariant, QVariant)", 14, 30);
                                                           // (a)
    outStr = paragraph->property("Text").toString();
    delete paragraph;
    paragraph = nullptr;
    document->dynamicCall("Close()");
    myword->dynamicCall("Quit()");
    QmessageBox::information(this, tr("消息"), outStr);
    ui->writeWordPushButton->setEnabled(true);
    ui->readWordPushButton->setEnabled(false);
}
```

其中，

(a) ui->OutWordLabel->setText(outStr.split("H").at(0));paragraph = document-> querySubObject ("Range(QVariant, QVariant)", 14, 30)：由于 Word 文档中共有两行文本，而 Qt 一次性读出的是所有文本（并不自动分行分段），为了能分行输出，我们运用了 split()方法分隔以及索引截取字符串的编程技术。

(4) 运行效果。

与上面 Excel 读写操作类同，运行程序的输出效果如图 14.7 所示。

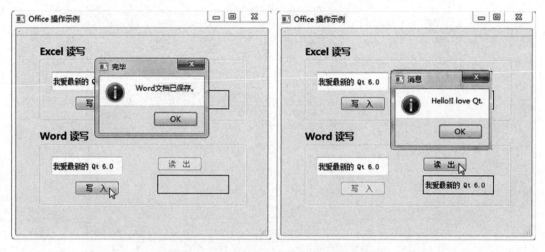

图 14.7　Qt 输出 Word 文档的段落文字

该程序在计算机"D:\Qt\Office\"路径下生成了一个名为"我爱 Qt6.doc"的 Word 文档，打开后可看到之前 Qt 写入 Word 文档中的文字，如图 14.8 所示。

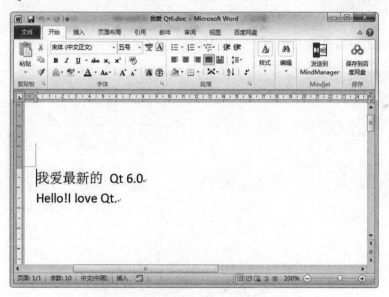

图 14.8　Qt 写入 Word 文档中的内容

14.3　Qt 操作 Excel 实例：计算高考录取率

【例】（难度中等）（CH1402）在"D:\Qt\Office\"下创建一个 Excel 表格文件，名为"Gaokao.xlsx"，在其中预先录入 2015—2019 年高考人数、录取人数和录取率，如图 14.9 所示。创建 Qt 桌面应用程序项目，项目名称为"ExcelReadtable"。

图 14.9　预先创建的 Excel 表格文件

14.3.1　程序界面

设计程序界面，Excel 公式计算及显示程序界面如图 14.10 所示。

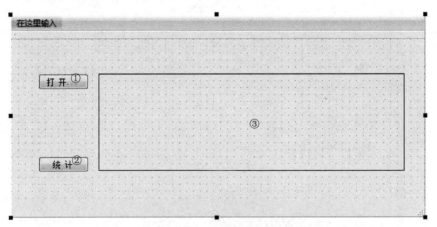

图 14.10　Excel 公式计算及显示程序界面

界面上各控件的名称、类型及属性设置见表 14.2。

表 14.2　界面上各控件的名称、类型及属性设置

序 号	名　　称	类　　型	属 性 设 置
①	openPushButton	QPushButton	text: 打 开...
②	countPushButton	QPushButton	text: 统 计
③	viewLabel	QLabel	frameShape: Box; frameShadow: Plain

14.3.2 全局变量及方法

"mainwindow.h"头文件的代码如下:

```cpp
#ifndef MAINWINDOW_H
#define MAINWINDOW_H
#include <QMainWindow>
#include <QMessageBox>
#include <QAxObject>                                    //访问 Office 对象类
#include <QAxWidget>                                    //界面显示 Office 对象
#include <QFileDialog>
namespace Ui {
class MainWindow;
}
class MainWindow : public QMainWindow
{
    Q_OBJECT
public:
    explicit MainWindow(QWidget *parent = 0);
    ~MainWindow();
    void closeExcel();
private slots:
    void on_openPushButton_clicked();                   //"打开…"按钮单击信号槽
    void view_Excel(QString& filename);                 //预览显示 Excel
    void on_countPushButton_clicked();                  //"统计"按钮单击信号槽
private:
    Ui::MainWindow *ui;
    QAxObject *myexcel;                                 //Excel 应用程序指针
    QAxObject *myworks;                                  //工作簿集指针
    QAxObject *workbook;                                 //工作簿指针
    QAxObject *mysheets;                                 //电子表格集指针
    QAxWidget *mywidget;                                 //界面 Excel 部件
};
#endif // MAINWINDOW_H
```

14.3.3 功能实现

实现具体功能的代码皆在"mainwindow.cpp"源文件中,如下:

```cpp
#include "mainwindow.h"
#include "ui_mainwindow.h"
MainWindow::MainWindow(QWidget *parent) :
    QMainWindow(parent),
    ui(new Ui::MainWindow)
{
    ui->setupUi(this);
}
MainWindow::~MainWindow()
```

```cpp
{
    delete ui;
}
void MainWindow::on_openPushButton_clicked()
{
    QFileDialog fdialog;                                    //打开文件对话框
    fdialog.setFileMode(QFileDialog::ExistingFile);
    fdialog.setViewMode(QFileDialog::Detail);
    fdialog.setOption(QFileDialog::ReadOnly, true);
    fdialog.setDirectory(QString("D:/Qt/Office"));
    fdialog.setNameFilter(QString("所有文件(*.*);;Microsoft Excel 工作表(*.xlsx);;Microsoft Excel 97-2003 工作表(*.xls)"));        //(a)
    if (fdialog.exec())
    {
        QstringList files = fdialog.selectedFiles();
        for (auto fname:files)
        {
            if (fname.endsWith(".xlsx")||fname.endsWith(".xls"))
                                                            //本例兼容两种 Excel
            {
                this->view_Excel(fname);                    //在界面上显示 Excel 表格
            } else {
                QmessageBox::information(this,tr("提示"),tr("你选择的不是Excel 文件!"));
            }
        }
    }
}

void MainWindow::view_Excel(Qstring& filename)
{
    mywidget = new QAxWidget("Excel.Application", ui->viewLabel);    //(b)
    mywidget->dynamicCall("SetVisible(bool Visible) ", "false");
    mywidget->setProperty("DisplayAlerts", false);                   //(c)
    mywidget->setGeometry(ui->viewLabel->geometry().x() - 130, ui->viewLabel->geometry().y() - 50, 450, 200);            //设置显示尺寸
    mywidget->setControl(filename);
    mywidget->show();                                       //显示 Excel 表格
}

void MainWindow::closeExcel()                               //(d)
{
    if (this->mywidget)
    {
        mywidget->close();
        mywidget->clear();
        delete mywidget;
        mywidget = nullptr;
    }
}
```

```
void MainWindow::on_countPushButton_clicked()    //统计功能实现
{
    myexcel = new QAxObject("Excel.Application");
    myworks = myexcel->querySubObject("WorkBooks");
    myworks->dynamicCall("Open(const Qstring&)", "D:\\Qt\\Office\\Gaokao.xlsx");
    workbook = myexcel->querySubObject("ActiveWorkBook");
    mysheets = workbook->querySubObject("Sheets");
    QAxObject *sheet = mysheets->querySubObject("Item(int) ", 1);
    QAxObject *cell = sheet->querySubObject("Range(Qvariant, Qvariant) ", "C7");
                                                    //定位至第一张表的C7单元格
    cell->dynamicCall("SetValue(const Qvariant&)", Qvariant("=sum(C2:C6) "));
                                                    //调用Excel内置的公式计算功能
    cell = sheet->querySubObject("Range(Qvariant, Qvariant) ", "D7");
    cell->dynamicCall("SetValue(const Qvariant&)", Qvariant("=average(D2:D6) "));
                                                    //单元格D7存放平均录取率值
    workbook->dynamicCall("SaveAs(const Qstring&)","D:\\Qt\\Office\\Gaokao.xlsx");
    workbook->dynamicCall("Close()");
    myexcel->dynamicCall("Quit()");
    delete myexcel;
    myexcel = nullptr;
    QmessageBox::information(this, tr("完毕"), tr("统计完成！"));
    closeExcel();
    Qstring fname = "D:\\Qt\\Office\\Gaokao.xlsx";
    view_Excel(fname);                              //统计完及时浏览刷新界面显示
}
```

其中，

(a) fdialog.setNameFilter(QString("所有文件(*.*);;Microsoft Excel 工作表(*.xlsx);;Microsoft Excel 97-2003 工作表(*.xls)"))：这里利用文件对话框的过滤机制，筛选出目录下Excel类型的文件，这么做可避免因用户误操作打开其他不兼容类型的文件而导致程序崩溃。

(b) mywidget = new QAxWidget("Excel.Application", ui->viewLabel)：用QAxWidget将Excel应用程序包装为Qt界面上的可视化部件。

(c) mywidget->setProperty("DisplayAlerts", false)：将Excel软件自身的一些警告消息提醒机制封禁，可以避免后台Excel进程打扰前台Qt应用程序的运行。

(d) void MainWindow::closeExcel()：这个方法的几条语句是对Excel部件进程的善后处理，在关闭Excel后必须及时清除后台进程并将Qt界面上的Excel进程部件指针置空，请读者注意这几行语句的执行顺序（必须严格按顺序写），否则将出现程序关闭后其操作过的Excel文档无法再次打开的问题。

14.3.4 运行演示

运行程序，按以下步骤操作。

（1）选择打开要计算的文件。

单击界面上的"打开..."按钮，弹出"打开"对话框，选中先前创建好的"Gaokao.xlsx"文件，如图14.11所示。

图 14.11　选中"Gaokao.xlsx"文件

（2）打开文件之后，其中的 Excel 表格会在 Qt 程序界面上显示，如图 14.12 所示。

图 14.12　Excel 表格在 Qt 界面上显示

（3）统计录取总人数与平均录取率。

单击左下方"统计"按钮，稍候片刻，程序自动计算出 5 年高考录取总人数及平均录取率，并更新于 Qt 程序界面上，如图 14.13 所示。

图 14.13　统计录取总人数与平均录取率

打开“D:\Qt\Office\Gaokao.xlsx”文件，用 Excel 启用公式（=SUM(C2:C6)、=AVERAGE(D2:D6)）计算后同样可看到计算好的录取总人数及平均录取率，与 Qt 程序计算的结果完全一致，如图 14.14 所示。

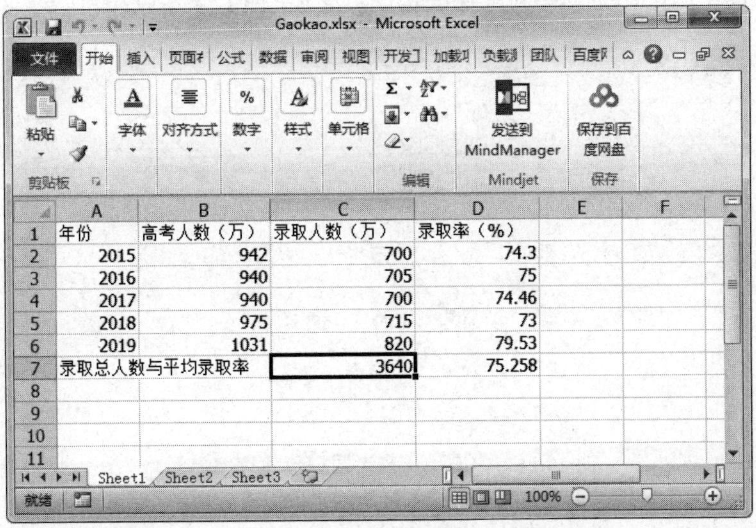

	A	B	C	D
1	年份	高考人数（万）	录取人数（万）	录取率（%）
2	2015	942	700	74.3
3	2016	940	705	75
4	2017	940	700	74.46
5	2018	975	715	73
6	2019	1031	820	79.53
7	录取总人数与平均录取率		3640	75.258

图 14.14　Excel 公式自动算出的录取总人数及平均录取率

14.4　Qt 操作 Word 实例

14.4.1　读取 Word 表格数据：中国历年高考数据检索

【例】（难度中等）（CH1403）Qt 不仅可读取 Word 中的文本，还能对存有大量信息的表格数据进行读取和查询。事先从网上下载“1977—2019 历年全国高考人数和录取率统计.docx”数据表，存放在“D:\Qt\Office\”下待用，如图 14.15 所示。

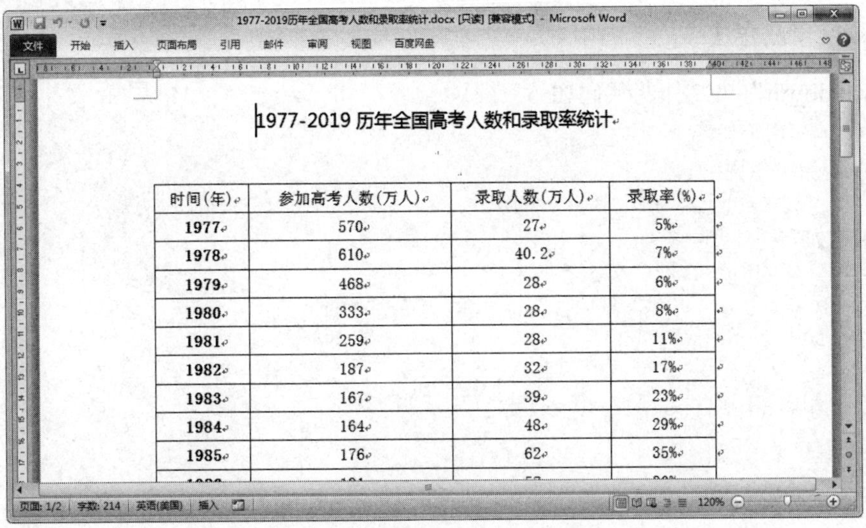

时间(年)	参加高考人数(万人)	录取人数(万人)	录取率(%)
1977	570	27	5%
1978	610	40.2	7%
1979	468	28	6%
1980	333	28	8%
1981	259	28	11%
1982	187	32	17%
1983	167	39	23%
1984	164	48	29%
1985	176	62	35%

图 14.15　含数据表的 Word 文档

创建 Qt 桌面应用程序项目，项目名称为"WordReadtable"。

1. 程序界面

设计程序界面，中国历年高考数据检索程序界面如图 14.16 所示。

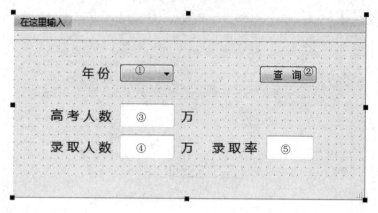

图 14.16 中国历年高考数据检索程序界面

界面上各控件的名称、类型及属性设置见表 14.3。

表 14.3 界面上各控件的名称、类型及属性设置

序号	名称	类型	属性设置
①	yearComboBox	QComboBox	font: 微软雅黑, 9
②	queryPushButton	QPushButton	text: 查　询
③	totalLineEdit	QLineEdit	font: 微软雅黑, 10; alignment: 水平的, AlignRight
④	admitLineEdit	QLineEdit	font: 微软雅黑, 10; alignment: 水平的, AlignRight
⑤	rateLineEdit	QLineEdit	font: 微软雅黑, 10; alignment: 水平的, AlignHCenter

2. 全局变量及方法

"mainwindow.h"头文件的代码如下：

```
#ifndef MAINWINDOW_H
#define MAINWINDOW_H
#include <QMainWindow>
#include <QMessageBox>
#include <QAxObject>
namespace Ui {
class MainWindow;
}
class MainWindow : public QMainWindow
{
    Q_OBJECT
public:
    explicit MainWindow(QWidget *parent = 0);
```

```cpp
    ~MainWindow();
private slots:
    void on_queryPushButton_clicked();
private:
    Ui::MainWindow *ui;
    QAxObject *myword;              //Word 应用程序指针
    QAxObject *mydocs;              //文档集指针
    QAxObject *document;            //文档指针
    QAxObject *mytable;             //文档中的表指针
};
#endif // MAINWINDOW_H
```

3. 功能实现

实现具体功能的代码皆在"**mainwindow.cpp**"源文件中,如下:

```cpp
#include "mainwindow.h"
#include "ui_mainwindow.h"
MainWindow::MainWindow(QWidget *parent) :
    QMainWindow(parent),
    ui(new Ui::MainWindow)
{
    ui->setupUi(this);
    myword = new QAxObject("Word.Application");      //创建 Word 应用程序对象
    mydocs = myword->querySubObject("Documents");              //获取文档集
    mydocs->dynamicCall("Open(const QString&)", "D:\\Qt\\Office\\1977—2019 历
年全国高考人数和录取率统计.docx");                              //打开文档
    document = myword->querySubObject("ActiveDocument");       //当前活动文档
    mytable = document->querySubObject("Tables(int)", 1);      //第一张表
    int rows = mytable->querySubObject("Rows")->dynamicCall("Count").toInt();
                                                     //获取表格总行数

    for(int i = 2; i < rows + 1; i++)
    {
        QAxObject *headcol = mytable->querySubObject("Cell(int,int)", i, 0);
                                                     //读取第一列年份信息
        if (headcol == NULL) continue;
        QString yearStr = headcol->querySubObject("Range")->property("Text").
toString();
        ui->yearComboBox->addItem(yearStr);          //载入界面上的年份列表
        if (i == rows) ui->yearComboBox->setCurrentText(yearStr);
                                                     //默认显示最近年份(2019)
    }
}

MainWindow::~MainWindow()
{
    delete ui;
}

void MainWindow::on_queryPushButton_clicked()
```

```
    {
        int rows = mytable->querySubObject("Rows")->dynamicCall("Count").toInt();
        for(int i = 2; i < rows + 1; i++)
        {
            QAxObject *headcol = mytable->querySubObject("Cell(int,int)", i, 0);
            if (headcol == NULL) continue;
            QString yearStr = headcol->querySubObject("Range")->property("Text").toString();
            if (ui->yearComboBox->currentText() == yearStr)    //以年份为关键字检索
            {
                QAxObject *infocol = mytable->querySubObject("Cell(int,int)", i, 2);
                QString totalStr = infocol->querySubObject("Range")->property ("Text").toString();                                                        //读取当年高考人数
                ui->totalLineEdit->setText(totalStr);
                infocol = mytable->querySubObject("Cell(int,int)", i, 3);
                QString admitStr = infocol->querySubObject("Range")->property ("Text").toString();                                                        //读取录取人数
                ui->admitLineEdit->setText(admitStr);
                infocol = mytable->querySubObject("Cell(int,int)", i, 4);
                QString rateStr = infocol->querySubObject("Range")->property ("Text").toString();                                                        //读取录取率
                ui->rateLineEdit->setText(rateStr);
                break;
            }
        }
    }
```

上面的程序完整地演示了对 Word 中表格遍历、读取指定行和列信息的通行方式，请读者务必熟练掌握。

4．运行效果

运行程序，从下拉列表中选择年份后，单击"查询"按钮，程序会在 Word 文档的表格中读取该年高考生总人数、录取人数和录取率数据，并显示在界面上对应的栏里，如图 14.17 所示。

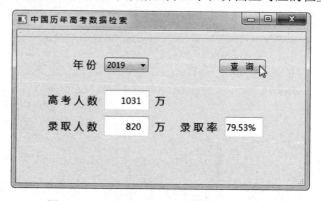

图 14.17　Qt 检索 Word 文档的表格中的数据

14.4.2 向文档输出表格:输出 5 年高考信息统计表

【例】(较难)(CH1404)除查询 Word 表格的数据外,Qt 也可向 Word 文档输出表格。下面这个例子就演示了该过程。

创建 Qt 桌面应用程序项目,项目名称为"WordWritetable"。

1. 程序界面

设计程序界面,向 Word 输出表格及显示程序界面如图 14.18 所示。

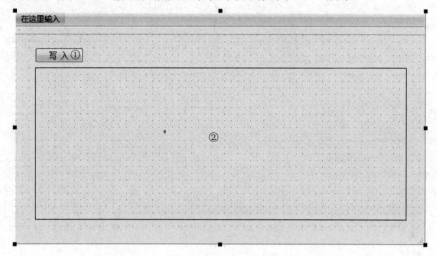

图 14.18 向 Word 输出表格及显示程序界面

界面上各控件的名称、类型及属性设置见表 14.4。

表 14.4 界面上各控件的名称、类型及属性设置

序号	名称	类型	属性设置
①	writeTablePushButton	QPushButton	text: 写入
②	viewLabel	QLabel	frameShape: Box; frameShadow: Plain

2. 全局变量及方法

"mainwindow.h"头文件的代码如下:

```
#ifndef MAINWINDOW_H
#define MAINWINDOW_H
#include <QMainWindow>
#include <QMessageBox>
#include <QAxObject>
#include <QAxWidget>
namespace Ui {
class MainWindow;
}
typedef struct record
```

```cpp
{
    QString year;                                   //年份
    QString total;                                  //高考人数
    QString admit;                                  //录取人数
    QString rate;                                   //录取率
} Record;
class MainWindow : public QMainWindow
{
    Q_OBJECT
public:
    explicit MainWindow(QWidget *parent = 0);
    ~MainWindow();
private slots:
    void on_writeTablePushButton_clicked();         //"写入"按钮单击事件槽
    void view_Word(QString& filename);              //在Qt界面预览Word表格
private:
    Ui::MainWindow *ui;
    QAxObject *myword;                              //Word应用程序指针
    QAxObject *mydocs;                              //文档集指针
    QAxObject *document;                            //文档指针
    QAxObject *mytable;                             //Word中表格指针
    QList<Record> myrecord;                         //表格记录列表
    QAxWidget *mywidget;                            //Qt界面上的Word可视化部件
};
#endif // MAINWINDOW_H
```

3. 功能实现

实现具体功能的代码皆在"mainwindow.cpp"源文件中，如下：

```cpp
#include "mainwindow.h"
#include "ui_mainwindow.h"
MainWindow::MainWindow(QWidget *parent) :
    QMainWindow(parent),
    ui(new Ui::MainWindow)
{
    ui->setupUi(this);
    myword = new QAxObject("Word.Application");     //创建Word应用程序对象
    mydocs = myword->querySubObject("Documents");   //获取文档集
    mydocs->dynamicCall("Open(const QString&)", "D:\\Qt\\Office\\1977—2019历年全国高考人数和录取率统计.docx");            //打开源文档
    document = myword->querySubObject("ActiveDocument");
    mytable = document->querySubObject("Tables(int)", 1);
                                                    //定位至第一张表
    int rows = mytable->querySubObject("Rows")->dynamicCall("Count").toInt();
                                                    //获取表格总行数
    for (int i = rows - 4; i < rows + 1; i++)
    {
        Record oneRec;                              //表格记录结构
        QAxObject *infocol = mytable->querySubObject("Cell(int,int)", i, 1);
        QString year = infocol->querySubObject("Range")->property("Text").toString();
```

```cpp
            oneRec.year = year;                         //获取年份
            infocol = mytable->querySubObject("Cell(int,int)", i, 2);
            QString total = infocol->querySubObject("Range")->property("Text").toString();
            oneRec.total = total;                       //获取高考人数
            infocol = mytable->querySubObject("Cell(int,int)", i, 3);
            QString admit = infocol->querySubObject("Range")->property("Text").toString();
            oneRec.admit = admit;                       //获取录取人数
            infocol = mytable->querySubObject("Cell(int,int)", i, 4);
            QString rate = infocol->querySubObject("Range")->property("Text").toString();
            oneRec.rate = rate;                         //获取录取率
            myrecord.append(oneRec);                    //添加进记录列表
        }
        delete mytable;
        mytable = nullptr;
        document->dynamicCall("Close()");
        myword->dynamicCall("Quit()");
    }

    MainWindow::~MainWindow()
    {
        delete ui;
    }

    void MainWindow::on_writeTablePushButton_clicked()
    {
        myword = new QAxObject("Word.Application");     //创建 Word 应用程序对象
        mydocs = myword->querySubObject("Documents");   //获取文档集
        mydocs->dynamicCall("Add(void)");               //新建一个文档
        document = myword->querySubObject("ActiveDocument");
        QAxObject *tables = document->querySubObject("Tables");
                                                        //表格集指针
        QAxObject *paragraph = myword->querySubObject("Selection");
                                                        //文本段指针
        paragraph->dynamicCall("TypeText(const QString&)", "2015—2019 年高考人数和录取率");
                                                        //先输出表格标题
        QAxObject *range = paragraph->querySubObject("Range");
        QVariantList paras;
        paras.append(range->asVariant());
        paras.append(6);                                //创建表格为 6 行
        paras.append(4);                                //创建表格为 4 列
        tables->querySubObject("Add(QAxObject*, int, int, QVariant&, QVariant&)", paras);
        mytable = paragraph->querySubObject("Tables(int)", 1);
        mytable->setProperty("Style", "网格型");        //设置表格为带网格边框
        QAxObject *Borders = mytable->querySubObject("Borders");
        Borders->setProperty("InsideLineStyle", 1);
        Borders->setProperty("OutsideLineStyle", 1);
```

```cpp
        QAxObject *cell;                                    //单元格对象指针
        /**循环控制输出表格内容*/
        for (int i = 0; i < 6; i++)
        {
            if (i == 0)
            {
                for (int j = 0; j < 4; j++)
                {
                    cell = mytable->querySubObject("Cell(int,int)", (i + 1), (j + 1))->querySubObject("Range");
                    switch (j) {
                        case 0: cell->setProperty("Text", "年份"); break;
                        case 1: cell->setProperty("Text", "高考人数（万）"); break;
                        case 2: cell->setProperty("Text", "录取人数（万）"); break;
                        case 3: cell->setProperty("Text", "录取率"); break;
                        default: break;
                    }
                }
                continue;
            }
            for (int j = 0; j < 4; j++)
            {
                cell = mytable->querySubObject("Cell(int,int)", (i + 1), (j + 1))->querySubObject("Range");
                switch (j) {
                    case 0: cell->setProperty("Text", myrecord[i-1].year); break;
                    case 1: cell->setProperty("Text", myrecord[i-1].total); break;
                    case 2: cell->setProperty("Text", myrecord[i-1].admit); break;
                    case 3: cell->setProperty("Text", myrecord[i-1].rate); break;
                    default: break;
                }
            }
        }
        document->dynamicCall("SaveAs(const QString&)", "D:\\Qt\\Office\\2015～2019年全国高考录取人数统计.doc");       //保存表格
        QMessageBox::information(this, tr("完毕"), tr("表格已输出至Word文档。"));
        delete mytable;
        mytable = nullptr;
        delete paragraph;
        paragraph = nullptr;
        document->dynamicCall("Close()");
        myword->dynamicCall("Quit()");
        QString fname = "D:\\Qt\\Office\\2015～2019年全国高考录取人数统计.doc";
        view_Word(fname);                                   //在Qt界面上预览
    }

    void MainWindow::view_Word(QString& filename)
    {
        mywidget = new QAxWidget("Word.Application", ui->viewLabel);
        mywidget->dynamicCall("SetVisible(bool Visible)", "false");
```

```
    mywidget->setProperty("DisplayAlerts", false);
    mywidget->setGeometry(ui->viewLabel->geometry().x() - 10, ui->viewLabel->
geometry().y() - 70, 550, 250);
    mywidget->setControl(filename);
    mywidget->show();
}
```

4．运行效果

运行程序，单击"写入"按钮，弹出消息框提示表格已输出至 Word 文档，单击"OK"按钮，界面上会显示出 Word 文档中的表格，如图 14.19 所示。

图 14.19　Qt 往 Word 文档中写入表格并显示在界面上

程序运行后在"D:\Qt\Office\"路径下生成 Word 文档"2015～2019 年全国高考录取人数统计.doc"，打开后可看到 Qt 在其中写入的表格，如图 14.20 所示。

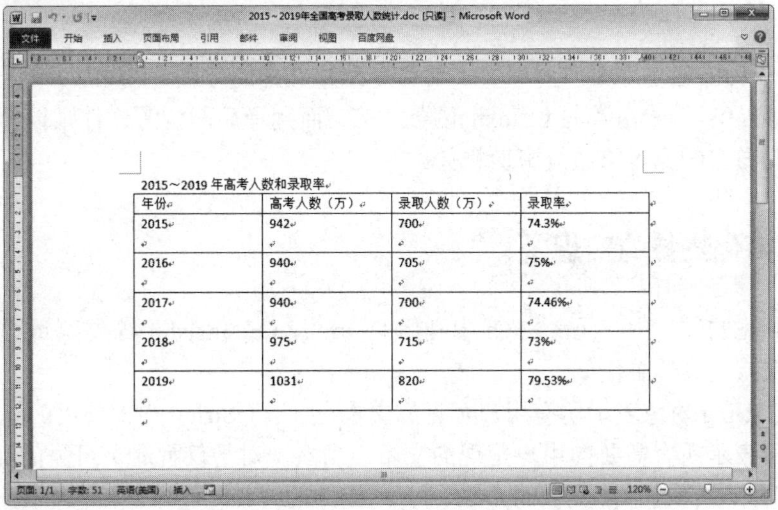

图 14.20　Qt 往 Word 文档中写入的表格

以上系统地介绍了 Qt 对 Excel 和 Word 的操作，读者在工作中可以灵活使用这些方法来操作 Office，高效地完成文档的制作。

第 15 章

Qt 6 多国语言国际化

本章讨论 Qt 库对国际化的支持。Qt 目前的版本对国际化的支持已经相当完善。在文本显示上，Qt 使用 Unicode 作为内部编码，可以同时支持多种编码。为 Qt 增加一种编码的支持也比较方便，只要增加该编码和 Unicode 的转换编码即可。Qt 目前支持 ISO 标准编码 ISO 8859-1、ISO 8859-2、ISO 8859-3、ISO 8859-4、ISO 8859-5、ISO 8859-7、ISO 8859-9 和 ISO 8859-15，中文 GBK/Big5，日文 eucJP/JIS/ShiftJIS，韩文 eucKR，俄文 KOI8-R，当然也可以直接使用 UTF8 编码。

Qt 使用了自己定义的 Locale 机制，在编码支持和信息文件（Message File）的翻译上弥补了目前 UNIX 上所普遍采用 Locale 和 gettext 的不足之处。Qt 的这种机制可以使 Qt 的同一组件（QWidget）上同时显示不同编码的文本，如 Qt 的标签上可以同时使用中文简体文本和中文繁体文本。

在文本输入时，Qt 采用了 XIM（X Input Method）标准协议，可以直接使用 XIM 输入服务器。

15.1 基本概念

Qt 提供了一种国际化方案，而不是采用 INI 配置文件的方式。Qt 中的国际化方法与 GNU gettext 类似，它提供了 tr()函数与 gettext()函数对应，而翻译后的资源文件则以".qm"命名，且其国际化的机制与它的元对象系统密切相关。

15.1.1 国际化支持的实现

在支持国际化的过程中，通常在 Qt 中利用 QString、QTranslator 等类和 tr()函数能够很方便地加入国际化支持，具体工作如下。

（1）使用 QString 对象表示所有用户可见的文本。由于 QString 内部使用 Unicode 编码实现，所以它可以用于表示所有需要向用户呈现的文本。当然，对于仅程序员可见的文本并不需要都变为 QString 对象，可利用 Qt 提供的 QCString 或原始的"char *"。

（2）使用 tr()函数获取所有需要翻译的文本。在 Qt 的翻译机制下，QObject::tr()函数可以帮助程序员取得翻译之后的文本。对于从 QObject 继承而来的类，QObject::tr()函数最终由 QMetaObject::tr()实现。在某些时候，如果无法使用 QObject::tr()函数，则可以直接调用

QCoreApplication::translate()取得翻译之后的字符串。

（3）使用 QString::arg()方法组织动态文本。有些时候，一段文本需要由一些静态文本和动态变量组合起来，如常见的情况"printf("The value of i is: %d", i)"。对于这种动态文本的翻译，由于语言习惯的问题，如果简单地采用这种连接字符串的方法，可能会带来一些问题，如下面的字符串用于表示任务的完成情况：

```
QString m = tr("Mission status: " )+ x + tr("of ") + y +tr("are completed");
```

其中，*x* 和 *y* 是动态的变量，三个字符串被 *x* 和 *y* 分隔开，它们能够被很好地编译，因为"x of y"是英语中分数的表示方法，如 4 of 5 是分数 4/5，在不同的语言中，分子和分母的位置可能是颠倒的，在这种情况下，数字 4 和 5 的位置在翻译时无法被正确地放置。由此可见，孤立地翻译被分隔开的字符串是不行的，改进的办法是使用 QString:: arg()方法：

```
QString m = tr("Mission status: %1 of %2 are completed").arg(x).arg(y);
```

这样，翻译工作者可以将整个字符串进行翻译，并将参数%1 和%2 放到正确的位置。

（4）利用 QTranslator::load()和 QCoreApplication::installTranslator()函数读取对应的翻译之后的资源文件。翻译工作者将提供包含翻译之后的字符串的资源文件"*.qm"，程序员还需要做的是定义 QTranslator 对象，并使用 load()函数读取相应的".qm"文件，利用 QCoreApplication::installTranslator()函数安装 QTranslator 对象。

15.1.2 翻译工作："*.qm"文件的生成

对于翻译工作者，主要是利用 Qt 提供的工具 lupdate、linguist 和 lrelease（它们都可以在 Qt 安装目录的"bin"文件夹下找到）协助翻译工作并生成最后需要的".qm"文件，它包括以下内容。

（1）利用 lupdate 工具从源代码中扫描并提取需要翻译的字符串，生成".ts"文件。类似编译时用到的 qmake，运行 lupdate 时也需要指定一个".pro"的文件，可以单独创建这个".pro"文件，也可以利用编译时用到的".pro"文件，只需定义好变量 TRANSLATIONS 即可。

（2）利用 linguist 工具来协助完成翻译工作，即打开前面用 lupdate 生成的".ts"文件，对其中的字符串逐条进行翻译并保存。由于".ts"文件采用了 XML 格式，所以也可以使用其他编辑器来打开".ts"文件并翻译。

（3）利用 lrelease 工具处理翻译好的".ts"文件，生成格式更为紧凑的".qm"文件。这便是翻译工作者最终需要提供的资源文件，它所占的空间比".ts"文件小，但基本不具有可读性，只有 QTranslator 能够正确地识别它。

15.2 语言国际化应用实例

15.2.1 简单测试

【例】（简单）（CH1501）多国语言国际化。

操作步骤如下。

（1）新建一个桌面应用程序项目，项目名称为"TestHello"，在 UI 界面上添加两个按钮，并分别将文本修改为"hello"、"china"，如图 15.1 所示。

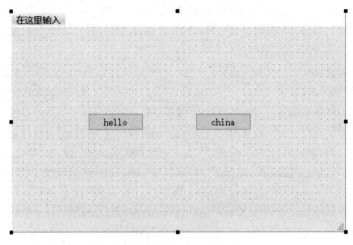

图 15.1　UI 界面

（2）修改"TestHello.pro"文件，添加如下代码：

```
TRANSLATIONS = TestHello.ts
```

（3）编译（构建项目）。记住，一定要先编译，如果没有编译就进行下面的步骤，则生成的".ts"文件只是一个仅有标题栏的框架。

（4）编译完成后，进入 Windows 开始菜单的 Qt 程序组中，选择"Qt 6.0.2 (MinGW 8.1.0 64-bit)"菜单项，打开 Qt 的命令行窗口，进入"TestHello"项目目录，执行命令：

```
lupdate TestHello.pro
```

在项目目录下生成了一个".ts"文件，如果没有编译，则提示"Found 1 source text"。若已经编译，则提示"Found 3 source text(s)"，如图 15.2 所示。

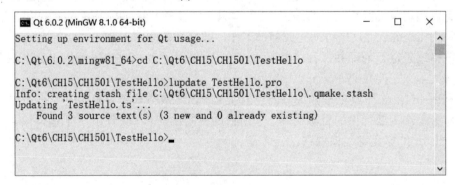

图 15.2　执行 lupdate 命令

（5）在 Windows 开始菜单的 Qt 程序组中选择"Linguist 6.0.2 (MinGW 8.1.0 64-bit)"菜单项，运行 Qt 自带的 linguist（Qt 语言家）工具，其主界面如图 15.3 所示。

在主界面上选择"File"→"Open..."菜单项，选择"TestHello.ts"文件，单击"打开"按钮，根据需要设置源语言和目标语言，此处为默认状态：源语言为 Any Country（任意国家）语言，目标语言为 China 的 Chinese，如图 15.4 所示。

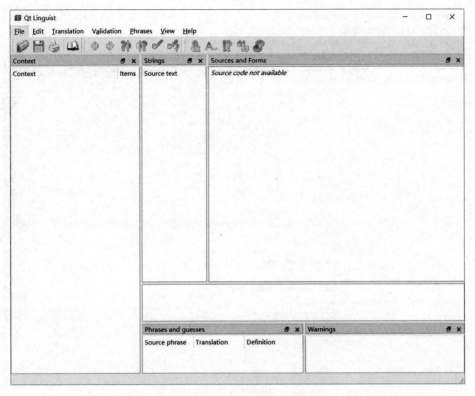

图15.3 "Qt 语言家"主界面

图15.4 设置源语言和目标语言

（6）在第二栏中选择要翻译的字符串，在下面两行中输入对应的翻译文字，单击上面的按钮，如图15.5所示。

当翻译全部完成（这里，"MainWindow"译为"主窗口"；"hello"译为"你好"；"China"译为"中国"）后，保存退出。

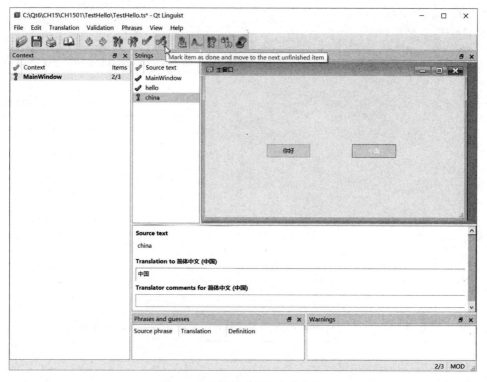

图15.5 翻译软件界面上的文本

（7）在 Qt 的命令行窗口中输入"lrelease TestHello.pro"，生成"TestHello.qm"文件，如图 15.6 所示。

```
C:\Qt6\CH15\CH1501\TestHello>lrelease TestHello.pro
Info: creating stash file C:\Qt6\CH15\CH1501\TestHello\.qmake.stash
Updating 'C:/Qt6/CH15/CH1501/TestHello/TestHello.qm'...
      Generated 3 translation(s) (3 finished and 0 unfinished)
```

图15.6 执行 lrelease 命令

（8）修改源代码，其中，加黑语句为需要添加的部分。
具体代码如下：

```
#include "mainwindow.h"

#include <QApplication>
#include <QTranslator>
int main(int argc, char *argv[])
{
    QApplication a(argc, argv);
    QTranslator *translator = new QTranslator;
    translator->load("C:/Qt6/CH15/CH1501/TestHello/TestHello.qm");
    a.installTranslator(translator);
    MainWindow w;
    w.show();
    return a.exec();
}
```

注意添加的位置一定要在 MainWindow 之前，另外还要注意目录"C:/Qt6/CH15/CH1501/TestHello/TestHello.qm"（为 Windows 环境下文件"TestHello.qm"存放的绝对路径）。

（9）运行程序，效果如图 15.7 所示。

可以看到，此时窗体的标题和按钮文本都变为中文，说明翻译转换成功！

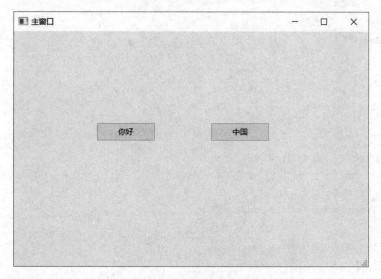

图 15.7　翻译转换成功

15.2.2　选择语言翻译文字

【例】（简单）（CH1502）用一个下拉菜单来选择语言，其下方的标签显示对应不同语言版本的文字。

操作步骤如下。

（1）新建一个桌面应用程序项目，项目名称为"LangSwitch"。在"Class Information"（类信息）界面上，"Class name"（类名）栏填写"LangSwitch"，"Base class"（基类）选择"QWidget"，取消"Generate form"（创建界面）复选框的选中状态，如图 15.8 所示。

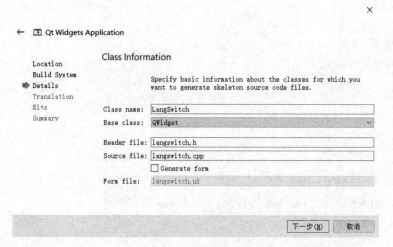

图 15.8　项目的类信息设置

(2) 在头文件"LangSwitch.h"中定义 LangSwitch 类及其界面元素。

```
#ifndef LANGSWITCH_H
#define LANGSWITCH_H

#include <QWidget>
#include <QComboBox>
#include <QLabel>

class LangSwitch : public QWidget
{
    Q_OBJECT

public:
    LangSwitch(QWidget *parent = nullptr);
    ~LangSwitch();
private slots:
    void changeLang(int index);                      //(a)
private:
    void createScreen();                             //(b)
    void changeTr(const QString& langCode);          //(b)
    void refreshLabel();                             //(b)
    QComboBox* combo;                                //界面中可以看见的下拉菜单
    QLabel* label;                                   //界面中可以看见的标签
};
#endif // LANGSWITCH_H
```

其中,

(a) void changeLang(int index):用于响应下拉菜单中语言选项的改变。

(b) void createScreen()、void changeTr(const QString& langCode)和 void refresh Label():用于协助创建界面和改变语言。

(3) 源文件"LangSwitch.cpp"中的具体实现代码如下:

```
#include "langswitch.h"
#include <QVBoxLayout>
#include <QTranslator>
#include <QApplication>
LangSwitch::LangSwitch(QWidget *parent)
    : QWidget(parent)
{
    createScreen();
}


LangSwitch::~LangSwitch()
{
}
```

createScreen()函数用于创建基本的界面,其具体实现代码如下:

```
void LangSwitch::createScreen()
{
    combo = new QComboBox;
```

```
    combo->addItem("English", "en");                           //(a)
    combo->addItem("Chinese", "zh");                           //(a)
    combo->addItem("Latin", "la");                             //(a)
    label = new QLabel;
    refreshLabel();                                            //设置标签的内容
    QVBoxLayout* layout = new QVBoxLayout;
    layout->addWidget(combo, 1);
    layout->addWidget(label, 5);
    setLayout(layout);
    connect(combo, SIGNAL(currentIndexChanged(int)), this, SLOT(changeLang(int)));
                                                               //(b)
}
```

其中，

(a) combo->addItem("English", "en")、combo->addItem("Chinese", "zh")和 combo->addItem("Latin", "la")：将三个语言选项（英文、中文和拉丁文）添加到下拉菜单中，并设置三个选项的值分别为"en""zh""la"（这是 ISO 标准中语言的简写形式）。

(b) changeLang(int)：改变语言。

refreshLabel()函数的具体实现如下：

```
void LangSwitch::refreshLabel()
{
    label->setText(tr("TXT_HELLO_WORLD", "Hello World"));      //(a)
}
```

其中，

(a) label->setText(tr("TXT_HELLO_WORLD", "Hello World"))：tr()函数前一个参数是提取翻译串时用到的 ID，后一个则起提供注释的作用，并且在找不到翻译串时，注释串会被采用。例如，语言设置为中文时，如果以 TXT_HELLO_WORLD 为 ID 的串在对应的".qm"文件中找不到翻译后的字符串，则将采用后一个参数，即显示为英文。

changeLang()函数改变语言的具体代码如下：

```
void LangSwitch::changeLang(int index)
{
    QString langCode = combo->itemData(index).toString();   //(a)
    changeTr(langCode);                                     //读取相应的.qm 文件
    refreshLabel();                                         //刷新标签上的文字
}
```

其中，

(a) QString langCode = combo->itemData(index).toString()：从所选的菜单项中取得对应语言的值（"en""zh""la"）。

changeTr()函数读取对应的".qm"文件，并调用 installTranslator()方法安装 QTranslator 对象，其具体实现代码如下：

```
void LangSwitch::changeTr(const QString& langCode)
{
    static QTranslator* translator;                         //(a)
    if (translator != NULL)
    {
        qApp->removeTranslator(translator);
```

```
        delete translator;
        translator = NULL;
    }
    translator = new QTranslator;
    QString qmFilename = "lang_" + langCode;                    //(b)
    if (translator->load(QString("C:/Qt6/CH15/CH1502/LangSwitch/") + qmFilename))
    {
        qApp->installTranslator(translator);
    }
}
```

其中,

(a) static QTranslator* translator:由于需要动态改变语言,所以如果已经安装了QTranslator对象,则首先需要调用removeTranslator()函数移除原来的QTranslator对象,再安装新的对象。因此,定义了一个static的QTranslator对象以方便移除和重新安装。

(b) QString qmFilename = "lang_" + langCode:将".qm"文件的路径设定在项目"C:\Qt6\CH15\CH1502\LangSwitch"路径下,分别命名为"lang_en.qm"、"lang_zh.qm"和"lang_la.qm"。

(4)提取需要翻译的字符串并翻译,生成".qm"文件(这个工作通常由专门的工作组负责),具体操作如下:

① 修改"LangSwitch.pro"文件,即在后面加上TRANSLATIONS的定义(加黑部分代码)。修改完的"LangSwitch.pro"文件的具体内容如下:

```
QT       += core gui

greaterThan(QT_MAJOR_VERSION, 4): QT += widgets

CONFIG += c++11

# You can make your code fail to compile if it uses deprecated APIs.
# In order to do so, uncomment the following line.
#DEFINES += QT_DISABLE_DEPRECATED_BEFORE=0x060000    # disables all the APIs deprecated before Qt 6.0.0

SOURCES += \
    main.cpp \
    langswitch.cpp

HEADERS += \
    langswitch.h

TRANSLATIONS = lang_en.ts \
               lang_zh.ts \
               lang_la.ts

# Default rules for deployment.
qnx: target.path = /tmp/$${TARGET}/bin
else: unix:!android: target.path = /opt/$${TARGET}/bin
!isEmpty(target.path): INSTALLS += target
```

此时，编译项目，运行结果如图 15.9 所示。

② 打开 Qt 的命令行窗口，用 lupdate 工具提取需要翻译的字符串，执行 lupdate 命令，结果如图 15.10 所示。

图 15.9 编译初始界面　　　　　　图 15.10 执行 lupdate 命令

此时，得到了"lang_en.ts"、"lang_zh.ts"和"lang_la.ts"共三个文件。但是，因为 ID 为 TXT_HELLO_WORLD 的字符串尚未被翻译，所以需要完成如下工作。

（a）用 linguist 工具翻译这几个".ts"文件。

直接用 Qt 的 linguist 工具打开需要翻译的".ts"文件（三个文件同时选中打开），就可以进行字符串的翻译，这里三个版本的字符串分别译为"Hello World"（English）、"你好，世界"（Chinese）和"Orbis, te saluto"（Latin），翻译完成后保存退出，如图 15.11 所示。

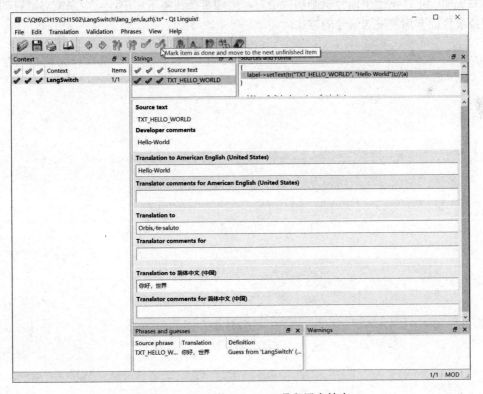

图 15.11 用 Qt 的 linguist 工具翻译字符串

（b）生成各个".ts"文件相应的".qm"文件。这个工作可以利用 lrelease 工具来完成，其用法与 lupdate 工具相同，只是改用命令"lrelease LangSwitch.pro"，执行 lrelease 命令如图 15.12 所示。

```
C:\Qt6\CH15\CH1502\LangSwitch>lrelease LangSwitch.pro
Info: creating stash file C:\Qt6\CH15\CH1502\LangSwitch\.qmake.stash
Updating 'C:/Qt6/CH15/CH1502/LangSwitch/lang_en.qm'...
    Generated 1 translation(s) (1 finished and 0 unfinished)
Updating 'C:/Qt6/CH15/CH1502/LangSwitch/lang_zh.qm'...
    Generated 1 translation(s) (1 finished and 0 unfinished)
Updating 'C:/Qt6/CH15/CH1502/LangSwitch/lang_la.qm'...
    Generated 1 translation(s) (1 finished and 0 unfinished)
```

图 15.12　执行 lrelease 命令

上述所有准备工作完成后，便可运行程序，不同版本语言的界面如图 15.13 所示。

(a) 英文界面　　　　　　(b) 中文界面　　　　　　(c) 拉丁文界面

图 15.13　翻译后不同版本语言的界面

需要说明一下：本例用信号机制切换语言，但通常在实际应用中，一个系统对语言的处理是采用广播事件而非简单发送信号的方式。

第 16 章

Qt 6 单元测试框架

16.1 QTestLib 框架

Trolltech 公司提供的 QTestLib 是一种针对基于 Qt 编写的程序或库的单元测试工具。QTestLib 提供了单元测试框架的基本功能,并提供了针对 GUI 测试的扩展功能。QTestLib 的特性,见表 16.1。设计 QTestLib 的目的是简化 Qt 程序或库的单元测试工作。

表 16.1 QTestLib 的特性

特　　性	详　细　描　述
轻量级	QTestLib 只包含 6000 行代码和 60 个导出符号
自包含	对于非 GUI 测试,QTestLib 只需要 Qt 核心库的几个符号
快速测试	QTestLib 不需要特殊的测试执行程序,不需要为测试而进行特殊的注册
数据驱动测试	一个测试程序可以在不同的测试数据集上执行多次
基本的 GUI 测试	QTestLib 提供了模拟鼠标和键盘事件的功能
IDE 友好	QTestLib 的输出信息可以被 Visual Studio 和 KDevelop 解析
线程安全	错误报告是线程安全的、原子性的
类型安全	对模板进行了扩展使用,以防止由隐式类型转换引起的错误
易扩展	用户自定义类型可以容易地加入测试数据和测试输出中

创建一个测试的步骤是,首先继承 QObject 类并添加私有的槽。每个私有的槽就是一个测试函数,然后使用 QTest::qExec()执行测试对象中的所有测试函数。

16.2 简单的 Qt 单元测试

下面通过一个简单的例子说明如何进行 Qt 的单元测试。

【例】(简单)(CH1601)首先实现计算圆面积的类,然后编写代码检查该类是否完成了相应的功能。

(1)建立 Qt 单元测试框架,步骤如下。

① 在 Qt Creator 中选择主菜单"文件"→"新建文件或项目..."菜单项，出现如图 16.1 所示的对话框，选择"其他项目"→"Auto Test Project"选项，单击"Choose..."按钮。

图 16.1　建立 Qt 单元测试框架

② 在接下来的"Project Location"界面为测试项目命名，"名称"填写为"AreaTest"，单击"下一步"按钮，如图 16.2 所示。

图 16.2　为测试项目命名

③ 出现"Project and Test Information"界面，选择项目需要包含的模块及设置将要创建的测试类的基本信息。这里在"Test framework"栏选"Qt Test"（也就是 QTestLib 框架所在的模块）；在"Test case name"栏填写"TestArea"（测试类名），如图 16.3 所示，单击"下一步"按钮。

第16章 Qt 6 单元测试框架

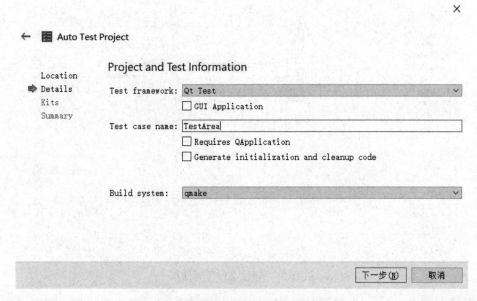

图16.3 选择测试框架模块及命名测试类

④ 在"Kit Selection"界面选择编译器组件为"Desktop Qt 6.0.2 MinGW 64-bit",单击"下一步"按钮,如图16.4所示。

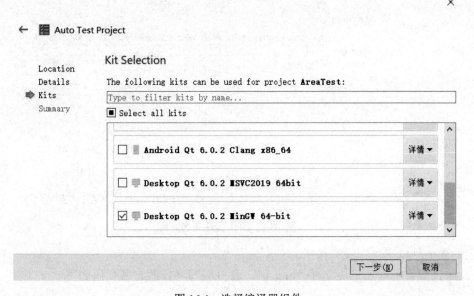

图16.4 选择编译器组件

最后的界面单击"完成"按钮。

(2) 计算圆面积类的具体实现步骤如下。

① 在项目名上单击鼠标右键,选择"Add New..."选项,在如图16.5所示的"新建文件"对话框中,选择新建"C/C++ Header File",单击"Choose..."按钮。

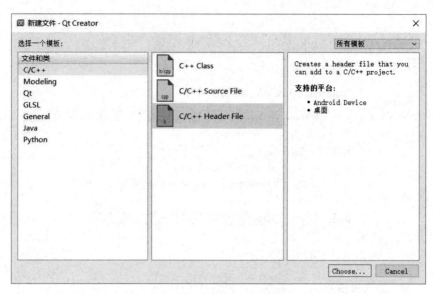

图 16.5 "新建文件"对话框

② 在接下来"Location"界面上的"File name"栏填写文件名为"area",单击"下一步"按钮,如图 16.6 所示。

图 16.6 给头文件命名

最后的界面中单击"完成"按钮。

③ 此时,项目中增加了头文件"area.h",打开编写(修改)其代码如下:

```cpp
#ifndef AREA_H
#define AREA_H
#include <QObject>

class Area:public QObject
{
    Q_OBJECT

public:
```

```
    Area(){}
    ~Area(){}
    Area(const Area &area)
    {
        m_r = area.m_r;
    }
    Area(int r)
    {
        m_r = r;
    }
    double CountArea()
    {
        return  3.14 * m_r * m_r;
    }
private:
    double m_r;
};
#endif // AREA_H
```

其中，CountArea()函数完成了计算圆面积的功能。

（3）测试代码所在的源文件是"tst_testarea.cpp"，打开编写（修改）其代码如下：

```
#include <QtTest>
#include <QString>
#include "area.h"

// add necessary includes here

class TestArea : public QObject
{
    Q_OBJECT

public:
    TestArea();
    ~TestArea();

private slots:
    void test_case1();                                              //(a)

};

TestArea::TestArea()
{

}

TestArea::~TestArea()
{

}
```

```
void TestArea::test_case1()
{
    Area  area(1);
    QVERIFY(qAbs(area.CountArea()-3.14)<0.0000001);           //(b)
    QVERIFY2(true, "Failure");
}

QTEST_APPLESS_MAIN(TestArea)                                  //(c)

#include "tst_testarea.moc"
```

其中，

(a) test_case1() 函数是测试函数，初始化对象的半径为1。

(b)QVERIFY(qAbs(area.CountArea()-3.14)<0.0000001)：使用 QVERIFY()宏判断半径为 1 的面积是否为 3.14。由于浮点数不能直接比较，所以取值为给定值和实际值的绝对值，只要这两者之差小于 0.0000001，就认为结果是正确的。

QVERIFY()宏用于检查表达式是否为真，如果表达式为真，则程序继续运行；否则测试失败，程序运行终止。如果需要在测试失败的时候输出信息，则使用 QVERIFY2()宏，用法如下：

```
QVERIFY2(condition,message);
```

QVERIFY2()宏在"condition"条件验证失败时，输出信息"message"。

(c)QTEST_APPLESS_MAIN(TestArea)：QTEST_APPLESS_MAIN()宏实现 main()函数，并初始化 QApplication 对象和测试类，按照测试函数的运行顺序执行所有的测试。

简单 Qt 单元测试输出结果如图 16.7 所示。

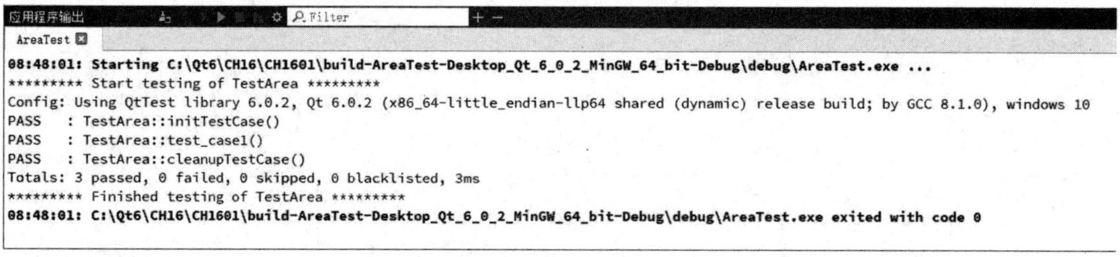

图 16.7　简单 Qt 单元测试输出结果

注意：在测试类中，有四个私有槽函数是预定义用于初始化和结束清理工作的，而不是测试函数。例如，

- initTestCase()：在第一个测试函数运行前被调用。
- cleanupTestCase()：在最后一个测试函数运行后被调用。
- init()：在每个测试函数运行前被调用。
- cleanup()：在每个测试函数运行后被调用。

如果 initTestCase()函数运行失败，则将没有测试函数运行。如果 init()函数运行失败，则紧随其后的测试函数不会被执行，将直接运行下一个测试函数。

16.3 数据驱动测试

在实际测试中，需要对多种边界数据进行测试，并逐项初始化，逐项完成测试。此时，可以使用 QTest::addColumn()函数建立要测试的数据列，使用 QTest::newRow()函数添加数据行。下面通过两个实例来介绍具体的用法。

【例】（简单）（CH1602）测试字符串转换为全小写字符的功能。
（1）建立单元测试框架（操作方法同前），具体设置如下。
项目名称：TestQString。
测试类名：TestQString。
生成源文件：tst_testqstring.cpp。
（2）源文件"tst_testqstring.cpp"的具体代码如下：

```cpp
#include <QtTest>
#include <QString>
// add necessary includes here

class TestQString : public QObject
{
    Q_OBJECT

public:
    TestQString();
    ~TestQString();

private slots:
    //每个 private slot 都是一个被 QTest::qExec()自动调用的测试函数
    void testToLower();                                         //(a)
    void testToLower_data();                                    //(b)

};

TestQString::TestQString()
{

}

TestQString::~TestQString()
{

}

void TestQString::testToLower()
{
    //获取测试数据
    QFETCH(QString,string);
```

```
    QFETCH(QString,result);
    //如果两个参数不同,则其值会分别显示出来
    QCOMPARE(string.toLower(),result);                              //(c)
    QVERIFY2(true, "Failure");
}

void TestQString::testToLower_data()
{
    //添加测试列
    QTest::addColumn<QString>("string");
    QTest::addColumn<QString>("result");
    //添加测试数据
    QTest::newRow("lower")<<"hello"<<"hello";
    QTest::newRow("mixed")<<"heLLO"<<"hello";
    QTest::newRow("upper")<<"HELLO"<<"hello";
}
//生成能够独立运行的测试代码
QTEST_APPLESS_MAIN(TestQString)

#include "tst_testqstring.moc"
```

其中,

(a) void testToLower():每个 private slot 都是一个被 QTest::qExec()自动调用的测试函数。

(b) void testToLower_data():用于提供测试数据。初始化数据的函数名和测试函数名一样,但增加了后缀"_data()"。

(c) QCOMPARE(string.toLower(),result):QCOMPARE(actual,expected)宏使用"等号"操作符比较实际值(actual)和期望值(expected)。如果两个值相等,则程序继续执行;如果两个值不相等,则产生一个错误,且程序不再继续执行。

(3) 测试结果如图 16.8 所示。

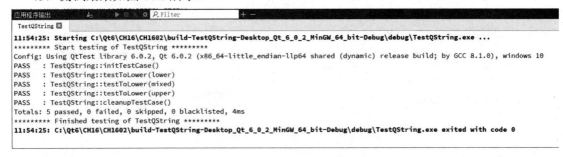

图 16.8 字符串转换测试结果

【例】(简单)(CH1603)测试计算圆面积的功能。

(1) 建立单元测试框架(操作方法同前),具体设置如下。

项目名称:AreaTest2。

测试类名:TestArea。

生成源文件:tst_testarea.cpp。

(2) 新建 C++头文件"area.h",其具体代码如下:

```cpp
#ifndef AREA_H
#define AREA_H
#include <QtCore>
#include <QObject>

class Area:public QObject
{
    Q_OBJECT

public:
    Area(){}
    ~Area(){}
    Area(const Area &area)
    {
        m_r = area.m_r;
    }
    Area(int r)
    {
        m_r = r;
    }
    double CountArea()
    {
        return 3.14 * m_r * m_r;
    }
private:
    double m_r;
};
Q_DECLARE_METATYPE(Area)                                        //(a)
#endif // AREA_H
```

其中,

(a) Q_DECLARE_METATYPE(Area)：该宏将 Area 定义为元类型,这样所有基于模板的函数都可以使用 Area。而 QTest 中用到了模板函数 addColumn(),因此必须使用 Q_DECLARE_METATYPE()宏使模板函数可以识别 Area 类。

(3) 在源文件"tst_testarea.cpp"中完成测试工作,其具体实现代码如下:

```cpp
#include <QtTest>
#include <QString>
#include "area.h"

// add necessary includes here

class TestArea : public QObject
{
    Q_OBJECT

public:
    TestArea();
    ~TestArea();
```

```cpp
private slots:
    void toArea();                                  //测试函数名 toArea()
    void toArea_data();                             //初始化数据的函数 toArea_data()
};

TestArea::TestArea()
{

}

TestArea::~TestArea()
{

}

void TestArea::toArea()
{
    //获取测试数据
    QFETCH(Area,area);                              //(a)
    QFETCH(double,r);
    QVERIFY(qAbs(area.CountArea()-r)<0.0000001);    //(b)
    QVERIFY2(true, "Failure");
}

void TestArea::toArea_data()
{
    //定义测试数据列
    QTest::addColumn<Area>("area");                 //(c)
    QTest::addColumn<double>("r");                  //(d)
    //建立测试数据
    QTest::newRow("1")<<Area(1)<<3.14;              //(e)
    QTest::newRow("2")<<Area(2)<<12.56;
    QTest::newRow("3")<<Area(3)<<28.26;
}

QTEST_APPLESS_MAIN(TestArea)

#include "tst_testarea.moc"
```

其中，

(a) QFETCH(Area,area)：通过 QFETCH() 宏获取所有数据。

(b) QVERIFY(qAbs(area.CountArea()-r)<0.0000001)：QVERIFY() 宏将根据数据的多少决定函数运行多少次。

(c) QTest::addColumn<Area>("area")：此处建立了两列数据，area 列为 Area 对象。

(d) QTest::addColumn<double>("r")：r 列是相应的 Area 对象中计算圆面积半径的期望值。

(e) QTest::newRow("1")<<Area(1)<<3.14：测试数据通过 QTest::newRow() 函数加入。

(4) 测试结果如图 16.9 所示。

```
14:37:58: Starting C:\Qt6\CH16\CH1603\build-AreaTest2-Desktop_Qt_6_0_2_MinGW_64_bit-Debug\debug\AreaTest2.exe ...
********* Start testing of TestArea *********
Config: Using QtTest library 6.0.2, Qt 6.0.2 (x86_64-little_endian-llp64 shared (dynamic) release build; by GCC 8.1.0), windows 10
PASS   : TestArea::initTestCase()
PASS   : TestArea::toArea(1)
PASS   : TestArea::toArea(2)
PASS   : TestArea::toArea(3)
PASS   : TestArea::cleanupTestCase()
Totals: 5 passed, 0 failed, 0 skipped, 0 blacklisted, 4ms
********* Finished testing of TestArea *********
14:37:58: C:\Qt6\CH16\CH1603\build-AreaTest2-Desktop_Qt_6_0_2_MinGW_64_bit-Debug\debug\AreaTest2.exe exited with code 0
```

图 16.9　计算圆面积测试结果

16.4　简单性能测试

【例】（简单）（CH1604）编写性能测试代码。

(1) 建立单元测试框架（操作方法同前），具体设置如下。

项目名称：TestQString2。

测试类名：TestQString2。

生成源文件：tst_testqstring2.cpp。

(2) 源文件"tst_testqstring2.cpp"的具体代码如下：

```cpp
#include <QtTest>
#include <QString>

// add necessary includes here

class TestQString2 : public QObject
{
    Q_OBJECT

public:
    TestQString2();
    ~TestQString2();

private slots:
    void testBenchmark();
};

TestQString2::TestQString2()
{

}

TestQString2::~TestQString2()
{
```

```cpp
}

void TestQString2::testBenchmark()
{
    QString str("heLLO");
    //用于测试性能的代码
    QBENCHMARK
    {
        str.toLower();
    }
    QVERIFY2(true, "Failure");
}


QTEST_APPLESS_MAIN(TestQString2)

#include "tst_testqstring2.moc"
```

（3）测试结果如图 16.10 所示。

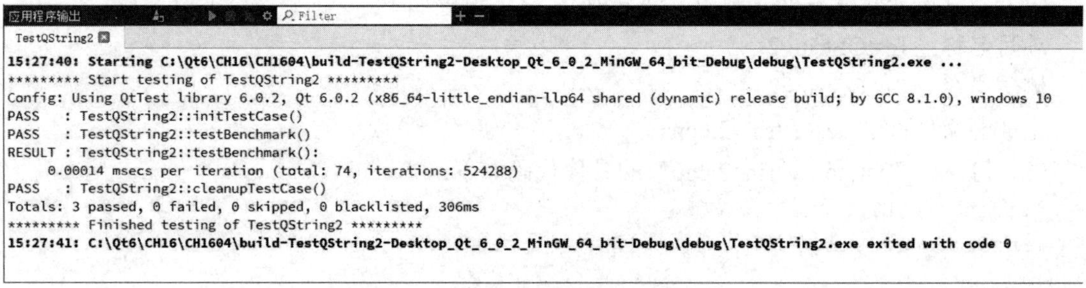

```
应用程序输出
TestQString2
15:27:40: Starting C:\Qt6\CH16\CH1604\build-TestQString2-Desktop_Qt_6_0_2_MinGW_64_bit-Debug\debug\TestQString2.exe ...
********* Start testing of TestQString2 *********
Config: Using QtTest library 6.0.2, Qt 6.0.2 (x86_64-little_endian-llp64 shared (dynamic) release build; by GCC 8.1.0), windows 10
PASS    : TestQString2::initTestCase()
PASS    : TestQString2::testBenchmark()
RESULT  : TestQString2::testBenchmark():
     0.00014 msecs per iteration (total: 74, iterations: 524288)
PASS    : TestQString2::cleanupTestCase()
Totals: 3 passed, 0 failed, 0 skipped, 0 blacklisted, 306ms
********* Finished testing of TestQString2 *********
15:27:41: C:\Qt6\CH16\CH1604\build-TestQString2-Desktop_Qt_6_0_2_MinGW_64_bit-Debug\debug\TestQString2.exe exited with code 0
```

图 16.10　简单性能测试结果

其中，**0.00014 msecs per iteration (total: 74, iterations: 524288)**：其含义是测试代码运行了 524288 次，总时间为 74 毫秒（ms），每次运行的平均时间为 0.00014 毫秒（ms）。

第 2 部分　Qt 6 综合实例

第 17 章

【综合实例】：电子商城系统

在互联网极为发达的今天，网上购物已经成为人们生活中不可或缺的部分。在每个实用的网上购物电子商务 B2C（商家对消费者）网站都需要一个完善的商品管理系统作为支撑。本章完成开发一个"电子商城系统"的实例（CH17），主要运用 Qt 对 MySQL 数据库的操作技术，并且综合运用本书前面各章所介绍的知识，包括 Qt 界面设计布局、图片读写操作和自定义视图，这是进阶学习 Qt 的一个很好的实践案例。

17.1　商品管理系统功能需求

电子商城商品管理系统的主要功能如下：

（1）管理员口令登录，密码采用 MD5 加密算法封装验证。
（2）浏览库存商品信息，采用 Qt 数据网格控件实现。
（3）商品入库和清仓，用表单录入商品信息（可指定商品类别、进价、售价、入库数量等，还可上传商品样照）。
（4）预售订单功能。选择指定数量的库存商品出售，系统自动计算出应付款总金额并显示销售清单，用户一次可预售多种商品，然后统一下单。

17.1.1　登录功能

初始启动程序，显示登录界面（见图 17.1）。
输入管理员账号及口令，单击"登录"按钮执行验证，口令用 Qt 内置的 MD5 算法做加密处理后先存于 MySQL 数据库中，若验证不通过则弹出警告提示框。

图 17.1　登录界面

17.1.2　新品入库功能

在"新品入库"页上可看到全部库存的商品信息（商品名称、进价、售价和库存量），用户可输入（或选择）新品信息，将其录入系统中；也可选择库中已有的商品执行清仓操作，如图 17.2 所示。

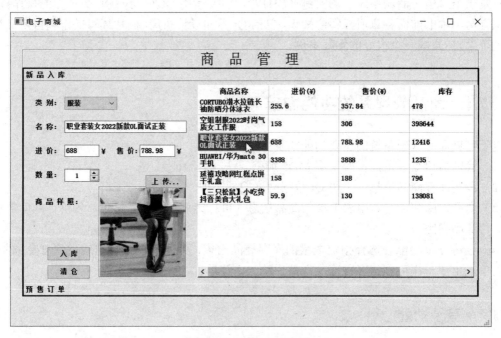

图 17.2　"新品入库"页

选中右边网格列表中的某商品，于左边表单中显示该商品的各项信息，用户可通过修改数量后单击"入库"按钮以增加该商品的库存量，也可直接单击"清仓"按钮将此商品的信息从系统中清除。

17.1.3 预售订单功能

在"预售订单"页上,用户从左边表单下拉列表中选择要预售的商品类别和名称,表单会自动联动显示出该商品的单价、库存、照片,并根据用户所指定的售出数量算出总价,如图 17.3 所示。

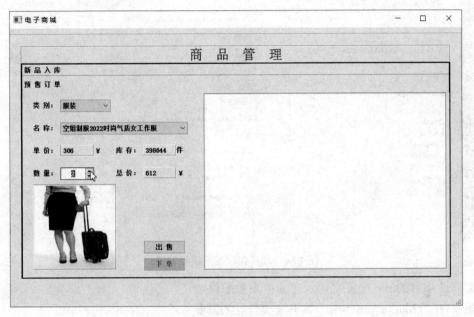

图 17.3 "预售订单"页

用户单击"出售"按钮售出该商品,可以在右边空白区域查看销售清单,在先后售出多种商品后可单击"下单"按钮生成订单。

17.2 项目开发准备

因本实例的程序运行必须依赖后台的 MySQL 数据库,故在正式进入开发前先要对项目工程和 Qt 环境进行一些配置,使其能支持 MySQL,另外还要预先建立起所要用的数据库及表、录入测试数据。

17.2.1 项目配置

(1)创建 Qt 桌面应用程序项目,项目名称为"eMarket"。创建完成在 Qt Creator 开发环境中单击左侧栏的按钮切换至项目配置模式,如图 17.4 所示。

图中这个页面用来配置项目构建时所生成的"debug"目录路径。默认情况下,Qt 为了使最终编译生成的项目目录体积尽可能小以节省空间,会将生成的"debug"文件夹及其中的内容全部置于项目目录的外部,但这么做也给用户管理带来了一定的麻烦,因此,这里还是要将"debug"文件夹移至项目目录内。配置方法是:在"General"栏下取消勾选"Shadow build"项。

图 17.4 项目构建目录路径配置

（2）修改项目的.pro 配置文件，在其中添加配置项。

配置文件"eMarket.pro"内容如下（加黑处为需要修改添加的地方）：

```
#-------------------------------------------------
#
# Project created by QtCreator 2018-11-16T08:56:40
#
#-------------------------------------------------

QT       += core gui
QT       += sql

greaterThan(QT_MAJOR_VERSION, 4): QT += widgets

TARGET = eMarket
TEMPLATE = app

# The following define makes your compiler emit warnings if you use
# any feature of Qt which has been marked as deprecated (the exact warnings
# depend on your compiler). Please consult the documentation of the
# deprecated API in order to know how to port your code away from it.
DEFINES += QT_DEPRECATED_WARNINGS

# You can also make your code fail to compile if you use deprecated APIs.
# In order to do so, uncomment the following line.
# You can also select to disable deprecated APIs only up to a certain version of Qt.
```

第 17 章　【综合实例】：电子商城系统

```
# DEFINES += QT_DISABLE_DEPRECATED_BEFORE=0x060000
# disables all the APIs deprecated before Qt 6.0.0


SOURCES += \
        main.cpp \
        mainwindow.cpp \
    logindialog.cpp

HEADERS += \
        mainwindow.h \
    logindialog.h

FORMS += \
        mainwindow.ui \
    logindialog.ui
```

其中，"**QT += sql**"语句就是配置使该程序能使用 SQL 语句访问后台的数据库。

17.2.2　编译 MySQL 驱动

自从 Oracle 收购 MySQL 后对其进行了商业化，如今的 MySQL 已经不能算是一个完全开源的数据库了，而 Qt 官方则一直严格秉持着开源理念，故 Qt 6 取消了对 MySQL 数据库的默认支持，Qt 环境中不再内置 MySQL 的驱动（QMYSQL），用户若是还想使用 Qt 连接操作 MySQL，只能用 Qt 的源码工程自行编译生成 MySQL 的驱动 DLL 库，然后引入开发环境使用，过程比较麻烦，下面介绍具体操作步骤。

（1）首先打开 MySQL 安装目录下的"lib"文件夹（笔者的是"C:\MySQL\lib"），看到里面有两个文件"libmysql.dll"和"libmysql.lib"，将它们复制到 Qt 的 MinGW 编译器的"bin"目录（笔者的是"C:\Qt\6.0.2\mingw81_64\bin"）下，如图 17.5 所示。

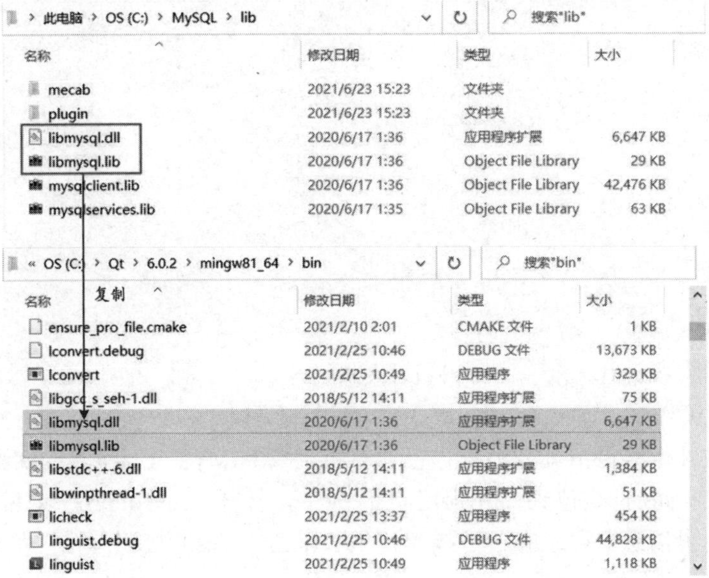

图 17.5　复制库文件

（2）找到 Qt 安装目录下源代码目录中的"mysql"文件夹（笔者的路径是"C:\Qt\6.0.2\Src\qtbase\src\plugins\sqldrivers\mysql"，读者请根据自己安装的实际路径寻找），进入此文件夹，可见其中有一个名为"mysql.pro"的 Qt 项目工程配置文件，如图 17.6 所示。

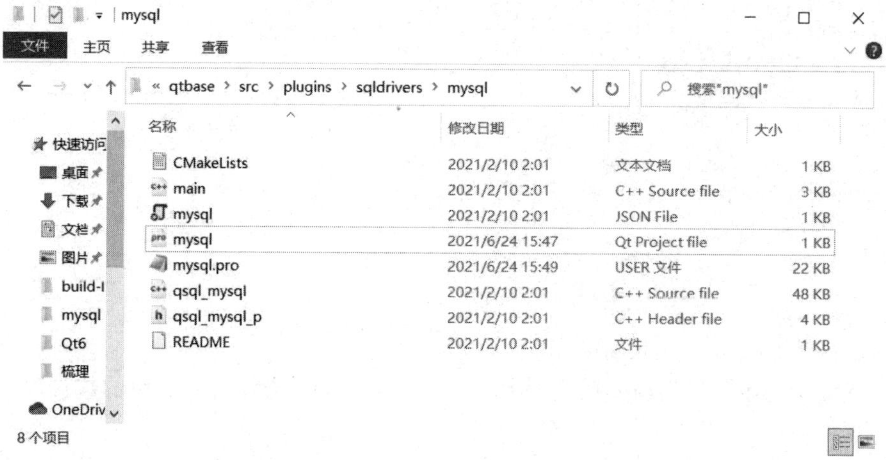

图 17.6　找到 MySQL 驱动的源码工程配置文件

以 Windows 记事本打开"mysql.pro"文件，修改其内容如下（加黑处为需要修改添加的地方）：

```
TARGET = qsqlmysql

# 添加 MySQL 的 include 路径
INCLUDEPATH += "C:\MySQL\include"
# 添加 MySQL 的 libmysql.lib 路径，为驱动的生成提供 lib 文件
LIBS += "C:\MySQL\lib\libmysql.lib"

HEADERS += $$PWD/qsql_mysql_p.h
SOURCES += $$PWD/qsql_mysql.cpp $$PWD/main.cpp

#注释掉这条语句
#QMAKE_USE += mysql

OTHER_FILES += mysql.json

PLUGIN_CLASS_NAME = QMYSQLDriverPlugin
include(../qsqldriverbase.pri)

# 生成 dll 驱动文件的目标地址，这里将地址设置在 mysql 下的 lib 文件夹中
DESTDIR = C:\Qt\6.0.2\Src\qtbase\src\plugins\sqldrivers\mysql\lib
```

以上配置的这几个路径请读者根据自己计算机上安装 MySQL 及 Qt 的实际情况填写。

（3）启动 Qt Creator，定位到"mysql"文件夹下，打开"mysql.pro"对应的 Qt 项目，运行此项目，系统会弹出消息框提示有一些构建错误，单击"Yes"按钮忽略，如图 17.7 所示。

第 17 章 【综合实例】：电子商城系统

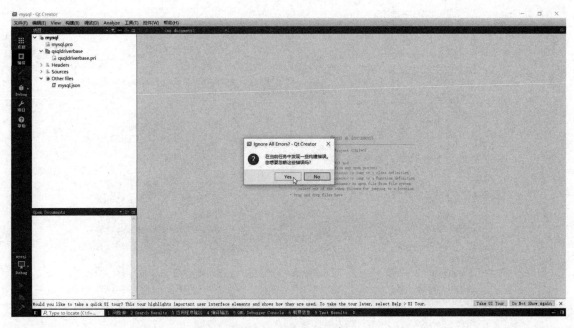

图 17.7　忽略构建错误

（4）打开"mysql"文件夹，可看到其中多了个"lib"子文件夹，进入可看到编译生成的 3 个文件，如图 17.8 所示。

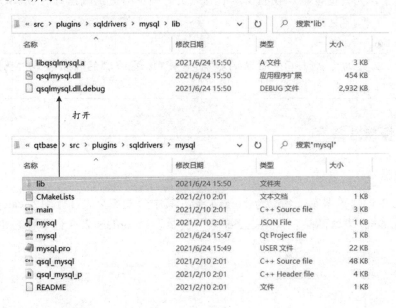

图 17.8　编译生成的"lib"文件夹及其中的 3 个文件

其中，"qsqlmysql.dll"和"qsqlmysql.dll.debug"即是我们需要的 Qt 环境 MySQL 数据库的驱动。

（5）复制 MySQL 驱动到 Qt 的"sqldrivers"文件夹中。

选中上面生成的"qsqlmysql.dll"和"qsqlmysql.dll.debug"驱动文件并复制，然后将其粘贴到 Qt 安装目录下的"sqldrivers"文件夹（笔者的路径为"C:\Qt\6.0.2\mingw81_64\plugins\sqldrivers"，读者请根据自己安装 Qt 的实际路径复制）下，如图 17.9 所示。

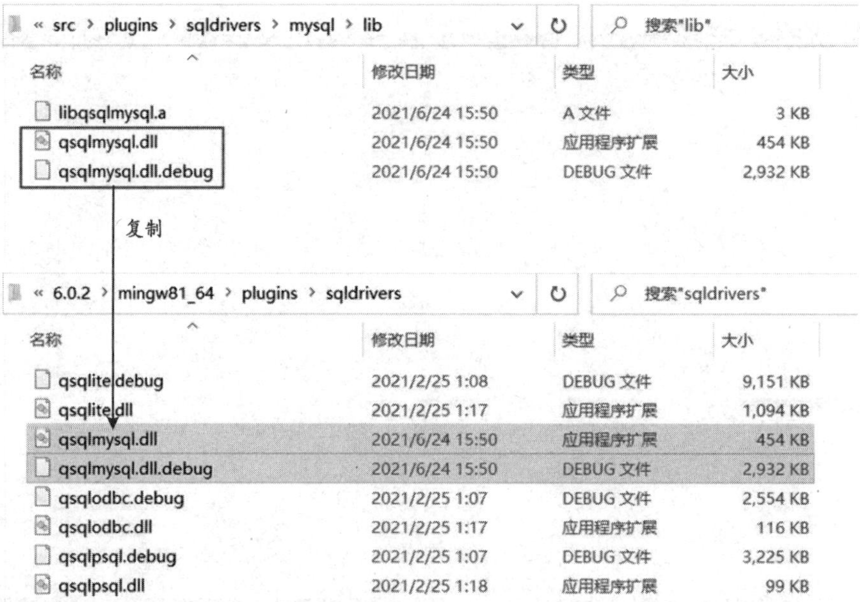

图 17.9 复制 MySQL 驱动到 Qt 的 "sqldrivers" 文件夹

这样，我们就成功地给 Qt 环境添加了 MySQL 驱动，后面编程中就可以使用这个驱动访问 MySQL 数据库了。为方便读者，我们在本书源码资源中也会提供编译好的 MySQL 驱动文件。

> **注意**：以上编译 MySQL 驱动的操作要求 Qt 编译器的位数要与 MySQL 的相同（比如都是 64 位或者都是 32 位）。

17.2.3 数据库准备

1. 创建数据库

在 MySQL 中创建数据库，名称为"emarket"，其中建立 5 个表，分别为 category 表（商品类别表）、commodity 表（商品表）、member 表（会员表）、orders 表（订单表）和 orderitems 表（订单项表）。

2. 设计表

（1）表结构设计。

对以上建好的各表设计其表结构字段属性如下。

category 表设计见表 17.1。

表 17.1 category 表设计

列　　名	类　　型	长　　度	允 许 空 值	说　　明
CategoryID	int	6	否	商品类别编号，主键，自动递增
Name	char	16	否	商品类别名称

commodity 表设计见表 17.2。

表 17.2 commodity 表设计

列 名	类 型	长 度	允 许 空 值	说 明
CommodityID	int	6	否	商品编号，主键，自动递增
CategoryID	int	6	否	商品类别编号
Name	char	32	否	商品名称
Picture	blob	默认	是	商品图片
InputPrice	decimal	6，2 位小数	否	商品购入价格（进价）
OutputPrice	decimal	6，2 位小数	否	商品售出价格（单价）
Amount	int	6	否	商品库存量

member 表设计见表 17.3。

表 17.3 member 表设计

列 名	类 型	长 度	允 许 空 值	说 明
MemberID	char	16	否	会员账号，主键
PassWord	char	50	否	登录口令（以 MD5 加密存储）
Name	varchar	32	否	会员名
Sex	bit	1	否	性别：1 表示男，0 表示女，默认 1
Email	varchar	32	是	电子邮箱
Address	varchar	128	是	联系地址
Phone	char	16	是	联系电话
RegisterDate	date	默认	否	注册日期

orders 表设计见表 17.4。

表 17.4 orders 表设计

列 名	类 型	长 度	允 许 空 值	说 明
OrderID	int	6	否	订单编号，主键，自动递增
MemberID	char	16	否	会员账号
PaySum	decimal	6，2 位小数	是	付款总金额
PayWay	varchar	32	是	付款方式
OTime	datetime	默认	是	下单日期时间

orderitems 表设计见表 17.5。

表 17.5 orderitems 表设计

列 名	类 型	长 度	允 许 空 值	说 明
OrderID	int	6	否	订单编号，主键
CommodityID	int	6	否	商品编号，主键
Count	int	11	否	数量

续表

列　　名	类　型	长　度	允许空值	说　　明
Affirm	bit	1	否	是否确认：0 没有确认，1 确认，默认 0
SendGoods	bit	1	否	是否发货：0 没有发货，1 发货，默认 0

（2）外键关联。

设计好表结构之后，为表之间建立外键关联。本例要在 commodity、orders 和 orderitems 表上建立 4 个外键关联。

① commodity 表。

外键 CategoryID 引用 category 表主键，在 Navicat Premium 数据库可视化工具的 commodity 表设计窗口中选择"外键"选项卡，如图 17.10 所示设置即可。

图 17.10　外键 CategoryID 的设置

② orders 表。

外键 MemberID 引用 member 表主键，在 orders 表设计窗口中选择"外键"选项卡，按如图 17.11 所示进行设置即可。

③ orderitems 表。

在该表上要设置两个外键：OrderID 引用 orders 表的主键 OrderID，CommodityID 引用 commodity 表的主键 CommodityID。在 orderitems 表设计窗口中选择"外键"选项卡，按如图 17.12 所示进行设置即可。

图 17.11　外键 MemberID 的设置

图 17.12　orderitems 表上两个外键的设置

（3）数据录入。

设计好表及其关联之后，往各表中预先录入一些数据记录以供后面测试运行程序之用，如图 17.13～图 17.15 所示。

CategoryID	Name
1	服装
2	美食
3	手机

图 17.13　category 表数据

CommodityID	CategoryID	Name	Picture	InputPrice	OutputPrice	Amount
1	1	CORTUBO潜水拉链长袖防晒分体泳衣	(BLOB) 53.46 KB	255.60	357.84	478
2	1	空姐制服2022时尚气质女工作服	(BLOB) 32.32 KB	158.00	306.00	398644
3	1	职业套装女2022新款OL面试正装	(BLOB) 32.99 KB	688.00	788.98	12416
4	3	HUAWEI/华为mate 30手机	(BLOB) 11.88 KB	3388.00	3888.00	1235
5	2	延禧攻略网红糕点饼干礼盒	(BLOB) 45.10 KB	158.00	188.00	796
6	2	【三只松鼠】小吃货抖音美食大礼包	(BLOB) 52.93 KB	59.90	130.00	138081

图 17.14　commodity 表数据

MemberID	PassWord	Name	Sex	Email	Address	Phone	RegisterDate
b02020622	e10adc3949ba59abbe56e057f20f883e	周何骏	1	(Null)	(Null)	(Null)	2021-06-23

图 17.15　member 表数据

其中，member 表 PassWord 字段密码存储的是 MD5 加密字符串 e10adc3949ba59abbe56e057f20f883e，对应明文为 123456，读者在试运行程序时可暂且先用这个密码登录测试。

为体现实际应用，本章实例所用的商品信息皆是从真实的电商网站选取，各商品的样品图片由本书随源代码提供，读者可预先编写以下代码将其录入数据库 commodity 表的 Picture 字段：

```
QSqlDatabase sqldb = QSqlDatabase::addDatabase("QMYSQL");
sqldb.setHostName("localhost");
sqldb.setDatabaseName("emarket");                          //数据库名称
sqldb.setUserName("root");                                 //数据库用户名
sqldb.setPassword("123456");                               //登录密码
if (!sqldb.open()) {
    QMessageBox::critical(0, QObject::tr("后台数据库连接失败"), "无法创建连接！请检查排除故障后重启程序。", QMessageBox::Cancel);
    return false;
}
//向数据库中插入照片
QSqlQuery query(sqldb);
QString photoPath = "D:\\Qt\\imgproc\\21.jpg";             //照片容量不能大于 60KB
QFile photoFile(photoPath);
if (photoFile.exists())
{
    //存入数据库
    QByteArray picdata;
    photoFile.open(QIODevice::ReadOnly);
    picdata = photoFile.readAll();
    photoFile.close();
    QVariant var(picdata);
    QString sqlstr = "update commodity set Picture=? where CommodityID=6";
    query.prepare(sqlstr);
    query.addBindValue(var);
    if(!query.exec())
```

```
        {
            QMessageBox::information(0, QObject::tr("提示"), "照片写入失败");
        } else{
            QMessageBox::information(0, QObject::tr("提示"), "照片已写入数据库");
        }
    }
    sqldb.close();
```

3．创建视图

根据应用需要，本例要创建一个视图 commodity_inf，用于显示商品的基本信息（商品名称、进价、售价和库存），用 Navicat Premium 数据库可视化工具创建视图的操作如下。

（1）展开数据库节点，右击"视图"→单击"新建视图"选项，在右边出现的编辑窗口工具栏上单击"视图创建工具"按钮，如图 17.16 所示，可打开 MySQL 的视图创建工具。

图 17.16　打开 MySQL 的视图创建工具

（2）在打开的"视图创建工具"窗口中，选中要在其上创建视图的表（commodity），选择视图所包含的列，下方输出窗口中会自动生成创建视图的 SQL 语句，用户可用鼠标单击对其进行设计，将视图各列重命名为中文以增强可读性，如图 17.17 所示。完成后单击窗口右下角"构建并运行"按钮，生成视图。

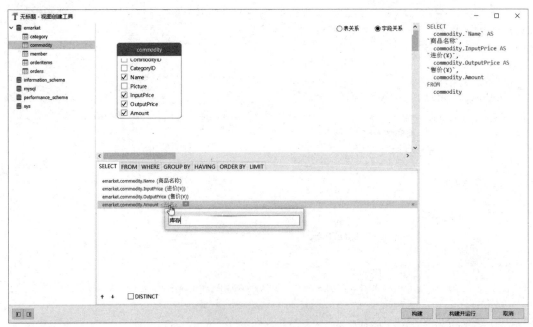

图 17.17　设计视图

（3）回到编辑窗口可预览生成的视图内容，如图 17.18 所示，单击左上角"保存"按钮以名称"commodity_inf"保存即可。

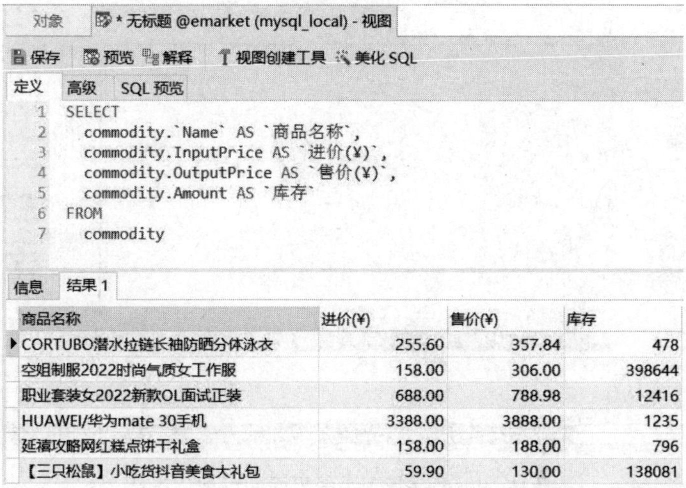

图 17.18　预览和保存视图

有了这个视图，就可以在程序中通过模型载入商品的基本信息显示于界面上，而屏蔽掉无关的信息项，非常方便。

这样，系统运行所依赖的后台数据库就全部建立起来了。

17.3　商品管理系统界面设计

17.3.1　总体设计

在开发环境项目目录树状视图中，双击"mainwindow.ui"切换至可视化界面设计模式，如图 17.19 所示，在其上拖曳设计出商品管理系统的整个图形界面。

为了使商品管理系统界面的功能更集中专一，我们将 Qt 的 Stacked Widget 控件与 Tool Box 控件结合起来使用，在一个统一的"商品管理"框中沿纵向布置"新品入库"和"预售订单"两个页，分别对应系统功能需求中的这两大模块。其中，Stacked Widget 控件的尺寸设为 781 像素×410 像素，在 currentIndex=1 的页上布局；Tool Box 控件的尺寸设为 781 像素×381 像素，其 font 字体设为"幼圆，9，粗体"，frameShape 属性为 WinPanel；顶端标签（QLabel）尺寸为 781 像素×31 像素，显示文本为"商品管理"，其 font 字体设为"隶书，18"，alignment 属性"水平的"为 AlignHCenter（居中），控制标签外观的 frameShape 属性设为 Box、frameShadow 属性设为 Sunken。完成以上设置后，就可以达到与图 17.19 一样的外观效果了。

下面再分页面罗列出两个功能界面上各控件的具体设置情况。为方便读者试做，对界面上所有的控件都进行了①、②、③、…的数字标识（见图 17.20 和图 17.21），并将它们的类型、名称及关键属性列于表中，读者可对照下面的图和表自己进行程序界面的制作。

第 2 部分　Qt 6 综合实例

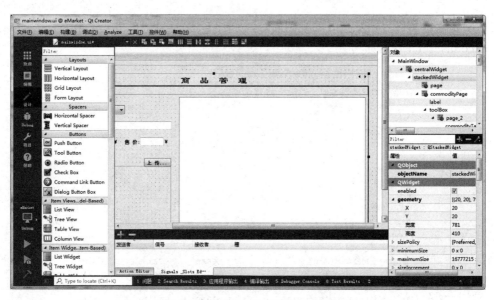

图 17.19　商品管理系统界面的可视化设计

17.3.2　"新品入库"页

"新品入库"页界面设计效果如图 17.20 所示。"新品入库"页界面上各控件的属性设置见表 17.6。

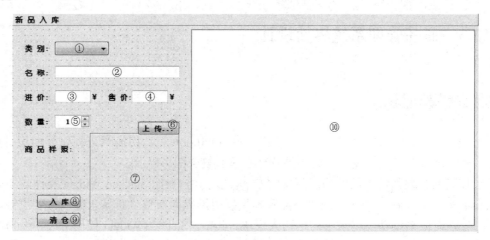

图 17.20　"新品入库"页界面设计效果

表 17.6　"新品入库"页界面上各控件的属性设置

序号	名称	类型	属性设置
①	newCategoryComboBox	QComboBox	—
②	newNameLineEdit	QLineEdit	—
③	newInputPriceLineEdit	QLineEdit	—
④	newOutputPriceLineEdit	QLineEdit	—
⑤	newCountSpinBox	QSpinBox	alignment：水平的，AlignHCenter；value：1

续表

序号	名称	类型	属性设置
⑥	newUploadPushButton	QPushButton	text：上传...
⑦	newPictureLabel	QLabel	geometry：宽度 151，高度 151； frameShape：Box； frameShadow：Sunken； text：空； scaledContents：勾选
⑧	newPutinStorePushButton	QPushButton	text：入库
⑨	newClearancePushButton	QPushButton	text：清仓
⑩	commodityTableView	QTableView	horizontalHeaderVisible：勾选； horizontalHeaderDefaultSectionSize：120； horizontalHeaderMinimumSectionSize：25； horizontalHeaderStretchLastSection：勾选； verticalHeaderVisible：取消勾选

17.3.3 "预售订单"页

"预售订单"页界面设计效果如图 17.21 所示。"预售订单"页界面上各个控件的属性设置见表 17.7。

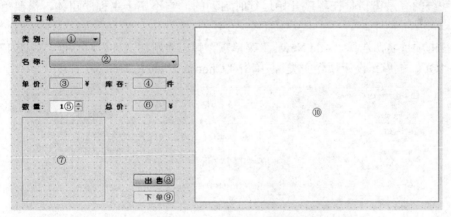

图 17.21 "预售订单"页界面设计效果

表 17.7 "预售订单"页界面上各控件的属性设置

序号	名称	类型	属性设置
①	preCategoryComboBox	QComboBox	—
②	preNameComboBox	QComboBox	—
③	preOutputPriceLabel	QLabel	frameShape：Box； frameShadow：Sunken； text：空
④	preAmountLabel	QLabel	frameShape：Box； frameShadow：Sunken； text：空

续表

序 号	名　　称	类　型	属 性 设 置
⑤	preCountSpinBox	QSpinBox	alignment：水平的，AlignHCenter； value：1
⑥	preTotalLabel	QLabel	frameShape：Box； frameShadow：Sunken； text：空
⑦	prePictureLabel	QLabel	geometry：宽度151，高度151； frameShape：Box； frameShadow：Sunken； text：空； scaledContents：勾选
⑧	preSellPushButton	QPushButton	text：出　售
⑨	prePlaceOrderPushButton	QPushButton	enabled：取消勾选； text：下　单
⑩	sellListWidget	QListWidget	geometry：宽度441，高度311

17.3.4　登录窗口

1．创建步骤

本例系统的登录窗口是在程序开始运行时启动的，它不属于主程序窗体，需要单独添加，步骤如下。

（1）右击项目名，选择"Add New..."菜单项，弹出"新建文件"对话框，如图17.22所示，选择模板"Qt"→"Qt设计师界面类"，单击"Choose..."按钮。

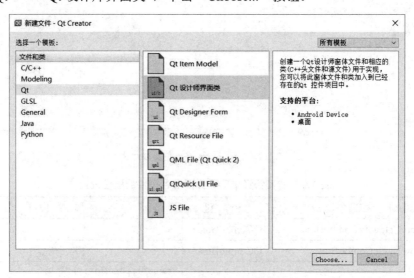

图17.22　"新建文件"对话框

（2）在"Qt设计器界面类"对话框中，选择界面模板为"Dialog without Buttons"，如图17.23所示，单击"下一步"按钮。

第17章 【综合实例】：电子商城系统

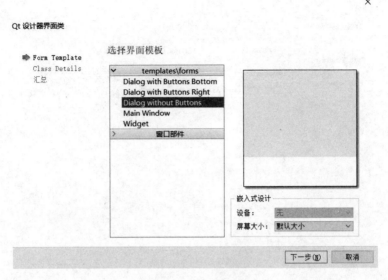

图 17.23　选择界面模板

（3）在导航页上，将登录窗口所对应的类命名为"LoginDialog"，如图 17.24 所示，单击"下一步"按钮。

图 17.24　命名窗体类

（4）在"项目管理"页可看到即将添加到项目中的源文件名，确认无误后，单击"完成"按钮，如图 17.25 所示。

2. 窗口设计

新添加的登录窗口可以像程序主窗体一样在可视化设计器中进行设计，我们向其中拖入若干控件，最终效果如图 17.26 所示，为便于指示，我们对这些控件也加了①、②、③，…数字标注。登录窗口界面上各控件的属性设置见表 17.8。

第 2 部分 Qt 6 综合实例

图 17.25 完成添加窗体

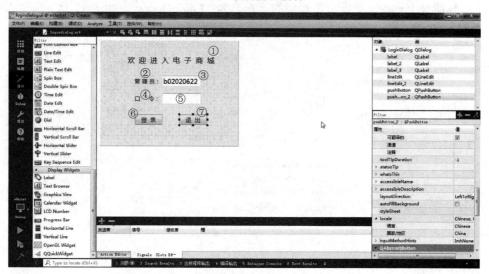

图 17.26 设计完成的登录窗口效果

表 17.8 登录窗口界面上各控件的属性设置

序号	名称	类型	属性设置
①	label_3	QLabel	text：欢迎进入电子商城； font：微软雅黑，16； alignment：水平的，AlignHCenter
②	label	QLabel	text：管理员：； font：微软雅黑，12
③	adminLineEdit	QLineEdit	font：微软雅黑，14； text：b02020622
④	label_2	QLabel	text：口　　令：； font：微软雅黑，12

续表

序号	名称	类型	属性设置
⑤	pwdLineEdit	QLineEdit	font：微软雅黑，14； text：空； echoMode：Password
⑥	loginPushButton	QPushButton	font：微软雅黑，12； text：登 录
⑦	exitPushButton	QPushButton	font：微软雅黑，12； text：退 出

至此，这个商品管理系统的界面全部设计完成。

17.4 商品管理系统功能实现

17.4.1 登录功能实现

登录功能实现在"logindialog.h"头文件和"logindialog.cpp"源文件中。

首先，在"logindialog.h"头文件中声明变量和方法，完整代码如下：

```cpp
#ifndef LOGINDIALOG_H
#define LOGINDIALOG_H

#include <QDialog>
#include <QSqlQuery>                                //查询 MySQL 的库
#include <QMessageBox>
#include <QCryptographicHash>                       //包含 MD5 算法库

namespace Ui {
class LoginDialog;
}

class LoginDialog : public QDialog
{
    Q_OBJECT

public:
    explicit LoginDialog(QWidget *parent = 0);
    ~LoginDialog();
    QString strToMd5(QString str);                  //将口令字符串转换为 MD5 加密

private slots:
    void on_loginPushButton_clicked();              //"登录"按钮单击事件槽

    void on_exitPushButton_clicked();               //"退出"按钮单击事件槽
```

```cpp
private:
    Ui::LoginDialog *ui;
};

#endif // LOGINDIALOG_H
```

然后，在"logindialog.cpp"源文件中实现登录验证功能，完整代码如下：

```cpp
#include "logindialog.h"
#include "ui_logindialog.h"

LoginDialog::LoginDialog(QWidget *parent) :
    QDialog(parent),
    ui(new Ui::LoginDialog)
{
    ui->setupUi(this);
    setFixedSize(400, 300);                             //登录对话框固定大小
    ui->pwdLineEdit->setFocus();                        //口令框置焦点
}

LoginDialog::~LoginDialog()
{
    delete ui;
}

void LoginDialog::on_loginPushButton_clicked()
{
    if (!ui->pwdLineEdit->text().isEmpty())
    {
        QSqlQuery query;
        query.exec("select PassWord from member where MemberID='" + ui->adminLineEdit->text() + "'");    //从数据库中查询出口令密码字段
        query.next();
        QString pwdMd5 = strToMd5(ui->pwdLineEdit->text()); //(a)
        if (query.value(0).toString() == pwdMd5)
        {
            QDialog::accept();                          //验证通过
        } else {
            QMessageBox::warning(this, tr("口令错误"), tr("请输入正确的口令！"), QMessageBox::Ok);
            ui->pwdLineEdit->clear();
            ui->pwdLineEdit->setFocus();
        }
    } else {
        ui->pwdLineEdit->setFocus();
    }
}

void LoginDialog::on_exitPushButton_clicked()
{
```

```
        QDialog::reject();                              //退出登录框
}

QString LoginDialog::strToMd5(QString str)
{
    QString strMd5;
    QByteArray qba;
    qba = QCryptographicHash::hash(str.toLatin1(), QCryptographicHash::Md5);
                                                        //(b)
    strMd5.append(qba.toHex());
    return strMd5;
}
```

其中，

(a) Qstring pwdMd5 = strToMd5(ui->pwdLineEdit->text())：由于从数据库中查出的口令字符串是经过 MD5 加密的，故这里需要先使用自定义的 MD5 转换函数 strToMd5()将用户输入的口令字符串转为 MD5 加密串后，再与从数据库中查出的内容比较以验证。

(b) qba = QCryptographicHash::hash(str.toLatin1(), QCryptographicHash::Md5)：Qt 6 提供了 QCryptographicHash 类，该类实现了生成密码散列的方法，可用于生成二进制或文本数据的加密散列值。该类目前支持 MD4、MD5、SHA-1、SHA-224、SHA-256、SHA-384 和 SHA-512 等多种加密算法。

17.4.2 主体程序框架

验证通过后就可以登录进商品管理系统，它的主体程序包括三个文件："main.cpp"、"mainwindow.h" 和 "mainwindow.cpp"。

（1）main.cpp。

它是整个系统的主启动文件，代码如下：

```
#include "mainwindow.h"
#include "logindialog.h"
#include <QApplication>
#include <QProcess>                                     //Qt 进程模块

int main(int argc, char *argv[])
{
    QApplication a(argc, argv);
    if(!createMySqlConn())                              //(a)
    {
        //若初次尝试连接不成功,就用代码方式启动 MySQL 服务进程
        QProcess process;
        process.start("C:/MySQL/bin/mysqld.exe");
        //第二次尝试连接
        if(!createMySqlConn()) return 1;
    }
    LoginDialog logindlg;                               //登录对话框类
    if(logindlg.exec() == QDialog::Accepted)            //(b)
```

```
    {
        MainWindow w;
        w.show();                                           //启动主窗体
        return a.exec();
    } else {
        return 0;
    }
}
```

其中，

(a) if(!createMySqlConn())：createMySqlConn()是我们编写的一个连接后台数据库的方法，它返回 true 表示连接成功，返回 false 表示失败。程序在开始启动时就通过执行该方法来检查数据库连接是否就绪。若连接不成功，系统则通过启动 MySQL 服务进程的方式再尝试一次；若依旧连接不成功，则提示连接失败，交由用户检查排除故障。

(b) if (logindlg.exec() == QDialog::Accepted)：之前在登录对话框的实现中，若用户通过了口令验证则执行对话框类的 QDialog::accept()方法，在这里判断对话框类的返回结果，即"QDialog::Accepted"表示验证通过。

（2）mainwindow.h。

它是程序头文件，包含程序中用到的各个全局变量的定义、方法声明，完整的代码如下：

```cpp
#ifndef MAINWINDOW_H
#define MAINWINDOW_H

#include <QMainWindow>
#include <QMessageBox>
#include <QFileDialog>
#include <QBuffer>
#include <QSqlDatabase>                     //MySQL 数据库类
#include <QSqlTableModel>                   //MySQL 表模型库
#include <QSqlQuery>                        //MySQL 查询类库
#include <QTime>
#include <QPixmap>                          //图像处理类库

namespace Ui {
class MainWindow;
}

class MainWindow : public QMainWindow
{
    Q_OBJECT

public:
    explicit MainWindow(QWidget *parent = 0);
    ~MainWindow();
    void initMainWindow();                  //界面初始化方法
    void onTableSelectChange(int row);      //商品信息数据网格与表单联动
    void showCommodityPhoto();              //显示商品样照
    void loadPreCommodity();                //加载"预售订单"页商品名称列表
```

```cpp
    void onPreNameComboBoxChange();                    //"预售订单"页商品名与表单联动

private slots:
    void on_commodityTableView_clicked(const QModelIndex &index);
                                                       //商品信息数据网格单击事件槽
    void on_preCategoryComboBox_currentIndexChanged(int index);
                                                       //类别与商品名列表联动信息槽
    void on_preNameComboBox_currentIndexChanged(int index);
                                                       //改选商品名信息槽
    void on_preCountSpinBox_valueChanged(int arg1);
                                                       //售出商品数改变信息槽
    void on_preSellPushButton_clicked();               //"出售"按钮单击事件

    void on_prePlaceOrderPushButton_clicked();         //"下单"按钮单击事件

    void on_newUploadPushButton_clicked();             //"上传…"按钮单击事件槽

    void on_newPutinStorePushButton_clicked();         //"入库"按钮单击事件槽

    void on_newClearancePushButton_clicked();          //"清仓"按钮单击事件槽

private:
    Ui::MainWindow *ui;
    QImage myPicImg;                                   //保存商品样照(界面显示)
    QSqlTableModel *commodity_model;                   //访问数据库商品信息视图的模型
    QString myMemberID;                                //会员账号
    bool myOrdered;                                    //是否正在购买(订单已写入数据库)
    int myOrderID;                                     //订单编号
    float myPaySum;                                    //当前订单累计需要付款的总金额
};

/**访问MySQL数据库的静态方法*/
static bool createMySqlConn()
{
    QSqlDatabase sqldb = QSqlDatabase::addDatabase("QMYSQL");
    sqldb.setHostName("localhost");              //本地机器
    sqldb.setDatabaseName("emarket");            //数据库名称
    sqldb.setUserName("root");                   //用户名
    sqldb.setPassword("123456");                 //登录密码
    if (!sqldb.open()) {
        QMessageBox::critical(0, QObject::tr("后台数据库连接失败"), "无法创建连接!请检查排除故障后重启程序。", QMessageBox::Cancel);
        return false;
    }
    return true;
}

#endif // MAINWINDOW_H
```

上述连接数据库的 createMySqlConn()方法就是在前面主启动文件"main.cpp"中一开始所执行的。

（3）mainwindow.cpp。

它是本程序的主体源文件，其中包含各方法功能的具体实现代码，框架如下：

```cpp
#include "mainwindow.h"
#include "ui_mainwindow.h"

MainWindow::MainWindow(QWidget *parent) :
    QMainWindow(parent),
    ui(new Ui::MainWindow)
{
    ui->setupUi(this);
    initMainWindow();                    //执行初始化方法
}

MainWindow::~MainWindow()
{
    delete ui;
}

void MainWindow::initMainWindow()
{
    //用初始化方法对系统主窗体进行初始化
    ...
}

void MainWindow::onTableSelectChange(int row)
{
    //当用户变更选择商品信息数据网格中的条目时执行对应的表单更新
    ...
}

void MainWindow::showCommodityPhoto()
{
    //显示商品样照
    ...
}

void MainWindow::loadPreCommodity()
{
    //"预售订单"页加载显示商品信息
    ...
}

void MainWindow::onPreNameComboBoxChange()
{
    //在"预售订单"页改选商品名称时联动显示该商品的各信息项
```

```cpp
    ...
}

void MainWindow::on_commodityTableView_clicked(const QModelIndex &index)
{
    onTableSelectChange(1);          //在选择数据网格中不同的商品条目时执行
}

void MainWindow::on_preCategoryComboBox_currentIndexChanged(int index)
{
    loadPreCommodity();              //下拉列表改变类别时加载对应类下的商品
}

void MainWindow::on_preNameComboBox_currentIndexChanged(int index)
{
    onPreNameComboBoxChange();       //选择不同商品名联动显示该商品各信息项
}

void MainWindow::on_preCountSpinBox_valueChanged(int arg1)
{
    //修改出售商品数量时对应计算总价
    ui->preTotalLabel->setText(QString::number(ui->preOutputPriceLabel->text().toFloat() * arg1));
}

void MainWindow::on_preSellPushButton_clicked()
{
    //"出售"按钮单击事件过程代码
    ...
}

void MainWindow::on_prePlaceOrderPushButton_clicked()
{
    //"下单"按钮单击事件过程代码
    ...
}

void MainWindow::on_newUploadPushButton_clicked()
{
    //"上传…"按钮单击事件过程代码
    ...
}

void MainWindow::on_newPutinStorePushButton_clicked()
{
    //"入库"按钮单击事件过程代码
    ...
}
```

```cpp
void MainWindow::on_newClearancePushButton_clicked()
{
    //"清仓"按钮单击事件过程代码
    ...
}
```

从以上代码框架可看到整个程序的运作机制，一目了然。下面分别介绍各功能模块方法的具体实现。

17.4.3 界面初始化功能实现

启动程序时，首先需要对界面显示的信息进行初始化，在窗体的构造方法 MainWindow::MainWindow(QWidget *parent)中执行我们定义的初始化主窗体方法 initMainWindow()，该方法的具体实现代码如下：

```cpp
void MainWindow::initMainWindow()
{
    ui->stackedWidget->setCurrentIndex(1);         //置于商品管理主页
    ui->toolBox->setCurrentIndex(0);               //"新品入库"页显示在前面
    QSqlQueryModel *categoryModel = new QSqlQueryModel(this);
                                                    //商品类别模型数据
    categoryModel->setQuery("select Name from category");
    ui->newCategoryComboBox->setModel(categoryModel);
                                                    //商品类别列表加载（"新品入库"页）
    commodity_model = new QSqlTableModel(this);    //商品信息视图
    commodity_model->setTable("commodity_inf");
    commodity_model->select();
    ui->commodityTableView->setModel(commodity_model);
                                                    //库存商品记录数据网格信息加载（"新品入库"页）
    ui->preCategoryComboBox->setModel(categoryModel);
                                                    //商品类别列表加载（"预售订单"页）
    loadPreCommodity();                             //在"预售订单"页加载商品信息
    myMemberID = "b02020622";
    myOrdered = false;                              //当前尚未有人购物
    myOrderID = 0;
    myPaySum = 0;                                   //当前订单累计需要付款总金额
    QListWidgetItem *title = new QListWidgetItem;
    title->setText(QString("当 前 订 单 【 编号 %1 】").arg(myOrderID));
    title->setTextAlignment(Qt::AlignCenter);
}
```

本系统默认显示在前面的是"新品入库"页，但是对于"预售订单"页也同样会初始化其内容。上段代码中使用了 loadPreCommodity()方法在"预售订单"页加载商品信息，该方法的实现代码如下：

```cpp
void MainWindow::loadPreCommodity()
{
    QSqlQueryModel *commodityNameModel = new QSqlQueryModel(this);
                                                    //商品名称模型数据
    commodityNameModel->setQuery(QString("select Name from commodity where CategoryID=(select CategoryID from category where Name='%1')").arg(ui-> preCategoryComboBox->
```

```
currentText()));
        ui->preNameComboBox->setModel(commodityNameModel);
                                                       //商品名称列表加载("预售订单"页)
        onPreNameComboBoxChange();
    }
```

这个方法只是在"预售订单"页加载了商品名称的列表,为了能对应显示出当前选中商品的其他信息项,在最后又调用了 onPreNameComboBoxChange()方法,其实现代码如下:

```
void MainWindow::onPreNameComboBoxChange()
{
    QSqlQueryModel *preCommodityModel = new QSqlQueryModel(this);
                                                       //商品表模型数据
    QString name = ui->preNameComboBox->currentText();  //当前选中的商品名
    preCommodityModel->setQuery("select OutputPrice, Amount, Picture from commodity where Name='" + name + "'");        //从数据库中查出单价、库存、照片等信息
    QModelIndex index;
    index = preCommodityModel->index(0, 0);            //单价
    ui->preOutputPriceLabel->setText(preCommodityModel->data(index).toString());
    index = preCommodityModel->index(0, 1);            //库存
    ui->preAmountLabel->setText(preCommodityModel->data(index).toString());
    ui->preCountSpinBox->setMaximum(ui->preAmountLabel->text().toInt());
    //下面开始获取和展示照片
    QPixmap photo;
    index = preCommodityModel->index(0, 2);
    photo.loadFromData(preCommodityModel->data(index).toByteArray(), "JPG");
    ui->prePictureLabel->setPixmap(photo);
    //计算总价
    ui->preTotalLabel->setText(QString::number(ui->preOutputPriceLabel->text().toFloat() * ui->preCountSpinBox->value()));
}
```

这样做之后,一开始启动程序直接切换至"预售订单"页,就可以看到某个默认显示的商品信息,如图 17.27 所示。

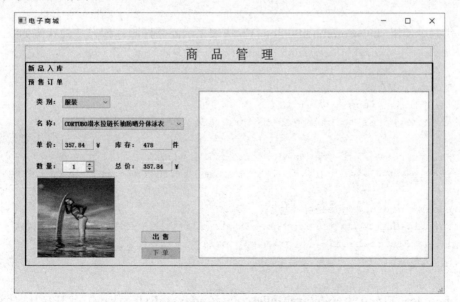

图 17.27 "预售订单"页默认显示某商品的信息

在第一个"新品入库"页中，默认通过视图commodity_inf加载了一个库存所有商品信息的数据网格列表，该网格控件支持用户选择记录并与左侧的表单联动，通过网格控件的单击事件过程实现：

```
void MainWindow::on_commodityTableView_clicked(const QModelIndex &index)
{
    onTableSelectChange(1);
}
```

该事件过程向 onTableSelectChange()方法传入一个参数（为当前选中的记录项的索引），再由该方法实际执行表单信息的更新，onTableSelectChange()方法的代码如下：

```
void MainWindow::onTableSelectChange(int row)
{
    int r = 1;                                          //默认索引为1
    if(row != 0) r = ui->commodityTableView->currentIndex().row();
    QModelIndex index;
    index = commodity_model->index(r, 0);               //名称
    ui->newNameLineEdit->setText(commodity_model->data(index).toString());
    index = commodity_model->index(r, 1);               //进价
    ui->newInputPriceLineEdit->setText(commodity_model->data(index).toString());
    index = commodity_model->index(r, 2);               //售价
    ui->newOutputPriceLineEdit->setText(commodity_model->data(index).toString());
    showCommodityPhoto();                               //商品样照
    QSqlQuery query;
    query.exec(QString("select Name from category where CategoryID=(select CategoryID from commodity where Name='%1')").arg(ui->newNameLineEdit->text()));
    query.next();
    ui->newCategoryComboBox->setCurrentText(query.value(0).toString());
                                                        //实现类别联动
}
```

以上代码中使用showCommodityPhoto()方法来显示商品样照，该方法的代码如下：

```
void MainWindow::showCommodityPhoto()
{
    QPixmap photo;
    QModelIndex index;
    QSqlQueryModel *pictureModel = new QSqlQueryModel(this);
                                                        //商品样照模型数据
    QString name = ui->newNameLineEdit->text();
    pictureModel->setQuery("select Picture from commodity where Name='" + name + "'");
    index = pictureModel->index(0, 0);
    photo.loadFromData(pictureModel->data(index).toByteArray(), "JPG");     //(a)
    ui->newPictureLabel->setPixmap(photo);
}
```

其中，

(a) photo.loadFromData(pictureModel->data(index).toByteArray(), "JPG")：这里将从

MySQL 数据库中读取的字节数组类型的照片数据载入为 Qt 的 QPixmap 对象，再将其设为界面上标签的属性即可在界面上显出数据库图片类型字段的内容。这是一个通用的方法，请读者务必掌握。

17.4.4 新品入库功能实现

1. 入库操作

本系统的第一个"新品入库"页是供商品仓储管理员登记录入新进商品信息的，在左侧表单中填好（选择）新品信息后，单击"入库"按钮就可以将一件新的商品添加进 MySQL 数据库中。"入库"按钮的单击事件过程代码如下：

```
void MainWindow::on_newPutinStorePushButton_clicked()
{
    QSqlQuery query;
    query.exec(QString("select CategoryID from category where Name='%1'").arg(ui->newCategoryComboBox->currentText()));          //(a)
    query.next();
    int categoryid = query.value(0).toInt();          //将要入库的商品类别
    QString name = ui->newNameLineEdit->text();       //商品名称
    float inputprice = ui->newInputPriceLineEdit->text().toFloat();     //进价
    float outputprice = ui->newOutputPriceLineEdit->text().toFloat();   //售价
    int count = ui->newCountSpinBox->value();         //入库量
    query.exec(QString("insert into commodity(CategoryID, Name, Picture, InputPrice, OutputPrice, Amount) values(%1, '%2', NULL, %3, %4, %5)").arg(categoryid).arg(name).arg(inputprice).arg(outputprice).arg(count));          //(b)
    //插入照片
    QByteArray picdata;
    QBuffer buffer(&picdata);
    buffer.open(QIODevice::WriteOnly);
    myPicImg.save(&buffer, "JPG");                    //(c)
    QVariant var(picdata);
    QString sqlstr = "update commodity set Picture=? where Name='" + name + "'";
    query.prepare(sqlstr);
    query.addBindValue(var);                          //(d)
    if(!query.exec())
    {
        QMessageBox::information(0, QObject::tr("提示"), "照片写入失败");
    }
    //刷新网格信息
    commodity_model->setTable("commodity_inf");
    commodity_model->select();
    ui->commodityTableView->setModel(commodity_model);
                                                      //刷新数据网格（"新品入库"页）
}
```

其中，

(a) query.exec(QString("select CategoryID from category where Name='%1'").arg(ui->

newCategoryComboBox-> currentText()))：入库新品的类别由管理员在界面"类别"列表中选择，为简单起见，本例所有商品的类别是固定的，预先录入数据库，暂不支持添加新类别。

(b) query.exec(QString("insert into commodity(CategoryID, Name, Picture, InputPrice, OutputPrice, Amount) values(%1, '%2', NULL, %3, %4, %5)").arg(categoryid).arg(name).arg(inputprice).arg(outputprice).arg(count))：这是 Qt 向 MySQL 数据库执行插入操作 SQL 语句的典型写法，用"%"表示待定参数；以".arg"传递参数值，一条 SQL 语句可支持多个".arg"传参方法，请读者注意掌握这种书写格式。

(c) myPicImg.save(&buffer, "JPG")：这里使用一个 QImage 对象来存储要写入数据库的照片数据，它通过 save()方法从 QBuffer 类型的缓存中载入照片数据，这也是 Qt 保存图片数据的通行方式。

(d) query.addBindValue(var)：这里用 SQL 查询类对象的 addBindValue()方法绑定照片数据作为参数传给 SQL 语句中"?"之处，这是 Qt 操作 MySQL 含参数 SQL 语句的另一种形式，也是通用的形式。

2．选样照

用户可从界面上传预先准备好的商品样照录入数据库，上传样照通过单击"上传..."按钮实现，其事件代码为：

```cpp
void MainWindow::on_newUploadPushButton_clicked()
{
    QString picturename = QFileDialog::getOpenFileName(this, "选择商品图片", ".", "Image File(*.png *.jpg *.jpeg *.bmp)");
    if (picturename.isEmpty()) return;
    myPicImg.load(picturename);
    ui->newPictureLabel->setPixmap(QPixmap::fromImage(myPicImg));
}
```

这里通过 fromImage()方法载入图片并在界面标签上显示出来。

3．清仓操作

清仓是入库的逆操作，当某件商品已售罄或不再需要时，可直接单击"清仓"按钮将其信息记录从数据库中删除，此按钮的事件代码为：

```cpp
void MainWindow::on_newClearancePushButton_clicked()
{
    QSqlQuery query;
    query.exec(QString("delete from commodity where Name='%1'").arg(ui->newNameLineEdit->text()));             //删除商品记录
    //刷新界面
    ui->newNameLineEdit->setText("");
    ui->newInputPriceLineEdit->setText("");
    ui->newOutputPriceLineEdit->setText("");
    ui->newCountSpinBox->setValue(1);
    ui->newPictureLabel->clear();
    commodity_model->setTable("commodity_inf");
    commodity_model->select();
    ui->commodityTableView->setModel(commodity_model);
```

//刷新数据网格("新品入库"页)
}

这个操作实质上就是执行一个数据库 DELETE 删除 SQL 语句，很简单，重点在刷新界面清除表单中该商品的信息，使之与数据库实际状态一致即可。

17.4.5 预售订单功能实现

1. 商品出售

用户可以选择不同类别的不同商品，指定数量后出售。这里的"出售"准确地说只是预售，在未下单之前，用户还可以添加新的商品进订单。"出售"按钮的单击事件过程代码如下：

```
void MainWindow::on_preSellPushButton_clicked()
{
    QSqlQuery query;
    if (!myOrdered)                                         //(a)
    {
        query.exec(QString("insert into orders(MemberID, PaySum, PayWay, OTime) values('%1', NULL, NULL, NULL)").arg(myMemberID));
        myOrdered = true;
        query.exec(QString("select OrderID from orders where OTime IS NULL"));
                                                            //(b)
        query.next();
        myOrderID = query.value(0).toInt();
    }
    //下面开始预售
    query.exec(QString("select CommodityID from commodity where Name='%1'").arg(ui->preNameComboBox->currentText()));
    query.next();
    int commodityid = query.value(0).toInt();               //本次预售商品编号
    int count = ui->preCountSpinBox->value();               //预售量
    int amount = ui->preCountSpinBox->maximum() - count;    //剩余库存量
    QSqlDatabase::database().transaction();                 //开始一个事务
    bool insOk = query.exec(QString("insert into orderitems(OrderID, CommodityID, Count) values(%1, %2, %3)").arg(myOrderID).arg(commodityid).arg(count));
                                                            //新增订单项
    bool uptOk = query.exec(QString("update commodity set Amount=%1 where CommodityID=%2").arg(amount).arg(commodityid));                //更新库存
    if (insOk && uptOk)
    {
        QSqlDatabase::database().commit();
        onPreNameComboBoxChange();
        //显示预售清单
        QString curtime = QTime::currentTime().toString("hh:mm:ss");
        QString curname = ui->preNameComboBox->currentText();
        QString curcount = QString::number(count, 10);
        QString curoutprice = ui->preOutputPriceLabel->text();
        QString curtotal = ui->preTotalLabel->text();
```

```
            myPaySum += curtotal.toFloat();
            QString sell_record = curtime + " " + "售出: " + curname + "\r\n
             数量: " + curcount + "; 单价: " + curoutprice + "¥; 总价: " + curtotal + "¥";
            QListWidgetItem *split = new QListWidgetItem;
            split->setText("—.—.—.—.—.—.—.—.—.—.—.—.—.—");
            split->setTextAlignment(Qt::AlignCenter);
            ui->sellListWidget->addItem(split);
            ui->sellListWidget->addItem(sell_record);
            ui->prePlaceOrderPushButton->setEnabled(true);
            QMessageBox::information(0, QObject::tr("提示"), "已加入订单! ");
        } else {
            QSqlDatabase::database().rollback();
        }
    }
}
```

其中,

(a) if (!myOrdered): 本系统用一个全局变量 myOrdered 标识当前用户是否处于出售（已开始购买商品但尚未最后下单）状态,当用户第一次执行"出售"操作时,系统会向数据库中写入一条订单信息并自动生成订单号（字段自增机制）,此时将 myOrdered 置为 true 表示用户处于出售状态,只有在最后执行了下单操作后才会又将 myOrdered 置回 false。

(b) query.exec(QString("select OrderID from orders where OTime IS NULL")): 只有执行过下单操作的订单才会在数据库中记录下单时间,并且程序逻辑只允许在完成当前订单下单之后才能开始一个新订单,因此,在任一时刻数据库中都至多只会有一个订单的下单时间字段为空,可以根据这一字段是否为空来检索出当前订单的订单号。

2. 下订单

单击"下单"按钮来完成一个订单,其事件过程代码如下:

```
void MainWindow::on_prePlaceOrderPushButton_clicked()
{
    QSqlQuery query;
    QString otime = QDateTime::currentDateTime().toString("yyyy-MM-dd hh:mm:ss");
    QSqlDatabase::database().transaction();                     //开始一个事务
    bool ordOk = query.exec(QString("update orders set PaySum=%1, OTime='%2'
where OrderID=%3").arg(myPaySum).arg(otime).arg(myOrderID));    //下订单
    bool uptOk = query.exec(QString("update orderitems set Affirm=1, SendGoods=1
where OrderID=%1").arg(myOrderID));                             //确认发货
    if (ordOk && uptOk)
    {
        QSqlDatabase::database().commit();                      //(a)
        ui->prePlaceOrderPushButton->setEnabled(false);
        //显示下单记录
        QString order_record = "日 期: " + otime + "\r\n订 单 号: " + QString(" %1
").arg(myOrderID) + "\r\n应付款总额: " + QString(" %1¥").arg(myPaySum) + "\r\n下 单
成功! ";
        QListWidgetItem *split = new QListWidgetItem;
        split->setText("***.***.***.***.***.***.***.***.***.***.***.***.***.***.
***.***.***.***.***");
```

```
            split->setTextAlignment(Qt::AlignCenter);
            ui->sellListWidget->addItem(split);
            ui->sellListWidget->addItem(order_record);
            myPaySum = 0;
            QMessageBox::information(0, QObject::tr("提示"), "下单成功！");
            commodity_model->setTable("commodity_inf");
            commodity_model->select();
            ui->commodityTableView->setModel(commodity_model);
                                    //刷新数据网格（"新品入库"页）
        } else {
            QsqlDatabase::database().rollback();
        }
    }
```

其中，

(a) QSqlDatabase::database().commit()：由于下单的一系列操作是一个完整不可分割的集合（原子操作），为保证数据库中数据的完整一致性，只有在所有操作都成功完成的前提下才允许将修改提交到数据库，这里采用了 MySQL 的事务操作技术来保证一致性。

17.5 商品管理系统运行演示

最后，完整地运行这个系统，以便读者对其功能和使用方法有个清晰的理解。

17.5.1 登录电子商城

启动程序，首先出现的是如图 17.28 所示的登录界面。

为方便读者试运行，我们在数据库中已经预先创建了一个管理员的用户名"b02020622"，输入口令（"123456"）后单击"登录"按钮，出现商品管理系统主界面，如图 17.29 所示。

图 17.28 登录界面

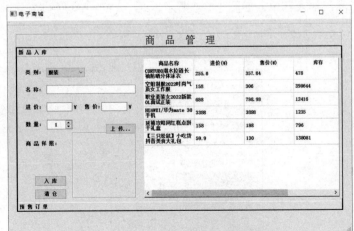

图 17.29 商品管理系统主界面

17.5.2 新品入库和清仓

在左侧表单中选择类别和填写事先准备好的某件商品的信息，并单击"上传…"按钮选择其样品照片，单击"入库"按钮就能将该商品的记录添加到数据库中，并可从右边数据网格列表中看到新加入的商品，如图 17.30 所示。

图 17.30　入库新商品

如果不想要某商品的信息了，从右边网格列表中选中该商品，使其信息置于表单中，再单击"清仓"按钮就可将之删除，同样也可以从网格列表中看到该商品被删除了。

17.5.3 预售下订单

1．预售一件商品

切换到"预售订单"页，从左侧表单中选择一款商品后，单击"出售"按钮，右边区域会显示一条销售记录（包括售出时间、商品名、数量、单价和总价等信息），并弹出消息框提示该商品已加入订单，如图 17.31 所示。

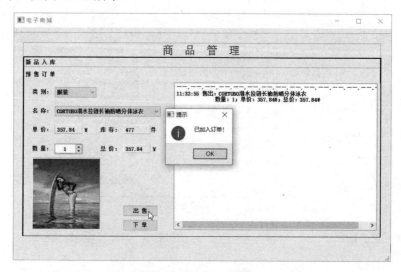

图 17.31　售出一件商品

此时，数据库 orders 表（订单表）中生成一条订单记录，由于用户尚未正式下单，该记录仅填写了 OrderID（订单编号）和 MemberID（会员账号）两项信息，其他如 PaySum（付款总金额）、OTime（下单日期时间）等项均为空；orderitems 表（订单项表）中生成了预售商品的记录；commodity 表（商品表）中对应该商品的 Amount（商品库存量）减去预售数量，如图 17.32 所示。

OrderID	MemberID	PaySum	PayWay	OTime
1	b02020622	(Null)	(Null)	(Null)

orders表

OrderID	CommodityID	Count	Affirm	SendGoods
1	1	1	0	0

orderitems表

CommodityID	CategoryID	Name	Picture	InputPrice	OutputPrice	Amount
1	1	CORTUBO潜水拉链长袖防晒分体泳衣	(BLOB) 53.46 KB	255.60	357.84	477
2	1	空姐制服2022时尚气质女工作服	(BLOB) 32.32 KB	158.00	306.00	398644
3	1	职业套装女2022新款OL面试正装	(BLOB) 32.99 KB	688.00	788.98	12416
4	3	HUAWEI/华为mate 30手机	(BLOB) 11.88 KB	3388.00	3888.00	1235
5	2	延禧攻略网红糕点饼干礼盒	(BLOB) 45.10 KB	158.00	188.00	796
6	2	【三只松鼠】小吃货抖音美食大礼包	(BLOB) 52.93 KB	59.90	130.00	138081

commodity表

图 17.32　预售后数据库中各表状态的变化

2．预售多件商品

预售商品后"下单"按钮变为可用，用户可随时单击执行下单操作，也可以继续出售其他商品，并且在每次出售时还可指定该商品的出售数量，系统会自动算出总价，并将完整的销售记录添加在右边区域，如图 17.33 所示。

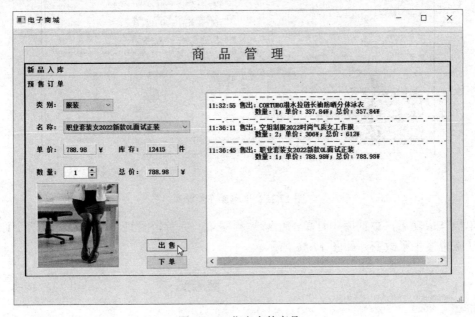

图 17.33　售出多件商品

每件售出的商品都会在 orderitems 表中产生订单项记录，相应地，commodity 表中的商品库存量也会有变化，如图 17.34 所示。

orderitems表

commodity表

图17.34 预售多件商品产生的订单项记录及库存变化

3．下单

出售完成后，单击"下单"按钮生成订单并写入 MySQL 数据库，系统弹出"下单成功！"消息提示，并在右区显示出单信息，包括下单日期、订单号和应付款总额，其中应付款总额是此单所有销售记录的总价，如图17.35 所示。

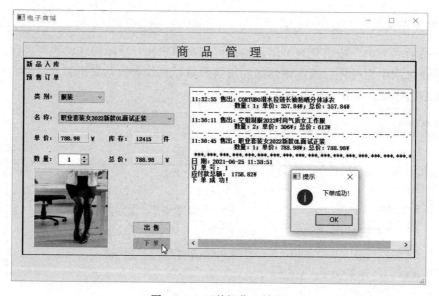

图17.35 下单操作及结果

下单操作成功后，数据库中订单的信息被程序填写完善，且订单项表中对应这个订单的商品记录状态也发生了改变，如图17.36 所示。

orders表   orderitems表

图17.36 下单操作后数据库记录状态的变化

至此，这个电子商城商品管理系统开发完成，读者还可以对其进行完善，加入更多实用的功能。

第 18 章

【综合实例】：简单字处理软件

微软公司的 Office Word 软件是一个通用的功能强大的字处理软件。本章采用 Qt 6 开发一个类似 Word 的简单字处理软件（CH18），用该软件同样可以编辑出精美的文档。

18.1 核心功能界面演示

本软件为多文档型程序，界面是标准的 Windows 主从窗口（包括主菜单、工具栏、文档显示区及状态栏），并提供多文档子窗口的管理能力。

Qt 版 MyWord 字处理软件的运行界面如图 18.1 所示。

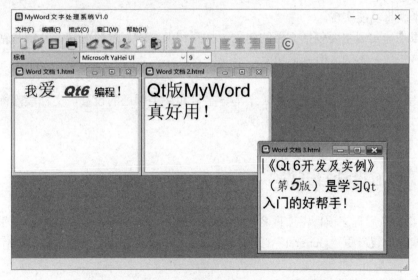

图 18.1 Qt 版 MyWord 字处理软件的运行界面

运行程序后会出现主界面，顶端的菜单栏包括"文件""编辑""格式""窗口""帮助"五个主菜单。

菜单栏下面是工具栏，包含了系统常用的功能按钮。工具栏有四个工具条，分别将一组相关功能按钮或控件组织在一起。

工具栏的第一行有三个工具条：第一个工具条包括新建、打开、保存、打印等文档管理功能；第二个工具条包括撤销、重做、剪切、复制和粘贴这些最基本的文本编辑功能；第三个工具条是各种较高级的文字字体格式设置按钮，包括加粗、倾斜、加下画线，还包括段落对齐及文本颜色设置等。

在工具栏的第二行的工具条中有三个组合选择框控件,用于为文档添加段落标号和编号,以及选择特殊字体和更改字号。利用该工具条可以完成更复杂的文档排版和字体美化工作。

此外,在图 18.1 中还给出了使用该软件制作出的三个文档示例。用 Qt 版 MyWord 字处理软件制作出的文档统一以 HTML 格式存盘,可使用 Web 浏览器打开观看效果,如图 18.2 所示。

图 18.2　以 HTML 网页形式展示的文档

从上面的分析可见,这个 Qt 版 MyWord 字处理软件拥有比较完善的 Windows 标准化图形界面和窗口管理系统,不仅能够提供基本的文字编辑功能,还具备了与微软公司的 Word 软件类似的排版、字体美化等高级功能。

该软件的开发主要分为如下三个阶段。

(1)界面设计开发。

界面设计开发包括菜单系统设计、工具栏设计、多窗体 MDI 程序框架的建立及多个文档子窗口的管理和控制等。

(2)文本编辑功能实现。

文本编辑功能实现主要包括文档的建立、打开和保存,文本的剪切、复制和粘贴,操作撤销与恢复等这些最基本的文档编辑功能。

(3)排版美化功能实现。

排版美化功能实现包括字体选择,字形、字号和文字颜色的设置,文档段落标号和编号的添加,段落对齐方式设置等高级功能实现。

18.2　界面设计与开发

新建 Qt 桌面应用程序项目,项目名为"MyWord",配置项目将"debug"目录生成在项目目录内(于"构建设置"页"General"栏下取消勾选"Shadow build"项),详细操作见第 17 章。

18.2.1　菜单系统设计

本程序作为一个实用的文档字处理软件,拥有比较完善的菜单系统,其结构较为复杂,有必要花费一定的精力来专门设计。我们使用 Qt Creator 的界面设计器来制作本例的菜单系统。

MyWord 的菜单系统包括主菜单、菜单项和子菜单三级。

1. 菜单设计基本操作

下面先在 Qt 的界面设计模式中演示菜单设计的基本操作。

第 18 章 【综合实例】：简单字处理软件

双击项目树的"mainwindow.ui"文件切换至 Qt 图形界面设计模式，如图 18.3 所示。

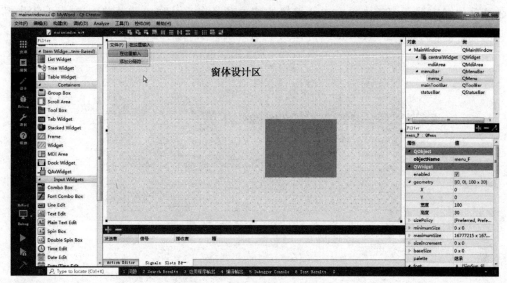

图 18.3　Qt 图形界面设计模式

（1）菜单的创建。

在图 18.3 的窗体设计区左上角有一个"在这里输入"文字标签，用鼠标双击可输入文字，例如，我们输入"文件(F)"后回车（一定要回车！），就在界面上创建了一个名为"文件"的窗口主菜单，而此时"在这里输入"标签又分别出现在"文件"菜单的右侧和下方；分别在其上双击输入自定义的文字，又可以以同样的方式创建第二个主菜单和"文件"主菜单下的菜单项；当然也可以随时双击"添加分隔符"标签在任意菜单项之间引入分隔条。

（2）菜单项编辑器（Action Editor）。

用第（1）步的方法在"文件"主菜单下创建一个"新建"菜单项，窗体设计区下方就会出现菜单项编辑器子窗口，如图 18.4 所示，在其中可看到新添加的"新建"菜单项的条目。

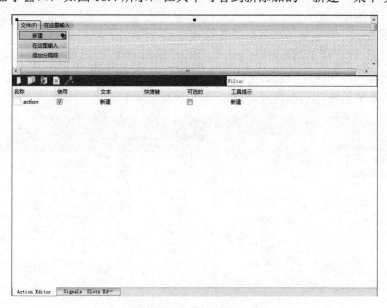

图 18.4　菜单项编辑器子窗口

(3) 编辑菜单项属性。

在菜单项编辑器子窗口中，右击要编辑的菜单项条目，从弹出的菜单中选择"编辑..."项，打开该菜单项的"编辑动作"对话框，在其中编辑菜单项的各项属性，如图 18.5 所示。

图 18.5　编辑菜单项属性

这里，我们编辑刚刚添加的"新建"菜单项的属性，"文本"栏是菜单项显示在用户界面上的文字标签，设为"新建(&N)"；"对象名称"栏是该菜单项在程序代码中的引用对象名，设为"newAction"；"ToolTip"栏填写菜单项的工具按钮提示文本，设为"新建"，后面运行程序时将鼠标放在该菜单项对应的工具栏的"新建"按钮上，就会弹出"新建"提示文字；"Checkable"选项用于设置程序运行时菜单项前图标的状态是否可选；"Shortcut"栏填写菜单项所对应的快捷键，这里设为"Ctrl+N"，运行时会显示于菜单项右边。

(4) 设置菜单项图标。

菜单项图标运行时显示在其文字标签之前（与工具栏对应按钮的图标一致），用于表示该菜单项所具备的功能。设置菜单项图标的方法是：单击"编辑动作"对话框的"图标"栏右侧的![按钮]按钮右端的下拉箭头，在弹出的列表中选择"选择文件..."项，弹出"选择一个像素映射"对话框，选择事先准备好的图片资源打开即可，如图 18.6 所示。

图 18.6　设置菜单项图标

（5）设置菜单项状态提示。

菜单项状态提示指运行时显示在应用程序底部状态栏上的提示文字，当用户将鼠标指针置于该菜单项上时就会显示出来，向用户说明此菜单项的功能，如图 18.7 所示。

图 18.7　菜单项状态提示

菜单项状态提示无法通过"编辑动作"对话框设置，只能在该菜单项的"属性"窗口中设置，选中菜单项编辑器中要进行设置的菜单项条目，在窗体设计区右下方的"属性"窗口中设置"statusTip"的内容即可，如图 18.8 所示，这里为"新建"菜单项设置的状态提示文字为"创建一个新文档"。

图 18.8　设置菜单项状态提示

2. 系统菜单

下面使用上述基本操作方法来设计本例软件系统的全部菜单。其中，对于各菜单项所用的图标，读者可以自己上网搜集，或者直接使用本书项目源代码中"\CH18\MyWord\images"目录下提供的资源。

（1）"文件"主菜单。

"文件"主菜单各功能项的设计见表 18.1。

表 18.1 "文件"主菜单各功能项的设计

名 称	对 象 名	组 合 键	图 标	状态提示文字
新建(N)	newAction	Ctrl+N		创建一个新文档
打开(O)…	openAction	Ctrl+O		打开已存在的文档
保存(S)	saveAction	Ctrl+S		将当前文档存盘
另存为(A)…	saveAsAction			以一个新名字保存文档
打印(P)…	printAction	Ctrl+P		打印输出文档
打印预览…	printPreviewAction			预览打印效果
退出(X)	exitAction			退出应用程序

"文件"主菜单的运行显示效果如图 18.9 所示。

图 18.9 "文件"主菜单

(2)"编辑"主菜单。

"编辑"主菜单各功能项的设计见表 18.2。

表 18.2 "编辑"主菜单各功能项的设计

名 称	对 象 名	组 合 键	图 标	状态提示文字
撤销(U)	undoAction	Ctrl+Z		撤销当前操作
重做(R)	redoAction	Ctrl+Y		恢复之前操作
剪切(T)	cutAction	Ctrl+X		从文档中裁剪所选内容,并将其放入剪贴板
复制(C)	copyAction	Ctrl+C		复制所选内容,并将其放入剪贴板
粘贴(P)	pasteAction	Ctrl+V		将剪贴板的内容粘贴到文档

"编辑"主菜单的运行显示效果如图 18.10 所示。

图 18.10 "编辑"主菜单

（3）"格式"主菜单。

"格式"主菜单各功能项的设计见表 18.3。

表 18.3 "格式"主菜单各功能项的设计

名 称	对 象 名	子菜单项	组 合 键	图 标	状态提示文字
字体(D)	boldAction	加粗(B)	Ctrl+B	B	将所选文字加粗
	italicAction	倾斜(I)	Ctrl+I	I	将所选文字用斜体显示
	underlineAction	下画线(U)	Ctrl+U	U	为所选文字加下画线
段落	leftAlignAction	左对齐(L)	Ctrl+L		将文字左对齐
	centerAction	居中(E)	Ctrl+E		将文字居中对齐
	rightAlignAction	右对齐(R)	Ctrl+R		将文字右对齐
	justifyAction	两端对齐(J)	Ctrl+J		将文字左右两端同时对齐，并根据需要调整字间距
颜色(C)...	colorAction			C	设置文字颜色

"格式"主菜单的运行显示效果如图 18.11 所示，其下的"字体"和"段落"菜单项的各子菜单皆是可选菜单项，将它们的"Checkable"属性都置为 true（勾选），运行时，选中菜单项的图标的四周会出现边框，如图 18.12 所示。"段落"菜单项下的各子菜单都是互斥的，同一时刻只能有一个菜单项处于选中状态（图标四周有边框），只要将这些子菜单项加入同一个动作组即可达到这种效果，后面通过编程来实现这个功能。

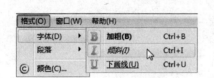
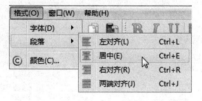

图 18.11 "格式"主菜单　　　　图 18.12 "段落"子菜单动作组

（4）"窗口"主菜单。

"窗口"主菜单各功能项的设计见表 18.4。

表 18.4 "窗口"主菜单各功能项的设计

名 称	对 象 名	组 合 键	状态提示文字
关闭(O)	closeAction	—	关闭活动文档子窗口
关闭所有(A)	closeAllAction	—	关闭所有子窗口
平铺(T)	tileAction	—	平铺子窗口
层叠(C)	cascadeAction	—	层叠子窗口
下一个(X)	nextAction	Ctrl+Tab	移动焦点到下一个子窗口
前一个(V)	previousAction	Ctrl+Shift+Tab	移动焦点到前一个子窗口

"窗口"主菜单的运行显示效果如图18.13所示。

图 18.13 "窗口"主菜单

（5）"帮助"主菜单。

"帮助"主菜单各功能项的设计见表18.5。

表 18.5 "帮助"主菜单各功能项的设计

名 称	对 象 名	组 合 键	状态提示文字
关于(A)	aboutAction	—	关于 MyWord V1.0 的内容
关于 Qt 6(Q)	aboutQtAction	—	关于 Qt 6 类库的最新信息

这个菜单结构很简单，在添加完其中的两个菜单项后，就可以直接编写代码来实现它们的功能，方法是右击菜单项编辑器中的对应条目，从弹出的菜单中选择"转到槽"项，在"转到槽"对话框中选择信号"triggered()"，单击"OK"按钮即可进入该菜单项动作代码编辑区，如图18.14所示。

图 18.14 绑定槽信号

编写"关于(A)"菜单项的代码如下：

```
void MainWindow::on_aboutAction_triggered()
{
    QMessageBox::about(this, tr("关于"), tr("这是一个基于 Qt6 实现的字处理软件\r\n具备类似微软 Office Word 的功能。"));
}
```

编写"关于 Qt 6(Q)"菜单项的代码如下：

```
void MainWindow::on_aboutQtAction_triggered()
{
    QMessageBox::aboutQt(NULL, "关于 Qt 6");
}
```

其中，槽函数 aboutQt()是由 QMessageBox 类提供的标准消息对话框函数，专用于显示开发平台所用 Qt 的版本信息，编程时直接绑定到菜单项动作即可。

"帮助"主菜单的运行显示效果如图 18.15 所示，选择"帮助"→"关于"菜单项，弹出如图 18.16 所示的"关于"消息框，显示关于 MyWord 软件的简介信息。

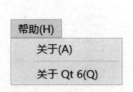

图 18.15 "帮助"主菜单

图 18.16 "关于"消息框

选择"帮助"→"关于 Qt 6"菜单项，弹出如图 18.17 所示的消息框，显示 MyWord 软件所基于 Qt 的版本信息。

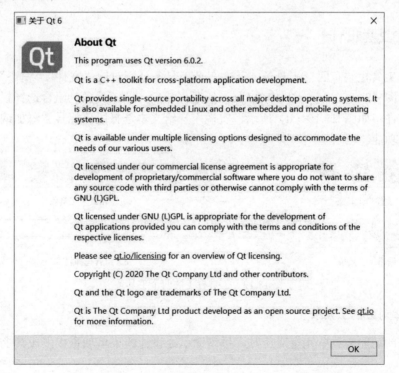

图 18.17 显示 MyWord 软件所基于 Qt 的版本信息

经过以上设计，在此时的软件项目界面设计模式下，可从菜单项编辑器中看到 MyWord 系统中全部的菜单及子菜单条目，并可随时对它们中任一个的任意属性进行设置更改，如图 18.18 所示。

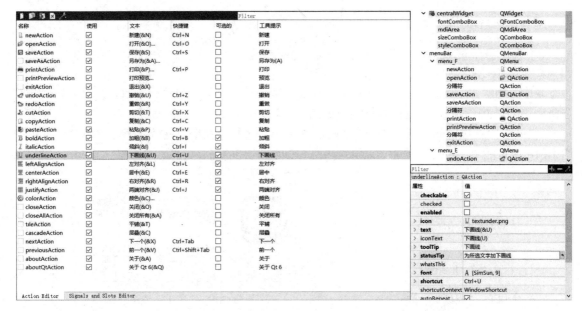

图 18.18　MyWord 系统中全部的菜单及子菜单条目

至此，本软件的菜单系统设计完毕。

18.2.2　工具栏设计

本系统的工具栏共有四个工具条，其中三个工具条分别对应"文件""编辑""格式"主菜单的功能，如图 18.19（a）～图 18.19（c）所示；最后一个工具条为组合选择栏，它提供三个组合选择框控件，如图 18.19（d）所示，实现用户给文本选择段落标号、添加编号、更改字体和字号等高级功能。

（a）"文件"工具条　　　　　　　　　（c）"格式"工具条

（b）"编辑"工具条　　　　　　　　　（d）组合选择栏

图 18.19　工具栏上的四个工具条

1．与菜单对应的工具条

当工具条的功能与菜单完全对应时，可借助已经设计的菜单项直接生成其上的工具按钮，操作方法如下。

（1）添加工具按钮。

对于与某个菜单项功能完全相同的按钮，只要从菜单项编辑器中将相应的菜单项用鼠标拖曳至工具条上的特定位置即可，如图 18.20 所示。

图 18.20 中演示了依次将"文件"主菜单下的"新建""打开"菜单项拖曳至工具条上生成工具按钮的操作，生成的按钮与原菜单项具有一样的图标、状态提示文字及功能。

第 18 章 【综合实例】：简单字处理软件

（2）按钮分隔。

与菜单的设计类似，也可按照菜单项功能的组织结构在对应的工具按钮间插入分隔条，方法是右击工具栏选择"添加分隔符"项，如图 18.21 所示。

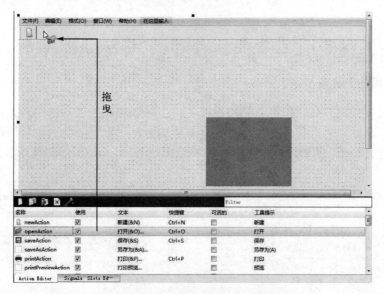

图 18.20 拖曳菜单项生成工具按钮

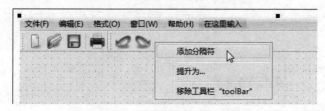

图 18.21 在工具按钮间添加分隔条

（3）添加工具条。

在 Qt 系统的界面设计模式下默认在顶端有一个工具条，本例软件因为有多个工具条，故需要用户自己添加。很简单，只要在界面设计模式窗体上右击，选择"添加工具栏"项即可在窗体上添加一个新工具条，然后用同样的方法往其中拖曳菜单项来生成工具按钮，如图 18.22 所示。

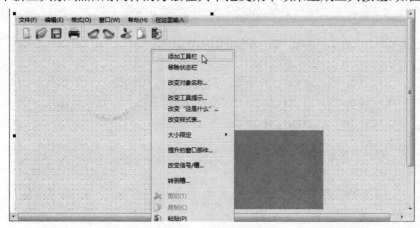

图 18.22 添加工具条

本例将与菜单功能对应的三个工具条放置在界面顶部同一行上,完成的效果如图 18.23 所示。

图 18.23　与菜单功能对应的三个工具条

软件运行时,用户还可以根据需要手动调整这几个工具条的布局位置。

2. 附加功能的工具条

本例为实现对文档的高级编辑功能,设计了一个附加功能的工具条,其上是由多个下拉列表构成的组合选择栏。此工具条由于不对应菜单项功能,所以只能由用户从控件工具箱中选择拖曳控件来自定义设计。图 18.24 演示了往窗体上拖入一个组合框并编辑其中各选项(右击后选择"编辑项目..."项)的操作。

图 18.24　自定义附加功能的工具条

附加功能的工具条上还有供用户选择字体和字号的组合框,分别命名为 fontComboBox 和 sizeComboBox,设计好界面后编写系统的初始化函数 MainWindow::initMainWindow(),在其中加入如下代码:

```
QFontDatabase fontdb;
foreach(int fontsize, fontdb.standardSizes()) ui->sizeComboBox->addItem(QString::number(fontsize));
ui->sizeComboBox->setCurrentIndex(ui->sizeComboBox->findText(QString::number(QApplication::font().pointSize())));
```

这段代码的作用是加载系统标准字号集,只要在主窗体构造函数中执行 initMainWindow(),就可以在启动程序时看到组合框中已经载入了操作系统内置支持的一些标准字体及字号选项。

最终完成的工具栏和主菜单的运行效果如图 18.25 所示。

图 18.25　工具栏与主菜单的运行效果

工具栏上的这些图标在对应菜单项前也会显示出来。

18.2.3 建立 MDI 程序框架

本软件以 QMainWindow 类为主窗口，以 QMdiArea 类为多文档区域，以 QTextEdit 类为子窗口部件，从而实现一个 MDI 多窗体应用程序框架。

1. 创建多文档区域

首先在 Qt 界面设计模式的工具箱中找到实现多文档区域的组件"MDI Area"（这个组件对应的正是 QMdiArea 类），如图 18.26 所示，将其拖曳至窗体，设置其对象名为"mdiArea"，宽度、高度都要与已经设计好的主窗体界面匹配（刚好填充满除菜单工具栏和状态栏外的全部窗体区域）。

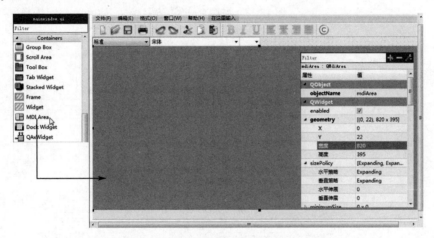

图 18.26　添加并设置"MDI Area"组件

在源文件"mainwindow.cpp"的系统初始化方法 initMainWindow()中编写如下两行代码：
```
ui->mdiArea->setHorizontalScrollBarPolicy(Qt::ScrollBarAsNeeded);
ui->mdiArea->setVerticalScrollBarPolicy(Qt::ScrollBarAsNeeded);
```
其中，setHorizontalScrollBarPolicy 和 setVerticalScrollBarPolicy 均设置为 Qt::ScrollBarAsNeeded，表示多文档区域的滚动条在需要（子窗口较多以致不能在主区域内全部显示）时才出现。

2. 创建子窗口类

为了实现多文档操作和管理，需要向多文档区域中添加子窗口，而为了能更好地操作子窗口，必须子类化其中心部件。由于子窗口的中心部件使用了 QTextEdit 类，所以要实现自己的类，就必须继承自 QTextEdit。

创建子窗口类的操作如下。

（1）右击项目，选择"Add New..."项，在弹出的"新建文件"对话框中选择模板为"C/C++"→"C++ Class"，单击"Choose..."按钮，如图 18.27 所示。

（2）在弹出的"C++ Class"自定义类细节对话框中，将新类命名为"MyChildWnd"，基类命名为"QTextEdit"，勾选"Include QWidget"复选框，如图 18.28 所示，然后单击"下一步"按钮直到完成。

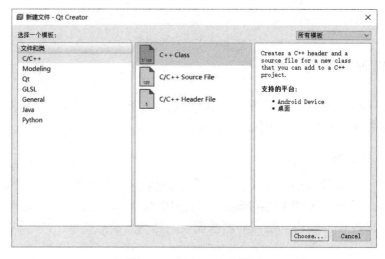

图 18.27　添加 C++类模板

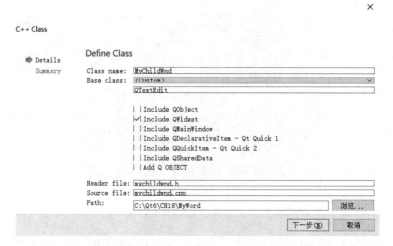

图 18.28　自定义子窗口类的细节

完成后在"mychildwnd.h"头文件中添加如下代码：

```
#ifndef MYCHILDWND_H
#define MYCHILDWND_H

#include <QWidget>
#include <QTextEdit>
#include <QFileInfo>
#include <QTextCodec>
#include <QFileDialog>
#include <QTextDocumentWriter>
#include <QMessageBox>
#include <QCloseEvent>
#include <QtWidgets>
#include <QPrinter>


class MyChildWnd : public QTextEdit
```

```cpp
{
    Q_OBJECT
public:
    MyChildWnd();
    QString myCurDocPath;                              //当前文档路径全名
    void newDoc();                                     //新建文档
    QString getCurDocName();                           //从路径中提取文档名
    bool loadDoc(const QString &docName);              //加载文档内容
    bool saveDoc();                                    //保存文件
    bool saveAsDoc();                                  //另存为
    bool saveDocOpt(QString docName);                  //具体执行保存操作
    void setFormatOnSelectedWord(const QTextCharFormat &fmt);
                                                       //设置字体与字号
    void setAlignOfDocumentText(int aligntype);        //设置对齐样式
    void setParaStyle(int pstyle);                     //设置段落标号和编号

protected:
    void closeEvent(QCloseEvent *event);
private slots:
    void docBeModified();     //文档被修改(尚未保存)时，在窗口标题栏显示*号
private:
    bool beSaved;                                      //文档是否已存盘
    void setCurDoc(const QString &docName);
                             //对当前加载文档的状态进行设置，并保存其路径全名
    bool promptSave();                                 //用户关闭文档的时候提示保存
};

#endif // MYCHILDWND_H
```

在以上代码中，首先在头文件中声明了四个方法和两个变量（加黑代码）。变量 myCurDocPath 用于保存当前文档，包含路径的全名，beSaved 则用作文档是否已存盘的标识。除此之外，头文件中其他方法是在开发后面的功能时用到的，因本节重点介绍的只是如何建立一个最基本的 MDI 框架，故这里暂不考虑文档加载、保存、另存为等其他功能的逻辑（在后面的开发中会逐步添加），但为方便读者试做，这里提前将所有方法都完整地列出来。

3．创建一个新文档

创建文档使用的是 newDoc() 方法，它的功能逻辑如下：
（1）设置窗口编号。
（2）保存文档路径（给 myCurDocPath 赋值）。
（3）设置子窗口标题。
（4）将文档内容改变信号 contentsChanged() 关联至 docBeModified() 槽函数，用于显示文档被修改的状态标识。

在"mychildwnd.cpp"文件中实现 newDoc() 方法，代码如下：

```cpp
#include "mychildwnd.h"

MyChildWnd::MyChildWnd()
{
```

```
        setAttribute(Qt::WA_DeleteOnClose);            //子窗口关闭时销毁该类的对象实例
        beSaved = false;                                //初始文档尚未保存
}

void MyChildWnd::newDoc()
{
        //设置窗口编号
        static int wndSeqNum = 1;
        //将当前打开的文档命名为"Word 文档 编号"的形式,编号在使用一次后自增1
        myCurDocPath = tr("Word 文档 %1").arg(wndSeqNum++);
        //设置窗口标题,文档被改动后在其名称后面显示"*"号标识
        setWindowTitle(myCurDocPath + "[*]" + tr(" - MyWord"));
        //文档被改动时发送contentsChanged()信号,执行自定义docBeModified()槽函数
        connect(document(),SIGNAL(contentsChanged()),this,SLOT(docBeModified()));
}
```

以上代码中在设置窗口标题时添加了"[*]"字符,它可以保证编辑器内容被修改后,在文档标题栏显示出"*"号标识。

下面是 docBeModified()槽的定义:

```
void MyChildWnd::docBeModified()
{
        setWindowModified(document()->isModified());    //判断文档内容是否被修改
}
```

判断文档的内容是否被修改过,可通过 QTextDocument 类的 isModified()方法获知,这里先用 QTextEdit 类的 document()方法来获取它的 QTextDocument 对象,然后用 setWindowModified()方法设置窗口的修改状态标识"*",如果参数为 true,则在标题中设置了"[*]"号的地方显出"*"号,表示文档已被修改。

设置文档子窗口标题通过 getCurDocName()方法,定义如下:

```
QString MyChildWnd::getCurDocName()
{
        return QFileInfo(myCurDocPath).fileName();
}
```

其中,fileName()方法能够修改文件名较短的绝对路径,如此提取出的文件名作为标题显得更加清晰、友好。此处用到的 QFileInfo 类在本书第 9 章 9.4 节中介绍过。

18.2.4 子窗口管理

多文档编辑软件应能提供比较完善的子窗口管理能力,而 Qt 的多文档区域"MDI Area"组件已经实现了这些功能,本例就是在此基础上开发的。

1. 新建子窗口

刚才在建立 MDI 程序框架时已添加创建了代表子窗口的 MyChildWnd 类,它继承自 QTextEdit 类,现在就可以使用它来创建文档的子窗口。

在"mainwindow.h"头文件中添加 MyChildWnd 类的声明:

```cpp
class MyChildWnd;
```
然后声明公有方法docNew():
```cpp
public:
    explicit MainWindow(QWidget *parent = 0);
    ~MainWindow();
    void initMainWindow();                          //初始化
    void docNew();                                  //新建文档
```
该方法用于新建一个文档的子窗口,其方法体实现写在"mainwindow.cpp"源文件中,如下:
```cpp
void MainWindow::docNew()
{
    MyChildWnd *childWnd = new MyChildWnd;          //创建MyChildWnd部件
    //向多文档区域添加子窗口,childWnd为中心部件
    ui->mdiArea->addSubWindow(childWnd);
    //根据QTextEdit类是否可以复制信号,设置剪切、复制动作是否可用
    connect(childWnd, SIGNAL(copyAvailable(bool)),ui->cutAction,SLOT(setEnabled(bool)));
    connect(childWnd,SIGNAL(copyAvailable(bool)),ui->copyAction,SLOT(setEnabled(bool)));
    childWnd->newDoc();
    childWnd->show();
    //使"格式"主菜单下各菜单项及其对应的工具按钮变为可用
    formatEnabled();
}
```
在这个方法中首先创建了 MyChildWnd 部件,将它作为子窗口的中心部件添加进多文档区域;紧接着关联编辑器的信号和菜单动作,让它们可以随文档的改变而改变状态;然后调用 formatEnabled()使"格式"主菜单下的各菜单项及其对应的工具按钮变为可用。

formatEnabled()是主窗口的私有方法,其实现如下:
```cpp
void MainWindow::formatEnabled()
{
    ui->boldAction->setEnabled(true);
    ui->italicAction->setEnabled(true);
    ui->underlineAction->setEnabled(true);
    ui->leftAlignAction->setEnabled(true);
    ui->centerAction->setEnabled(true);
    ui->rightAlignAction->setEnabled(true);
    ui->justifyAction->setEnabled(true);
    ui->colorAction->setEnabled(true);
}
```
给"新建"菜单项添加槽函数:
```cpp
void MainWindow::on_newAction_triggered()
{
    docNew();
}
```
运行程序,选择"文件"→"新建"菜单项或单击工具栏的 按钮,出现"Word 文档1"子窗口,如图18.29所示。

编辑此文档并选中一些字符,可以看到动作状态的变化。但是,因为现在还没有实现这些动作的功能,所以它们并不可用。

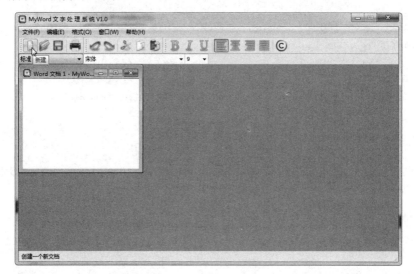

图 18.29 新建文档子窗口

2. 刷新系统菜单

在"mainwindow.h"头文件中添加声明:

```
class QMdiSubWindow;
```

同时添加私有槽:

```
private slots:
    ...
    void refreshMenus();                    //刷新菜单的槽函数
```

然后添加私有方法:

```
private:
    Ui::MainWindow *ui;
    void formatEnabled();                   //使"格式"主菜单及其工具按钮可用
    MyChildWnd *activateChildWnd();         //活动文档子窗口
```

在主窗体初始化方法 initMainWindow()中添加如下代码:

```
refreshMenus();
//当有活动文档子窗口时刷新菜单
connect(ui->mdiArea, SIGNAL(subWindowActivated(QMdiSubWindow*)), this, SLOT(refreshMenus()));
```

其中,connect 语句关联表示当有活动文档的子窗口时刷新菜单。它将多文档区域的活动子窗口信号关联至刷新菜单槽上,这样每当用户变换当前文档时,都会自动执行刷新方法 refreshMenus()来刷新系统菜单的状态。

refreshMenus()方法的代码(在"mainwindow.cpp"文件中)如下:

```
void MainWindow::refreshMenus()
{
    //至少有一个文档子窗口打开的情况
    bool hasChild = (activateChildWnd() != 0);
    ui->saveAction->setEnabled(hasChild);
```

```
    ui->saveAsAction->setEnabled(hasChild);
    ui->printAction->setEnabled(hasChild);
    ui->printPreviewAction->setEnabled(hasChild);
    ui->pasteAction->setEnabled(hasChild);
    ui->closeAction->setEnabled(hasChild);
    ui->closeAllAction->setEnabled(hasChild);
    ui->tileAction->setEnabled(hasChild);
    ui->cascadeAction->setEnabled(hasChild);
    ui->nextAction->setEnabled(hasChild);
    ui->previousAction->setEnabled(hasChild);
    //文档已打开并且其中有内容被选中的情况
    bool hasSelect = (activateChildWnd() && activateChildWnd()->textCursor().hasSelection());
    ui->cutAction->setEnabled(hasSelect);
    ui->copyAction->setEnabled(hasSelect);
    ui->boldAction->setEnabled(hasSelect);
    ui->italicAction->setEnabled(hasSelect);
    ui->underlineAction->setEnabled(hasSelect);
    ui->leftAlignAction->setEnabled(hasSelect);
    ui->centerAction->setEnabled(hasSelect);
    ui->rightAlignAction->setEnabled(hasSelect);
    ui->justifyAction->setEnabled(hasSelect);
    ui->colorAction->setEnabled(hasSelect);
}
```

在此方法中根据是否有活动子窗口（打开的文档）来设置各菜单项对应的动作是否可用。而判断是否有活动子窗口用activateChildWnd()方法，代码如下：

```
MyChildWnd *MainWindow::activateChildWnd()
{
    //若有活动文档窗口则将其内的中心部件转换为MyChildWnd类型；若没有则直接返回0
    if(QMdiSubWindow *actSubWnd = ui->mdiArea->activeSubWindow())
        return qobject_cast<MyChildWnd *>(actSubWnd->widget());
    else
        return 0;
}
```

这个方法中首先使用多文档区域类的activeSubWindow()方法来获得区域中的活动子窗口，然后使用qobject_cast函数进行类型转换，它是QObject类中的函数，能将object对象指针转换为T类型的对象指针，这里则是将活动窗口的中心部件QWidget类型指针转换为MyChildWnd类型指针。这里的T类型必须直接或间接继承自QObject类，而且在其定义中要有Q_OBJECT宏变量。

3. 添加子窗口列表

下面为"窗口"主菜单开发在其下显示文档子窗口列表的功能。使用Qt提供的信号映射器（QSignalMapper）类，它可以实现对多个相同部件的相同信号进行映射，为其添加字符串或数值参数，然后发送出去。

首先，在"mainwindow.h"头文件中添加该类的声明：

```
class QSignalMapper;
```

然后，添加私有对象指针：
```
private:
    Ui::MainWindow *ui;
    ...
    QSignalMapper *myWndMapper;              //子窗口信号映射器
```
这里实际上就是定义了一个信号映射器。

再添加私有槽声明：
```
private slots:
    ...
    void addSubWndListMenu();                //往"窗口"主菜单下添加子窗口菜单项列表
```

下面在"mainwindow.cpp"文件中添加代码。

首先，在系统初始化方法 initMainWindow()中添加如下代码：
```
//添加子窗口菜单项列表
myWndMapper = new QSignalMapper(this);       //创建信号映射器
connect(myWndMapper, SIGNAL(mapped(QWidget*)), this, SLOT(setActiveSubWindow(QWidget*)));
addSubWndListMenu();
connect(ui->menu_W, SIGNAL(aboutToShow()), this, SLOT(addSubWndListMenu()));
```

上段代码首先创建了信号映射器，并且将它的 mapped()信号关联到设置活动窗口槽上，然后添加子窗口菜单项，同时将菜单项将要显示的信号关联到更新后的菜单槽上。

添加子窗口菜单项列表的槽函数 addSubWndListMenu()的实现代码如下：
```
void MainWindow::addSubWndListMenu()
{
    //首先清空原"窗口"主菜单，然后再添加各菜单项
    ui->menu_W->clear();
    ui->menu_W->addAction(ui->closeAction);
    ui->menu_W->addAction(ui->closeAllAction);
    ui->menu_W->addSeparator();
    ui->menu_W->addAction(ui->tileAction);
    ui->menu_W->addAction(ui->cascadeAction);
    ui->menu_W->addSeparator();
    ui->menu_W->addAction(ui->nextAction);
    ui->menu_W->addAction(ui->previousAction);
    QList<QMdiSubWindow *> wnds = ui->mdiArea->subWindowList();
    if (!wnds.isEmpty()) ui->menu_W->addSeparator();
                                                //如果有活动子窗口，则显示分隔条
    //遍历各子窗口，显示所有当前已打开的文档子窗口项
    for(int i = 0; i < wnds.size(); ++i)
    {
        MyChildWnd *childwnd = qobject_cast<MyChildWnd *>(wnds.at(i)->widget());
        QString menuitem_text;
        if(i < 9)
        {
            menuitem_text = tr("&%1 %2").arg(i+1).arg(childwnd->getCurDocName());
        } else {
            menuitem_text = tr("%1 %2").arg(i+1).arg(childwnd->getCurDocName());
        }
```

```
        //添加子窗口菜单项,设置其可选
        QAction *menuitem_act = ui->menu_W->addAction(menuitem_text);
        menuitem_act->setCheckable(true);
        //将当前活动的子窗口设为勾选状态
        menuitem_act->setChecked(childwnd == activateChildWnd());
        //关联菜单项的触发信号到信号映射器的map()槽,该槽会发送mapped()信号
        connect(menuitem_act, SIGNAL(triggered()), myWndMapper, SLOT(map()));
        //将菜单项与相应的窗口部件进行映射,在发送mapped()信号时就会以这个窗口部件为参数
        myWndMapper->setMapping(menuitem_act, wnds.at(i));
    }
    formatEnabled();                          //使"字体"菜单下的功能可用
}
```

该函数先清空了"窗口"主菜单下的全部菜单项,然后动态添加。它遍历了多文档区域的所有子窗口,并以它们各自的文档标题为文本创建了菜单项,一起添加到"窗口"主菜单中。首先将动作的触发信号关联到信号映射器的map()槽上,然后设置了动作与其对应的子窗口之间的映射。这样当触发菜单时就会执行map()函数,而它又将发送mapped()信号,该mapped()函数以子窗口部件作为参数,由于在系统初始化 initMainWindow()方法中已经设置了这个信号与setActiveSubWindow()函数的关联,故最终会通过执行这个函数来设置用户所选的文档子窗口为活动窗口。

这时运行程序,新建4个文档,"窗口"主菜单下的显示效果如图18.30所示。

图18.30 "窗口"主菜单下的显示效果

4. 窗口控制

对各文档的子窗口实行控制,可以通过多文档区域组件 QMdiArea 所提供的一整套子窗口控制方法,将它们各自关联至对应功能菜单项的触发信号槽,只须简单地调用即可,实现起来非常方便,下面给出代码:

```
void MainWindow::on_closeAction_triggered()
{
    //对应"窗口"→"关闭"菜单项
    ui->mdiArea->closeActiveSubWindow();        //关闭窗口
}

void MainWindow::on_closeAllAction_triggered()
{
    //对应"窗口"→"关闭所有"菜单项
```

```cpp
    ui->mdiArea->closeAllSubWindows();              //关闭所有窗口
}

void MainWindow::on_tileAction_triggered()
{
    //对应"窗口"→"平铺"菜单项
    ui->mdiArea->tileSubWindows();                  //平铺所有窗口
}

void MainWindow::on_cascadeAction_triggered()
{
    //对应"窗口"→"层叠"菜单项
    ui->mdiArea->cascadeSubWindows();               //层叠所有窗口
}

void MainWindow::on_nextAction_triggered()
{
    //对应"窗口"→"下一个"菜单项
    ui->mdiArea->activateNextSubWindow();           //焦点移至下一个窗口
}

void MainWindow::on_previousAction_triggered()
{
    //对应"窗口"→"前一个"菜单项
    ui->mdiArea->activatePreviousSubWindow();       //焦点移至前一个窗口
}
```

以上加黑代码的方法都是 Qt 的 QMdiArea 多文档区域组件内置的方法。

5．窗口关闭

在"mainwindow.h"头文件中声明：

```cpp
protected:
    void closeEvent(QCloseEvent *event);
```

在"mainwindow.cpp"文件中编写关闭事件代码：

```cpp
void MainWindow::closeEvent(QCloseEvent *event)
{
    ui->mdiArea->closeAllSubWindows();
    if (ui->mdiArea->currentSubWindow())
    {
        event->ignore();
    } else {
        event->accept();
    }
}
```

这样，在图 18.30 中选择"窗口"→"关闭"菜单项，将关闭当前的活动文档（此处为"Word 文档 4"）的子窗口；若选择"窗口"→"关闭所有"菜单项，则会关闭全部 4 个文档的子窗口。

18.2.5 界面生成试运行

经过前文讲述的诸多设计，这个 Qt 版 MyWord 软件的界面部分已经开发完毕，可以单独运行了。启动程序，显示 MyWord 软件的主界面，此时，虽然很多菜单项及工具按钮的功能尚未开发，但已经可以支持新建空白文档、关闭文档，并可将多个文档的窗口平铺或层叠显示，如图 18.31 所示。

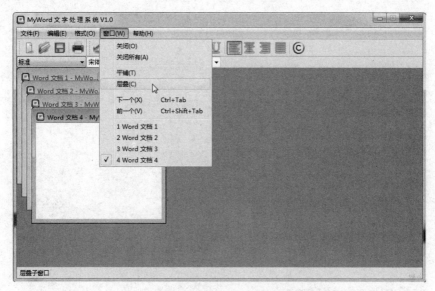

图 18.31 MyWord 软件的主界面功能展示

18.3 基本编辑功能实现

开发好 MyWord 软件的主界面后，就可以向系统中添加各种各样的功能。本节首先实现基本编辑功能，包括文档的"打开""保存""另存为"，文本的"剪切""复制""粘贴"，以及操作的"撤销"和"恢复"等功能。

18.3.1 打开文档

实现打开文档功能需要在子窗口类 MyChildWnd 中定义加载文档操作。

1．加载步骤

加载一个文档的基本步骤如下。
（1）打开指定的文件，读取文件内容到编辑器。
（2）获取文件路径名，并据此进行文档窗口状态的设置（通过 setCurDoc()方法）。
（3）将文档内容改变信号关联至显示文档修改状态标识槽 docBeModified()。
本例的加载操作通过编写 loadDoc()方法实现。

2. 功能实现

在"mychildwnd.h"头文件中添加声明：

```
public:
    ...
    bool loadDoc(const QString &docName);            //加载文档内容
```

loadDoc()方法的代码如下：

```
bool MyChildWnd::loadDoc(const QString &docName)
{
    if(!docName.isEmpty())
    {
        if(!QFile::exists(docName))return false;
        QFile doc(docName);
        if(!doc.open(QFile::ReadOnly))return false;
        QByteArray text = doc.readAll();
        QTextCodec *text_codec = Qt::codecForHtml(text);
        QString str = text_codec->toUnicode(text);
        if(Qt::mightBeRichText(str))
        {
            this->setHtml(str);
        } else {
            str = QString::fromLocal8Bit(text);
            this->setPlainText(str);
        }
        setCurDoc(docName);
        connect(document(),SIGNAL(contentsChanged()),this,SLOT(docBeModified()));
        return true;
    }
}
```

其中，在打开文件操作中使用了 QFile 类对象，它与 QByteArray 类配合使用，不仅可以打开指定的文件，而且能够方便地进行文件的读取与写入操作。

以上程序在读取文件完成后接着调用 setCurDoc()方法设置文档窗口状态，下面是该方法的方法体：

```
void MyChildWnd::setCurDoc(const QString &docName)
{
    myCurDocPath = QFileInfo(docName).canonicalFilePath();
    beSaved = true;                                  //文档已经被保存过
    document()->setModified(false);                  //文档未被改动
    setWindowModified(false);                        //窗口不显示被改动标识
    setWindowTitle(getCurDocName() + "[*]");         //设置文档名为子窗口标题
}
```

其中，canonicalFilePath()可以除去路径中的符号链接（如"."和".."等），它将所载入文档的路径保存到全局变量 myCurDocPath 中，然后进行一些状态的设置。

3. 功能调用

在"mainwindow.h"头文件中声明公有方法：

```cpp
public:
    explicit MainWindow(QWidget *parent = 0);
    ...
    void docOpen();                 //打开文档
```
实现该方法的代码如下：
```cpp
void MainWindow::docOpen()
{
    QString docName = QFileDialog::getOpenFileName(this, tr("打开"), QString(),
tr("HTML 文档 (*.htm *.html);;所有文件 (*.*)"));
    if (!docName.isEmpty())
    {
        QMdiSubWindow *exist = findChildWnd(docName);
        if (exist)
        {
            ui->mdiArea->setActiveSubWindow(exist);
            return;
        }
        MyChildWnd *childwnd = new MyChildWnd;
        ui->mdiArea->addSubWindow(childwnd);
        connect(childwnd,    SIGNAL(copyAvailable(bool)),    ui->cutAction,    SLOT
(setEnabled(bool)));
        connect(childwnd,    SIGNAL(copyAvailable(bool)),    ui->copyAction,SLOT
(setEnabled(bool)));
        if (childwnd->loadDoc(docName))
        {
            statusBar()->showMessage(tr("文档已打开"), 2000);
            childwnd->show();
            formatEnabled();                //使"字体"菜单下的功能可用
        } else {
            childwnd->close();
        }
    }
}
```
程序遍历了多文档区域中的所有子窗口来判断文档是否已经被打开，若发现该文档已经被打开，则直接设置它的子窗口为活动窗口；否则先加载要打开的文档，然后添加新的子窗口。

这个遍历查找过程用一个 findChildWnd() 方法，在"mainwindow.h"头文件中有它的声明：
```cpp
private:
    Ui::MainWindow *ui;
    ...
    QMdiSubWindow *findChildWnd(const QString &docName);
                                                //查找特定的文档子窗口
```
其实现代码如下：
```cpp
QMdiSubWindow *MainWindow::findChildWnd(const QString &docName)
{
    QString canonicalFilePath = QFileInfo(docName).canonicalFilePath();
    foreach(QMdiSubWindow *wnd, ui->mdiArea->subWindowList())
    {
        MyChildWnd *childwnd = qobject_cast<MyChildWnd *>(wnd->widget());
```

```
        if(childwnd->myCurDocPath == canonicalFilePath) return wnd;
    }
    return 0;
}
```

其中,使用了 foreach 语句来遍历整个多文档区域。

给"打开"菜单项添加槽函数:

```
void MainWindow::on_openAction_triggered()
{
    docOpen();
}
```

下面测试打开文档功能。

首先利用记事本编辑内容"我爱 Qt 6 编程!",以文件名"Word 文档 1.html"(选 ANSI 编码)保存到某个目录下,然后运行程序,选择"文件"→"打开"菜单项,或单击工具栏的 按钮,找到事先存盘的文件打开,可以看到编辑的文件内容,如图 18.32 所示。

图 18.32 打开文档功能演示

18.3.2 保存文档

保存文档功能分为"保存"(saveDoc())和"另存为"(saveAsDoc())两种操作,这两种操作都需要在子窗口类 MyChildWnd 中定义。

1. 保存步骤

保存一个文档的基本步骤如下。

(1) 如果文档没有被保存过(用 beSaved 判断),则执行"另存为"操作 saveAsDoc(),该操作的逻辑:

① 从对话框获取文档路径。
② 若路径不为空，则执行保存操作 saveDocOpt()。
（2）否则直接执行 saveDocOpt()来保存文档，该方法的执行逻辑：
① 打开指定的文件。
② 将编辑器的文档内容写入其中。
③ 设置文档状态（用 setCurDoc()方法）。

2. 功能实现

在"mychildwnd.h"头文件中添加声明：

```
public:
   MyChildWnd();
   ...
   bool saveDoc();                      //保存文件
   bool saveAsDoc();                    //另存为
   bool saveDocOpt(QString docName);    //具体执行保存操作
```

下面是"保存"操作的代码：

```
bool MyChildWnd::saveDoc()
{
    if(!beSaved) return saveAsDoc();
    else return saveDocOpt(myCurDocPath);
}
```

这里首先使用 beSaved 判断文档是否被保存过。如果没有，则要先进行"另存为"操作；否则直接写入文件即可。

下面是"另存为"方法的定义：

```
bool MyChildWnd::saveAsDoc()
{
    QString docName = QFileDialog::getSaveFileName(this, tr("另存为"), myCurDocPath, tr("HTML 文档 (*.htm *.html);;所有文件 (*.*)"));
    if(docName.isEmpty()) return false;
    else return saveDocOpt(docName);
}
```

"另存为"功能先通过"文件"对话框获取文档将要保存的路径，路径不为空才会进行文件的写入操作，它由 saveDocOpt()方法实现：

```
bool MyChildWnd::saveDocOpt(QString docName)
{
    if(!(docName.endsWith(".htm", Qt::CaseInsensitive) || docName.endsWith(".html", Qt::CaseInsensitive)))
    {
        docName += ".html";              //默认保存为 HTML 文档
    }
    QTextDocumentWriter writer(docName);
    bool success = writer.write(this->document());
    if (success) setCurDoc(docName);
    return success;
}
```

这里为了能支持后面的文档排版美化设置字体、字号等高级功能，特将文件默认保存为 HTML 格式，以网页的形式展示。

3. 功能调用

在"mainwindow.h"头文件中声明公有方法：

```
public:
    explicit MainWindow(QWidget *parent = 0);
    ~MainWindow();
    ...
    void docSave();                         //保存文档
    void docSaveAs();                       //文档另存为
```

因为"保存"和"另存为"功能在 MyChildWnd 类中已经实现了，所以这里只需要调用相应的方法即可，代码如下：

```
void MainWindow::docSave()
{
    if(activateChildWnd() && activateChildWnd()->saveDoc())
        statusBar()->showMessage(tr("保存成功"), 2000);
}
void MainWindow::docSaveAs()
{
    if(activateChildWnd() && activateChildWnd()->saveAsDoc())
        statusBar()->showMessage(tr("保存成功"), 2000);
}
```

分别给"保存""另存为"菜单项添加槽函数：

```
void MainWindow::on_saveAction_triggered()
{
    docSave();
}

void MainWindow::on_saveAsAction_triggered()
{
    docSaveAs();
}
```

4. 保存提醒

本软件还特别设计了保存提醒功能，能在用户关闭文档时主动提醒用户及时保存，这需要设计重写系统 closeEvent 事件的逻辑策略，另外还专门定义了一个 promptSave() 方法来实现此功能。

在"mychildwnd.h"头文件中添加声明：

```
private:
    ...
    bool promptSave();                      //用户关闭文档时提示保存
```

promptSave() 方法的实现代码如下：

```
bool MyChildWnd::promptSave()
{
```

```
    if(!document()->isModified()) return true;
    QMessageBox::StandardButton result;
    result = QMessageBox::warning(this, tr("MyWord"), tr("文档'%1'已被更改,保存
吗?").arg(getCurDocName()), QMessageBox::Save | QMessageBox::Discard | QMessageBox::
Cancel);
    if(result == QMessageBox::Save) return saveDoc();
    else if (result == QMessageBox::Cancel) return false;
    return true;
}
```

该方法先判断文档是否被修改过,如果是,则弹出对话框,提醒用户保存,或者也可以取消"关闭"操作。如果用户选择保存则返回保存 saveDoc() 的结果;如果取消则返回 false,否则直接返回 true。

重写系统"关闭"操作 closeEvent() 的逻辑:

① 如果 promptSave() 方法返回值为真则关闭窗口。
② 如果 promptSave() 方法返回值为假则忽略此事件。

重写的 closeEvent() 代码如下:

```
void MyChildWnd::closeEvent(QCloseEvent *event)
{
    if(promptSave())
    {
        event->accept();
    } else {
        event->ignore();
    }
}
```

运行程序,新建一个文档,编辑内容"Qt 版 MyWord 真好用!",选择"窗口"→"关闭"菜单项,弹出如图 18.33(a)所示的提示框,单击"Save"按钮,弹出如图 18.33(b)所示的"另存为"对话框,将文档改名为"Word 文档 2"后保存。

(a)

(b)

图 18.33 文档保存提醒功能演示

当然,编辑完文档后,单击工具栏的 按钮或者选择"文件"→"保存""另存为"菜单项也都可以将文档存盘。

18.3.3 文档操作

最基本的文档操作包括"撤销""重做""剪切""复制""粘贴",这些功能函数都由QTextEdit类提供。因为MyChildWnd类继承自该类,所以可以直接使用。

1. 撤销与重做

分别给"编辑"→"撤销""重做"这两个菜单项添加槽函数:

```
void MainWindow::on_undoAction_triggered()
{
    docUndo();              //文档撤销方法
}

void MainWindow::on_redoAction_triggered()
{
    docRedo();              //文档重做方法
}
```

其中,文档撤销和重做方法将在后面给出定义。

2. 剪切、复制和粘贴

下面给"编辑"→"剪切""复制""粘贴"几个菜单项添加槽函数:

```
void MainWindow::on_cutAction_triggered()
{
    docCut();               //剪切方法
}

void MainWindow::on_copyAction_triggered()
{
    docCopy();              //复制方法
}

void MainWindow::on_pasteAction_triggered()
{
    docPaste();             //粘贴方法
}
```

在"mainwindow.h"头文件中声明公有方法:

```
public:
    explicit MainWindow(QWidget *parent = 0);
    ~MainWindow();
    ...
    void docUndo();         //撤销
    void docRedo();         //重做
    void docCut();          //剪切
    void docCopy();         //复制
    void docPaste();        //粘贴
```

由于文档的以上基本操作功能在MyChildWnd类的父类QTextEdit中都已经实现了,所以这

里只要在其中简单地调用对应的方法即可,代码如下:
```
void MainWindow::docUndo()
{
    if(activateChildWnd()) activateChildWnd()->undo();       //撤销
}

void MainWindow::docRedo()
{
    if(activateChildWnd()) activateChildWnd()->redo();       //重做
}

void MainWindow::docCut()
{
    if(activateChildWnd()) activateChildWnd()->cut();        //剪切
}

void MainWindow::docCopy()
{
    if(activateChildWnd()) activateChildWnd()->copy();       //复制
}

void MainWindow::docPaste()
{
    if(activateChildWnd()) activateChildWnd()->paste();      //粘贴
}
```

读者可以自己运行程序,打开本章前面创建的"Word 文档 1"和"Word 文档 2",并对其中的文本内容执行上述操作,查看实际效果。

18.4 文档排版美化功能实现

现在,这个 Qt 版 MyWord 软件已具备了基本的文本编辑能力,在功能上类似于 Windows 的记事本。本节将对它做进一步的扩展,增加文档排版、字体、字号、颜色设置等高级美化功能,使它在功能上更接近 Office Word 软件。

18.4.1 字体格式设置

基本设置包括加粗、倾斜和加下画线。

1. 子窗口的操作

子窗口通过 setFormatOnSelectedWord()方法操作设置字体格式。
在"mychildwnd.h"头文件中声明:
```
public:
    ...
    void setFormatOnSelectedWord(const QTextCharFormat &fmt);
```

在"mychildwnd.cpp"文件中编写其代码:

```cpp
void MyChildWnd::setFormatOnSelectedWord(const QTextCharFormat &fmt)
{
    QTextCursor tcursor = this->textCursor();
    if(!tcursor.hasSelection()) tcursor.select(QTextCursor::WordUnderCursor);
    tcursor.mergeCharFormat(fmt);
    this->mergeCurrentCharFormat(fmt);
}
```

上段代码调用了 QTextCursor 的 mergeCharFormat() 方法, 将参数 fmt 所表示的格式应用在光标所选的字符上。

2. 格式功能调用

为"格式"→"字体"→"加粗""倾斜""下画线"三个子菜单项添加槽函数:

```cpp
void MainWindow::on_boldAction_triggered()
{
    textBold();
}

void MainWindow::on_italicAction_triggered()
{
    textItalic();
}

void MainWindow::on_underlineAction_triggered()
{
    textUnderline();
}
```

在"mainwindow.h"头文件中声明公有方法:

```cpp
public:
    explicit MainWindow(QWidget *parent = 0);
    ...
    void textBold();                    //加粗
    void textItalic();                  //倾斜
    void textUnderline();               //加下画线
```

在"mainwindow.cpp"文件中实现它们的代码如下:

```cpp
void MainWindow::textBold()
{
    QTextCharFormat fmt;
    fmt.setFontWeight(ui->boldAction->isChecked() ? QFont::Bold : QFont::Normal);
    if(activateChildWnd()) activateChildWnd()->setFormatOnSelectedWord(fmt);
}

void MainWindow::textItalic()
{
    QTextCharFormat fmt;
```

```
    fmt.setFontItalic(ui->italicAction->isChecked());
    if(activateChildWnd()) activateChildWnd()->setFormatOnSelectedWord(fmt);
}

void MainWindow::textUnderline()
{
    QTextCharFormat fmt;
    fmt.setFontUnderline(ui->underlineAction->isChecked());
    if(activateChildWnd()) activateChildWnd()->setFormatOnSelectedWord(fmt);
}
```

3. 字体、字号选择功能

要使程序支持从组合框中选择字体、字号，需要为字体和字号组合框添加槽函数，操作方法是：右击设计模式窗口界面上的字体组合框，选择"转到槽…"项，在弹出的对话框中选择信号类型为"currentFontChanged(QFont)"即可，如图18.34所示。字号组合框所用的信号类型是"textActivated(QString)"，添加操作类同。

图18.34　给组合框添加信号槽

编写两个组合框的槽函数代码：
```
void MainWindow::on_fontComboBox_currentFontChanged(const QFont &f)
{
    textFamily(f);                    //设置字体
}

void MainWindow::on_sizeComboBox_textActivated(const QString &ps)
{
    textSize(ps);                     //设置字号
}
```
在"mainwindow.h"头文件中声明公共方法：

```
public:
    explicit MainWindow(QWidget *parent = 0);
    ...
    void textFamily(QFont f);                               //字体
    void textSize(const QString &ps);                       //字号
```

在"mainwindow.cpp"文件中实现它们的代码如下:

```
void MainWindow::textFamily(QFont f)
{
    QTextCharFormat fmt;
    fmt.setFont(f);
    if(activateChildWnd()) activateChildWnd()->setFormatOnSelectedWord(fmt);
}

void MainWindow::textSize(const QString &ps)
{
    qreal pointSize = ps.toFloat();
    if (ps.toFloat() > 0)
    {
        QTextCharFormat fmt;
        fmt.setFontPointSize(pointSize);
        if(activateChildWnd())activateChildWnd()->setFormatOnSelectedWord(fmt);
    }
}
```

运行程序,打开"Word 文档 1",选中当中的文本"Qt 6",选择字体类型为"Arial Black",字号为 20、倾斜、加下画线,效果如图 18.35 所示。

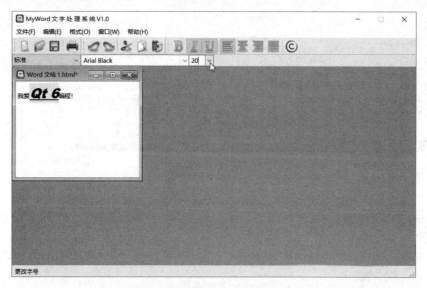

图 18.35 设置字体格式功能演示

18.4.2 段落对齐设置

为保证"格式"→"段落"下各子菜单项的互斥可选性,在系统初始化方法 initMainWindow()

中添加如下代码：

```
//将"段落"菜单下各功能项加入同一个菜单项组，程序运行的任一时刻用户能且只能选中其中一项
QActionGroup *alignGroup = new QActionGroup(this);
alignGroup->addAction(ui->leftAlignAction);
alignGroup->addAction(ui->centerAction);
alignGroup->addAction(ui->rightAlignAction);
alignGroup->addAction(ui->justifyAction);
ui->leftAlignAction->setChecked(true);
```

然后，为各子菜单项添加槽函数：

```
void MainWindow::on_leftAlignAction_triggered()
{
    textAlign(ui->leftAlignAction);              //左对齐
}

void MainWindow::on_centerAction_triggered()
{
    textAlign(ui->centerAction);                 //居中对齐
}

void MainWindow::on_rightAlignAction_triggered()
{
    textAlign(ui->rightAlignAction);             //右对齐
}

void MainWindow::on_justifyAction_triggered()
{
    textAlign(ui->justifyAction);                //两端对齐
}
```

在上面代码中，各子菜单项的槽函数无一例外都是调用名为 textAlign() 的方法来设置对齐方式的。该方法的方法体位于主窗体源代码 "mainwindow.cpp" 文件中，如下：

```
void MainWindow::textAlign(QAction *act)
{
    if(activateChildWnd())
    {
        if(act == ui->leftAlignAction)
            activateChildWnd()->setAlignOfDocumentText(1);
        else if(act == ui->centerAction)
            activateChildWnd()->setAlignOfDocumentText(2);
        else if(act == ui->rightAlignAction)
            activateChildWnd()->setAlignOfDocumentText(3);
        else if(act == ui->justifyAction)
            activateChildWnd()->setAlignOfDocumentText(4);
    }
}
```

此处使用整型数字 1、2、3、4 分别代表左对齐、居中、右对齐、两端对齐，它们的含义由子窗口类的 setAlignOfDocumentText() 方法加以选择判断。

在 "mychildwnd.h" 头文件中声明公有方法：

```
public:
    ...
    void setAlignOfDocumentText(int aligntype);     //设置对齐样式
```
在"mychildwnd.cpp"文件中编写其代码:
```
void MyChildWnd::setAlignOfDocumentText(int aligntype)
{
    if(aligntype == 1)this->setAlignment(Qt::AlignLeft | Qt::AlignAbsolute);
    else if(aligntype == 2)this->setAlignment(Qt::AlignHCenter);
    else if(aligntype == 3)this->setAlignment(Qt::AlignRight | Qt::AlignAbsolute);
    else if(aligntype == 4) this->setAlignment(Qt::AlignJustify);
}
```
运行程序,将"Word 文档 1"子窗口最大化,单击 (居中) 按钮,文字变为居中显示,如图 18.36 所示。

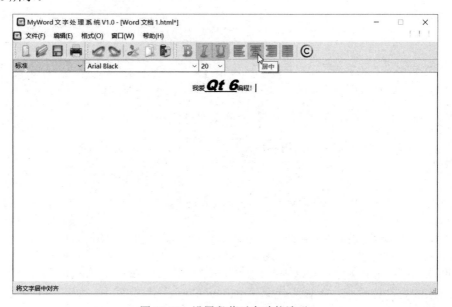

图 18.36　设置段落对齐功能演示

18.4.3　颜色设置

为"格式"→"颜色"菜单项添加槽函数:
```
void MainWindow::on_colorAction_triggered()
{
    textColor();
}
```
在"mainwindow.h"头文件中声明公有方法:
```
public:
    explicit MainWindow(QWidget *parent = 0);
    ...
    void textColor();                //设置颜色
```
在"mainwindow.cpp"文件中实现它的代码如下:

```cpp
void MainWindow::textColor()
{
    if(activateChildWnd())
    {
        QColor color = QColorDialog::getColor(activateChildWnd()->textColor(), this);
        if(!color.isValid()) return;
        QTextCharFormat fmt;
        fmt.setForeground(color);
        activateChildWnd()->setFormatOnSelectedWord(fmt);
        QPixmap pix(16, 16);
        pix.fill(color);
        ui->colorAction->setIcon(pix);
    }
}
```

运行程序，打开"Word 文档 1"，选中文字"Qt 6"，选择"格式"→"颜色"菜单项，弹出如图 18.37 所示的"Select Color"对话框，在其中可以设置文字颜色。

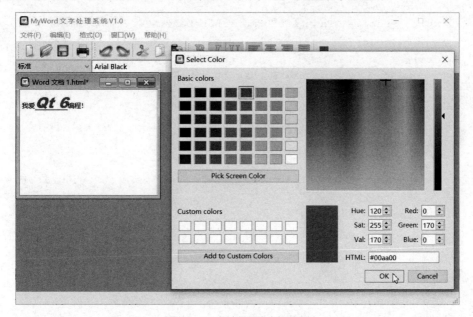

图 18.37 颜色设置功能演示

18.4.4 项目符号、编号

1. 在子窗口中设置项目符号、编号

在"mychildwnd.h"头文件中声明公有方法：

```cpp
public:
    ...
    void setParaStyle(int pstyle);                          //设置项目符号、编号
```

在"mychildwnd.cpp"文件中编写其代码：

```cpp
void MyChildWnd::setParaStyle(int pstyle)
```

```cpp
{
    QTextCursor tcursor = this->textCursor();
    if (pstyle != 0)
    {
        QTextListFormat::Style sname = QTextListFormat::ListDisc;
        switch (pstyle)
        {
            default:
            case 1:
                sname = QTextListFormat::ListDisc;          //实心圆符号
                break;
            case 2:
                sname = QTextListFormat::ListCircle;        //空心圆符号
                break;
            case 3:
                sname = QTextListFormat::ListSquare;        //方形符号
                break;
            case 4:
                sname = QTextListFormat::ListDecimal;       //十进制编号
                break;
            case 5:
                sname = QTextListFormat::ListLowerAlpha;    //小写字母编号
                break;
            case 6:
                sname = QTextListFormat::ListUpperAlpha;    //大写字母编号
                break;
            case 7:
                sname = QTextListFormat::ListLowerRoman;    //小写罗马数字编号
                break;
            case 8:
                sname = QTextListFormat::ListUpperRoman;    //大写罗马数字编号
                break;
        }
        tcursor.beginEditBlock();
        QTextBlockFormat tBlockFmt = tcursor.blockFormat();
        QTextListFormat tListFmt;
        if(tcursor.currentList())
        {
            tListFmt = tcursor.currentList()->format();
        } else {
            tListFmt.setIndent(tBlockFmt.indent() + 1);
            tBlockFmt.setIndent(0);
            tcursor.setBlockFormat(tBlockFmt);
        }
        tListFmt.setStyle(sname);
        tcursor.createList(tListFmt);
        tcursor.endEditBlock();
    } else {
```

```
        QTextBlockFormat tbfmt;
        tbfmt.setObjectIndex(-1);
        tcursor.mergeBlockFormat(tbfmt);                    //合并格式
    }
}
```

其中，QTextListFormat 是专用于描述项目符号和编号格式的 Qt 类，它支持各种常用的项目符号和编号格式，如实心圆、空心圆、方形、大小写字母、罗马数字等。

2. 主窗口功能调用

要在主窗口中使用项目符号和编号设置功能，还要为其组合框添加槽函数，操作是：右击设计模式窗口界面上的设置项目符号和编号的组合框，选择"转到槽…"项，在弹出的对话框中选择信号类型为"activated(int)"即可，如图 18.38 所示。

图 18.38　给项目符号和编号组合框添加信号槽

槽函数代码为

```
void MainWindow::on_styleComboBox_activated(int index)
{
    paraStyle(index);
}
```

在"mainwindow.h"头文件中声明公有方法：

```
public:
    explicit MainWindow(QWidget *parent = 0);
    ...
    void paraStyle(int sidx);                               //项目符号和编号
```

在"mainwindow.cpp"文件中实现它的功能：

```
void MainWindow::paraStyle(int sidx)
{
    if (activateChildWnd()) activateChildWnd()->setParaStyle(sidx);
}
```

这里直接调用 MyChildWnd 类的 setParaStyle()方法实现添加项目符号和编号的功能。

运行程序，新建"文档 1"，在里面编辑几段文字，并添加项目符号和编号，效果如图 18.39 所示。

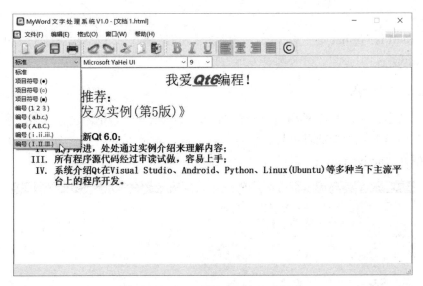

图 18.39 添加项目符号、编号功能演示

编辑完成后保存文件。

18.4.5 文档打印与预览

1. 添加打印模块支持

Qt 6 将使用打印相关的类单独放到了 QtPrintSupport 模块中，因此需要在项目配置文件 "MyWord.pro" 中添加支持：

```
#-------------------------------------------------
#
# Project created by QtCreator 2018-12-07T10:30:12
#
#-------------------------------------------------

QT       += core gui

greaterThan(QT_MAJOR_VERSION, 4): QT += widgets
qtHaveModule(printsupport): QT += printsupport
TARGET = MyWord
TEMPLATE = app

# The following define makes your compiler emit warnings if you use
# any feature of Qt which has been marked as deprecated (the exact warnings
# depend on your compiler). Please consult the documentation of the
# deprecated API in order to know how to port your code away from it.
DEFINES += QT_DEPRECATED_WARNINGS
```

```
# You can also make your code fail to compile if you use deprecated APIs.
# In order to do so, uncomment the following line.
# You can also select to disable deprecated APIs only up to a certain version of Qt.
# DEFINES += QT_DISABLE_DEPRECATED_BEFORE=0x060000
# disables all the APIs deprecated before Qt 6.0.0


SOURCES += \
        main.cpp \
        mainwindow.cpp \
    mychildwnd.cpp

HEADERS += \
        mainwindow.h \
    mychildwnd.h

FORMS += \
        mainwindow.ui
```

还要在"mainwindow.h"中包含头文件：

```
#include <QPrintDialog>
#include <QPrinter>
#include <QPrintPreviewDialog>
```

在"mychildwnd.h"中也要包含头文件：

```
#include <QPrinter>
```

2. 实现打印及预览功能

为"文件"→"打印""打印预览"菜单项添加槽函数：

```cpp
void MainWindow::on_printAction_triggered()
{
    docPrint();                              //打印功能
}

void MainWindow::on_printPreviewAction_triggered()
{
    docPrintPreview();                       //打印预览功能
}
```

在"mainwindow.h"头文件中声明公有方法：

```cpp
public:
    explicit MainWindow(QWidget *parent = 0);
    ...
    void docPrint();
    void docPrintPreview();
    void printPreview(QPrinter *);
```

最后，在"mainwindow.cpp"文件中实现以上各方法的代码如下：

```cpp
void MainWindow::docPrint()
```

```
{
    QPrinter pter(QPrinter::HighResolution);
    QPrintDialog *pdlg = new QPrintDialog(&pter, this);
    if(activateChildWnd()->textCursor().hasSelection())
        pdlg->setOption(QAbstractPrintDialog::PrintSelection,true);
    pdlg->setWindowTitle(tr("打印文档"));
    if(pdlg->exec() == QDialog::Accepted)
        activateChildWnd()->print(&pter);
    delete pdlg;
}

void MainWindow::docPrintPreview()
{
    QPrinter pter(QPrinter::HighResolution);
    QPrintPreviewDialog pview(&pter, this);
    connect(&pview, SIGNAL(paintRequested(QPrinter*)), SLOT(printPreview(QPrinter*)));
    pview.exec();
}

void MainWindow::printPreview(QPrinter *pter)
{
    activateChildWnd()->print(pter);
}
```

运行程序，打开"文档 1"，选择"文件"→"打印"菜单项，弹出"打印"对话框。选择"文件"→"打印预览"菜单项，在弹出的"Print Preview"对话框中可看到"文档 1"打印的整体效果。

至此，该 MyWord 字处理软件开发完毕！读者还可以试着进一步扩充，增加更多功能（如图像、艺术字、特殊符号、公式等的处理）。通过这一章，读者不仅要学习 Qt 各基本知识点的实际应用，更要掌握开发大型综合软件的方法。

第 19 章

【综合实例】：微信客户端程序

在当前的移动互联网时代，微信已经成为人们生活中不可或缺的通信交流工具，除手机端 APP 外，微信同时也有能运行于计算机上的客户端版本（见图 19.1）。本章将采用 Qt 6 来开发一个类似微信客户端的网络聊天程序（CH19），利用这个软件可以在局域网中不同主机用户间进行聊天会话和传输文件。

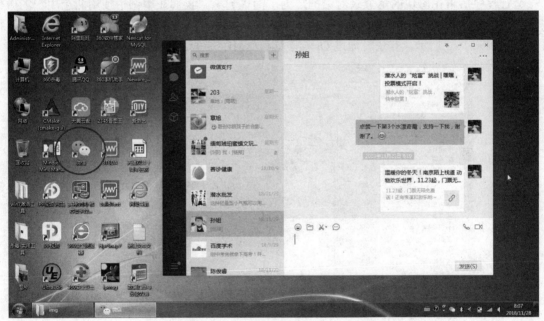

图 19.1　运行于计算机上的微信客户端版本

 ## 19.1　界面设计与开发

19.1.1　核心功能界面演示

本程序完全模仿真实的微信客户端界面，包括登录对话框和聊天窗口两部分。Qt 版微信客户端的演示效果如图 19.2 所示，界面设计中所用到的背景图片随本书源代码提供，读者可从网上免费下载用于试做。

图 19.2　Qt 版微信客户端的演示效果

1．登录界面

运行程序后首先出现的是登录对话框，为了简单起见，我们在本例中使用两个用户的微信账号来运行程序，预先将这两个用户的用户名和密码存储于 "userlog.xml" 文件中并置于项目根目录下，如图 19.3 所示，登录时通过 Qt 程序读取 XML 文件进行验证。

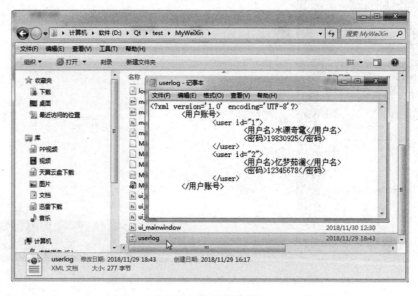

图 19.3　存储用户账号信息的 XML 文件

2．聊天窗口界面

聊天窗口完全仿照真的微信聊天窗口设计，使用微信界面画面作为背景，以标签（QLabel）布局呈现。

① 界面左边是一个 QTableWidget 控件，用来显示登录的用户列表。
② 右上部是一个 QTextBrowser 控件，主要用来显示用户的聊天记录。
③ 右下部是一个 QTextEdit 控件，用来输入要发送的聊天文本信息。
④ 右区两个主要控件之间的一行分隔工具条用微信截图作为背景，其上隐藏（通过勾选其 "flat" 属性）放置了一个用于启动文件传输功能的按钮。

3. 发送文件服务器

用户之间传输文件时,发送方(服务器)界面如图 19.4 所示。

图 19.4 传输文件时的发送方(服务器)界面

该界面显示出正在发送的文件名、文件大小、已发送字节数,并用进度条控件实时地显示传输进度。

4. 接收文件客户端

用户之间传输文件时,接收方(客户端)界面如图 19.5 所示。

图 19.5 传输文件时的接收方(客户端)界面

该界面显示出正在接收的文件名、文件大小、已收下的字节数,进度条控件显示接收进度,在其右端还实时地显示出文件传输的速率。

5. 项目创建及配置

(1)创建 Qt 桌面应用程序项目,项目名称为"MyWeiXin",配置项目将"debug"目录生成在项目目录内(于"构建设置"页"General"栏下取消勾选"Shadow build"项),详细操作见第 17 章。

(2)为使程序支持网络协议及 XML 文件读写,需要修改项目配置文件"MyWeiXin.pro"如下(加黑处为需要增加的语句):

```
#-------------------------------------------------
#
# Project created by QtCreator 2018-11-28T08:43:24
```

```
#
#-------------------------------------------------

QT       += core gui
QT       += network
QT       += xml
QMAKE_CXXFLAGS += -fpermissive

greaterThan(QT_MAJOR_VERSION, 4): QT += widgets

TARGET = MyWeiXin
TEMPLATE = app


# The following define makes your compiler emit warnings if you use
# any feature of Qt which has been marked as deprecated (the exact warnings
# depend on your compiler). Please consult the documentation of the
# deprecated API in order to know how to port your code away from it.DEFINES += QT_DEPRECATED_WARNINGS

# You can also make your code fail to compile if you use deprecated APIs.
# In order to do so, uncomment the following line.
# You can also select to disable deprecated APIs only up to a certain version of Qt.
#DEFINES += QT_DISABLE_DEPRECATED_BEFORE=0x060000
# disables all the APIs deprecated before Qt 6.0.0
...
```

19.1.2 登录对话框设计

向项目中添加新的 Qt 设计师界面类，界面模板选择"Dialog without Buttons"，类名更改为"LoginDialog"，完成后在打开的"logindialog.ui"中设计微信客户端的登录对话框界面（见图19.6），其上各控件的属性设置见表19.1。

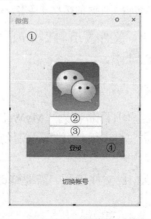

图19.6 微信客户端登录对话框界面

表 19.1 登录对话框界面上各控件的属性设置

序号	名称	类型	属性设置
①	label	QLabel	geometry：X 0，Y 0，宽度 280，高度 400； frameShape：AlignLeft，AlignVCenter； frameShadow：Sunken； text：空； pixmap：login.jpg
②	usrLineEdit	QLineEdit	geometry：X 85，Y 215，宽度 113，高度 20； font：微软雅黑，10； alignment：水平的，AlignHCenter
③	pwdLineEdit	QLineEdit	geometry：X 85，Y 235，宽度 113，高度 20； echoMode：Password； alignment：水平的，AlignHCenter
④	loginPushButton	QPushButton	geometry：X 36，Y 258，宽度 212，高度 43； font：微软雅黑，10； text：登录； flat：勾选

19.1.3 聊天窗口设计

微信客户端聊天窗口界面的设计效果如图 19.7 所示，该界面上各控件的属性设置见表 19.2。

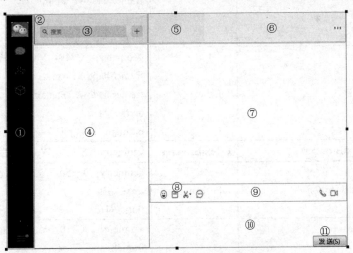

图 19.7 微信客户端聊天窗口界面的设计效果

表 19.2 聊天窗口界面上各控件的属性设置

序号	名称	类型	属性设置
①	label	QLabel	geometry：X 0，Y 0，宽度 60，高度 500； frameShape：Box； frameShadow：Sunken； text：空； pixmap：bar.jpg

续表

序 号	名 称	类 型	属 性 设 置
②	label_2	QLabel	geometry：X 60，Y 0，宽度 250，高度 65； frameShape：Box； frameShadow：Sunken； text：空； pixmap：search.jpg
③	searchPushButton	QPushButton	geometry：X 74，Y 25，宽度 191，高度 26； text：空； flat：勾选
④	userListTableWidget	QTableWidget	geometry：X 60，Y 65，宽度 250，高度 435； font：微软雅黑，14； selectionMode：SingleSelection； selectionBehavior：SelectRows； showGrid：取消勾选； horizontalHeaderVisible：取消勾选； horizontalHeaderDefaultSectionSize：250； verticalHeaderVisible：取消勾选
⑤	userLabel	QLabel	geometry：X 311，Y 1，宽度 121，高度 62； font：04b_21，16； frameShape：NoFrame； frameShadow：Plain； text：空； alignment：水平的，AlignHCenter
⑥	label_3	QLabel	geometry：X 310，Y 0，宽度 432，高度 65； frameShape：Box； frameShadow：Sunken； text：空； pixmap：title.jpg
⑦	chatTextBrowser	QTextBrowser	geometry：X 310，Y 65，宽度 431，高度 300；
⑧	transPushButton	QPushButton	geometry：X 350，Y 375，宽度 31，高度 23； text：空； flat：勾选
⑨	label_5	QLabel	geometry：X 310，Y 365，宽度 432，高度 40； frameShape：Box； frameShadow：Sunken； text：空； pixmap：tool.jpg
⑩	chatTextEdit	QTextEdit	geometry：X 310，Y 403，宽度 431，高度 97；
⑪	sendPushButton	QPushButton	geometry：X 665，Y 476，宽度 75，高度 25； font：微软雅黑，10； text：发 送(S)

19.1.4 文件传输服务器界面设计

向项目中添加新的 Qt 设计师界面类,界面模板选择"Dialog without Buttons",类名更改为"FileSrvDlg",完成后在打开的"filesrvdlg.ui"中设计文件传输服务器界面(见图 19.8),其上各控件的属性设置见表 19.3。

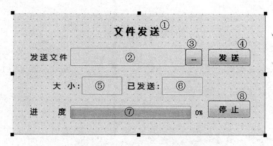

图 19.8 文件传输服务器界面

表 19.3 服务器界面上各控件的属性设置

序 号	名 称	类 型	属 性 设 置
①	label	QLabel	geometry:X 170,Y 15,宽度 91,高度 31; font:微软雅黑,12,粗体; text:文 件 发 送; alignment:水平的,AlignHCenter
②	sfileNameLineEdit	QLineEdit	enabled:取消勾选; geometry:X 100,Y 60,宽度 201,高度 31; font:微软雅黑,10; alignment:水平的,AlignHCenter; readOnly:勾选
③	openFilePushButton	QPushButton	font:微软雅黑,10; text:...
④	sendFilePushButton	QPushButton	font:微软雅黑,10; text:发 送
⑤	sfileSizeLineEdit	QLineEdit	enabled:取消勾选; geometry:X 120,Y 110,宽度 71,高度 31; font:微软雅黑,10; alignment:水平的,AlignHCenter; readOnly:勾选
⑥	sendSizeLineEdit	QLineEdit	enabled:取消勾选; geometry:X 260,Y 110,宽度 71,高度 31; font:微软雅黑,10; alignment:水平的,AlignHCenter; readOnly:勾选
⑦	sendProgressBar	QProgressBar	value:0
⑧	srvClosePushButton	QPushButton	font:微软雅黑,10; text:停 止

19.1.5 文件传输客户端界面设计

向项目中添加新的 Qt 设计师界面类，界面模板选择 "Dialog without Buttons"，类名更改为 "FileCntDlg"。完成后，在打开的 "filecntdlg.ui" 中设计文件传输客户端界面如图 19.9 所示，其上各控件的属性设置见表 19.4。

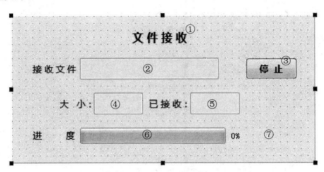

图 19.9 文件传输客户端界面设计效果

表 19.4 客户端界面上各控件的属性设置

序号	名称	类型	属性设置
①	label	QLabel	geometry: X 170, Y 15, 宽度 91, 高度 31; font: 微软雅黑, 12, 粗体; text: 文件接收; alignment: 水平的, AlignHCenter
②	rfileNameLineEdit	QLineEdit	enabled: 取消勾选; geometry: X 100, Y 60, 宽度 201, 高度 31; font: 微软雅黑, 10; alignment: 水平的, AlignHCenter; readOnly: 勾选
③	cntClosePushButton	QPushButton	font: 微软雅黑, 10; text: 停 止
④	rfileSizeLineEdit	QLineEdit	enabled: 取消勾选; geometry: X 120, Y 110, 宽度 71, 高度 31; font: 微软雅黑, 10; alignment: 水平的, AlignHCenter; readOnly: 勾选
⑤	recvSizeLineEdit	QLineEdit	enabled: 取消勾选; geometry: X 260, Y 110, 宽度 71, 高度 31; font: 微软雅黑, 10; alignment: 水平的, AlignHCenter; readOnly: 勾选
⑥	recvProgressBar	QProgressBar	value: 0
⑦	rateLabel	QLabel	font: 微软雅黑, 10; text: 空

19.2 登录功能实现

开发好软件的全部界面后，首先要实现的是用户登录功能。

1. 声明变量和方法

进入"logindialog.h"头文件,在其中添加变量和方法声明,代码如下:

```cpp
#ifndef LOGINDIALOG_H
#define LOGINDIALOG_H

#include <QDialog>
#include "mainwindow.h"
#include <QFile>
#include "qdom.h"                              //用于操作 XML 中 DOM 对象的库

namespace Ui {
class LoginDialog;
}

class LoginDialog : public QDialog
{
    Q_OBJECT

public:
    explicit LoginDialog(QWidget *parent = 0);
    ~LoginDialog();

private slots:
    void on_loginPushButton_clicked();   //"登录"按钮的单击事件方法
    void showWeiChatWindow();            //根据验证的结果决定是否显示聊天窗口

private:
    Ui::LoginDialog *ui;
    MainWindow *weiChatWindow;           //指向聊天窗口的指针
    QDomDocument mydoc;                  //全局变量用于获取 XML 中的 DOM 对象
};

#endif // LOGINDIALOG_H
```

2. 实现登录验证功能

在"logindialog.cpp"源文件中实现登录验证功能,代码如下:

```cpp
#include "logindialog.h"
#include "ui_logindialog.h"

LoginDialog::LoginDialog(QWidget *parent) :QDialog(parent),
    ui(new Ui::LoginDialog)
{
    ui->setupUi(this);
    ui->pwdLineEdit->setFocus();           //输入焦点初始置于密码框
}

LoginDialog::~LoginDialog()
```

```cpp
{
    delete ui;
}

void LoginDialog::on_loginPushButton_clicked()
{
    showWeiChatWindow();                                //调用验证显示聊天窗口的方法
}

/**----------实现登录验证功能----------*/
void LoginDialog::showWeiChatWindow()
{
    QFile file("userlog.xml");                          //创建 XML 文件对象
    file.open(QIODevice::ReadOnly);
    mydoc.setContent(&file);        //将 XML 对象赋给 QdomDocument 类型的 Qt 文档句柄
    file.close();
    QDomElement root = mydoc.documentElement();         //获取 XML 文档的 DOM 根元素
    if(root.hasChildNodes())
    {
        QDomNodeList userList = root.childNodes();      //获取根元素的全部子节点
        bool exist = false;                             //指示用户是否存在
        for(int i = 0; i < userList.count(); i++)
        {
            QDomNode user = userList.at(i);             //根据当前索引 i 获取用户节点元素
            QDomNodeList record = user.childNodes();    //该用户的全部属性元素
            //解析出用户名及密码
            QString uname = record.at(0).toElement().text();
            QString pword = record.at(1).toElement().text();
            if(uname == ui->usrLineEdit->text())
            {
                exist = true;                           //用户存在
                if(!(pword == ui->pwdLineEdit->text()))
                {
                    QMessageBox::warning(0, QObject::tr("提示"), "口令错！请重新输入。");
                    ui->pwdLineEdit->clear();
                    ui->pwdLineEdit->setFocus();
                    return;
                }
            }
        }
        if(!exist)
        {
            QMessageBox::warning(0, QObject::tr("提示"), "此用户不存在！请重新输入。");
            ui->usrLineEdit->clear();
            ui->pwdLineEdit->clear();
            ui->usrLineEdit->setFocus();
            return;
        }
```

```
        //用户存在且密码验证通过
        weiChatWindow = new MainWindow(0);
        weiChatWindow->setWindowTitle(ui->usrLineEdit->text());
        weiChatWindow->show();                              //显示聊天窗口
    }
}
```

为了能由登录对话框来启动聊天窗口,还必须在项目的主启动源文件"main.cpp"中修改代码如下:

```
#include "mainwindow.h"
#include <QApplication>
#include "logindialog.h"

int main(int argc, char *argv[])
{
    QApplication a(argc, argv);
    LoginDialog logindlg;
    logindlg.show();                    //程序启动初始显示的是登录对话框
    //注释掉下面两行
    //MainWindow w;
    //w.show();

    return a.exec();
}
```

读者可以先来运行这个程序,出现登录界面,故意输入不存在的用户名或输错密码,分别弹出警告提示消息框(见图19.10)。

图 19.10　登录验证不通过时弹出的警告提示消息框

19.3　基本聊天会话功能实现

下面实现系统的基本聊天会话功能。

19.3.1 基本原理

如果要进行聊天，首先要获取所有登录用户的信息，这个功能是通过在每个用户运行该程序上线时发送广播实现的，如图 19.11 所示。不仅用户上线时要进行广播，而且在用户离线、发送聊天信息时都使用 UDP 广播来告知所有其他用户。在这个过程中，系统所有用户的地位都是"平等"的，每个用户聊天窗口进程称为一个端点（Peer）。这里的每个用户聊天窗口既可能作为服务器，又可能作为客户端，因此可以将它看成端到端（Peer to Peer，P2P）系统，真实的网络应用大多正是这样的 P2P 系统。

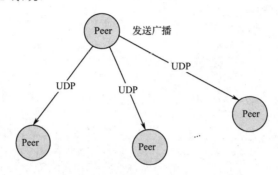

图 19.11　聊天会话的基本原理

19.3.2 消息类型与 UDP 广播

1. 消息类型设计

根据应用的需要，本例设计了 5 种 UDP 广播消息，见表 19.5。

表 19.5　本例设计的 5 种 UDP 广播消息

消息类型	用　途
ChatMsg	聊天内容
OnLine	用户上线
OffLine	用户离线
SfileName	要传输的文件名
RefFile	拒收文件

在"mainwindow.h"头文件中定义一个枚举变量 ChatMsgType，用于区分不同的广播消息类型，定义如下：

```
enum ChatMsgType { ChatMsg, OnLine, OffLine, SfileName, RefFile };
```

2. 声明变量、方法和头文件

首先在"mainwindow.h"头文件中声明变量和方法，完成后的内容如下：

```
#ifndef MAINWINDOW_H
#define MAINWINDOW_H

#include <QMainWindow>
```

```cpp
#include <QMessageBox>
#include <QUdpSocket>                           //使用UDP套接口的类库
#include <QNetworkInterface>                    //网络（IP地址）接口类库
#include <QDateTime>                            //时间日期库
#include <QFile>                                //系统文件类库
#include <QFileDialog>                          //文件对话框库
#include "qdom.h"

class FileSrvDlg;

namespace Ui {
class MainWindow;
}

enum ChatMsgType { ChatMsg, OnLine, OffLine, SfileName, RefFile };
                                                //定义5种UDP消息类型
class MainWindow : public QMainWindow
{
    Q_OBJECT

public:
    explicit MainWindow(QWidget *parent = 0);
    ~MainWindow();
    void initMainWindow();                      //窗口初始化方法
    void onLine(QString name, QString time);    //新用户上线方法
    void offLine(QString name, QString time);   //用户离线方法
    void sendChatMsg(ChatMsgType msgType, QString rmtName = "");
                                                //发送UDP消息
    QString getLocHostIp();                     //获取本端的IP地址
    QString getLocChatMsg();                    //获取本端的聊天信息内容
    void recvFileName(QString name, QString hostip, QString rmtname, QString filename);

protected:
    void closeEvent(QCloseEvent *event);
                                                //重写关闭窗口方法以便发送通知离线消息
private slots:
    void on_sendPushButton_clicked();           //"发送"按钮的单击事件方法

    void recvAndProcessChatMsg();               //接收并处理UDP数据报

    void on_searchPushButton_clicked();         //搜索线上所有用户

    void getSfileName(QString);

    void on_transPushButton_clicked();

private:
```

```
    Ui::MainWindow *ui;
    QString myname = "";                    //本端当前的用户名
    QUdpSocket *myUdpSocket;                //UDP 套接口指针
    qint16 myUdpPort;                       //UDP 端口号
    QDomDocument myDoc;
    QString myFileName;
    FileSrvDlg *myfsrv;
};

#endif // MAINWINDOW_H
```

3. 发送 UDP 广播

在"mainwindow.cpp"文件的 MainWindow 构造方法中添加如下代码：

```
MainWindow::MainWindow(QWidget *parent) :
    QMainWindow(parent),
    ui(new Ui::MainWindow)
{
    ui->setupUi(this);
    initMainWindow();
}
```

initMainWindow()方法的具体代码为：

```
void MainWindow::initMainWindow()
{
    myUdpSocket = new QUdpSocket(this);
    myUdpPort = 23232;
    myUdpSocket->bind(myUdpPort,    QUdpSocket::ShareAddress|QUdpSocket::ReuseAddressHint);
    connect(myUdpSocket, SIGNAL(readyRead()), this, SLOT(recvAndProcessChatMsg()));
    myfsrv = new FileSrvDlg(this);
    connect(myfsrv, SIGNAL(sendFileName(QString)), this, SLOT(getSfileName(QString)));
}
```

这里创建了 UDP 套接字并进行了初始化，端口默认为 23232，使用 connect 语句将其与 recvAndProcessChatMsg()槽函数绑定，随时接收来自其他用户的 UDP 广播消息。

用户登录上线以后，通过手动单击左边用户列表上方的 搜索 按钮刷新用户列表，实则就是发出广播数据报，其事件方法内容为：

```
void MainWindow::on_searchPushButton_clicked()
{
    myname = this->windowTitle();
    ui->userLabel->setText(myname);
    sendChatMsg(OnLine);
}
```

可见，发送 UDP 广播是通过调用 sendChatMsg 方法实现的，该方法专门用于发送各类 UDP 广播数据报，其具体实现如下：

```
void MainWindow::sendChatMsg(ChatMsgType msgType, QString rmtName)
```

```cpp
{
    QByteArray qba;
    QDataStream write(&qba, QIODevice::WriteOnly);
    QString locHostIp = getLocHostIp();
    QString locChatMsg = getLocChatMsg();
    write << msgType << myname;                              //(a)
    switch (msgType)
    {
    case ChatMsg:                                            //(b)
        write << locHostIp << locChatMsg;
        break;
    case OnLine:                                             //(c)
        write << locHostIp;
        break;
    case OffLine:                                            //(d)
        break;
    case SfileName:                                          //(e)
        write << locHostIp << rmtName << myFileName;
        break;
    case RefFile:
        write << locHostIp << rmtName;
        break;
    }
    myUdpSocket->writeDatagram(qba, qba.length(), QHostAddress::Broadcast, myUdpPort);                                              //(f)
}
```

其中，

(a) **write << msgType << myname**：向要发送的数据中写入消息类型 msgType、用户名，用户名通过预先定义的全局变量 myname 获得，该变量值最初在登录启动聊天窗口时由登录对话框赋值给聊天窗口标题文本（this->windowTitle()），在用户单击搜索在线用户时再赋给全局变量 myname，该聊天窗口对应的用户在线时，全局变量 myname 始终有效。

(b) **case ChatMsg: write << locHostIp << locChatMsg**：对于普通的聊天内容消息 ChatMsg，向要发送的数据中写入本机端的 IP 地址和用户输入的聊天信息文本这两项内容。

(c) **case OnLine: write << locHostIp**：对于新用户上线，只是简单地向数据中写入 IP 地址即可。

(d) **case OffLine**：对于用户离线则不需要进行任何操作。

(e) **case SfileName:; case RefFile:**：传输文件前发送文件名和对方拒收文件的操作。

(f) **myUdpSocket->writeDatagram(qba,qba.length(),QHostAddress::Broadcast,myUdpPort)**：完成对消息的处理后，使用套接口的 writeDatagram()函数广播出去。

4. 接收 UDP 消息

聊天窗口程序同时还要接收网络上由其他端点 UDP 广播发来的消息，这个功能是通过 recvAndProcessChatMsg()槽函数实现的，代码如下：

```cpp
void MainWindow::recvAndProcessChatMsg()
{
```

```
        while (myUdpSocket->hasPendingDatagrams())            //(a)
        {
            QByteArray qba;
            qba.resize(myUdpSocket->pendingDatagramSize());   //(b)
            myUdpSocket->readDatagram(qba.data(), qba.size());
            QDataStream read(&qba, QIODevice::ReadOnly);
            int msgType;
            read >> msgType;                                  //(c)
            QString name, hostip, chatmsg, rname, fname;
            QString curtime = QDateTime::currentDateTime().toString("yyyy-MM-dd hh:mm:ss");
            switch (msgType)
            {
            case ChatMsg: {
                read >> name >> hostip >> chatmsg;            //(d)
                ui->chatTextBrowser->setTextColor(Qt::darkGreen);
                ui->chatTextBrowser->setCurrentFont(QFont("Times New Roman", 14));
                ui->chatTextBrowser->append("【" + name + "】" + curtime);
                ui->chatTextBrowser->append(chatmsg);
                break;
            }
            case OnLine:                                      //(e)
                read >> name >> hostip;
                onLine(name, curtime);
                break;
            case OffLine:                                     //(f)
                read >> name;
                offLine(name, curtime);
                break;
            case SfileName:
                read >> name >> hostip >> rname >> fname;
                recvFileName(name, hostip, rname, fname);
                break;
            case RefFile:
                read >> name >> hostip >> rname;
                if(myname == rname) myfsrv->cntRefused();
                break;
            }
        }
    }
```

其中，

(a) while (myUdpSocket->hasPendingDatagrams())：接收函数首先调用 QUdpSocket 类的成员函数 hasPendingDatagrams() 以判断是否有可供读取的数据。

(b) qba.resize(myUdpSocket->pendingDatagramSize())：如果有可供读取的数据，则通过 pendingDatagramSize() 函数获取当前可供读取的 UDP 数据报大小，并据此分配接收缓冲区 qba，最后使用 QUdpSocket 类的成员函数 readDatagram 读取相应的数据。

(c) read >> msgType：这里首先获取消息的类型，下面的代码对不同消息类型进行了不同的处理。

(d) **case ChatMsg:read >> name >> hostip >> chatmsg**：如果是普通的聊天消息 ChatMsg，那么就获取其中的用户名、主机 IP 和聊天内容信息，然后将用户名、当前时间和聊天内容显示在界面右区上部的信息浏览器中，当前时间就是系统当前的日期时间信息，用 QDateTime::currentDateTime()函数获得。

(e) **case OnLine: read >> name >> hostip; onLine(name, curtime)**：如果是新用户上线，那么就获取其中的用户名和 IP 地址信息，然后使用 onLine()函数进行新用户登录的处理。

(f) **case OffLine: read >> name; offLine(name, curtime)**：如果是用户离线，那么只要获取其中的用户名，然后使用 offLine()函数进行处理即可。

19.3.3　会话过程的处理

从上面内容可见，在根据 UDP 消息类型处理会话的过程中用到几个功能函数，下面分别加以介绍。

1．onLine()函数

该函数用来处理新用户上线，代码如下：

```
void MainWindow::onLine(QString name, QString time)
{
    bool notExist = ui->userListTableWidget->findItems(name, Qt::MatchExactly).isEmpty();
    if(notExist)
    {
        QTableWidgetItem *newuser = new QTableWidgetItem(name);
        ui->userListTableWidget->insertRow(0);
        ui->userListTableWidget->setItem(0, 0, newuser);
        ui->chatTextBrowser->setTextColor(Qt::gray);
        ui->chatTextBrowser->setCurrentFont(QFont("Times New Roman", 12));
        ui->chatTextBrowser->append(tr("%1 %2 上线! ").arg(time).arg(name));
        sendChatMsg(OnLine);
    }
}
```

这里首先使用用户名 name 来判断该用户是否已上线（在用户列表中），如果没有则向界面左边用户列表中添加该用户的网名，并在信息浏览器里显示该用户上线的提示信息。

> **注意**：该函数的最后再次调用了 sendChatMsg()函数来发送新用户上线消息，这是因为已经在线的各用户的端点也要告知新上线的用户端点它们自己的信息，若不这样做，则在新上线用户聊天窗口的用户列表中无法显示其他已经在线的用户。

2．offLine()函数

该函数用来处理用户离线事件，代码如下：

```
void MainWindow::offLine(QString name, QString time)
{
```

```cpp
    int row = ui->userListTableWidget->findItems(name, Qt::MatchExactly).first()->row();
    ui->userListTableWidget->removeRow(row);
    ui->chatTextBrowser->setTextColor(Qt::gray);
    ui->chatTextBrowser->setCurrentFont(QFont("Times New Roman", 12));
    ui->chatTextBrowser->append(tr("%1 %2 离线！").arg(time).arg(name));
}
```

这里主要的功能是首先在用户列表中将离线的用户名移除，然后也要在信息浏览器里进行提示。

在任何一个用户关闭其聊天窗口时，系统都会自动发出离线消息，通过触发窗体的 closeEvent 事件实现，为此需要重写系统中该事件的处理方法如下：

```cpp
void MainWindow::closeEvent(QCloseEvent *event)
{
    sendChatMsg(OffLine);
}
```

3. getLocHostIp()函数

该函数用来获取本地机器主机 IP 地址的函数，代码如下：

```cpp
QString MainWindow::getLocHostIp()
{
    QList<QHostAddress> addrlist = QNetworkInterface::allAddresses();
    foreach (QHostAddress addr, addrlist)
    {
        if(addr.protocol() == QAbstractSocket::IPv4Protocol) return addr.toString();
    }
    return 0;
}
```

发送消息数据报中需要填写的用户名直接从全局变量 myname 得到。

4. getLocChatMsg()函数

getLocChatMsg()函数用来获取本地用户输入的聊天消息并进行一些设置，定义如下：

```cpp
QString MainWindow::getLocChatMsg()
{
    QString chatmsg = ui->chatTextEdit->toHtml();
    ui->chatTextEdit->clear();
    ui->chatTextEdit->setFocus();
    return chatmsg;
}
```

这里首先从界面的聊天信息文本编辑器中获取了用户输入的内容，然后将文本编辑器的内容清空并置焦点，以便用户接着输入新内容。

聊天内容的"发送"按钮的单击信号 clicked()事件过程为：

```cpp
void MainWindow::on_sendPushButton_clicked()
{
    sendChatMsg(ChatMsg);
}
```

此处，简单调用了 sendChatMsg()函数来发送消息。

19.3.4 聊天程序试运行

接下来运行程序，出现登录界面，先后输入预先保存在"userlog.xml"文件中的用户账号打开两个用户的聊天窗口，在各自的输入栏中输入一些信息内容并单击"发送"按钮，如图 19.12 所示。

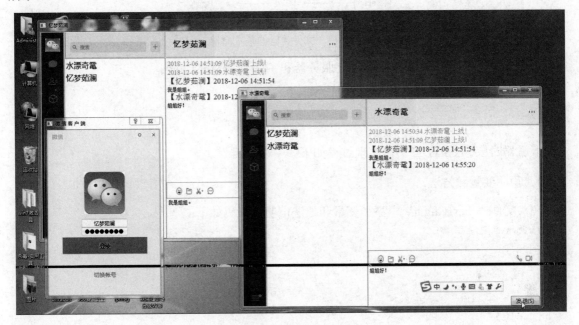

图 19.12 聊天程序试运行

读者也可以在同一个局域网段的不同计算机上同时运行该程序的多个聊天窗口，看能否正常聊天。

19.4 文件传输功能实现

现在，这个 Qt 版的微信客户端软件已具备了基本的聊天会话功能。通常，真实的微信还提供用户在线发送和接收文件的功能，本节就来实现这个功能。

19.4.1 基本原理

与聊天会话不同，文件的传输采用 TCP 来实现，以 C/S（客户端/服务器）方式运行。传输文件时，用户聊天窗口进程视不同角色分别扮演服务器（Server）和客户端（Client）。服务器是发送方，客户端则是接收方，如图 19.13 所示，服务器在发送文件前首先用 UDP 报文传送即将发出的文件名，若客户端用户拒绝接收该文件，也用 UDP 返回拒收消息。只有客户端"同意"接收该文件，服务器才会创建一个 TCP 连接向客户端传输文件。

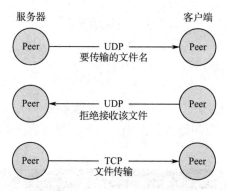

图 19.13　文件传输的基本原理

本例创建两个新的类分别实现 TCP 服务器和 TCP 客户端的功能。

19.4.2　服务器开发

服务器对应 FileSrvDlg 类，实现过程如下。

1．声明变量和方法

在头文件"filesrvdlg.h"中添加变量和方法声明，代码如下：

```
#ifndef FILESRVDLG_H
#define FILESRVDLG_H

#include <QDialog>
#include <QMessageBox>
#include <QFile>
#include <QFileDialog>
#include <QTime>
#include <QTcpServer>                                    //TCP 服务器类库
#include <QTcpSocket>                                    //TCP 套接口类库

class QFile;
class QTcpServer;                                        //(a)
class QTcpSocket;

namespace Ui {
class FileSrvDlg;
}

class FileSrvDlg : public QDialog
{
    Q_OBJECT

public:
    explicit FileSrvDlg(QWidget *parent = 0);
    ~FileSrvDlg();
    void cntRefused();                                   //被客户端拒绝后的处理方法
```

```cpp
protected:
    void closeEvent(QCloseEvent *);

private slots:
    void sndChatMsg();                              //发送消息方法

    void refreshProgress(qint64 bynum);             //刷新服务器进度条方法

    void on_openFilePushButton_clicked();           //打开选择要传输的文件

    void on_sendFilePushButton_clicked();           //"发送"按钮单击事件方法

    void on_srvClosePushButton_clicked();           //"停止"按钮单击事件方法

private:
    Ui::FileSrvDlg *ui;
    QTcpServer *myTcpSrv;                           //TCP 服务器对象指针
    QTcpSocket *mySrvSocket;                        //TCP 服务套接口指针
    qint16 mySrvPort;

    QFile *myLocPathFile;                           //文件对象指针
    QString myPathFile;                             //含路径的本地待发送文件名
    QString myFileName;                             //文件名（去掉路径部分）

    qint64 myTotalBytes;                            //总共要发送的字节数
    qint64 mySendBytes;                             //已发送的字节数
    qint64 myBytesTobeSend;                         //余下字节数
    qint64 myPayloadSize;                           //有效载荷
    QByteArray myOutputBlock;                       //缓存一次发送的数据
    QTime mytime;
signals:
    void sendFileName(QString name);
};

#endif // FILESRVDLG_H
```

其中，

(a) class QTcpServer：在 TCP 服务器类中，要创建一个发送对话框以供用户选择文件发送，这里是通过新创建的 QTcpServer 对象实现的。

2. 服务器初始化

在源文件"filesrvdlg.cpp"的 FileSrvDlg 类构造函数中添加如下代码（代码段中加黑的语句）：

```cpp
FileSrvDlg::FileSrvDlg(QWidget *parent) :
    QDialog(parent),
    ui(new Ui::FileSrvDlg)
{
    ui->setupUi(this);
```

```
myTcpSrv = new QTcpServer(this);
mySrvPort = 5555;
connect(myTcpSrv, SIGNAL(newConnection()), this, SLOT(sndChatMsg()));
myTcpSrv->close();
myTotalBytes = 0;
mySendBytes = 0;
myBytesTobeSend = 0;
myPayloadSize = 64 * 1024;
ui->sendProgressBar->reset();
ui->openFilePushButton->setEnabled(true);
ui->sendFilePushButton->setEnabled(false);
}
```

这里首先创建 QTcpServer 对象并进行信号和槽的关联,然后对发送端传输中用到的一系列参数变量进行了初始化,接着设置了界面上各按钮的初始状态。

3. 发送数据

发送数据由 sndChatMsg()槽函数完成,其实现代码如下:

```
void FileSrvDlg::sndChatMsg()
{
    ui->sendFilePushButton->setEnabled(false);
    mySrvSocket = myTcpSrv->nextPendingConnection();
    connect(mySrvSocket, SIGNAL(bytesWritten(qint64)), this, SLOT(refreshProgress(qint64)));
    myLocPathFile = new QFile(myPathFile);
    myLocPathFile->open((QFile::ReadOnly));                           //(a)
    myTotalBytes = myLocPathFile->size();                             //(b)
    QDataStream sendOut(&myOutputBlock, QIODevice::WriteOnly);        //(c)
    sendOut.setVersion(QDataStream::Qt_6_0);
    mytime = QTime::currentTime();                                    //(d)
    QString curFile = myPathFile.right(myPathFile.size() - myPathFile.lastIndexOf('/') - 1);    //(e)
    sendOut << qint64(0) << qint64(0) << curFile;                     //(f)
    myTotalBytes += myOutputBlock.size();
    sendOut.device()->seek(0);                                        //(g)
    sendOut << myTotalBytes << qint64((myOutputBlock.size() - sizeof(qint64) * 2));
                                                                      //(h)
    myBytesTobeSend = myTotalBytes - mySrvSocket->write(myOutputBlock);
                                                                      //(i)
    myOutputBlock.resize(0);                                          //(j)
}
```

一旦连接建立成功,则该函数首先向客户端发送一个文件头结构。

其中,

(a) myLocPathFile->open((QFile::ReadOnly)):首先以只读方式打开选中的文件。

(b) myTotalBytes = myLocPathFile->size():通过 QFile 类的 size()函数获取待发送文件的大小,并将该值暂存于 myTotalBytes 变量中。

(c) QDataStream sendOut(&myOutputBlock, QIODevice::WriteOnly):将发送缓存

myOutputBlock 封装在一个 QDataStream 类型的变量中，这样做可以很方便地通过重载的 "<<" 操作符填写文件头结构。

(d) mytime = QTime::currentTime()：启动计时获取当前系统时间，mytime 是一个 QTime 对象。

(e) QString curFile = myPathFile.right(myPathFile.size() - myPathFile.lastIndexOf('/') - 1：这里通过 QString 类的 right() 函数去掉文件名的路径部分，仅将文件名部分保存在 curFile 变量中。

(f) sendOut << qint64(0) << qint64(0) << curFile：构造一个临时的文件头，将该值追加到 myTotalBytes 字段，从而完成实际需发送字节数的记录。

(g) sendOut.device()->seek(0)：读写操作定位到从文件头开始。

(h) sendOut << myTotalBytes << qint64((myOutputBlock.size() - sizeof(qint64) * 2))：填写实际的总长度和文件长度。

(i) myBytesTobeSend = myTotalBytes - mySrvSocket->write(myOutputBlock)：将该文件头发出，同时修改待发送字节数 myBytesTobeSend。

(j) myOutputBlock.resize(0)：清空发送缓存以备下次使用。

> **注意**：不能错误地通过 QString::size() 函数获取文件名的大小，该函数返回的是 QString 类型文件名所包含的字节数，而不是实际所占存储空间的大小，由于字节编码和 QString 类存储管理的原因，二者往往并不相等。

4. 更新进度条

界面上进度条的动态显示是在更新进度条的 refreshProgress 方法中实现的，代码如下：

```
void FileSrvDlg::refreshProgress(qint64 bynum)
{
    qApp->processEvents();                           //(a)
    mySendBytes += (int)bynum;
    if(myBytesTobeSend > 0)
    {
        myOutputBlock=myLocPathFile->read(qMin(myBytesTobeSend, myPayloadSize));
        myBytesTobeSend -= (int)mySrvSocket->write(myOutputBlock);
        myOutputBlock.resize(0);
    } else {
        myLocPathFile->close();
    }
    ui->sendProgressBar->setMaximum(myTotalBytes);
    ui->sendProgressBar->setValue(mySendBytes);
    ui->sfileSizeLineEdit->setText(tr("%1").arg(myTotalBytes/(1024 * 1024)) + "MB");
                                                     //填写文件总大小栏
    ui->sendSizeLineEdit->setText(tr("%1").arg(mySendBytes/(1024*1024))+"MB");
                                                     //填写已发送栏
    if(mySendBytes == myTotalBytes)
    {
        myLocPathFile->close();
        myTcpSrv->close();
```

```
            QMessageBox::information(0, QObject::tr("完毕"), "文件传输完成！");
        }
}
```

其中，

(a) qApp->processEvents()函数：用于在传输大文件时使界面不会冻结。

除更新进度条外，此方法还负责在界面上的两栏里填写并显示文件总大小及已发送文件大小。

5. 服务器界面按钮的槽函数

下面从设计模式分别进入"…"（打开）按钮、"发送"按钮和"停止"按钮的单击信号对应的槽，编写代码。

（1）"…"（打开）按钮的单击信号槽：

```
void FileSrvDlg::on_openFilePushButton_clicked()
{
    myPathFile = QFileDialog::getOpenFileName(this);
    if(!myPathFile.isEmpty())
    {
        myFileName = myPathFile.right(myPathFile.size() - myPathFile.lastIndexOf('/') - 1);
        ui->sfileNameLineEdit->setText(tr("%1").arg(myFileName));
        ui->sendFilePushButton->setEnabled(true);
        ui->openFilePushButton->setEnabled(false);
    }
}
```

这里，单击"…"（打开）按钮后弹出一个"打开"对话框，选择完要发送的文件后单击"打开"按钮，待发送的文件名就显示到界面上的"发送文件"栏里，右侧的"发送"按钮变为可用。

（2）"发送"按钮的单击信号槽代码如下：

```
void FileSrvDlg::on_sendFilePushButton_clicked()
{
    if(!myTcpSrv->listen(QHostAddress::Any, mySrvPort))      //开始监听
    {
        QMessageBox::warning(0, QObject::tr("异常"), "打开TCP端口出错,请检查网络连接！");
        close();
        return;
    }
    emit sendFileName(myFileName);
}
```

这里，首先在单击"发送"按钮后将服务器设置为监听状态，然后发送sendFileName()信号，在主界面类中将关联该信号并使用UDP广播将文件名发送给接收端。

（3）"停止"按钮的单击信号槽代码如下：

```
void FileSrvDlg::on_srvClosePushButton_clicked()
{
    if(myTcpSrv->isListening())
```

```
    {
        myTcpSrv->close();
        myLocPathFile->close();
        mySrvSocket->abort();
    }
    close();
}
```

单击"停止"按钮后,首先关闭的是服务器,然后是打开的文件句柄,接着是网络连接套接口,最后才关闭服务器界面,读者要注意这个顺序。

为了防止用户突然直接关闭服务器界面,需要重写系统关闭事件的处理函数,在其中用代码执行"停止"按钮的单击事件以对系统进行善后处理,如下:

```
void FileSrvDlg::closeEvent(QCloseEvent *)
{
    on_srvClosePushButton_clicked();
}
```

如果接收端拒收该文件,则直接关闭服务器,通过 **cntRefused()** 方法实现,其代码如下:

```
void FileSrvDlg::cntRefused()
{
    myTcpSrv->close();
    QMessageBox::warning(0, QObject::tr("提示"), "对方拒绝接收!");
}
```

该方法在主界面类收到接收端发来的拒收文件的 UDP 消息时被调用。

19.4.3 客户端开发

客户端对应 FileCntDlg 类,实现过程如下。

1. 声明变量和方法

在头文件"filecntdlg.h"中添加变量和方法声明,代码如下:

```
#ifndef FILECNTDLG_H
#define FILECNTDLG_H

#include <QDialog>
#include <QFile>
#include <QTime>
#include <QTcpSocket>                              //TCP 套接口类库
#include <QHostAddress>                            //网络 IP 地址类库

class QTcpSocket;                                  //客户端套接字类

namespace Ui {
class FileCntDlg;
}

class FileCntDlg : public QDialog
{
```

```cpp
    Q_OBJECT

public:
    explicit FileCntDlg(QWidget *parent = 0);
    ~FileCntDlg();
    void getSrvAddr(QHostAddress saddr);           //获取服务器（发送端）IP
    void getLocPath(QString lpath);                //获取本地文件保存路径

protected:
    void closeEvent(QCloseEvent *);

private slots:
    void createConnToSrv();                        //连接到服务器

    void readChatMsg();                            //读取服务器发来的文件数据

    void on_cntClosePushButton_clicked();          //"停止"按钮的单击事件过程

private:
    Ui::FileCntDlg *ui;
    QTcpSocket *myCntSocket;                       //客户端套接字指针
    QHostAddress mySrvAddr;                        //服务器地址
    qint16 mySrvPort;                              //服务器端口

    qint64 myTotalBytes;                           //总共要接收的字节数
    qint64 myRcvedBytes;                           //已接收的字节数
    QByteArray myInputBlock;                       //缓存一次收下的数据
    quint16 myBlockSize;                           //缓存块大小

    QFile *myLocPathFile;                          //待收文件对象指针
    QString myFileName;                            //待收文件名
    qint64 myFileNameSize;                         //文件名大小

    QTime mytime;
};

#endif // FILECNTDLG_H
```

2. 客户端初始化

在源文件"filecntdlg.cpp"的 FileCntDlg 类构造函数中添加如下代码（代码段中加黑的语句）：

```cpp
FileCntDlg::FileCntDlg(QWidget *parent) :
    QDialog(parent),
    ui(new Ui::FileCntDlg)
{
    ui->setupUi(this);
    myCntSocket = new QTcpSocket(this);
    mySrvPort = 5555;
    connect(myCntSocket, SIGNAL(readyRead()), this, SLOT(readChatMsg()));
```

```
    myFileNameSize = 0;
    myTotalBytes = 0;
    myRcvedBytes = 0;
}
```

这里首先创建了 QTcpSocket 对象 myCntSocket，然后关联了信号和槽，并对客户端接收时用到的一系列参数变量进行了初始化。

3. 与服务器连接

客户端通过 createConnToSrv() 方法连接服务器，该方法之前在 "filecntdlg.h" 头文件中已经声明过，下面添加它的定义：

```
void FileCntDlg::createConnToSrv()
{
    myBlockSize = 0;
    myCntSocket->abort();
    myCntSocket->connectToHost(mySrvAddr, mySrvPort);
    mytime = QTime::currentTime();
}
```

采用 readChatMsg() 槽函数接收服务器传来的文件数据，代码如下：

```
void FileCntDlg::readChatMsg()
{
    QDataStream in(myCntSocket);
    in.setVersion(QDataStream::Qt_6_0);
    QTime curtime = QTime::currentTime();
    float usedTime = 0 - curtime.msecsTo(mytime);
    mytime = curtime;
    if (myRcvedBytes <= sizeof(qint64)*2)
    {
        if((myCntSocket->bytesAvailable() >= sizeof(qint64)*2) && (myFileNameSize == 0))
        {
            in >> myTotalBytes >> myFileNameSize;
            myRcvedBytes += sizeof(qint64)*2;
        }
        if((myCntSocket->bytesAvailable() >= myFileNameSize) && (myFileNameSize != 0))
        {
            in >> myFileName;
            myRcvedBytes += myFileNameSize;
            myLocPathFile->open(QFile::WriteOnly);
            ui->rfileNameLineEdit->setText(myFileName);
        } else {
            return;
        }
    }
    if(myRcvedBytes < myTotalBytes)
    {
        myRcvedBytes += myCntSocket->bytesAvailable();
```

```cpp
        myInputBlock = myCntSocket->readAll();
        myLocPathFile->write(myInputBlock);
        myInputBlock.resize(0);
    }
    ui->recvProgressBar->setMaximum(myTotalBytes);
    ui->recvProgressBar->setValue(myRcvedBytes);
    double transpeed = myRcvedBytes / usedTime;
    ui->rfileSizeLineEdit->setText(tr("%1").arg(myTotalBytes / (1024 * 1024)) + " MB");                                              //填写文件大小栏
    ui->recvSizeLineEdit->setText(tr("%1").arg(myRcvedBytes / (1024 * 1024)) + " MB");                                              //填写已接收栏
    ui->rateLabel->setText(tr("%1").arg(transpeed * 1000 / (1024 * 1024), 0, 'f', 2) + " MB/秒");                                   //计算并显示传输速率
    if(myRcvedBytes == myTotalBytes)
    {
        myLocPathFile->close();
        myCntSocket->close();
        ui->rateLabel->setText("接收完毕！");
    }
}
```

4. 客户端界面按钮的槽函数

客户端界面相对简单，只有一个"停止"按钮，其单击信号槽代码为：

```cpp
void FileCntDlg::on_cntClosePushButton_clicked()
{
    myCntSocket->abort();
    myLocPathFile->close();
    close();
}
```

同样，为了防止用户突然直接关闭客户端，也要重写系统关闭事件函数，调用执行"停止"按钮的单击事件进行善后处理，如下：

```cpp
void FileCntDlg::closeEvent(QCloseEvent *)
{
    on_cntClosePushButton_clicked();
}
```

19.4.4 主界面的控制

下面通过往主界面中添加代码来控制文件的发送和接收，这些代码中的一些在之前的主界面程序开发中已经完整地给出过，这里单独摘要出来加以进一步解释说明，以便读者更好地理解。

1. 类、变量和方法声明

首先在"mainwindow.h"头文件中添加服务器类的前置声明：

```cpp
class FileSrvDlg;
```

然后添加一个 public 方法声明：

```
void recvFileName(QString name, QString hostip, QString rmtname, QString filename);
```

该方法用于在收到文件名 UDP 消息时判断是否要接收该文件。

在 private 变量和对象中定义：

```
private:
    ...
    QString myFileName;
    FileSrvDlg *myfsrv;
```

再添加一个私有槽声明：

```
private slots:
    ...
    void getSfileName(QString);
```

它用来获取服务器类 sendFileName()信号发送过来的文件名。

2. 创建服务器对象

在主界面构造函数初始化 initMainWindow()中添加如下代码：

```
void MainWindow::initMainWindow()
{
    ...
    myfsrv = new FileSrvDlg(this);
    connect(myfsrv, SIGNAL(sendFileName(QString)), this, SLOT(getSfileName(QString)));
}
```

这里先创建了服务器类对象，并且关联了其中的 sendFileName()信号，与此信号关联的 getSfileName()槽的代码如下：

```
void MainWindow::getSfileName(QString fname)
{
    myFileName = fname;
    int row = ui->userListTableWidget->currentRow();
    QString rmtName = ui->userListTableWidget->item(row, 0)->text();
    sendChatMsg(SfileName, rmtName);
}
```

这里首先获取了文件名，然后发送 SfileName 类型的 UDP 广播，sendChatMsg 方法所携带的第二个参数 rmtName 来自所选中界面列表中的某个用户，用以指明该文件要发送给谁。

3. 主界面按钮的槽函数

主界面右区中间的分隔工具条上隐藏着一个 按钮，它就是"传输文件"的功能按钮，其单击事件过程代码如下：

```
void MainWindow::on_transPushButton_clicked()
{
    if(ui->userListTableWidget->selectedItems().isEmpty())
    {
        QMessageBox::warning(0, tr("选择好友"), tr("请先选择文件接收方！"), QMessageBox::Ok);
```

```
        return;
    }
    myfsrv->show();
}
```

这里必须首先由发送方在用户列表中选择一个用户用于接收文件，然后才弹出"发送文件"对话框。

原 sendChatMsg()中的 case SfileName 和 RefFile 处的代码为：

```
case SfileName:
    write << locHostIp << rmtName << myFileName;
    break;
case RefFile:
    write << locHostIp << rmtName;
    break;
```

可见，发送方在其 UDP 消息中，除给出本地主机的 IP 地址外，也要指明接收端用户的姓名，写入变量 rmtName 中一起发出，这样才能确保文件接收者的唯一性。

而负责接收处理 UDP 消息的槽 recvAndProcessChatMsg()中的 case SfileName 和 RefFile 处的代码为：

```
case SfileName:
    read >> name >> hostip >> rname >> fname;
    recvFileName(name, hostip, rname, fname);
    break;
case RefFile:
    read >> name >> hostip >> rname;
    if (myname == rname) myfsrv->cntRefused();
    break;
```

当收到发送过来的文件名消息时，使用了 recvFileName()方法判断是否要接收该文件。下面给出 recvFileName()方法的实现代码：

```
void MainWindow::recvFileName(QString name, QString hostip, QString rmtname, QString filename)
{
    if(myname == rmtname)
    {
        int result = QMessageBox::information(this, tr("收到文件"), tr("好友 %1 给您发文件：\r\n%2,是否接收？").arg(name).arg(filename), QMessageBox::Yes, QMessageBox::No);
        if(result == QMessageBox::Yes)
        {
            QString fname = QFileDialog::getSaveFileName(0, tr("保存"), filename);
            if(!fname.isEmpty())
            {
                FileCntDlg *fcnt = new FileCntDlg(this);
                fcnt->getLocPath(fname);
                fcnt->getSrvAddr(QHostAddress(hostip));
                fcnt->show();
            }
        } else {
            sendChatMsg(RefFile, name);
```

```
        }
    }
}
```

可见，只有在"myname == rmtname"即本端用户名与收到服务器发送端指明的接收方用户名相等时，才需要接收该文件。此时会弹出一个提示框让用户决定是否要接收该文件，一旦客户端用户确定收下此文件，就会进一步创建一个 TCP 套接口对象来接收文件传输；反之，若用户拒收，则发送拒绝消息的 UDP 广播。

因为要在主界面类中弹出"保存"对话框来选择接收文件的保存路径，所以还要在客户端类中提供方法来获取该路径，这是由 getLocPath() 方法完成的，其代码如下：

```
void FileCntDlg::getLocPath(QString lpath)
{
    myLocPathFile = new QFile(lpath);
}
```

另外，还要从主界面类中获取发送端的 IP 地址，这是由 getSrvAddr() 方法实现的，代码如下：

```
void FileCntDlg::getSrvAddr(QHostAddress saddr)
{
    mySrvAddr = saddr;
    createConnToSrv();
}
```

19.4.5　文件传输试验

下面运行程序演示文件传输操作的完整流程。

（1）在主界面用户列表中首先选中要为其发送文件的用户，如图 19.14 所示，然后单击 ▭（传输文件）按钮打开"发送文件"对话框。

（2）"发送文件"对话框如图 19.15 所示。在该对话框中，用户应首先从本地机器上选择要传输的文件，然后单击"发送"按钮。

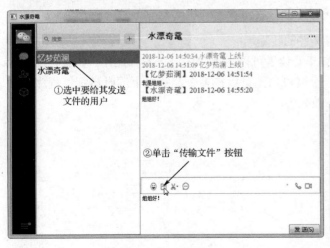

图 19.14　传输文件操作

图 19.15　"发送文件"对话框

（3）这时，程序会使用 UDP 广播将文件名先发给接收端，接收端在收到发送文件的 UDP 消息时，会先弹出一个提示框，如图 19.16 所示，询问用户是否接收这个文件。

图 19.16　提示框询问用户是否接收文件

如果用户同意接收，单击"Yes"按钮则在接收端先创建一个 TCP 客户端，然后双方就建立了一个 TCP 连接开始文件的传输；如果拒绝接收该文件，则客户端也会使用 UDP 广播将拒收消息返回给发送端，一旦发送端收到该消息就取消文件的传输。

（4）当打开文件并单击"发送"按钮后，服务器随即进入监听状态并使用 UDP 广播将要传输的文件名发送给接收端。如果接收端拒收该文件，则关闭服务器，否则进行正常的 TCP 数据传输。接收端完整收下文件后，弹出消息框提示文件接收完成，如图 19.17 所示。

图 19.17　文件接收完成

读者可以按照以上步骤运行程序试验文件的传输。

至此，这个 Qt 版的微信客户端开发完毕！读者可以运行程序进行各种操作。如果有由多台计算机组成的局域网，且它们都位于同一个网段，则可以在多个计算机上同时运行该程序，测试真实网络环境下聊天和传输文件的实际效果。

第 3 部分 Qt 扩展应用：OpenCV

第 20 章

OpenCV 环境搭建

到目前为止，Qt 6 仍然没有支持 OpenCV，如果需要在 Qt 中用 OpenCV 处理图片和视频，仍然需要采用 Qt 5.x。本章我们采用 Qt 5.11.1 处理图片和视频。OpenCV 中很多高级功能如人脸识别等皆包含在 Contrib 扩展模块中，需要将 Contrib 与 OpenCV 一起联合编译，这 2 个版本都是最新的 3.4.3 版。下面介绍整个环境的搭建过程。

20.1 安装 CMake

CMake 是用于编译的基本工具，上网下载获得的安装包文件名为"cmake-3.12.3-win64-x64.msi"，双击启动安装向导，如图 20.1 所示。

图 20.1 CMake 安装向导

单击"Next"按钮，在如图 20.2 所示的左边页面中勾选"I accept the terms in the License Agreement"复选框接受许可协议，在右边页面中选中"Add CMake to the system PATH for all users"单选按钮添加系统路径变量。

在右边页面中也可以同时勾选"Create CMake Desktop Icon"复选框，以便在安装完成后在桌面上创建 CMake 的快捷方式图标。

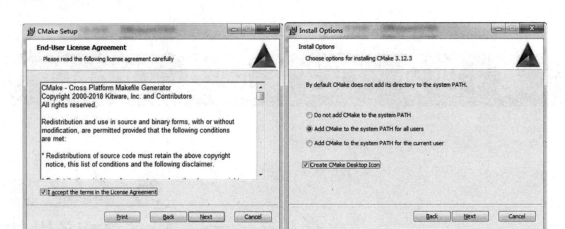

图 20.2 安装过程中的设置

接下去的安装过程很简单,跟着向导的指引往下操作即可,直到完成安装为止。

20.2 添加系统环境变量

进入 Windows 系统环境变量设置对话框,如图 20.3 所示。可以看到,由于刚才的设置,CMake 已经自动将其安装路径"C:\Program Files\CMake\bin"写入环境变量 Path 中。

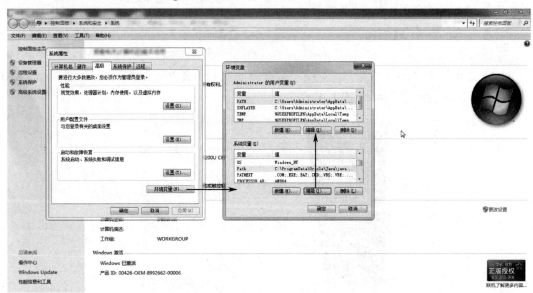

图 20.3 Windows 系统环境变量设置对话框

在环境变量 Path 的编辑框中,进一步添加 Qt 相关的路径变量,即在末尾添加如下字符串:
 ;C:\Qt\Qt5.11.1\5.11.1\mingw53_32\bin;C:\Qt\Qt5.11.1\5.11.1\mingw53_32\lib;C
:\Qt\Qt5.11.1\Tools\mingw530_32\bin

这样设置后,系统就能同时识别到 Qt 与 CMake 两者所在的路径。

20.3 下载 OpenCV

在官网下载 OpenCV，如图 20.4 所示。这里，我们选择 OpenCV 3.4.3 版（因 4.0.0 版是测试版，故尚不稳定），单击 "Sources" 超链接下载其源代码的压缩包，得到 "opencv-3.4.3.zip"。

图 20.4　下载 OpenCV 3.4.3 版

20.4 下载 Contrib

OpenCV 官方将已经稳定成熟的功能放在 OpenCV 包里发布，而正在发展中尚未成熟的技术则统一置于 Contrib 扩展模块中。通常情况下，下载的 OpenCV 中不包含 Contrib 扩展库的内容，如果只是进行一般的图片、视频处理，则仅使用 OpenCV 就足够了。但是，OpenCV 中默认不包含 SIFT、SURF 等先进的图像特征检测技术，另外一些高级功能（如人脸识别等）都在 Contrib 扩展库中，若欲充分发挥 OpenCV 的强大功能，则必须将其与 Contrib 扩展库放在一起联合编译使用。

从 OpenCV 标准 Github 网站（见图 20.5）下载 Contrib。

图 20.5　OpenCV 标准 Github 网站

单击图 20.5 左侧的超链接"opencv_contrib"进入 Contrib 发布页，如图 20.6 所示，再单击"releases"超链接进入 Contrib 下载页，因选择 Contrib 扩展库的版本必须与 OpenCV 的版本严格一致，故本书选择 3.4.3 版，下载得到"opencv_contrib-3.4.3.zip"。

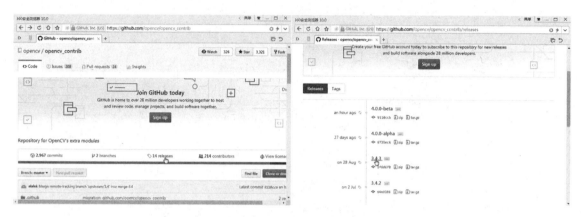

图 20.6 下载 Contrib 3.4.3

20.5 编译前准备

我们使用 CMake 将 OpenCV 及其对应的 Contrib 联合编译为可供使用的 Qt 库，在执行编译之前，还要做如下准备工作。

1．准备目录

（1）在 D 盘根目录下新建"OpenCV_3.4.3-Source"文件夹，将下载得到的 OpenCV 库的"opencv-3.4.3.zip"包解压，将得到的所有文件复制到该文件夹中。

（2）在 D 盘根目录下新建"Contrib_3.4.3-Source"文件夹，将下载得到的 Contrib 扩展库的"opencv_contrib-3.4.3.zip"包解压，将得到的所有文件复制到该文件夹中。

（3）在 D 盘根目录下再新建一个"OpenCV_3.4.3-Build"文件夹，用于存放编译后生成的文件和库。

经过以上 3 个步骤，得到计算机 D 盘下的目录结构，如图 20.7 所示。

2．改动源文件

新版的 OpenCV 源代码与编译器之间存在某些不兼容之处，现根据笔者编译过程中遇到的问题及解决成果，将所有这些 Bug 悉数列出来，请读者仔细地对照如下所述的各处，逐一对 OpenCV 库的源文件进行修改，以保证后面的编译过程能顺利进行。

（1）修改："D:\OpenCV_3.4.3-Source\3rdparty\protobuf\src\google\protobuf\stubs\io_win32.cc"文件，将"nullptr"改为"NULL"，如图 20.8 所示。

第 20 章 OpenCV 环境搭建

图 20.7 编译前准备的目录

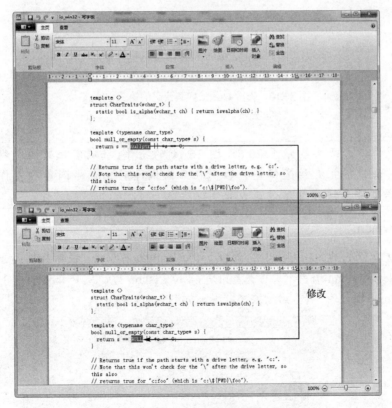

图 20.8 修改 OpenCV 源代码的第一个 Bug

（2）修改："D:\OpenCV_3.4.3-Source\modules\videoio\src\cap_dshow.cpp"文件，增加宏定义 "#define STRSAFE_NO_DEPRECATE"语句，如图 20.9 所示。

（3）修改："D:\OpenCV_3.4.3-Source\modules\photo\test\test_hdr.cpp"文件，增加头文件包含 "#include <ctime>"和 "#include <cstdlib>"，如图 20.10 所示。

图 20.9　修改 OpenCV 源代码的第二个 Bug

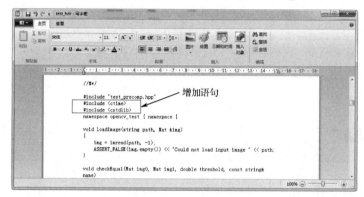

图 20.10　修改 OpenCV 源代码的第三个 Bug

> **注意**：请读者严格按照图 20.8～图 20.10 的指导，准确定位到图中指示处进行修改，不能有丝毫偏差，否则在后面编译时就会碰到各种各样棘手的错误异常，使编译过程无法顺利通过，切记！

3. 安装 Python

由于 OpenCV 库的某些功能模块的运行还依赖于 Python 平台，故编译前还要在自己的计算机操作系统中安装 Python 语言，本书安装的是 64 位 Python 3.7，从 Python 官网下载获得安装包"python-3.7.0-amd64.exe"，双击启动安装向导，如图 20.11 所示。

图 20.11　安装 Python

单击"Install Now"选项，按照向导的指引往下操作，采用默认配置安装即可。

20.6 编译配置

经过以上各步的前期准备后，就可以正式开始编译了。

1．设置路径

首先打开 CMake 工具进行编译相关的配置。双击桌面图标"CMake (cmake-gui)"（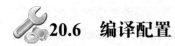），启动 CMake，出现如图 20.12 所示的 CMake 主界面。

图 20.12　CMake 主界面

单击右上角的"Browse Source…"按钮，选择待编译的源代码路径为"D:/OpenCV_3.4.3-Source"（即之前在准备目录时存放 OpenCV 库源代码的文件夹）；单击"Browse Build…"按钮，选择编译生成二进制库文件的存放路径为"D:/OpenCV_3.4.3-Build"（即在准备目录时新建的目标文件夹）。

2．选择编译器

设置好路径后，单击左下角的"Configure"按钮，弹出如图 20.13 所示的窗口。

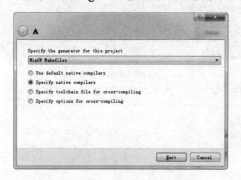

图 20.13　指定所用的编译器

选中"Specify native compilers"单选按钮表示由用户来指定本地编译器,然后从下拉列表中选择所用的编译器为Qt自带的"MinGW Makefiles"。

单击"Next"按钮,在弹出的如图20.14所示的界面上要求用户指定编译器所对应的C/C++编译程序路径,这里选择C编译程序的路径为"C:\Qt\Qt5.11.1\Tools\mingw530_32\bin\ gcc.exe";选择C++编译程序的路径为"C:\Qt\Qt5.11.1\Tools\mingw530_32\bin\g++.exe"。

单击"Finish"按钮回到CMake主界面,此时主界面上的"Configure"按钮变为"Stop"按钮,右边进度条显示进度,同时下方输出一系列信息,表示编译器配置正在进行中,如图20.15所示。

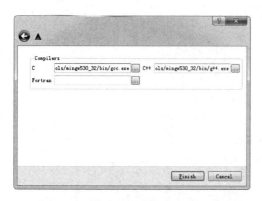
图20.14 指定编译程序所在的路径

图20.15 编译器配置正在进行中

随后,在主界面中央生成了一系列红色加亮选项条的列表,同时下方信息栏中输出"Configuring done",表示编译器配置完成,如图20.16所示。

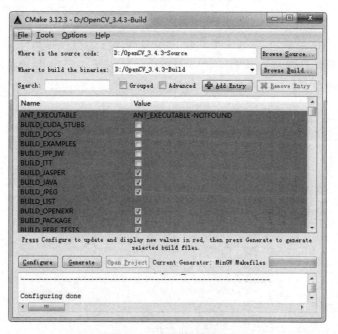
图20.16 编译器配置完成

3. 设置编译选项

这些红色加亮的选项并非都是必须编译的功能，在图20.16中要确保选中"WITH_OPENGL"和"WITH_QT"这两个编译选项，如图20.17所示。同时，要确保取消勾选"WITH_MSMF"编译选项，如图20.18所示。

图20.17　必须选中的编译选项

图20.18　必须取消的编译选项

另外，为了将Contrib扩展库与OpenCV无缝整合，还需要设置OpenCV的外接模块路径，如图20.19所示，从众多的红色加亮选项条中找到一个名为"OPENCV_EXTRA_MODULES_

PATH"的选项,设置其值为"D:/Contrib_3.4.3-Source/modules"(即之前在准备时存放 Contrib 源文件目录下的"modules"子目录)。

图 20.19　设置 OpenCV 的外接模块路径

设置完成后,再次单击"Configure"按钮,界面上的红色加亮的选项全部消失,同时在下方信息栏中输出"Generating done",表示编译选项全部配置完成,如图 20.20 所示。

图 20.20　编译选项配置完成

提示：如果此时 CMake 主界面上仍存在红色加亮的选项，则表示配置过程中发生异常。解决办法是，再次单击"Configure"按钮重新进行配置，直到所有的红色加亮的选项完全消失为止。

20.7 开始编译

所有的设置项都完成后，就可以开始编译了。打开 Windows 命令行，进入到事先建好的编译生成目标目录"D:\OpenCV_3.4.3-Build"下，输入编译命令：

```
mingw32-make
```

启动编译过程，如图 20.21 所示。

图 20.21　启动编译过程

命令窗口中不断地输出编译过程中的信息，同时显示编译的进度。这个编译过程需要等待 1 个小时左右，且比较耗计算机内存。为加快编译进度，建议读者在编译开始前关闭系统中其他应用软件和服务。另外，由于编译器还会联网下载所需的组件，为使其工作顺利，避免不必要的打扰，建议开始编译前就关闭 360 安全等杀毒软件，同时关闭 Windows 防火墙。

在进度显示 100%时，出现"Built target opencv_version_win32"信息，表示编译成功，如图 20.22 所示。

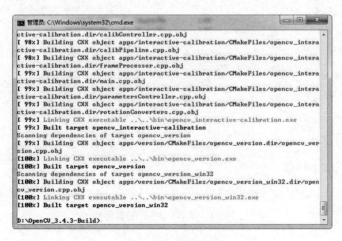

图 20.22　编译成功

20.8 安装 OpenCV 库

编译完成的 OpenCV 库必须在安装后才能使用，在命令行中输入：

```
mingw32-make install
```

安装 OpenCV 库，如图 20.23 所示。

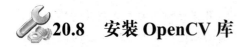

图 20.23　安装 OpenCV 库

命令窗口中输出安装过程及进度，安装过程比编译过程要快得多，很快就能安装好。

此时，打开"D:\OpenCV_3.4.3-Build"文件夹，可以发现其下已经编译生成了很多文件，如图 20.24 所示。

图 20.24　编译生成了很多文件

其中有一个名为"install"的子目录，进入其中即"D:\OpenCV_3.4.3-Build\install\x86\mingw\bin"文件夹中的所有文件就是编译安装好的 OpenCV 库文件，将它们复制到 Qt 项目的"Debug"目录下就可以使用了。最终得到的 OpenCV 库如图 20.25 所示。

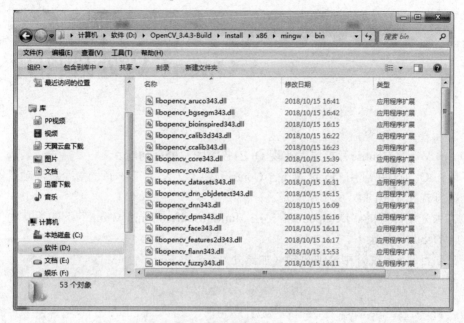

图 20.25　最终得到的 OpenCV 库

第 21 章

OpenCV 处理图片实例

用 OpenCV（含 Contrib）扩展库实现 Qt 的各类图片处理功能。

为了能在 Qt 项目中使用 OpenCV（含 Contrib）扩展库，对于本章的每个程序项目都要进行配置，配置方式完全相同。

（1）将预先编译好的"D:\OpenCV_3.4.3-Build\install\x86\mingw\bin"下的所有文件复制到 Qt 项目的"Debug"目录下。

（2）在项目的.pro 文件中添加语句（加黑处）：

```
#-------------------------------------------------
#
# Project created by QtCreator 创建日期时间
#
#-------------------------------------------------

QT       += core gui

greaterThan(QT_MAJOR_VERSION, 4): QT += widgets

TARGET = 项目名称
TEMPLATE = app

# The following define makes your compiler emit warnings if you use
# any feature of Qt which has been marked as deprecated (the exact warnings
# depend on your compiler). Please consult the documentation of the
# deprecated API in order to know how to port your code away from it.
DEFINES += QT_DEPRECATED_WARNINGS

# You can also make your code fail to compile if you use deprecated APIs.
# In order to do so, uncomment the following line.
# You can also select to disable deprecated APIs only up to a certain version of Qt.
# DEFINES += QT_DISABLE_DEPRECATED_BEFORE=0x060000
# disables all the APIs deprecated before Qt 6.0.0


SOURCES += \
        main.cpp \
```

```
            mainwindow.cpp
HEADERS += \
            mainwindow.h

FORMS += \
            mainwindow.ui
INCLUDEPATH += D:\OpenCV_3.4.3-Build\install\include
LIBS += D:\OpenCV_3.4.3-Build\install\x86\mingw\bin\libopencv_*.dll
```

经过这样配置以后，就可以使用 OpenCV（含 Contrib）扩展库来处理图片了。

21.1 图片美化实例

使用 OpenCV 库的增强与滤波功能对图片进行调节、修正，达到美化的目的。

21.1.1 图片增强实例

【例】（难度一般）（CH2101）休闲潜水作为一项新兴的运动，近年来在国内越来越普及，普通人借助水肺潜水装备可轻松地潜入海底，在美丽的珊瑚丛中与各种海洋动物零距离地接触，用摄像机记录下这一刻无疑是美好的，但由于海水对光线的色散和吸收效应，在水下拍出的图片往往色彩上都较为暗淡，且清晰度也不尽如人意。女潜水员与海星的图片如图 21.1 所示。下面用 OpenCV 库来对这张图片的对比度及亮度进行调整，达到增强显示的效果。

图 21.1　女潜水员与海星的图片

1．程序界面

创建一个 Qt 桌面应用程序项目，项目名称为 "OpencvEnhance"，设计程序界面如图 21.2 所示。

第3部分 Qt扩展应用：OpenCV

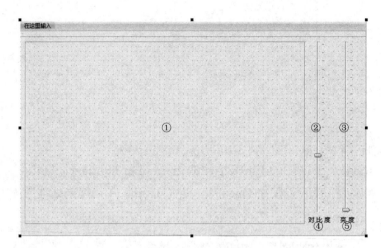

图21.2 用OpenCV对图片进行增强处理的程序界面

该程序界面上的各控件都用数字序号①，②，③，…标注，其名称、类型及属性设置见表21.1。

表21.1 程序界面上各控件的名称、类型及属性设置

序号	名称	类型	属性设置
①	viewLabel	QLabel	geometry：宽度600，高度386； frameShape：Box； frameShadow：Sunken； text：空
②	contrastVerticalSlider	QSlider	maximum：100； value：33； tickPosition：TicksBelow； tickInterval：5
③	brightnessVerticalSlider	QSlider	maximum：100； tickPosition：TicksBelow； tickInterval：5
④	label_2	QLabel	font：微软雅黑，10； text：对比度； alignment：水平的，AlignHCenter
⑤	label_3	QLabel	font：微软雅黑，10； text：亮度； alignment：水平的，AlignHCenter

2. 全局变量及方法

为了提高程序代码的使用效率，通常建议将程序中公用的图片对象的句柄声明为全局变量，通用的方法声明为公有（public）方法，定义在项目.h头文件中。

"mainwindow.h"头文件的代码如下：

```
#ifndef MAINWINDOW_H
#define MAINWINDOW_H

#include <QMainWindow>
```

```cpp
#include "opencv2/opencv.hpp"                         //OpenCV 文件包含

using namespace cv;                                   //OpenCV 命名空间

namespace Ui {
class MainWindow;
}

class MainWindow : public QMainWindow
{
    Q_OBJECT

public:
    explicit MainWindow(QWidget *parent = 0);
    ~MainWindow();
    //公有方法                                         //(a)
    void initMainWindow();                            //界面初始化
    void imgProc(float contrast, int brightness);     //处理图片
    void imgShow();                                   //显示图片

private slots:
    void on_contrastVerticalSlider_sliderMoved(int position);//对比度滑条拖动槽

    void on_contrastVerticalSlider_valueChanged(int value);//对比度滑条值改变槽

    void on_brightnessVerticalSlider_sliderMoved(int position);//亮度滑条拖动槽

    void on_brightnessVerticalSlider_valueChanged(int value);//亮度滑条值改变槽

private:
    Ui::MainWindow *ui;
    //全局变量                                         //(b)
    Mat myImg;                  //缓存图片（供程序代码引用和处理）
    QImage myQImg;              //保存图片（可转为文件存盘或显示）
};

#endif // MAINWINDOW_H
```

其中，

(a) 公有方法：为了使所开发的图片处理程序结构明晰，本章所有的程序实例都遵循同一套标准的开发模式和结构，在头文件中定义 3 个公有方法：initMainWindow()、imgProc()和imgShow()，分别负责初始化界面、处理和显示图片。每个实例的不同之处仅在于初始化界面所做的具体工作不同、处理图片用到的类和算法不同，而这些差异均被封装于 3 个简单的方法之中。采用这样的设计的目的是：为读者提供学习便利性，使每个实例程序都有完全相同的逻辑结构，读者可以集中精力于学习各种实际的图片处理技术，也方便比较各类图片处理类和算法的异同之处。

(b) 全局变量：本章每个实例都会使用两个通用的全局变量，myImg 是 Mat 点阵类型的，

以像素形式缓存图片，用于程序代码中的引用和处理；myQImg 是 Qt 传统的 QImage 类型，只用于图片的显示和存盘，而不用于处理操作。

下面实现具体功能的代码皆位于"mainwindow.cpp"源文件中。

3．初始化显示

首先在 Qt 界面上显示待处理的图片，在构造方法中添加如下代码：

```cpp
MainWindow::MainWindow(QWidget *parent) :
    QMainWindow(parent),
    ui(new Ui::MainWindow)
{
    ui->setupUi(this);
    initMainWindow();                                    //调用初始化界面方法
}
```

初始化方法 initMainWindow()的代码为：

```cpp
void MainWindow::initMainWindow()
{
    //QString imgPath = "D:\\Qt\\imgproc\\girldiver.jpg";   //路径中不能含中文字符
    QString imgPath = "girldiver.jpg";                //本地路径（图片直接存放在项目目录下）
    Mat imgData = imread(imgPath.toLatin1().data());       //读取图片数据
    cvtColor(imgData, imgData, COLOR_BGR2RGB);            //图片格式转换
    myImg = imgData;                                      //(a)
    myQImg=QImage((const unsigned char*)(imgData.data), imgData.cols, imgData.rows, QImage::Format_RGB888);
    imgShow();                                            //(b)
}
```

其中，

(a) myImg = imgData：赋给 myImg 全局变量待处理。在后面会看到，本章的所有实例对于图片处理过程的每一步改变所产生的中间结果图片都会随时保存更新到 Mat 类型的全局变量 myImg 中，这样程序在进行图片处理时只要访问 myImg 中的数据即可，非常方便。

(b) imgShow()：调用显示图片的公有方法，该方法中只有一句：

```cpp
void MainWindow::imgShow()
{
    ui->viewLabel->setPixmap(QPixmap::fromImage(myQImg.scaled(ui->viewLabel->size(), Qt::KeepAspectRatio)));       //在 Qt 界面上显示图片
}
```

即通过 fromImage()方法获取到 QImage 对象的 QPixmap 类型数据，再赋值给界面标签的相应属性，即可用于显示图片。

4．增强处理功能

增强处理功能写在 imgProc()方法中，该方法接收 2 个参数，分别表示图片对比度和亮度系数，实现代码为：

```cpp
void MainWindow::imgProc(float con, int bri)
{
    Mat imgSrc = myImg;
    Mat imgDst = Mat::zeros(imgSrc.size(),imgSrc.type());//初始生成空的零像素阵列
```

```
        imgSrc.convertTo(imgDst, -1, con, bri);                    //(a)
        myQImg = QImage((const unsigned char*)(imgDst.data), imgDst.cols, imgDst.rows, QImage::Format_RGB888);
        imgShow();
    }
```

其中，

(a) imgSrc.convertTo(imgDst, -1, con, bri)：OpenCV 增强图片使用的是点算子，即用常数对每个像素点执行乘法和加法的复合运算，公式如下：

$$g(i,j) = \alpha f(i,j) + \beta$$

式中，$f(i,j)$ 代表一个原图的像素点；α 是增益参数，控制图片对比度；β 是偏置参数，控制图片亮度；而 $g(i,j)$ 则表示经处理后的对应像素点。本例中这两个参数分别对应程序中的变量 *con* 和 *bri*，执行时将它们的值传入 OpenCV 的 convertTo()方法，在其内部就会对图片上的每个点均运用上式的算法进行处理变换。

除直接使用 OpenCV 库的像素转换函数 convertTo()外，因 Qt 处理图片还可以通过编程对单个像素分别进行，故上面的程序段也可以改写为：

```
    void MainWindow::imgProc(float con, int bri)
    {
        Mat imgSrc = myImg;
        Mat imgDst = Mat::zeros(imgSrc.size(), imgSrc.type());
        //执行运算 imgDst(i, j) = con * imgSrc(i, j) + bri
        for( int i = 0; i < imgSrc.rows; i++)
        {
            for( int j = 0; j < imgSrc.cols; j++)
            {
                for(int c = 0; c < 3; c++)
                {
                    imgDst.at<Vec3b>(i, j)[c] = saturate_cast<uchar>(con * (imgSrc.at<Vec3b>(i, j)[c]) + bri);      //(a)
                }
            }
        }
        myQImg = QImage((const unsigned char*)(imgDst.data), imgDst.cols, imgDst.rows, QImage::Format_RGB888);
        imgShow();
    }
```

其中，

(a) imgDst.at<Vec3b>(i, j)[c] = saturate_cast<uchar>(con * (imgSrc.at<Vec3b>(i, j)[c]) + bri)：为了能够访问图片中的每个像素，我们使用语法"imgDst.at<Vec3b>(i, j)[c]"，其中，i 是像素所在的行，j 是像素所在的列，c 是 RGB 标准像素三个色彩通道之一。由于算法运算结果可能超出像素标准的取值范围，也可能是非整数，所以要用 saturate_cast 对结果再进行一次转换，以确保它为有效的值。

为使界面上的滑条响应用户操作，当用户拖动或单击滑条时能实时地调整画面像素强度，还要编写事件过程代码如下：

```cpp
void MainWindow::on_contrastVerticalSlider_sliderMoved(int position)
{
    imgProc(position / 33.3, 0);
}

void MainWindow::on_contrastVerticalSlider_valueChanged(int value)
{
    imgProc(value / 33.3, 0);
}

void MainWindow::on_brightnessVerticalSlider_sliderMoved(int position)
{
    imgProc(1.0, position);
}

void MainWindow::on_brightnessVerticalSlider_valueChanged(int value)
{
    imgProc(1.0, value);
}
```

5. 运行效果

程序运行后，界面上显示一幅"女潜水员与海星"的原始图片，如图 21.3 所示。用户可用鼠标拖动滑条或直接单击滑条上的任意位置来调整图片的对比度和亮度，直到出现令人满意的效果为止，如图 21.4 所示。

对比度增加后，可以看出作为画面主体的人和海星都从背景中很明显地区分出来，成为整个图片的主角。与未经任何处理的原始图片比照，发现图片上无论是女潜水员身穿的潜水服、海星身上的花纹，还是背景海水及珊瑚的颜色都更加丰富绚丽，整个画面呈现出美轮美奂的艺术视觉效果。

图 21.3 调整前的原始图片

图 21.4　调整后的增强效果

21.1.2　平滑滤波实例

【例】（难度中等）（CH2102）现有一幅女潜水员与热带鱼的图片，可见图片背景里掺杂很多气泡，像一个个白色的斑点（见图 21.5），使整个背景的色彩显得不够纯。现用 OpenCV 库来对图片进行平滑处理，去除这些气泡斑点。

图 21.5　背景里掺杂气泡斑点的原图

1．程序界面

创建一个 Qt 桌面应用程序项目，项目名称为"OpencvFilter"，设计程序界面如图 21.6 所示。

第3部分　Qt 扩展应用：OpenCV

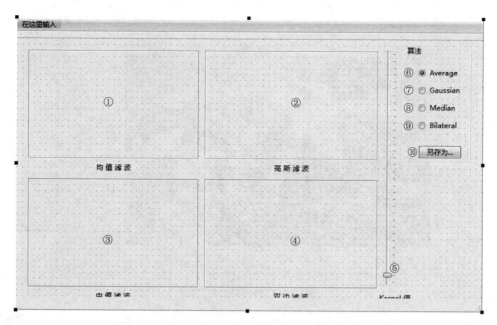

图 21.6　用 OpenCV 对图片进行平滑处理的程序界面

该程序界面上的各控件都用数字序号①，②，③，…标注，其名称、类型及属性设置见表 21.2。

表 21.2　程序界面上各控件的名称、类型及属性设置

序　号	名　称	类　型	属 性 设 置
①	blurViewLabel	QLabel	geometry：宽度 300，高度 186； frameShape：Box； frameShadow：Sunken； text：空
②	gaussianViewLabel	QLabel	同 ①
③	medianViewLabel	QLabel	同 ①
④	bilateralViewLabel	QLabel	同 ①
⑤	kernelVerticalSlider	QSlider	maximum：33； value：1； tickPosition：TicksBelow； tickInterval：1
⑥	blurRadioButton	QRadioButton	text：Average； checked：勾选
⑦	gaussianRadioButton	QRadioButton	text：Gaussian
⑧	medianRadioButton	QRadioButton	text：Median
⑨	bilateralRadioButton	QRadioButton	text：Bilateral
⑩	saveAsPushButton	QPushButton	text：另存为...

2．全局变量及方法

为了提高程序代码的使用效率，通常建议将程序中公用的图片对象的句柄声明为全局变量，通用的方法声明为公有（public）方法，定义在项目.h 头文件中。

"mainwindow.h"头文件的代码如下：

```cpp
#ifndef MAINWINDOW_H
#define MAINWINDOW_H

#include <QMainWindow>
#include "opencv2/opencv.hpp"                //OpenCV 文件包含
#include <QFileDialog>                        //文件对话框
#include <QScreen>                            //Qt 截屏库
using namespace cv;                           //OpenCV 命名空间
namespace Ui {
class MainWindow;
}

class MainWindow : public QMainWindow
{
    Q_OBJECT

public:
    explicit MainWindow(QWidget *parent = 0);
    ~MainWindow();
    void initMainWindow();                    //界面初始化
    void imgProc(int kernel);                 //处理图片
    void imgShow();                           //显示图片

private slots:
    void on_kernelVerticalSlider_sliderMoved(int position);//kernel 值滑条拖动槽

    void on_kernelVerticalSlider_valueChanged(int value);//kernel 值滑条值改变槽

    void on_saveAsPushButton_clicked();       //"另存为…"按钮单击槽

private:
    Ui::MainWindow *ui;
    Mat myImg;                                //缓存图片（供程序代码引用和处理）
    QImage myBlurQImg;                        //保存均值滤波图片
    QImage myGaussianQImg;                    //保存高斯滤波图片
    QImage myMedianQImg;                      //保存中值滤波图片
    QImage myBilateralQImg;                   //保存双边滤波图片
};

#endif // MAINWINDOW_H
```

后面实现具体功能的代码皆位于"mainwindow.cpp"源文件中。

3. 初始化显示

首先在 Qt 界面上显示待处理的图片，在构造方法中添加如下代码：

```cpp
MainWindow::MainWindow(QWidget *parent) :
    QMainWindow(parent),
```

```
    ui(new Ui::MainWindow)
{
    ui->setupUi(this);
    initMainWindow();
}
```

初始化方法 initMainWindow()的代码为:

```
void MainWindow::initMainWindow()
{
    QString imgPath = "ladydiver.jpg";                              //路径中不能含中文字符
    Mat imgData = imread(imgPath.toLatin1().data());                //读取图片数据
    cvtColor(imgData, imgData, COLOR_BGR2RGB);                      //图片格式转换
    myImg = imgData;
    myBlurQImg = QImage((const unsigned char*)(imgData.data), imgData.cols,
imgData.rows, QImage::Format_RGB888);
    myGaussianQImg = myBlurQImg;
    myMedianQImg = myBlurQImg;
    myBilateralQImg = myBlurQImg;                                   //(a)
    imgShow();
}
```

其中,

(a) ... myBilateralQImg = myBlurQImg: 由于本例要将 4 种不同滤波算法处理的结果图片同时展现在同一个界面上,故这里用 4 个 QImage 类型的全局变量分别保存处理结果。相应地,显示图片的 imgShow()方法中也有 4 句,初始时在界面上显示 4 张一模一样的原图,以便后面比较呈现 4 种不同滤波算法的不同效果:

```
void MainWindow::imgShow()
{
    ui->blurViewLabel->setPixmap(QPixmap::fromImage(myBlurQImg.scaled(ui->
blurViewLabel->size(), Qt::KeepAspectRatio)));                      //显示均值滤波图
    ui->gaussianViewLabel->setPixmap(QPixmap::fromImage(myGaussianQImg.scaled
(ui->gaussianViewLabel->size(), Qt::KeepAspectRatio)));             //显示高斯滤波图
    ui->medianViewLabel->setPixmap(QPixmap::fromImage(myMedianQImg.scaled
(ui->medianViewLabel->size(), Qt::KeepAspectRatio)));               //显示中值滤波图
    ui->bilateralViewLabel->setPixmap(QPixmap::fromImage(myBilateralQImg.
scaled(ui->bilateralViewLabel->size(), Qt::KeepAspectRatio)));      //显示双边滤波图
}
```

4. 平滑滤波功能

平滑滤波功能写在 imgProc()方法中,该方法接收 1 个参数,表示算法所用到的矩阵核加权系数,实现代码为:

```
void MainWindow::imgProc(int ker)
{
    Mat imgSrc = myImg;
    //必须分别定义 imgDst1~imgDst4 来运行算法(不能公用同一个变量),否则内存会崩溃
    Mat imgDst1 = imgSrc.clone();
    for (int i = 1; i < ker; i = i + 2) blur(imgSrc, imgDst1, Size(i, i), Point(-1,
-1));                                                               //均值滤波
```

```
    myBlurQImg = QImage((const unsigned char*)(imgDst1.data), imgDst1.cols,
imgDst1.rows, QImage::Format_RGB888);
    Mat imgDst2 = imgSrc.clone();
    for(int i=1; i<ker; i=i+2) GaussianBlur(imgSrc, imgDst2, Size(i,i), 0, 0);
                                                                //高斯滤波
    myGaussianQImg = QImage((const unsigned char*)(imgDst2.data), imgDst2.cols,
imgDst2.rows, QImage::Format_RGB888);
    Mat imgDst3 = imgSrc.clone();
    for(int i=1; i<ker; i=i+2) medianBlur(imgSrc,imgDst3,i);
                                                                //中值滤波
    myMedianQImg = QImage((const unsigned char*)(imgDst3.data), imgDst3.cols,
imgDst3.rows, QImage::Format_RGB888);
    Mat imgDst4 = imgSrc.clone();
    for(int i=1; i<ker; i=i+2) bilateralFilter(imgSrc, imgDst4, i,i*2, i / 2);
                                                                //双边滤波
    myBilateralQImg = QImage((const unsigned char*)(imgDst4.data), imgDst4.cols,
imgDst4.rows, QImage::Format_RGB888);
    imgShow();
}
```

为使界面上的滑条响应用户操作，当用户拖动或单击滑条能实时地呈现以不同核加权系数运算处理出的图片效果，还要编写事件过程代码如下：

```
void MainWindow::on_kernelVerticalSlider_sliderMoved(int position)
{
    imgProc(position);
}

void MainWindow::on_kernelVerticalSlider_valueChanged(int value)
{
    imgProc(value);
}
```

程序支持用户选择指定不同算法处理得到的结果图片存盘，编写"另存为..."按钮的事件过程代码如下：

```
void MainWindow::on_saveAsPushButton_clicked()
{
    QString filename = QFileDialog::getSaveFileName(this, tr("保存图片"),
"ladydiver_processed", tr("图片文件(*.png *.jpg *.jpeg *.bmp)"));     //选择路径
    QScreen *screen = QGuiApplication::primaryScreen();
    if(ui->blurRadioButton->isChecked()) screen->grabWindow(ui->blurViewLabel
->winId()).save(filename);                                          //(a)
    if(ui->gaussianRadioButton->isChecked()) screen->grabWindow(ui->Gaussian
ViewLabel->winId()).save(filename);
    if(ui->medianRadioButton->isChecked()) screen->grabWindow(ui->medianViewLabel
->winId()).save(filename);
    if(ui->bilateralRadioButton->isChecked()) screen->grabWindow(ui->
bilateralViewLabel->winId()).save(filename);
}
```

其中，

(a) if(ui->blurRadioButton->isChecked())screen->grabWindow(ui->blurViewLabel-> winId(). save(filename)：这里用到了 Qt 的截屏函数库 QScreen，调用其 grabWindow 可以将屏幕上窗体中指定的界面区域存成一个 QPixmap 格式的图片，再将 QPixmap 存成文件就很容易了。

5．运行效果

（1）程序运行后，界面上初始显示 4 幅完全一样的原始图片，如图 21.7 所示。

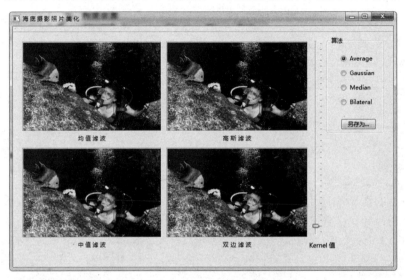

图 21.7　4 幅完全一样的原始图片

（2）用鼠标拖曳或单击滑条以改变算法的核加权系数，界面上实时动态地呈现用 4 种不同类型的滤波算法对图片处理的结果，如图 21.8 所示。

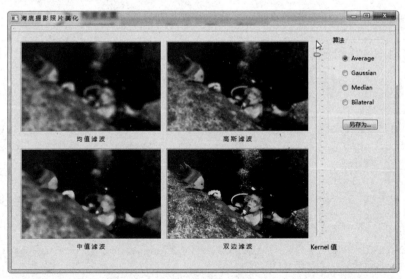

图 21.8　动态地呈现 4 种不同类型的滤波算法对图片处理的结果

可以很明显地发现：用均值滤波和中值滤波算法处理后的图片都比较模糊，其中中值滤波的结果由于太过模糊甚至都已经完全失真了！而用另外两种算法处理的结果则要好得多，尤其是双边滤波，由于该算法结合了高斯滤波等多种算法的优点，故所得到的图片在最大限度地去除噪声的基础上又尽可能地保留了原图的清晰度。

（3）综上结果分析，我们选择将用双边滤波算法处理的结果存盘。在图 21.9 左边的界面右上方"算法"框里选中最下面的"Bilateral"（双边滤波）单选按钮，单击"另存为…"按钮，弹出图 21.9 右边的"保存图片"对话框。

图 21.9　保存用双边滤波算法处理的结果

给图片命名、选择存盘路径后单击"保存"按钮即可。

最后，打开已存盘的处理后的图片与原图做比较，如图 21.10 所示。很明显，背景里掺杂的那些气泡斑点已经少了很多。

（a）滤波前　　　　　　　　　　　　　　　（b）滤波后

图 21.10　平滑滤波处理前后的效果比较

21.2　多图合成实例

在实际应用中，为了某种需要，常将多张图合成为一张图，OpenCV 库也实现了这类功能。

【例】（难度中等）（CH2103）艺术体操（Rhythmic Gymnastics）是一项艺术性很强的女子竞技体育项目，起源于 19 世纪末 20 世纪初的欧洲，于 20 世纪 50 年代经苏联传入中国，是奥运会、亚运会的重要比赛项目。参赛者一般在音乐的伴奏下手持彩色绳带或球圈，做出一系列富有艺术性的舞蹈、跳跃、平衡、波浪形及高难度技巧动作。这个项目对女孩子柔韧性要求极高，运动员从四五岁就开始艰苦的训练，她们以超常的毅力和意志力将人体的柔软度发展到极限，在赛场上常常能够做出种种在常人看来不可思议的动作，由于动作构成的复杂性，使观众往往难以看清动作间的衔接过渡方式。一名艺术体操女孩表演下腰倒立劈叉夹球的动作可分解为两个阶段来完成，如图 21.11 所示。

图 21.11 艺术体操女孩表演下腰倒立劈叉夹球的动作（分解动作）

该动作很好地展示了女性身体的阴柔之美，为了表现两个阶段的连贯性，下面通过 OpenCV 的多图合成技术将两张图合成为一张图。

21.2.1 程序界面

创建一个 Qt 桌面应用程序项目，项目名称为"OpencvBlend"，设计程序界面如图 21.12 所示。

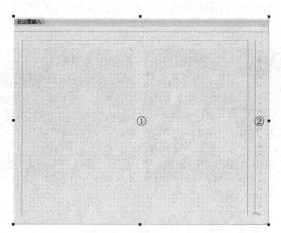

图 21.12 用 OpenCV 对多图进行合成的程序界面

该程序界面上各控件都用数字序号①、②标注，其名称、类型及属性设置见表 21.3。

表 21.3 程序界面上各控件的名称、类型及属性设置

序号	名称	类型	属性设置
①	viewLabel	QLabel	geometry：宽度 540，高度 414； frameShape：Box； frameShadow：Sunken； text：空
②	verticalSlider	QSlider	maximum：100； value：0； tickPosition：TicksBelow； tickInterval：5

21.2.2 全局变量及方法

为了提高程序代码的使用效率，通常建议将程序中公用的图片对象的句柄声明为全局变量，通用的方法声明为公有（public）方法，定义在项目.h 头文件中。

"mainwindow.h"头文件的代码如下：

```
#ifndef MAINWINDOW_H
#define MAINWINDOW_H

#include <QMainWindow>
#include "opencv2/opencv.hpp"                    //OpenCV 文件包含

using namespace cv;                              //OpenCV 命名空间
namespace Ui {
class MainWindow;
}

class MainWindow : public QMainWindow
{
    Q_OBJECT

public:
    explicit MainWindow(QWidget *parent = 0);
    ~MainWindow();
    void initMainWindow();                       //界面初始化
    void imgProc(float alpha);                   //处理图片
    void imgShow();                              //显示图片

private slots:
    void on_verticalSlider_sliderMoved(int position);   //滑条移动信号槽

    void on_verticalSlider_valueChanged(int value);     //滑条值改变信号槽

private:
    Ui::MainWindow *ui;
    Mat myImg;                                   //缓存图片（供程序代码引用和处理）
    QImage myQImg;                               //保存图片（可转为文件存盘或显示）
};

#endif // MAINWINDOW_H
```

后面实现具体功能的代码皆位于"mainwindow.cpp"源文件中。

21.2.3 初始化显示

首先在 Qt 界面上显示待处理的图片，在构造方法中添加如下代码：

```cpp
MainWindow::MainWindow(QWidget *parent) :
    QMainWindow(parent),
    ui(new Ui::MainWindow)
{
    ui->setupUi(this);
    initMainWindow();
}
```

初始化方法 initMainWindow()的代码为:

```cpp
void MainWindow::initMainWindow()
{
    QString imgPath = "shape01.jpg";              //本地路径（图片直接存放在项目目录下）
    Mat imgData = imread(imgPath.toLatin1().data());       //读取图片数据
    cvtColor(imgData, imgData, COLOR_BGR2RGB);             //图片格式转换
    myImg = imgData;
    myQImg = QImage((const unsigned char*)(imgData.data), imgData.cols, imgData.rows, QImage::Format_RGB888);
    imgShow();                                             //显示图片
}
```

显示图片的 imgShow()方法中只有一句:

```cpp
void MainWindow::imgShow()
{
    ui->viewLabel->setPixmap(QPixmap::fromImage(myQImg.scaled(ui->viewLabel->size(), Qt::KeepAspectRatio)));   //在 Qt 界面上显示图片
}
```

21.2.4 功能实现

图片合成处理功能写在 imgProc()方法中，该方法接收 1 个透明度参数α，实现代码为:

```cpp
void MainWindow::imgProc(float alp)
{
    Mat imgSrc1 = myImg;
    QString imgPath = "shape02.jpg";              //路径中不能含中文字符
    Mat imgSrc2 = imread(imgPath.toLatin1().data());       //读取图片数据
    cvtColor(imgSrc2, imgSrc2, COLOR_BGR2RGB);             //图片格式转换
    Mat imgDst;
    addWeighted(imgSrc2,alp,imgSrc1,1-alp,0,imgDst);       //(a)
    myQImg=QImage((const unsigned char*)(imgDst.data),imgDst.cols,imgDst.rows, QImage::Format_RGB888);
    imgShow();                                             //显示图片
}
```

其中,

(a) addWeighted(imgSrc2, alp, imgSrc1, 1 - alp, 0, imgDst): OpenCV 用 addWeighted()方法实现将两张图按照不同的透明度进行叠加，程序写法为:

```
addWeighted(原图2, α, 原图1, 1-α, 0, 合成图);
```

其中,α为透明度参数，值在 0~1.0 之间，addWeighted()方法根据给定的两张原图及α值，用插值算法合成一张新图，运算公式为:

合成图像素值=原图 1 像素值×(1-α)+原图 2 像素值×α

特别是,当α=0 时,合成图就等同于原图 1;当α=1 时,合成图等同于原图 2。
为使界面上的滑条响应用户操作,当用户拖动或单击滑条时能实时地调整透明度α值,还要编写事件过程代码如下:

```
void MainWindow::on_verticalSlider_sliderMoved(int position)
{
    imgProc(position / 100.0);
}

void MainWindow::on_verticalSlider_valueChanged(int value)
{
    imgProc(value / 100.0);
}
```

21.2.5 运行效果

程序运行后,界面初始显示的是艺术体操女孩做下腰手撑地、单腿朝天蹬(原图 1)的动作,如图 21.13 所示。

图 21.13 初始显示原图 1

用鼠标向上拖曳滑条可看到背景中逐渐显现女孩做倒立开叉的动作,形体动作合成如图 21.14 所示。

图 21.14 形体动作合成

直至滑条移至最顶端完全显示出最终的倒立做塌腰顶、双腿呈竖叉打开（原图 2）的动作，如图 21.15 所示。

图 21.15　最终显示原图 2 的动作

两张图合成的过程在向观众优雅地展示艺体女孩柔美身形的同时，也能让人很清楚地看出这一复杂、高难度形体动作的基本构成方式。

21.3　图片旋转缩放实例

用 OpenCV 库还可实现将图片旋转任意角度，以及放大、缩小功能。

【例】（难度一般）（CH2104）现有一张中国著名 5A 级景区长白山天池的图片（见图 21.16），本例应用 OpenCV 库来实现对这张图片的任意旋转、缩放功能。

图 21.16　长白山天池

21.3.1　程序界面

创建一个 Qt 桌面应用程序项目，项目名称为"OpencvScaleRotate"，设计程序界面如图 21.17 所示。

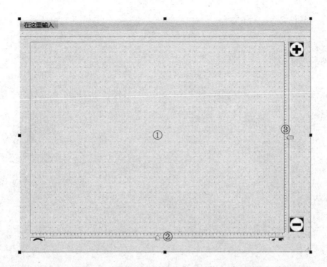

图 21.17 用 OpenCV 对图片进行旋转、缩放的程序界面

该程序界面上各控件都用数字序号①、②、③标注，其名称、类型及属性设置见表 21.4。

表 21.4 程序界面上各控件的名称、类型及属性设置

序号	名称	类型	属性设置
①	viewLabel	QLabel	geometry：宽度 512，高度 384； frameShape：Box； frameShadow：Sunken； text：空
②	rotateHorizontalSlider	QLabel	maximum：720； value：360； orientation：Horizontal； tickPosition：TicksAbove； tickInterval：10
③	scaleVerticalSlider	QSlider	maximum：200； value：100； orientation：Vertical； tickPosition：TicksLeft； tickInterval：3

21.3.2 全局变量及方法

为了提高程序代码的使用效率，通常建议将程序中公用的图片对象的句柄声明为全局变量，通用的方法声明为公有（public）方法，定义在项目 .h 头文件中。

"mainwindow.h"头文件，代码如下：

```
#ifndef MAINWINDOW_H
#define MAINWINDOW_H

#include <QMainWindow>
#include "opencv2/opencv.hpp"                        //OpenCV 文件包含
```

```cpp
using namespace cv;                                         //OpenCV 命名空间
namespace Ui {
class MainWindow;
}

class MainWindow : public QMainWindow
{
    Q_OBJECT

public:
    explicit MainWindow(QWidget *parent = 0);
    ~MainWindow();
    void initMainWindow();                              //界面初始化
    void imgProc(float angle, float scale);             //处理图片
    void imgShow();                                     //显示图片

private slots:
    void on_rotateHorizontalSlider_sliderMoved(int position);   //旋转滑条拖曳槽

    void on_rotateHorizontalSlider_valueChanged(int value);     //旋转滑条值改变槽

    void on_scaleVerticalSlider_sliderMoved(int position);      //缩放滑条拖曳槽

    void on_scaleVerticalSlider_valueChanged(int value);        //缩放滑条值改变槽

private:
    Ui::MainWindow *ui;
    Mat myImg;                                          //缓存图片（供程序代码引用和处理）
    QImage myQImg;                                      //保存图片（可转为文件存盘或显示）
};

#endif // MAINWINDOW_H
```

后面实现具体功能的代码皆位于"mainwindow.cpp"源文件中。

21.3.3 初始化显示

首先在 Qt 界面上显示待处理的图片，在构造方法中添加如下代码：

```cpp
MainWindow::MainWindow(QWidget *parent) :
    QMainWindow(parent),
    ui(new Ui::MainWindow)
{
    ui->setupUi(this);
    initMainWindow();
}
```

初始化方法 initMainWindow()的代码为：

```cpp
void MainWindow::initMainWindow()
{
```

```
    QString imgPath = "lake.jpg";           //本地路径（将图片直接存放在项目目录下）
    Mat imgData = imread(imgPath.toLatin1().data());     //读取图片数据
    cvtColor(imgData, imgData, COLOR_BGR2RGB);           //图片格式转换
    myImg = imgData;
    myQImg = QImage((const unsigned char*)(imgData.data), imgData.cols, imgData.rows, QImage::Format_RGB888);
    imgShow();                               //显示图片
}
```

显示图片的 imgShow()方法中只有一句：

```
void MainWindow::imgShow()
{
    ui->viewLabel->setPixmap(QPixmap::fromImage(myQImg.scaled(ui->viewLabel->size(), Qt::KeepAspectRatio)));        //在 Qt 界面上显示图片
}
```

21.3.4 功能实现

图片旋转和缩放处理功能写在 imgProc()方法中，该方法接收 2 个参数，皆为单精度实型，ang 表示旋转角度（正为顺时针、负为逆时针），sca 表示缩放率（大于 1 为放大、小于 1 为缩小），实现代码为：

```
void MainWindow::imgProc(float ang, float sca)
{
    Point2f srcMatrix[3];
    Point2f dstMatrix[3];
    Mat imgRot(2, 3, CV_32FC1);
    Mat imgSrc = myImg;
    Mat imgDst;
    Point centerPoint = Point(imgSrc.cols / 2, imgSrc.rows / 2);
                                             //计算原图片的中心点
    imgRot = getRotationMatrix2D(centerPoint, ang, sca);   //(a)
                                //根据角度和缩放参数求得旋转矩阵
    warpAffine(imgSrc, imgDst, imgRot, imgSrc.size());     //执行旋转操作
    myQImg=QImage((const unsigned char*)(imgDst.data),imgDst.cols,imgDst.rows,QImage::Format_RGB888);
    imgShow();
}
```

其中，

(a) imgRot = getRotationMatrix2D(centerPoint, ang, sca)：OpenCV 内部用仿射变换算法来实现图片的旋转缩放。它需要 3 个参数：① 旋转图片所要围绕的中心；② 旋转的角度，在 OpenCV 中逆时针角度为正值，反之为负值；③ 缩放因子（可选），在本例中分别对应 centerPoint、ang 和 sca 参数值。任何一个仿射变换都能表示为向量乘以一个矩阵（线性变换）再加上另一个向量（平移），研究表明，不论是对图片的旋转还是缩放操作，本质上都是对其每个像素施加了某种线性变换，如果不考虑平移，实际上也就是一个仿射变换。因此，变换的关键在于求出变换矩阵，这个矩阵实际上代表了变换前后两张图片之间的关系。这里用 OpenCV 的 getRotationMatrix2D()方法来获得旋转矩阵，然后通过 warpAffine()方法将所获得的矩阵用到对图

片的旋转缩放操作中。

最后，为使界面上的滑条响应用户操作，还要编写事件过程代码如下：

```
void MainWindow::on_rotateHorizontalSlider_sliderMoved(int position)
{
    imgProc(float(position-360), ui->scaleVerticalSlider->value() / 100.0);
}

void MainWindow::on_rotateHorizontalSlider_valueChanged(int value)
{
    imgProc(float(value-360), ui->scaleVerticalSlider->value() / 100.0);
}

void MainWindow::on_scaleVerticalSlider_sliderMoved(int position)
{
    imgProc(float(ui->rotateHorizontalSlider->value()-360), position/100.0);
}

void MainWindow::on_scaleVerticalSlider_valueChanged(int value)
{
    imgProc(float(ui->rotateHorizontalSlider->value()-360), value / 100.0);
}
```

这样，当用户拖动或单击滑条就能实时地根据滑条当前所指的参数来变换图片。

21.3.5 运行效果

运行程序，界面上显示出长白山天池初始图片，如图 21.18 所示。

图 21.18 长白山天池初始图片

用鼠标拖曳右侧滑条，可将图片放大或缩小，如图 21.19 所示。

图 21.19　图片缩放

接着，用鼠标拖曳下方滑条，可对图片做任意方向和角度的旋转，如图 21.20 所示。

图 21.20　图片旋转

21.4　图片智能识别实例

除基本的图片处理功能外，OpenCV 还是一个强大的计算机视觉库，基于各种人工智能算法及计算机视觉技术的最新成就，可以做到精准地识别、定位出画面中特定的物体和人脸各器官的位置。本节以两个实例展示这些功能的基本使用方法。

21.4.1　寻找匹配物体实例

【例】（较难）（CH2105）现有一张美人鱼公主动漫图片（见图 21.21），我们想让计算机从这张图片中找出一条小鱼（见图 21.22），并标示出它的位置。

图 21.21　美人鱼公主动漫图片　　　　　　图 21.22　要找的小鱼

1. 程序界面

创建一个 Qt 桌面应用程序项目，项目名称为"OpencvObjMatch"，设计程序界面如图 21.23 所示。

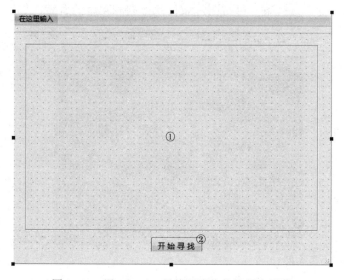

图 21.23　用 OpenCV 寻找匹配物体的程序界面

该程序界面上各控件都用数字序号①、②标注，其名称、类型及属性设置见表 21.5。

表 21.5　程序界面上各控件的名称、类型及属性设置

序号	名称	类型	属性设置
①	viewLabel	QLabel	geometry：宽度 512，高度 320； frameShape：Box； frameShadow：Sunken； text：空
②	matchPushButton	QPushButton	font：微软雅黑，10； text：开始寻找

2. 全局变量及方法

为了提高程序代码的使用效率，通常建议将程序中公用的图片对象的句柄声明为全局变量，

通用的方法声明为公有（public）方法，定义在项目.h 头文件中。

"mainwindow.h" 头文件，代码如下：

```cpp
#ifndef MAINWINDOW_H
#define MAINWINDOW_H

#include <QMainWindow>
#include "opencv2/opencv.hpp"              //OpenCV 文件包含

using namespace cv;                         //OpenCV 命名空间
namespace Ui {
class MainWindow;
}

class MainWindow : public QMainWindow
{
    Q_OBJECT

public:
    explicit MainWindow(QWidget *parent = 0);
    ~MainWindow();
    void initMainWindow();                  //界面初始化
    void imgProc();                         //处理图片
    void imgShow();                         //显示图片

private slots:
    void on_matchPushButton_clicked();      //"开始寻找"按钮单击事件槽

private:
    Ui::MainWindow *ui;
    Mat myImg;                              //缓存图片（供程序代码引用和处理）
    QImage myQImg;                          //保存图片（可转为文件存盘或显示）
};

#endif // MAINWINDOW_H
```

后面实现具体功能的代码皆位于"mainwindow.cpp"源文件中。

3. 初始化显示

首先在 Qt 界面上显示要从中匹配物体的图片，在构造方法中添加如下代码：

```cpp
MainWindow::MainWindow(QWidget *parent) :
    QMainWindow(parent),
    ui(new Ui::MainWindow)
{
    ui->setupUi(this);
    initMainWindow();
}
```

初始化方法 initMainWindow()的代码为：

```cpp
void MainWindow::initMainWindow()
{
```

```cpp
    QString imgPath = "mermaid.jpg";            //本地路径(将图片直接存放在项目目录下)
    Mat imgData = imread(imgPath.toLatin1().data());          //读取图片数据
    cvtColor(imgData, imgData, COLOR_BGR2RGB);                //图片格式转换
    myImg = imgData;
    myQImg = QImage((const unsigned char*)(imgData.data), imgData.cols, imgData.rows, QImage::Format_RGB888);
    imgShow();                                                //显示图片
}
```

显示图片的 imgShow()方法中只有一句：

```cpp
void MainWindow::imgShow()
{
    ui->viewLabel->setPixmap(QPixmap::fromImage(myQImg.scaled(ui->viewLabel->size(), Qt::KeepAspectRatio)));    //在 Qt 界面上显示图片
}
```

4. 功能实现

寻找匹配物体的功能写在 imgProc()方法中，本例采用相关匹配算法 CV_TM_CCOEFF 来匹配寻找画面中的一条小鱼，实现代码为：

```cpp
void MainWindow::imgProc()
{
    int METHOD = CV_TM_CCOEFF;            //(a)
    Mat imgSrc = myImg;                   //将被显示的原图
    QString imgPath = "fish.jpg";         //待匹配的子图(为原图上截取下的一部分)
    Mat imgTmp = imread(imgPath.toLatin1().data());    //读取图片数据
    cvtColor(imgTmp, imgTmp, COLOR_BGR2RGB);           //图片格式转换
    Mat imgRes;
    Mat imgDisplay;
    imgSrc.copyTo(imgDisplay);
    int rescols = imgSrc.cols - imgTmp.cols + 1;
    int resrows = imgSrc.rows - imgTmp.rows + 1;
    imgRes.create(rescols, resrows, CV_32FC1);         //创建输出结果的矩阵
    matchTemplate(imgSrc, imgTmp, imgRes, METHOD);     //进行匹配
    normalize(imgRes, imgRes, 0, 1, NORM_MINMAX, -1, Mat());    //进行标准化
    double minVal;
    double maxVal;
    Point minLoc;
    Point maxLoc;
    Point matchLoc;
    minMaxLoc(imgRes, & minVal, & maxVal, & minLoc, & maxLoc, Mat());
                                          //通过函数 minMaxLoc 定位最匹配的位置
    //对于方法 SQDIFF 和 SQDIFF_NORMED,数值越小匹配结果越好;而对于其他方法,数值越大,
匹配结果越好
    if (METHOD == CV_TM_SQDIFF || METHOD == CV_TM_SQDIFF_NORMED) matchLoc = minLoc;
    else matchLoc = maxLoc;
    rectangle(imgDisplay, matchLoc, Point(matchLoc.x + imgTmp.cols, matchLoc.y + imgTmp.rows), Scalar::all(0), 2, 8, 0);
    rectangle(imgRes, matchLoc, Point(matchLoc.x + imgTmp.cols, matchLoc.y + imgTmp.rows), Scalar::all(0), 2, 8, 0);
    myQImg = QImage((const unsigned char*)(imgDisplay.data), imgDisplay.cols, imgDisplay.rows, QImage::Format_RGB888);
    imgShow();                            //显示图片
}
```

其中,

(a) int METHOD = CV_TM_CCOEFF：OpenCV 通过函数 matchTemplate 实现了模板匹配算法，它共支持三大类 6 种不同算法。

（1）CV_TM_SQDIFF（方差匹配）、CV_TM_SQDIFF_NORMED（标准方差匹配）

这类方法采用原图与待匹配子图像素的平方差来进行累加求和，计算所得数值越小，说明匹配度越高。

（2）CV_TM_CCORR（乘数匹配）、CV_TM_CCORR_NORMED（标准乘数匹配）

这类方法采用原图与待匹配子图对应像素的乘积进行累加求和，与第一类方法相反，数值越大表示匹配度越高。

（3）CV_TM_CCOEFF（相关匹配）、CV_TM_CCOEFF_NORMED（标准相关匹配）

这类方法把原图像素对其均值的相对值与待匹配子图像素对其均值的相对值进行比较，计算数值越接近 1，表示匹配度越高。

通常来说，从匹配准确度上看，相关匹配要优于乘数匹配，乘数匹配则优于方差匹配，但这种准确度的提高是以增加计算复杂度和牺牲时间效率为代价的。如果所用计算机处理器速度较慢，则只能用比较简单的方差匹配算法；当所用设备处理器性能很好时，优先使用较复杂的相关匹配算法，可以保证识别准确无误。本例使用的是准确度最佳的 CV_TM_CCOEFF 相关匹配算法。

最后使界面上的按钮响应用户操作，在其单击事件过程中调用上面的处理方法：

```
void MainWindow::on_matchPushButton_clicked()
{
    imgProc();
}
```

5. 运行结果

程序运行后，界面上初始显示美人鱼公主图片，单击"开始寻找"按钮，程序执行完匹配算法就会在图片上绘框标示出这条小鱼所在的位置，如图 21.24 所示。

图 21.24 找到这条小鱼并用框标示出来

21.4.2 人脸识别实例

【例】（较难）（CH2106）OpenCV 还有一个广泛的用途就是识别人脸，由于它的内部集成了最新的图片视觉智能识别技术，故识别率可以做到非常精准。本例我们用一张女模特的图片（见图 21.25）作为程序识别的对象。

图 21.25　女模特的图片

1．加载视觉识别分类器

创建一个 Qt 桌面应用程序项目，项目名称为"OpencvFace"，在做人脸识别功能之前需要将 OpenCV 库内置的计算机视觉识别分类器文件复制到项目目录下，这些文件位于 OpenCV 的安装文件夹，路径为"D:\OpenCV_3.4.3-Build\install\etc\haarcascades"，如图 21.26 所示。

图 21.26　OpenCV 库内置的计算机视觉识别分类器文件

本例选用其中的"haarcascade_eye_tree_eyeglasses.xml"（用于人双眼位置识别）和"haarcascade_frontalface_alt.xml"（用于人正脸识别）这两个文件。当然，有兴趣的用户也可以自己写程序测试其他一些类型的分类器。从分类器的文件名就可以大致猜出它的功能，有的单独用于识别左眼或右眼，还有的用于识别身体的上半身、下半身等。

2. 程序界面

设计程序界面如图 21.27 所示。

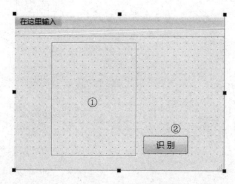

图 21.27 OpenCV 人脸识别程序界面

该程序界面上各控件都用数字序号①、②标注,其名称、类型及属性设置列于表 21.6。

表 21.6 程序界面上各控件的名称、类型及属性设置

序号	名称	类型	属性设置
①	viewLabel	QLabel	geometry:宽度 140,高度 185; frameShape:Box; frameShadow:Sunken; text:空
②	detectPushButton	QPushButton	font:微软雅黑,10; text:识别

3. 全局变量及方法

为了提高程序代码的使用效率,通常建议将程序中公用的图片对象的句柄声明为全局变量,通用的方法声明为公有(public)方法,定义在项目.h 头文件中。

"mainwindow.h"头文件,代码如下:

```
#ifndef MAINWINDOW_H
#define MAINWINDOW_H

#include <QMainWindow>
#include "opencv2/opencv.hpp"                //OpenCV 文件包含
#include <vector>                            //包含向量类动态数组功能
using namespace cv;                          //OpenCV 命名空间
using namespace std;                         //使用 vector 必须声明该名称空间
namespace Ui {
class MainWindow;
}

class MainWindow : public QMainWindow
{
    Q_OBJECT

public:
```

```
    explicit MainWindow(QWidget *parent = 0);
    ~MainWindow();
    void initMainWindow();                   //界面初始化
    void imgProc();                          //处理图片
    void imgShow();                          //显示图片

private slots:
    void on_detectPushButton_clicked();      //"识别"按钮单击事件槽

private:
    Ui::MainWindow *ui;
    Mat myImg;                               //缓存图片（供程序代码引用和处理）
    QImage myQImg;                           //保存图片（可转为文件存盘或显示）
};

#endif // MAINWINDOW_H
```

后面实现具体功能的代码皆位于"mainwindow.cpp"源文件中。

4. 初始化显示

首先在 Qt 界面上显示待处理的图片，在构造方法中添加代码如下：

```
MainWindow::MainWindow(QWidget *parent) :
    QMainWindow(parent),
    ui(new Ui::MainWindow)
{
    ui->setupUi(this);
    initMainWindow();
}
```

初始化方法 initMainWindow()的代码为：

```
void MainWindow::initMainWindow()
{
    QString imgPath = "baby.jpg";            //本地路径（将图片直接存放在项目目录下）
    Mat imgData = imread(imgPath.toLatin1().data());   //读取图片数据
    cvtColor(imgData, imgData, COLOR_BGR2RGB);  //图片格式转换(避免图片颜色失真)
    myImg = imgData;
    myQImg=QImage((const unsigned char*)(imgData.data),imgData.cols, imgData.rows,QImage::Format_RGB888);
    imgShow();                               //显示图片
}
```

显示图片的 imgShow()方法中只有一句：

```
void MainWindow::imgShow()
{
    ui->viewLabel->setPixmap(QPixmap::fromImage(myQImg.scaled(ui->viewLabel->size(), Qt::KeepAspectRatio)));    //在 Qt 界面上显示图片
}
```

5. 检测识别功能

检测识别功能写在 imgProc()方法中，实现代码为：

```cpp
void MainWindow::imgProc()
{
    CascadeClassifier face_detector;                    //定义人脸识别分类器类
    CascadeClassifier eyes_detector;                    //定义人眼识别分类器类
    string fDetectorPath = "haarcascade_frontalface_alt.xml";
    face_detector.load(fDetectorPath);
    string eDetectorPath = "haarcascade_eye_tree_eyeglasses.xml";
    eyes_detector.load(eDetectorPath);                  //(a)
    vector<Rect> faces;
    Mat imgSrc = myImg;
    Mat imgGray;
    cvtColor(imgSrc, imgGray, CV_RGB2GRAY);
    equalizeHist(imgGray, imgGray);
    face_detector.detectMultiScale(imgGray, faces, 1.1, 2, 0 | CV_HAAR_SCALE_IMAGE, Size(30, 30));    //多尺寸检测人脸
    for (int i = 0; i < faces.size(); i++)
    {
        Point center(faces[i].x + faces[i].width * 0.5, faces[i].y + faces[i].height * 0.5);
        ellipse(imgSrc, center, Size(faces[i].width * 0.5, faces[i].height * 0.5), 0, 0, 360, Scalar(255, 0, 255), 4, 8, 0);
        Mat faceROI = imgGray(faces[i]);
        vector<Rect> eyes;
        eyes_detector.detectMultiScale(faceROI, eyes, 1.1, 2, 0 | CV_HAAR_SCALE_IMAGE, Size(30, 30));    //再在每张人脸上检测双眼
        for (int j = 0; j < eyes.size(); j++)
        {
            Point center(faces[i].x + eyes[j].x + eyes[j].width * 0.5, faces[i].y + eyes[j].y + eyes[j].height * 0.5);
            int radius = cvRound((eyes[j].width + eyes[i].height) * 0.25);
            circle(imgSrc, center, radius, Scalar(255, 0, 0), 4, 8, 0);
        }
    }
    Mat imgDst = imgSrc;
    myQImg = QImage((const unsigned char*)(imgDst.data), imgDst.cols, imgDst.rows, QImage::Format_RGB888);
    imgShow();
}
```

其中，

(a) eyes_detector.load(eDetectorPath)：load()方法用于加载一个 XML 分类器文件，OpenCV 既支持 Haar 特征算法也支持 LBP 特征算法的分类器。关于各种人脸检测识别的智能算法，有兴趣的读者可以查阅相关的计算机视觉类刊物和论文，本书就不展开了。

最后编写"识别"按钮的单击事件过程，在其中调用人脸识别的处理方法：

```cpp
void MainWindow::on_matchPushButton_clicked()
{
    imgProc();
}
```

6. 运行效果

程序运行后，在界面上显示女模特的图片，单击"识别"按钮，程序执行完分类器算法自动识别出图片上的人脸，用粉色圆圈圈出；并且进一步辨别出她的双眼所在的位置，用红色圆圈圈出，如图 21.28 所示。

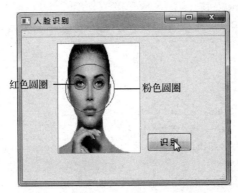

图 21.28　识别出人脸及眼睛的位置

OpenCV 还有很多十分奇妙的功能，限于篇幅，本书不再展开，有兴趣的读者可以结合官方文档自己去尝试。

第 22 章

OpenCV【综合实例】：医院远程诊断系统

本章通过开发南京市鼓楼医院远程诊断系统来综合应用 OpenCV 扩展库的功能，对应本书实例 CH22。

 22.1 远程诊断系统功能需求

系统功能主要包括：
（1）南京全市各分区医院诊疗点科室管理。
（2）CT 影像的远程处理及诊断。
（3）患者建档信息选项卡表单。
（4）后台患者信息数据库浏览。

22.1.1 诊疗点科室管理

诊疗点科室管理功能显示效果如图 22.1 所示。

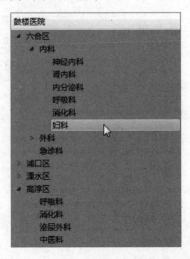

图 22.1 诊疗点科室管理功能显示效果

诊疗点科室管理功能用树状视图实现，根节点是"鼓楼医院"，下面各子节点是南京市各郊区县，下面各分支节点则是分区医院的各科室。

22.1.2 CT 影像显示和处理

CT 影像的远程处理及诊断如图 22.2 所示，图中央显示一幅高清 CT 相片，右上角有年月日及时间显示。

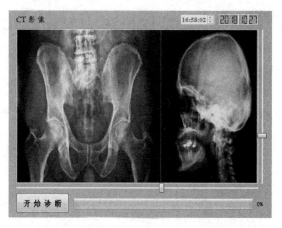

图 22.2　CT 影像的远程处理及诊断

单击"开始诊断"按钮，选择载入患者的 CT 相片，用 OpenCV+Contrib 扩展库对 CT 相片执行处理，识别出异常病灶区域并标示出来，给出诊断结果。

22.1.3 患者信息选项卡

以表单形式显示患者的基本建档信息，如图 22.3 所示，包括"信息"和"病历"两个选项卡。

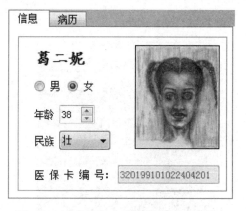

图 22.3　患者的基本建档信息的表单形式

患者照片预先存储在后台数据库中，需要时读出显示。

22.1.4 后台数据库浏览

患者的全部信息存储于后台数据库 MySQL 中，在一个基本表上建立了两个视图，分别用于显示基本信息和详细信息病历，信息在界面上以 Qt 的数据网格表控件展示，如图 22.4 所示。

图 22.4　在数据库中浏览患者信息

选择其中的行，左边选项卡表单中的患者信息也会同步更新显示。

22.1.5　界面的总体效果

最终显示出的界面的总体效果如图 22.5 所示。

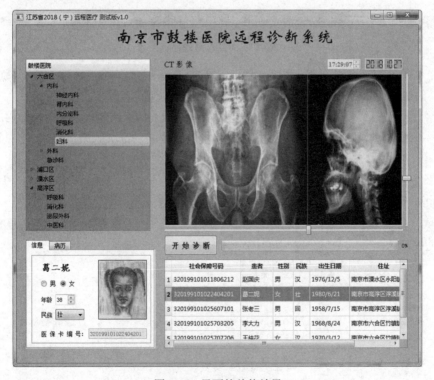

图 22.5　界面的总体效果

这是一个十分完善、实用的自动化远程医疗应用系统。

22.2　Qt 项目工程创建与配置

要使所创建的 Qt 项目支持数据库及 OpenCV，需要对项目工程进行一系列配置，步骤如下。

（1）创建 Qt 桌面应用程序项目，项目名称为"Telemedicine"。创建完成后，在 Qt Creator

开发环境中单击左侧栏的 按钮切换至项目配置模式，如图 22.6 所示。

图 22.6　项目创建目录路径配置

如图 22.6 所示的这个页面用于配置项目创建时所生成的"debug"目录路径。默认情况下，Qt 为了使最终编译生成的项目目录体积尽可能小以节省空间，会将生成的"debug"文件夹及其中的内容全部置于项目目录的外部，但这么做可能会造成 Qt 程序找不到项目所引用的外部扩展库（如本例用的 OpenCV+Contrib 扩展库），故这里还是要将"debug"目录移至项目目录内，配置方法是：在"概要"栏下取消勾选"Shadow build"项即可。

（2）将之前编译安装得到的 OpenCV（含 Contrib）库文件，即"D:\OpenCV_3.4.3-Build\install\x86\mingw\bin"下的全部文件复制到项目的"debug"目录，如图 22.7 所示。

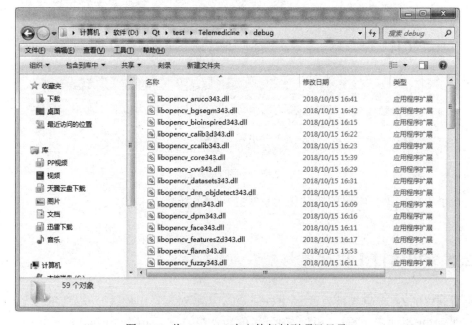

图 22.7　将 OpenCV 库文件复制到项目目录

这样，Qt 应用程序在运行时就能正确地找到 OpenCV 库了。
（3）修改项目的.pro 配置文件，在其中添加配置项。
配置文件"Telemedicine.pro"内容如下（加黑处为需要修改添加的地方）：

```
#-------------------------------------------------
#
# Project created by QtCreator 2018-10-18T11:23:29
#
#-------------------------------------------------

QT       += core gui
QT       += sql

greaterThan(QT_MAJOR_VERSION, 4): QT += widgets

TARGET = Telemedicine
TEMPLATE = app

# The following define makes your compiler emit warnings if you use
# any feature of Qt which has been marked as deprecated (the exact warnings
# depend on your compiler). Please consult the documentation of the
# deprecated API in order to know how to port your code away from it.
DEFINES += QT_DEPRECATED_WARNINGS

# You can also make your code fail to compile if you use deprecated APIs.
# In order to do so, uncomment the following line.
# You can also select to disable deprecated APIs only up to a certain version of Qt.
# DEFINES += QT_DISABLE_DEPRECATED_BEFORE=0x060000
# disables all the APIs deprecated before Qt 6.0.0


SOURCES += \
        main.cpp \
        mainwindow.cpp

HEADERS += \
        mainwindow.h

FORMS += \
        mainwindow.ui
INCLUDEPATH += D:\OpenCV_3.4.3-Build\install\include
LIBS += D:\OpenCV_3.4.3-Build\install\x86\mingw\bin\libopencv_*.dll
```

其中，**QT += sql** 配置使程序能使用 SQL 语句访问后台数据库，而最后添加的两行则帮助程序定位到 OpenCV+Contrib 扩展库所在的目录。

22.3 远程诊疗系统界面设计

在开发环境项目目录树状视图中,双击"mainwindow.ui"切换至远程诊疗系统可视化界面设计模式,如图 22.8 所示,在其上拖曳设计出远程诊疗系统的整个图形界面。

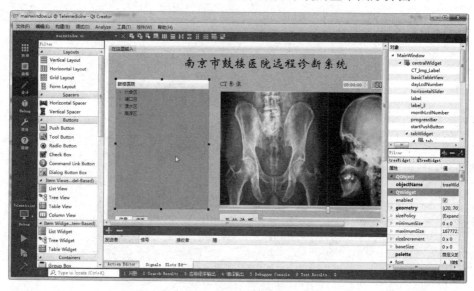

图 22.8 远程诊疗系统界面可视化设计模式

为方便读者试做,我们对界面上所有的控件都进行了①,②,③,…的数字标识(见图 22.9),并将它们的名称、类型及属性设置列于表 22.1 中,读者可对照下面的图和表自己进行程序界面的制作及设置。

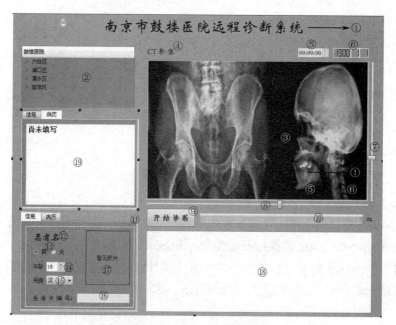

图 22.9 界面上控件的数字标识

表22.1　界面上各控件的名称、类型及属性设置

序号	名称	类型	属性设置
①	label	QLabel	text：南京市鼓楼医院远程诊断系统； font：华文新魏，26； alignment：水平的，AlignHCenter
②	treeWidget	QTreeWidget	palette：改变调色板Base设为天蓝色
③	CT_Img_Label	QLabel	frameShape：Box； frameShadow：Sunken； pixmap：CT.jpg； scaledContents：勾选； alignment：水平的，AlignHCenter
④	label_3	QLabel	text：CT 影 像； font：华文仿宋，12
⑤	timeEdit	QTimeEdit	enabled：取消勾选； font：Times New Roman，10； alignment：水平的，AlignHCenter； readOnly：勾选； displayFormat：HH:mm:ss； time：0:00:00
⑥	yearLcdNumber； monthLcdNumber； dayLcdNumber	QLCDNumber	yearLcdNumber(digitCount:4；value:1900.000000)； monthLcdNumber/dayLcdNumber(digitCount:2；value:1.000000)； segmentStyle：Flat
⑦	verticalSlider	QSlider	value：30； orientation：Vertical
⑧	horizontalSlider	QSlider	value：60； orientation：Horizontal
⑨	startPushButton	QPushButton	font：华文仿宋，12； text：开 始 诊 断
⑩	progressBar	QProgressBar	value：0
⑪	tabWidget	QTabWidget	palette：改变调色板Base设为天蓝色； currentIndex：0
⑫	nameLabel	QLabel	font：华文楷体，14； text：患者名
⑬	maleRadioButton； femaleRadioButton	QRadioButton	maleRadioButton(text：男；checked：勾选)； femaleRadioButton(text：女；checked：取消勾选)
⑭	ageSpinBox	QSpinBox	value：18
⑮	ethniComboBox	QComboBox	currentText：汉
⑯	ssnLineEdit	QLineEdit	enabled：取消勾选； text：空； readOnly：勾选
⑰	photoLabel	QLabel	frameShape：Panel； frameShadow：Plain； text：暂无照片； scaledContents：勾选； alignment：水平的，AlignHCenter

续表

序号	名称	类型	属性设置
⑱	basicTableView	QTableView	——
⑲	caseTextEdit	QTextEdit	palette：改变调色板 Base 设为白色；html：尚未填写

界面上用于管理各地区诊疗点科室的树状视图用一个 Qt 的 QtreeWidget 控件来实现，其中各项目是在界面设计阶段就编辑定制好的，定制方法如下。

（1）设计模式下在窗体上右击树状视图控件，选择"编辑项目"，弹出如图 22.10 所示的"编辑树窗口部件"对话框，在"列"选项卡中单击左下角的"新建项目"（➕）按钮添加一列，文字编辑为"鼓楼医院"，本例的树状视图添加一列即可。

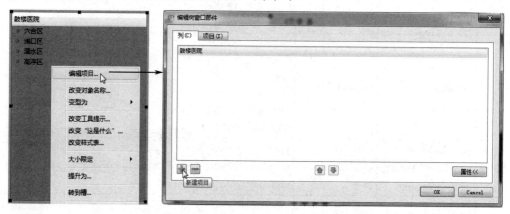

图 22.10 "编辑树窗口部件"对话框

（2）切换到"项目"选项卡，通过单击"新建项目"（➕）和"删除项目"（➖）按钮在"鼓楼医院"列下添加或移除子节点，通过单击"新建子项目"（🔽）按钮创建编辑下一级子节点，如图 22.11 所示。

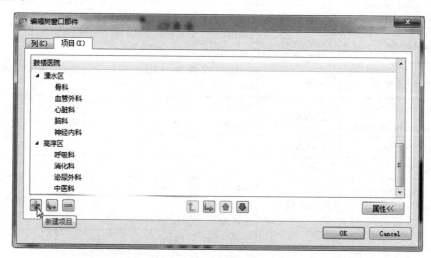

图 22.11 编辑树状视图中的各节点

最终编辑完成的树状视图如图 22.12 所示。

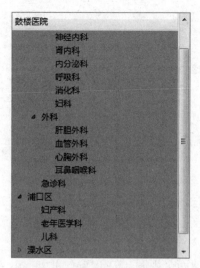

图 22.12　最终编辑完成的树状视图

至此，程序界面设计完成。

22.4　远程诊疗系统功能实现

本系统基于 MySQL 运行，首先创建后台数据库、录入测试数据；然后定义各功能方法，完成 Qt 程序框架；最后分别实现各方法的功能模块。

22.4.1　数据库准备

1. 设计表

在 MySQL 中创建数据库，名称为 "patient"，其中创建一个表 user_profile。远程诊断系统数据库表设计见表 22.2。

表 22.2　远程诊断系统数据库表设计

列　　名	类　型	长　度	允许空值	说　　明
ssn	char	18	否	社会保障号码，主键
name	char	8	否	患者姓名
sex	char	2	否	性别，默认为 "男"
ethnic	char	10	否	民族，默认为 "汉"
birth	date	默认	否	出生日期
address	varchar	50	是	住址，默认为 NULL
casehistory	varchar	500	是	病历，默认为 NULL
picture	blob	默认	是	照片，默认为 NULL

设计好表之后，往表中预先录入一些数据供后面测试运行程序用，如图 22.13 所示。

图 22.13　供测试运行程序用的数据

这样，系统运行所依赖的后台数据库就建好了。

2．创建视图

根据应用需要，本例要创建两个视图（basic_inf 和 details_inf），分别用于显示患者的基本信息（社会保障号码、姓名、性别、民族、出生日期和住址）和详细信息（病历和照片），采用以下两种方式创建视图。

（1）Navicat for MySQL 自带视图编辑功能。

展开数据库节点，右击"视图"→选择"新建视图"，打开 MySQL 的视图创建工具，如图 22.14 所示。

图 22.14　打开 MySQL 的视图创建工具

选中要在其上创建视图的表（user_profile），选择视图所包含的列，下方输出窗口中会自动生成创建视图的 SQL 语句，完成后保存即可。

（2）用 SQL 语句创建视图。

单击 Navicat 工具栏的"查询"（ ）→"新建查询"（ ）按钮，打开查询编辑器，输入如下创建视图的语句：

```
CREATE VIEW details_inf(姓名,病历,照片)
    AS
        select name,casehistory,picture from user_profile
```

然后单击左上角工具栏的"运行"按钮（▶运行）执行，如图 22.15 所示。

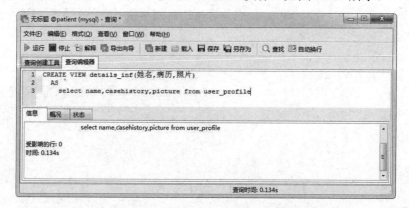

图 22.15　执行 SQL 语句创建视图

有了这两个视图，就可以在程序中通过模型来载入视图的数据加以显示，同时自动屏蔽掉无关的信息项，非常方便。

22.4.2　Qt 应用程序主体框架

为了让读者对整个系统有个总体的印象，便于理解本例程序代码，下面先给出整个应用程序的主体框架代码，其中各方法功能的具体实现代码将依次给出。

本例程序源代码包括三个文件："main.cpp""mainwindow.h""mainwindow.cpp"。

（1）main.cpp。

这是整个程序的主启动文件，代码如下：

```
#include "mainwindow.h"
#include <QApplication>
#include <QProcess>                              //使用 Qt 的进程模块

int main(int argc, char *argv[])
{
    QApplication a(argc, argv);
    if(!createMySqlConn())
    {
        //若初次尝试连接不成功,就转而用代码方式启动 MySQL 服务进程
        QProcess process;
        process.start("C:/Program Files/MySQL/MySQL Server 5.6/bin/mysqld.exe");
        //第二次尝试连接
        if(!createMySqlConn()) return 1;
    }
    MainWindow w;                                //创建主窗体
    w.show();                                    //显示主窗体

    return a.exec();
}
```

其中，createMySqlConn()是我们编写的一个连接后台数据库的方法，它返回 true 表示连接

成功，否则表示失败。程序在开始启动时就通过执行这一方法来检查数据库连接是否就绪。若连接不成功，则系统会通过启动 MySQL 服务进程的方式再尝试一次，若依旧连不上，则提示连接失败，交由用户检查排除故障。

（2）mainwindow.h。

程序头文件，包含程序中用到的各个全局变量的定义、方法声明，代码如下：

```cpp
#ifndef MAINWINDOW_H
#define MAINWINDOW_H

#include <QMainWindow>
#include <QMessageBox>
#include <QFileDialog>                          //打开文件对话框模块
#include <QBuffer>                              //内存模块
#include <vector>                               //包含向量类动态数组功能
#include "opencv2/opencv.hpp"                   //OpenCV 库文件包含
#include "opencv2/highgui/highgui.hpp"          //OpenCV 的高层 GUI 和媒体 I/O
#include "opencv2/imgproc/imgproc.hpp"          //OpenCV 图像处理
#include <QSqlDatabase>                         //数据库访问
#include <QSqlTableModel>                       //数据库表模型
#include <QSqlQuery>                            //数据库查询模块
#include <QTimer>                               //计时器模块

using namespace cv;                             //OpenCV 命名空间
using namespace std;                            //使用 vector 必须声明名称空间

namespace Ui {
class MainWindow;
}

class MainWindow : public QMainWindow
{
    Q_OBJECT

public:
    explicit MainWindow(QWidget *parent = 0);   //主窗体构造方法
    ~MainWindow();
    void initMainWindow();                      //初始化主窗体
    void ctImgRead();                           //读取 CT 相片
    void ctImgProc();                           //CT 相片处理
    void ctImgSave();                           //结果相片（标示病灶）保存
    void ctImgShow();                           //CT 相片显示
    void ctImgHoughCircles();                   //用霍夫圆算法处理 CT 相片
    void onTableSelectChange(int row);          //改变数据网格选项联动表单
    void showUserPhoto();                       //加载显示患者照片

private slots:
    void on_startPushButton_clicked();          //"开始诊断"按钮单击槽函数
```

```cpp
    void on_basicTableView_clicked(const QModelIndex &index);
                                                    //数据网格变更选项槽函数
    void on_tabWidget_tabBarClicked(int index);     //表单切换选项卡槽函数

    void onTimeOut();                               //定时器事件槽函数

private:
    Ui::MainWindow *ui;                             //图形界面元素的引用句柄
    Mat myCtImg;                    //缓存CT相片（供程序中的方法随时引用）
    Mat myCtGrayImg;                //缓存CT灰度图（供程序算法处理用）
    QImage myCtQImage;              //保存CT相片（转为文件存盘存档）
    QSqlTableModel *model;          //访问数据库视图信息的模型
    QSqlTableModel *model_d;        //访问数据库附加详细信息（病历、照片）视图的模型
    QTimer *myTimer;                //获取当前系统时间（精确到秒）
};

/**连接MySQL数据库的静态方法*/
static bool createMySqlConn()
{
    QSqlDatabase sqldb = QSqlDatabase::addDatabase("QMYSQL");   //添加数据库
    sqldb.setHostName("localhost");                 //主机名
    sqldb.setDatabaseName("patient");               //数据库名称
    sqldb.setUserName("root");                      //数据库用户名
    sqldb.setPassword("123456");                    //登录密码
    if (!sqldb.open()) {
        QMessageBox::critical(0, QObject::tr("后台数据库连接失败"), "无法创建连接！请检查排除故障后重启程序。", QMessageBox::Cancel);
        return false;
    }
    QMessageBox::information(0, QObject::tr("后台数据库已启动、正在运行……"), "数据库连接成功！即将启动应用程序。");
    //向数据库中插入照片
    /*
    QSqlQuery query(sqldb);                         //创建SQL查询
    QString photoPath = "D:\\Qt\\test\\赵国庆.jpg"; //照片路径
    QFile photoFile(photoPath);                     //照片文件对象
    if (photoFile.exists())                         //如果存在照片
    {
        //存入数据库
        QByteArray picdata;                         //字节数组存储照片数据
        photoFile.open(QIODevice::ReadOnly);        //以只读方式打开照片文件
        picdata = photoFile.readAll();              //照片数据读入字节数组
        photoFile.close();
        QVariant var(picdata);                      //照片数据封装入变量
        QString sqlstr = "update user_profile set picture=? where name='赵国庆'";
        query.prepare(sqlstr);                      //准备插入照片的SQL语句
        query.addBindValue(var);                    //填入照片数据参数
        if(!query.exec())                           //执行插入操作
```

```
            {
                QmessageBox::information(0, Qobject::tr("提示"), "照片写入失败");
            } else{
                QmessageBox::information(0, Qobject::tr("提示"), "照片已写入数据库");
            }
        }
        */
        sqldb.close();
        return true;
}

#endif // MAINWINDOW_H
```

在上面连接数据库的 createMySqlConn()方法中，有一段将患者照片插入数据库的代码，这是为了往 MySQL 中预先存入一些患者照片以便在运行程序时显示，读者可以先运行这段代码将照片存入数据库，在后面正式运行系统时再将插入照片的代码段注释掉就可以了。

（3）mainwindow.cpp。

本程序的主体源文件中包含各方法功能的具体实现代码，框架如下：

```cpp
#include "mainwindow.h"
#include "ui_mainwindow.h"

MainWindow::MainWindow(QWidget *parent) :
    QMainWindow(parent),
    ui(new Ui::MainWindow)
{
    //初始化加载功能
    ...
}

MainWindow::~MainWindow()
{
    delete ui;
}

void MainWindow::initMainWindow()
{
    //初始化窗体中要显示的CT相片及系统当前日期时间
    ...
}

void MainWindow::onTableSelectChange(int row)
{
    //当用户选择网格中的患者记录时，实现表单信息的联动功能
    ...
}

void MainWindow::showUserPhoto()
{
```

```cpp
    //查找和显示当前患者的对应照片
    ...
}

void MainWindow::onTimeOut()
{
    //每秒触发一次时间显示更新
    ...
}

void MainWindow::ctImgRead()
{
    //读入和显示 CT 相片
    ...
}

void MainWindow::ctImgProc()
{
    //CT 相片处理功能
    ...
}

void MainWindow::ctImgSave()
{
    //处理后的 CT 相片保存
    ...
}

void MainWindow::ctImgShow()
{
    //在界面上显示 CT 相片
    ...
}

void MainWindow::ctImgHoughCircles()
{
    //执行霍夫圆算法对 CT 相片进行处理功能
    ...
}

void MainWindow::on_startPushButton_clicked()
{
    //"开始诊断"按钮的事件方法
    ...
}

void MainWindow::on_basicTableView_clicked(const QModelIndex &index)
{
```

```
        onTableSelectChange(1);                    //数据网格选择的行变更时执行方法
}

void MainWindow::on_tabWidget_tabBarClicked(int index)
{
    //病历内容的填写和联动显示
    ...
}
```

从以上代码框架可看到整个程序的运作流程,一目了然。下面再分别介绍各功能模块方法的具体实现。

22.4.3 界面初始化功能实现

启动程序时,首先要对界面显示的信息进行初始化,包括显示初始的 CT 相片及界面上日期时间的实时更新。

在窗体的构造方法 MainWindow::MainWindow(QWidget *parent)中是系统的如下初始化代码:

```
MainWindow::MainWindow(QWidget *parent) :
    QMainWindow(parent),
    ui(new Ui::MainWindow)
{
    ui->setupUi(this);
    initMainWindow();
    //基本信息视图
    model = new QSqlTableModel(this);               //(a)
    model->setTable("basic_inf");
    model->select();
    //附加详细信息视图
    model_d = new QSqlTableModel(this);
    model_d->setTable("details_inf");
    model_d->select();
    //数据网格信息加载
    ui->basicTableView->setModel(model);
    //初始化表单患者信息
    onTableSelectChange(0);                         //(b)
}
```

其中,

(a) model = new QSqlTableModel(this):主程序中使用模型机制来访问数据库视图信息,用头文件中定义好的模型对象指针(QSqlTableModel *)model 执行操作,通过其 "->setTable("视图名称")" 指明要访问的视图名, "->select()" 加载视图数据,加载完成后就可以在后面整个程序中随时访问到模型中的数据信息。

(b) onTableSelectChange(0):该方法在数据网格选择的行变更时触发执行,它有一个参数,用于指定要显示的行,初始默认为 0 表示显示第一行;若为 1 则表示动态获取显示当前选中的行。

上段程序中的 MainWindow::initMainWindow()方法用于具体执行初始化窗体中要显示的 CT

相片及系统当前日期时间的功能，代码如下：

```
void MainWindow::initMainWindow()
{
    QString ctImgPath = "D:\\Qt\\test\\Tumor.jpg";
                                    //路径中不能含中文字符,且图像大小 1000*500
    //QString ctImgPath = "D:\\Qt\\test\\CT.jpg";
    Mat ctImg = imread(ctImgPath.toLatin1().data());    //读取 CT 相片数据
    cvtColor(ctImg, ctImg, COLOR_BGR2RGB);              //(a)
    myCtImg = ctImg;                                    //(b)
    myCtQImage = QImage((const unsigned char*)(ctImg.data), ctImg.cols, ctImg.rows, QImage::Format_RGB888);
    ctImgShow();                                        //(c)
    //时间日期更新
    QDate date = QDate::currentDate();                  //获取当前日期
    int year = date.year();
    ui->yearLcdNumber->display(year);                   //显示年份
    int month = date.month();
    ui->monthLcdNumber->display(month);                 //显示月份
    int day = date.day();
    ui->dayLcdNumber->display(day);                     //显示日期
    myTimer = new QTimer();                             //创建一个 QTimer 对象
    myTimer->setInterval(1000);    //设置定时器每隔多少毫秒发送一个 timeout()信号
    myTimer->start();                                   //启动定时器
    //绑定消息槽函数
    connect(myTimer, SIGNAL(timeout()), this, SLOT(onTimeOut()));   //(d)
}
```

其中，

(a) cvtColor(ctImg, ctImg, COLOR_BGR2RGB)：由于 OpenCV 库所支持的图像格式与 Qt 的图像格式存在差异，所以必须使用 cvtColor()函数对图像格式进行转换，才能使其在 Qt 程序界面上正常显示。

(b) myCtImg = ctImg; myCtQImage = Qimage(...)：OpenCV 所处理的图像必须是 Mat 类型的缓存像素形式，才能被程序中的方法随时调用处理；而 Qt 用于保存的图像则必须统一转为 QImage 类型，故本例程序中对图像进行每一步处理后，都将其分别以这两种不同形式赋值给两个变量暂存，以便随时供处理或存盘用。在 Qt 中，QImage 类型的图像还可供界面显示用。

(c) ctImgShow()：显示 CT 相片的语句封装于方法 ctImgShow()内，在整个程序范围内通用，其中仅有一条关键语句，如下：

```
void MainWindow::ctImgShow()
{
    ui->CT_Img_Label->setPixmap(QPixmap::fromImage(myCtQImage. Scaled (ui->CT_Img_Label-> size(), Qt::KeepAspectRatio)));   //在 QT 界面上显示 CT 相片
}
```

(d) connect(myTimer, SIGNAL(timeout()), this, SLOT(onTimeOut()))：onTimeOut()方法是触发时间显示更新事件消息所要执行的方法，内容为：

```
void MainWindow::onTimeOut()
{
    QTime time = QTime::currentTime();                  //获取当前系统时间
```

```cpp
    ui->timeEdit->setTime(time);                    //设置时间框里显示的值
}
```

22.4.4 诊断功能实现

界面上的"开始诊断"按钮实现诊断功能,其事件代码如下:

```cpp
void MainWindow::on_startPushButton_clicked()
{
    ctImgRead();                                    //打开和读取患者的CT相片
    QTime time;
    time.start();
    ui->progressBar->setMaximum(0);                 //(a)
    ui->progressBar->setMinimum(0);
    while (time.elapsed() < 5000)                   //等待时间为5秒
    {
        QCoreApplication::processEvents();          //处理事件以保持界面刷新
    }
    ui->progressBar->setMaximum(100);
    ui->progressBar->setMinimum(0);
    ctImgProc();                                    //处理CT相片
    ui->progressBar->setValue(0);
    ctImgSave();                                    //保存结果相片
}
```

其中,

(a) ui->progressBar->setMaximum(0); ui->progressBar->setMinimum(0):将进度条的最大、最小值皆设为0,在运行时造成进度条反复循环播放的等待效果,增强用户使用体验。

从上段程序可见,诊断功能分为读取CT相片、分析CT相片进行诊断、保存诊断结果这三个主要阶段,下面分别看其实现的细节。

1. 读取CT相片

ctImgRead()方法为医生提供选择所要分析的患者CT相片且读取显示的功能,实现代码如下:

```cpp
void MainWindow::ctImgRead()
{
    QString ctImgName = QFileDialog::getOpenFileName(this, "载入CT相片", ".",
"Image File(*.png *.jpg *.jpeg *.bmp)");           //打开图片文件对话框
    if(ctImgName.isEmpty()) return;
    Mat ctRgbImg, ctGrayImg;
    Mat ctImg = imread(ctImgName.toLatin1().data());    //读取CT相片数据
    cvtColor(ctImg, ctRgbImg, COLOR_BGR2RGB);           //格式转换为RGB
    cvtColor(ctRgbImg, ctGrayImg, CV_RGB2GRAY);         //格式转换为灰度图
    myCtImg = ctRgbImg;
    myCtGrayImg = ctGrayImg;
    myCtQImage = QImage((const unsigned char*)(ctRgbImg.data), ctRgbImg.cols,
ctRgbImg.rows, QImage::Format_RGB888);
    ctImgShow();
}
```

将彩色 CT 相片转为黑白的灰度图是为了单一化图像的色彩通道,以便于下面用特定的算法对图像像素进行分析处理。

2. 分析 CT 相片进行诊断

用 OpenCV 库对打开的 CT 相片进行处理,执行 ctImgProc()方法,代码如下:

```cpp
void MainWindow::ctImgProc()
{
    QTime time;
    time.start();
    ui->progressBar->setValue(19);                    //进度条控制功能
    while(time.elapsed() < 2000) { QCoreApplication::processEvents(); }
    ctImgHoughCircles();                              //霍夫圆算法处理
    while (time.elapsed() < 2000) { QCoreApplication::processEvents(); }
    ui->progressBar->setValue(ui->progressBar->value() + 20);
    ctImgShow();                                      //显示处理后的 CT 相片
    while(time.elapsed() < 2000) { QCoreApplication::processEvents(); }
    ui->progressBar->setValue(ui->progressBar->maximum());
    QMessageBox::information(this, tr("完毕"), tr("子宫内壁见椭球形阴影,疑似子宫肌瘤"));                                    //消息框出诊断结果
}
```

其中的 ctImgHoughCircles()方法以 Contrib 扩展库中的霍夫圆算法检测和定位病灶所在之处,实现代码如下:

```cpp
void MainWindow::ctImgHoughCircles()
{
    Mat ctGrayImg = myCtGrayImg.clone();              //获取灰度图
    Mat ctColorImg;
    cvtColor(ctGrayImg, ctColorImg, CV_GRAY2BGR);
    GaussianBlur(ctGrayImg, ctGrayImg, Size(9, 9), 2, 2);//先对图像做高斯平滑处理
    vector<Vec3f> h_circles;                          //用向量数组存储病灶区圆圈
    HoughCircles(ctGrayImg, h_circles, CV_HOUGH_GRADIENT, 2, ctGrayImg.rows/8, 200, 100);                                         //(a)
    int processValue = 45;
    ui->progressBar->setValue(processValue);
    QTime time;
    time.start();
    while (time.elapsed() < 2000) { QCoreApplication::processEvents(); }
    for(size_t i = 0; i < h_circles.size(); i++)
    {
        Point center(cvRound(h_circles[i][0]), cvRound(h_circles[i][1]));
        int h_radius = cvRound(h_circles[i][2]);
        circle(ctColorImg, center, h_radius, Scalar(238, 0, 238), 3, 8, 0);
                                                      //以粉色圆圈圈出 CT 相片上的病灶区
        circle(ctColorImg, center, 3, Scalar(238, 0, 0), -1, 8, 0);
                                                      //以鲜红圆点标出病灶区的中心所在之处
        processValue += 1;
        ui->progressBar->setValue(processValue);
    }
}
```

```
        myCtImg = ctColorImg;
        myCtQImage = QImage((const unsigned char*)(myCtImg.data), myCtImg.cols,
myCtImg.rows, QImage::Format_RGB888);
    }
```

其中，

(a) HoughCircles(ctGrayImg, h_circles, CV_HOUGH_GRADIENT, 2, ctGrayImg.rows/8, 200, 100)：在 OpenCV 的 Contrib 扩展库中执行霍夫圆算法的函数，霍夫圆算法是一种用于检测图像中圆形区域的算法。OpenCV 库内部实现的是一个比标准霍夫圆变换更为灵活的检测算法——霍夫梯度法。它的原理依据是：圆心一定是在圆的每个点的模向量上，这些圆的点的模向量的交点就是圆心。霍夫梯度法的第一步是找到这些圆心，将三维的累加平面转化为二维累加平面；第二步则根据所有候选中心的边缘非 0 像素对其的支持程度来确定圆的半径。此法最早在 Illingworth 的论文 *The Adaptive Hough Transform* 中提出，有兴趣的读者请上网检索，本书不展开。对 HoughCircles 函数的几个主要参数的简要说明如下。

- src_gray：内容为 ctGrayImg，表示待处理的灰度图。
- circles：为 h_circles，表示每个检测到的圆。
- CV_HOUGH_GRADIENT：指定检测方法，为霍夫梯度法。
- dp：值为 2，累加器图像的反比分辨率。
- min_dist：这里是 ctGrayImg.rows/8，为检测到圆心之间的最小距离。
- param_1：值为 200，Canny 边缘函数的高阈值。
- param_2：值为 100，圆心检测阈值。

3．保存诊断结果

将诊断结果保存在指定的目录下，用 ctImgSave()方法实现，代码如下：

```
void MainWindow::ctImgSave()
{
    QFile image("D:\\Qt\\imgproc\\Tumor_1.jpg");    //指定保存路径及文件名
    if (!image.open(QIODevice::ReadWrite)) return;
    QByteArray qba;                                  //缓存的字节数组
    QBuffer buf(&qba);                               //缓存区
    buf.open(QIODevice::WriteOnly);                  //以只写方式打开缓存区
    myCtQImage.save(&buf, "JPG");                    //以 JPG 格式写入缓存
    image.write(qba);                                //将缓存数据写入图像文件
}
```

22.4.5 患者信息表单

本系统以选项卡表单的形式显示每个患者的基本信息及详细信息，并实现与数据网格记录的联动显示。

1．显示表单信息

当用户选择数据网格中某患者的记录条目时，执行 onTableSelectChange()方法，在表单中显示该患者的信息，实现代码如下：

```
void MainWindow::on_basicTableView_clicked(const QModelIndex &index)
{
    onTableSelectChange(1);
}
```

参数（1）表示获取当前选中的条目行索引。

onTableSelectChange()方法的实现代码如下：

```
void MainWindow::onTableSelectChange(int row)
{
    int r = 1;                                          //默认显示第一行
    if(row !=0)r=ui->basicTableView->currentIndex().row();  //获取当前行索引
    QModelIndex index;
    index = model->index(r, 1);                         //姓名
    ui->nameLabel->setText(model->data(index).toString());
    index = model->index(r, 2);                         //性别
    QString sex = model->data(index).toString();
    (sex.compare("男")==0)?ui->maleRadioButton->setChecked(true): ui->femaleRadioButton->setChecked(true);
    index = model->index(r, 4);                         //出生日期
    QDate date;
    int now = date.currentDate().year();
    int bir = model->data(index).toDate().year();
    ui->ageSpinBox->setValue(now - bir);                //计算年龄
    index = model->index(r, 3);                         //民族
    QString ethnic = model->data(index).toString();
    ui->ethniComboBox->setCurrentText(ethnic);
    index = model->index(r, 0);                         //医保卡编号
    QString ssn = model->data(index).toString();
    ui->ssnLineEdit->setText(ssn);
    showUserPhoto();                                    //照片
}
```

初始化加载窗体时也会自动执行一次该方法，参数为0默认显示的是第一条记录。

2. 显示照片

showUserPhoto()方法显示患者照片，实现代码如下：

```
void MainWindow::showUserPhoto()
{
    QPixmap photo;
    QModelIndex index;
    for(int i = 0; i < model_d->rowCount(); i++)
    {
        index = model_d->index(i, 0);
        QString current_name = model_d->data(index).toString();
        if(current_name.compare(ui->nameLabel->text()) == 0)
        {
            index = model_d->index(i, 2);
            break;
        }
```

```
    photo.loadFromData(model_d->data(index).toByteArray(), "JPG");
    ui->photoLabel->setPixmap(photo);
}
```

以上代码将表单界面文本标签上显示的患者姓名与数据库视图模型中的姓名字段一一比对，比中的为该患者的信息条目，将其照片数据加载进来显示即可。

3. 病历联动填写

当切换到"病历"选项卡时，联动填写并显示该患者的详细病历信息，该功能的实现代码如下：

```
void MainWindow::on_tabWidget_tabBarClicked(int index)
{
    //填写病历
    if(index == 1)
    {
        QModelIndex index;
        for(int i = 0; i < model_d->rowCount(); i++)
        {
            index = model_d->index(i, 0);
            QString current_name = model_d->data(index).toString();
            if(current_name.compare(ui->nameLabel->text()) == 0)
            {
                index = model_d->index(i, 1);
                break;
            }
        }
        ui->caseTextEdit->setText(model_d->data(index).toString());
        ui->caseTextEdit->setFont(QFont("楷体", 12));             //设置字体、字号
    }
}
```

病历内容的读取、显示原理与照片类同，也是采用逐一比对的方法定位到并取出模型视图中对应患者的病历信息。

22.5 远程诊疗系统运行演示

最后，完整地运行这个系统，以便读者对其功能和使用方法有个清晰的理解。

22.5.1 启动、连接数据库

运行程序，首先出现消息框，提示后台数据库已启动，单击"OK"按钮启动数据库，如图22.16所示。

第 22 章　OpenCV【综合实例】：医院远程诊断系统

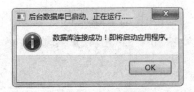

图 22.16　启动数据库

接下来出现的是系统主界面，初始显示一张默认的 CT 相片，如图 22.17 所示。

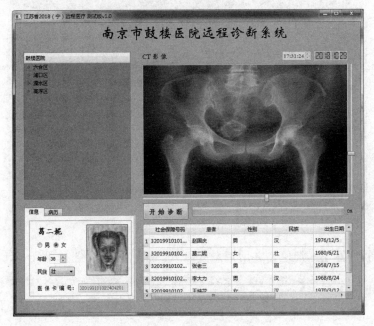

图 22.17　系统主界面

22.5.2　执行诊断分析

单击"开始诊断"按钮，选择一张 CT 相片并打开，如图 22.18 所示。

图 22.18　选择一张 CT 相片并打开

在诊断分析进行中,进度条显示分析的进度,如图22.19所示。

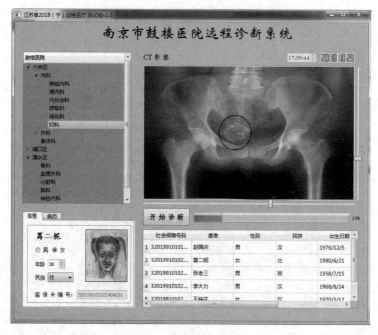

图22.19 诊断分析进行中

诊断结束,程序圈出病灶区,并用消息框显示诊断结果,如图22.20所示。

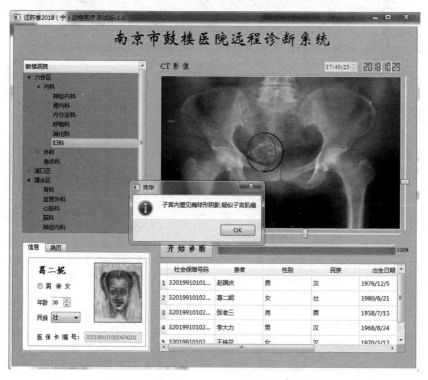

图22.20 显示诊断结果

22.5.3 表单信息联动

在数据网格表中选择不同患者的记录条目，表单中也会联动更新对应患者的信息，如图22.21所示。

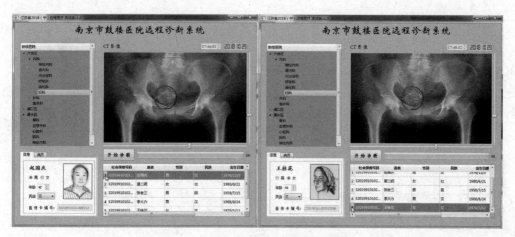

图 22.21　联动更新对应患者的信息

22.5.4 查看病历

切换到"病历"选项卡，可查看到该名患者的详细病历信息，如图22.22所示。

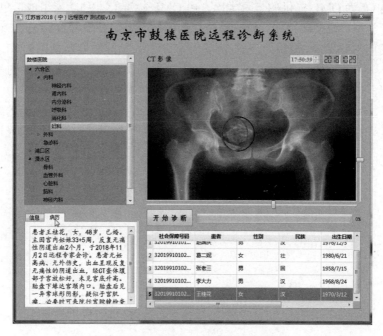

图 22.22　查看患者的详细病历信息

至此，完成了用 Qt 开发的、使用 OpenCV+Contrib 图像处理库、以 MySQL 为后台数据库的远程医疗诊断系统，读者还可以对其进行完善，加入更多实用的功能。

第 4 部分　QML 和 Qt Quick 及其应用

第 23 章

QML 编程基础

23.1　QML 概述

QML（Qt Meta Language，Qt 元语言）是一个用来描述应用程序界面的声明式脚本语言，自 Qt 4.7 引入。QML 具有良好的易读性，它以可视化组件及其交互和相互关联的方式来描述界面，使组件能在动态行为中互相连接，并支持在一个用户界面上很方便地复用和定制组件。

Qt Quick 是 Qt 为 QML 提供的一套类库，由 QML 标准类型和功能组成，包括可视化类型、交互类型、动画类型、模型和视图、粒子系统和渲染效果等，在编程时只需要一条 import 语句，程序员就能够访问这些功能。使用 Qt Quick，设计和开发人员能很容易地用 QML 构建出高品质、流畅的 UI 界面，从而开发出具有视觉吸引力的应用程序。目前，QML 已经同 C++一起并列成为 Qt 的首选编程语言，Qt 6.0 支持 Qt Quick 2.15。

QML 是通过 Qt QML 引擎在程序运行时解析并运行的。Qt 6.0 更高性能的编译器通道意味着使用 QML 编写的程序启动时及运行时速度更快、效率更高。QML 新、旧编译器通道如图 23.1 所示。

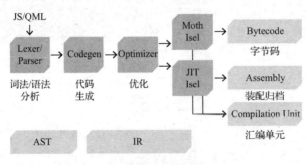

（a）QML 旧编译器通道

图 23.1　编译器通道

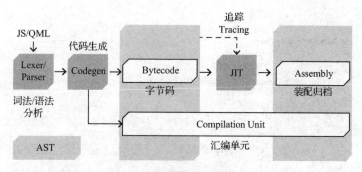

(b) QML 新编译器通道

图 23.1 编译器通道（续）

23.1.1 第一个 QML 程序

【例】（简单）（CH2301）这里先从一个最简单的 QML 程序入手，介绍 QML 的基本概念。

1. 创建 QML 项目

创建 QML 项目的步骤如下。

（1）启动 Qt Creator，单击主菜单"文件"→"新建文件或项目…"项，弹出"New File or Project"对话框，如图 23.2 所示，选择项目"Application (Qt Quick)"下的"Qt Quick Application-Empty"模板。

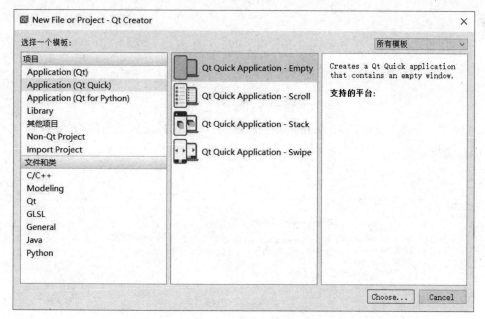

图 23.2 选择项目模板

（2）单击"Choose…"按钮，在"Qt Quick Application"对话框的"Project Location"页输入项目名称"QmlDemo"，并选择保存项目的路径，如图 23.3 所示。

（3）单击"下一步"按钮，在"Define Build System"页选择编译器为"qmake"，如图 23.4 所示。

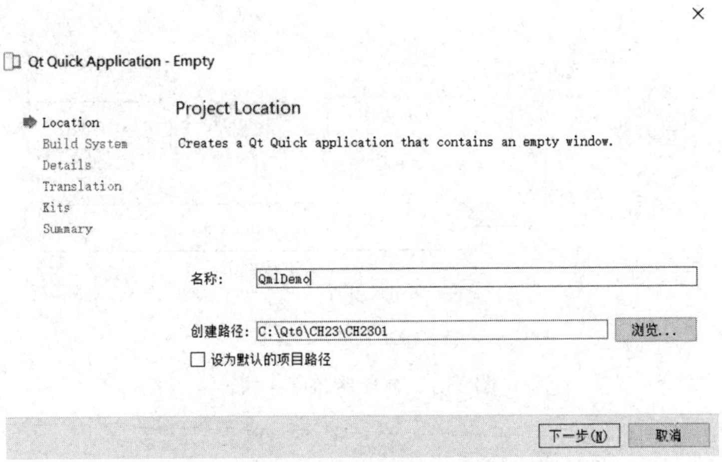

图 23.3 命名和保存项目

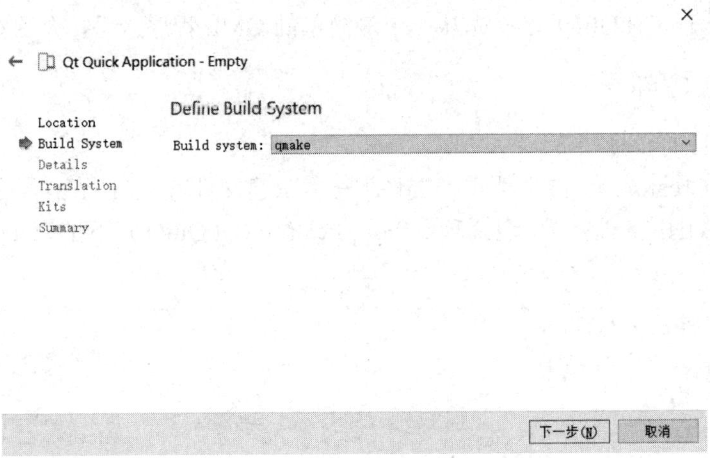

图 23.4 选择编译器

（4）单击"下一步"按钮，在"Define Project Details"页选择最低适应的 Qt 版本为"Qt 5.15"，如图 23.5 所示。

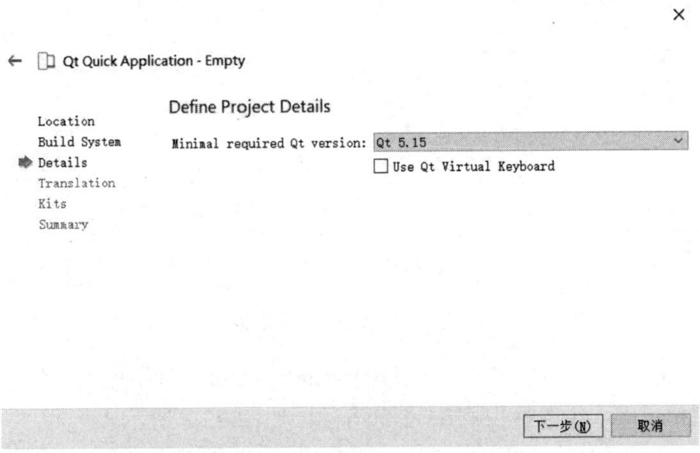

图 23.5 选择最低适应的 Qt 版本

（5）连续两次单击"下一步"按钮，在"Kit Selection"页选择自己项目的构建套件（编译器和调试器），如图23.6所示，这里勾选"Desktop Qt 6.0.2 MinGW 64-bit"，单击"下一步"按钮。

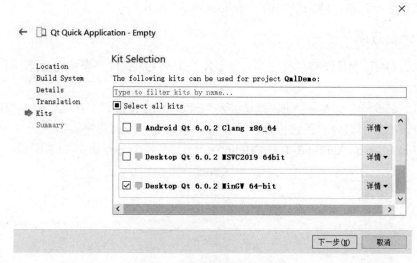

图23.6 选择项目的构建套件

（6）在"Project Management"页上自动汇总出要添加到该项目的文件，如图23.7所示，单击"完成"按钮完成QML项目的创建。

图23.7 自动汇总出要添加到该项目的文件

此时，系统自动生成了一个空的QML窗体代码框架，位于项目启动的主程序文件"main.qml"中，如下：

```
import QtQuick 2.15
import QtQuick.Window 2.15

Window {
    width: 640
```

```
        height: 480
        visible: true
        title: qsTr("Hello World")
}
```

单击 ▶ 按钮运行项目,弹出空白的"Hello World"窗口。

2. 编写 QML 程序

初始创建的 QML 项目没有任何内容,需要用户编写 QML 程序来实现功能。下面来实现如下简单的功能:

在窗口的上部放一个文本输入框(默认显示"Enter some text..."),在框中输入"Hello World!"后用鼠标单击该框外窗口内的任意位置,于开发环境底部"应用程序输出"子窗口中输出一行文本"qml: Clicked on background. Text: "Hello World!"",整个过程如图 23.8 所示。

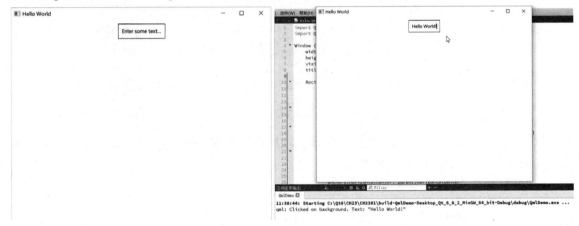

图 23.8 第一个 QML 程序功能

在"main.qml"中编写(就着原来的框架修改)代码如下:

```
/* import 部分 */
import QtQuick 2.15
import QtQuick.Window 2.15

/* 对象声明部分 */
Window {
    width: 640
    height: 480
    visible: true
    title: qsTr("Hello World")

    Rectangle {
        width: 360
        height: 360
        anchors.fill: parent
        MouseArea {
            id: mouseArea
            anchors.fill: parent
            onClicked: {
```

```
                    console.log(qsTr('Clicked on background. Text: "' + textEdit.text+
'"'))
                }
            }
            TextEdit {
                id: textEdit
                text: qsTr("Enter some text…")
                verticalAlignment: Text.AlignVCenter
                anchors.top: parent.top
                anchors.horizontalCenter: parent.horizontalCenter
                anchors.topMargin: 20
                Rectangle {
                    anchors.fill: parent
                    anchors.margins: -10
                    color: "transparent"
                    border.width: 1
                }
            }
        }
    }
```

23.1.2 QML 文档构成

QML 程序的源文件又叫"QML 文档",以.qml 为文件名后缀,例如,上面项目的"main.qml"就是一个 QML 文档。每个 QML 文档都由两部分构成:import 和对象声明。

1. import 部分

此部分导入需要使用的 Qt Quick 库,这些库由 Qt 6 提供,包含了用户界面最通用的类和功能,如本程序"main.qml"文件开头的两句:

```
import QtQuick 2.15                                //导入 Qt Quick 2.15 库
import QtQuick.Window 2.15                         //导入 Qt Quick 窗体库
```

导入这些库后,用户就可以在自己编写的程序中访问 Qt Quick 所有的 QML 类型、接口和功能。

2. 对象声明

这是一个 QML 程序代码的主体部分,它以层次化的结构定义了可视场景中将要显示的元素,如矩形、图像、文本及获取用户输入的对象……它们都是 Qt Quick 为用户界面开发提供的基本构件。例如,"main.qml"的对象声明部分:

```
Window {                                           //根对象
    width: 640
    height: 480
    visible: true
    title: qsTr("Hello World")

    Rectangle {                                    //对象
```

```
        ...
    }
}
```

QML 规定了一个 Window 对象作为根对象，程序中声明的其他所有对象都必须位于根对象的内部。

3. 对象和属性

对象可以嵌套，即一个 QML 对象可以没有、也可以有一个或多个子对象，如上面 Window 中声明的 Rectangle（矩形）对象就有两个子对象（MouseArea 和 TextEdit），而子对象 TextEdit 本身又拥有一个子对象 Rectangle，如下：

```
Rectangle {                                     //对象：Rectangle
    ...
    MouseArea {                                 //子对象 1：MouseArea
        ...
    }
    TextEdit {                                  //子对象 2：TextEdit
        ...
        Rectangle {                             //子对象 2 的子对象：Rectangle
            ...
        }
    }
}
```

对象由它们的类型指定，以大写字母开头，后面跟一对大括号{}，{}之中是该对象的属性，属性以键值对"属性名:值"的形式给出，比如在代码中：

```
Rectangle {
    width: 360                                  //属性（宽度）
    height: 360                                 //属性（高度）
    ...
}
```

定义了一个宽度和高度都是 360 像素的矩形。QML 允许将多个属性写在一行，但它们之间必须用分号隔开，所以以上代码也可以写为：

```
Rectangle {
    width: 360;height: 360                      //属性（宽度和高度）
    ...
}
```

对象 MouseArea 是可以响应鼠标事件的区域：

```
MouseArea {
    id: mouseArea
    anchors.fill: parent
    onClicked: {
        console.log(qsTr('Clicked on background. Text: "' + textEdit.text + '"'))
    }
}
```

作为子对象，它可以使用 parent 关键字访问其父对象 Rectangle。其属性 anchors.fill 起到布局作用，它会使 MouseArea 充满一个对象的内部，这里设值为 parent 表示 MouseArea 充满整个矩形，即整个窗口内部都是鼠标响应区。

TextEdit 是一个文本编辑对象：

```
TextEdit {
    id: textEdit
    text: qsTr("Enter some text…")
    verticalAlignment: Text.AlignVCenter
    anchors.top: parent.top
    anchors.horizontalCenter: parent.horizontalCenter
    anchors.topMargin: 20
    Rectangle {
        anchors.fill: parent
        anchors.margins: -10
        color: "transparent"
        border.width: 1
    }
}
```

属性 text 是其默认要输出显示的文本（Enter some text…），属性 anchors.top、anchors.horizontalCenter 和 anchors.topMargin 都是布局用的，这里设为使 TextEdit 处于矩形窗口的上部水平居中的位置，距窗口顶部有 20 个像素的边距。

QML 文档中的各种对象及其子对象以这种层次结构组织在一起，共同描述一个可显示的用户界面。

4．对象标识符

每个对象都可以指定一个唯一的 id 值，这样便可以在其他对象中识别并引用该对象。例如在本例代码中：

```
MouseArea {
    id: mouseArea
    …
}
```

就给 MouseArea 指定了 id 为 mouseArea。可以在一个对象所在的 QML 文档中的任何地方，通过使用该对象的 id 来引用该对象。因此，id 值在一个 QML 文档中必须是唯一的。对于一个 QML 对象而言，id 值是一个特殊的值，不要把它看成一个普通的属性，例如，无法使用 mouseArea.id 来进行访问。一旦一个对象被创建，它的 id 就无法被改变了。

注意： id 必须以小写字母或下画线开头，并且不能使用除字母、数字和下画线外的字符。

5．注释

QML 文档的注释同 C/C++、JavaScript 代码的注释一样：

（1）单行注释使用"//"开始，在行的末尾结束。

（2）多行注释使用"/*"开始，使用"*/"结尾。

因具体写法在前面代码中都给出过，故这里不再赘述。

23.2 QML 可视元素

QML 语言使用可视元素（Visual Elements）来描述图形化用户界面，每个可视元素都是一个对象，具有几何坐标，在屏幕上占据一块显示区域。Qt Quick 预定义了一些基本的可视元素，用户编程可直接使用它们来创建程序界面。

23.2.1 Rectangle（矩形）元素

Qt Quick 提供了 Rectangle 类型来绘制矩形，矩形可以使用纯色或渐变色来填充，可以为它添加边框并指定颜色和宽度，还可以设置透明度、可见性、旋转和缩放等效果。

【例】（简单）（CH2302）在窗口中绘制矩形，运行效果如图 23.9 所示。

具体实现步骤如下。

（1）新建 QML 应用程序，项目名称为"Rectangle"。
（2）在"main.qml"文件中编写代码如下：

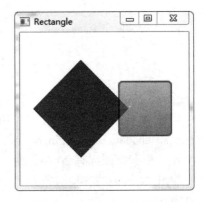

图 23.9 Rectangle 运行效果

```
import QtQuick 2.15
import QtQuick.Window 2.15

Window {
    width: 250
    height: 220
    visible: true
    title: qsTr("Rectangle")

    Rectangle {
        width: 360
        height: 360
        anchors.fill: parent
        MouseArea {
            id: mouseArea
            anchors.fill: parent
            onClicked: {
                topRect.visible = !topRect.visible    //（a）
            }
        }
        /* 添加定义两个Rectangle对象 */
        Rectangle {
            rotation: 45                              //旋转45°
            x: 40                                     //x方向的坐标
            y: 60                                     //y方向的坐标
            width: 100                                //矩形宽度
            height: 100                               //矩形高度
```

```
            color: "red"                             //以纯色（红色）填充
        }
        Rectangle {
            id: topRect                              //id 标识符
            opacity: 0.6                             //设置透明度为 60%
            scale: 0.8                               //缩小为原尺寸的 80%
            x: 135
            y: 60
            width: 100
            height: 100
            radius: 8                                //绘制圆角矩形
            gradient: Gradient {                     //(b)
                GradientStop { position: 0.0; color: "aqua" }
                GradientStop { position: 1.0; color: "teal" }
            }
            border { width: 3; color: "blue" }       //为矩形添加一个 3 像素宽的蓝色边框
        }
    }
}
```

其中，

(a) topRect.visible = !topRect.visible：控制矩形对象的可见性。用矩形对象的标识符 topRect 访问其 visible 属性以达到控制可见性的目的。在程序运行中，单击窗体内任意位置，矩形 topRect 将时隐时现。

(b) gradient: Gradient {…}：以垂直方向的渐变色填充矩形，gradient 属性要求一个 Gradient 对象，该对象需要一个 GradientStop 的列表。可以这样理解渐变：渐变指定在某个位置上必须是某种颜色，这期间的过渡色则由计算而得。GradientStop 对象就是用于这种指定的，它需要两个属性：position 和 color。前者是一个 0.0～1.0 的浮点数，说明 y 轴方向的位置，例如元素的顶部是 0.0，底部是 1.0，介于顶部和底部之间的位置可以用这样一个浮点数表示，也就是一个比例；后者是这个位置的颜色值，例如上面的"GradientStop { position: 1.0; color: "teal" }"说明在从上往下到矩形底部位置范围内都是蓝绿色。

23.2.2 Image（图像）元素

Qt Quick 提供了 Image 类型来显示图像，Image 类型有一个 source 属性。该属性的值可以是远程或本地 URL，也可以是嵌入已编译的资源文件中的图像文件 URL。

【例】（简单）（CH2303）将一张较大的风景图片适当地缩小后显示在窗体中，运行效果如图 23.10 所示。

具体实现步骤如下。

（1）新建 QML 应用程序，项目名称为"Image"。

（2）在项目工程目录中建一个 images 文件夹，其中放入一张图片，该图片是用数码相机拍摄（尺寸为 980 像素×751 像素）的，文件名为"tianchi.jpg"（长白山天池）。

（3）右击项目视图"Resources"→"qml.qrc"下的"/"节点，选择"添加现有文件…"项，从弹出的对话框中选择事先准备的"tianchi.jpg"文件并打开，如图 23.11 所示，将其加载到项目中。

图 23.10　Image 运行效果

图 23.11　加载图片资源

（4）打开"main.qml"文件，编写代码如下：

```
import QtQuick 2.15
import QtQuick.Window 2.15

Window {
    width: 285
    height: 225
    visible: true
    title: qsTr("Image")

    Rectangle {
        width: 360
        height: 360
        anchors.fill: parent
        Image {
            //图片在窗口中的位置坐标
            x: 20
            y: 20
            //宽和高均为原图的 1/4
            width: 980/4;height: 751/4             //(a)
            source: "images/tianchi.jpg"           //图片路径 URL
            fillMode: Image.PreserveAspectCrop     //(b)
            clip: true                             //避免所要渲染的图片超出元素范围
        }
    }
}
```

其中，

(a) width: 980/4;height: 751/4：Image 的 width 和 height 属性用来设定图元的大小，如果没有设置，则 Image 会使用图片本身的尺寸；如果设置了，则图片就会拉伸来适应这个尺寸。本例设置它们均为原图尺寸的 1/4，为的是使其缩小后不变形。

(b) fillMode: Image.PreserveAspectCrop：fillMode 属性设置图片的填充模式，它支持 Image.Stretch（拉伸）、Image.PreserveAspectFit（等比缩放）、Image.PreserveAspectCrop（等比缩放，最大化填充 Image，必要时裁剪图片）、Image.Tile（在水平和垂直两个方向平铺，就像贴瓷砖那样）、Image.TileVertically（垂直平铺）、Image.TileHorizontally（水平平铺）、Image.Pad（保持图片原样不做变换）等模式。

23.2.3 Text(文本)元素

为了用 QML 显示文本,要使用 Text 元素,它提供了很多属性,包括颜色、字体、字号、加粗和倾斜等,这些属性可以被设置应用于整块文本段,获得想要的文字效果。Text 元素还支持富文本显示、文本样式设计,以及长文本省略和换行等功能。

【例】(简单)(CH2304)各种典型文字效果的演示,运行效果如图 23.12 所示。

图 23.12 Text 运行效果

具体实现步骤如下。

(1)新建 QML 应用程序,项目名称为 "Text"。
(2)打开 "main.qml" 文件,编写代码如下:

```
import QtQuick 2.15
import QtQuick.Window 2.15

Window {
    width: 320
    height: 240
    visible: true
    title: qsTr("Text")

    Rectangle {
        width: 360
        height: 360
        anchors.fill: parent

        Text {                                          //普通纯文本
            x:60
            y:100
            color:"green"                               //设置颜色
            font.family: "Helvetica"                    //设置字体
            font.pointSize: 24                          //设置字号
            text: "Hello Qt Quick!"                     //输出文字内容
        }
        Text {                                          //富文本
            x:60
            y:140
            color:"green"
            font.family: "Helvetica"
            font.pointSize: 24
            text: "<b>Hello</b> <i>Qt Quick!</i>"       //(a)
        }
        Text {                                          //带样式的文本
            x:60
```

```
            y:180
            color:"green"
            font.family: "Helvetica"
            font.pointSize: 24
            style: Text.Outline;styleColor:"blue"      //(b)
            text: "Hello Qt Quick!"
        }
        Text {                                          //带省略的文本
            width:200                                   //限制文本宽度
            color:"green"
            font.family: "Helvetica"
            font.pointSize: 24
            horizontalAlignment:Text.AlignLeft          //在窗口中左对齐
            verticalAlignment:Text.AlignTop             //在窗口中顶端对齐
            elide:Text.ElideRight                       //(c)
            text: "Hello Qt Quick!"
        }
        Text {                                          //换行的文本
            width:200                                   //限制文本宽度
            y:30
            color:"green"
            font.family: "Helvetica"
            font.pointSize: 24
            horizontalAlignment:Text.AlignLeft
            wrapMode:Text.WrapAnywhere                  //(d)
            text: "Hello Qt Quick!"
        }
    }
}
```

其中，

(a) text: "\<b\>Hello\</b\> \<i\>Qt Quick!\</i\>"：Text 元素支持用 HTML 类型标记定义富文本，它有一个 textFormat 属性，默认值为 Text.RichText(输出富文本)；若显式地指定为 Text.PlainText，则会输出纯文本（连同 HTML 标记一起作为字符输出）。

(b) style: Text.Outline;styleColor:"blue"：style 属性设置文本的样式，支持的文本样式有 Text.Normal、Text.Outline、Text.Raised 和 Text.Sunken；styleColor 属性设置样式的颜色，这里是蓝色。

(c) elide:Text.ElideRight：设置省略文本的部分内容来适合 Text 的宽度，若没有对 Text 明确设置 width 值，则 elide 属性将不起作用。elide 可取的值有 Text.ElideNone（默认，不省略）、Text.ElideLeft（从左边省略）、Text.ElideMiddle（从中间省略）和 Text.ElideRight（从右边省略）。

(d) wrapMode:Text.WrapAnywhere：如果不希望使用 elide 省略显示方式，还可以通过 wrapMode 属性指定换行模式，本例中设为 Text.WrapAnywhere，即只要达到边界（哪怕在一个单词的中间）都会进行换行；若不想这么做，可设为 Text.WordWrap 只在单词边界换行。

23.2.4 自定义元素（组件）

前面简单地介绍了几种 QML 的基本元素。在实际应用中，用户可以由这些基本元素再加以组合，自定义出一个较复杂的元素，以方便重用，这种自定义的组合元素也被称为组件。QML 提供了很多方法来创建组件，其中最常用的是基于文件的组件，它将 QML 元素放置在一个单独的文件中，然后给该文件一个名字，便于用户日后通过这个名字来使用这个组件。

【例】（难度一般）（CH2305）自定义创建一个 Button 组件并在主窗口中使用它，运行效果如图 23.13 所示。

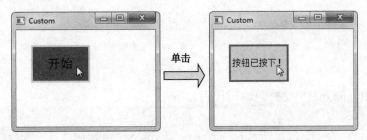

图 23.13 自定义 Button 组件的运行效果

具体实现步骤如下。

（1）新建 QML 应用程序，项目名称为"Custom"。

（2）右击项目视图"Resources"→"qml.qrc"下的"/"节点，选择"Add New…"项，弹出"新建文件"对话框，如图 23.14 所示，选择文件和类"Qt"下的"QML File(Qt Quick 2)"模板。

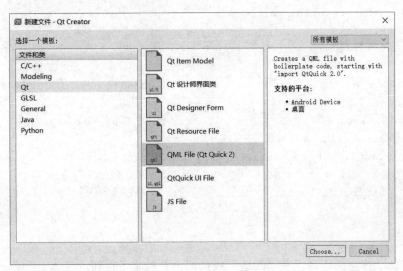

图 23.14 新建 QML 文件

（3）单击"Choose…"按钮，在"Location"页输入文件名"Button"，并选择保存路径（本项目文件夹下），如图 23.15 所示。

单击"下一步"按钮，单击"完成"按钮，就在项目中添加了一个"Button.qml"文件。

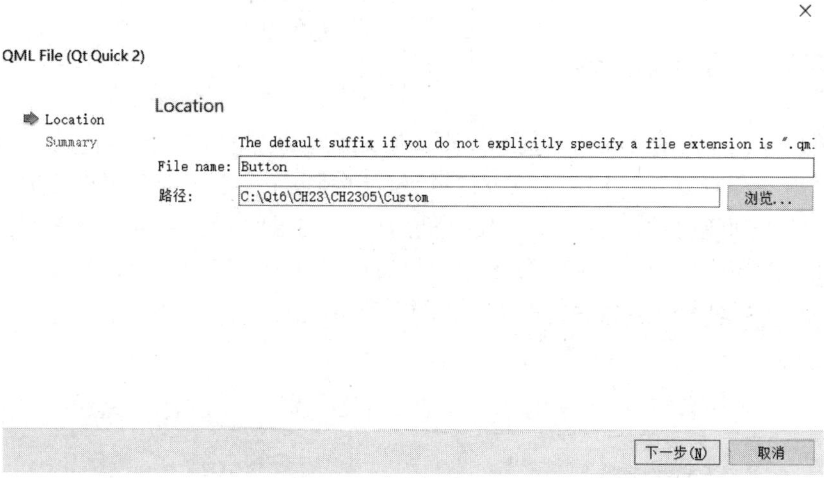

图 23.15 命名组件并保存

(4) 打开 "Button.qml" 文件，编写代码如下：

```
import QtQuick 2.0
Rectangle {                                     //将 Rectangle 自定义成按钮
    id:btn
    width: 100;height: 62                       //按钮的尺寸
    color: "teal"                               //按钮颜色
    border.color: "aqua"                        //按钮边界色
    border.width: 3                             //按钮边界宽度
    Text {                                      //Text 元素作为按钮文本
        id: label
        anchors.centerIn: parent
        font.pointSize: 16
        text: "开始"
    }
    MouseArea {                                 //MouseArea 对象作为按钮单击事件响应区
        anchors.fill: parent
        onClicked: {                            //响应单击事件代码
            label.text = "按钮已按下！"
            label.font.pointSize = 11           //改变按钮文本和字号
            btn.color = "aqua"                  //改变按钮颜色
            btn.border.color = "teal"           //改变按钮边界色
        }
    }
}
```

该文件将一个普通的矩形元素"改造"成按钮，并封装了按钮的文本、颜色、边界等属性，同时定义了它在响应用户单击时的行为。

(5) 打开 "main.qml" 文件，编写代码如下：

```
import QtQuick 2.15
import QtQuick.Window 2.15

Window {
```

```
        width: 320
        height: 240
        visible: true
        title: qsTr("Custom")

        Rectangle {
            width: 360
            height: 360
            anchors.fill: parent

            Button {                                        //复用Button组件
                x: 25; y: 25
            }
        }
    }
```

可见，由于已经编写好了"Button.qml"文件，此处可以像用 QML 基本元素一样直接使用这个组件。

23.3 QML 元素布局

QML 编程中可以使用 x、y 属性手动布局元素，但这些属性是与元素父对象左上角位置紧密相关的，不容易确定各子元素间的相对位置。为此，QML 提供了定位器和锚点来简化元素的布局。

23.3.1 Positioner（定位器）

定位器是 QML 中专用于定位的一类元素，主要有 Row、Column、Grid 和 Flow 等，它们都包含在 QtQuick 模块中。

1. 行列、网格定位

【例】（简单）（CH2306）行列和网格定位分别使用 Row、Column 和 Grid 元素，运行效果如图 23.16 所示。

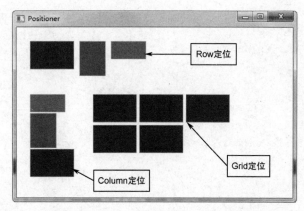

图 23.16　Row、Column 和 Grid 运行效果

具体实现步骤如下。
(1) 新建 QML 应用程序, 项目名称为 "Positioner"。
(2) 按 23.2.4 节介绍的方法定义红、绿、蓝三个矩形组件, 代码分别如下:

```qml
/* 红色矩形, 源文件 RedRectangle.qml */
import QtQuick 2.0
Rectangle {
    width: 64                                       //宽度
    height: 32                                      //高度
    color: "red"                                    //颜色
    border.color: Qt.lighter(color)                 //边框色设置比填充色浅（默认是50%）
}
/* 绿色矩形, 源文件 GreenRectangle.qml */
import QtQuick 2.0
Rectangle {
    width: 48
    height: 62
    color: "green"
    border.color: Qt.lighter(color)
}
/* 蓝色矩形, 源文件 BlueRectangle.qml */
import QtQuick 2.0
Rectangle {
    width: 80
    height: 50
    color: "blue"
    border.color: Qt.lighter(color)
}
```

(3) 打开 "main.qml" 文件, 编写代码如下:

```qml
import QtQuick 2.15
import QtQuick.Window 2.15

Window {
    width: 420
    height: 280
    visible: true
    title: qsTr("Positioner")

    Rectangle {
        width: 420
        height: 280
        anchors.fill: parent

        Row {                                       //(a)
            x:25
            y:25
            spacing: 10                             //元素间距为10像素
```

```
            layoutDirection:Qt.RightToLeft        //元素从右向左排列
            //以下添加被 Row 定位的元素成员
            RedRectangle { }
            GreenRectangle { }
            BlueRectangle { }
        }
        Column {                                   //(b)
            x:25
            y:120
            spacing: 2
            //以下添加被 Column 定位的元素成员
            RedRectangle { }
            GreenRectangle { }
            BlueRectangle { }
        }
        Grid {                                     //(c)
            x:140
            y:120
            columns: 3                             //每行 3 个元素
            spacing: 5
            //以下添加被 Grid 定位的元素成员
            BlueRectangle { }
            BlueRectangle { }
            BlueRectangle { }
            BlueRectangle { }
            BlueRectangle { }
        }
    }
}
```

其中，

(a) Row {…}：Row 将被其定位的元素成员都放置在一行的位置，所有元素之间的间距相等（由 spacing 属性设置），顶端保持对齐。layoutDirection 属性设置元素的排列顺序，可取值为 Qt.LeftToRight（默认，从左向右）、Qt.RightToLeft（从右向左）。

(b) Column {…}：Column 将元素成员按照加入的顺序从上到下在同一列排列出来，同样由 spacing 属性指定元素间距，所有元素靠左对齐。

(c) Grid {…}：Grid 将其元素成员排列为一个网格，默认从左向右排列，每行 4 个元素。可通过设置 rows 和 columns 属性来自定义行和列的数值，如果二者有一个不显式设置，则另一个会根据元素成员的总数计算出来。例如，本例中的 columns 设置为 3，一共放入 5 个蓝色矩形，行数就会自动计算为 2。

2．流定位（Flow）

【例】（简单）（CH2306 续）流定位使用 Flow 元素，运行效果如图 23.17 所示。

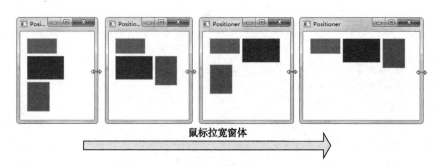

图 23.17　Flow 运行效果

具体实现步骤如下。

（1）仍然使用上例的项目"Positioner"，在其基础上修改。

（2）打开"main.qml"文件，修改代码如下：

```
import QtQuick 2.15
import QtQuick.Window 2.15

Window {
    width: 150
    height: 200
    visible: true
    title: qsTr("Positioner")

    Rectangle {
        width: 150                              //(a)
        height: 200                             //(a)
        anchors.fill: parent

        Flow {                                  //(b)
            anchors.fill: parent
            anchors.margins: 15                 //元素与窗口左上角边距为15像素
            spacing: 5
            //以下添加被 Flow 定位的元素成员
            RedRectangle { }
            BlueRectangle { }
            GreenRectangle { }
        }
    }
}
```

其中，

(a) width: 150、height: 200：为了令 Flow 正确工作并演示出其实用效果，需要指定元素显示区的宽度和高度。

(b) Flow {…}：顾名思义，Flow 会将其元素成员以流的形式显示出来，它既可以从左向右横向布局，也可以从上向下纵向布局，或反之。但与 Row、Column 等定位器不同的是，添加到 Flow 里的元素，会根据显示区（窗体）尺寸变化动态地调整其布局。以本程序为例，初始运行时，因窗体狭窄，无法横向编排元素，故三个矩形都纵向排列，在用鼠标将窗体拉宽的过程中，其中矩形由纵排逐渐转变成横排显示。

3. 重复器（Repeater）

重复器用于创建大量相似的元素成员，常与其他定位器结合起来使用。

【例】（简单）（CH2307）Repeater 结合 Grid 来排列一组矩形元素，运行效果如图 23.18 所示。

具体实现步骤如下。

（1）新建 QML 应用程序，项目名称为"Repeater"。

（2）打开"main.qml"文件，编写代码如下：

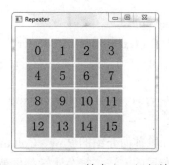

图 23.18　Repeater 结合 Grid 运行效果

```
import QtQuick 2.15
import QtQuick.Window 2.15

Window {
    width: 300
    height: 250
    visible: true
    title: qsTr("Repeater")

    Rectangle {
        width: 360
        height: 360
        anchors.fill: parent

        Grid {                                          //Grid定位器
            x:25;y:25
            spacing: 4
            //用重复器为Grid添加元素成员
            Repeater {                                  //(a)
                model: 16                               //要创建元素成员的个数
                Rectangle {                             //成员皆为矩形元素
                    width: 48; height: 48
                    color:"aqua"
                    Text {                              //显示矩形编号
                        anchors.centerIn: parent
                        color: "black"
                        font.pointSize: 20
                        text: index                     //(b)
                    }
                }
            }
        }
    }
}
```

其中，

(a) Repeater {…}：重复器，作为 Grid 的数据提供者，它可以创建任何 QML 基本的可视元素。因 Repeater 会按照其 model 属性定义的个数循环生成子元素，故上面代码重复生成 16 个

Rectangle。

(b) text: index：Repeater 会为每个子元素注入一个 index 属性，作为当前的循环索引（本例中是 0～15）。因可以在子元素定义中直接使用这个属性，故这里用它给 Text 的 text 属性赋值。

23.3.2 Anchor（锚）

除前面介绍的 Row、Column 和 Grid 等外，QML 还提供了一种使用 Anchor（锚）来进行元素布局的方法。每个元素都可被认为有一组无形的"锚线"：left、horizontalCenter、right、top、verticalCenter 和 bottom，如图 23.19 所示，Text 元素还有一个 baseline 锚线（对于没有文本的元素，它与 top 相同）。

这些锚线分别对应元素中的 anchors.left、anchors.horizontalCenter 等属性，所有的可视元素都可以使用锚来布局。锚系统还允许为一个元素的锚指定边距（margin）和偏移（offset）。边距指定了元素锚到外边界的空间量，而偏移允许使用中心锚线来定位。一个元素可以通过 leftMargin、rightMargin、topMargin 和 bottomMargin 来独立地指定锚边距，如图 23.20 所示，也可以使用 anchor.margins 来为所有的 4 个锚指定相同的边距。

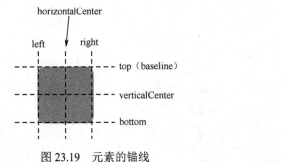

图 23.19　元素的锚线　　　　　图 23.20　元素锚边距

锚偏移使用 horizontalCenterOffset、verticalCenterOffset 和 baselineOffset 来指定。编程中还经常用 anchors.fill 将一个元素充满另一个元素，这等价于使用了 4 个直接的锚。但要注意，只能在父子或兄弟元素之间使用锚，而且基于锚的布局不能与绝对的位置定义（如直接设置 x 和 y 属性值）混合使用，否则会出现不确定的结果。

【例】（难度一般）（CH2308）使用 Anchor 布局一组矩形元素，并测试锚的特性，布局运行效果如图 23.21 所示。

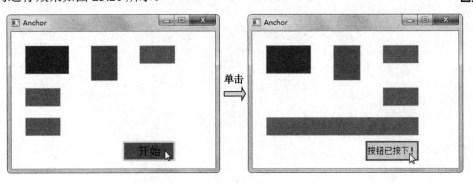

图 23.21　Anchor 布局运行效果

具体实现步骤如下。

(1)新建 QML 应用程序,项目名称为"Anchor"。

(2)本项目需要复用之前已开发的组件。将前面实例 CH2305 和 CH2306 中的源文件 "Button.qml"、"RedRectangle.qml"、"GreenRectangle.qml"及"BlueRectangle.qml"复制到本项目目录下。右击项目视图"Resources"→"qml.qrc"下的"/"节点,选择"添加现有文件…"项,弹出"添加现有文件"对话框,如图 23.22 所示,选中上述几个.qml 文件,单击"打开"按钮将它们添加到当前项目中。

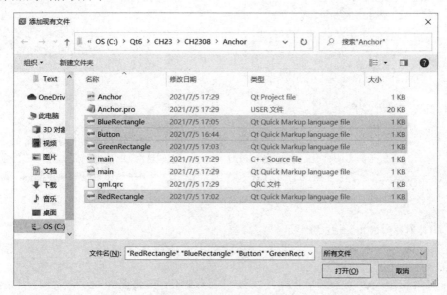

图 23.22 复用已开发的组件

(3)打开"main.qml"文件,编写代码如下:

```
import QtQuick 2.15
import QtQuick.Window 2.15

Window {
    width: 320
    height: 240
    visible: true
    title: qsTr("Anchor")

    Rectangle {
        id: windowRect
        /* 定义属性别名 */                              //(a)
        property alias chgRect1: changingRect1    //矩形 changingRect1 属性别名
        property alias chgRect2: changingRect2    //矩形 changingRect2 属性别名
        property alias rRect: redRect             //红矩形 redRect 属性别名
        width: 360
        height: 360
        anchors.fill: parent

        /* 使用 Anchor 对三个矩形元素进行横向布局 */    //(b)
        BlueRectangle {                           //蓝矩形
```

```
            id:blueRect
            anchors.left: parent.left              //与窗口左锚线锚定
            anchors.top: parent.top                //与窗口顶锚线锚定
            anchors.leftMargin: 25                 //左锚边距(与窗口左边距)
            anchors.topMargin: 25                  //顶锚边距(与窗口顶边距)
        }
        GreenRectangle {                           //绿矩形
            id:greenRect
            anchors.left: blueRect.right           //绿矩形左锚线与蓝矩形的右锚线锚定
            anchors.top: blueRect.top              //绿矩形顶锚线与蓝矩形的顶锚线锚定
            anchors.leftMargin: 40                 //左锚边距(与蓝矩形的间距)
        }
        RedRectangle {                             //红矩形
            id:redRect
            anchors.left: greenRect.right          //红矩形左锚线与绿矩形的右锚线锚定
            anchors.top: greenRect.top             //红矩形顶锚线与绿矩形的顶锚线锚定
            anchors.leftMargin: 40                 //左锚边距(与绿矩形的间距)
        }

        /* 对比测试 Anchor 的性质 */                 //(c)
        RedRectangle {
            id:changingRect1
            anchors.left: parent.left        //矩形 changingRect1 初始与窗体左锚线锚定
            anchors.top: blueRect.bottom
            anchors.leftMargin: 25
            anchors.topMargin: 25
        }
        RedRectangle {
            id:changingRect2
            anchors.left: parent.left        //changingRect2 与 changingRect1 左对齐
            anchors.top: changingRect1.bottom
            anchors.leftMargin: 25
            anchors.topMargin: 20
        }

        /* 复用按钮 */
        Button {
            width:95;height:35                     //(d)
            anchors.right: redRect.right
            anchors.top: changingRect2.bottom
            anchors.topMargin: 10
        }
    }
}
```

其中,

(a) /* 定义属性别名 */:这里定义矩形 changingRect1、changingRect2 及 redRect 的别名,

目的是在按钮组件的源文件(外部 QML 文档)中能访问这几个元素,以便测试它们的锚定特性。

(b) /* 使用 **Anchor** 对三个矩形元素进行横向布局 */:这段代码使用已定义的三个现成矩形元素,通过分别设置 anchors.left、anchors.top、anchors.leftMargin、anchors.topMargin 等锚属性,对它们进行从左到右的布局,这与之前介绍的 Row 的布局作用一样。读者还可以修改其他锚属性以尝试更多的布局效果。

(c) /* 对比测试 **Anchor** 的性质 */:锚属性还可以在程序运行中通过代码设置来动态地改变,为了对比,本例设计使用两个相同的红矩形,初始它们都与窗体左锚线锚定(对齐),然后改变右锚属性来观察它们的行为。

(d) width:95;height:35:按钮组件原定义尺寸为"width: 100;height: 62",复用时可以重新定义它的尺寸属性以使程序界面更美观。新属性值会"覆盖"原来的属性值,就像面向对象的"继承"一样提高了灵活性。

(4)打开"Button.qml"文件,修改代码如下:

```
import QtQuick 2.0

Rectangle {                                     //将 Rectangle 自定义成按钮
    id:btn
    width: 100;height: 62                       //按钮的尺寸
    color: "teal"                               //按钮颜色
    border.color: "aqua"                        //按钮边界色
    border.width: 3                             //按钮边界宽度
    Text {                                      //Text 元素作为按钮文本
        id: label
        anchors.centerIn: parent
        font.pointSize: 16
        text: "开始"
    }
    MouseArea {                                 //MouseArea 对象作为按钮单击事件响应区
        anchors.fill: parent
        onClicked: {
            label.text = "按钮已按下!";
            label.font.pointSize = 11;
            btn.color = "aqua";
            btn.border.color = "teal";
            /* 改变 changingRect1 的右锚属性 */              //(a)
            windowRect.chgRect1.anchors.left = undefined;
            windowRect.chgRect1.anchors.right = windowRect.rRect.right;
            /* 改变 changingRect2 的右锚属性 */              //(b)
            windowRect.chgRect2.anchors.right = windowRect.rRect.right;
            windowRect.chgRect2.anchors.left = undefined;
        }
    }
}
```

其中,

(a) /* 改变 **changingRect1** 的右锚属性 */:这里用"windowRect.chgRect1.anchors.left =

undefined"先解除其左锚属性的定义,然后再定义右锚属性,执行后,该矩形便会移动到与redRect(第一行最右边的红矩形)右对齐。

(b) /* 改变 **changingRect2** 的右锚属性 */:这里先用"windowRect.chgRect2.anchors.right = windowRect.rRect.right"指定右锚属性,由于此时元素的左锚属性尚未解除,执行后,矩形位置并不会移动,而是宽度自动"拉长"到与redRect右对齐,之后即使再解除左锚属性也无济于事,故用户在编程改变布局时,一定要先将元素的旧锚解除,新设置的锚才能生效!

23.4 QML 事件处理

在以前讲解 Qt 6 编程时就提到了对事件的处理,如对鼠标事件、键盘事件等的处理。在 QML 编程中同样需要对鼠标、键盘等事件进行处理。因为 QML 程序更多的是用于实现触摸式用户界面,所以更多的是对鼠标(在触屏设备上可能是手指)单击的处理。

23.4.1 鼠标事件

与以前的窗口部件不同,在 QML 中如果一个元素想要处理鼠标事件,则要在其上放置一个 MouseArea 元素,也就是说,用户只能在 MouseArea 确定的范围内进行鼠标的动作。

【例】(难度一般)(CH2309)使用 MouseArea 接受和响应鼠标单击、拖曳等事件,运行效果如图 23.23 所示。

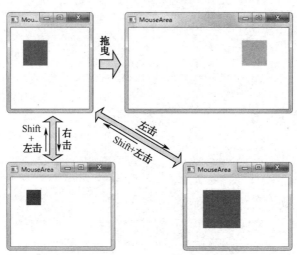

图 23.23 MouseArea 运行效果

具体实现步骤如下。
(1)新建 QML 应用程序,项目名称为"MouseArea"。
(2)右击项目视图"Resources"→"qml.qrc"下的"/"节点,选择"Add New…"项,新建"Rect.qml"文件,编写代码如下:

```
import QtQuick 2.0

Rectangle {                              //定义一个矩形元素
```

```
            width: 50; height: 50               //宽和高都是 50
            color: "teal"                       //初始为蓝绿色
            MouseArea {                         //定义 MouseArea 元素处理鼠标事件
                anchors.fill: parent            //事件响应区充满整个矩形
                /* 拖曳属性设置 */                                    //(a)
                drag.target: parent
                drag.axis: Drag.XAxis
                drag.minimumX: 0
                drag.maximumX: 360 - parent.width
                acceptedButtons: Qt.LeftButton|Qt.RightButton   //(b)
                onClicked: {                    //处理鼠标事件的代码
                    if(mouse.button === Qt.RightButton) {       //(c)
                        /* 设置矩形为蓝色并缩小尺寸 */
                        parent.color = "blue";
                        parent.width -= 5;
                        parent.height -= 5;
                    }else if((mouse.button === Qt.LeftButton)&&(mouse.modifiers & Qt.ShiftModifier)) {                                      //(d)
                        /* 把矩形重新设为蓝绿色并恢复原来的大小 */
                        parent.color = "teal";
                        parent.width = 50;
                        parent.height = 50;
                    }else {
                        /* 设置矩形为绿色并增大尺寸 */
                        parent.color = "green";
                        parent.width += 5;
                        parent.height += 5;
                    }
                }
            }
        }
```

其中，

(a) /* 拖曳属性设置 */：MouseArea 中的 drag 分组属性提供了一个使元素可被拖曳的简便方法。drag.target 属性用来指定被拖曳的元素的 id（这里为 parent 表示被拖曳的就是所在元素本身）；drag.active 属性获取元素当前是否正在被拖曳的信息；drag.axis 属性用来指定拖曳的方向，可以是水平方向（Drag.XAxis）、垂直方向（Drag.YAxis）或者两个方向都可以（Drag.XandYAxis）；drag.minimumX 和 drag.maximumX 限制了元素在指定方向上被拖曳的范围。

(b) acceptedButtons: Qt.LeftButton|Qt.RightButton：MouseArea 所能接受的鼠标按键，可取的值有 Qt.LeftButton（鼠标左键）、Qt.RightButton（鼠标右键）和 Qt.MiddleButton（鼠标中键）。

(c) mouse.button：为 MouseArea 信号中所包含的鼠标事件参数，其中 mouse 为鼠标事件对象，可以通过它的 x 和 y 属性获取鼠标当前的位置；通过 button 属性获取按下的按键。

(d) mouse.modifiers & Qt.ShiftModifier：通过 modifiers 属性可以获取按下的键盘修饰符，modifiers 的值由多个按键进行位组合而成，在使用时需要将 modifiers 与这些特殊的按键进行按位与来判断按键，常用的按键有 Qt.NoModifier（没有修饰键）、Qt.ShiftModifier（一个 Shift 键）、Qt.ControlModifier（一个 Ctrl 键）、Qt.AltModifier（一个 Alt 键）。

(3) 打开"main.qml"文件,编写代码如下:
```
import QtQuick 2.15
import QtQuick.Window 2.15

Window {
    width: 390
    height: 100
    visible: true
    title: qsTr("MouseArea")

    Rectangle {
        width: 360
        height: 360
        anchors.fill: parent

        Rect {                                      //复用定义好的矩形元素
            x:25;y:25                               //初始坐标
            opacity:(360.0 - x)/360                 //透明度设置
        }
    }
}
```

这样就可以用鼠标水平地拖曳这个矩形,并且在拖曳过程中,矩形的透明度是随 x 坐标位置的改变而不断变化的。

23.4.2 键盘事件

当一个按键被按下或释放时,会产生一个键盘事件,并将其传递给获得了焦点的 QML 元素。在 QML 中,Keys 属性提供了基本的键盘事件处理器,所有可视元素都可以通过它来进行按键处理。

【例】(难度一般)(CH2310)利用键盘事件处理制作一个模拟桌面应用图标选择程序,运行效果如图 23.24 所示,按 Tab 键切换选项,当前选中的图标以彩色放大显示,还可以用←、↑、↓、→方向键移动图标位置。

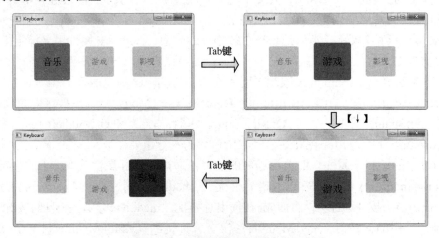

图 23.24　按键选择图标运行效果

具体实现步骤如下。
(1) 新建 QML 应用程序,项目名称为"Keyboard"。
(2) 打开"main.qml"文件,编写代码如下:

```qml
import QtQuick 2.15
import QtQuick.Window 2.15

Window {
    width: 450
    height: 240
    visible: true
    title: qsTr("Keyboard")

    Rectangle {
        width: 360
        height: 360
        anchors.fill: parent

        Row {                                       //所有图标成一行横向排列
            x:50;y:50
            spacing:30
            Rectangle {                             //第一个矩形元素("音乐"图标)
                id: music
                width: 100; height: 100
                radius: 6
                color: focus ? "red" : "lightgray"
                                                    //被选中(获得焦点)时显示红色,否则变灰
                scale: focus ? 1 : 0.8              //被选中(获得焦点)时图标变大
                focus: true                         //初始时选中"音乐"图标
                KeyNavigation.tab: play             //(a)
                /* 移动图标位置 */                    //(b)
                Keys.onUpPressed: music.y -= 10     //上移
                Keys.onDownPressed: music.y += 10   //下移
                Keys.onLeftPressed: music.x -= 10   //左移
                Keys.onRightPressed: music.x += 10  //右移
                Text {                              //图标上显示的文本
                    anchors.centerIn: parent
                    color: parent.focus ? "black" : "gray"
                                                    //被选中(获得焦点)时显黑字,否则变灰
                    font.pointSize: 20              //字体大小
                    text: "音乐"                     //文字内容为"音乐"
                }
            }
            Rectangle {                             //第二个矩形元素("游戏"图标)
                id: play
                width: 100; height: 100
                radius: 6
                color: focus ? "green" : "lightgray"
                scale: focus ? 1 : 0.8
```

```
            KeyNavigation.tab: movie          //焦点转移到"影视"图标
            Keys.onUpPressed: play.y -= 10
            Keys.onDownPressed: play.y += 10
            Keys.onLeftPressed: play.x -= 10
            Keys.onRightPressed: play.x += 10
            Text {
                anchors.centerIn: parent
                color: parent.focus ? "black" : "gray"
                font.pointSize: 20
                text: "游戏"
            }
        }
        Rectangle {                            //第三个矩形元素("影视"图标)
            id: movie
            width: 100; height: 100
            radius: 6
            color: focus ? "blue" : "lightgray"
            scale: focus ? 1 : 0.8
            KeyNavigation.tab: music           //焦点转移到"音乐"图标
            Keys.onUpPressed: movie.y -= 10
            Keys.onDownPressed: movie.y += 10
            Keys.onLeftPressed: movie.x -= 10
            Keys.onRightPressed: movie.x += 10
            Text {
                anchors.centerIn: parent
                color: parent.focus ? "black" : "gray"
                font.pointSize: 20
                text: "影视"
            }
        }
    }
  }
}
```

其中,

(a) KeyNavigation.tab: play：QML 中的 KeyNavigation 元素是一个附加属性,可以用来实现使用方向键或 Tab 键来进行元素的导航。它的子属性有 backtab、down、left、priority、right、tab 和 up 等,本例用其 tab 属性设置焦点转移次序,"KeyNavigation.tab: play"表示按下 Tab 键焦点转移到 id 为 "play" 的元素("游戏"图标)。

(b) /* **移动图标位置** */：这里使用 Keys 属性来进行按下方向键后的事件处理,它也是一个附加属性,对 QML 所有的基本可视元素均有效。Kcys 属性一般与 focus 属性配合使用,只有当 focus 值为 true 时,它才起作用,由 Keys 属性获取相应键盘事件的类型,进而决定所要执行的操作。本例中的 Keys.onUpPressed 表示方向键↑被按下的事件,相应地执行该元素 y 坐标-10（上移）操作,其余方向的操作与之类同。

23.4.3 输入控件与焦点

QML 用于接收键盘输入的有两个元素：TextInput 和 TextEdit。TextInput 是单行文本输入框，支持验证器、输入掩码和显示模式等，与 QLineEdit 不同，QML 的文本输入元素只有一个闪动的光标和用户输入的文本，没有边框等可视元素。因此，为了能够让用户意识到这是一个可输入元素，通常需要一些可视化修饰，比如绘制一个矩形框，但更好的办法是创建一个组件，组件被定义好后可在编程中作为"输入控件"直接使用，效果与可视化设计的文本框一样。

【例】（难度中等）（CH2311）用 QML 输入元素定制文本框，可用 Tab 键控制其焦点转移，运行效果如图 23.25 所示。

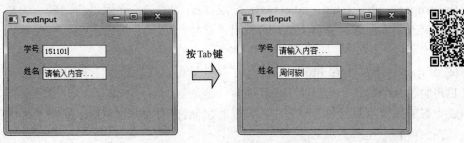

图 23.25 输入文本框焦点切换运行效果

具体实现步骤如下。

（1）新建 QML 应用程序，项目名称为"TextInput"。

（2）右击项目视图"Resources"→"qml.qrc"下的"/"节点，选择"Add New…"项，新建"TextBox.qml"文件，编写代码如下：

```
import QtQuick 2.0

FocusScope {                                    //(a)
    property alias label: label.text            //(b)
    property alias text: input.text             //(c)
    Row {                                       //(d)
        spacing: 5
        Text {                                  //输入提示文本
            id: label
            text: "标签"
        }
        Rectangle{                              //(e)
            width: 100
            height: 20
            color: "white"                      //白底色
            border.color: "gray"                //灰色边框
            TextInput {                         //(f)
                id: input
                anchors.fill: parent            //充满矩形
                anchors.margins: 4
                focus: true                     //捕捉焦点
```

```
                    text: "请输入内容…"                    //初始文本
            }
        }
    }
}
```

其中,

(a) FocusScope {…}：将自定义的组件置于 FocusScope 元素中是为了能有效地控制焦点。因 TextInput 是作为 Rectangle 的子元素定义的，在程序运行时，Rectangle 不会主动将焦点转发给 TextInput，故输入框无法自动获得焦点。为解决这一问题，QML 专门提供了 FocusScope，因它在接收到焦点时，会将焦点交给最后一个设置了 focus:true 的子对象，故应用中将 TextInput 的 focus 属性设为 true 以捕捉焦点，这样文本框的焦点就不会再被其父元素 Rectangle 夺去了。

(b) property alias label：label.text：定义 Text 元素的 text 属性的别名，是为了在编程时引用该别名修改文本框前的提示文本，定制出"学号""姓名"等对应不同输入项的文本框，增强通用性。

(c) property alias text：input.text：为了让外界可以直接设置 TextInput 的 text 属性，给这个属性也声明了一个别名。从封装的角度而言，这是一个很好的设计，它巧妙地将 TextInput 的其他属性设置的细节全部封装于组件中，只暴露出允许用户修改的 text 属性，通过它获取用户界面上输入的内容，提高了安全性。

(d) Row {…}：用 Row 定位器设计出这个复合组件的外观，它由 Text 和 Rectangle 两个元素行布局排列组合而成，两者顶端对齐，相距 spacing 为 5。

(e) Rectangle{…}：矩形元素作为 TextInput 的父元素，是专用于呈现输入框可视外观的，QML 本身提供的 TextInput 只有光标和文本内容而无边框，将矩形设为白色灰边框，对 TextInput 进行可视化修饰。

(f) TextInput：这才是真正实现该组件核心功能的元素，将其定义为矩形的子元素并且充满整个 Rectangle，就可以呈现出与文本框一样的可视效果。

（3）打开"main.qml"文件，编写代码如下：

```
import QtQuick 2.15
import QtQuick.Window 2.15

Window {
    width: 280
    height: 120
    visible: true
    title: qsTr("TextInput")

    Rectangle {
        width: 360
        height: 360
        color: "lightgray"                        //背景设为亮灰色为突出文本框效果
        anchors.fill: parent

        /* 以下直接使用定义好的复合组件，生成所需文本框控件 */
        TextBox {                                 //"学号"文本框
            id: tBx1
```

```
            x:25; y:25
            focus: true                             //初始焦点之所在
            label: "学号"                           //设置提示标签文本为"学号"
            text: focus ? "" : "请输入内容…"        //获得焦点则清空提示文字,由用户输入内容
            KeyNavigation.tab: tBx2                 //按 Tab 键焦点转移至"姓名"文本框
        }
        TextBox {                                   //"姓名"文本框
            id: tBx2
            x:25; y:60
            label: "姓名"
            text: focus ? "" : "请输入内容…"
            KeyNavigation.tab: tBx1                 //按 Tab 键焦点又回到"学号"文本框
        }
    }
}
```

TextEdit 与 TextInput 非常类似,唯一的区别是:TextEdit 是多行的文本编辑组件。与 TextInput 一样,它也没有一个可视化的显示,所以用户在使用时也要像上述步骤一样将它定制成一个复合组件,然后使用。这些内容与前面代码几乎一样,不再赘述。

23.5 QML 集成 JavaScript

JavaScript 代码可以被很容易地集成进 QML,来提供用户界面(UI)逻辑、必要的控制及其他用途。QML 集成 JavaScript 有两种方式:一种是直接在 QML 代码中写 JavaScript 函数,然后调用;另一种是把 JavaScript 代码写在外部文件中,需要时用 import 语句导入.qml 源文件中使用。

23.5.1 调用 JavaScript 函数

【例】(难度一般)(CH2312)编写 JavaScript 函数实现图形的旋转,每单击一次鼠标,矩形就转动一个随机的角度,运行效果如图 23.26 所示。

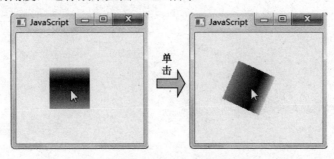

图 23.26 用 JavaScript 函数实现图形旋转的运行效果

具体实现步骤如下。
(1)新建 QML 应用程序,项目名称为"JavaScript"。
(2)右击项目视图"Resources"→"qml.qrc"下的"/"节点,选择"Add New…"项,新

建"RotateRect.qml"文件，编写代码如下：

```
import QtQuick 2.0

Rectangle {
    id: rect
    width: 60
    height: 60
    gradient: Gradient {              //以黄蓝青渐变色填充，增强旋转视觉效果
        GradientStop { position: 0.0; color: "yellow" }
        GradientStop { position: 0.33; color: "blue" }
        GradientStop { position: 1.0; color: "aqua" }
    }
    function getRandomNumber() {      //定义JavaScript函数
        return Math.random() * 360;   //随机旋转的角度值
    }
    Behavior on rotation {            //行为动画（详见第24章）
        RotationAnimation {
            direction: RotationAnimation.Clockwise
        }
    }
    MouseArea {
        anchors.fill: parent          //矩形内部区域都接受鼠标单击
        onClicked: rect.rotation = getRandomNumber();
                                      //在单击事件代码中调用JavaScript函数
    }
}
```

（3）打开"main.qml"文件，编写代码如下：

```
import QtQuick 2.15
import QtQuick.Window 2.15

Window {
    width: 160
    height: 160
    visible: true
    title: qsTr("JavaScript")

    Rectangle {
        width: 360
        height: 360
        anchors.fill: parent

        TextEdit {
            id: textEdit
            visible: false
        }
        RotateRect {                              //直接使用RotateRect组件
            x:50;y:50
        }
```

        }
    }

23.5.2 导入 JS 文件

【例】（难度一般）（CH2313）往 QML 源文件中导入外部 JS 文件来实现图形旋转，运行效果同前图 23.26。

具体实现步骤如下。

（1）新建 QML 应用程序，项目名称为 "JSFile"。

（2）右击项目视图 "Resources" → "qml.qrc" 下的 "/" 节点，选择 "Add New…" 项，弹出 "新建文件" 对话框，如图 23.27 所示，选择文件和类 "Qt" 下的 "JS File" 模板。

（3）单击 "Choose…" 按钮，在 "Location" 页输入文件名 "myscript" 并选择保存路径（本项目文件夹下）。连续单击 "下一步" 按钮，最后单击 "完成" 按钮，就在项目中添加了一个 .js 文件。

（4）在 "myscript.js" 中编写代码如下：

```
function getRandomNumber() {                //定义JavaScript函数
    return Math.random() * 360;             //随机旋转的角度值
}
```

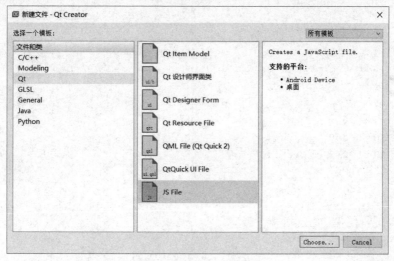

图 23.27　新建 JS 文件

（5）右击项目视图 "Resources" → "qml.qrc" 下的 "/" 节点，选择 "Add New…" 项，新建 "RotateRect.qml" 文件，编写代码如下：

```
import QtQuick 2.0
import "myscript.js" as Logic           //导入JS文件

Rectangle {
    id: rect
    width: 60
    height: 60
    gradient: Gradient {                //渐变色增强旋转的视觉效果
        GradientStop { position: 0.0; color: "yellow" }
```

```
        GradientStop { position: 0.33; color: "blue" }
        GradientStop { position: 1.0; color: "aqua" }
    }
    Behavior on rotation {                          //行为动画
        RotationAnimation {
            direction: RotationAnimation.Clockwise
        }
    }

    MouseArea {
        anchors.fill: parent
        onClicked: rect.rotation = Logic.getRandomNumber();
                                //使用导入 JS 文件中定义的 JavaScript 函数
    }
}
```

(6) 打开 "main.qml" 文件，编写代码如下：

```
import QtQuick 2.15
import QtQuick.Window 2.15

Window {
    width: 160
    height: 160
    visible: true
    title: qsTr("JSFile")

    Rectangle {
        width: 360
        height: 360
        anchors.fill: parent

        TextEdit {
            id: textEdit
            visible: false
        }
        RotateRect {                                //使用 RotateRect 组件
            x:50;y:50
        }
    }
}
```

当编写好一个 JS 文件后，其中定义的函数就可以在任何 .qml 文件中使用，只需在开头用一句 import 导入该 JS 文件即可，而在 QML 文档中无须再写 JavaScript 函数，这样就将 QML 的代码与 JavaScript 代码隔离开来。

在开发界面复杂、规模较大的 QML 程序时，一般都会将 JavaScript 函数写在独立的 JS 文件中，再在组件的 .qml 源文件中 import（导入）使用这些函数以完成特定的功能逻辑，最后直接在主窗体 UI 界面上布局这些组件即可。读者在编程时应当有意识地采用这种方式，才能开发出结构清晰、易于维护的 QML 应用程序。

第 24 章

QML 动画特效

24.1 QML 动画元素

在 QML 中,可以在对象的属性值上应用动画对象随时间逐渐改变它们来创建动画。动画对象是用一组 QML 内建的动画元素创建的,可以根据属性的类型及是否需要一个或多个动画而有选择地使用这些动画元素来为多种类型的属性值产生动画。所有的动画元素都继承自 Animation 元素,尽管它本身无法直接创建对象,但却为其他各种动画元素提供了通用的属性和方法。例如,用 running 属性和 start()、stop()方法控制动画的开始和停止,用 loops 属性设定动画循环次数等。

24.1.1 PropertyAnimation 元素

PropertyAnimation(属性动画元素)是用来为属性提供动画的最基本的动画元素,它直接继承自 Animation 元素,可以用来为 real、int、color、rect、point、size 和 vector3d 等属性设置动画。动画元素可以通过不同的方式来使用,取决于所需要的应用场景。一般的使用方式有如下几种:

- **作为属性值的来源**。可以立即为一个指定的属性使用动画。
- **在信号处理器中创建**。当接收到一个信号(如鼠标单击事件)时触发动画。
- **作为独立动画元素**。像一个普通 QML 对象一样地被创建,不需要绑定到任何特定的对象和属性。
- **在属性值改变的行为中创建**。当一个属性值改变时触发动画,这种动画又叫"行为动画"。

【**例**】(简单)(CH2401)编程演示动画元素多种不同的使用方式,运行效果如图 24.1 所示,图中以点画线箭头标示出各图形的运动轨迹。其中,"属性值源"矩形:始终在循环往复地移动;"信号处理"矩形:每单击一次会往返运动 3 次;"独立元素"矩形:每单击一次移动一次;任意时刻在窗口内的其他位置单击鼠标,"改变行为"矩形都会跟随鼠标移动。

实现步骤如下。

(1)新建 QML 应用程序,项目名称为"PropertyAnimation"。

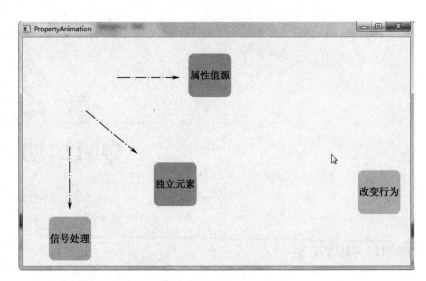

图 24.1　PropertyAnimation 多种不同的使用方式运行效果

（2）定义 4 个矩形组件，代码分别如下：

```
/* "属性值源" 矩形，源文件 Rect1.qml */
import QtQuick 2.0
Rectangle {
    width: 80
    height: 80
    color: "orange"
    radius: 10
    Text {
        anchors.centerIn: parent
        font.pointSize: 12
        text: "属性值源"
    }
    PropertyAnimation on x {                    //(a)
        from: 50                                //起点
        to: 500                                 //终点
        duration: 30000                         //运动时间为 30 秒
        loops: Animation.Infinite               //无限循环
        easing.type: Easing.OutBounce           //(b)
    }
}
/* "信号处理" 矩形，源文件 Rect2.qml */
import QtQuick 2.0
Rectangle {
    id: rect2
    width: 80
    height: 80
    color: "lightgreen"
    radius: 10
    Text {
        anchors.centerIn: parent
        font.pointSize: 12
```

```
            text: "信号处理"
        }
        MouseArea {
            anchors.fill: parent
            onClicked: PropertyAnimation {          //(c)
                target: rect2                       //动画应用于标识 rect2 的矩形（目标对象）
                property: "y"                       //y 轴方向的动画
                from: 30                            //起点
                to: 300                             //终点
                duration: 3000                      //运动时间为 3 秒
                loops: 3                            //运动 3 个周期
                easing.type: Easing.Linear          //匀速线性运动
            }
        }
    }
/* "独立元素"矩形，源文件 Rect3.qml */
import QtQuick 2.0
Rectangle {
    id: rect3
    width: 80
    height: 80
    color: "aqua"
    radius: 10
    Text {
        anchors.centerIn: parent
        font.pointSize: 12
        text: "独立元素"
    }
    PropertyAnimation {                             //(d)
        id: animation                               //独立动画标识符
        target: rect3
        properties: "x,y"                           //同时在 x、y 轴两个方向上运动
        duration: 1000                              //运动时间为 1 秒
        easing.type: Easing.InOutBack               //运动到半程增加过冲，然后减少
    }
    MouseArea {
        anchors.fill: parent
        onClicked: {
            animation.from = 20                     //起点
            animation.to = 200                      //终点
            animation.running = true                //开启动画
        }
    }
}
/* "改变行为"矩形，源文件 Rect4.qml */
import QtQuick 2.0
Rectangle {
    width: 80
```

```
        height: 80
        color: "lightblue"
        radius: 10
        Text {
            anchors.centerIn: parent
            font.pointSize: 12
            text: "改变行为"
        }
        Behavior on x {                              //(e)
            PropertyAnimation {
                duration: 1000                       //运动时间为 1 秒
                easing.type: Easing.InQuart          //加速运动
            }
        }
        Behavior on y {                              //应用到 y 轴方向的运动行为
            PropertyAnimation {
                duration: 1000
                easing.type: Easing.InQuart
            }
        }
    }
```

其中，

(a) PropertyAnimation on x {…}：一个动画被应用为属性值源，要使用"动画元素 on 属性"语法，本例 Rect1 的运动就使用了这个方法。这里在 Rect1 的 x 属性上应用了 PropertyAnimation 来使它从起始值（50）在 30000 毫秒中使用动画变化到 500。Rect1 一旦加载完成就会开启该动画，PropertyAnimation 的 loops 属性指定为 Animation.Infinite，表明该动画是无限循环的。指定一个动画作为属性值源，在一个对象加载完成后立即就对一个属性使用动画变化到一个指定的值的情况是非常有用的。

(b) easing.type: Easing.OutBounce：对于任何基于 PropertyAnimation 的动画都可以通过设置 easing 属性来控制在属性值动画中使用的缓和曲线。它们可以影响这些属性值的动画效果，提供反弹、加速和减速等视觉效果。这里通过使用 Easing.OutBounce 创建了一个动画到达目标值时的反弹效果。在本例代码中，还演示了其他几种（匀速、加速、半程加速过冲后减速）效果。更多类型的特效，请读者参考 QML 官方文档，这里就不展开了。

(c) onClicked: PropertyAnimation {…}：可以在一个信号处理器中创建一个动画，并在接收到信号时触发。这里当 MouseArea 被单击时则触发 PropertyAnimation，在 3000 毫秒内使用动画将 y 坐标由 30 改变为 300，并往返重复运动 3 次。因为动画没有绑定到一个特定的对象或者属性，所以必须指定 target 和 property（或 properties）属性的值。

(d) PropertyAnimation {…}：这是一个独立的动画元素，它像普通 QML 元素一样被创建，并不绑定到任何对象或属性上。一个独立的动画元素默认是没有运行的，必须使用 running 属性或 start() 和 stop() 方法来明确地运行它。因为动画没有绑定到一个特定的对象或属性上，所以也必须定义 target 和 property（或 properties）属性。独立动画在不是对某个单一对象属性应用动画而且需要明确控制动画的开始和停止时刻的情况下是非常有用的。

(e) Behavior on x {PropertyAnimation {...}}：定义 x 属性上的行为动画。经常在一个特定的属性值改变时要应用一个动画，在这种情况下，可以使用一个 Behavior 为一个属性改变指定一个默认的动画。这里,Rectangle 拥有一个 Behavior 对象应用到了它的 x 和 y 属性上。每当这些属性改变(这里是在窗口中单击,将当前鼠标位置赋值给矩形 x、y 坐标)时,Behavior 中的 PropertyAnimation 对象就会应用到这些属性上,从而使 Rectangle 使用动画效果移动到鼠标单击的位置上。行为动画是在每次响应一个属性值的变化时触发的,对这些属性的任何改变都会触发它们的动画,如果 x 或 y 还绑定到了其他属性上,那么这些属性改变时也都会触发动画。

> **注意:** 这里,PropertyAnimation 的 from 和 to 属性是不需要指定的,因为已经提供了这些值,分别是 Rectangle 的当前值和 onClicked 处理器中设置的新值(接下来会给出代码)。

(3) 打开 "main.qml" 文件,编写代码如下:

```qml
import QtQuick 2.15
import QtQuick.Window 2.15

Window {
    width: 640
    height: 480
    visible: true
    title: qsTr("PropertyAnimation")

    Rectangle {
        width: 360
        height: 360
        anchors.fill: parent
        MouseArea {
            id: mouseArea
            anchors.fill: parent
            onClicked: {
                /* 将鼠标单击位置的 x、y 坐标值设为矩形 Rect4 的新坐标 */
                rect4.x = mouseArea.mouseX;
                rect4.y = mouseArea.mouseY;
            }
        }
        TextEdit {
            id: textEdit
            visible: false
        }
        Column {                                    //初始时以列布局排列各矩形
            x:50; y:30
            spacing: 5
            Rect1 { }                               // "属性值源" 矩形
            Rect2 { }                               // "信号处理" 矩形
            Rect3 { }                               // "独立元素" 矩形
            Rect4 {id: rect4 }                      // "改变行为" 矩形
        }
    }
}
```

24.1.2 其他动画元素

在 QML 中，其他的动画元素大多继承自 PropertyAnimation，主要有 NumberAnimation、ColorAnimation、RotationAnimation 和 Vector3dAnimation 等。其中，NumberAnimation 为实数和整数等数值类属性提供了更高效的实现；Vector3dAnimation 为矢量 3D 提供了更高效的支持；而 ColorAnimation 和 RotationAnimation 则分别为颜色和旋转动画提供了特定的支持。

【例】（简单）（CH2402）编程演示其他各种动画元素的应用，运行效果如图 24.2 所示，其中虚线箭头标示出在程序运行中图形运动变化的轨迹。

实现步骤如下。

（1）新建 QML 应用程序，项目名称为"OtherAnimations"。

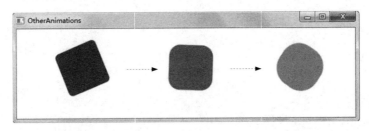

图 24.2 其他各种动画元素的应用的运行效果

（2）右击项目视图"Resources"→"qml.qrc"下的"/"节点，选择"Add New…"项，新建"CircleRect.qml"文件，编写代码如下：

```
import QtQuick 2.0
Rectangle {
    width: 80
    height: 80
    ColorAnimation on color {                           //(a)
        from: "blue"
        to: "aqua"
        duration: 10000
        loops: Animation.Infinite
    }
    RotationAnimation on rotation {                     //(b)
        from: 0
        to: 360
        duration: 10000
        direction: RotationAnimation.Clockwise
        loops: Animation.Infinite
    }
    NumberAnimation on radius {                         //(c)
        from: 0
        to: 40
        duration: 10000
        loops: Animation.Infinite
    }
```

```
        PropertyAnimation on x {
            from: 50
            to: 500
            duration: 10000
            loops: Animation.Infinite
            easing.type: Easing.InOutQuad              //先加速，后减速
        }
    }
```

其中，

(a) ColorAnimation on color {…}：ColorAnimation 动画元素允许颜色值设置 from 和 to 属性，这里设置 from 为 blue，to 为 aqua，即矩形的颜色从蓝色逐渐变化为水绿色。

(b) RotationAnimation on rotation {…}：RotationAnimation 动画元素允许设定图形旋转的方向，本例通过指定 from 和 to 属性，使矩形旋转 360°。设 direction 属性为 RotationAnimation.Clockwise 表示顺时针方向旋转；如果设为 RotationAnimation.Counterclockwise，表示逆时针方向旋转。

(c) NumberAnimation on radius {…}：NumberAnimation 动画元素是专门应用于数值类型的值改变的属性动画元素，本例用它来改变矩形的圆角半径值。因矩形长宽均为 80，将圆角半径设为 40 可使矩形呈现为圆形，故 radius 属性值从 0 变化到 40 的动画效果是：矩形的四个棱角逐渐磨圆最终彻底成为一个圆形。

（3）打开"main.qml"文件，编写代码如下：

```
import QtQuick 2.15
import QtQuick.Window 2.15

Window {
    width: 640
    height: 150
    visible: true
    title: qsTr("OtherAnimations")

    Rectangle {
        width: 360
        height: 360
        anchors.fill: parent

        CircleRect { //使用组件
            x:50; y:30
        }
    }
}
```

运行程序后可看到一个蓝色的矩形沿水平方向滚动，其棱角越来越圆，直至成为一个标准的圆形，同时颜色也在渐变中。

ColorAnimation、RotationAnimation、NumberAnimation 等动画元素与 PropertyAnimation 一样，也都可被运用作为"属性值源""信号处理""独立元素""改变行为"的动画。

24.1.3　Animator 元素

Animator 是一类特殊的动画元素，它能直接作用于 Qt Quick 的场景图形（scene graph）系统，这使得基于 Animator 元素的动画即使在 UI 界面线程阻塞的情况下仍然能通过场景图形系统的渲染线程来工作，故比传统的基于对象和属性的 Animation 元素能带来更佳的用户视觉体验。

【例】（难度一般）（CH2403）用 Animator 实现一个矩形从窗口左上角旋转着进入屏幕，运行效果如图 24.3 所示。

实现步骤如下。

（1）新建 QML 应用程序，项目名称为"Animator"。

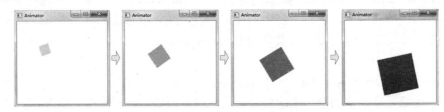

图 24.3　Animator 运行效果

（2）右击项目视图"Resources"→"qml.qrc"下的"/"节点，选择"Add New…"项，新建"AnimatorRect.qml"文件，编写代码如下：

```
import QtQuick 2.15                                //(a)
Rectangle {
    width: 100
    height: 100
    color: "green"
    XAnimator on x {                               //(b)
        from: 10;
        to: 100;
        duration: 7000
        loops: Animator.Infinite
    }
    YAnimator on y {                               //(c)
        from: 10;
        to: 100;
        duration: 7000
        loops: Animator.Infinite
    }
    ScaleAnimator on scale {                       //(d)
        from: 0.1;
        to: 1;
        duration: 7000
        loops: Animator.Infinite
    }
    RotationAnimator on rotation {                 //(e)
```

```
        from: 0;
        to: 360;
        duration:7000
        loops: Animator.Infinite
    }
    OpacityAnimator on opacity {                    //(f)
        from: 0;
        to: 1;
        duration: 7000
        loops: Animator.Infinite
    }
}
```

其中，

(a) import QtQuick 2.15：因 Animator 需要至少 Qt Quick 2.2 及以上版本的支持，而用户自定义.qml 文件默认导入的是 Qt Quick 2.0，故这里要对导入库的版本号进行修改，本例使用最新的 Qt Quick 2.15。

(b) XAnimator on x {…}：XAnimator 类型产生使元素在水平方向移动的动画，作用于 x 属性，类同于"PropertyAnimation on x {...}"。

(c) YAnimator on y {…}：YAnimator 类型产生使元素在垂直方向运动的动画，作用于 y 属性，类同于"PropertyAnimation on y {...}"。

(d) ScaleAnimator on scale {…}：ScaleAnimator 类型改变一个元素的尺寸因子，产生使元素尺寸缩放的动画。

(e) RotationAnimator on rotation {…}：RotationAnimator 类型改变元素的角度，产生使图形旋转的动画，作用于 rotation 属性，类同于 RotationAnimation 元素的功能。

(f) OpacityAnimator on opacity {…}：OpacityAnimator 类型改变元素的透明度，产生图形显隐效果，作用于 opacity 属性。

（3）打开"main.qml"文件，编写代码如下：

```
import QtQuick 2.15
import QtQuick.Window 2.15

Window {
    width: 320
    height: 240
    visible: true
    title: qsTr("Animator")

    Rectangle {
        width: 360
        height: 360
        anchors.fill: parent

        AnimatorRect { }        //使用组件
    }
}
```

24.2 动画流 UI 界面

对 QML 的动画元素适当加以组织和运用，就能十分容易地创建出具有动画效果的流 UI 界面（Fluid UIs）。所谓"流 UI 界面"指的是其上 UI 组件能以动画的形态做连续变化，而不是突然显示、隐藏或者跳出来。Qt Quick 提供了多种创建动画流 UI 界面的简便方法，主要有使用状态切换机制、设计组合动画等，下面分别举例介绍。

24.2.1 状态和切换

Qt Quick 允许用户在 State 对象中声明各种不同的 UI 状态。这些状态由源自基础状态的属性改变（PropertyChanges 元素）组成，是用户组织 UI 界面逻辑的一种有效方式。切换是一种与元素相关联的对象，它定义了当该元素的状态改变时，其属性将以怎样的动画方式呈现。

【例】（难度中等）（CH2404）用状态切换机制实现文字的动态增强显示，运行效果如图 24.4 所示，其中被鼠标选中的单词会以艺术字放大，而释放鼠标后又恢复原状。

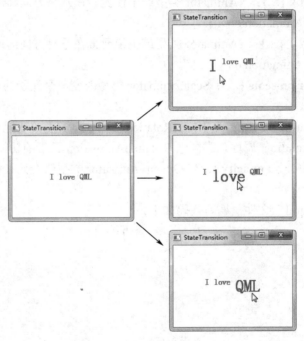

图 24.4　状态切换运行效果

实现步骤如下。

（1）新建 QML 应用程序，项目名称为"StateTransition"。

（2）右击项目视图"Resources"→"qml.qrc"下的"/"节点，选择"Add New…"项，新建"StateText.qml"文件，编写代码如下：

```
import QtQuick 2.0
Text {                              //这是一个具有状态改变能力的 Text 元素
    id: stext
    color: "grey"                   //初始文字显示为灰色
    font.family: "Helvetica"        //字体
```

```
            font.pointSize: 12                //初始字号为12
            font.bold: true                   //加粗
            MouseArea {                       //能接受鼠标单击
                id: mArea
                anchors.fill: parent
            }
            states: [                         //(a)
                State {                       //(b)
                    name: "highlight"         //(c)
                    when: mArea.pressed       //(d)
                    PropertyChanges {         //(e)
                        target: stext
                        color: "red"          //单词变红
                        font.pointSize: 25    //字号放大
                        style: Text.Raised    //以艺术字呈现
                        styleColor: "red"
                    }
                }
            ]
            transitions: [                    //(f)
                Transition {
                    PropertyAnimation {
                        duration: 1000
                    }
                }
            ]
        }
```

其中，

(a) states: […]：states 属性包含了该元素所有状态的列表，要创建一个状态，就向 states 中添加一个 State 对象。如果元素只有一个状态，也可省略方括号"[ ]"。

(b) State {…}：状态对象，它定义了在该状态中要进行的所有改变，可以指定被改变的属性或创建 PropertyChanges 元素，也可以修改其他对象的属性（不仅仅是拥有该状态的对象）。State 不仅限于对属性值进行修改，它还可以：

- 使用 StateChangeScript 运行一些脚本。
- 使用 PropertyChanges 为一个对象重写现有的信号处理器。
- 使用 PropertyChanges 为一个元素重定义父元素。
- 使用 AnchorChanges 修改锚的值。

(c) name: "highlight"：状态名称，每个状态对象都有一个在本元素中唯一的名称，默认状态的状态名称为空字符串。要改变一个元素的当前状态，可以将其 state 属性设置为要改变到的状态的名称。

(d) when: mArea.pressed：when 属性设定了当鼠标被按下时从默认状态进入该状态，释放鼠标则返回默认状态。所有的 QML 可视元素都有一个默认状态，在默认状态下包含了该元素所有的初始化属性值（如本例为 Text 元素最初设置的属性值），一个元素可以为其 state 属性指定一个空字符串来明确地将其状态设置为默认状态。例如，这里如果不使用 when 属性，代码也可以写为：

```
...
Text {
    id: stext
    ...
    MouseArea {
        id: mArea
        anchors.fill: parent
        onPressed: stext.state = "highlight"      //按下鼠标，状态切换为"highlight"
        onReleased: stext.state = ""              //释放鼠标回到默认（初始）状态
    }
    states: [
        State {
            name: "highlight"                     //状态名称
            PropertyChanges {
                ...
            }
        }
    ]
    ...
}
```

很明显，使用 when 属性比使用信号处理器来分配状态更加简单，更符合 QML 声明式语言的风格。因此，建议在这种情况下使用 when 属性来控制状态的切换。

(e) PropertyChanges {...}：在用户定义的状态下一般使用 PropertyChanges（属性改变）元素来给出状态切换时对象的各属性分别要变到的目标值，其中指明 target 属性为 stext，即对 Text 元素本身应用属性改变的动画。

(f) transitions: [Transition {...}]：元素在不同的状态间改变时使用切换（transitions）来实现动画效果，切换用来设置当状态改变时的动画。要创建一个切换，需要定义一个 Transition 对象，然后将其添加到元素的 transitions 属性。在本例中，当 Text 元素变到"highlight"状态时，Transition 将被触发，切换的 PropertyAnimation 将会使用动画将 Text 元素的属性改变到它们的目标值。注意：这里并没有为 PropertyAnimation 再设置任何 from 和 to 属性的值，因为在状态改变的开始之前和结束之后，切换都会自动设置这些值。

（3）打开"main.qml"文件，编写代码如下：

```
import QtQuick 2.15
import QtQuick.Window 2.15

Window {
    width: 320
    height: 240
    visible: true
    title: qsTr("StateTransition")

    Rectangle {
        width: 360
        height: 360
        anchors.fill: parent

        Row {
```

```
            anchors.centerIn: parent
            spacing: 10
            StateText { text: "I" }              //使用组件，要自定义其文本属性
            StateText { text: "love" }
            StateText { text: "QML" }
        }
    }
}
```

24.2.2 设计组合动画

多个单一的动画可组合成一个复合动画，这可以使用 ParallelAnimation 或 SequentialAnimation 动画组元素来实现。在 ParallelAnimation 中的动画会同时（并行）运行，而在 SequentialAnimation 中的动画则会一个接一个（串行）地运行。要想运行复杂的动画，可以在一个动画组中进行设计。

【例】（难度中等）（CH2405）用组合动画实现照片的动态显示，运行效果如图 24.5 所示。在图中单击灰色矩形区后，矩形开始沿水平方向做往返移动，与此同时，有一张照片从上方旋转着"掉落"下来。

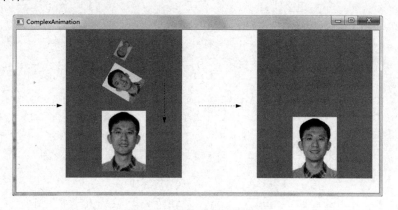

图 24.5　组合动画运行效果

实现步骤如下。

（1）新建 QML 应用程序，项目名称为"ComplexAnimation"。

（2）在项目工程目录中建一个 images 文件夹，其中放入一张照片"zhou.jpg"。右击项目视图"Resources"→"qml.qrc"下的"/"节点，选择"添加现有文件…"项，从弹出的对话框中选择该照片并打开，将其加载到项目中。

（3）右击项目视图"Resources"→"qml.qrc"下的"/"节点，选择"Add New…"项，新建"CAnimateObj.qml"文件，编写代码如下：

```
import QtQuick 2.15                          //使用最新 QtQuick 2.15 支持 Animator 元素
Rectangle {                                  //水平往返移动的矩形背景区
    id: rect
    width: 240
    height: 300
    color: "grey"
```

```qml
        SequentialAnimation on x {                    //(a)
            id: rectAnim
            running: false                            //初始时关闭动画
            loops: Animation.Infinite
            /* 实现往返运动 */
            NumberAnimation { from: 0; to: 500; duration: 8000; easing.type: Easing.InOutQuad }
            NumberAnimation { from: 500; to: 0; duration: 8000; easing.type: Easing.InOutQuad }
            PauseAnimation { duration: 1000 }         //在动画中间进行暂停
        }
        Image {                                       //图像元素显示照片
            id: img
            source: "images/zhou.jpg"
            anchors.horizontalCenter: parent.horizontalCenter
                                                      //照片沿垂直中线下落
            y: 0                                      //初始时位于顶端
            scale: 0.1                                //大小为原尺寸的1/10
            opacity: 0                                //初始透明度为0（不可见）
            rotation: 45                              //初始放置的角度
        }
        SequentialAnimation {                         //(b)
            id: imgAnim
            loops: Animation.Infinite
            ParallelAnimation {                       //(c)
                ScaleAnimator { target: img; to: 1; duration: 1500 }
                OpacityAnimator { target: img; to: 1; duration: 2000 }
                RotationAnimator { target: img; to: 360; duration: 1500 }
                NumberAnimation {
                    target: img
                    property: "y"
                    to: rect.height - img.height      //运动到矩形区的底部
                    easing.type: Easing.OutBounce
                                                      //为造成照片落地后又"弹起"的效果
                    duration: 5000
                }
            }
            PauseAnimation { duration: 2000 }
            ParallelAnimation {                       //重回初始状态
                NumberAnimation {
                    target: img
                    property: "y"
                    to: 0
                    easing.type: Easing.OutQuad
                    duration: 1000
                }
                OpacityAnimator { target: img; to: 0; duration: 1000 }
            }
```

```
        }
        MouseArea {
            anchors.fill: parent
            onClicked: {
                rectAnim.running = true       //开启水平方向（矩形往返）动画
                imgAnim.running = true        //开启垂直方向（照片掉落）动画
            }
        }
    }
```

其中，

(a) SequentialAnimation on x {…}：创建了 SequentialAnimation 来串行地运行 3 个动画：NumberAnimation（右移）、NumberAnimation（左移）和 PauseAnimation（停顿）。这里的 SequentialAnimation 作为属性值源动画应用在 Rectangle 的 x 属性上，动画默认会在程序运行后自动执行，为便于控制，将其 running 属性设为 false 改为手动开启动画。因为 SequentialAnimation 是应用在 x 属性上的，所以在组中的独立动画也都会自动应用在 x 属性上。

(b) SequentialAnimation {…}：因这个 SequentialAnimation 并未定义在任何属性上，故其中的各子动画元素必须以 target 和 property 分别指明要应用到的目标元素和属性，也可以使用 Animator 动画（在这种情况下只须给出应用的目标元素即可）。动画组可以嵌套，本例就是一个典型的嵌套动画，这个串行动画由两个 ParallelAnimation 动画及它们之间的 PauseAnimation 组成。

(c) ParallelAnimation {…}：并行动画组，其中各子动画元素同时运行，本例包含 4 个独立的子动画，即 ScaleAnimator（使照片尺寸变大）、OpacityAnimator（照片由隐到显）、RotationAnimator（照片旋转角度）、NumberAnimation（照片位置从上往下）……它们并行地执行，于是产生出照片旋转着下落的视觉效果。

（4）打开"main.qml"文件，编写代码如下：

```
import QtQuick 2.15
import QtQuick.Window 2.15

Window {
    width: 660
    height: 330
    visible: true
    title: qsTr("ComplexAnimation")

    Rectangle {
        width: 360
        height: 360
        anchors.fill: parent

        CAnimateObj { }              //使用组件
    }
}
```

一旦独立的动画被放入 SequentialAnimation 或 ParallelAnimation 中，它们就不能再独立开启或停止。串行和并行动画都必须作为一个组进行开启和停止。

24.3 图像特效

24.3.1 3D 旋转

QML 不仅可以显示静态图像,而且支持 GIF 格式动态图像显示,还可实现图像在三维空间的立体旋转功能。

【例】(难度一般)(CH2406)实现 GIF 图像的立体旋转,运行效果如图 24.6 所示,两只蜜蜂在花冠上翩翩起舞,同时整个图像沿竖直轴缓慢地转动。

实现步骤如下。

(1)新建 QML 应用程序,项目名称为"Graph3DRotate"。

(2)在项目工程目录中建一个 images 文件夹,其中放入一幅图像"bee.gif"。右击项目视图"Resources"→"qml.qrc"下的"/"节点,选择"添加现有文件..."项,从弹出的对话框中选择该图像并打开,将其加载到项目中。

图 24.6　图像 3D 旋转运行效果

(3)右击项目视图"Resources"→"qml.qrc"下的"/"节点,选择"Add New..."项,新建"MyGraph.qml"文件,编写代码如下:

```qml
import QtQuick 2.0
Rectangle {                                    //矩形作为图像显示区
    /* 矩形宽度、高度皆与图像尺寸吻合 */
    width: animg.width
    height: animg.height
    transform: Rotation {                      //(a)
        /* 设置图像原点 */
        origin.x: animg.width/2
        origin.y: animg.height/2
        axis {
            x: 0
            y: 1                               //绕 y 轴转动
            z: 0
        }
        NumberAnimation on angle {             //定义角度 angle 上的动画
            from: 0
```

```
            to: 360
            duration: 20000
            loops: Animation.Infinite
        }
    }
    AnimatedImage {                             //(b)
        id: animg
        source: "images/bee.gif"                //图像路径
    }
}
```

其中，

(a) transform: Rotation {…}：transform 属性，需要指定一个 Transform 类型元素的列表。在 QML 中可用的 Transform 类型有 3 个：Rotation、Scale 和 Translate，分别用来进行旋转、缩放和平移。这些元素还可以通过专门的属性来进行更加高级的变换设置。其中，Rotation 提供了坐标轴和原点属性，坐标轴有 axis.x、axis.y 和 axis.z，分别代表 x 轴、y 轴和 z 轴，因此可以实现 3D 效果。原点由 origin.x 和 origin.y 来指定。对于典型的 3D 旋转，既要指定原点，也要指定坐标轴。图 24.7 为旋转坐标示意图，使用 angle 属性指定顺时针旋转的角度。

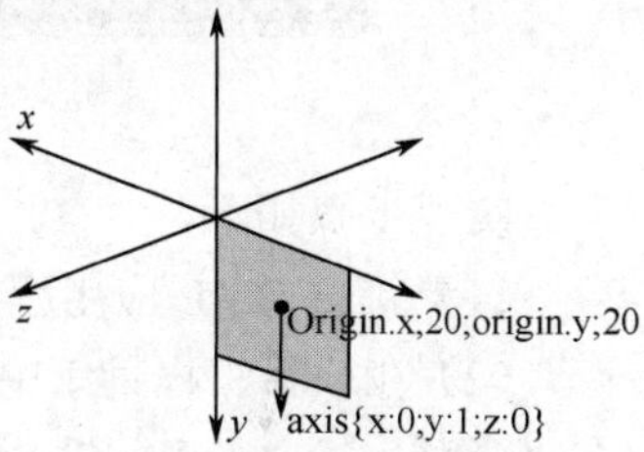

(b) AnimatedImage {…}：AnimatedImage 扩展了 Image 元素的功能，可以用来播放包含一系列帧的图像动画，如 GIF 文件。当前帧和动画总长度等信息可以使用 currentFrame 和 frameCount 属性来获取，还可以通过改变 playing 和 paused 属性的值来开始、暂停和停止动画。

图 24.7 旋转坐标示意图

（4）打开"main.qml"文件，编写代码如下：

```
import QtQuick 2.15
import QtQuick.Window 2.15

Window {
    width: 420
    height: 320
    visible: true
    title: qsTr("Graph3DRotate")

    Rectangle {
        width: 360
        height: 360
        anchors.fill: parent

        MyGraph { }                     //使用组件
    }
}
```

24.3.2 色彩处理

QML 使用专门的特效元素来实现图像亮度、对比度、色彩饱和度等特殊处理,这些特效元素也像基本的 QML 元素一样可以以 UI 组件的形式添加到 Qt Quick 用户界面上。

【例】(难度一般)(CH2407)实现单击图像使其亮度变暗,且对比度增强,运行效果如图 24.8 所示。

图 24.8 图像色彩变化运行效果

实现步骤如下。

(1)新建 QML 应用程序,项目名称为"GraphEffects"。

(2)在项目工程目录中建一个 images 文件夹,其中放入一幅图像"insect.gif"。右击项目视图"资源"→"qml.qrc"下的"/"节点,选择"添加现有文件…"项,从弹出的对话框中选择该图像并打开,将其加载到项目中。

(3)右击项目视图"资源"→"qml.qrc"下的"/"节点,选择"添加新文件…"项,新建"MyGraph.qml"文件,编写代码如下:

```
import QtQuick 2.0
import QtGraphicalEffects 1.0         //(a)
Rectangle {                           //矩形作为图像显示区
    width: animg.width
    height: animg.height
    AnimatedImage {                   //显示 GIF 图像元素
        id: animg
        source: "images/insect.gif"   //图像路径
    }
    BrightnessContrast {              //(b)
        id: bright
        anchors.fill: animg
        source: animg
    }
    SequentialAnimation {             //定义串行组合动画
        id: imgAnim
        NumberAnimation {             //用动画调整亮度
            target: bright
            property: "brightness"    //(c)
```

```
                to: -0.5                        //变暗
                duration: 3000
            }
            NumberAnimation {                   //用动画设置对比度
                target: bright
                property: "contrast"            //(d)
                to: 0.25                        //对比度增强
                duration: 2000
            }
        }
        MouseArea {
            anchors.fill: parent
            onClicked: {
                imgAnim.running = true          //单击图像开启动画
            }
        }
    }
```

其中，

(a) import QtGraphicalEffects 1.0：QML 的图形特效元素类型都包含在 QtGraphicalEffects 库中，编程时需要使用该模块处理图像，都要在 QML 文档开头写上这一句声明，以导入特效元素库。

(b) BrightnessContrast {…}：BrightnessContrast 是一个特效元素，功能是设置源元素的亮度和对比度。它有一个属性 source 指明了其源元素，源元素一般都是一个 Image 或 AnimatedImage 类型的图像。

(c) property: "brightness"：brightness 是 BrightnessContrast 元素的属性，用于设置源元素的亮度，由最暗到最亮对应的取值范围为-1.0～1.0，默认值为 0.0（对应图像的本来亮度）。本例用动画渐变到目标值-0.5，在视觉上呈现较暗的效果。

(d) property: "contrast"：contrast 也是 BrightnessContrast 元素的属性，用于设置源元素的对比度，由最弱到最强对应的取值范围为-1.0～1.0，默认值为 0.0（对应图像本来的对比度）。0.0～-1.0 的对比度是线性递减的，而 0.0～1.0 的对比度则呈非线性增强，且越接近 1.0，增加曲线越陡峭，以致达到很高的对比效果。本例用动画将对比度逐渐调节到 0.25，视觉上能十分清晰地显示出花蕾上的昆虫。

（4）打开"MainForm.ui.qml"文件，修改代码如下：

```
...
Rectangle {
    ...
    MouseArea {
        id: mouseArea
        anchors.fill: parent
    }
    MyGraph { }                                 //使用组件
}
```

QML 的 QtGraphicalEffects 库还可以实现图像由彩色变黑白、加阴影、模糊处理等各种特效。限于篇幅，本书不展开，有兴趣的读者请参考 Qt 官方网站提供的文档。

24.4 饼状菜单

Qt 5.5（Qt Quick Extras 1.4）的扩展库中新增了一种菜单，这种菜单上的按钮呈现饼状排列，用户可用手指滑动选择按钮。这种菜单常见于播放器应用。

【例】（难度一般）（CH2408）用 PieMenu 实现饼状菜单，在界面文本框上右击鼠标出现饼状菜单，选择相应的菜单项，应用程序输出窗口显示对应的动作，如图 24.9 所示。

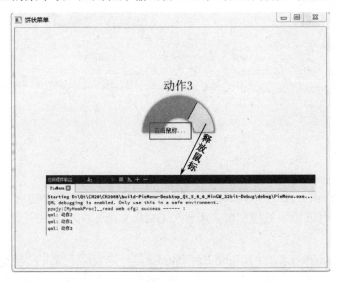

图 24.9 饼状菜单

实现步骤如下。

（1）新建 QML 应用程序，项目名称为"PieMenu"。
（2）打开"MainForm.ui.qml"文件，修改代码如下：

```
import QtQuick 2.7

Rectangle {
    property alias mouseArea: mouseArea
    property alias textEdit: textEdit

    width: 360
    height: 360

    MouseArea {
        id: mouseArea
        anchors.fill: parent
        acceptedButtons: Qt.RightButton           //设置文本区右击鼠标触发
    }

    TextEdit {
        id: textEdit
        text: qsTr("右击鼠标…")
        verticalAlignment: Text.AlignVCenter
```

```
            anchors.top: parent.top
            anchors.horizontalCenter: parent.horizontalCenter
            anchors.topMargin: 200
            Rectangle {
                anchors.fill: parent
                anchors.margins: -10
                color: "transparent"
                border.width: 1
            }
        }
}
```

(3) 打开 "main.qml" 文件，修改代码如下：

```
import QtQuick 2.7
import QtQuick.Window 2.2
import QtQuick.Extras 1.4                                //(a)
import QtQuick.Controls 1.4

Window {
    visible: true
    width: 640
    height: 480
    title: qsTr("饼状菜单")

    MainForm {
        anchors.fill: parent
        mouseArea.onClicked: {
            pieMenu.popup(mouseArea.mouseX, mouseArea.mouseY)
                                                         //(b)
        }
    }

    PieMenu {                                            //(c)
        id: pieMenu
        triggerMode: TriggerMode.TriggerOnRelease        //(d)
        MenuItem {                                       //菜单项1
            text: "动作1"
            onTriggered: print("动作1")
        }
        MenuItem {                                       //菜单项2
            text: "动作2"
            onTriggered: print("动作2")
        }
        MenuItem {                                       //菜单项3
            text: "动作3"
            onTriggered: print("动作3")
        }
    }
}
```

其中，

(a) import QtQuick.Extras 1.4：因 PieMenu 组件是在 Qt 5.5 的 QtQuick.Extras 1.4 扩展库中引入的，故这里必须导入该库。

(b) pieMenu.popup(mouseArea.mouseX, mouseArea.mouseY)：设置菜单出现的位置为鼠标在文本区右击处的坐标（由文本区控件的 mouseX/mouseY 属性确定）。

(c) PieMenu {...}：这是 Qt 5.5 新引入的菜单元素，它就是饼状菜单，外形呈拱桥状弧形，每个菜单项距离中心都是等距的，用户以鼠标滑动方式选取菜单项，当前被选中的菜单项所在弧形段会改变颜色，同时在弧形顶端显示当前选中菜单项的标题文字，效果如图 24.9 所示。

(d) triggerMode: TriggerMode.TriggerOnRelease：设置确定菜单选项的事件触发模式为释放模式，即用户释放鼠标时的选项为最终确定的选项。

> **注意**：由于新版 Qt 6.0 移除了原 Qt 5 的一些功能模块而尚未推出新的替代者（官方计划将它们改进完善后在未来的某个版本中再添加回来），其中就包括了实例 CH2407 所用 QtGraphicalEffects 库和实例 CH2408 所用 QtQuick.Extras 1.4 扩展库，故这两个实例我们依旧使用上一版 Qt 5 及其开发环境来编程开发，待未来 Qt 后续版本能够支持这两个库（或推出了其替代者）的时候，再移植到更新的 Qt 平台。

第 25 章

Qt Quick Controls 开发基础及实例

25.1 Qt Quick Controls 概述

Qt Quick Controls 是 Qt 5.1 开始就引入的 QML 模块，它提供了大量类似 Qt Widgets 的可重用的 UI 组件，如按钮、菜单、对话框和视图等，这些组件能在不同的平台（如 Windows、Mac OS X 和 Linux）上模仿相应的本地行为。在 Qt Quick 开发中，因 Qt Quick Controls 可以帮助用户创建桌面应用程序所应具备的完整图形界面，故它的出现也使 QML 在企业应用开发中占据了一席之地。自 Qt 6.0 起，支持 Qt Quick Controls 2.5，它将已有的 Qt Quick Controls 及 Qt Quick Controls 2 两个库进行了统一整合，同时还引入一些新组件替换原有组件，使其更适合跨平台 GUI 应用程序及移动应用开发的需要。本章先以多个桌面程序实例系统地介绍 Qt Quick Controls 的基础知识及主要组件的使用，在后续跨平台开发相关的章节再介绍它在移动平台上的具体应用。

25.1.1 第一个 Qt Quick Controls 程序

【例】（简单）（CH2501）尝试开发第一个 Qt Quick Controls 程序，运行界面如图 25.1 所示。

图 25.1 第一个 Qt Quick Controls 程序运行界面

可以直接在 QML 应用程序中通过导入库来开发 Qt Quick Controls 程序，步骤如下。

（1）创建 QML 项目，选择项目 "Application (Qt Quick)" 下的 "Qt Quick Application - Empty" 模板，具体操作详见前 QML 编程基础章。项目名称为 "QControlDemo"。

（2）打开项目主程序文件"main.qml"，编写代码如下：

```qml
/* import 部分 */
import QtQuick 2.15
import QtQuick.Controls 2.5                    //导入 Qt Quick Controls 库
import QtQuick.Layouts 1.3                     //导入 Qt Quick 布局库

/* 对象声明 */
ApplicationWindow {                            //主应用窗口
    width: 320
    height: 240
    visible: true
    title: qsTr("Hello World")

    Item {                                     //QML 通用的根元素
        width: 320
        height: 240
        anchors.fill: parent

        ColumnLayout {                         //列布局
            anchors.horizontalCenter: parent.horizontalCenter
                                               //在窗口中居中
            anchors.topMargin: 80              //距顶部 80 像素
            anchors.top: parent.top            //顶端对齐

            RowLayout {                        //行布局
                TextField {                    //输入文本框控件
                    id: textField1
                    placeholderText: qsTr("请输入…")
                }

                Button {                       //按钮控件
                    id: button1
                    text: qsTr("点 我")
                    implicitWidth: 50          //宽度（若未指定则自适应按钮文字宽）
                    onClicked: {
                        textField2.text = "Hello " + textField1.text + "! ";
                    }
                }
            }

            TextField {                        //显示文本框控件
                id: textField2
                implicitWidth: 145             //宽度（若未指定则自适应文字内容长度）
            }
        }
    }
}
```

可见，作为一个规范的 QML 文档，Qt Quick Controls 程序也是由 import 和对象声明两部分构成的。开头的 import 部分必须导入 Qt Quick Controls 库（这里是最新的 2.5 版），通常因为还需要安排各个组件在 GUI 界面上的位置，还要同时导入 Qt Quick 布局库。唯一与普通 QML 程序不同之处在于：Qt Quick Controls 程序的根对象是 ApplicationWindow（主应用窗口）而非 Window，一般在设计桌面应用程序界面时，都会将所有的界面组件囊括在一个 QML 通用根元素 Item 内部。

（3）单击▶按钮运行项目，在上面一行文本框内输入"美好的世界"，单击"点我"按钮，下一行文本框显示"Hello 美好的世界！"，如图 25.1 所示。

25.1.2　更换界面主题样式

Qt Quick Controls 支持多种类型的界面主题样式：Default（默认）、Material（质感）、Universal（普通）、Fusion（融合）和 Imagine（想象），可通过配置 qtquickcontrols2 文件来更换样式类型。

（1）在项目工程目录中创建"qtquickcontrols2.conf"配置文件。

（2）右击项目视图"Resources"→"qml.qrc"下的"/"节点，选择"添加现有文件…"项，从弹出的对话框中选择该文件并打开，将其加载到项目中。

（3）打开"qtquickcontrols2.conf"文件，编写内容如下：

```
; This file can be edited to change the style of the application
; Read "Qt Quick Controls 2 Configuration File" for details:
; https://doc.qt.io/qt/qtquickcontrols2-configuration.html

[Controls]
Style=Default

[Material]
Theme=Light
;Accent=BlueGrey
;Primary=BlueGray
;Foreground=Brown
;Background=Grey
```

其中，通过修改加黑处的配置来指定界面主题的样式类型。将其改为 Material，运行程序，看到 Material 样式界面如图 25.2 所示；若改为 Imagine，则呈现的效果如图 25.3 所示。

图 25.2　Material 样式界面

图 25.3　Imagine 样式界面

从 Qt 5 到 Qt 6，Qt Quick Controls 移除了原有的一些类库和功能（旨在对其改进后在未来的 Qt 版本中再重新引入），同时用新的类取代了原 Qt 5 中一些组件类。针对此情况，本章接下来的实例，我们尽量用 Qt 6 中的新组件改造并重新实现原版程序的功能；而对于 Qt 6 中尚未推出替代类（Qt 5 原类已移除）的实例，则仍然是基于 Qt 5 开发，请大家转到原 Qt 5 下试做和运行。

25.2 Qt Quick 控件

25.2.1 概述

Qt Quick Controls 模块提供一个控件的集合供用户开发图形化界面使用，所有的 Qt Quick 控件、可视外观效果和功能描述见表 25.1。

表 25.1　Qt Quick 控件

控件	名称	可视外观效果	功能描述
Button	命令按钮	提交	单击执行操作
CheckBox	复选框	☑旅游 ☑游泳 ☐篮球	可同时选中多个选项
ComboBox	组合框	计算机 ▽	提供下拉列表选项
GroupBox	组框	性别 ●男 ○女	用于定义控件组的容器
Label	标签	姓名	界面文字提示
RadioButton	单选按钮	●男 ○女	单击选中，通常分组使用，只能选其中一个选项
TextArea	文本区	学生个人资料…	用于显示多行可编辑的格式化文本
TextField	文本框	请输入…	可供输入（显示）一行纯文本
BusyIndicator	忙指示器	◯	用以表明程序正在执行某项操作（如载入图片），请用户耐心等待
Tumbler	翻选框	7月 23 1999 8月 24 2000 9月 25 2001 10月 26 2002 11月 27 2003	提供滚轮条给用户上下翻动以选择合适的值

续表

控件	名称	可视外观效果	功能描述
ProgressBar	进度条		动态显示程序执行进度
Slider	滑动条		提供水平或垂直方向的滑块，鼠标拖动可设置参数
SpinBox	数值旋转框	25	单击上下箭头可设置数值参数
Switch	开关		控制某项功能的开启/关闭，常见于移动智能手机的应用界面

25.2.2 基本控件

在表 25.1 所列的全部控件中，有一些是基本控件，如命令按钮、文本框、标签、单选按钮、组合框和复选框等。它们通常用于显示程序界面、接受用户的输入和选择，是最常用的控件。

【例】（难度中等）（CH2502）用基本控件制作"学生信息表单"，输入（选择）学生各项信息后单击"提交"按钮，在文本区显示出该学生的信息，运行效果如图 25.4 所示。

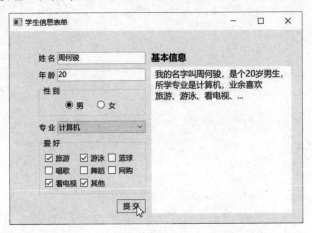

图 25.4 "学生信息表单"的运行效果

实现步骤如下。

（1）创建 QML 项目，选择项目"Application (Qt Quick)"下的"Qt Quick Application - Empty"模板。项目名称为"StuForm"。

（2）打开项目主程序文件"main.qml"，编写代码如下：

```
import QtQuick 2.15
import QtQuick.Controls 2.5                         //导入 Qt Quick Controls 库
import QtQuick.Layouts 1.3                          //导入 Qt Quick 布局库

ApplicationWindow {                                 //主应用窗口
    width: 500
    height: 320
```

```qml
    visible: true
    title: qsTr("学生信息表单")

    Item {                                              //QML 通用的根元素
        width: 640
        height: 480
        anchors.fill: parent

        RowLayout {                                     //行布局
            x: 50; y: 35
            spacing: 10
            ColumnLayout {                              //列布局
                spacing: 8
                RowLayout {
                    spacing: 0
                    Label {                             /* 标签 */
                        text: "姓 名 "
                    }
                    TextField {                         /* 文本框 */
                        id: name
                        implicitWidth: 150
                        placeholderText: qsTr("请输入…")    //(a)
                        focus: true
                    }
                }
                RowLayout {
                    spacing: 0
                    Label {
                        text: "年 龄 "
                    }
                    TextField {
                        id: age
                        implicitWidth: 150
                        validator: IntValidator {bottom: 16; top: 26;}
                                                        //(b)
                    }
                }
                GroupBox {                              /* 组框 */
                    id: group1
                    title: qsTr("性 别")
                    Layout.fillWidth: true              //(c)
                    RowLayout {
                        RadioButton {                   /* 单选按钮 */
                            id: maleRBtn
                            text: qsTr("男")
                            checked: true
                            Layout.minimumWidth: 85     //设置控件所占最小宽度为 65
                            anchors.horizontalCenter: parent.horizontalCenter
```

```qml
            }
            RadioButton {
                id: femaleRBtn
                text: qsTr("女")
                Layout.minimumWidth: 65        //设置控件所占最小宽度为65
            }
        }
    }
    RowLayout {
        spacing: 0
        Label {
            text: "专 业 "
        }
        ComboBox {                              /* 组合框 */
            id: speCBox
            Layout.fillWidth: true
            currentIndex: 0                     //初始选中项(计算机)索引为0
            model: ListModel {                  //(d)
                ListElement { text: "计算机" }
                ListElement { text: "通信工程" }
                ListElement { text: "信息网络" }
            }
            width: 200
        }
    }
    GroupBox {
        id: group2
        title: qsTr("爱 好")
        Layout.fillWidth: true
        GridLayout {                            //网格布局
            id: hobbyGrid
            columns: 3
            CheckBox {                          /* 复选框 */
                text: qsTr("旅游")
                checked: true                   //默认选中
            }
            CheckBox {
                text: qsTr("游泳")
                checked: true
            }
            CheckBox {
                text: qsTr("篮球")
            }
            CheckBox {
                text: qsTr("唱歌")
            }
            CheckBox {
                text: qsTr("舞蹈")
```

```qml
                    }
                    CheckBox {
                        text: qsTr("网购")
                    }
                    CheckBox {
                        text: qsTr("看电视")
                        checked: true
                    }
                    CheckBox {
                        text: qsTr("其他")
                        checked: true
                    }
                }
            }
            Button {                                    /* 命令按钮 */
                id: submit
                anchors.right: group2.right            //与"爱好"组框的右边框锚定
                implicitWidth: 50
                text: "提 交"
                onClicked: {                            //单击"提交"按钮执行的代码
                    var hobbyText = "";                 //变量用于存放学生兴趣爱好内容
                    for(var i = 0; i < 7; i++) {        //遍历"爱好"组框中的复选框
                        /* 生成学生兴趣爱好文本 */
                        hobbyText += hobbyGrid.children[i].checked ? (hobbyGrid.children[i].text + "、") : "";        //(e)
                    }
                    if(hobbyGrid.children[7].checked) {
                                                        //若"其他"复选框选中
                        hobbyText += "…";
                    }
                    var sexText = maleRBtn.checked ? "男":"女";
                    /* 最终生成的完整学生信息 */
                    stuInfo.text = "我的名字叫" + name.text + ",是个" + age.text + "岁" + sexText + "生,\r\n所学专业是" + speCBox.currentText + ",业余喜欢\r\n" + hobbyText;
                }
            }
        }
        ColumnLayout {
            Layout.alignment: Qt.AlignTop              //使"基本信息"文本区与表单顶端对齐
            Label {
                text: "基本信息"
                font.pixelSize: 15
                font.bold: true
            }
            TextArea {
                id: stuInfo
                Layout.fillHeight: true                //将文本区拉伸至与表单等高
```

```
                implicitWidth: 240
                text: "学生个人资料…"              //初始文字
                font.pixelSize: 14
            }
        }
      }
    }
}
```

其中，

(a) **placeholderText: qsTr("请输入...")**：placeholderText 是文本框控件的属性，它设定当文本框内容为空时其中所要显示的文本（多为提示性的文字），用于引导用户输入。

(b) **validator: IntValidator {bottom: 16; top: 26;}**：validator 属性是在文本框控件上设一个验证器，只有当用户的输入符合验证要求时才能被文本框接受。目前，Qt Quick 支持的验证器有 IntValidator（整型验证器）、DoubleValidator（双精度浮点验证器）和 RegExpValidator（正则表达式验证器）三种。这里使用整型验证器，限定了文本框只能输入 16～26（学生年龄段）之间的整数值。

(c) **Layout.fillWidth: true**：在 Qt Quick 中另有一套独立于 QML 的布局系统（Qt Quick 布局），其所用的元素 RowLayout、ColumnLayout 和 GridLayout 类同于 QML 的 Row、Column 和 Grid 定位器，所在库是 QtQuick.Layouts，但它比传统 QML 定位器的功能更加强大，本例程序就充分使用了这套全新的布局系统。该系统的 Layout 元素提供了很多"依附属性"，其作用等同于 QML 的 Anchor（锚）。这里 Layout.fillWidth 设为 true 使"性别"组框在允许的约束范围内尽可能宽。此外，Layout 还有其他一些常用属性，如 fillHeight、minimumWidth/maximumWidth、minimumHeight/maximumHeight、alignment 等，它们的具体应用请参考 Qt 6 官方文档，此处不展开。

(d) **model: ListModel {…}**：往组合框下拉列表中添加项有两种方式。第一种是本例采用的为其 model 属性指派一个 ListModel 对象，其每个 ListElement 子元素代表一个列表项；第二种是直接将一个字符串列表赋值给 model 属性。因此，本例的代码也可写为：

```
ComboBox {
    …
    model: [ "计算机", "通信工程", "信息网络" ]
    width: 200
}
```

(e) **hobbyText += hobbyGrid.children[i].checked ? (hobbyGrid.children[i].text + "、") : ""**：这里使用了条件运算符判断每个复选框的状态，若选中，则将其文本添加到 hobbyText 变量中。之前在设计界面的时候，将复选框都置于 GridLayout 元素中，此处就可以通过其"id.children[i]"的方式来引用访问其中的每一个复选框控件。

25.2.3　高级控件

Qt Quick 的控件库一直都在被不断地开发、扩展和完善，除基本控件外，还在增加新的控件类型，尤其是一些高级控件做得很有特色，它们极大地丰富了 Qt Quick Controls 程序的界面功能。

第 4 部分　QML 和 Qt Quick 及其应用

【例】（较难）（CH2503）用高级控件制作一个有趣的小程序，界面如图 25.5 所示。

程序运行后，窗体上显出一幅唯美的海底美人鱼照片。用户可用鼠标拖动左下方滑块来调整画面尺寸，当画面缩小到一定程度后，界面上会出现一个"忙等待"的动画图标，如图 25.6 所示；还可以通过日期翻选框设置美人鱼的生日，单击"OK"按钮，程序同步计算并显示出她的芳龄，如图 25.7 所示。

图 25.5　高级控件制作的程序界面

图 25.6　改变尺寸

实现步骤如下。

（1）创建 QML 项目，选择项目"Application (Qt Quick)"下的"Qt Quick Application - Empty"模板。项目名称为"Mermaid"。

（2）在项目工程目录中建一个"images"文件夹，其中放入一张图片，文件名为"Mermaid.jpg"。

（3）右击项目视图"Resources"→"qml.qrc"下的"/"节点，选择"添加现有文件…"项，从弹出的对话框中选择该图片打开，将其加载到项目中。

第25章 Qt Quick Controls 开发基础及实例

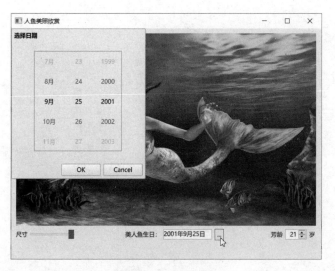

图 25.7 设置生日

（4）打开项目主程序文件 "main.qml"，编写代码如下：

```
import QtQuick 2.15
import QtQuick.Controls 2.5                     //导入 Qt Quick Controls 库
import QtQuick.Layouts 1.3                      //导入 Qt Quick 布局库

ApplicationWindow {                             //主应用窗口
    width: 635
    height: 460
    visible: true
    title: qsTr("人鱼美照欣赏")

    Item {                                      //QML 通用的根元素
        width: 635
        height: 460
        anchors.fill: parent
        Image {                                 //图像元素（显示美人鱼照片）
            id: img                             //图像标识
            x: 10; y: 10
            width: 614.4
            height: 384
            source: "images/Mermaid.jpg"
            fillMode: Image.Stretch             //必须设为"拉伸"模式才能调整尺寸
            clip: true
        }
        BusyIndicator {                         //(a)
            x: 317.2; y: 202
            running: img.width < 614.4*0.4      //当画面宽度缩为原来的 0.4 时运行
        }
        RowLayout {                             //行布局
            anchors.left: img.left              //与画面左锚定
            y: 399
            spacing: 5
```

```qml
            Label {
                text: "尺寸"
            }
            Slider {                                    /* 滑动条 */
                from: 0.1                               //最小值
                to: 1.0                                 //最大值
                stepSize: 0.1                           //步进值
                value: 1.0                              //初始值
                onValueChanged: {                       //拖动滑块所要执行的代码
                    var scale = value;                  //变量获取缩放比率
                    img.width = 614.4*scale;            //宽度缩放
                    img.height = 384*scale;             //高度缩放
                }
            }
            Label {
                text: "美人鱼生日："
                leftPadding: 100
            }
            TextField {                                 //文本框用于显示用户选择的日期
                id: date
                implicitWidth: 100
                text: "1997年1月1日"
                onTextChanged: {
                    age.value = 2022 - year.model[year.currentIndex]
                }                                       //同步计算芳龄
            }
            Button {
                text: qsTr("…")
                implicitWidth: 20
                onClicked: dateDialog.open()            //打开日期选择对话框
            }
            Label {
                text: "芳龄"
                leftPadding: 90
            }
            SpinBox {                                   //(b)
                id: age
                value: 25                               //当前值
                from: 18                                //最小值
                to: 25                                  //最大值
                implicitWidth: 45                       //宽度
            }
            Label {
                text: "岁"
            }
        }
    }
```

```
    Dialog {                                    /* 日期选择对话框 */
        id: dateDialog
        title: "选择日期"
        width: 275
        height: 300
        standardButtons: Dialog.Ok | Dialog.Cancel
        onAccepted: {
            date.text = year.model[year.currentIndex] + "年" + month.model[month.currentIndex] + day.model[day.currentIndex] + "日"
        }                                       //(c)

        Frame {                                 //(d)
            anchors.centerIn: parent
            Row {                               //(d)
                Tumbler {                       //(d)翻选月份
                    id: month
                    model: ["1月", "2月", "3月", "4月", "5月", "6月", "7月", "8月", "9月", "10月", "11月", "12月"]
                }
                Tumbler {                       //(d)翻选日
                    id: day
                    model: [1, 2, 3, 4, 5, 6, 7, 8, 9, 10, 11, 12, 13, 14, 15, 16, 17, 18, 19, 20, 21, 22, 23, 24, 25, 26, 27, 28, 29, 30, 31]
                }
                Tumbler {                       //(d)翻选年
                    id: year
                    model: ["1997", "1998", "1999", "2000", "2001", "2002", "2003", "2004"]
                }
            }
        }
    }
}
```

其中,

(a) BusyIndicator {…}：忙指示器是 Qt Quick 中一个很特别的控件,自 Qt 5.2 引入,它的外观是一个动态旋转的圆圈（◯）,类似于网页加载时的页面效果。当应用程序正在载入某些内容或者 UI 被阻塞等待某个资源变为可用时,要使用 BusyIndicator 提示用户耐心等待。最典型的应用就是在界面载入比较大的图片时,例如:

```
BusyIndicator {
    running: img.status === Image.Loading
}
```

就本例来说,由于图片载入过程很快,无法有效地展示 BusyIndicator,故程序中改为将图片尺寸缩至一定程度时应用 BusyIndicator。

(b) SpinBox {…}：数值旋转框是一个右侧带有上下箭头按钮的文本框,它允许用户通过单击箭头按钮或按键盘的↑、↓键来选取一个数值。默认情况下,SpinBox 提供 0~99 区间内的离散数值,步进值为 1（即每单击一次右箭头,数值就增或减 1）。from/to 属性设定 SpinBox 中允许的数值范围，本例设定美人鱼的年龄在 18~25 岁之间，一旦超出范围，SpinBox 会强制约束用户的输入。

(c) date.text = year.model[year.currentIndex] + "年" + month.model [month.currentIndex] + day.model[day.currentIndex] + "日"：这里通过模型（model）的索引（currentIndex）得到用户当前选中项对应的年月日值，再组合成一个完整的日期。

(d) Frame { ...Row { Tumbler {…} ... } }：Tumbler 控件最先是由 Qt 5.5 的 QtQuick.Extras 1.4 库引入的，当前 Qt Quick Controls 2.5 保留了这个控件，并在某些方面进行了升级完善。Tumbler 是一种界面翻选框控件，在 Qt 6 中一般与 Frame、Row 元素配合使用，每个 Tumbler 元素在界面上都呈现出一种滚轮条的效果，供用户上下翻动以选择合适的值。

25.2.4 样式定制

Qt Quick 2.1（Qt 5.1）引入一个 Qt Quick Controls Styles 子模块，它几乎为每个 Qt Quick 控件都提供了一个对应的样式类，以*Style（其中"*"是原控件的类名）命名，允许用户自定义 Qt Quick 控件的样式。

凡是对应有样式类的 Qt Quick 控件都可以由用户自定义其外观，表 25.2 给出了各 Qt Quick 控件所对应的样式类。

表 25.2 Qt Quick 控件的样式类

控件	名称	对应样式类
Button	命令按钮	ButtonStyle
CheckBox	复选框	CheckBoxStyle
ComboBox	组合框	ComboBoxStyle
RadioButton	单选按钮	RadioButtonStyle
TextArea	文本区	TextAreaStyle
TextField	文本框	TextFieldStyle
BusyIndicator	忙指示器	BusyIndicatorStyle
ProgressBar	进度条	ProgressBarStyle
Slider	滑动条	SliderStyle
SpinBox	数值旋转框	SpinBoxStyle
Switch	开关	SwitchStyle

定制控件的样式有以下两种方法。

(1) 使用样式属性。

所有可定制的 Qt Quick 控件都有一个 style 属性，将其值设为该控件对应的样式类，然后在样式类中定义样式，代码形如：

```
Control {                                   //控件名
    …                                       //其他属性及值
    style: ControlStyle {                   //样式属性
        …                                   //自定义样式的代码
    }
    …
}
```

其中，Control 代表控件名称，可以是任何具体的 Qt Quick 控件类名，如 Button、TextField、Slider 等；ControlStyle 则是该控件对应的样式类名，详见上表 25.2。

（2）定义样式代理。

样式代理是一种由用户定义的属性类组件，其代码形如：

```
property Component delegateName: ControlStyle {      //样式代理
    ...                                               //自定义样式的代码
}
```

其中，delegateName 为样式代理的名称，经这样定义了之后，就可以在控件代码中直接引用该名称来指定控件的样式，如下：

```
Control {                                             //控件名
    ...
    style: delegateName                               //通过样式代理名指定样式
    ...
}
```

这种方法的好处：如果有多个控件具有相同的样式，那么只需在样式代理中定义一次，就可以在各个需要该样式的控件中直接引用，提高了代码的复用性。但要注意，引用该样式的控件类型必须与代理所定义的样式类 ControlStyle 相匹配。

从 Qt 6 开始，官方暂时从 Qt 中移除了样式功能模块，故 Qt 6 中样式类无法使用，下面的实例仍然基于 Qt 5 开发样式功能。

【例】（较难）（CH2504）用上述两种方法分别定制几种控件的样式，界面对比如图 25.8 所示，其中左边一列为控件的标准外观，中间为用样式属性直接定义的外观，右边则是应用了样式代理后的效果。

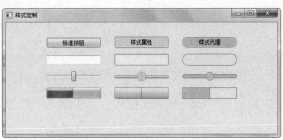

图 25.8　控件样式定制

实现步骤如下。

（1）启动 Qt 5 开发环境的 Qt Creator，单击主菜单"文件"→"新建文件或项目…"项，弹出"新建项目"对话框，选择项目"Application"下的"Qt Quick Controls Application"模板，如图 25.9 所示。

（2）单击"Choose…"按钮，在"Qt Quick Controls Application"对话框的"Project Location"页输入项目名称"Styles"，并选择保存项目的路径。

（3）单击"下一步"按钮，在"Define Project Details"页选择"Qt 5.7"，如图 25.10 所示。

（4）单击"下一步"按钮，在"Kit Selection"页，系统默认已指定程序的编译器和调试器，直接单击"下一步"按钮，接下来的"项目管理"页自动汇总出要添加到该项目的文件，单击"完成"按钮，完成 Qt Quick Controls 应用程序的创建。

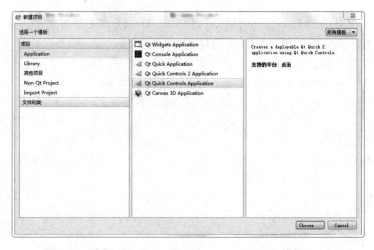

图 25.9　选择"Qt Quick Controls Application"模板

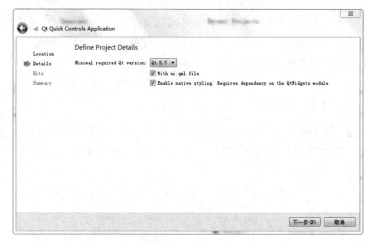

图 25.10　选择最低适应的"Qt 5.7"版本

（5）在项目工程目录中建一个"images"文件夹，其中放入一些图片作为定制控件的资源，如图 25.11 所示。

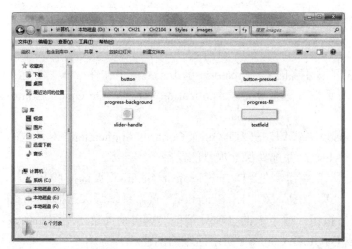

图 25.11　准备定制用图片资源

(6)右击项目视图"资源"→"qml.qrc"下的"/"节点,选择"添加现有文件…"项,从弹出的对话框中选中这些图片打开,将它们加载到项目中。

(7)打开"MainForm.ui.qml"文件,编写代码如下:

```qml
import QtQuick 2.7
import QtQuick.Controls 1.5
import QtQuick.Layouts 1.3
import QtQuick.Controls.Styles 1.3         //导入Qt Quick控件样式库
Item {                                      //QML通用的根元素
    id: window
    width: 600
    height: 240
    property int columnWidth: window.width/5
                                            //公共属性columnWidth用于设置控件列宽
    GridLayout {                            //网格布局
        rowSpacing: 12                      //行距
        columnSpacing: 30                   //列距
        anchors.top: parent.top             //与主窗体顶端对齐
        anchors.horizontalCenter: parent.horizontalCenter
                                            //在主窗体居中
        anchors.margins: 30                 //锚距为30
        Button {                            /* 标准Button控件 */
            text: "标准按钮"
            implicitWidth: columnWidth      //(a)
        }
        Button {                            /* 设置样式属性的Button控件 */
            text: "样式属性"
            style: ButtonStyle {            //样式属性
                background: BorderImage {   //(b)
                    source: control.pressed ? "images/button-pressed.png": "images/button.png"
                    border.left: 4 ; border.right:4; border.top: 4; border.bottom: 4
                }
            }
            implicitWidth: columnWidth
        }
        Button {                            /* 应用样式代理的Button控件 */
            text: "样式代理"
            style: buttonStyle              //buttonStyle为样式代理名
            implicitWidth: columnWidth
        }
        TextField {                         /* 标准TextField控件 */
            Layout.row: 1                   //指定在GridLayout中行号为1(第2行)
            implicitWidth: columnWidth
        }
        TextField {                         /* 设置样式属性的TextField控件 */
            style: TextFieldStyle {         //样式属性
                background: BorderImage {   //设置背景图片为textfield.png
                    source: "images/textfield.png"
                    border.left: 4; border.right: 4; border.top: 4; border.bottom: 4
```

```qml
            }
        }
        implicitWidth: columnWidth
    }
    TextField {                          /* 应用样式代理的 TextField 控件 */
        style: textFieldStyle            //textFieldStyle 为样式代理名
        implicitWidth: columnWidth
    }
    Slider {                             /* 标准 Slider 控件 */
        id: slider1
        Layout.row: 2                    //指定在 GridLayout 中行号为 2（第 3 行）
        value: 0.5                       //初始值
        implicitWidth: columnWidth
    }
    Slider {                             /* 设置样式属性的 Slider 控件 */
        id: slider2
        value: 0.5
        implicitWidth: columnWidth
        style: SliderStyle {             //样式属性
            groove: BorderImage {        //(c)
                height: 6
                border.top: 1
                border.bottom: 1
                source: "images/progress-background.png"
                border.left: 6
                border.right: 6
                BorderImage {
                    anchors.verticalCenter: parent.verticalCenter
                    source: "images/progress-fill.png"
                    border.left: 5 ; border.top: 1
                    border.right: 5 ; border.bottom: 1
                    width: styleData.handlePosition
                                         //宽度至手柄（滑块）的位置
                    height: parent.height
                }
            }
            handle: Item {               //(d)
                width: 13
                height: 13
                Image {
                    anchors.centerIn: parent
                    source: "images/slider-handle.png"
                }
            }
        }
    }
    Slider {                             /* 应用样式代理的 Slider 控件 */
        id: slider3
        value: 0.5
        implicitWidth: columnWidth
```

```
            style: sliderStyle                  //sliderStyle 为样式代理名
        }
        ProgressBar {                           /* 标准 ProgressBar 控件 */
            Layout.row: 3                       //指定在 GridLayout 中行号为 3（第 4 行）
            value: slider1.value                //进度值设为与滑动条同步
            implicitWidth: columnWidth
        }
        /* 以下两个为应用不同样式代理的 ProgressBar 控件 */
        ProgressBar {
            value: slider2.value
            implicitWidth: columnWidth
            style: progressBarStyle             //应用样式代理 progressBarStyle
        }
        ProgressBar {
            value: slider3.value
            implicitWidth: columnWidth
            style: progressBarStyle2            //应用样式代理 progressBarStyle2
        }
    }
    /* 以下为定义各样式代理的代码 */
    property Component buttonStyle: ButtonStyle {
                                                /* Button 控件所使用的样式代理 */
        background: Rectangle {                 //按钮背景为矩形
            implicitHeight: 22
            implicitWidth: columnWidth
            //按钮被按下或获得焦点时变色
            color: control.pressed ? "darkGray" : control.activeFocus ? "#cdd" : "#ccc"
            antialiasing: true                  //平滑边缘反锯齿
            border.color: "gray"                //灰色边框
            radius: height/2                    //圆角形
            Rectangle {                         //该矩形为按钮自然状态（未被按下）的背景
                anchors.fill: parent
                anchors.margins: 1
                color: "transparent"            //透明色
                antialiasing: true
                visible: !control.pressed       //在按钮未被按下时可见
                border.color: "#aaffffff"
                radius: height/2
            }
        }
    }
    property Component textFieldStyle: TextFieldStyle {
                                                /* TextField 控件所使用的样式代理 */
        background: Rectangle {                 //文本框背景为矩形
            implicitWidth: columnWidth
            color: "#f0f0f0"
            antialiasing: true
            border.color: "gray"
            radius: height/2
```

```qml
            Rectangle {
                anchors.fill: parent
                anchors.margins: 1
                color: "transparent"
                antialiasing: true
                border.color: "#aaffffff"
                radius: height/2
            }
        }
    }
    property Component sliderStyle: SliderStyle {
                                        /* Slider 控件所使用的样式代理 */
        handle: Rectangle {             //定义矩形作为滑块
            width: 18
            height: 18
            color: control.pressed ? "darkGray" : "lightGray"
                                        //按下时灰度改变
            border.color: "gray"
            antialiasing: true
            radius: height/2            //滑块呈圆形
            Rectangle {
                anchors.fill: parent
                anchors.margins: 1
                color: "transparent"
                antialiasing: true
                border.color: "#eee"
                radius: height/2
            }
        }
        groove: Rectangle {             //定义滑动条的横槽
            height: 8
            implicitWidth: columnWidth
            implicitHeight: 22
            antialiasing: true
            color: "#ccc"
            border.color: "#777"
            radius: height/2            //使得滑动条横槽两端有弧度(外观显平滑)
            Rectangle {
                anchors.fill: parent
                anchors.margins: 1
                color: "transparent"
                antialiasing: true
                border.color: "#66ffffff"
                radius: height/2
            }
        }
    }
    property Component progressBarStyle: ProgressBarStyle {
                                        /* ProgressBar 控件使用的样式代理 1 */
        background: BorderImage {       //样式背景图片
```

```
            source: "images/progress-background.png"
            border.left: 2 ; border.right: 2 ; border.top: 2 ; border.bottom: 2
        }
        progress: Item {                              //(e)
            clip: true
            BorderImage {
                anchors.fill: parent
                anchors.rightMargin: (control.value < control.maximumValue)? -4:0
                source: "images/progress-fill.png"
                border.left: 10 ; border.right: 10
                Rectangle {
                    width: 1
                    color: "#a70"
                    opacity: 0.8
                    anchors.top: parent.top
                    anchors.bottom: parent.bottom
                    anchors.bottomMargin: 1
                    anchors.right: parent.right
                    visible: control.value < control.maximumValue
                                        //进度值未到头时始终可见
                    anchors.rightMargin: -parent.anchors.rightMargin
                                        //两者锚定互补达到进度效果
                }
            }
        }
    }
    property Component progressBarStyle2: ProgressBarStyle {
                                /* ProgressBar 控件使用的样式代理 2 */
        background: Rectangle {
            implicitWidth: columnWidth
            implicitHeight: 24
            color: "#f0f0f0"
            border.color: "gray"
        }
        progress: Rectangle {
            color: "#ccc"
            border.color: "gray"
            Rectangle {
                color: "transparent"
                border.color: "#44ffffff"
                anchors.fill: parent
                anchors.margins: 1
            }
        }
    }
}
```

其中,

(a) implicitWidth: columnWidth：QML 根元素 Item 有一个 implicitWidth 属性，它设定了对象的隐式宽度，当对象的 width 值未指明时就以这个隐式宽度作为其实际的宽度。所有 QML 可视元素及 Qt Quick 控件都继承了 implicitWidth 属性,本例用它保证了各控件的宽度始终都维持在 columnWidth(主窗口宽度的 1/5),并随着窗口大小的改变自动调节尺寸。

(b) background: BorderImage {…}:设置控件所用的背景图,图片来源即之前载入项目中的资源。这里用条件运算符设置当按钮按下时,背景显示"button-pressed.png"(一个深灰色矩形);而未按下时则显示"button.png"(颜色较浅的矩形),由此就实现了单击时按钮颜色的变化。

(c) groove: BorderImage {…}:groove 设置滑动条横槽的外观,这里外层 BorderImage 所用图片为"progress-background.png"是横槽的本来外观,而内层 BorderImage 子元素则采用"progress-fill.png"设置了橙黄色充满状态的外观,其宽度与滑块所在位置一致。

(d) handle: Item {…}:handle 定义了滑块的样子,这里采用图片"slider-handle.png"展示滑块的外观。

(e) progress: Item {…}:progress 设置进度条的外观,用"progress-fill.png"定制进度条已填充部分,又定义了一个 Rectangle 子元素来显示其未充满的部分,通过与父元素 BorderImage 的锚定和可见性控制巧妙地呈现进度条的外观。

(8)打开"main.qml"文件,修改代码如下:

```
...
ApplicationWindow {
    title: qsTr("样式定制")
    width: 600
    height: 240
    visible: true
    MainForm {
        anchors.fill: parent
    }
}
```

Qt Quick 控件的定制效果千变万化,更多控件的样式及定制方法请参考 Qt 5 官方文档。建议读者在学习中多实践,逐步提高自己的 UI 设计水平。

25.3 Qt Quick 对话框

Qt Quick 对话框是自 Qt 5.1 开始逐步增加的功能模块。目前,Qt Quick 所能提供的对话框类型有 Dialog(封装了标准按钮的通用 Qt Quick 对话框)、FileDialog(供用户从本地文件系统中选择文件的对话框)、FontDialog(供用户选择字体的对话框)、ColorDialog(供用户选取颜色的对话框)和 MessageDialog(显示弹出消息的对话框)。

本节通过一个实例介绍几种对话框的使用方法。由于 Qt 6 移除了对话框模块,故本例依然使用 Qt 5 的平台开发。

【例】(难度中等)(CH2505)演示几种 Qt Quick 对话框的用法,运行效果如图 25.12 所示。单击"选择…"按钮弹出"选择日期"对话框,选择某个日期后单击"Save"按钮,该日期自动填入"日期:"栏;单击"打开…"按钮,从弹出的"打开"对话框中选择某个目录下的文件并打开,该文件名及路径字符串被填入"文件:"栏;单击"字体…"按钮,在弹出的"字体"对话框中可设置文本区内容的字体样式;单击"颜色…"按钮,在弹出的"颜色"对话框中可设置文本区文字的颜色。

第25章 Qt Quick Controls 开发基础及实例

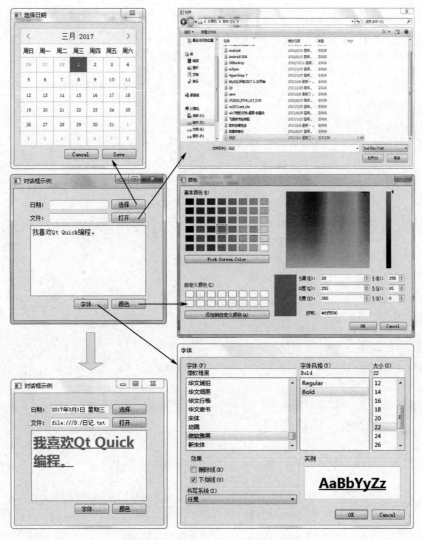

图 25.12　Qt Quick 对话框运行效果

实现步骤如下。

（1）用 Qt 5 开发环境的 Qt Creator 创建 Qt Quick Controls 应用程序，项目名称为 "Dialogs"。

（2）打开 "MainForm.ui.qml" 文件，编写代码如下：

```
import QtQuick 2.7
import QtQuick.Controls 1.5                  //导入 Qt Quick Controls 1.5 库
import QtQuick.Layouts 1.3                   //导入 Qt Quick 布局库
Item {                                        //QML 通用的根元素
    width: 320
    height: 280
    /* 定义属性别名，为在 main.qml 中引用各个控件 */
    property alias date: date                 //"日期"文本框
    property alias btnSelect: btnSelect       //"选择…"按钮
    property alias file: file                 //"文件"文本框
    property alias btnOpen: btnOpen           //"打开…"按钮
    property alias content: content           //文本区
```

```qml
    property alias btnFont: btnFont              //"字体…"按钮
    property alias btnColor: btnColor            //"颜色…"按钮
    ColumnLayout {                               //列布局
        anchors.centerIn: parent
        RowLayout {                              //该行提供日期选择功能
            Label {
                text: "日期："
            }
            TextField {
                id: date
            }
            Button {
                id: btnSelect
                text: qsTr("选择… ")
            }
        }
        RowLayout {                              //该行提供文件选择功能
            Label {
                text: "文件："
            }
            TextField {
                id: file
            }
            Button {
                id: btnOpen
                text: qsTr("打开… ")
            }
        }
        TextArea {                               //文本区
            id: content
            Layout.fillWidth: true               //将文本区拉伸至与上两栏等宽
            text: "我喜欢Qt Quick编程。"          //文本内容
            font.pixelSize: 14
        }
        RowLayout {                              //该行提供字体、颜色选择功能
            Layout.alignment: Qt.AlignRight      //右对齐
            Button {
                id: btnFont
                text: qsTr("字体… ")
            }
            Button {
                id: btnColor
                text: qsTr("颜色… ")
            }
        }
    }
}
```

(3) 打开 "main.qml" 文件，修改代码如下：
```qml
import QtQuick 2.7
import QtQuick.Controls 1.5                        //导入Qt Quick Controls 1.5库
import QtQuick.Dialogs 1.2                         //导入Qt Quick对话框库
ApplicationWindow {                                //主应用窗口
    title: qsTr("对话框示例")
    width: 320
    height: 280
    visible: true
    MainForm {                                     //主窗体
        id: main                                   //窗体标识
        anchors.fill: parent
        btnSelect.onClicked: dateDialog.open()     //打开"选择日期"对话框
        btnOpen.onClicked: fileDialog.open()       //打开标准文件对话框
        btnFont.onClicked: fontDialog.open()       //打开标准字体对话框
        btnColor.onClicked: colorDialog.open()     //打开标准颜色对话框
    }
    Dialog {                                       //(a)
        id: dateDialog
        title: "选择日期"
        width: 275
        height: 300
        standardButtons: StandardButton.Save | StandardButton.Cancel
                                                   //(b)
        onAccepted: main.date.text = calendar.selectedDate.toLocaleDateString()
                                                   //(c)
        Calendar {                                 //日历控件
            id: calendar
            //双击日历就等同于单击"Save"按钮
            onDoubleClicked: dateDialog.click(StandardButton.Save)
        }
    }
    FileDialog {                                   //文件标准对话框
        id: fileDialog
        title: "打开"
        nameFilters: ["Text files (*.txt)", "Image files (*.jpg *.png)", "All files (*)"]        //(d)
        onAccepted: main.file.text = fileDialog.fileUrl
                                                   //(e)
    }
    FontDialog {                                   //字体标准对话框
        id: fontDialog
        title: "字体"
        font: Qt.font({ family: "宋体", pointSize: 12, weight: Font.Normal })
                                                   //初始默认选中的字体
        modality: Qt.WindowModal                   //(f)
        onAccepted: main.content.font = fontDialog.font
                                                   //设置字体
    }
```

```
        ColorDialog {                                  //颜色标准对话框
           id: colorDialog
           title: "颜色"
           modality: Qt.WindowModal
           onAccepted: main.content.textColor = colorDialog.color
                                                       //设置文字色彩
        }
    }
```

其中，

(a) Dialog {…}：这是 Qt 5.3 引入的类型，是 Qt Quick 提供给用户自定义的通用对话框组件。它包含一组为特定平台定制的标准按钮且允许用户往对话窗体中放置任何内容，其默认属性 contentItem 是用户放置的元素（其中还可包含多层子元素），对话框会自动调整大小以适应这些内容元素和标准按钮，例如：

```
Dialog {
    ...
    contentItem: Rectangle {
        color: "lightskyblue"
        implicitWidth: 400
        implicitHeight: 100
        Text {
            text: "你好, 蓝天! "
            color: "navy"
            anchors.centerIn: parent
        }
    }
}
```

就在对话框中放了一个天蓝色矩形，其中显示文字。本例则放了一个日历控件取代默认的 contentItem。

(b) standardButtons: StandardButton.Save | StandardButton.Cancel：对话框底部有一组标准按钮，每个按钮都有一个特定"角色"决定了它被按下时将发出何种信号。用户可通过设置 standardButtons 属性为一些常量位标志的逻辑组合来控制所要使用的按钮。这些预定义常量及对应的标准按钮、按钮角色见表 25.3。

表 25.3 对话框预定义常量及对应的标准按钮

常 量	对 应 按 钮	角 色
StandardButton.Ok	"OK"（确定）	Accept
StandardButton.Open	"Open"（打开）	Accept
StandardButton.Save	"Save"（保存）	Accept
StandardButton.Cancel	"Cancel"（取消）	Reject
StandardButton.Close	"Close"（关闭）	Reject
StandardButton.Discard	"Discard" 或 "Don't Save"（抛弃或不保存，平台相关）	Destructive
StandardButton.Apply	"Apply"（应用）	Apply
StandardButton.Reset	"Reset"（重置）	Reset
StandardButton.RestoreDefaults	"Restore Defaults"（恢复出厂设置）	Reset
StandardButton.Help	"Help"（帮助）	Help

续表

常 量	对 应 按 钮	角 色
StandardButton.SaveAll	"Save All"（保存所有）	Accept
StandardButton.Yes	"Yes"（是）	Yes
StandardButton.YesToAll	"Yes to All"（全部选是）	Yes
StandardButton.No	"No"（否）	No
StandardButton.NoToAll	"No to All"（全部选否）	No
StandardButton.Abort	"Abort"（中止）	Reject
StandardButton.Retry	"Retry"（重试）	Accept
StandardButton.Ignore	"Ignore"（忽略）	Accept

(c) **onAccepted: …**：onAccepted 定义了对话框在接收到 accepted()信号时要执行的代码，accepted()信号是当用户按下具有 Accept 角色的标准按钮（如"OK""Open""Save""Save All""Retry""Ignore"）时所发出的信号。

(d) **nameFilters: […]**：文件名过滤器。它由一系列字符串组成，每个字符串可以是一个由空格分隔的过滤器列表，过滤器可包含"?"和"*"通配符。过滤器列表可用"[ ]"括起来，并附带对每种过滤器提供一个文字描述。例如本例定义的过滤器列表：

```
[ "Text files (*.txt)", "Image files (*.jpg *.png)", "All files (*)" ]
```

所对应的界面外观如下：

选择其中相应的列表项即可指定过滤出想要显示的文件类型，但不可过滤掉目录和文件夹。

(e) **main.file.text = fileDialog.fileUrl**：其中的 fileUrl 是用户所选择文件的路径，该属性只能储存一个特定文件的路径。若要同时存储多个文件路径，可改用 fileUrls 属性，它能存放用户所选的全部文件路径的列表。另外，可用 folder 属性指定用户打开文件标准对话框时所在的默认当前文件夹。

(f) **modality: Qt.WindowModal**：设定该对话框为模式对话框。模式对话框是指在得到事件响应之前，阻止用户切换到其他窗体的对话框。本例的"字体"和"颜色"对话框均设为模式对话框，即在用户尚未选择字体和颜色或单击"Cancel"按钮取消之前，是无法切换回主窗体中进行其他操作的。modality 属性取值 Qt.NonModal 为非模式对话框。

25.4 Qt Quick 选项标签

自 Qt Quick Controls 2 开始使用 TabBar/TabButton 组合的选项标签取代 Qt Quick Controls 1 中 TabView/Tab 组合的导航视图功能。Qt 6 沿用了这种选项标签，通常用来帮助用户在特定的界面布局中管理和表现其他组件。本节通过一个实例来形象地展示它的应用。

【例】（较难）（CH2506）用选项标签结合多种视图组合展示"文艺复兴三杰"的代表作，界面如图 25.13 所示。

图 25.13　Qt Quick 选项标签应用

程序整个窗体界面分左、中、右三个区域。左区给出作品及艺术家的信息列表；中区由多个选项页组成的相框展示整体作品；右区的图片框则带有滚动条，用户可拖动以进一步观赏作品的某个细节部分。用户可以用两种方式更改视图以欣赏不同作者的作品：一种是用鼠标点选左区不同的列表项；另一种就是切换中区相框顶部的选项标签，操作如图 25.14 所示。无论采取哪种方式，中、右两个区域的视图都会同步变化。

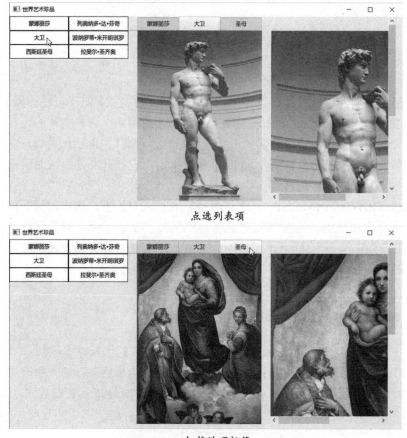

点选列表项

切换选项标签

图 25.14　更改视图内容

本实例采用 Qt 6 平台开发。

实现步骤如下：

（1）创建 QML 项目，选择项目"Application (Qt Quick)"下的"Qt Quick Application - Empty"模板。项目名称为"View"。

（2）在项目工程目录中建一个"images"文件夹，其中放入三张图片作为本项目的资源，如图 25.15 所示。

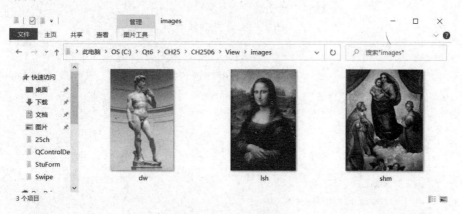

图 25.15　准备图片资源

（3）右击项目视图"Resources"→"qml.qrc"下的"/"节点，选择"添加现有文件..."项，从弹出的对话框中选中这些图片并打开，将它们加载到项目中。

（4）打开项目主程序文件"main.qml"，编写代码如下：

```
import QtQuick 2.15
import QtQuick.Controls 2.5                    //导入 Qt Quick Controls 库
import QtQuick.Layouts 1.3                     //导入 Qt Quick 布局库
import Qt.labs.qmlmodels 1.0                   //包含 TableModel 的库

ApplicationWindow {                             //主应用窗口
    width: 855
    height: 400
    visible: true
    title: qsTr("世界艺术珍品")

    Item {                                      //QML 通用的根元素
        width: 855
        height: 400
        anchors.fill: parent

        TableView {                             /* 左区的 TableView（列表）视图 */
            anchors.fill: parent
            model: TableModel {                 //(a)
                TableModelColumn {
                    display: "名称"
                }
                TableModelColumn {
                    display: "作者"
```

```
            }
            rows: [
                {
                    "名称": "蒙娜丽莎",
                    "作者": "列奥纳多•达•芬奇"
                },
                {
                    "名称": "大卫",
                    "作者": "波纳罗蒂•米开朗琪罗"
                },
                {
                    "名称": "西斯廷圣母",
                    "作者": "拉斐尔•圣齐奥"
                }
            ]
        }
        delegate: Rectangle {
            implicitWidth: 130
            implicitHeight: 30
            border.width: 1
            Text {
                id: tabText
                text: display
                anchors.centerIn: parent
            }
            MouseArea {                             //(b)
                anchors.fill: parent
                onClicked: {                        //(b)
                    if(tabText.text === "蒙娜丽莎") setImgLsh()
                    if(tabText.text === "大卫") setImgDw()
                    if(tabText.text === "西斯廷圣母") setImgShm()
                }
            }
        }
    }

    TabBar {                                        //(c)
        id: tabBar
        leftPadding: 280
        contentWidth: 270
        contentHeight: 30
        TabButton {                                 //(c)
            text: qsTr("蒙娜丽莎")
            onClicked: {                            //(c)
                setImgLsh()                         //显示"蒙娜丽莎"作品
            }
        }
        TabButton {
```

```qml
            text: qsTr("大卫")
            onClicked: {
                setImgDw()                          //显示"大卫"作品
            }
        }
        TabButton {
            text: qsTr("圣母")
            onClicked: {
                setImgShm()                         //显示"圣母"作品
            }
        }
    }

    Image {                                         //选项标签页要显示的图像元素
        id: img
        x: 280; y: 30
        width: 270
        height: 360
        source: "images/lsh.jpg"                    //图像路径（默认是"蒙娜丽莎"）
    }

    StackLayout {
        currentIndex: tabBar.currentIndex           //(d)
        Item { }
        Item { }
        Item { }
    }

    ScrollView {                                    //(e)
        x: 570
        width: 270
        height: 390
        topPadding: 30
        Image {
            id: scrolimg
            source: "images/lsh.jpg"
        }
    }
}

/* 切换设置视图同步的函数 */
function setImgLsh() {                              //显示"蒙娜丽莎"作品
    img.source = "images/lsh.jpg"
    scrolimg.source = "images/lsh.jpg"
    tabBar.currentIndex = 0
}

function setImgDw() {                               //显示"大卫"作品
```

```
            img.source = "images/dw.jpg"
            scrolimg.source = "images/dw.jpg"
            tabBar.currentIndex = 1
        }

        function setImgShm() {                       //显示"圣母"作品
            img.source = "images/shm.jpg"
            scrolimg.source = "images/shm.jpg"
            tabBar.currentIndex = 2
        }
    }
```

其中，

(a) model: TableModel { TableModelColumn { display: "..." }... rows: [...] }：Qt 6 的 TableView 组件与 Qt 5 中的用法有所不同，它是以 TableModelColumn 元素取代原 Qt 5 的 TableViewColumn 来代表视图中的"列"，用 display 属性定义列名，再由 rows 属性数组提供数据内容。

(b) MouseArea {... onClicked: {...} }：与 Qt 5 不同，Qt 6 的 TableView 无 onClicked 属性，无法直接响应用户的单击操作，故这里采用在覆盖其单元格的矩形（Rectangle）元素中定义鼠标响应区 MouseArea 的方式来达成同样的目的。

(c) TabBar { ...TabButton { text:... onClicked: {...} }... }：Qt 6（Qt Quick Controls 2.5）的 TabBar/TabButton 组合所实现的选项标签中只能放置标签文本（text 属性指定）的内容，而不能同时囊括选项页上的界面元素（如 Image），选项页的内容必须定义于 TabBar 之外，在 TabButton 中以事件动作（onClicked）去操作外部元素，实现选项页的切换，这一点是与 Qt 5 的 TabView/Tab 组合根本不同的地方。

(d) currentIndex: tabBar.currentIndex：将 TabBar 当前选项标签的索引 currentIndex 赋给 StackLayout 的 currentIndex 属性，实现标签选择功能。

(e) ScrollView {…}：顾名思义，ScrollView 视图提供一个带水平和垂直滚动条（效果与平台相关）的内容框架为用户显示比较大的界面元素（如图片、网页等）。一个 ScrollView 视图仅能包含一个内容子元素，且该元素默认是充满整个视图区的。

25.5　Qt Quick 扩展库组件实例

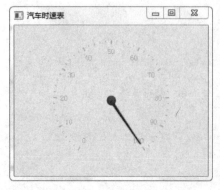

图 25.16　汽车时速表界面

在 Qt 发布 5.5 版时，官方推出了 Qt Quick 扩展库，在 Qt Quick Controls 中增加了几个高级组件，本节举例介绍它们。

由于 Qt 6 暂不支持该扩展库，故下面的几个例子仍然基于 Qt 5 开发。

【例】（难度一般）（CH2507）用 CircularGauge 实现汽车时速表，按 Space（空格）键模拟踩油门加速，汽车时速表界面如图 25.16 所示。

实现步骤如下。

（1）用 Qt 5 开发环境的 Qt Creator 创建 Qt Quick

Controls 应用程序，项目名称为"CircularGauge"。

（2）打开"main.qml"文件，修改代码如下：

```qml
import QtQuick 2.5
import QtQuick.Controls 1.4
import QtQuick.Dialogs 1.2
import QtQuick.Extras 1.4                              //(a)

ApplicationWindow {                                     //主应用窗口
    visible: true
    width: 320
    height: 240
    title: qsTr("汽车时速表")
    MainForm {
        anchors.fill: parent
        CircularGauge {                                 //(b)
            value: accelerating ? maximumValue : 0      //判断是否加速
            anchors.centerIn: parent

            property bool accelerating: false

            Keys.onSpacePressed: accelerating = true    //(c)
            Keys.onReleased: {
                if (event.key === Qt.Key_Space) {
                    accelerating = false;
                    event.accepted = true;
                }
            }

            Component.onCompleted: forceActiveFocus()

            Behavior on value {                         //(d)
                NumberAnimation {
                    duration: 1000
                }
            }
        }
    }
}
```

其中，

(a) import QtQuick.Extras 1.4：因 CircularGauge 组件是在 Qt 5.5 的 QtQuick.Extras 1.4 扩展库中引入的，故这里必须导入该库。

(b) CircularGauge {...}：CircularGauge 是一个类似机器仪表盘的控件，用指针指示读数，常用于汽车速度或气压值等的显示。可以通过 minimumValue 和 maximumValue 属性来设置表盘的最大和最小值，也可以通过 CircularGaugeStyle 的 minimumValueAngle 和 maximumValueAngle 属性来设置最大和最小角度值。

(c) Keys.onSpacePressed: accelerating = true：本例通过 accelerating 属性变量指示是否处于

加速状态，当用户按下Space（空格）键时，该变量置为true，表示汽车进入加速状态。

(d) Behavior on value {...}：用CircularGauge控件value属性上的行为动画来表现汽车加速的过程：只要用户按住Space键不放，就一直处于加速（仪表指针读数不断增大）中，直到用户松开Space键，指针才又缓缓回落到0刻度。如果已经加速到最大值，即使松开Space键，指针也无法回落到0刻度，必须再按一次Space键才能将速度归零（模拟刹车）。仪表对用户按键的反应延时为1000ms。

【例】（简单）（CH2508）用Gauge实现温度计，单击"升温""降温"按钮实现温度读数的升降，温度计界面如图25.17所示。

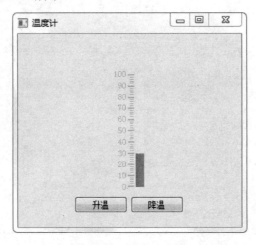

图25.17 温度计界面

实现步骤如下。
（1）用Qt 5开发环境的Qt Creator创建Qt Quick Controls应用程序，项目名称为"Gauge"。
（2）打开"MainForm.ui.qml"文件，编写代码如下：

```qml
import QtQuick 2.5
import QtQuick.Controls 1.4
import QtQuick.Layouts 1.2
import QtQuick.Extras 1.4                         //导入扩展库

Item {
    width: 320
    height: 270

    property alias button1: button1
    property alias button2: button2
    property alias thermometer: thermometer       //温度计控件的属性别名

    ColumnLayout {                                //纵向布局
        anchors.centerIn: parent

        Gauge {                                   //(a)
            id: thermometer
            minimumValue: 0
            value: 30                             //初始温度为30℃
```

```
            maximumValue: 100
            anchors.centerIn: parent
        }

        Label {                                     //(b)
            height: 15
        }

        Label {
            height: 15
        }

        RowLayout {                                 //横向布局
            Button {                                //"升温"按钮
                id: button1
                text: qsTr("升温")
            }

            Button {                                //"降温"按钮
                id: button2
                text: qsTr("降温")
            }
        }
    }
}
```

其中，

(a) Gauge {...}：Gauge 控件常用于指示一定范围的值，通过 minimumValue 和 maximumValue 属性来设置其所能指示的最小和最大值，在应用中一般作为测量仪器来使用，也可以把它作为进度条控件的增强版，用于指示数值化的进度值。

(b) Label {...}：这里用两个 Label 元素是为了将温度计与其下方的两个按钮隔开一定的距离，使布局更美观些。

（3）打开"main.qml"文件，修改代码如下：

```
import QtQuick 2.5
import QtQuick.Controls 1.4
import QtQuick.Dialogs 1.2

ApplicationWindow {                                 //主应用窗口
    visible: true
    width: 320
    height: 270
    title: qsTr("温度计")
    MainForm {
        anchors.fill: parent
        button1.onClicked: thermometer.value += 5   //温度增加
        button2.onClicked: thermometer.value -= 5   //温度降低
    }
}
```

第 5 部分　Qt Quick 3D 开发基础

第 26 章

Qt Quick 3D 场景、视图与光源

Qt Quick 3D 是 Qt 官方为用户使用 Qt Quick 创建 3D 内容或 UI 界面而提供的高级 API。在 Qt 5 及早前的 Qt 版本中，要开发 3D 功能只能使用基于 OpenGL 的 Qt3D 模块，但 Qt3D 与 Qt Quick 的结合并不紧密，且其多个版本之间的兼容性也不是很好。为克服 Qt3D 的缺陷，自 Qt 5.15 开始引入了全新的 Qt Quick 3D，Qt 6 又对其进行了完善，提供对现有 Qt Quick 场景图（Scenegraph）的扩展以及与之配套的渲染器，将其与 Qt Quick 深度集成，同时支持 2D 与 3D 混合显示的功能。

本章我们先来介绍 Qt Quick 3D 编程的基础知识，然后通过实例说明场景、相机、光源等基本概念，并演示多种不同视图与光源的应用。

26.1　Qt Quick 3D 编程基础

26.1.1　Qt Quick 3D 坐标系统

Qt Quick 3D 库所定义的坐标系统具有如下特征：

（1）是一个三维空间直角坐标系。
（2）x 轴在屏幕内正方向向右。
（3）y 轴在屏幕内正方向向上。
（4）z 轴垂直于屏幕且正方向指向用户。
（5）绕任一坐标轴转动时，若令轴的正方向指向用户，则逆时针转角为正，顺时针转角为负。

上述特征标示于图 26.1 中。
用户在编程时以此为依据即可准确地控制画面中 3D 物体的位置和方向。

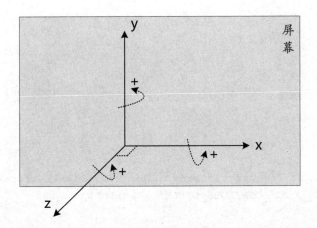

图 26.1　Qt Quick 3D 坐标系统

26.1.2　Qt Quick 3D 库的引入

要在 Qt Quick 开发中使用 3D 功能，就必须往项目中导入支持 Qt Quick 3D 的库。
(1) 在项目的工程（.pro）文件中添加语句（加黑处）：

```
QT += quick

CONFIG += c++11
QT += quick quick3d
# You can make your code fail to compile if it uses deprecated APIs.
# In order to do so, uncomment the following line.
#DEFINES += QT_DISABLE_DEPRECATED_BEFORE=0x060000    # disables all the APIs deprecated before Qt 6.0.0

SOURCES += \
        main.cpp

RESOURCES += qml.qrc

# Additional import path used to resolve QML modules in Qt Creator's code model
QML_IMPORT_PATH =

# Additional import path used to resolve QML modules just for Qt Quick Designer
QML_DESIGNER_IMPORT_PATH =

# Default rules for deployment.
qnx: target.path = /tmp/$${TARGET}/bin
else: unix:!android: target.path = /opt/$${TARGET}/bin
!isEmpty(target.path): INSTALLS += target
```

(2) 在项目的主 C++ 文件 "main.cpp" 中添加语句（加黑处）：

```
#include <QGuiApplication>
#include <QQmlApplicationEngine>
#include <QtQuick3D/qquick3d.h>
```

```cpp
int main(int argc, char *argv[])
{
#if QT_VERSION < QT_VERSION_CHECK(6, 0, 0)
    QCoreApplication::setAttribute(Qt::AA_EnableHighDpiScaling);
#endif

    QGuiApplication app(argc, argv);

    QSurfaceFormat::setDefaultFormat(QQuick3D::idealSurfaceFormat());
    qputenv("QT_QUICK_CONTROLS_STYLE", "Basic");

    QQmlApplicationEngine engine;
    const QUrl url(QStringLiteral("qrc:/main.qml"));
    QObject::connect(&engine, &QQmlApplicationEngine::objectCreated,
                     &app, [url](QObject *obj, const QUrl &objUrl) {
        if (!obj && url == objUrl)
            QCoreApplication::exit(-1);
    }, Qt::QueuedConnection);
    engine.load(url);

    return app.exec();
}
```

（3）最后，在主程序文件"main.qml"的开头添加导入语句：

import QtQuick3D

26.1.3　Qt Quick 3D 程序结构

1．基本概念

（1）场景。

场景（Scene）也就是容纳所有 3D 物体的空间，在 Qt Quick 3D 中，场景使用 View3D 对象来进行渲染，它能够为要渲染的 3D 内容提供 2D 表面。

（2）模型。

模型（Model）也就是要放入场景中的三维物体，可以是标准的形状（立方体、球体、圆柱体和椎体），也可以使用第三方 3D 软件制作好的模型文件（.mesh）作为资源导入场景。

（3）节点。

节点（Node）是一种复合对象，它可以将一个或多个模型包装起来，按层次结构组织成一个对象树，再整体加载到场景中显示。实际编程中也可以用它来包装一些非 3D 模型的程序对象（如功能函数等），以便在主程序中引用。

（4）照相机。

照相机（Camera）好比是观察场景的眼睛，在 Qt Quick 3D 程序的场景中必须至少放置一个照相机，可根据应用需要变换照相机的位置和角度，用户在运行程序时所看到的三维场景物体也就是从照相机视角观察到的内容。

（5）光源。

Qt Quick 3D 提供多种不同类型的光源，有平行光、点光源、探照灯等，使用不同光源可呈现不一样的光影效果。当然，也可以不使用任何光源，但这时候一定要将场景环境设置为采用自然光，否则无法看到物体。

（6）Qt Quick 3D 程序。

为了能使 3D 功能与传统的 Qt Quick 紧密集成，Qt 官方在开发 Qt Quick 3D 时并未使用任何新的外部引擎，而是直接在原 Qt Quick 程序场景图（Scenegraph）的基础上扩展实现了 3D 功能，这就使得 Qt Quick 3D 程序与原 2D 的 Qt Quick 程序在代码的组成结构上是完全兼容的，即实现平面 2D 功能的代码不用做任何变动，原来的 2D 组件和布局在 3D 场景中仍然可以使用，只须将新加入的 3D 模型载入添加进来，不同的只是 3D 内容都统一放在一个名为 View3D 的根元素内。

实际编程时，按照 3D 内容的载入方式，Qt Quick 3D 程序又可分为两种基本的结构类型，下面分别介绍这两类结构程序的代码框架。

2. 结构一：场景中直接定义 3D 模型

将 3D 模型直接定义在 View3D 内，代码易读、形象直观，基本程序框架如下：

```
...
import QtQuick3D                                          //导入 Qt Quick 3D 库

Window {
    ...
        //2D 内容定义区

    View3D {                                              //3D 场景根元素
        ...

        environment: SceneEnvironment {                   //场景环境设置
            ...
        }

        XXXCamera {                                       //照相机
            ...
        }
        ...
        Model {                                           //3D 模型一
            ...
        }
        Model {                                           //3D 模型二
            ...
        }
        ...
        Node {                                            //节点
            Model {                                       //节点中的 3D 模型
                ...
            }
```

```
                ...
            }
                ...
        }

        Node {                                              //节点（外部）
            ...
        }
}
```

说明：

（1）2D 内容定义区：可以写任何原 Qt Quick 程序的内容，支持所有 2D 的 Qt Quick 组件，这段代码不一定非要写在程序开头，可以集中书写，也可以分散定义，只要是位于 View3D 元素外部的任何位置皆可（但为了便于维护，建议还是集中书写在特定位置）。通常这个区域的代码段用来实现 3D 场景的控制面板，其上可以布局放置各种按钮、单选按钮、复选框、滑条等。

（2）模型 Model：也就是要显示在场景里的 3D 物体，它们罗列定义于 View3D 内，可以是一个或多个，也可以将多个 Model 先包装在一个节点中再与其他的 Model 并列放入场景。Model 之间的先后顺序并无特别规定，开发者可以视代码易读性及功能模块化的需要自己安排 Model 的定义顺序，而运行时 Model 的实际呈现位置和姿态是由其内部属性设定的。

（3）外部 Node：外部节点一般用来包装一些在 View3D 中需要引用而又非 3D 模型的对象，比如自定义函数。与 2D 内容定义区一样，它们的书写位置也没有明确的规定，只要在 View3D 元素外部即可，但通常将它们集中定义在主程序末尾，便于统一管理。

3. 结构二：模型包装在 Node 中导入场景

还有一种程序结构是将所有模型预先统一包装在一个节点内部，按层次组织好，再导入 View3D 中，这种情况模型的定义就是在 View3D 外部，基本程序框架如下：

```
...
import QtQuick3D                                            //导入 Qt Quick 3D 库

Window {
    ...
    Node {
        id: myScene
        ...
        XXXCamera {                                         //照相机
                id: myCamera
            ...
        }
            ...
        Model {                                             //3D 模型一
            ...
        }
        Model {                                             //3D 模型二
            ...
        }
            ...
```

```
            Node {                                              //节点
                Model {                                         //节点中的 3D 模型
                    ...
                }
                ...
            }
            ...
        }
        View3D {
            ...
            importScene: myScene                                //载入模型
            camera: myCamera                                    //指明场景所用的相机
            environment: SceneEnvironment {                     //场景环境设置
                ...
            }
        }
    }
```

说明：

（1）Node 内部既可以定义 Model，也可以嵌套定义新的 Node，这样就构成了一个树状的层次结构，可以描述较为复杂的 3D 模型体。

（2）这种结构的程序，相机也可定义于 Node 内，但必须在 View3D 中以 camera 属性引用 id 来指明场景所用的相机。

（3）在 View3D 中，用 importScene 属性引用外部 Node 的 id 来载入模型。

26.2 场景中相机位置的变化

【例】（难度一般）（CH2601）用上面介绍的程序结构一在 3D 场景中放置物体，然后向各个方向变换相机的位置和角度，看看有什么效果。程序运行界面如图 26.2 所示。

图 26.2　程序运行界面

26.2.1 创建项目及导入资源

从上图可见场景是一个一望无际的原野，其中有一个置于椭圆砧板上的茶壶。作为背景的原野用的是 Qt 官方发布的资源 field.hdr；茶壶也是用的官方提供的现成模型 teapot.mesh；而垫在下面的砧板则是 Qt Quick 3D 本身内置的标准几何体（圆柱体 Cylinder）。原野和茶壶都需要作为资源导入 Qt 项目，创建项目及导入资源的操作步骤如下。

1. 创建 Qt Quick 3D 项目

Qt Quick 3D 项目兼容传统 Qt Quick 项目，即其项目类型实际也就是 Qt Quick 的。

（1）运行 Qt Creator，在欢迎界面左侧点 "Projects" 按钮，切换至项目管理界面，单击其上 +New 按钮，或者选择主菜单"文件"→"新建文件或项目..."项创建一个新的项目，出现"新建项目"窗口，如图 26.3 所示。

（2）在左侧"选择一个模板"下的"项目"列表中点选 "Application (Qt Quick)" 条目，中间列表中点选 "Qt Quick Application-Empty" 选项，单击 "Choose..." 按钮，进入下一步。

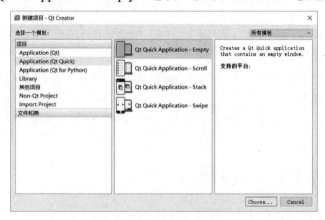

图 26.3 "新建项目"窗口

（3）在 "Project Location" 界面选择保存项目的路径并定义自己项目的名字。这里将项目命名为 "Q3DScene"，保存路径为 "C:\Qt6\Q3D"，如图 26.4 所示。

图 26.4 项目命名和选择保存路径

（4）连续两次单击"下一步"按钮，在"Define Project Details"界面选择最低需求的 Qt 版本为"Qt 5.15"，如图 26.5 所示。

图 26.5　选择最低需求的 Qt 版本

（5）连续两次单击"下一步"按钮，在"Kit Selection"界面勾选项目所用编译器为 MinGW 类型，如图 26.6 所示。单击"下一步"按钮。

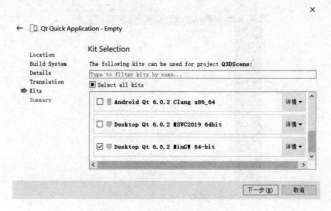

图 26.6　选择项目所用编译器

（6）最后的"Project Management"界面显示了要添加到项目中的文件，如图 26.7 所示。单击"完成"按钮。

图 26.7　要添加到项目的文件

（7）用前面介绍的方法分别在项目"Q3Dscene.pro""main.cpp""main.qml"文件中添加 Qt Quick 3D 库的引入语句，即可完成一个 Qt Quick 3D 项目的创建。

2．导入资源

（1）将要导入的场景资源文件"field.hdr"复制进项目所在目录，如图 26.8 所示。

图 26.8　将要导入的资源文件复制进项目目录

（2）展开项目树状视图"Resources"→"qml.qrc"，右击其下的"/"节点，弹出菜单选"添加现有文件..."项，如图 26.9 所示。

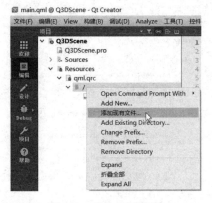

图 26.9　添加现有文件

（3）出现"添加现有文件"对话框，定位到项目目录下选中文件"field.hdr"，单击"打开"按钮就可以将场景资源文件加载到项目中，此时从 Qt 开发环境的项目树状视图中可看到新添进来的资源文件，如图 26.10 所示。

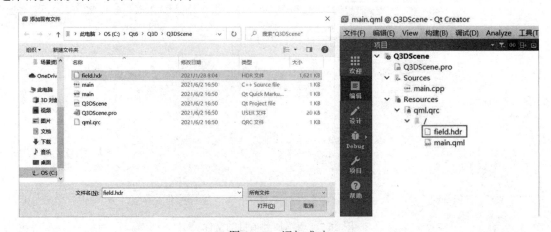

图 26.10　添加成功

以同样的方法操作,可将本例要用的另一个资源文件"teapot.mesh"(茶壶模型)添加到项目中。

26.2.2 编写代码

打开项目的主程序文件"main.qml",编写代码如下:

```
import QtQuick 2.15
import QtQuick.Window 2.15
import QtQuick.Controls                               //(a)
import QtQuick.Layouts                                //(a)
import QtQuick3D

Window {
    width: 790
    height: 500
    visible: true
    title: qsTr("场景中相机位置的变化")

    Rectangle {
        anchors.fill: panelArea
        anchors.margins: -10
        color: "#6b7080"
        border.color: "#202020"
    }

    RowLayout {                                       //(b)
        id: panelArea
        anchors.top: parent.top
        anchors.right: parent.right                   //锚定在窗口的右上部
        width: parent.width / 2 + 20
        height: 85
        anchors.margins: 20

        ColumnLayout {                                //(b)
            Button {
                id: forewardButton
                Layout.alignment: Qt.AlignHCenter
                font.bold: true
                font.pointSize: 14
                font.family: "宋体"
                text: "前  进"
                onClicked: {
                    posMover.foreward()
                }
            }
            Button {                                  //(b)
                id: backwardButton
                Layout.alignment: Qt.AlignHCenter
```

```
            font.bold: true
            font.pointSize: 14
            font.family: "宋体"
            text: "后  退"
            onClicked: {
                posMover.backward()
            }
        }
    }

    ColumnLayout {
        anchors.leftMargin: 20
        RoundButton {                                           //(b)
            id: leftshiftButton
            Layout.alignment: Qt.AlignHCenter
            font.bold: true
            font.pointSize: 14
            font.family: "宋体"
            text: " 左 移 "
            onClicked: {
                posMover.leftshift()
            }
        }
        RoundButton {
            id: leftturnButton
            Layout.alignment: Qt.AlignHCenter
            font.bold: true
            font.pointSize: 14
            font.family: "宋体"
            text: " 左 转 "
            onClicked: {
                posMover.leftturn()
            }
        }
    }

    ColumnLayout {
        anchors.leftMargin: 8
        RoundButton {
            id: rightshiftButton
            Layout.alignment: Qt.AlignHCenter
            font.bold: true
            font.pointSize: 14
            font.family: "宋体"
            text: " 右 移 "
            onClicked: {
                posMover.rightshift()
            }
        }
        RoundButton {
```

```qml
            id: rightturnButton
            Layout.alignment: Qt.AlignHCenter
            font.bold: true
            font.pointSize: 14
            font.family: "宋体"
            text: " 右 转 "
            onClicked: {
                posMover.rightturn()
            }
        }
    }

    ColumnLayout {
        anchors.leftMargin: 20
        Button {
            id: upmoveButton
            Layout.alignment: Qt.AlignHCenter
            font.bold: true
            font.pointSize: 14
            font.family: "宋体"
            text: "上  升"
            onClicked: {
                posMover.upmove()
            }
        }
        Button {
            id: downmoveButton
            Layout.alignment: Qt.AlignHCenter
            font.bold: true
            font.pointSize: 14
            font.family: "宋体"
            text: "下  降"
            onClicked: {
                posMover.downmove()
            }
        }
    }
}

View3D {
    id: v3d
    anchors.fill: parent
    renderMode: View3D.Underlay                     //设置场景的渲染模式

    environment: SceneEnvironment {
        backgroundMode: SceneEnvironment.SkyBox     //(c)
        probeExposure: 2                            //设置曝光量
        lightProbe: Texture {                       //设置背景材质
            source: "field.hdr"                     //背景为一幅原野
        }
```

```
        }
        property real pos_x: 0                          //相机的 x 坐标
        property real pos_y: 180                        //相机的 y 坐标
        property real pos_z: 350                        //相机的 z 坐标
        property real angles_y: 0                       //相机沿 y 轴转过的角度
        PerspectiveCamera {                             //透视投影相机
            fieldOfView: 124                            //镜头视角（广角视野宽阔）
            position: Qt.vector3d(v3d.pos_x, v3d.pos_y, v3d.pos_z)    //(d)
            eulerRotation: Qt.vector3d(0, v3d.angles_y, 0)            //(e)
        }

        property real globalRotation: 0
        NumberAnimation on globalRotation {                           //(f)
            from: 0
            to: 360
            duration: 2000
            loops: Animation.Infinite
        }

        property real radius: 0              //茶壶绕轴的旋转半径（为 0 表示自转）
        Node {
            eulerRotation.y: v3d.globalRotation                       //(f)
            Model {
                source: "teapot.mesh"
                position: Qt.vector3d(0, 0, 0)
                rotation: Quaternion.fromEulerAngles(0, 0, 0)
                scale: Qt.vector3d(50, 50, 50)                        //(g)
                x: v3d.radius
                materials: [                                          //(h)
                    DefaultMaterial {
                        diffuseColor: "cyan"
                    }
                ]
            }
        }

        Model {
            source: "#Cylinder"              //圆柱体
            position: Qt.vector3d(0, -10, 0)
            scale: Qt.vector3d(8, 0.3, 2)                             //(i)
            materials: [
                DefaultMaterial {
                    diffuseColor: "yellow"
                }
            ]
        }
    }

    Node {                                                            //(j)
```

```
        id: posMover
        function foreward() {
            v3d.pos_z -= 10;                    //前进
        }

        function backward() {
            v3d.pos_z += 10;                    //后退
        }

        function leftshift() {
            v3d.pos_x -= 10;                    //左移
        }

        function rightshift() {
            v3d.pos_x += 10;                    //右移
        }

        function leftturn() {
            v3d.angles_y += 10;                 //左转
        }

        function rightturn() {
            v3d.angles_y -= 10;                 //右转
        }

        function downmove() {
            v3d.pos_y -= 10;                    //下降
        }

        function upmove() {
            v3d.pos_y += 10;                    //上升
        }
    }
}
```

其中，

(a) **import QtQuick.Controls、import QtQuick.Layouts**：通常开发 Qt Quick 3D 程序，除了导入 3D 库 QtQuick3D 外，一般也要导入这两个库，它们实际是 2D 的 Qt Quick 库，分别用来实现各种控件和布局，由于 3D 场景的物体需要一个能对它们操作的控制面板，这两个库可以实现面板上各种必要的组件和布局。

(b) **RowLayout { ... ColumnLayout { Button { ... } Button { ... } } ColumnLayout { RoundButton { ... } RoundButton { ... } } ... }**：这里用 RowLayout 和 ColumnLayout 两个布局元素嵌套实现场景的控制面板，为使界面不至于单调，我们使用了 Button 和 RoundButton（圆形按钮）两种不同外形的按钮控件，它们除了形状差异，使用方法是完全一样的。最终实现的面板锚定在窗口的右上部，效果如图 26.11 所示。

图 26.11　最终实现的面板效果

(c) backgroundMode: SceneEnvironment.SkyBox：由于本例程序未定义和使用任何光源，所以这里需要将场景的背景模式设为 SkyBox，它是一种环境自然光，即不来自任何特定光源的背景光。只有设置了背景光，运行程序时我们才能看到场景中的三维物体。

(d) position: Qt.vector3d(v3d.pos_x, v3d.pos_y, v3d.pos_z)：position 属性设定相机在场景中的三维坐标。我们定义了 pos_x、pos_y、pos_z 三个变量分别表示空间三个方向的位置坐标，用 Qt 的向量函数 vector3d() 给 position 属性赋值，也可以分别独立地给坐标系各个方向的坐标值属性赋值。例如，这个语句也可以分开写成如下 3 条语句：

```
position.x: v3d.pos_x
position.y: v3d.pos_y
position.z: v3d.pos_z
```

或者直接写成：

```
x: v3d.pos_x
y: v3d.pos_y
z: v3d.pos_z
```

效果是等价的。

对于角度、物体尺寸等三维空间相关的矢量，在 Qt Quick 3D 中也都可以用类似的方式设定值。

(e) eulerRotation: Qt.vector3d(0, v3d.angles_y, 0)：eulerRotation 属性是三维场景中相机的欧拉转角，这个角度的正方向定义与本章开头介绍的 Qt Quick 3D 坐标系中角度方向的定义完全一致。为简单起见，本例我们仅开发了相机绕垂直（y）轴转动的功能，此句用的是向量函数赋值，也可以单独对 y 角分量设定值，写成：

```
eulerRotation.y: v3d.angles_y
```

(f) NumberAnimation on globalRotation { ... }、eulerRotation.y: v3d.globalRotation：这里将茶壶包装在节点中，再在其 eulerRotation 属性绕 y 轴的转角分量上设置动画，就可以实现场景中茶壶旋转效果。由于 Qt Quick 3D 与 2D 的兼容性，原来适用于平面 QML 及 Qt Quick 程序的所有动画类型也同样适用于三维场景中的物体。

(g) scale: Qt.vector3d(50, 50, 50)：scale 属性表示模型物体在空间中的尺寸，由于是三维空间，沿 x、y、z 三个方向的尺寸对应有 3 个分量，改变某个分量的数值，就可以将物体在该分量所表示的方向上拉长或压缩。图 26.12 展示了几种不同尺寸分量设定下茶壶所呈现的形态，由此可以看出 scale 属性各分量的作用。与 position、eulerRotation 属性一样，scale 属性也可以单独对其各个分量赋值，写成如下形式：

```
scale.x: 50
scale.y: 50
scale.z: 50
```

(h) materials: [...]：定义 3D 物体的材质，本例茶壶的材质使用默认（DefaultMaterial），颜色（diffuseColor）设为青色（cyan），有关材质我们在下一章还会专门介绍。

(i) scale: Qt.vector3d(8, 0.3, 2)：垫在茶壶下面的砧板我们使用标准圆柱体实现，将圆柱 scale 属性在纵向（y 轴）的分量压缩为 0.3，即可呈现出一个扁平椭圆形砧板的外观。

(j) Node { id: posMover function foreward() { ... } ... }：这个节点位于 View3D 根元素的外部，它并不是 3D 场景的组成部分，而是专用来封装各种功能函数的，通过 id（posMover）提供给面板上的按钮调用，实现对场景的控制功能。需要特别指出的是：这些函数（前进、后退、左移、右移…）都是针对照相机（而非模型物体）的操作，当单击面板上的"前进"按钮，也就是将相机镜头往前靠近物体（z 坐标值减小），可看到场景中物体变大，反之变小；而单击"左移"按钮时，实际是将照相机的位置往左移动，这时候看到的场景物体则是向相反方向（右）移动的。

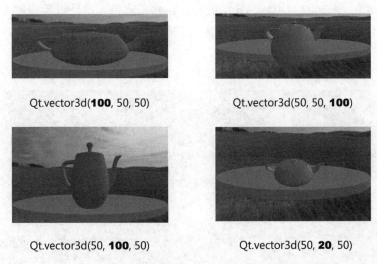

图 26.12　几种不同尺寸分量设定下茶壶所呈现的形态

26.2.3　运行效果

运行本例程序，单击面板上的按钮从不同的位置和角度观察茶壶。图 26.13 演示了几种不同控制状态下所看到的场景效果，大家可对照本章开头介绍的 Qt Quick 3D 坐标系统加以理解。

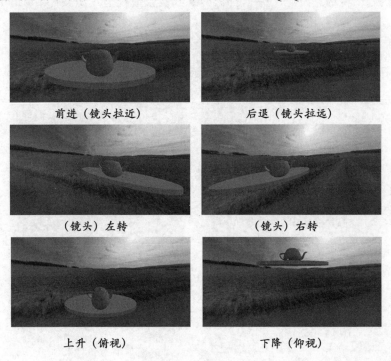

图 26.13　几种不同控制状态下所看到的场景效果

26.3 Node 包装模型的加载

【例】（简单）（CH2602）用前面介绍的程序结构二将茶壶、砧板等物体先包装在 Node 节点内，再一起加载进场景。场景背景是个车库，同样用的是 Qt 官方发布的资源"garage.hdr"。程序运行界面如图 26.14 所示。

图 26.14　程序运行界面

具体实现步骤如下。
（1）创建 Qt Quick 3D 项目，操作方法同前（略），项目名为"Q3DNode"。
（2）导入资源。将场景资源文件"garage.hdr"及茶壶模型资源文件"teapot.mesh"添加到项目中，操作方法同前（略）。
（3）编写代码
在主程序文件"main.qml"中，编写代码如下：

```
import QtQuick 2.15
import QtQuick.Window 2.15
import QtQuick3D                                    //导入 Qt Quick 3D 库

Window {
    width: 640
    height: 360
    visible: true
    title: qsTr("Node 包装模型的加载")

    Node {                                          //用于包装模型的 Node
        id: myScene

        property real globalRotation: 0
        NumberAnimation on globalRotation {
            from: 0
            to: 360
            duration: 2000
```

```qml
            loops: Animation.Infinite
        }

        property real radius: 0                 //茶壶绕轴的旋转半径（为0表示自转）
        Node {
            eulerRotation.y: myScene.globalRotation
            Model {                             //茶壶模型
                source: "teapot.mesh"
                position: Qt.vector3d(0, 0, 0)
                rotation: Quaternion.fromEulerAngles(0, 0, 0)
                scale: Qt.vector3d(50, 50, 50)
                x: myScene.radius
                materials: [
                    DefaultMaterial {
                        diffuseColor: "cyan"
                    }
                ]
            }
        }

        Model {                                 //砧板模型
            source: "#Cylinder"
            position: Qt.vector3d(0, -10, 0)
            scale: Qt.vector3d(8, 0.1, 2)
            materials: [
                DefaultMaterial {
                    diffuseColor: "yellow"
                }
            ]
        }

        property real pos_x: 0
        property real pos_y: 180
        property real pos_z: 230
        property real angles_y: 0
        PerspectiveCamera {                     //位于节点内的照相机
            id: myCamera
            fieldOfView: 124
            position: Qt.vector3d(myScene.pos_x, myScene.pos_y, myScene.pos_z)
            eulerRotation: Qt.vector3d(0, myScene.angles_y, 0)
        }
    }

    View3D {
        id: v3d
        anchors.fill: parent
        importScene: myScene                    //载入模型
        camera: myCamera                        //指明场景所用的相机
```

```
        environment: SceneEnvironment {
            backgroundMode: SceneEnvironment.SkyBox
            probeExposure: 2
            lightProbe: Texture {
                source: "garage.hdr"                    //背景为一车库
            }
        }
    }
}
```

这个程序很简单,此处不再展开说明。请大家对照前述 Qt Quick 3D 程序结构二加以理解。同样地,也可以在这种结构的程序中开发前后左右上下变换相机位置和角度的控制功能。

26.4 视图与光源

26.4.1 基本概念

1. 视图

在机械制图中,将物体按正投影法向投影面投射时所得到的投影称为"视图"。而在 Qt Quick 3D 中,视图指的是采用正投影相机(OrthographicCamera)从不同角度所看到的场景内容。与机械制图领域一样,常用的视图有如下 3 种。

(1) **主视图**:相机正对屏幕(迎着 z 轴正方向)所看到的内容。
(2) **左视图**:相机在屏幕内从左往右(沿 x 轴正方向)所看到的内容。
(3) **顶视图**:相机在屏幕内从上往下(迎着 y 轴正方向)所看到的内容。

这 3 种视图的相机观察方位如图 26.15 所示。

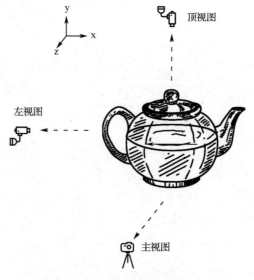

图 26.15　各视图的相机观察方位

2. 光源

任何视图都只有在光源的照射下才可见其中的物体，除环境自然光外，Qt Quick 3D 还支持多种不同性质的光源，主要有如下几种。

（1）平行光（DirectionalLight）：这是模拟的太阳光，它的光束从无穷远处平行照射到物体上，物体影子明暗较稳定、长短则取决于光束的角度。

（2）点光源（PointLight）：这种光线是从邻近处的某个点辐射出来的，物体影子的状态（明暗、长短）由光源点所在的高度决定。

（3）探照灯（SpotLight）：为一个集中投射到物体上的光柱。是否能看到阴影及影子状态主要看光锥的大小范围。

下图 26.16 绘出了这几种光源的形态。

图 26.16　几种光源的形态

26.4.2　程序框架

【例】（难度中等）（CH2603）在三维场景中演示茶壶的 3 个视图，对每个视图又可以使用多种不同类型的光源查看。程序运行界面如图 26.17 所示。

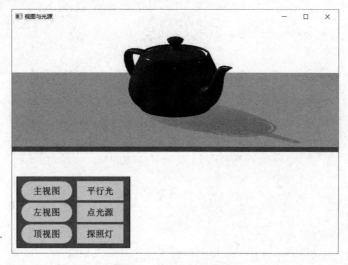

图 26.17　程序运行界面

主场景中是一个置于砧板上的茶壶,左下角控制面板上的按钮供用户点击操作,选择所要呈现的视图及使用的光源。

具体实现步骤如下。

(1)创建 Qt Quick 3D 项目,操作方法同前(略),项目名为"Q3DView"。

(2)导入资源。将茶壶模型资源文件"teapot.mesh"添加到项目中,操作方法同前(略)。

(3)编写代码

本例程序的功能比较庞杂,为有助于读者理清代码结构和实现机制,这里先给出程序整体的框架,稍后再展开介绍。

全部程序代码都位于"main.qml"中,框架如下:

```
import QtQuick 2.15
import QtQuick.Window 2.15
import QtQuick.Controls                              //导入 Qt Quick 控件库
import QtQuick.Layouts                               //导入 Qt Quick 布局库
import QtQuick3D                                     //导入 Qt Quick 3D 库

Window {
    width: 700
    height: 480
    visible: true
    title: qsTr("视图与光源")

    Node {                                           //包装所有对象的根节点
        id: myScene

        //(1)模型定义区
        Model {                                      //茶壶
            source: "teapot.mesh"
            ...
        }

        Model {                                      //砧板
            source: "#Cube"
            ...
        }

        //(2)相机定义区
        OrthographicCamera {                         //主视图相机
            id: myCameraFront
            ...
        }

        OrthographicCamera {                         //左视图相机
            id: myCameraLeft
            ...
        }
```

```qml
            OrthographicCamera {                        //顶视图相机
                id: myCameraTop
                    ...
            }

            // (3) 光源定义区
            DirectionalLight {                          //平行光
                id: direLight
                    ...
            }

            PointLight {                                //点光源
                id: pointLight
                    ...
            }

            SpotLight {                                 //探照灯
                id: spotLight
                    ...
            }

            SequentialAnimation {                       //探照灯动画
                    ...
            }
    }

    View3D {                                            //3D 场景根元素
        id: v3d
        anchors.fill: parent
        importScene: myScene                            //载入 Node 包装的模型
        camera: myCameraFront                           //初始使用主视图相机
    }

        // (4) 控制面板区
    Rectangle {
        anchors.fill: panelArea
        anchors.margins: -10
        color: "#6b7080"
        border.color: "#202020"
    }

    RowLayout {
        id: panelArea
            ...
    }

        // (5) 功能节点区
    Node {                                              //视图控制节点
```

```
            id: viewer
              ...
        }

        Node {                                              //光源控制节点
            id: light
              ...
        }
    }
```

说明：

（1）本程序将场景中的所有对象都统一包装在一个 Node 内，定义在程序开头。按对象类型的不同，我们又可将 Node 的代码人为分成 3 个部分：模型定义区、相机定义区、光源定义区。所有对象都以 id 在程序中引用来对其进行控制切换。

（2）控制面板区以 Qt Quick 的 2D 布局方法集中放置程序界面上的控制按钮。

（3）所有的功能函数都封装在 3D 场景外部的 Node 节点中，位于程序最后的"功能节点区"。按所控制对象类型的不同，分别归入两个节点：凡是对视图进行控制的函数置于节点 viewer 中，而对光源控制的函数则置于节点 light 中。

26.4.3 场景中的模型

本例场景中的模型体包括一个茶壶及其下的砧板，定义在根节点 Node 内的"模型定义区"，代码如下：

```
Model {                                                     //茶壶
    source: "teapot.mesh"
    y: -100
    eulerRotation.y: -45
    scale: Qt.vector3d(50, 50, 50)
    materials: [
        PrincipledMaterial {                                //(a)
            baseColor: "red"
            metalness: 0.0
            roughness: 0.1
            opacity: 1.0
        }
    ]
}

Model {                                                     //砧板
    source: "#Cube"                                         //(b)
    y: -104
    scale: Qt.vector3d(8, 6, 0.1)                           //(b)
    eulerRotation.x: -90
    materials: [
        DefaultMaterial {
            diffuseColor: Qt.rgba(0.8, 0.8, 0.8, 1.0)
```

其中，

(a) PrincipledMaterial { ... }：为了能更好地呈现不同视图和光源的应用效果，我们对茶壶使用了规范材质（PrincipledMaterial），它是由 Qt 的规范着色器渲染的，其优点是只须用户提供少量参数即可渲染出一个具有艺术质感的物理表面，且所有参数值都规格化在 0～1 之间。本例设置了茶壶表面的底色（baseColor）、金属度（metalness）、粗糙度（roughness）、透明度（opacity）这四项参数，更多参数的作用和渲染效果请参看 Qt Quick 3D 的官方文档。

(b) source: "#Cube"、scale: Qt.vector3d(8, 6, 0.1)："Cube"是 Qt Quick 3D 库内置的标准立方体，通过调整 scale 属性的各个分量可使其呈现出扁平砧板的形态。

26.4.4 视图及切换

本例的视图采用 Qt Quick 3D 的正投影相机（OrthographicCamera）实现，在根节点 Node 内的"相机定义区"分别定义 3 个位于不同方位和角度的相机来呈现 3 种基本的视图。

1. 主视图

主视图相机架设在场景平面外，面对着屏幕（处于 z 轴正向某点），定义代码为：

```
OrthographicCamera {
    id: myCameraFront
    z: 600
    eulerRotation.x: -15
}
```

这里设"eulerRotation.x: -15"将相机镜头稍向下放低一点（绕 x 轴前转 15 度），呈略微俯视，可使画面看起来更美观些。

2. 左视图

左视图相机架设在场景平面内，处于 x 轴负向某点，定义代码为：

```
OrthographicCamera {
    id: myCameraLeft
    x: -600
    eulerRotation.y: -90
}
```

这里设"eulerRotation.y: -90"是因为：仅仅将相机放在"x:-600"处是没用的，还必须将镜头右转（顺时针绕 y 轴）90 度才能实现侧视。

3. 顶视图

顶视图相机也是架设在场景平面内，处于 y 轴正向某点，定义代码为：

```
OrthographicCamera {
    id: myCameraTop
    y: 600
    eulerRotation.x: -90
```

}

这里设"eulerRotation.x: -90"是因为：仅仅将相机放在"y:600"处是没用的，还必须将镜头向下（顺时针绕 x 轴）90 度才能实现俯视。

4．视图的切换

在定义好以上 3 个视图的相机后，只要在程序运行时控制将特定视图的相机赋值给场景根元素 View3D 的 camera 属性，即可实现不同视图的切换。视图切换功能函数封装于外部节点 viewer，代码写在程序最后的"功能节点区"，如下：

```
Node {
    id: viewer
    function showfrontview() {
        v3d.camera = myCameraFront              //呈现主视图
    }

    function showleftview() {
        v3d.camera = myCameraLeft               //呈现左视图
    }

    function showtopvicw() {
        v3d.camera = myCameraTop                //呈现顶视图
    }
}
```

最后运行程序，所看到的 3 个视图的画面效果如图 26.18 所示。

主视图　　　　　　　　　左视图　　　　　　　　　顶视图

图 26.18　3 个视图的画面效果

26.4.5　光源控制

Qt Quick 3D 针对每一种光源都有其对应的对象元素，设置元素属性可调整光源的显示效果。本例用到的 3 种光源都写在根节点 Node 内的"光源定义区"。

1．平行光

平行光用 DirectionalLight 元素实现，定义代码为：

```
DirectionalLight {
    id: direLight
    visible: false
    ambientColor: Qt.rgba(0.5, 0.5, 0.5, 1.0)              //(a)
    shadowMapQuality: Light.ShadowMapQualityHigh           //(b)
```

```
            castsShadow: true                                //是否显示物体的影子
            brightness: 1.0                                  //光强度
            rotation: Quaternion.fromEulerAngles(-30, -135, 0) //(c)
            SequentialAnimation on rotation {
                loops: Animation.Infinite
                QuaternionAnimation {                        //轨迹动画
                    to: Quaternion.fromEulerAngles(-30, -135, 0) //(c)
                    duration: 1000
                    easing.type: Easing.InOutQuad
                }
                QuaternionAnimation {
                    to: Quaternion.fromEulerAngles(-90, -135, 0) //(c)
                    duration: 5000
                    easing.type: Easing.InOutQuad
                }
            }
        }
```

其中，

(a) ambientColor: Qt.rgba(0.5, 0.5, 0.5, 1.0)：ambientColor 属性设置的是环境光的颜色而非光源本身光的颜色，若要设定光源光的颜色，用 color 属性，例如：

```
            color: "blue"                                    //把光源光设为蓝色
```

读者可试着结合这两个属性设计出自己想要的光彩效果。

(b) shadowMapQuality: Light.ShadowMapQualityHigh：ShadowMap（阴影图）是一种基于图像空间的阴影实现方法，shadowMapQuality 属性用于设定阴影的渲染质量，默认为低分辨率（Light.ShadowMapQualityLow），这种情况下阴影边缘容易出现锯齿而模糊不清，但渲染器占用系统资源少，渲染速度快。由于本例我们旨在专门演示光源的应用，为了能够看清在不同种类光源作用下物体影子的状态变化，阴影的清晰度至关重要，故要设为高分辨率（Light.ShadowMapQualityHigh）。

(c) rotation: Quaternion.fromEulerAngles(-30, -135, 0)、to: Quaternion.fromEulerAngles(-30, -135, 0)、to: Quaternion.fromEulerAngles(-90, -135, 0)：fromEulerAngles()方法设定光源的角度：第 1 个参数是将光源升起；第 2 个参数是将光源沿逆时针转过角度；第 3 个参数不起作用，光源初始时正对物体入屏幕照射。在角度 rotation 属性上定义动画，通过改变第 1 个参数值来调整光源所在的高度，可看到茶壶影子伸长和缩短，如图 26.19 所示。

图 26.19　茶壶影子长短的变化

2. 点光源

点光源用 PointLight 元素实现，定义代码为：

```
PointLight {
    id: pointLight
    visible: false
    ambientColor: Qt.rgba(0.5, 0.5, 0.5, 1.0)
    position: Qt.vector3d(-150, 300, -150)
    shadowMapFar: 500
    shadowMapQuality: Light.ShadowMapQualityHigh
    castsShadow: true
    brightness: 30.0
    SequentialAnimation on y {
        loops: Animation.Infinite
        NumberAnimation {
            to: 300
            duration: 1000
            easing.type: Easing.InOutQuad
        }
        NumberAnimation {
            to: 500
            duration: 5000
            easing.type: Easing.InOutQuad
        }
    }
}
```

与平行光不同，点光源只能使用 position 属性表示方位，我们以其 y 方向的坐标分量设定高度，通过设置在 y 坐标上的动画调整光源高度。

3. 探照灯

探照灯用 SpotLight 元素实现，定义代码为：

```
SpotLight {
    id: spotLight
    visible: false
    ambientColor: Qt.rgba(0.5, 0.5, 0.5, 1.0)
    position: Qt.vector3d(0, 150, 0)
    eulerRotation.x: -30
    eulerRotation.y: 45
    shadowMapFar: 300                        //当数值从很大减小到 300 时，物体影子逐渐清晰
    shadowMapQuality: Light.ShadowMapQualityHigh
    castsShadow: true
    brightness: 30
    coneAngle: 10                            //光锥锥角
    innerConeAngle: 5
}
```

探照灯的动画比较复杂，我们在外部专门定义了一个动画序列，其中每个元素的作用目标（target）都设为探照灯的 id，代码如下：

```
SequentialAnimation {
    id: mySpotAnim
    loops: Animation.Infinite
    running: true
    PropertyAnimation {            //光源高度动画
        target: spotLight
        property: "eulerRotation.x"
        from: -30
        to: -90
        duration: 1000
    }
    PropertyAnimation {            //光锥尺寸动画
        target: spotLight
        property: "coneAngle"
        from: 10
        to: 80
        duration: 5000
    }
    PropertyAnimation {
        target: spotLight
        property: "coneAngle"
        to: 10
        duration: 500
    }
}
```

从上面代码可见，探照灯的动画由两部分复合而成：一个作用于 eulerRotation.x（欧拉转角的 x 分量），它的作用与平行光的类似，决定了光源的高度；另一个作用于 coneAngle（光锥锥角），它的数值决定了探照灯光柱的口径大小。这个动画序列所呈现的效果是：先将探照灯位置升高至垂直往下投射的角度，然后逐渐扩大光柱口径，直至完全笼罩住茶壶，如图 26.20 所示。

图 26.20　探照灯动画效果

4. 光源的控制

对光源的控制通过其 visible 属性，为 "true" 打开对应的光源，否则隐藏光源。光源控制功能函数封装于外部节点 light，代码写在程序最后的 "功能节点区"，如下：

```
Node {
    id: light
    function opendirelight() {
        direLight.visible = true            //打开平行光
        pointLight.visible = false
        spotLight.visible = false
    }

    function openpointlight() {
        direLight.visible = false
        pointLight.visible = true           //打开点光源
        spotLight.visible = false
    }

    function openspotlight() {
        direLight.visible = false
        pointLight.visible = false
        spotLight.visible = true            //打开探照灯
    }
}
```

26.4.6 面板设计

程序界面上的控制面板与本章第一个实例一样，也采用 RowLayout/ColumnLayout 布局元素嵌套及 Button 和 RoundButton 两种按钮组合设计而成，在每个按钮的 onClicked 事件中调用相应功能节点内的函数。

面板的设计代码写在程序的 "控制面板区"，如下：

```
RowLayout {
    id: panelArea
    anchors.bottom: parent.bottom
    anchors.left: parent.left
    width: parent.width / 3 - 10
    height: 130
    anchors.margins: 20

    ColumnLayout {
        id: buttonGroup1
        anchors.leftMargin: 8
        RoundButton {
            id: frontviewButton
            Layout.alignment: Qt.AlignHCenter
            font.bold: true
            font.pointSize: 14
```

```
            font.family: "宋体"
            text: " 主视图 "
            onClicked: {
                viewer.showfrontview()
            }
        }
        RoundButton {
            id: leftviewButton
            Layout.alignment: Qt.AlignHCenter
            font.bold: true
            font.pointSize: 14
            font.family: "宋体"
            text: " 左视图 "
            onClicked: {
                viewer.showleftview()
            }
        }
        RoundButton {
            id: topviewButton
            Layout.alignment: Qt.AlignHCenter
            font.bold: true
            font.pointSize: 14
            font.family: "宋体"
            text: " 顶视图 "
            onClicked: {
                viewer.showtopview()
            }
        }
    }

    ColumnLayout {
        id: buttonGroup2
        anchors.leftMargin: 20
        Button {
            id: direlightButton
            Layout.alignment: Qt.AlignHCenter
            font.bold: true
            font.pointSize: 14
            font.family: "宋体"
            text: "平行光"
            onClicked: {
                light.opendirelight()
            }
        }
        Button {
            id: pointlightButton
            Layout.alignment: Qt.AlignHCenter
            font.bold: true
```

```
                font.pointSize: 14
                font.family: "宋体"
                text: "点光源"
                onClicked: {
                    light.openpointlight()
                }
            }
            Button {
                id: spotlightButton
                Layout.alignment: Qt.AlignHCenter
                font.bold: true
                font.pointSize: 14
                font.family: "宋体"
                text: "探照灯"
                onClicked: {
                    light.openspotlight()
                }
            }
        }
    }
}
```

第 27 章

Qt Quick 3D【综合实例】：益智积木

本章我们综合运用 Qt Quick 3D 的功能，来开发一个"益智积木"学习软件（CH27），其界面如图 27.1 所示，用户可选择不同形状的标准几何体添加到场景中，通过拖动滑条调整物体在各个方向上的尺度，更换不同的表面材质，并且可以给场景中的物体添加编号和编辑文字……使用该软件可以在计算机上模拟用积木搭建一个三维空间中漂亮的组合体（如城堡、桥梁、汽车等），有利于锻炼儿童的空间想象力和动手能力、开发智力，是宝宝早教的好帮手！

图 27.1 "益智积木"软件

27.1 "益智积木"软件结构设计

27.1.1 导入资源

创建 Qt Quick 3D 项目，操作方法见上一章（略），项目名为"EasyBricks"。用上一章介绍的方法分别在项目"EasyBricks.pro""main.cpp""main.qml"三个文件中添加 Qt Quick 3D 库的引入语句，完成项目的创建。

由于 Qt Quick 3D 要显示材质只能使用有风景背景的场景，所以在创建好项目后还要将场景背景及材质资源导入到项目中，步骤如下。

（1）在项目目录"EasyBricks"下创建一个名为"maps"的文件夹，将场景背景资源文件"OpenfootageNET_lowerAustria01-1024.hdr"（原野，Qt Quick 官方提供）复制进该文件夹，如图 27.2 所示。

图 27.2　创建文件夹存放场景背景资源文件

（2）将材质资源文件"material_metallic.frag"（铝合金，Qt Quick 官方提供）复制进项目目录。

（3）右击"EasyBricks"项目树的"Resources"节点，从弹出菜单中选"Add New..."项，出现"新建文件"对话框，如图 27.3 所示。

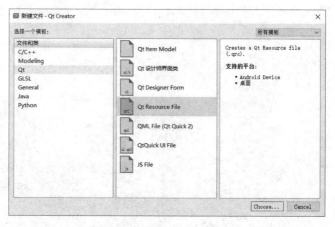

图 27.3　"新建文件"对话框

在"选择一个模板"下"文件和类"列表中选中"Qt"→"Qt Resource File"（创建一个 Qt 项目资源文件），单击右下角"Choose..."按钮。

（4）在接下来的"Location"界面为文件命名为"materials"，路径保持默认（也就是"EasyBricks"项目目录），单击"下一步"按钮，如图 27.4 所示。

（5）最后的"Project Management"界面显示将要创建的文件名为"materials.qrc"，单击"完成"按钮执行创建。

（6）完成后可见项目树的"Resources"节点下多了个"materials.qrc"文件，右击，弹出菜单中选"Add Existing Directory..."项，出现"Add Existing Directory"对话框，展开项目树状视图，勾选前面创建的"maps"文件夹（其下的"OpenfootageNET_lowerAustria01-1024.hdr"也会自动勾选上），单击"OK"按钮，操作过程如图 27.5 所示。

（7）展开项目树"Resources"节点下的"materials.qrc"文件节点，右击其下级"/"节点，弹出菜单中选"添加现有文件..."项，出现"添加现有文件"对话框，定位到项目目录下选中材

第27章 Qt Quick 3D【综合实例】：益智积木

质资源文件"material_metallic.frag"，单击"打开"按钮，操作过程如图 27.6 所示。

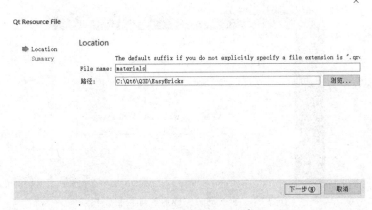

图 27.4 为项目资源文件命名

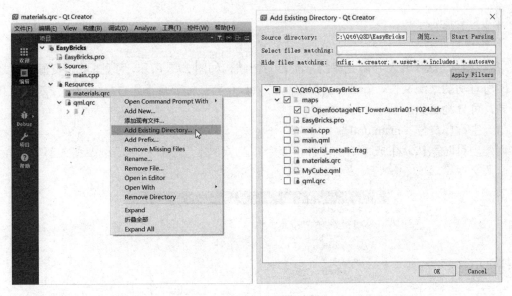

图 27.5 将场景背景资源文件及其所在文件夹（目录）添加进项目

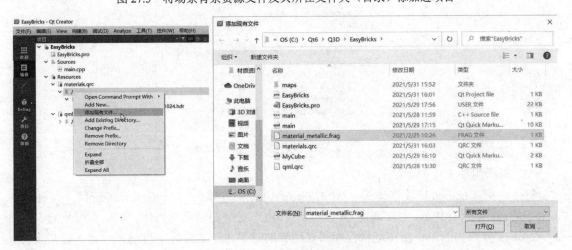

图 27.6 将材质资源文件添加进项目

（8）导入资源完成后的项目目录树如图 27.7 所示。

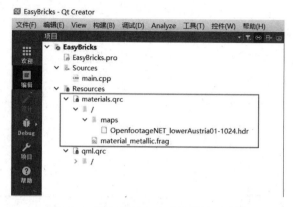

图 27.7　导入资源完成后的项目目录树

27.1.2　项目结构

"益智积木"软件开发好后完整的项目目录树结构如图 27.8 所示，可见，除了资源文件之外，项目的所有功能性源文件（.qml）全都位于"qml.qrc"文件节点下级"/"节点下，按它们的作用不同，可分为三类：

（1）主程序文件"main.qml"。

创建项目时默认就生成了这个文件，整个"益智积木"软件的程序框架和大部分代码都写在这个源文件里。

图 27.8　"益智积木"软件完整的项目目录树结构

（2）形状组件文件。

包括"MyCone.qml"（锥体）、"MyCube.qml"（立方体）、"MyCylinder.qml"（圆柱体）、"MySphere.qml"（球体），它们都是 Qt Quick 3D 内部支持的标准几何体。将它们分别定义为一个个 .qml 文件形式的组件，在运行程序需要用到的时候才动态地添加进场景，而不是从一开始就固定布置在场景中，这样不仅可大幅节省主程序的代码量，同时也使程序功能更加灵活，是

Qt 下 3D 软件开发通行的方式。

（3）文字组件文件。

"TextBox.qml"是我们自定义的一个组件，用于实现程序控制面板上的文本输入框。

创建组件文件的操作方法是：右击"qml.qrc"文件节点下级的"/"节点，弹出菜单中选"Add New..."项，出现"新建文件"对话框，在"选择一个模板"下"文件和类"列表中选中"Qt"→"QML File (Qt Quick 2)"，单击右下角"Choose..."按钮，接下来按向导界面的提示操作即可，如图 27.9 所示。

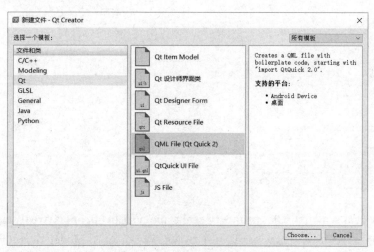

图 27.9 创建组件文件

为方便管理项目，建议读者一开始只创建一个组件文件（如立方体"MyCube.qml"）用于调试主程序，待主程序功能完善后再逐一添加创建其他几何体的组件文件。

这里先给出立方体组件"MyCube.qml"的实现代码，如下：

```
import QtQuick 2.0
import QtQuick3D 1.15                                    //导入 Qt Quick 3D 库

Node {
    id: cubeRoot
    //模型沿 3 个坐标方向的尺寸                              //(a)
    property real scale_x: 1.0
    property real scale_y: 1.0
    property real scale_z: 1.0

    Model {
        id: cubeModel
        objectName: "立方体"
        source: "#Cube"
        pickable: true                                    //可选
        property bool isPicked: false                     //初始未选中
        //模型相对于 3 个坐标轴的角度                        //(b)
        property real angles_x: 15
        property real angles_y: -20
        property real angles_z: 0
```

```
        readonly property real modelSize: scale_y * 100
        property var moves: []
        readonly property int maxMoves: 10
        x: 0
        y: modelSize / 2
        z: 400

        scale: Qt.vector3d(scale_x, scale_y, scale_z)    //(a)
        rotation: Quaternion.fromEulerAngles(angles_x, angles_y, angles_z)
                                                         //(b)

        materials: DefaultMaterial {
            diffuseColor: "#17a81a"
            specularAmount: 0.25                         //表面反射强度
            specularRoughness: 0.2                       //表面粗糙度
        }
    }
}
```

其中，

(a) property real scale_x: 1.0、property real scale_y: 1.0、property real scale_z: 1.0、scale: Qt.vector3d(scale_x, scale_y, scale_z)：这几个属性必须要定义在 Model 外面（即直接位于 Node 中），这样创建组件对象时才能够接受外部初始化的尺寸参数。

(b) property real angles_x: 15、property real angles_y: -20、property real angles_z: 0、rotation: Quaternion.fromEulerAngles(angles_x, angles_y, angles_z)：这几个属性决定模型体在场景中的角度姿态，运行时可由外部主程序动态赋值，实现对物体三维角度的任意调整。

其他几个模型组件的代码将在本章最后给出。

27.1.3 程序框架

本软件功能多、代码量大，为便于读者理清结构，先给出程序整体的框架代码，后续各节再分别展开来介绍。

"益智积木"软件程序的主体框架位于"main.qml"中，如下：

```
import QtQuick 2.12
import QtQuick.Window 2.12
import QtQuick.Controls                                  //导入 Qt Quick 控件库
import QtQuick.Layouts                                   //导入 Qt Quick 布局库
import QtQuick3D                                         //导入 Qt Quick 3D 库

Window {
    width: 1200
    height: 700
    visible: true
    title: qsTr("益 智 积 木 V1.0")
    color: "black"
```

```qml
View3D {                                                //3D场景根元素
    id: view3D
    anchors.fill: parent

    environment: SceneEnvironment {
        backgroundMode: SceneEnvironment.SkyBox
        probeExposure: 2
        lightProbe: Texture {
            source: "maps/OpenfootageNET_lowerAustria01-1024.hdr"
        }                                               //场景背景
    }

    camera: camera

    PerspectiveCamera {                                 //相机
        id: camera
        position: Qt.vector3d(0, 200, 800);
    }

    PointLight {                                        //光源
        x: 400
        y: 1200
        z: 1600
        castsShadow: true
        shadowMapQuality: Light.ShadowMapQualityHigh
        shadowFactor: 50
        quadraticFade: 2
        ambientColor: "#202020"
        brightness: 200
        Behavior on brightness {
            NumberAnimation {
                duration: 1000
                easing.type: Easing.InOutQuad
            }
        }
    }

    //（1）材质定义区
        ...

    //（2）功能节点区
    Node {                                              //形状创建器
        id: shapeCreater
            ...
        function createShape() {…}                      //函数：创建形状
    }
```

```
            Node {                                              //形状操控器
                id: shapeOperator
                    …
                function selectShape(object) {…}                //函数：选择形状

                function moveShape(posX, posY) {…}              //函数：移动形状

                function rotateShape(posX, posY, clockwise) {…}
                                                                //函数：转动形状
            }

            //（3）鼠标响应区
            MouseArea {
                    …
            }
        }

        //（4）控制面板区
        Rectangle {
            anchors.fill: panelArea
            anchors.margins: -10
            color: "#c0c0c0"
            border.color: "#202020"
        }

        ColumnLayout {
            id: panelArea
                …
        }
    }
```

从上面程序框架可见，本程序的主要功能其实就是由两个功能 Node 实现的。

（1）形状创建器：根据用户选择的形状往场景中添加创建标准几何体。

（2）形状操控器：里面定义了多个功能函数，供用户选择、移动及转动物体。

有了这两个节点，再结合控制面板上控件的设置和调整，用户就可以在场景中的任意位置以任意尺寸和角度放置、设计出自己想要的组合体形态。

27.2 形状的操控

我们先以标准立方体（Cube）为例，来实现对场景中物体的位置、尺寸、角度姿态的各种调整和控制。

27.2.1 面板设计

对物体形状和尺寸的设置功能位于软件控制面板的上部两个区域，如图 27.10 所示。

第27章 Qt Quick 3D【综合实例】：益智积木

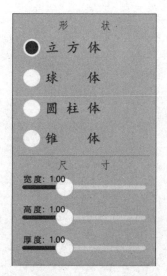

图27.10 形状和尺寸设置区

面板上用到了单选按钮（RadioButton）、滑条（Slider）等控件，放在一个垂直布局（ColumnLayout）中，写在程序框架的"控制面板区"，代码如下：

```
ColumnLayout {
    id: panelArea
    anchors.top: parent.top
    anchors.left: parent.left
    height: 650
    anchors.margins: 20

    /**形状设置区*/
    Text {
        Layout.alignment: Qt.AlignHCenter
        font.pointSize: 12
        font.family: "仿宋"
        text: "形    状"
    }
    RadioButton {
        id: shapeRButton1
        checked: true                                         //默认创建立方体
        font.bold: true
        font.pointSize: 16
        font.family: "楷体"
        text: qsTr("立 方 体")
    }
    RadioButton {
        id: shapeRButton2
        font.bold: true
        font.pointSize: 16
        font.family: "楷体"
        text: qsTr("球    体")
    }
    RadioButton {
        id: shapeRButton3
        font.bold: true
```

```qml
        font.pointSize: 16
        font.family: "楷体"
        text: qsTr("圆 柱 体")
    }
    RadioButton {
        id: shapeRButton4
        font.bold: true
        font.pointSize: 16
        font.family: "楷体"
        text: qsTr("锥    体")
    }
    Rectangle {                                     //面板不同功能设置区的分隔线
        Layout.fillWidth: true
        height: 1
        color: "#909090"
    }

    /**尺寸设置区*/
    Text {
        Layout.alignment: Qt.AlignHCenter
        font.pointSize: 12
        font.family: "仿宋"
        text: "尺    寸"
    }
    Slider {
        id: scalexSlider
        from: 0.3                                   //最小值
        to: 2.5                                     //最大值
        value: 1.0                                  //默认值
        Text {                                      //用户拖曳滑条时实时显示当前值
            anchors.left: parent.left
            anchors.leftMargin: 8
            text: "宽 度: " + scalexSlider.value.toFixed(2);
            z: 10                                   //(a)
        }
        onValueChanged: {
            shapeOperator.curObject.scale.x = value //(b)
        }
    }
    Slider {
        id: scaleySlider
        from: 0.3
        to: 2.5
        value: 1.0
        Text {
            anchors.left: parent.left
            anchors.leftMargin: 8
            text: "高 度: " + scaleySlider.value.toFixed(2);
            z: 10
        }
        onValueChanged: {
            shapeOperator.curObject.scale.y = value
```

```
            }
        }
        Slider {
            id: scalezSlider
            from: 0.3
            to: 2.5
            value: 1.0
            Text {
                anchors.left: parent.left
                anchors.leftMargin: 8
                text: "厚 度: " + scalezSlider.value.toFixed(2);
                z: 10
            }
            onValueChanged: {
                shapeOperator.curObject.scale.z = value
            }
        }
        Rectangle {                                        //面板不同功能设置区的分隔线
            Layout.fillWidth: true
            height: 1
            color: "#909090"
        }
        /**面板其他功能设置区代码*/
            ...
}
```

其中，

(a) z: 10：设置 z 方向坐标为一个正值（10），可使滑条的显示文字浮于面板表面之上，这样就不至于被滑条控件本身所遮挡，让用户在任何时刻皆能看到当前的设置值。

(b) shapeOperator.curObject.scale.x = value：我们在形状操控器（id 为 shapeOperator）中定义了一个 curObject 属性变量，它用来存储（记录）当前用户正在操控的物体，在滑条控件的 onValueChanged（值改变）事件中，通过将滑条当前的值赋给被操控物体的 scale 属性对应的分量，即可动态调整物体在各个方向上的尺寸，如图 27.11 所示。

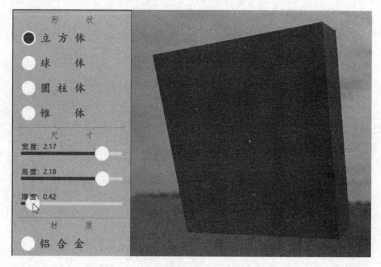

图 27.11　调整物体在各个方向上的尺寸

27.2.2 创建物体

在形状创建器（id 为 shapeCreater）中编写函数 createShape()来创建场景中的物体，此处我们先只实现了创建立方体的功能，待后面开发好了其他几何体的.qml 组件文件，再来实现根据用户点选项创建多种不同形状物体的功能。

在程序框架"功能节点区"的形状创建器中编写函数 createShape()，代码如下：

```
Node {
    id: shapeCreater
    property var instances: []

    function createShape() {
        var shapeComponent = Qt.createComponent("MyCube.qml");
        let instance = shapeComponent.createObject(shapeCreater, {"scale":Qt.vector3d(scalexSlider.value, scaleySlider.value, scalezSlider.value)});
        instances.push(instance);
    }
}
```

说明：

（1）通过 Qt 的 createComponent()函数可由外部开发好的.qml 组件文件创建所需的对象。

（2）通过 createObject()方法对新创建的组件对象初始化，其接受的第 2 个参数即是外部.qml 组件文件中定义于模型外部的 Node 节点属性。

（3）创建好的组件对象保存在形状创建器的 instances[]对象数组中。

然后在"控制面板区"底部"添加"按钮的 onClicked 事件中调用该函数即可实现创建功能，如下：

```
ColumnLayout {
    id: panelArea
        ...
    Button {
        id: addButton
        Layout.alignment: Qt.AlignHCenter
        font.bold: true
        font.pointSize: 12
        font.family: "宋体"
        text: "添  加"
        onClicked: {
            shapeCreater.createShape()
        }
    }
}
```

27.2.3 选择物体

当用户点选场景中的某物体时，系统会获取该物体在各个方向上的尺寸数值及物体形状的类型，并同步设置到界面左侧的控制面板上。

在程序框架"功能节点区"的形状操控器中编写函数 selectShape() 实现该功能，代码如下：

```
Node {
    id: shapeOperator
    property var curObject                      //当前选中的物体对象
    property var curPosX                        //物体所在位置的 x 坐标
    property var curPosY                        //物体所在位置的 y 坐标
    function selectShape(object) {
        if (curObject) {
            curObject.isPicked = false;         //若之前已有物体被选，先取消选择
        }
        curObject = object;                     //新选中的物体赋给 curObject 属性
            //保存物体的 x、y 坐标
        curPosX = object.x;
        curPosY = object.y;
            //在面板上同步设置物体尺寸
        scalexSlider.value = object.scale.x;    //宽度
        scaleySlider.value = object.scale.y;    //高度
        scalezSlider.value = object.scale.z;    //厚度
            //材质区恢复初始设置
        materialRButton1.checked = false;
        materialRButton2.checked = false;
            //在面板上同步设置物体形状类型
        if (object.objectName === "立方体") {
            shapeRButton1.checked = true;
        } else if (object.objectName === "球体") {
            shapeRButton2.checked = true;
        } else if (object.objectName === "圆柱体") {
            shapeRButton3.checked = true;
        } else if (object.objectName === "锥体") {
            shapeRButton4.checked = true;
        }
    }
    ...
}
```

说明：这里在选中物体时还要将物体的 x、y 坐标也分别保存到形状操控器的 curPosX、curPosY，因为转动物体功能需要用到这两个坐标参数来实现控制。

27.2.4 移动物体

用户选中物体用鼠标拖曳，可将其移动到场景中的任意位置，这个功能在形状操控器中编写 moveShape() 函数实现，代码如下：

```
Node {
    id: shapeOperator
    property var curObject
```

```
        property var curPosX
        property var curPosY
            ...
        function moveShape(posX, posY) {
            var pos = view3D.mapTo3DScene(Qt.vector3d(posX, posY, curObject.z + curObject.modelSize));
            pos.y = Math.max(curObject.modelSize / 2, pos.y);
            var point = {"x": pos.x, "y": pos.y};
            curObject.moves.push(point);
            if (curObject.moves.length > curObject.maxMoves) curObject.moves.shift();
            curObject.x = pos.x;
            curObject.y = pos.y;
        }
            ...
    }
```

说明：通过修改当前对象（curObject）的 x、y 属性，就可以将物体移到指定的位置。由于物体本身尺度有大小，为保证移动时的定位准确，我们采用定义在组件内部的只读 modelSize（模型尺寸）属性作为参数，按一定的算法在 y、z 坐标上稍做变换或加上偏移量，就可以做到移动过程的平滑连续效果。

27.2.5 转动物体

用户在选中物体上连续单击（或双击）鼠标，可沿空间的任意方向转动物体，这个功能在形状操控器中用 rotateShape()函数实现，代码如下：

```
Node {
    id: shapeOperator
    property var curObject
    property var curPosX
    property var curPosY
        ...
    function rotateShape(posX, posY, clockwise) {
        var pos = view3D.mapTo3DScene(Qt.vector3d(posX, posY, curObject.z + curObject.modelSize));
        var sx = pos.x - curPosX;
        var sy = pos.y - curPosY;
        var sr = Math.sqrt(Math.pow(sx,2) + Math.pow(sy,2));
        if (sr > 20) {
            if (Math.abs(sx) < 10) {                    //绕 x 轴
                if (sy > 0) {
                    curObject.angles_x -= 5             //顺时针
                } else {
                    curObject.angles_x += 5             //逆时针
                }
            } else if (Math.abs(sy) < 10) {             //绕 y 轴
                if (sx > 0) {
```

```
                    curObject.angles_y += 5              //逆时针
                } else {
                    curObject.angles_y -= 5              //顺时针
                }
            } else {                                     //斜向转
                var c = sy/sx;
                var c0 = Math.sqrt(Math.pow(c,2) + 1)
                var dx = 5 * c / c0
                var dy = 5 / c0
                if (sx > 0 && sy > 0) {                  //右上转
                    curObject.angles_y += dy
                    curObject.angles_x -= dx
                } else if (sx < 0 && sy < 0) {           //左下转
                    curObject.angles_y -= dy
                    curObject.angles_x += dx
                } else if (sx > 0 && sy < 0) {           //右下转
                    curObject.angles_y += dy
                    curObject.angles_x -= dx
                } else if (sx < 0 && sy > 0) {           //左上转
                    curObject.angles_y -= dy
                    curObject.angles_x += dx
                }
            }
        } else {                                         //平面内旋转
            if (clockwise === 1){
                curObject.angles_z -= 5                  //顺时针
            } else if (clockwise === 0) {
                curObject.angles_z += 5                  //逆时针
            }
        }
    }
}
```

程序在一开始先算出鼠标单击处的坐标相对于物体本身所在位置坐标的偏移 sx、sy，以及与物体中心的距离 sr，来作为判断用户操作意图的依据，判断规则如下：

（1）只有在单击处未接近物体中心（sr > 20）的情况下，才对物体进行跨屏幕平面内外的转动操作。

（2）若单击处很接近 y 轴（| sx | < 10）而与 x 轴向的偏移（sy）较大，则将物体绕 x 轴转动。

（3）若单击处很接近 x 轴（| sy | < 10）而与 y 轴向的偏移（sx）较大，则将物体绕 y 轴转动。

（4）若单击处与两坐标轴皆有一定距离（| sx | > 10 且 | sy | > 10），则认为用户是想斜向转动物体，程序根据 sx 与 sy 的正负搭配确定转动方向，并以一定的算法来决定沿 x、y 轴分别要转的角分量。

为帮助读者更好地理解上述规则，下面对比几种不同的典型转动方式所呈现的效果，如图 27.12 所示。

绕 x 轴，顺时针　　　绕 y 轴，逆时针　　　向斜右上转角度　　　平面内顺时针旋转

sr > 20　　　　　　 sr > 20　　　　　　 sr > 20　　　　　　 sr <= 20
Math.abs(sx) < 10,sy > 0　Math.abs(sy) < 10,sx > 0　sx > 0 && sy > 0　clockwise === 1

图 27.12　几种不同的典型转动方式呈现的效果

27.2.6　物体对鼠标事件的响应

当所有操控函数都编写完成后，还要在程序的"鼠标响应区"（MouseArea 元素）内编写响应用户不同类型动作的控制逻辑，才能最终完成系统形状操控功能的开发。

"益智积木"软件的操控系统用到了多种不同的鼠标动作类型，代码如下：

```
MouseArea {
    anchors.fill: parent
    acceptedButtons: Qt.LeftButton| Qt.RightButton        //鼠标左右键都能接受单击
    onClicked: {                                          //(a)单击事件
        var result = view3D.pick(mouse.x, mouse.y);
        if (result.objectHit) {                           //单击处存在物体对象
            var selectedObject = result.objectHit;
            shapeOperator.selectShape(selectedObject);    //物体参数同步设置到面板
            if (!selectedObject.isPicked) {
                selectedObject.isPicked = true;
            } else {
                shapeOperator.rotateShape(mouseX, mouseY, -1)
            }
        }
    }
    onPressed: {                                          //(b)按键事件
        var result = view3D.pick(mouse.x, mouse.y);
        if (result.objectHit) {
            var selectedObject = result.objectHit;
            shapeOperator.selectShape(selectedObject);
            if (!selectedObject.isPicked) {
                selectedObject.isPicked = true;
            }
        }
    }
    onPositionChanged: {                                  //(c)鼠标指针位置改变事件
        shapeOperator.moveShape(mouseX, mouseY);
        shapeOperator.curPosX = shapeOperator.curObject.x;
        shapeOperator.curPosY = shapeOperator.curObject.y;
```

```
        }
        onDoubleClicked: {                                    //(d)双击事件
            if (mouse.button === Qt.RightButton) {
                shapeOperator.rotateShape(mouseX, mouseY, 1);
            } else if (mouse.button === Qt.LeftButton) {
                shapeOperator.rotateShape(mouseX, mouseY, 0);
            }
        }
    }
}
```

说明:

(a) onClicked: { ... }: 用户单击鼠标可能出于两种不同目的: 一是选中某物体; 二是要将当前物体转动角度, 故需要进行判断。如果该物体尚未被选中 (!selectedObject.isPicked), 则单击选中物体 (isPicked = true); 否则就是转动操作, 调用形状操控器的 rotateShape() 函数。

(b) onPressed: { ... }: 用户在某物体上按下鼠标键很可能接下来要拖曳移动该物体, 如果该物体不是当前操作物体, 需要先将其选中 (调用形状操控器的 selectShape() 函数), 同时置为选中状态 (isPicked = true), 为接下来的拖曳操作做准备。

(c) onPositionChanged: { ... }: 当用户以鼠标拖曳物体时就会连续不断地触发该事件, 在事件中调用形状操控器的 moveShape() 函数实现物体位置的移动, 注意移动后要将新的坐标赋值给形状操控器的 curPosX/curPosY 属性变量。

(d) onDoubleClicked: { ... }: 双击鼠标是为了在屏幕平面内旋转物体, 我们在程序中设定双击右键 (Qt.RightButton) 为顺时针旋转, 反之, 则逆时针旋转。调用形状操控器的 rotateShape() 函数实现功能, 注意除了鼠标点击处的位置坐标外, 还需要额外传入一个 clockwise 参数指定旋转方向, 1 为顺时针, 0 为逆时针。

27.3 更换材质

在控制面板上有一个材质设置区, 选中物体后单击其中的单选按钮可为物体更换材质, 如图 27.13 所示。

图 27.13 为物体更换材质

(1) 首先在程序框架的"材质定义区"定义好可供选择使用的材质元素, Qt Quick 3D 支持丰富的材质库及十分灵活的材质定制方式, 这里仅定义两种材质 (铝合金和玻璃) 作为演示,如下：
```
/**材质定义*/
CustomMaterial {
    id: aluminum                             //铝合金
    shadingMode: CustomMaterial.Shaded
    fragmentShader: "material_metallic.frag"
}
PrincipledMaterial {
    id: glass                                //玻璃
    baseColor: "#0000ff"                     //基色（蓝）
    metalness: 1.00                          //金属度
    roughness: 0.00                          //粗糙度
    opacity: 0.80                            //透明度
}
```

（2）然后，只要在"控制面板区"材质单选按钮的 onCheckedChanged 事件中，将当前物体的 materials 属性设为对应材质元素的 id，即可更换到指定的材质，如下：

```
ColumnLayout {
    id: panelArea
        ...
    Text {
        Layout.alignment: Qt.AlignHCenter
        font.pointSize: 12
        font.family: "仿宋"
        text: "材    质"
    }
    ButtonGroup {
        buttons: materialColumn.children
    }
    ColumnLayout {
        id: materialColumn
        RadioButton {
            id: materialRButton1
            font.bold: true
            font.pointSize: 16
            font.family: "楷体"
            text: qsTr("铝 合 金")
            onCheckedChanged: {
                if (materialRButton1.checked) {
                    shapeOperator.curObject.materials = aluminum
                }
            }
        }
        RadioButton {
            id: materialRButton2
            font.bold: true
            font.pointSize: 16
            font.family: "楷体"
            text: qsTr("玻    璃")
```

```
                onCheckedChanged: {
                    if (materialRButton2.checked) {
                        shapeOperator.curObject.materials = glass
                    }
                }
            }
        }
        Rectangle {
            Layout.fillWidth: true
            height: 1
            color: "#909090"
        }
        ...
}
```

27.4 添加文字

在3D场景中添加文字，有时能起到意想不到的奇妙效果，但文字属于2D对象范畴，过去的Qt3D并不支持，自从Qt 6开始，Qt Quick 3D同时也兼容2D功能，这样就实现了2D和3D对象的混合编程，使得在三维场景中渲染文字成为可能。图27.14演示了"益智积木"软件中文字的应用，包括两种形式：一是给积木加上数字编号；二是为积木关联相关的文本内容。

图27.14　"益智积木"软件中文字的应用

当用户选中物体后，在控制面板上的"文字"设置区的"积木编号"栏填写数字，该数字就作为这块积木的编号显示在其各个面上；当在"关联文本"栏填写一些文字，文字内容将作为标题关联显示在该积木的旁边，随着鼠标操作积木块，与之相关联的文字也会随着一起在场景空间中移动。

（1）为了在面板上显示文本输入框，需要先定制文本框组件。在项目中创建"TextBox.qml"文件，编写文本框组件的定义代码，如下：

```qml
import QtQuick 2.0

FocusScope {                                    //FocusScope 元素帮助文本框获取焦点
    property alias label: label.text            //引用该别名修改文本框提示文本
    property alias text: input.text             //获取外部用户输入的文本内容
    Row {
        spacing: 5
        Text {                                  //输入提示文本
            id: label
            text: "标签"
        }
        Rectangle{                              //矩形元素呈现输入框可视外观
            width: 120
            height: 20
            color: "white"                      //白底色
            border.color: "gray"                //灰色边框
            TextInput {                         //核心功能元素
                id: input
                anchors.fill: parent            //充满矩形
                anchors.margins: 4
                focus: true                     //捕捉焦点
                text: "请 输 入 内 容…"         //初始文本
            }
        }
    }
}
```

（2）3D 组件绑定 2D 元素。

要使 3D 组件（立方体）显示文字，必须将它与作为 2D 元素的文字绑定，绑定有两种方式：一是将文字作为物体的表面材质（Texture），本程序用它来实现积木编号；另一种是直接将文字作为三维模型内部的一个子元素，用这种方式可实现物体与文本内容的关联。

修改立方体组件"MyCube.qml"的代码如下：

```qml
import QtQuick 2.0
import QtQuick3D 1.15

Node {
    id: cubeRoot
    property real scale_x: 1.0
    property real scale_y: 1.0
    property real scale_z: 1.0

    Model {
        id: cubeModel
        objectName: "立方体"
        source: "#Cube"
```

```
            pickable: true
            property bool isPicked: false
            property real angles_x: 15
            property real angles_y: -20
            property real angles_z: 0

            readonly property real modelSize: scale_y * 100
            property var moves: []
            readonly property int maxMoves: 10
            property var num: ""                        //积木编号
            property var note: ""                       //关联文本
            x: 0
            y: modelSize / 2
            z: 400

            scale: Qt.vector3d(scale_x, scale_y, scale_z)
            rotation: Quaternion.fromEulerAngles(angles_x, angles_y, angles_z)

            materials: DefaultMaterial {
                diffuseColor: "#17a81a"
                specularAmount: 0.25
                specularRoughness: 0.2
                diffuseMap: numberTexture              //文字设为表面材质
            }

            Node {                                      //文字（包装于 Node）作为模型子元素
                y: 85
                Text {
                    anchors.centerIn: parent
                    color: "white"
                    text: cubeModel.note                //内容设为关联文本
                }
            }
        }

        Texture {                                       //定义表面材质
            id: numberTexture
            sourceItem: Rectangle {
                width: 256
                height: 256
                color: "#17a81a"
                Text {
                    id: numText
                    anchors.centerIn: parent
                    color: "white"
                    font.pointSize: 72
                    text: cubeModel.num                 //文字设为积木编号
                }
```

```
            }
        }
}
```

（3）设计面板、实现功能。

最后，在程序框架"控制面板区"编写代码设计文字设置区的布局，并实现添加文字功能，如下：

```
ColumnLayout {
    id: panelArea
        ...
    Text {
        Layout.alignment: Qt.AlignHCenter
        font.pointSize: 12
        font.family: "仿宋"
        text: "文   字"
    }
    ColumnLayout {
        id: textColumn
        TextBox {                                          //"积木编号"文本框
            id: tBx1
            x: 8
            y: 5
            focus: true                                    //初始焦点之所在
            label: "积 木 编 号"                            //设置提示标签文本为"积木编号"
            text: focus ? "" : ""                          //获得焦点则清空提示文字，由用户输入内容
            KeyNavigation.tab: tBx2                        //按 Tab 键焦点转移至"关联文本"文本框
            onTextChanged: {
                if (tBx1.text !== "") {
                    shapeOperator.curObject.num = tBx1.text
                }
            }
        }
        TextBox {                                          //"关联文本"文本框
            id: tBx2
            x: 8
            y: 40
            label: "关 联 文 本"
            text: focus ? "" : "请 输 入 内 容 …"
            KeyNavigation.tab: tBx1                        //按 Tab 键焦点又回到"积木编号"文本框
            onTextChanged: {
                if (tBx2.text !== "" && tBx2.text !== "请 输 入 内 容 …") {
                    shapeOperator.curObject.note = tBx2.text
                }
            }
        }
    }
    Rectangle {
        Layout.fillWidth: true
        height: 1
```

```
            color: "#909090"
        }
        ...
}
```

27.5 其他形状物体组件的开发

在开发主程序功能时,可以先用一个立方体做试验,待主程序开发完成、调试完善后,可往项目中创建更多.qml 文件来定义开发其他形状的物体。下面我们依次罗列出"益智积木"软件要用到的其他几何体组件的源代码。

1. 球体

球体用"MySphere.qml"文件实现,代码如下:

```
import QtQuick 2.0
import QtQuick3D 1.15

Node {
    id: sphereRoot
    property real scale_x: 1.0
    property real scale_y: 1.0
    property real scale_z: 1.0

    Model {
        id: sphereModel
        objectName: "球体"
        source: "#Sphere"
        pickable: true
        property bool isPicked: false
        property real angles_x: 15
        property real angles_y: -20
        property real angles_z: 0

        readonly property real modelSize: scale_y * 100
        property var moves: []
        readonly property int maxMoves: 10
        property var num: ""
        property var note: ""
        x: 0
        y: modelSize / 2
        z: 400

        scale: Qt.vector3d(scale_x, scale_y, scale_z)
        rotation: Quaternion.fromEulerAngles(angles_x, angles_y, angles_z)

        materials: DefaultMaterial {
            diffuseColor: "#17a81a"
```

```
            specularAmount: 0.25
            specularRoughness: 0.2
            diffuseMap: numberTexture
        }

        Node {
            y: 85
            Text {
                anchors.centerIn: parent
                color: "white"
                text: sphereModel.note
            }
        }
    }

    Texture {
        id: numberTexture
        sourceItem: Rectangle {
            width: 512
            height: 512
            color: "#17a81a"
            Text {
                id: numText
                anchors.centerIn: parent
                color: "white"
                font.pointSize: 48
                text: sphereModel.num
            }
        }
    }
}
```

2. 圆柱体

圆柱体用"MyCylinder.qml"文件实现,代码如下:

```
import QtQuick 2.0
import QtQuick3D 1.15

Node {
    id: cylinderRoot
    property real scale_x: 1.0
    property real scale_y: 1.0
    property real scale_z: 1.0

    Model {
        id: cylinderModel
        objectName: "圆柱体"
        source: "#Cylinder"
        pickable: true
```

```
        property bool isPicked: false
        property real angles_x: 15
        property real angles_y: -20
        property real angles_z: 0

        readonly property real modelSize: scale_y * 100
        property var moves: []
        readonly property int maxMoves: 10
        property var num: ""
        property var note: ""
        x: 0
        y: modelSize / 2
        z: 400

        scale: Qt.vector3d(scale_x, scale_y, scale_z)
        rotation: Quaternion.fromEulerAngles(angles_x, angles_y, angles_z)

        materials: DefaultMaterial {
            diffuseColor: "#17a81a"
            specularAmount: 0.25
            specularRoughness: 0.2
        }

        Node {
            y: 85
            Text {
                anchors.centerIn: parent
                color: "white"
                text: cylinderModel.note
            }
        }
    }
}
```

3. 锥体

锥体用"MyCone.qml"文件实现，代码如下：

```
import QtQuick 2.0
import QtQuick3D 1.15

Node {
    id: coneRoot
    property real scale_x: 1.0
    property real scale_y: 1.0
    property real scale_z: 1.0

    Model {
        id: coneModel
        objectName: "锥体"
```

```
        source: "#Cone"
        pickable: true
        property bool isPicked: false
        property real angles_x: 15
        property real angles_y: -20
        property real angles_z: 0

        readonly property real modelSize: scale_y * 100
        property var moves: []
        readonly property int maxMoves: 10
        property var num: ""
        property var note: ""
        x: 0
        y: modelSize / 2
        z: 400

        scale: Qt.vector3d(scale_x, scale_y, scale_z)
        rotation: Quaternion.fromEulerAngles(angles_x, angles_y, angles_z)

        materials: DefaultMaterial {
            diffuseColor: "#17a81a"
            specularAmount: 0.25
            specularRoughness: 0.2
        }

        Node {
            y: 85
            Text {
                anchors.centerIn: parent
                color: "white"
                text: coneModel.note
            }
        }
    }
}
```

由上面几段代码可见，不同形状物体的组件代码基本相同，仅模型对象的 source 属性不同，只要做好了一个，其他标准几何体的开发模式几乎是完全一样的。当然，读者也可以用专业的第三方 3D 软件制作出自己想要的任何三维物体模型，将其作为资源导入项目中使用，不断扩充和增强这个"益智积木"软件的功能。

第 6 部分　Qt 6 跨平台开发基础

第 28 章

Visual Studio 中的 Qt 6 开发

当前 Qt 语言存在两大主流的编译环境，除了 Qt 原生 Qt Creator 自带的 MinGW 外，还有 Visual Studio 的 MSVC，由于微软.NET 平台的流行及 VC++开发人员数量的庞大，使用 MSVC 的 Qt 开发也占有很大比例。本章就来系统地介绍在 Visual Studio 环境中用 MSVC 开发 Qt 程序及创建和打开各种类型 Qt 项目的方法。

28.1　MSVC 环境安装和配置

MSVC 环境是由 VC 编译器构建的 Qt 开发环境，它通过.NET 组件和 VS 插件实现功能。

28.1.1　安装 Qt 及 MSVC 编译器

1. 安装 Qt 6.0

Qt 的安装在本书开头有详细介绍，这里不再赘述。我们安装的是 Qt 6.0。

2. 安装 MSVC

MSVC 是微软的 VC 编译器，Qt 内置了该编译器组件，用来支持 VS 下 Qt 程序的编译运行。

（1）在 Qt 的安装路径下找到 "MaintenanceTool.exe" 文件，如图 28.1 所示，双击启动 Qt 组件维护向导。

（2）在向导的 "Setup - Qt" 页点选 "Add or remove components"（添加或移除组件），如图 28.2 所示，单击 "Next" 按钮。

（3）在 "Select Components" 页选择所要添加安装的组件，这里补充勾选 "Qt 6.0.1" 树状列表下的 "MSVC 2019 64-bit" 组件（MSVC 编译器），如图 28.3 所示。

第 6 部分　Qt 6 跨平台开发基础

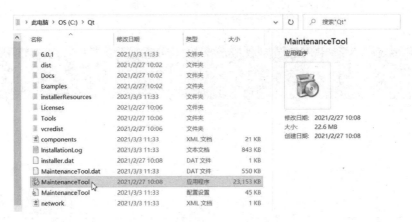

图 28.1　启动 Qt 组件维护向导

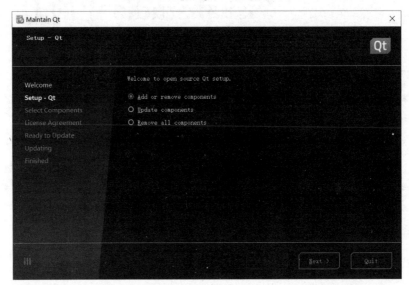

图 28.2　"Setup - Qt"页选项

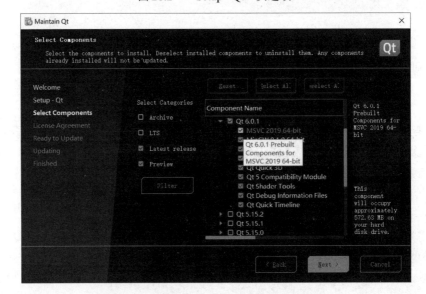

图 28.3　添加安装"MSVC 2019 64-bit"组件

(4)单击"Next"按钮,启动安装过程,向导联网下载该组件并执行安装,如图 28.4(a)所示。完成后在 Qt 安装路径的版本目录下,可看到多了个"msvc2019_64"子目录,如图 28.4(b)所示,说明安装成功。

(a)启动安装过程　　　　　　　　　　　　(b)安装成功

图 28.4　安装过程

28.1.2　安装 VS 及相关插件

1. 安装 VS 2019

VS 2019(Visual Studio 2019)是微软基于最新.NET 4.7 平台推出的 Windows 下的集成开发环境,也是当前最为流行的平台之一。我们在"干净"的 64 位 Windows 10 操作系统上安装 VS 2019 作为核心的 Qt 开发环境。

微软 Visual Studio 系列产品自 VS 2017 起已不再提供能离线安装的完全软件包,而是只提供安装器 Visual Studio Installer,需要用户联网选择自己所需的 VS 组件在线安装,故安装前要确保互联网连接畅通、关闭杀毒软件和防火墙。

(1)从网上下载得到 VS 2019 的安装器,为一文件名形如"vs_enterprise__xxxxxxxxx.xxxxxxxxxx.exe"的可执行文件,双击启动,出现对话框单击"继续"按钮,开始下载提取和安装必备的组件。

(2)选择组件。

稍候片刻,出现如图 28.5 所示的界面,在"工作负载"页罗列出了 VS 2019 可供选择安装的所有组件。这里我们选 3 个最为常用的功能组件:ASP.NET 和 Web 开发、.NET 桌面开发、通用 Windows 平台开发。

(3)其他安装设置。

在图 28.5 中,单击顶部的选项可切换安装设置页:在"单个组件"页,可选择单独安装各个版本的.NET 框架和 SDK 包;在"语言包"页,可以选不同语言包(如中文、俄语、德语、日语、法语和英语等),这两页通常都保持默认设置。在"安装位置"页,选择 VS 2019 的安装路径,如图 28.6 所示,可以使用默认,也可根据自己磁盘空间的实际情况另指定一个安装目录。

一切准备就绪后,单击图 28.6 界面右下角的"安装"按钮开始安装过程。默认情况下,安装器一边下载和验证组件,一边执行安装操作。安装过程结束后,会弹出对话框提示"需要重启",单击"重启"按钮重新启动计算机。重启后,在 Windows 10 开始菜单的"V"索引条目下可见"Visual Studio 2019"项,单击可启动 VS 2019。

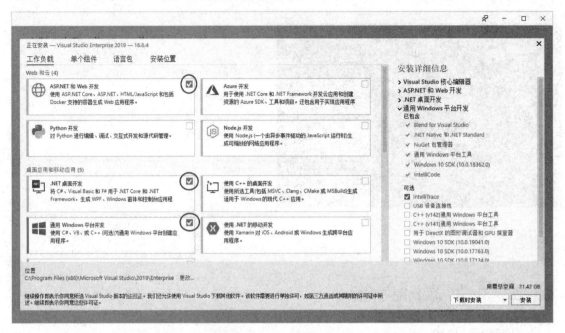

图 28.5　选择要安装的组件

图 28.6　设置安装目录

2. 安装 VSIX 插件安装器

VS 2019 的扩展功能插件都要通过其插件安装器 VSIX 引入安装,VSIX 是 VS 2019 本身的组件,如果在安装 VS 2019 时未选择安装,则需要首先添加安装它。

第 28 章　Visual Studio 中的 Qt 6 开发

（1）启动 VS 2019，在出现的起始界面上单击右下角的"继续但无需代码"，如图 28.7 所示，可以在未创建和打开任何 VS 项目的情况下，直接进入 VS 2019 的开发环境主界面。

图 28.7　直接进入 VS 2019 开发环境主界面的途径

（2）在 VS 2019 开发环境下，选择主菜单"工具"→"获取工具和功能"，出现 VS 2019 的组件维护界面，如图 28.8 所示。在其上补充勾选"其他工具集"中的"Visual Studio 扩展开发"，然后单击右下角"修改"按钮。

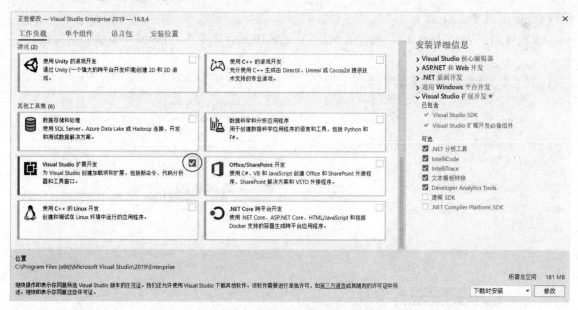

图 28.8　VS 2019 组件维护界面

（3）按照界面提示操作，安装完成后，在"C:\Program Files (x86)\Microsoft Visual Studio\2019\Enterprise\Common7\IDE"路径下看到有一个"VSIXInstaller.exe"文件，如图 28.9 所示，表示 VSIX 安装成功。退出 VS 2019 开发环境。

图 28.9　VSIX 安装成功

3．安装 Qt Visual Studio Tools

Qt Visual Studio Tools 是 VS 环境下专用于开发、管理 Qt 项目的核心插件，安装步骤如下。

（1）下载 Qt Visual Studio Tools。

该插件对应适用于 VS 2019 的版本是 Qt VS Tools for Visual Studio 2019。

在网上下载该插件的扩展包"qt-vsaddin-msvc2019-2.7.1-rev.17.vsix"文件。

（2）安装插件。

以管理员身份打开 Windows 命令行，先通过 cd 命令进入到 VSIX 所在路径，然后用 "VSIXInstaller.exe 扩展包文件名"执行安装，输入命令如下：

```
cd C:\Program Files (x86)\Microsoft Visual Studio\2019\Enterprise\Common7\IDE

VSIXInstaller.exe C:\mysoft\qt-vsaddin-msvc2019-2.7.1-rev.17.vsix
```

系统弹出"VSIX Installer"向导界面，如图 28.10 所示，单击"Install"按钮启动安装。

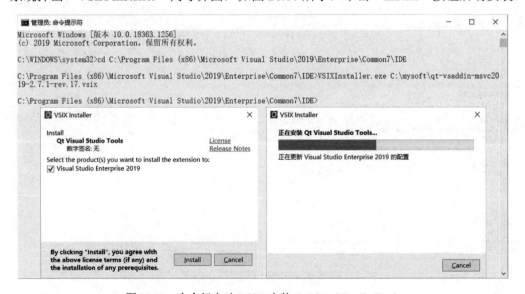

图 28.10　命令行启动 VSIX 安装 Qt Visual Studio Tools

（3）查看插件菜单。

稍候片刻，待出现"安装完成"，单击"Close"按钮关闭向导。再次启动 VS 2019，单击起始界面右下角"继续但无需代码"，进入 VS 2019 开发环境主界面，可以看到主菜单"扩展"下多了个"Qt VS Tools"菜单项,展开其下有一系列与操作 Qt 有关的子菜单,如图 28.11 所示,表明 Qt Visual Studio Tools 插件已经安装成功。

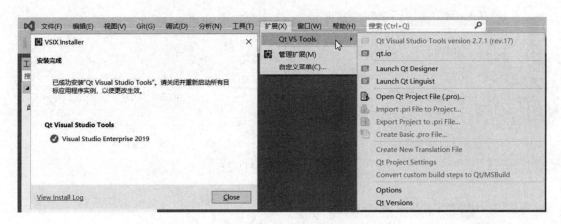

图 28.11　Qt Visual Studio Tools 插件安装成功

28.1.3　配置 MSVC 编译器

安装完 Qt Visual Studio Tools 插件后,还需要将 Qt 的 MSVC 编译器引入(整合)进 VS 环境,步骤如下。

(1)在 VS 2019 开发环境下,选择主菜单"扩展"→"Qt VS Tools"→"Qt Versions",弹出"选项"配置窗口。左侧列表展开选中"Qt"→"Versions",右边区域表格中单击"Version"列的"➕"号,添加了一个条目,然后再单击其"Path"列的单元格,如图 28.12 所示。

图 28.12　添加一个新版本的 Qt 编译器条目

(2)接着,系统会弹出对话框让选择编译器路径。我们定位到之前 Qt 安装路径版本目录下,进入"msvc2019_64"的"bin"目录,选中"qmake"单击"打开"按钮,如图 28.13(a)所示。此时"选项"窗口右区表格中,编译器条目的"Version"列出现了 MSVC 编译器的版本名称,同时"Path"列自动填入其所在的路径,如图 28.13(b)所示。单击"确定"按钮完成配置。

第 6 部分　Qt 6 跨平台开发基础

（a）选择编译器

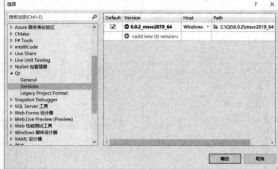
（b）配置完成

图 28.13　配置编译器路径

28.1.4　安装 C++桌面开发组件

Qt 底层是基于 C++的，要在 VS 中添加安装支持 C++桌面开发的组件，才能够使用 VS 环境创建 Qt 类型的项目。

在 VS 2019 开发环境下，选择主菜单"工具"→"获取工具和功能"，打开组件维护界面，补充勾选"桌面应用和移动应用"中的"使用 C++的桌面开发"，如图 28.14 所示，单击右下角"修改"按钮。

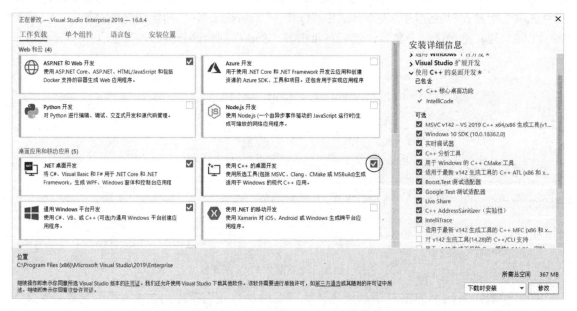

图 28.14　添加安装 C++桌面开发组件

至此，VS 2019 支持 Qt 6.0 开发的 MSVC 环境就安装配置完成了。

28.2 VS 开发 Qt Widgets 程序

28.2.1 创建 Qt Widgets 项目

用 VS 2019 创建 Qt Widgets 项目的步骤如下。

（1）在 VS 2019 开发环境下，选择主菜单"文件"→"新建"→"项目"，出现项目模板选择页，我们选择查看"所有语言""所有平台""所有项目类型"的模板，翻动模板列表至底部，可看到一系列与 Qt 开发相关的模板（以绿色 Qt 图标打头），选择其中的"Qt Widgets Application"选项，如图 28.15 所示，单击"下一步"按钮。

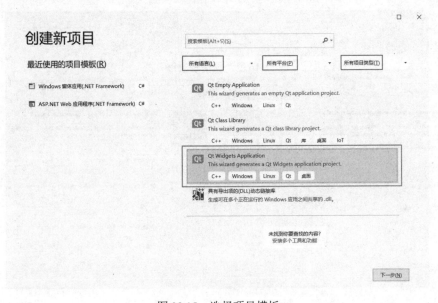

图 28.15　选择项目模板

（2）在接下来的"配置新项目"页（见图 28.16），填写"项目名称"为"Dialog"，指定项目的存放位置。VS 2019 默认将项目创建在"C:\Users\<用户名>\source\repos"目录（其中"<用户名>"为用户的 Windows 操作系统登录名），默认"解决方案名称"与项目同名。单击"创建"按钮。

（3）系统弹出"Qt Widgets Application Wizard"（Qt Widgets 向导）窗口，如图 28.17 所示，单击"Next"按钮。

（4）选择项目所用的编译器，系统默认勾选的也就是我们刚刚配置的 MSVC 编译器，如图 28.18 所示，单击"Next"按钮。

（5）在"Base class"（基类）栏选择"QDialog"对话框类作为基类，"Class Name"（类名）就是项目名"Dialog"。项目中的"Header (.h) file"（头文件）、"Source (.cpp) file"（源文件）、"User Interface (.ui) file"（界面文件）、"Resource (.qrc) file"（资源文件）都取默认的文件名，勾选"Lower case file names"将所有程序文件名设为小写（dialog），如图 28.19 所示。

单击"Finish"按钮，创建一个 Qt Widgets 项目。"解决方案资源管理器"中可看到项目的树状视图，如图 28.20 所示。

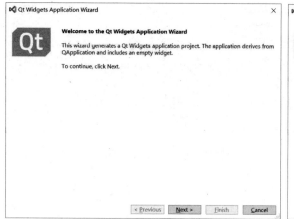

图 28.16　"配置新项目"页

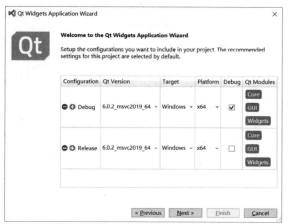

图 28.17　Qt Widgets 向导窗口　　　　图 28.18　选择项目所用的编译器

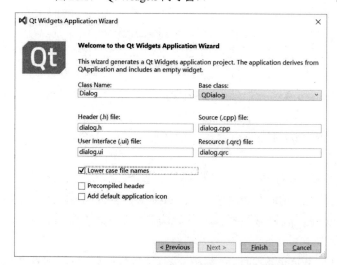 

图 28.19　选择基类和命名程序文件　　　　图 28.20　项目的树状视图

28.2.2 配置项目属性

项目创建好后还不能马上投入开发，这是由于 VS 环境默认采用的 C/C++语言标准与 Qt 的不同，对于 Qt 代码中的某些语言元素无法正确识别；且 VS 环境尚不能自动定位"Qt Designer"（Qt 设计师）文件启动器的路径，无法正常打开项目的 UI 界面设计文件（*.ui）。

1. 设置 C/C++语言标准

在"解决方案资源管理器"中右击项目名"Dialog"，单击"属性"选项，出现"Dialog 属性页"对话框，如图 28.21 所示，左侧列表展开选中"配置属性"→"C/C++"→"所有选项"，在右边列表区找到并设置"C 语言标准"为"ISO C17 (2018)标准 (/std:c17)"、"C++语言标准"为""ISO C++17 标准 (/std:c++17)"，单击右下角"应用"按钮，然后单击"确定"按钮。

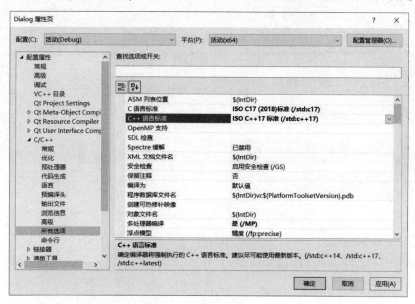

图 28.21　设置项目语言标准

2. 设置默认 UI 文件启动器

（1）在"解决方案资源管理器"中展开项目"Dialog"的"Form Files"目录，其下的"dialog.ui"就是本项目的 UI 界面设计文件，右击此文件，选"打开方式..."选项，弹出"打开方式"对话框，单击"添加"按钮，如图 28.22 所示。

（2）弹出"添加程序"对话框，单击"程序"栏后的"..."按钮，出现"浏览"窗口，定位到 Qt 安装路径版本目录中"msvc2019_64"下的"bin"目录，找到并选中其中的"designer"，单击"打开"按钮，回到"添加程序"对话框，单击"确定"按钮，如图 28.23 所示。

（3）回到"打开方式"对话框，单击右侧"设为默认值"按钮，将"Qt Designer"设为默认值（即作为 Qt 界面 UI 文件的默认启动程序），单击"确定"按钮，如图 28.24 所示。

图 28.22 设置 UI 文件的打开方式

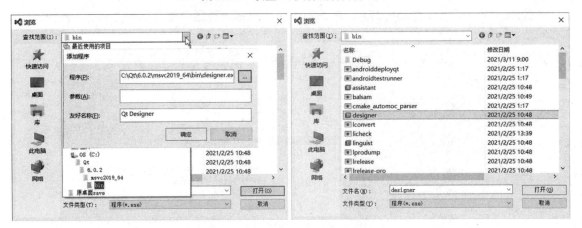

图 28.23 找到 Qt 的 UI 文件启动器

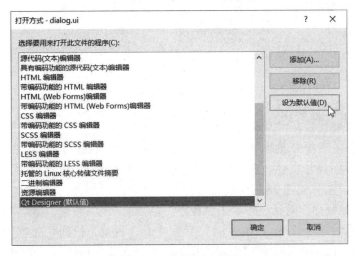

图 28.24 设为默认值

28.2.3 开发 Qt Widgets 程序

我们以本书第 1 章"计算圆面积"程序为例,介绍 VS 2019 下的 Qt 程序开发。

1. 界面设计

在"解决方案资源管理器"中展开项目的"Form Files"目录，双击其中"dialog.ui"文件，通过 Qt 设计师启动 UI 设计器界面。

可以看到，这个界面与通过 Qt 本身的 Qt Creator 打开的设计器界面几乎一模一样，其操作方法也与 Qt 原生开发环境的基本相同，在窗体上拖曳设计出"计算圆面积"程序界面，效果如图 28.25 所示，并设置各控件的名称和属性（同第 1 章），具体过程略。

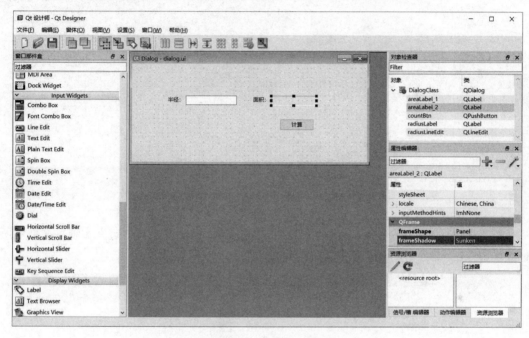

图 28.25　界面设计效果

2. 代码编写

（1）声明槽函数。

双击打开项目"Header Files"目录下的"dialog.h"头文件，其中声明一个计算圆面积的槽函数 on_countBtn_clicked()，如图 28.26 所示。

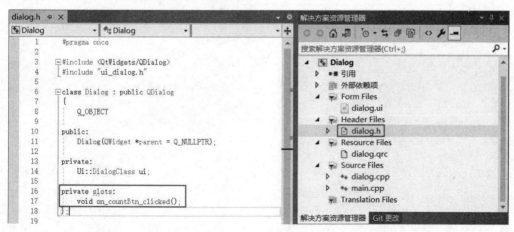

图 28.26　声明槽函数

"dialog.h"头文件完整代码如下：

```cpp
#pragma once

#include <QtWidgets/QDialog>
#include "ui_dialog.h"

class Dialog : public QDialog
{
    Q_OBJECT

public:
    Dialog(QWidget *parent = Q_NULLPTR);

private:
    Ui::DialogClass ui;

private slots:
    void on_countBtn_clicked();
};
```

（2）实现函数功能。

双击打开项目"Source Files"目录下的"dialog.cpp"源文件，其中定义实现头文件中所声明的函数 on_countBtn_clicked()功能，如图 28.27 所示。

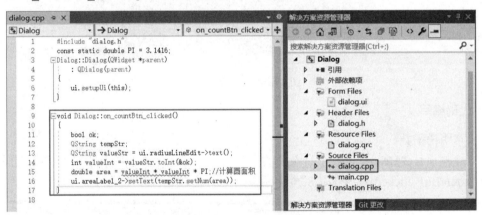

图 28.27　实现函数功能

"dialog.cpp"源文件完整代码如下：

```cpp
#include "dialog.h"
const static double PI = 3.1416;
Dialog::Dialog(QWidget *parent)
    : QDialog(parent)
{
    ui.setupUi(this);
}


void Dialog::on_countBtn_clicked()
{
```

```
    bool ok;
    QString tempStr;
    QString valueStr = ui.radiusLineEdit->text();
    int valueInt = valueStr.toInt(&ok);
    double area = valueInt * valueInt * PI;                      //计算圆面积
    ui.areaLabel_2->setText(tempStr.setNum(area));
}
```

3. 绑定信号与槽

在 VS 环境下绑定信号与槽的操作方式与 Qt 原生开发环境中的不一样，现演示如下。

（1）在 UI 设计器模式下，选中界面上需要绑定信号的控件（这里是"计算"按钮），单击工具栏上的"编辑信号/槽"按钮（![]），进入信号/槽编辑模式，如图 28.28 所示。

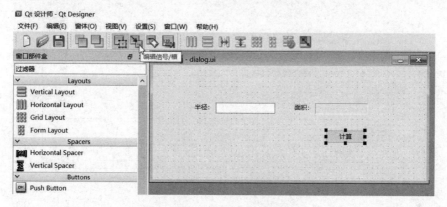

图 28.28 进入信号/槽编辑模式

（2）在设计窗体上用鼠标向下拖曳控件，控件周围出现红色边框，并在其下方显示一个类似"接地线"的形状，同时弹出"配置连接"对话框，如图 28.29 所示。单击右边列表下的"编辑"按钮，打开信号槽编辑对话框。

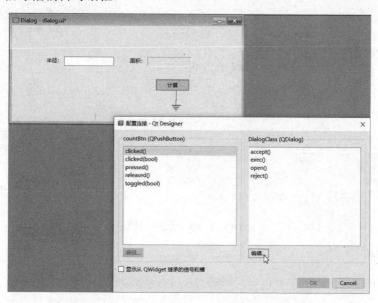

图 28.29 拖曳控件弹出"配置连接"对话框

（3）在信号槽编辑对话框中，单击槽列表下方的 + 按钮，往列表中添加我们编写的槽函数 on_countBtn_clicked()，如图 28.30 所示。

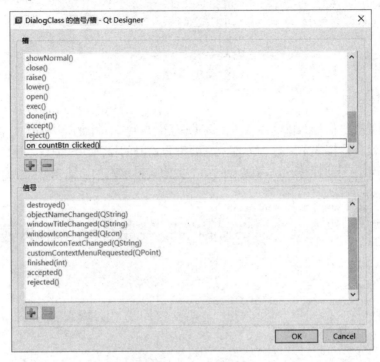

图 28.30　添加槽函数

（4）单击"OK"按钮回到"配置连接"对话框，左边列表选中"clicked()"（按钮单击信号），同时从右边列表中选新添加的槽函数 on_countBtn_clicked()，单击"OK"按钮回到设计界面，可以看到窗体上呈现出信号与槽的绑定图标，说明绑定成功，如图 28.31 所示。这样当程序运行时按钮就可以响应用户操作了。

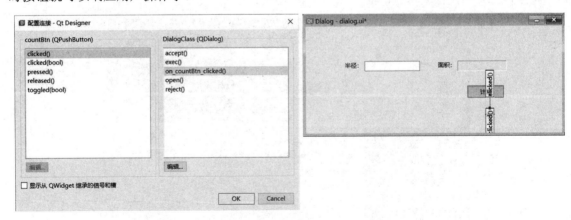

图 28.31　绑定信号与槽

4．运行程序

在 VS 2019 环境下，单击工具栏上的 ▶ 本地 Windows 调试器 ▾ 按钮，程序运行效果如图 28.32 所示。

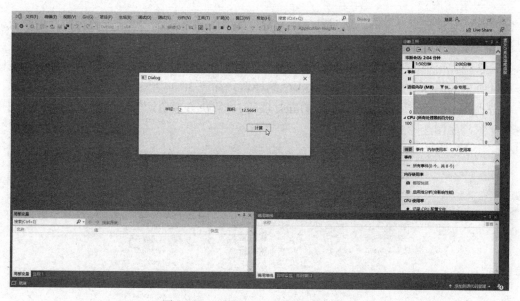

图 28.32　VS 2019 运行 Qt 程序的效果

28.3　VS 开发 Qt Quick 程序

28.3.1　创建 Qt Quick 项目

用 VS 2019 创建 Qt Quick 项目的步骤如下。

（1）在 VS 2019 开发环境下，选择主菜单"文件"→"新建"→"项目"，出现项目模板选择页，依然是选择查看"所有语言""所有平台""所有项目类型"的模板，翻动模板列表至底部，选中"Qt Quick Application"选项，如图 28.33 所示，单击"下一步"按钮。

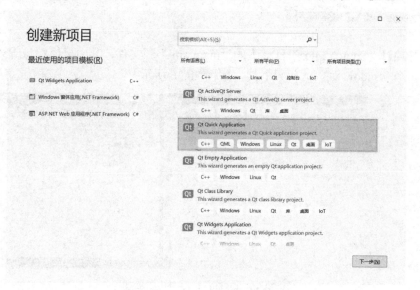

图 28.33　选择 Qt Quick 项目模板

（2）在"配置新项目"页，填写"项目名称"为"QmlDemo"，并指定项目的存放位置，单击"创建"按钮。

（3）系统弹出"Qt Quick Application Wizard"（Qt Quick 向导）窗口，单击"Next"按钮。选择项目所用的编译器为系统默认的 MSVC 编译器，如图 28.34 所示。

单击"Finish"按钮，创建一个 Qt Quick 项目。"解决方案资源管理器"窗口中可看到项目的树状视图，如图 28.35 所示。

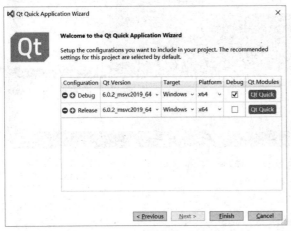 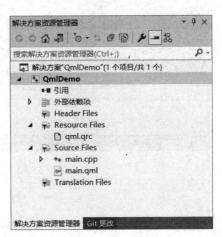

图 28.34　选择项目所用的编译器　　　　图 28.35　项目的树状视图

28.3.2　配置项目属性

从项目树状视图中可见，Qt Quick 项目没有 UI 界面设计文件（*.ui），故也无须设置 UI 文件启动器。但是，为使程序能够顺利运行，仍然要设置项目的 C/C++语言标准，设置方法同 Qt Widgets 项目，略。

28.3.3　开发 Qt Quick 程序

双击打开项目"Source Files"目录下的"main.qml"源文件，其中已经默认导入了 Qt Quick 库并定义了一个 Window 对象的代码框架，如图 28.36 所示。

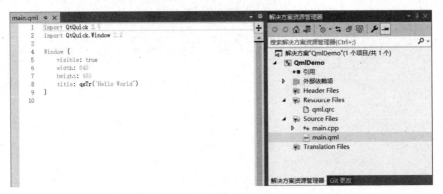

图 28.36　Qt Quick 程序代码框架

我们将本书 QML 基础的第一个入门实例代码复制到以上程序框架中，即在 Window 对象中定义两个 Rectangle（矩形）元素，同时修改 Window 的尺寸与之相适应。

"main.qml"源文件完整代码如下：

```qml
import QtQuick 2.9
import QtQuick.Window 2.2

Window {
    visible: true
    width: 300
    height: 240
    title: qsTr("Hello World")

    Rectangle {
        property alias mouseArea: mouseArea
        property alias topRect: topRect              //定义属性别名
        width: 360
        height: 360
        MouseArea {
            id: mouseArea
            anchors.fill: parent
        }
        /* 添加定义两个 Rectangle 对象 */
        Rectangle {
            rotation: 45                             //旋转 45°
            x: 40                                    //x 方向的坐标
            y: 60                                    //y 方向的坐标
            width: 100                               //矩形宽度
            height: 100                              //矩形高度
            color: "red"                             //以纯色（红色）填充
        }
        Rectangle {
            id: topRect                              //id 标识符
            opacity: 0.6                             //设置透明度为 60%
            scale: 0.8                               //缩小为原尺寸的 80%
            x: 135
            y: 60
            width: 100
            height: 100
            radius: 8                                //绘制圆角矩形
            gradient: Gradient {
                GradientStop { position: 0.0; color: "aqua" }
                GradientStop { position: 1.0; color: "teal" }
            }
            border { width: 3; color: "blue" }       //为矩形添加一个 3 像素宽的蓝色边框
        }
    }
}
```

运行程序,效果如图28.37所示。

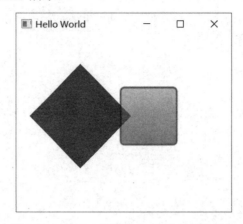

图28.37 Qt Quick 程序在 VS 中的运行效果

28.4 VS 打开 Qt Creator 项目

VS 2019 不仅可用来开发 Qt 项目,它也能用来打开由 Qt 原生的 Qt Creator 设计器所开发的项目,而且还可以兼容打开不同类型的 Qt 项目。

28.4.1 打开 Qt Widgets 项目

我们以打开第 1 章用 Qt Creator 开发的"Dialog"项目(圆面积计算程序)为例,来演示这个过程。

1. 通过工程文件(.pro)打开

Qt 项目默认都是以工程文件启动的,在 VS 环境下可通过 Qt Visual Studio Tools 插件打开 Qt 的工程文件。

(1)在 VS 2019 开发环境下,选择主菜单"扩展"→"Qt VS Tools"→"Open Qt Project File (.pro)...",弹出"Select a Qt Project to Add to the Solution"对话框,进入存放第 1 章实例源程序的目录,选中"Dialog"项目中的"Dialog.pro"工程文件,单击"打开"按钮,弹出"Qt VS Tools"消息框提示需要手动进行 Qt 到 VC 工程文件的转换,单击"确定"按钮,如图28.38所示。

(2)稍候片刻,在"Dialog"项目目录下会生成一个"Dialog.vcxproj"文件,如图28.39所示,它就是转换得到的 VC 工程文件,在 VS 环境下就通过它来打开 Qt 项目。

(3)在 VS 2019 开发环境下,选择主菜单"文件"→"打开"→"项目/解决方案",弹出"打开项目/解决方案"对话框,进入到"Dialog"项目目录下,选中"Dialog.vcxproj"工程文件,单击"打开"按钮,就可以打开 Qt 项目进行编辑开发,如图28.40所示。

第 28 章　Visual Studio 中的 Qt 6 开发

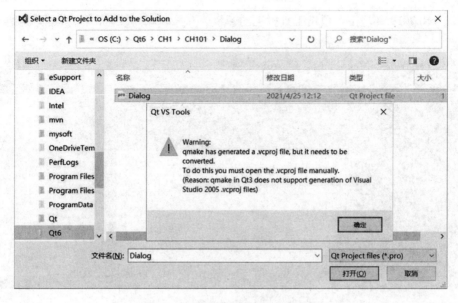

图 28.38　打开并转换 Qt 工程文件

图 28.39　转换得到的 VC 工程文件

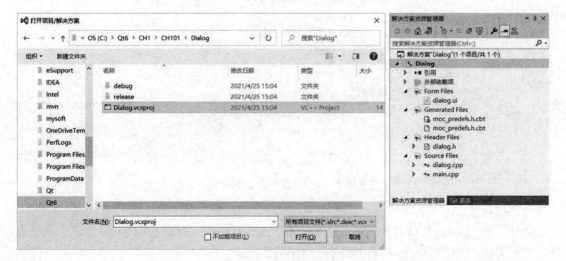

图 28.40　通过 VC 工程文件打开 Qt 项目

(4) 在 VS 2019 环境下,单击工具栏上的 ▶ 本地 Windows 调试器 ▾ 按钮,程序运行效果如图 28.41 所示。

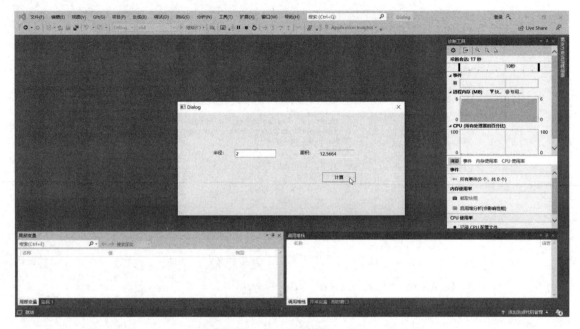

图 28.41 运行打开的 Qt 项目

2. 通过解决方案文件(*.sln)打开

(1) 保存解决方案文件。

在打开 Qt 项目的 VS 环境下,选择主菜单"文件"→"关闭解决方案",系统弹出保存提示对话框,单击"保存"按钮,弹出"另存文件为"对话框,单击"保存"按钮,如图 28.42 所示。

图 28.42 保存解决方案文件

(2) 打开项目。

此时,在"Dialog"项目目录下生成了一个"Dialog.sln"文件,如图 28.43 所示,这个就是解决方案文件,双击即可在 VS 环境下打开 Qt 项目。

第28章 Visual Studio 中的 Qt 6 开发

图 28.43 通过解决方案文件打开 Qt 项目

一旦生成了解决方案文件（*.sln），今后打开这个 Qt 项目就都可以通过直接双击*.sln 文件，十分方便。

28.4.2 打开 Qt Quick 项目

Qt Creator 开发的 Qt Quick 项目中也存在.pro 工程文件，可通过 Qt Visual Studio Tools 插件打开转换成 VC 工程文件；并且同样可以通过 VS 环境生成并保存解决方案文件（*.sln），直接双击打开。操作过程与上面打开 Qt Widgets 项目的完全一样，不再赘述。

第 29 章

Qt 6 中的 Android 开发

随着移动互联网和智能手机的普及，Qt 也与时俱进，支持 Android 平台上的 APP 开发。在 Qt 6.0 中，Android 编译器已成为其重要组件，用户可根据需要选择安装；Qt Creator 已能自动联网下载安装 Android NDK；与此同时，Qt Quick 中针对 Android 程序开发的 QML 和 C++库也日臻完善……这些都为 Qt 语言跨平台优势的发挥提供了强大支撑。本章将从基本的环境构建开始，一步步教大家如何用 Qt 做出一个可运行于手机上的 APP 应用。

29.1　Android 开发环境构建

Android 系统是基于 Java 语言的，其开发环境的运行当然离不开 JDK，另外，Android 开发本身要使用 Android SDK 和 Android NDK。Android SDK 可单独安装，也可通过 Android Studio 集成安装；Android NDK 则可在 SDK 安装好后独立进行匹配安装，也可通过 Qt Creator 自动配置安装。考虑到初学者入门上手的方便，我们这里采用 Android Studio 集成安装再结合 Qt Creator 自动配置 NDK 的方式，这样可以避免很多由于组件版本兼容性产生的问题，相对容易。

29.1.1　安装 JDK 8

由于管理 Android SDK 的 SDK manager 组件通常只能基于 Java 8 运行，虽然当前 JavaSE 早已推出了 JDK 16，但为了能与 Android 组件很好地兼容，只能安装 JDK 8。

（1）下载 JDK。

请读者自行上网下载 JDK 8 安装包。

（2）安装 JDK。

双击安装包执行该文件。一旦安装开始，将会看到安装向导，如图 29.1 所示。单击"下一步"按钮。

向导进入"定制安装"界面。在 Windows 中，JDK 安装程序的默认路径为"C:\Program Files\Java\"。要更改安装目录的位置，可单击"更改"按钮。本书安装到默认路径，参见图 29.2。单击"下一步"按钮。

接着，出现指定 JRE 安装目标文件夹对话框，如图 29.3 所示。在 JDK 8 及更早的版本中，JDK 与 JRE 是分离的，可由用户指定不同的安装路径。JRE 安装的默认路径与 JDK 一样都是"C:\Program Files\Java\"。可单击"更改"按钮更改安装目录的位置，这里安装到默认路径。单击"下一步"按钮开始安装过程。

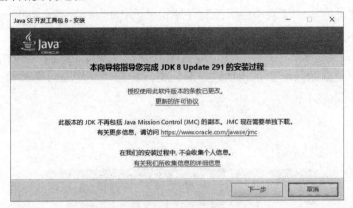

图 29.1　Windows 中的 JDK 安装向导

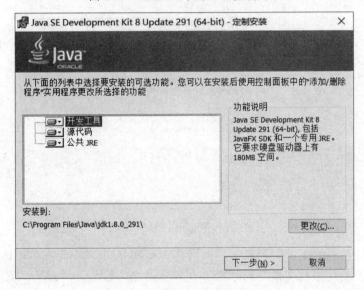

图 29.2　选择 JDK 的安装目录

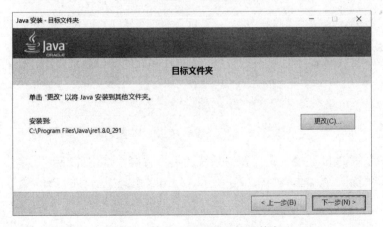

图 29.3　指定 JRE 安装目标文件夹

安装完毕显示"完成"界面,单击"关闭"按钮,结束向导。

（3）配置环境变量。

配置环境变量是为了让环境中相关的软件或组件（Android Studio、SDK manager、Qt Creator 等）能够找到 JDK。

在桌面上右击"此电脑"图标，从弹出的菜单中选择"属性"，打开"系统"窗口，单击"高级系统设置"选项，系统显示"系统属性"对话框，单击"环境变量"按钮，系统显示当前环境变量的情况，如图 29.4 所示。

图 29.4 Windows 的环境变量

在底部列出的"系统变量"列表中，如果 JAVA_HOME 项不存在，单击"新建"按钮创建它。系统显示"新建系统变量"对话框，在"变量名"栏输入"JAVA_HOME"，在"变量值"栏输入上面安装 JDK 的位置"C:\Program Files\Java\jdk1.8.0_291"，单击"确定"按钮，如图 29.5 所示。

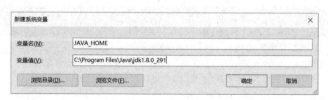

图 29.5 新建 JAVA_HOME 环境变量

接下来添加系统 Path 环境变量，在"系统变量"列表中选中"Path"，单击"编辑"按钮，出现"编辑环境变量"对话框，如图 29.6 所示，列出来系统中已有的 Path 变量，在末尾添加并输入以下内容：

```
%JAVA_HOME%\bin
```

连续三次单击"确定"按钮，Windows 接受这些修改并返回到最初的"系统"窗口。这样，系统就在原来的 Path 路径上增加了一个指向新安装 JDK 的查找路径。

图 29.6　添加 Path 环境变量

29.1.2　安装 Android SDK

Android SDK 是 Android 程序开发的基础 API，由于智能手机更新换代极快，Android 操作系统也随之不断推陈出新，不同版本的 Android 都有相应的 SDK 版本，而每个版本 SDK 本身又是由一系列组件构成的，这就导致不同版本 SDK 组件间的兼容性难以控制。有经验的开发者可使用 Android SDK Tools 一类工具定制选择和配置自己所需的 SDK，但作为初学者，还是建议通过官方推荐的 Android Studio 来集成安装 SDK。

1．安装 Android Studio 4.1

（1）下载 Android Studio。

去 Android 官网下载 Android Studio 的安装包，目前已更新到 Android Studio 4.1，单击"DOWNLOAD ANDROID STUDIO"按钮并接受许可条款，开始下载，如图 29.7 所示。

图 29.7　下载 Android Studio 4.1

（2）安装 Android Studio。

因为在 Android Studio 的安装过程中需要时刻从网络获得所需的各种文件，为了防止出现麻烦，建议在安装前先关闭 Windows 防火墙和杀毒软件。双击执行下载得到的文件，启动安装向导，如图 29.8 所示。

单击"Next"按钮向前推进界面，每一步都采用默认设置，直至安装完成到达"Completing Android Studio Setup"界面，如图 29.9 所示。"Start Android Studio"复选框能够让 Android Studio 在单击"Finish"按钮之后启动。确保选中了该复选框，接着继续单击"Finish"按钮，Android Studio 将会启动。此后，将需要通过桌面图标或开始菜单来启动 Android Studio。

图 29.8　启动 Android Studio 安装向导　　　图 29.9　完成 Android Studio 的安装

（3）第一次启动。

当 Android Studio 第一次启动时，它会检查用户的系统之前是否安装过早期版本，并询问用户是否要导入先前版本 Android Studio 的设置，如图 29.10 所示。一般初学者建议使用初始设置，保留下面一个单选按钮的选中状态，单击"OK"按钮。

接着出现启动画面，如图 29.11 所示，在弹出的"Data Sharing"对话框中单击"Don't send"按钮拒绝谷歌对个人隐私信息的采集，接下来弹出的"Android Studio First Run"提示框中单击"Cancel"按钮忽略系统对 Android SDK 的检查。

图 29.10　Android Studio 的初始设置

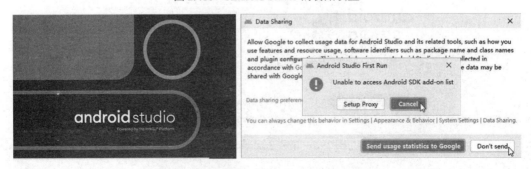

图 29.11　不发送个人信息及不进行 SDK 检查

接着出现 Android Studio 安装向导的"Welcome"（欢迎）界面，如图 29.12 所示。安装向导将会分析用户的系统，查找已有 JDK（例如之前安装的 JDK 8）。单击"Next"按钮。

在接下来的界面，选择安装类型为 Standard（标准），单击"Next"按钮，采用默认的 UI 主题界面风格，如图 29.13 所示。

在最终的确认界面上，汇总显示了开发环境将要下载安装的全部 Android SDK 组件的详细信息，单击"Finish"按钮，安装向导会下载在 Android Studio 中开发应用需要的所有组件，如图 29.14 所示。稍等一会儿，待完成后单击"Finish"按钮，关闭安装向导。

图 29.12　安装向导欢迎界面

图 29.13　采用默认的 UI 主题界面风格

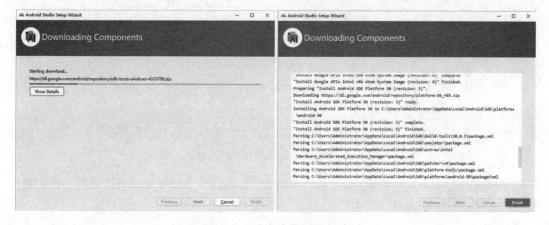
图 29.14　安装向导下载组件

2．创建测试 Android 工程

在安装好的 Android Studio 环境中创建测试 Android 工程，步骤如下。

（1）启动 Android Studio，出现如图 29.15 所示窗口，单击"Create New Project"选项来创建新的 Android 工程。

（2）在"Select a Project Template"页选择"Empty Activity"（空 Activity 类型），如图 29.16 所示，单击"Next"按钮进入下一步。

（3）在"Configure Your Project"页填写工程相关的信息，这里我们在"Name"栏输入工程名为"HelloWorld"，"Package name"栏修改包名为"com.easybooks.helloworld"，"Language"栏选择编程语言为"Java"，如图 29.17 所示。完成后单击"Finish"按钮。

图 29.15 创建一个新的 Android 工程

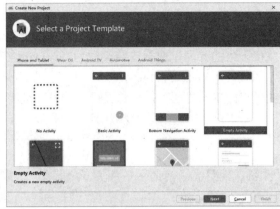

图 29.16 选择 Activity 类型

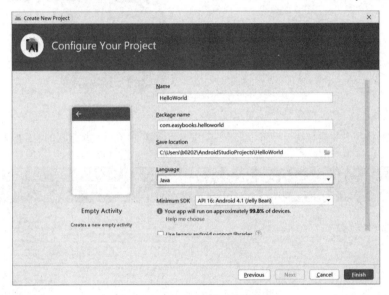

图 29.17 填写工程相关的信息

稍等片刻，待 Android 工程创建完成，系统进入 Android Studio 集成开发环境，我们将借助这个环境来安装和配置 Android SDK。

3．安装 Android SDK

Android Studio 4.1 在安装时向导就会自动联网下载最新版的 SDK 组件，安装于"C:\Users\<用户名>\AppData\Local\Android\Sdk\platforms"（其中"<用户名>"是用户计算机 Windows 操作系统登录名）目录下，如图 29.18 所示。当前最新 Android SDK 的 API 版本为 30，SDK 安装子目录所带的后缀就是其 API 版本号。

但是，这个 SDK 是对应最新版 Android 11.0 操作系统的，而笔者所用手机的操作系统版本只有 Android 9.0，所以必须安装 Android 9.0 系统的 SDK，下面演示整个安装操作的过程，读者请根据自己实际运行 APP 的手机操作系统版本安装对应的 SDK 版本，操作步骤与此一样。

（1）在 Android Studio 集成开发环境下，选择主菜单"Tools"→"SDK Manager"（或单击工具栏上相应的图标按钮），出现如图 29.19 所示的窗口。

第29章 Qt 6 中的 Android 开发

图 29.18　Android Studio 已安装好最新 SDK

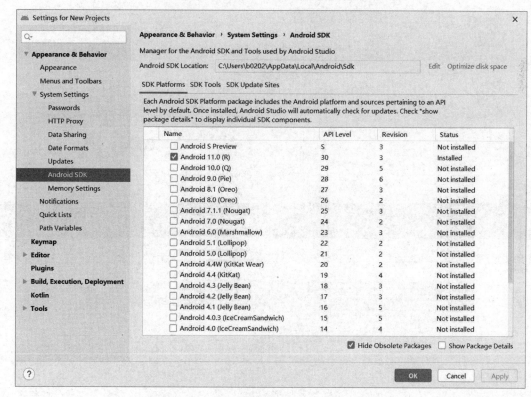

图 29.19　Android Studio 集成的 SDK Manager

它实际上就是 Android Studio 内部集成的 SDK Manager（SDK 管理器），是 Android 平台专用于下载和管理各版本 SDK 的组件，其列表中显示了当前所有可用的 SDK。可以看到，最新 Android 11.0 对应 API 版本 30 条目项前的复选框已打上勾，表示这个版本的 SDK 已经安装。

（2）笔者需要的是 Android 9.0 的 API 版本为 28 的 SDK，补充勾选其条目前的复选框，单击窗口底部的"Apply"按钮，弹出对话框单击"OK"按钮，如图 29.20 所示。

（3）在出现的"License Agreement"对话框中，单击"Accept"按钮接受许可协议条款，单击"Next"按钮开启安装进程，如图 29.21 所示。完成后单击"Finish"按钮结束安装。

（4）进入计算机的"C:\Users\<用户名>\AppData\Local\Android\Sdk\platforms"目录，可看到其中多了个"android-28"子目录，这个就是所安装的 Android SDK 对应的目录，表明安装成功了，如图 29.22 所示。

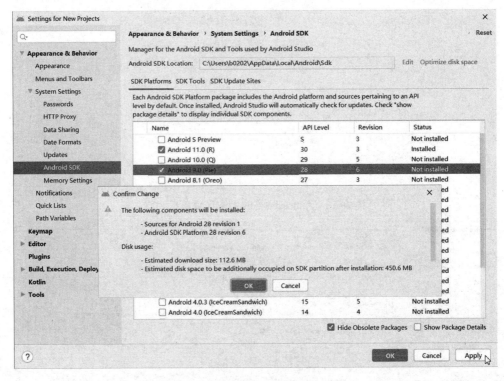

图 29.20　补充安装需要版本的 SDK

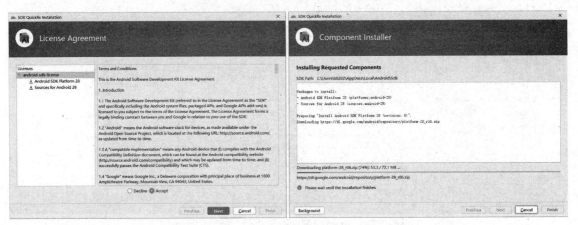

图 29.21　接受许可协议并开启安装进程

图 29.22　安装成功

29.1.3　安装手机驱动

要想在智能手机上运行所开发的 APP，必须通过 Android Studio 环境添加安装驱动程序。在此笔者以自己的手机（vivo Z3i，型号 V1813T/Android 9.0）为例，介绍在其上安装驱动的具体操作，步骤如下。

（1）将手机用 USB 线连接到 Android 开发环境所在的计算机。

（2）下载安装 Google 驱动程序。

选择 Android Studio 主菜单"File"→"Settings"，打开"Settings"窗口，如图 29.23 所示。左侧树状列表展开选中"Appearance & Behavior"→"System Settings"→"Android SDK"，切换至"SDK Tools"选项页，勾选列表中的"Google USB Driver"条目，然后单击底部"Apply"按钮。

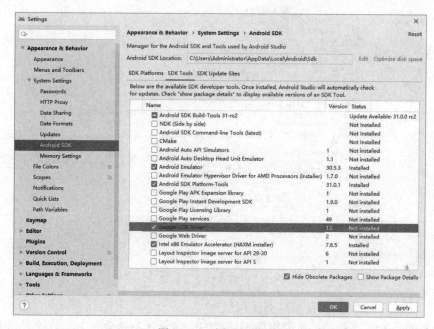

图 29.23　选择驱动程序

弹出"Confirm Change"对话框，单击"OK"按钮，出现"License Agreement"窗口，选中"Accept"选项，确认安装并接受许可协议，如图 29.24（a）所示。接着出现"Component Installer"窗口显示安装进程，完成后单击"Finish"按钮，如图 29.24（b）所示。

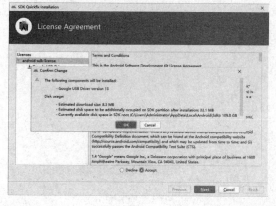
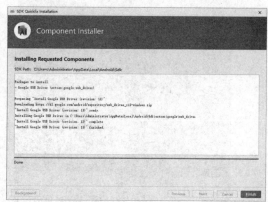

(a)　　　　　　　　　　　　　　　　　(b)

图 29.24　安装驱动程序

（3）更新手机设备驱动程序。

打开 Windows 设备管理器，展开设备列表，找到手机对应的设备项，右击，单击"更新驱动程序"选项，在弹出的对话框中单击"自动搜索驱动程序"选项，如图 29.25 所示。稍等片刻，系统会自动找到刚刚下载安装的 Google 驱动程序并将它作为手机的驱动。

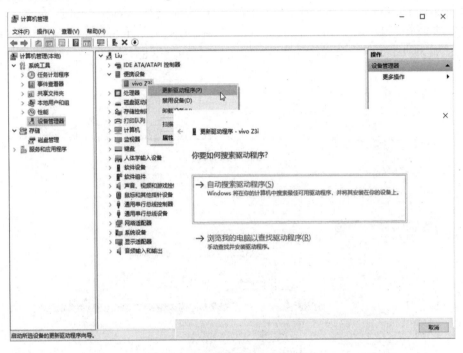

图 29.25　更新手机设备驱动程序

（4）打开手机开发者权限并允许 USB 调试。

这一步不同品牌和型号的手机的操作不尽相同，但大体都是先进入手机设置界面，找到并打开"开发者选项"，并开启"USB 调试"项即可，笔者手机上开启权限的截屏如图 29.26 所示，请读者参考着在自己的手机上进行操作。

完成这一步后，在 Android Studio 工具栏选择 APP 运行设备的下拉列表中就会多出一个对应该手机的设备选项（笔者的是"vivo V1813T"），如图 29.27 所示，这表示手机驱动安装成功。

图 29.26　打开开发者权限并允许 USB 调试

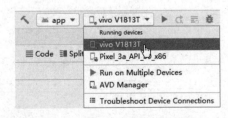

图 29.27　对应手机的设备选项

说明：

仅当手机初次连接时才需要按照上述步骤安装驱动，只要手机曾经安装过一次驱动，下次再连Android 开发机器（即便机器上的 Android Studio 环境是新装的）时就会直接提醒用户打开调试模式，并自动安装 APP 运行。

29.1.4 添加 Qt 组件

Qt 内置了支持 Android 开发的功能组件，可通过组件维护向导添加到 Qt 开发环境中。

（1）在 Qt 的安装路径下找到"MaintenanceTool.exe"文件，如图 29.28 所示，双击启动 Qt 组件维护向导。

图 29.28　启动 Qt 组件维护向导

（2）在向导的"Setup - Qt"页选择"Add or remove components"（添加或移除组件）选项，如图 29.29 所示，单击"Next"按钮。

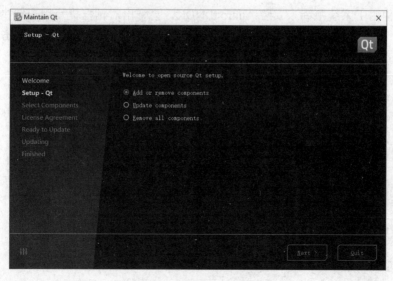

图 29.29　"Setup - Qt"页选项

（3）在"Select Components"页选择所要添加安装的组件，这里补充勾选"Qt 6.0.1"树状列表下的"Android"项，如图 29.30 所示。

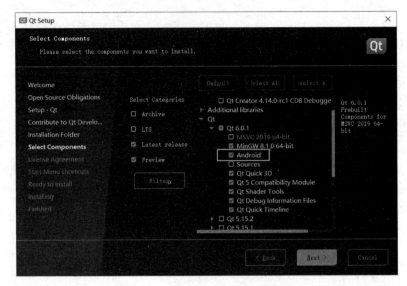

图 29.30　添加安装"Android"组件

（4）单击"Next"按钮，启动安装过程，向导联网下载该组件并执行安装，稍候片刻，待安装完成。

29.1.5　安装 Android NDK

在安装好 Android SDK 并添加了 Qt 的 Android 组件后，就可以通过 Qt Creator 来自动安装和配置 Android NDK。

（1）启动 Qt Creator，选择主菜单"工具"→"选项"，打开"选项"窗口，左侧列表中选"设备"，切换到"Android"选项页，Qt Creator 能够自动检测并配置好之前安装的 JDK 8 和 Android SDK 的路径，但由于系统中尚未安装 Android NDK，会弹出对话框提示用户缺少必需的包，如图 29.31 所示。单击"Yes"按钮确认要安装，在随即弹出的另一个对话框中单击"OK"按钮。

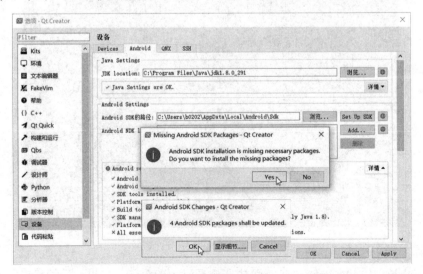

图 29.31　确认安装 NDK 包

第29章 Qt 6 中的 Android 开发

（2）接着，"Android"选项页上所有栏都变为灰色（不可操作）状态，滚动鼠标至该页底部，可见"SDK Manager"栏区显示一行文字"Checking pending licenses..."，如图 29.32 所示。这是系统在检查用户尚未接受的许可协议，此过程需要耗费一些时间，请读者耐心等待。

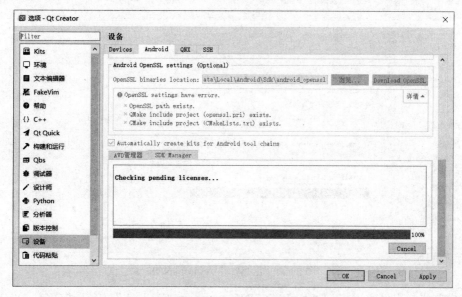

图 29.32　检查用户尚未接受的许可协议

（3）检查过程结束后，弹出对话框提示用户必须接受所有协议，单击"Yes"按钮后在"SDK Manager"栏区依次显示需要用户接受的协议内容，并逐一询问用户是否接受（当然一律单击"Yes"按钮全都接受），如图 29.33 所示。用户每接受一个协议，进度条就前进一段……直至达到 100%，随即启动安装进程。

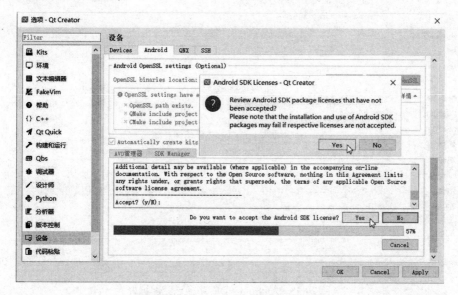

图 29.33　逐一询问用户是否接受协议

（4）在"SDK Manager"栏区可看到当前正在安装的组件，其中就包括与 SDK 相匹配的 Android NDK，如图 29.34 所示。

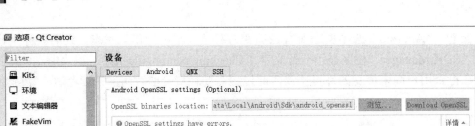

图 29.34　正在安装 Android NDK

（5）安装完弹出消息框提示"Android SDK operations finished."，单击"OK"按钮，滚动鼠标至"Android"选项页头部，可以看到，这时候"Android NDK list"栏的路径已经自动配置好了，如图 29.35 所示。

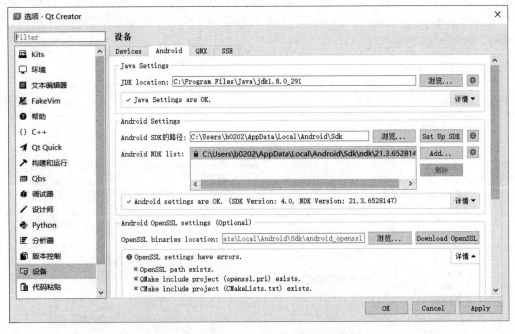

图 29.35　Android NDK 路径已经配置好

进入计算机的"C:\Users\<用户名>\AppData\Local\Android\Sdk"目录，可看到其中多了个"ndk"子目录，这个就是 Android NDK 的安装目录，如图 29.36 所示。

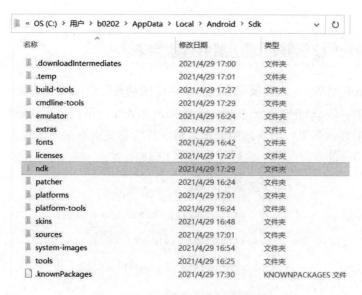

图 29.36　Android NDK 的安装目录

29.2　Qt 开发 Android 程序

在 Qt 中，Qt Quick Controls 类型的项目为基于 Android 平台的 APP 开发给予了强大的支持。从 Qt 6.0 开始，Qt Creator 专为移动 APP 开发提供 3 种不同类型的 Qt Quick 应用程序模板：Scroll（滚动屏）、Stack（堆叠页）、Swipe（触摸滑动屏）。当用户创建新项目的时候，运行 Qt Creator，在欢迎界面左侧单击"Projects"按钮，切换至项目管理界面，单击其上 + New 按钮，或者选择主菜单"文件"→"新建文件或项目..."项，出现"新建项目"窗口，在左侧"选择一个模板"下的"项目"列表中点选"Application (Qt Quick)"条目，如图 29.37 所示，从中间列表中就可以看到这 3 个类型的应用程序模板（图中框出的）。

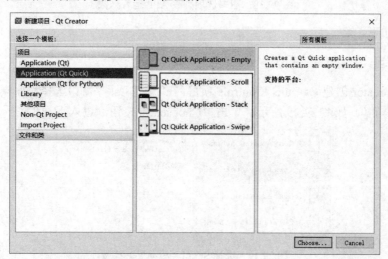

图 29.37　Qt 用于开发 Android 的 3 种类型的应用程序模板

下面通过 3 个典型应用实例来演示这几种不同类型 Android 程序的开发。

29.2.1 用 Scroll 模板开发滚动图书选项列表

本节使用 Scroll（滚动屏）模板来实现一个附带滚动条的选项列表功能。

【例】（难度中等）（CH2901）实现一个图书选择 APP，采用选项列表的形式，界面上部是所有书名的列表，用户选中的项以淡灰色背景突出显示，同时在下方图片框中显示对应该书的封面图片，运行效果如图 29.38 所示。

图 29.38　图书选项列表 APP 运行效果

实现步骤如下。

1．创建项目

（1）用 Qt Creator 创建 Qt Quick Controls 项目，在"新建项目"窗口选择程序模板为"Qt Quick Application - Scroll"，如图 29.39 所示。单击"Choose..."按钮，进入下一步。

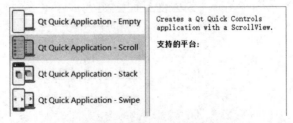

图 29.39　选择 Scroll（滚动屏）模板

（2）选择保存项目的路径并定义自己项目的名字。这里将项目命名为"BookView"，保存路径为"C:\Qt6\Android"，如图 29.40 所示，单击"下一步"按钮。

图 29.40　项目命名和选择保存路径

（3）接下来的 3 个界面都保留默认设置，连续 3 次单击"下一步"按钮，进入"Kit Selection"（选择构建套件）界面。在这个界面上指定 Android 程序的编译器，勾选"Android Qt 6.0.2 Clang armeabi-v7a"，如图 29.41 所示，单击"下一步"按钮。

图 29.41　指定 Android 程序的编译器

（4）最后的"Project Management"界面自动汇总出要添加到该项目的文件，如图 29.42 所示。单击"完成"按钮，完成 Qt Quick Controls 项目的创建。

图 29.42　要添加到项目的文件

（5）在项目工程目录中建一个"images"文件夹，其中放入本例要用到的所有图书的封面图片。

（6）右击项目视图"Resources"→"qml.qrc"下的"/"节点，选择"添加现有文件…"项，从弹出的对话框中选择这些图片并打开，将它们加载到项目中，如图 29.43 所示。

图 29.43　加载图书封面图片资源

2．编写代码

Scroll 模板的项目结构比较简单，其 APP 只有一个页面，通过主程序文件"main.qml"实现。打开"main.qml"，编写代码如下：

```
import QtQuick 2.12
import QtQuick.Controls 2.5                      //导入Qt Quick Controls库

ApplicationWindow {                              //主应用窗口
    width: 640
    height: 480
    visible: true
    title: qsTr("选择图书")

    ScrollView {                                 //(a)
        id: scrollView
        width: parent.width
        height: 250

        ListView {                               //列表控件元素实现书名列表
            id: listView
            width: parent.width
            model: bookModel                     //通过模型加载列表元素
            delegate: ItemDelegate {             //(b)
                text: modelData                  //(c)
                width: listView.width
                highlighted: ListView.isCurrentItem   //(d)
                onClicked: {                          //(e)
                    listView.currentIndex = index
                    switch(index) {
```

```
                    case 0: bookCover.source="images/MySQL8.jpg"; break;
                    case 1: bookCover.source="images/Qt 5.jpg"; break;
                    case 2: bookCover.source="images/Android.jpg"; break;
                    case 3: bookCover.source="images/AutoCAD.jpg"; break;
                    case 4: bookCover.source="images/Java.jpg"; break;
                    case 5: bookCover.source="images/Java EE.jpg"; break;
                    case 6: bookCover.source="images/MATLAB.jpg"; break;
                    case 7: bookCover.source="images/Oracle.jpg"; break;
                    case 8: bookCover.source="images/SQL Server.jpg"; break;
                    case 9: bookCover.source="images/Visual C++.jpg"; break;
                    default: break;
                }
            }
        }
    }
}

Image {                                             //图片框控件
    id: bookCover
    width: 164
    height: 230
    source: "images/MySQL8.jpg"                     //初始加载的图片
    anchors.top: scrollView.bottom                  //位于列表下方
    anchors.topMargin: 120                          //距列表120像素
    anchors.horizontalCenter: scrollView.horizontalCenter
                                                    //与列表居中对齐
}

ListModel {                                         //列表模型
    id: bookModel
    ListElement {                                   //列表元素，标题为书名
        title: "MySQL8 开发及实例"
    }
    ListElement {
        title: "Qt 5 开发及实例（第 4 版）（含典型案例视频分析）"
    }
    ListElement {
        title: "Android 实用教程（第 2 版）（含视频分析）"
    }
    ListElement {
        title: "AutoCAD 实用教程（第 5 版）（AutoCAD 2020 中文版）（含视频教学）"
    }
    ListElement {
        title: "Java 实用教程（第 4 版）（含视频教学）"
    }
    ListElement {
        title: "Java EE 基础实用教程（第 3 版）（含典型案例视频分析）"
    }
    ListElement {
        title: "MATLAB 实用教程（第 5 版）（含视频教学）"
    }
    ListElement {
```

```
            title: "Oracle 实用教程（第 5 版）(Oracle 11g 版）(含视频教学）"
        }
        ListElement {
            title: "SQL Server 实用教程（第 6 版）(含视频教学）"
        }
        ListElement {
            title: "Visual C++实用教程（Visual Studio 版）(第 6 版）(含视频分析提高）"
        }
    }
}
```

其中，

(a) ScrollView {...}：滚动视图组件，Qt 6 采用它来取代原 Qt 5 中 ScrollIndicator 的滚动条功能。默认是垂直滚动条，只有在用户翻动列表选项的时候才会呈现。

(b) delegate: ItemDelegate {...}：ItemDelegate 是 Qt 5.7 引入的组件，也是 Qt Quick Controls 2 重要的标志性特色组件之一。它呈现了一个标准的视图项目，该项目可以在多种视图或控件中作为委托来使用。例如，本例中的 ItemDelegate 就是放在列表控件 ListView 中作为委托使用的。

(c) text: modelData：指定 ItemDelegate 的 text 属性为模型数据，所引用的模型要在外部定义好，由 ListView 的 model 属性来引用其 id，本例中列表模型 ListModel 的 id 为 bookModel。

(d) highlighted: ListView.isCurrentItem：该属性设定 ItemDelegate 是否支持高亮/突出显示。委托元素可被突出显示以引起用户关注，这种显示模式对键盘交互没有影响，用户可使用它来为列表中的当前选中项加高亮背景。

(e) onClicked: {...}：在 ItemDelegate 的单击事件中获取 ListView 当前选中项的索引号，再由 switch 决定需要载入哪本书的封面图片。

3. 运行 APP

用 USB 线将手机连接到计算机并打开调试模式，单击 Qt Creator 开发环境左下角的运行按钮，系统弹出对话框让用户选择 APP 的运行设备，笔者选的是自己手机对应的设备项"V1813T"，单击"OK"按钮，如图 29.44 所示。

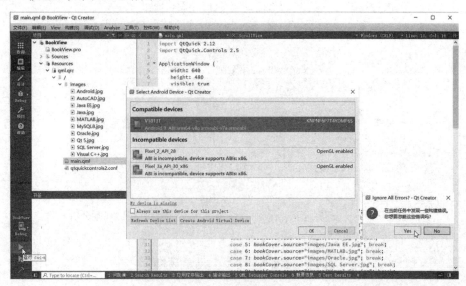

图 29.44　选择 APP 运行设备

系统开始构建和部署应用程序,初次运行有时候会弹出一个消息框提示存在一些构建错误,单击"Yes"按钮忽略,然后根据手机提示安装并运行 APP,即可看到效果。

29.2.2　用 Stack 模板展示图书详细信息

本节使用 Stack(堆叠页)模板来展示多本图书的详细信息。当 APP 需要切换展示多个不同方面的信息,且信息内容较多时,往往采用多页面导航方式,在 Qt 6 中,这类功能是通过 StackView(堆栈视图)组件实现的,一般都要与 Drawer(隐藏面板)和 ToolBar(工具栏)组件配合一起使用,其中 StackView 用来显示内容,而 Drawer 和 ToolBar 用来导航。

【例】(难度中等)(CH2902)制作一个新书推荐展示的 APP,初始显示首页,用户单击左上角弹出一个面板,其上是要推荐的书名列表,点选列表项切换至对应图书的详细信息展示页,运行效果如图 29.45 所示。

图 29.45　新书展示 APP 运行效果

实现步骤如下。

1. 创建项目

(1)用 Qt Creator 创建 Qt Quick Controls 项目,在"新建项目"窗口选择程序模板为"Qt Quick Application - Stack",如图 29.46 所示。单击"Choose..."按钮,进入下一步。

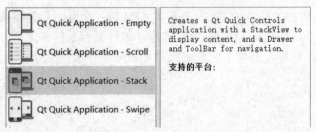

图 2.46　选择 Stack(堆叠页)模板

(2)将项目命名为"NewBook",保存路径为"C:\Qt6\Android",单击"下一步"按钮。

(3)连续3次单击"下一步"按钮,进入"Kit Selection"(选择构建套件)界面,勾选"Android Qt 6.0.2 Clang armeabi-v7a"作为 Android 程序的编译器,单击"下一步"按钮。

(4)最后在"Project Management"界面单击"完成"按钮,完成项目的创建。

(5)在项目工程目录中建一个"images"文件夹,其中放入三张图片:"MySQL8.jpg"(第一本书的封面)、"Qt 5.jpg"(第二本书的封面)、"sybooks.jpg"(首页图片)。

(6)右击项目视图"Resources"→"qml.qrc"下的"/"节点,选择"添加现有文件…"项,从弹出的对话框中选中这三张图片并打开,将它们加载到项目中。

2. 编写代码

通过 Stack(堆叠页)模板创建的 Qt Quick Controls 项目本身就是一个多页面的 APP 程序框架,项目视图如图 29.47 所示,它默认包含三个页面:一个主页,对应 UI 源文件为"HomeForm.ui.qml";两个子页,分别对应源文件"Page1Form.ui.qml"和"Page2Form.ui.qml"。当然也有"main.qml"作为项目的主程序文件。各个源文件中已经自动生成好了基本的代码框架,开发时由用户根据应用需要在其中编写代码填充页面内容即可。

图 29.47 Stack(堆叠页)模板生成的项目视图

(1)main.qml。

这是整个 APP 代码的功能框架,从中可看到 APP 的各个页面是怎样被组织起来并加以控制的机制,以及 StackView、Drawer 和 ToolBar 等组件如何配合发挥作用的方式。此文件一般无须改动,这里仅仅将程序标题及面板上的列表项替换成应用所需的文字内容,完整代码如下:

```
import QtQuick 2.12
import QtQuick.Controls 2.5                        //导入 Qt Quick Controls 库

ApplicationWindow {                                //主应用窗口
    id: window
    width: 640
```

```qml
        height: 480
        visible: true
        title: qsTr("展示新书")                                    //程序标题

        header: ToolBar {
            contentHeight: toolButton.implicitHeight

            ToolButton {
                id: toolButton
                text: stackView.depth > 1 ? "\u25C0" : "\u2630"
                font.pixelSize: Qt.application.font.pixelSize * 1.6
                onClicked: {
                    if (stackView.depth > 1) {
                        stackView.pop()
                    } else {
                        drawer.open()
                    }
                }
            }

            Label {
                text: stackView.currentItem.title
                anchors.centerIn: parent
            }
        }

        Drawer {
            id: drawer
            width: window.width * 0.66
            height: window.height

            Column {
                anchors.fill: parent

                ItemDelegate {                                    //第一本书对应面板列表项
                    text: qsTr("MySQL8 开发及实例")
                    width: parent.width
                    onClicked: {
                        stackView.push("Page1Form.ui.qml")
                        drawer.close()
                    }
                }
                ItemDelegate {                                    //第二本书对应面板列表项
                    text: qsTr("Qt 5 开发及实例（第 4 版）")
                    width: parent.width
                    onClicked: {
                        stackView.push("Page2Form.ui.qml")
                        drawer.close()
```

```
            }
         }
      }
   }

   StackView {
      id: stackView
      initialItem: "HomeForm.ui.qml"              //堆栈视图默认加载的是主页
      anchors.fill: parent
   }
}
```

（2）HomeForm.ui.qml。

这是 APP 主页的 UI 设计源文件，往其中添加一个 Image（图片框）和一个 Label（文字标签）组件，分别用于显示图书系列展示图以及名称，代码如下：

```
import QtQuick 2.12
import QtQuick.Controls 2.5                       //导入 Qt Quick Controls 库

Page {
   width: 360                                     //修改页面宽度以适应手机屏幕
   height: 400

   title: qsTr("电子工业出版社")                    //工具栏标题

   Image {                                        //图片框
      id: bookHome
      width: 288
      height: 174
      source: "images/sybooks.jpg"                //初始加载的图片
      anchors.centerIn: parent
   }

   Label {                                        //文字标签
      text: qsTr("郑阿奇老师主编计算机系列教材")
      anchors.top: bookHome.bottom                //锚定于图片下方
      leftPadding: 60
      anchors.topMargin: 20
      font.pointSize: 18
   }
}
```

（3）Page1Form.ui.qml。

这是显示第一本书（《MySQL 8 开发及实例》）详细信息的子页面 UI 设计源文件，往其中添加一个 Image（图片框）显示书的封面大图，用 TextArea（文本区）显示图书的详细介绍文字，代码如下：

```
import QtQuick 2.12
import QtQuick.Controls 2.5                       //导入 Qt Quick Controls 库

Page {
```

```
        width: 360                                      //修改页面宽度以适应手机屏幕
        height: 400

        title: qsTr("MySQL8 开发及实例")                  //工具栏标题

        Image {                                         //图片框
            id: book1
            width: 204
            height: 288
            source: "images/MySQL8.jpg"                 //第一本书的封面
            anchors.centerIn: parent
        }

        TextArea {                                      //文本区
            implicitWidth: 230
            implicitHeight: 110
            text: qsTr("采用最新 MySQL 8.0，全面解析\r\nMySQL 语言特性，结合实习介绍\r\nMySQL 在多种平台上的开发与应\r\n用。")
            anchors.top: book1.bottom                   //锚定于图片下方
            anchors.topMargin: 20
            anchors.horizontalCenter: book1.horizontalCenter
                                                        //文字区与图片居中对齐
        }
    }
```

（4）Page2Form.ui.qml。

这是显示第二本书（《Qt 5 开发及实例（第 4 版）》）详细信息的子页面 UI 设计源文件，与第一个子页面的结构和实现方式完全一样，代码如下：

```
import QtQuick 2.12
import QtQuick.Controls 2.5

Page {
    width: 360
    height: 400

    title: qsTr("Qt 5 开发及实例（第 4 版）")

    Image {
        id: book2
        width: 204
        height: 288
        source: "images/Qt 5.jpg"                       //第二本书的封面
        anchors.centerIn: parent
    }

    TextArea {
        implicitWidth: 230
        implicitHeight: 90
        text: qsTr("采用主流 Qt 5.0，展现 Qt 5 神奇\r\n 魅力，适合 Qt 5 学习开发，提供\r\n
```

大小实例完整代码。")
            anchors.top: book2.bottom
            anchors.topMargin: 20
            anchors.horizontalCenter: book2.horizontalCenter
        }
    }

运行 APP，可看到如图 29.45 所示的效果。

29.2.3 用 Swipe 模板滑动翻看艺术作品

本节使用 Swipe（触摸滑动屏）模板来实现滑动翻看艺术作品的功能。

【例】（难度中等）（CH2903）制作一个艺术品欣赏 APP，它有多个页面，每一页显示一幅世界著名艺术品图片，运行时通过手指滑动屏幕来切换页面，效果如图 29.48 所示。

图 29.48 艺术品欣赏 APP 运行效果

1. 创建项目

（1）用 Qt Creator 创建 Qt Quick Controls 项目，在"新建项目"窗口选择程序模板为"Qt Quick Application - Swipe"，如图 29.49 所示。单击"Choose..."按钮，进入下一步。

（2）将项目命名为"ArtView"，保存路径为"C:\Qt6\Android"，单击"下一步"按钮。

（3）连续 3 次单击"下一步"按钮，进入"Kit Selection"（选择构建套件）界面，勾选"Android Qt 6.0.2 Clang armeabi-v7a"作为 Android 程序的编译器，单击"下一步"按钮。

（4）最后在"Project Management"界面单击"完成"按钮，完成项目的创建。

图 29.49 选择 Swipe(触摸滑动屏)模板

(5)在项目工程目录中创建一个"images"文件夹(进入项目所在的磁盘目录直接创建),其中放入本 APP 要用到的三张图片,文件名分别为"ls.jpg"(蒙娜丽莎)、"dw.jpg"(大卫)、"sm.jpg"(西斯廷圣母)。

(6)在 Qt Creator 中右击项目树状视图"Resources"→"qml.qrc"下的"/"节点,选择"Add Existing Directory…"项,从弹出对话框的目录树中勾选"images"文件夹(其下的三张图片也会自动勾选上),单击"OK"按钮,将它们加载到项目中,如图 29.50 所示。

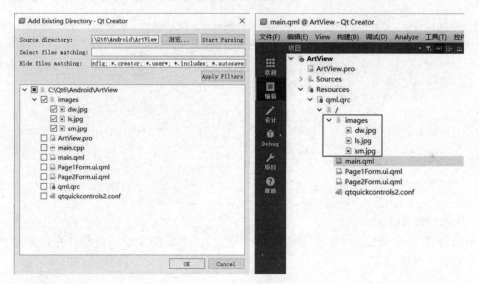

图 29.50 导入项目资源

2. 编写代码

用 Swipe(触摸滑动屏)模板创建的项目也是一个多页面 APP 程序框架,与上节 Stack 模板项目的不同之处仅在于没有主页(HomeForm.ui.qml),开发时同样也是由用户在各个页面的 UI 源文件中编写代码来填充内容的。

(1)main.qml。

这是 APP 代码整体功能框架,只须修改程序主窗体尺寸使其适应手机屏幕,修改后的代码如下:

```
import QtQuick 2.12
import QtQuick.Controls 2.5

ApplicationWindow {
    width: 840
```

```
        height: 660
        visible: true
        title: qsTr("世界艺术珍品")

        SwipeView {                                          //滑动视图组件
            id: swipeView
            anchors.fill: parent
            currentIndex: tabBar.currentIndex

            Page1Form {
            }

            Page2Form {
            }
        }

        footer: TabBar {
            id: tabBar
            currentIndex: swipeView.currentIndex

            TabButton {
                text: qsTr("Page 1")
            }
            TabButton {
                text: qsTr("Page 2")
            }
        }
    }
```

（2）Page1Form.ui.qml。

这是 APP 第一个页面的 UI 设计源文件，我们往其中添加 3 个子页面，并定义一个页面圆点指示器元素，代码如下：

```
import QtQuick 2.12
import QtQuick.Controls 2.5

Item {
    SwipeView {                                          //滑动视图组件
        id: view
        currentIndex: pageIndicator.currentIndex
        anchors.fill: parent

        Page {
            title: qsTr("蒙娜丽莎")
            Image {
                source: "images/ls.jpg"
            }
        }
        Page {
            title: qsTr("大卫")
```

```
            Image {
                source: "images/dw.jpg"
            }
        }
        Page {
            title: qsTr("西斯廷圣母")
            Image {
                source: "images/sm.jpg"
            }
        }
    }

    PageIndicator {                                    //页面圆点指示器元素
        id: pageIndicator
        interactive: true
        count: view.count
        currentIndex: view.currentIndex
        anchors.bottom: parent.bottom
        anchors.horizontalCenter: parent.horizontalCenter
    }

    Label {
        text: view.currentItem.title
        font.family: "微软雅黑"
        font.bold: true
        font.pixelSize: 25
        anchors.top: parent.top
        anchors.topMargin: 10
        anchors.left: parent.left
        anchors.leftMargin: 20
    }
}
```

由于本程序旨在演示 SwipeView 的滑动功能，并不涉及标签页的切换，故只须开发一个 UI 页面即可。

最后，运行 APP，看到如图 29.48 所示的效果。

第 30 章

Qt 6 中的 Python 开发

互联网大数据时代，很多行业的应用都要对海量数据进行分析并以可视化的图表加以展示。当下，在数据分析领域最流行的编程语言是 Python，它有着强大的可与专业软件 MatLab 媲美的科学计算和可视化绘图展现数据的能力。但 Python 却不擅长做界面，而 Qt 则能很轻松地制作出艺术级的图形用户界面。为了能将两者的优势相结合，Qt 官方推出了 Qt for Python，基于 PySide 库，封装了 Qt 中丰富的 GUI 组件，使得 Python 开发者可以用 Qt Creator 来开发 Python 应用程序，通过 Qt Designer 设计器直接拖曳出美观的 UI 界面，这也是未来 Qt 开发将要着重致力的方向之一。

30.1 Qt 的 Python 开发环境构建

传统的 Python 程序是用 PyCharm 开发的，本章我们改用 Qt 开发，无须 PyCharm IDE，但基础的 Python 语言环境仍必不可少，故首先要安装 Python，然后是 PySide 等扩展库，还要在 Qt Creator 中配置针对 Python 的编译器。

30.1.1 安装 Python

我们选择最新版的 Python 3.9，安装步骤如下：

（1）下载安装包。

在 Python 官方网站获取安装文件，Windows 要求选择 Windows 7 以上 64 位操作系统版本，在下载列表中选择 Windows 平台 64 位安装包（"Python -XYZ. msi"文件，其中 XYZ 为版本号），下载后得到的文件名为 "python-3.9.4-amd64.exe"。

（2）安装 Python。

双击安装包，进入 Python 安装向导，如图 30.1 所示。

勾选底部的 2 个选项（其中"Add Python 3.9 to PATH"表示把 Python 安装目录加入 Windows 环境变量的用户变量 Path 路径中），然后单击"Install Now"按钮（其下方显示的就是默认安装目录），开始安装。

安装成功后，在 Windows 开始菜单中就会包含 Python 3.9 的程序组，如图 30.2 所示。

第 30 章　Qt 6 中的 Python 开发

图 30.1　Python 安装向导

图 30.2　开始菜单 Python 程序组

（3）配置环境变量。

安装 Python 时程序自动添加的仅仅是用户变量，为确保 Qt 的编译器能够正确定位 Python，还要手动配置系统变量。

在桌面上右击"此电脑"图标，从弹出的菜单中选择"属性"，打开"系统"窗口，单击"高级系统设置"选项，显示"系统属性"对话框，单击"环境变量"按钮，弹出"环境变量"对话框，在其底部列出的"系统变量"列表里选中"Path"，单击"编辑"按钮，出现"编辑环境变量"对话框，其中列出了已有的 Path 系统变量，在末尾添加 Python 的安装目录，如图 30.3 所示。

图 30.3 在系统变量 Path 中添加 Python 的安装目录

连续三次单击"确定"按钮,Windows 接受这些修改并返回到最初的"系统"窗口。这样,系统中就记录了一个指向新安装 Python 的查找路径,供外部程序随时使用 Python 语言环境及其配套工具。

(4)验证安装。

以管理员身份打开 Windows 命令行,输入:

```
python -V
```

显示所安装 Python 的版本,如图 30.4 所示,表明 Python 安装成功。

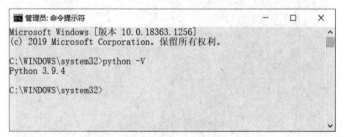

图 30.4 Python 安装成功

30.1.2 安装 PySide2

1. 安装

以管理员身份打开 Windows 命令行,输入:

```
pip install pyside2
```

开始联网自动下载并安装 PySide2 及其配套组件 shiboken2,稍候片刻,屏幕显示"Successfully installed ..."提示文字表示安装成功,如图 30.5 所示。

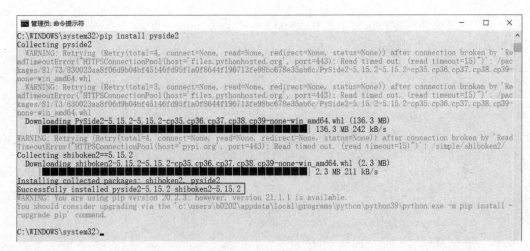

图 30.5　PySide2 安装成功

可在命令行输入：

```
python -m pip list
```

查看系统中已安装的所有 Python 相关组件的列表，从中找到安装的 PySide2 和 shiboken2 项。

2．试用

为验证 PySide2 是否能正常使用，我们可以先不通过任何开发环境，直接用 Python 语言环境自带的工具写一个简单的测试程序。

（1）单击 Windows 开始菜单 Python 3.9 程序组中的"IDLE(Python 3.9 64-bit)"，打开 Python 语言自带的 IDLE 命令行，如图 30.6 所示。

图 30.6　打开 Python 语言自带的 IDLE 命令行

（2）在 IDLE 命令行窗口选择主菜单"File"→"New File"，弹出一空白代码编辑器，在其中编辑输入如下代码（见图 30.7）：

```python
import sys
import random
from PySide2 import QtCore, QtWidgets, QtGui
class MyWidget(QtWidgets.QWidget):
    def __init__(self):
        super().__init__()
        self.text = QtWidgets.QLabel("Hello World")
        self.text.setAlignment(QtCore.Qt.AlignCenter)
        self.layout = QtWidgets.QVBoxLayout()
        self.layout.addWidget(self.text)
        self.setLayout(self.layout)
if __name__ == "__main__":
    app = QtWidgets.QApplication([])
    widget = MyWidget()
    widget.resize(400, 300)
    widget.show()
    sys.exit(app.exec_())
```

图 30.7　编辑 Python 测试代码

（3）在代码编辑器窗口选择主菜单"File"→"Save As..."，将代码文件命名（如"helloworld"）后，单击"保存"按钮存盘（默认就保存在 Python 的安装目录），如图 30.8 所示。

（4）测试代码被保存为 .py 后缀的 Python 源文件后，在代码编辑器窗口选择主菜单"Run"→"Run Module"即可直接运行，显示"Hello World"窗口，如图 30.9 所示。这说明安装的 PySide2 库是可以正常工作的。

第30章　Qt 6 中的 Python 开发

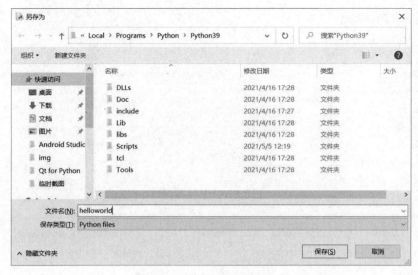

图 30.8　保存测试用代码文件

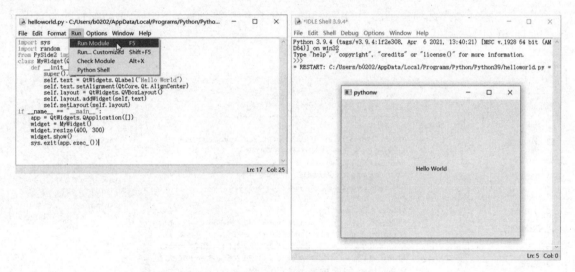

图 30.9　运行测试 PySide2 库可以正常工作

30.1.3　配置编译器

Qt 官方针对 Python 语言推出的 C/C++编译器是 Clang，需要单独下载并在 Qt Creator 环境中配置才能使用，步骤如下。

（1）下载 Clang 包。

在 Qt 官网下载 Clang 编译器的包，我们选择 64 位 Windows 平台匹配 MinGW 编译器最新 120 版本的发布包，单击"libclang-release_120-based-windows-mingw_64.7z"开始下载，如图 30.10 所示。下载得到的压缩包文件名为"libclang-release_120-based-windows-mingw_64.7z"，解压后将其中的"libclang"目录存盘到本地计算机某个指定的路径下。

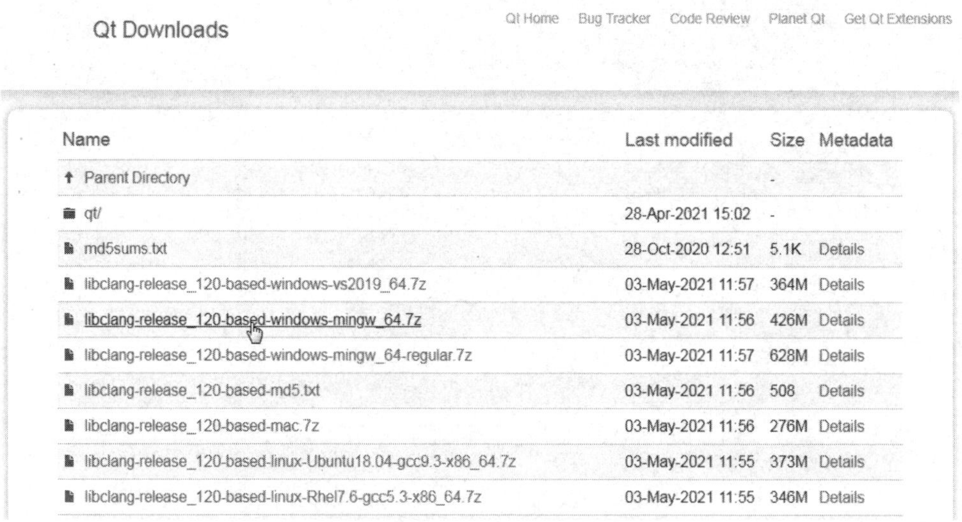

第 6 部分　Qt 6 跨平台开发基础

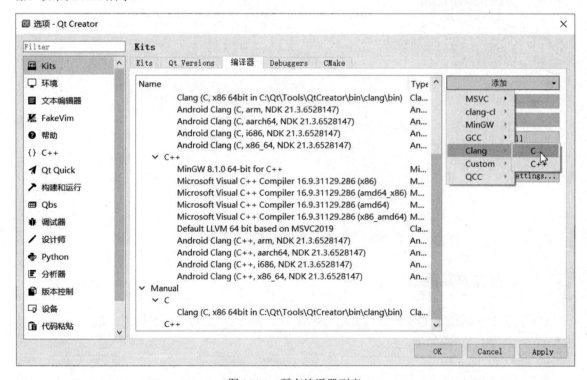

图 30.10　下载 Clang 编译器的包

（2）启动 Qt Creator，选择主菜单"工具"→"选项"，打开"选项"窗口，左侧列表中选"Kits"，在"编译器"选项页列出了 Qt Creator 能够自动检测到或者由用户手动配置的所有编译器，如图 30.11 所示。

图 30.11　所有编译器列表

（3）添加 Clang 的 C 编译器。

单击"编译器"选项页右上方的"添加"按钮，从下拉菜单中选择"Clang"→"C"，弹出"选择执行档"对话框，定位到"libclang\bin"目录下，找到并选中"clang.exe"，单击"打开"按钮，如图 30.12 所示。

第30章 Qt 6 中的 Python 开发

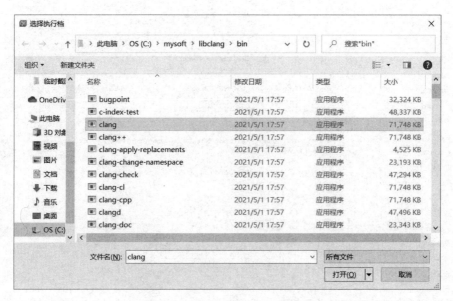

图 30.12 添加 Clang 的 C 编译器

列表选中刚添加的编译器条目，在下方"名称"栏给编译器命名（这里指定名称为"Clang_120_Windows_MinGW64"，读者也可取其他名称，只要在稍后配置时选择一致即可），"Parent toolchain"栏选"MinGW 8.1.0 64-bit for C"，如图 30.13 所示。

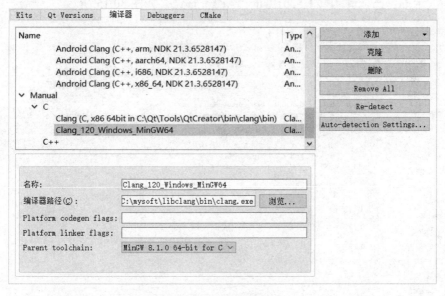

图 30.13 给编译器命名

（4）添加 Clang 的 C++编译器。

添加 C++编译器的方法与 C 编译器的一样，单击"编译器"选项页右上方的"添加"按钮，从下拉菜单中选择"Clang"→"C++"，弹出"选择执行档"对话框，定位到"libclang\bin"目录下，找到并选中"clang++.exe"，单击"打开"按钮。然后选中添加的编译器条目，在下方"名称"栏给编译器命名"Clang++_120_Windows_MinGW64"，"Parent toolchain"栏选"MinGW 8.1.0 64-bit for C++"，单击界面右下角"Apply"按钮，如图 30.14 所示。

图 30.14　添加 Clang 的 C++编译器

（5）配置编译器套件。

切换至"Kits"选项页，单击右上方的"Add"按钮，如图 30.15 所示。

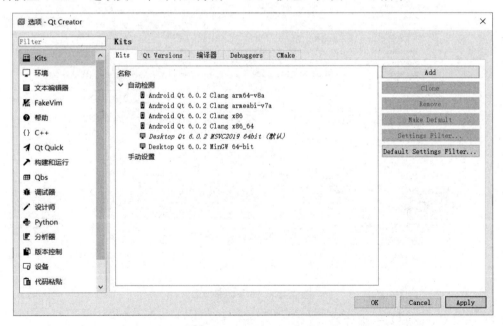

图 30.15　"Kits"选项页

在下方出现一系列栏目，在"名称"栏填写套件名（这里取名"120_Windows_MinGW_Clang"，读者也可取其他名称）；在"Compiler"的 C 和 C++栏分别对应选刚刚添加的 Clang 的 C 和 C++编译器（注意名称要一致），如图 30.16 所示。

第30章 Qt 6 中的 Python 开发

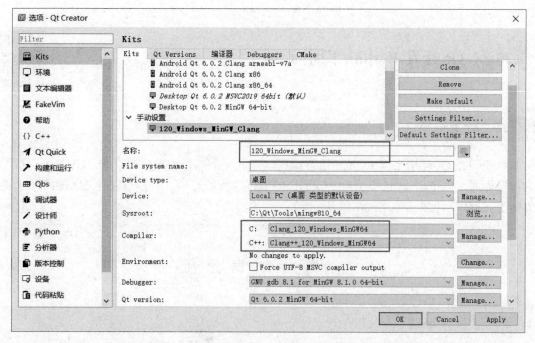

图 30.16　选择组成套件的编译器

（6）选中"选项"窗口左侧列表中的"Python"项，在"Interpreters"选项页列表中选中原来默认的"Python from Path"，单击"Delete"按钮将其删除，然后单击界面右下角的"Apply"和"OK"按钮完成配置，如图 30.17 所示。

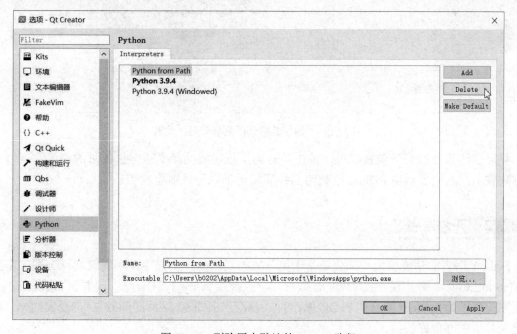

图 30.17　删除原来默认的 Python 路径

经以上一系列配置之后，Qt Creator 环境就可以用来开发 Python 应用程序了。

30.2 Qt 开发 Python 程序实例

30.2.1 开发需求

本章我们在 Qt 环境中以 Python 语言编程,开发一个销售数据分析系统(CH30)。它用 Qt 作为前端界面,以 Python 读取后台 MySQL 的数据进行处理后,再以可视化 3D 图的形式展示在界面上。程序运行效果如图 30.18 所示。

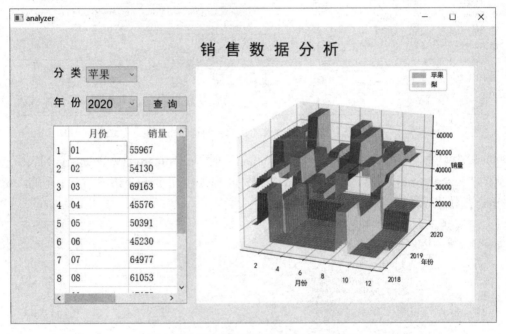

图 30.18 "销售数据分析系统"运行效果

界面左边选择商品分类和年份,单击"查询"按钮将此商品该年份各月的销量数据显示在下方列表中,右边显示由 Python 绘制的多种商品历年来每月销售量 3D 图。

30.2.2 开发准备

Python 语言的功能很大一部分是基于第三方扩展库的,本程序要实现绘制 3D 图,需要用到 MatPlotLib 库;要实现连接 MySQL 数据库,需要用到 PyMySQL 库;而要以 Qt 设计 Python 界面则需要借助 PySide2 配套的 PyQt5 库。另外,要跑出上图 30.18 程序的效果,需要安装 MySQL、创建表并事先准备好数据。

1. 安装扩展库

(1)安装 MatPlotLib。

以管理员身份打开 Windows 命令行,输入:

```
pip3 install matplotlib
```

与 MatPlotLib 库存在相关依赖的包括 cycler、kiwisolver、numpy、pillow、pyparsing、python-dateutil、six 等众多组件，Python 自带的 pip3 工具会自动检测、逐一联网下载并安装它们，如图 30.19 所示。稍候片刻，屏幕显示"Successfully installed ..."提示文字，安装成功。

```
C:\WINDOWS\system32>pip3 install matplotlib
Collecting matplotlib
  Using cached matplotlib-3.4.1-cp39-cp39-win_amd64.whl (7.1 MB)
Collecting cycler>=0.10
  Using cached cycler-0.10.0-py2.py3-none-any.whl (6.5 kB)
Collecting pyparsing>=2.2.1
  Using cached pyparsing-2.4.7-py2.py3-none-any.whl (67 kB)
Collecting pillow>=6.2.0
  Using cached Pillow-8.2.0-cp39-cp39-win_amd64.whl (2.2 MB)
Collecting numpy>=1.16
  Using cached numpy-1.20.2-cp39-cp39-win_amd64.whl (13.7 MB)
Collecting python-dateutil>=2.7
  Using cached python_dateutil-2.8.1-py2.py3-none-any.whl (227 kB)
Collecting kiwisolver>=1.0.1
  Using cached kiwisolver-1.3.1-cp39-cp39-win_amd64.whl (51 kB)
Collecting six
  Downloading six-1.16.0-py2.py3-none-any.whl (11 kB)
Installing collected packages: six, cycler, pyparsing, pillow, numpy, python-dateutil, kiwisolver, matplotlib
Successfully installed cycler-0.10.0 kiwisolver-1.3.1 matplotlib-3.4.1 numpy-1.20.2 pillow-8.2.0 pyparsing-2.4.7 python-dateutil-2.8.1 six-1.16.0
WARNING: You are using pip version 20.2.3; however, version 21.1.1 is available.
You should consider upgrading via the 'c:\users\b0202\appdata\local\programs\python\python39\python.exe -m pip install --upgrade pip' command.
```

图 30.19　pip3 联网自动检测下载安装 MatPlotLib 库及其相关组件

（2）安装 PyMySQL。

在 Windows 命令行下输入：

```
pip3 install PyMySQL
```

新版 PyMySQL 1.0.2 解除了旧版本与众多第三方组件的依赖关系，整个驱动包仅 43kB，且兼容任何 Python 3 版本，安装十分便捷，如图 30.20 所示。

```
C:\Users\b0202>pip3 install PyMySQL
Collecting PyMySQL
  Downloading PyMySQL-1.0.2-py3-none-any.whl (43 kB)
     |████████████████████████████████| 43 kB 238 kB/s
Installing collected packages: PyMySQL
Successfully installed PyMySQL-1.0.2
WARNING: You are using pip version 20.2.3; however, version 21.0.1 is available.
You should consider upgrading via the 'c:\users\b0202\appdata\local\programs\python\python39\python.exe -m pip install --upgrade pip' command.
```

图 30.20　安装 PyMySQL 1.0.2

（3）安装 PyQt5。

在 Windows 命令行下输入：

```
pip3 install PyQt5
```

它包括 PyQt5、PyQt5-Qt5、PyQt5-sip 共 3 个相关的组件，安装过程如图 30.21 所示。

以上安装的所有扩展库组件皆可通过在命令行输入以下命令查看：

```
python -m pip list
```

2. 安装 MySQL

可以采用从 Oracle 官网下载运行可执行安装文件或者配置压缩包两种方式安装 MySQL，我们安装使用的是 MySQL 8.0，具体安装配置过程略。

图30.21 安装 PyQt5 相关的组件

3. 准备数据

（1）创建数据库。

以管理员（root）用户身份登录 MySQL，创建网上商城数据库（netshop）。

（2）创建表。

在数据库中创建销售情况分析表（saleanalyze），执行语句：

```sql
USE netshop;
CREATE TABLE saleanalyze
(
    TCode       char(3)         NOT NULL,        /*商品分类编码*/
    TName       varchar(8)      NOT NULL,        /*商品分类名称*/
    SYearMonth  char(6)         NOT NULL,        /*商品销售年月*/
    SNum        int,                             /*商品销售数量*/
    SPrice      decimal(10,2),                   /*商品总价*/
    PRIMARY     KEY(TCode, SYearMonth)
);
```

该表用于存放对商品销售数据进行分析统计的数据记录。

（3）录入测试数据。

本章 Python 程序绘制销售量 3D 图所依赖的全部数据都从销售情况分析表中获得，为简单起见，我们预先往该表中录入两类商品（苹果、梨）近 3 年的月销售数据，如图 30.22（a）～（f）所示。

TCode	TName	SYearMonth	SNum	TCode	TName	SYearMonth	SNum	TCode	TName	SYearMonth	SNum
11A	苹果	201801	43246	11A	苹果	201901	46011	11A	苹果	202001	55967
11A	苹果	201802	48593	11A	苹果	201902	63339	11A	苹果	202002	54130
11A	苹果	201803	53226	11A	苹果	201903	48661	11A	苹果	202003	69163
11A	苹果	201804	50353	11A	苹果	201904	53292	11A	苹果	202004	45576
11A	苹果	201805	62085	11A	苹果	201905	47700	11A	苹果	202005	50391
11A	苹果	201806	49366	11A	苹果	201906	42507	11A	苹果	202006	45230
11A	苹果	201807	44795	11A	苹果	201907	41107	11A	苹果	202007	64977
11A	苹果	201808	42238	11A	苹果	201908	58014	11A	苹果	202008	61053
11A	苹果	201809	56806	11A	苹果	201909	67480	11A	苹果	202009	47675
11A	苹果	201810	57318	11A	苹果	201910	49698	11A	苹果	202010	55215
11A	苹果	201811	61720	11A	苹果	201911	58247	11A	苹果	202011	53049
11A	苹果	201812	48905	11A	苹果	201912	52142	11A	苹果	202012	49604
(a)				(b)				(c)			

图30.22 准备销售情况分析表数据

TCode	TName	SYearMonth	SNum
11B	梨	201801	22522
11B	梨	201802	40858
11B	梨	201803	14060
11B	梨	201804	14060
11B	梨	201805	14060
11B	梨	201806	14060
11B	梨	201807	14060
11B	梨	201808	14060
11B	梨	201809	36282
11B	梨	201810	14060
11B	梨	201811	14060
11B	梨	201812	14060

(d)

TCode	TName	SYearMonth	SNum
11B	梨	201901	16892
11B	梨	201902	30643
11B	梨	201903	10545
11B	梨	201904	10545
11B	梨	201905	10545
11B	梨	201906	10545
11B	梨	201907	10545
11B	梨	201908	10545
11B	梨	201909	27212
11B	梨	201910	10545
11B	梨	201911	10545
11B	梨	201912	10545

(e)

TCode	TName	SYearMonth	SNum
11B	梨	202001	33783
11B	梨	202002	61287
11B	梨	202003	21090
11B	梨	202004	21090
11B	梨	202005	21090
11B	梨	202006	21090
11B	梨	202007	21090
11B	梨	202008	21090
11B	梨	202009	54423
11B	梨	202010	21090
11B	梨	202011	21090
11B	梨	202012	21090

(f)

图 30.22　准备销售情况分析表数据（续）

30.2.3　创建 Qt for Python 项目

在 Qt 6.0 中，Qt for Python 类型的项目为在 Qt 环境中开发 Python 程序及 UI 设计提供了强大的支持，要充分利用 Qt 的图形界面设计优势，创建 Window（UI file）类型的项目的步骤如下。

（1）运行 Qt Creator，在欢迎界面左侧单击"Projects"按钮，切换至项目管理界面，单击其上 按钮，或者选择主菜单"文件"→"新建文件或项目..."项创建一个新的项目，出现"新建项目"窗口，如图 30.23 所示。

（2）在左侧"选择一个模板"下的"项目"列表中点选"Application (Qt for Python)"条目，中间列表中点选"Qt for Python - Window (UI file)"选项，单击"Choose..."按钮，进入下一步。

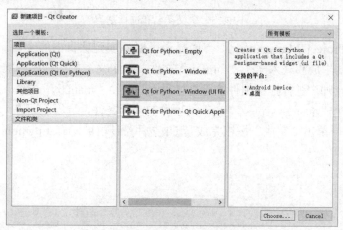

图 30.23　"新建项目"窗口

（3）选择保存项目的路径并定义自己项目的名字。这里将项目命名为"saleanalyze"，保存路径为"C:\Qt6\Python"，如图 30.24 所示。单击"下一步"按钮。

（4）接下来的界面要为程序定义一个类名，在"Class name"（类名）栏填写"analyzer"（读者也可命名为其他名称）；在"Base class"（基类）栏选"QWidget"，如图 30.25 所示。单击"下一步"按钮。

图 30.24 项目命名和选择保存路径

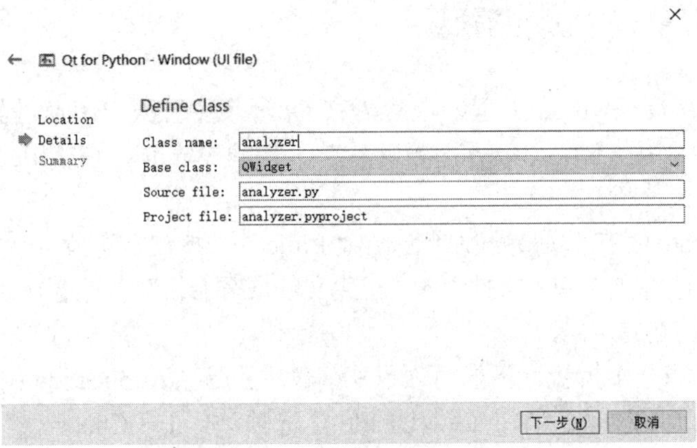

图 30.25 定义类名和选择基类

（5）最后的"Project Management"界面显示了要添加到项目中的文件，如图 30.26 所示。可见，项目中会自动生成和载入一个"form.ui"文件，它定义了应用程序的前端 GUI 界面，可通过 Qt Designer（设计师）进行拖曳控件的可视化设计；一个"main.py"文件用于编写实现功能的 Python 源程序；一个"main.pyproject"文件是项目的工程文件，通过它可在 Qt Creator 环境中打开这个 Python 项目。单击"完成"按钮完成带 UI 文件设计器的 Qt for Python 项目的创建。

图 30.26 要添加到项目的文件

30.2.4　Qt 设计 Python 程序界面

项目建好后就自动进入 Qt 的开发环境，可看到左侧项目树状视图下的"form.ui"文件，它就是该 Python 程序的主界面文件，如图 30.27 所示，双击它即可进入到 Qt Designer（设计师）的可视化设计环境。

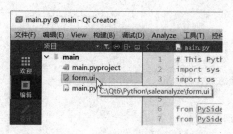

图 30.27　Python 程序的主界面文件

在可视化设计环境下，用鼠标拖曳的方式设计出"销售数据分析系统"界面，如图 30.28 所示。

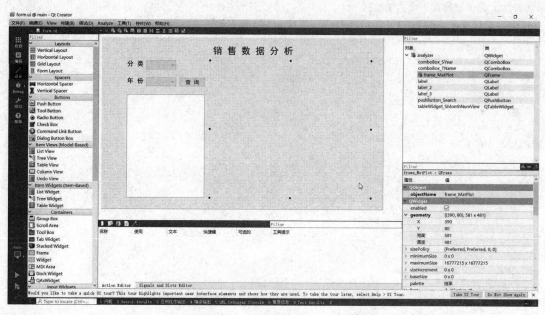

图 30.28　用 Qt 设计 Python 程序界面

界面上几个关键控件的名称及类型见表 30.1。

表 30.1　关键控件的名称及类型

控　件	名称（objectName）	类　型
"分类"下拉列表	comboBox_TName	Combo Box
"年份"下拉列表	comboBox_SYear	Combo Box
"查询"按钮	pushButton_Search	Push Button
各月销量数据列表	tableWidget_SMonthNumView	Table Widget
销量 3D 图显示区	frame_MatPlot	Frame

30.2.5 Python 程序框架

本程序的全部 Python 代码都位于源文件"main.py"中,为方便读者理解,接下来我们先给出该文件的代码框架并说明,下一节再分别展开介绍各代码块和函数的功能。

源文件"main.py"代码框架如下:

```python
# This Python file uses the following encoding: utf-8
import sys
import os
…
#(1)导入库及公共语句执行区
class analyzer(QWidget):
    def __init__(self):
        super(analyzer, self).__init__()
        self.load_ui()
        self.init_ui()

#(2)UI 组件加载及界面初始化区
    def load_ui(self):
        …
        self.ui.pushButton_Search.clicked.connect(self.searchByYear)

    def init_ui(self):
        …

#(3)事件代码区
    def searchByYear(self):
        …

#(4)功能函数区
    def drawMatPlot(self):
        …

#(5)主程序启动区
if __name__ == "__main__":
    app = QApplication([])
    widget = analyzer()
    widget.ui.show()
    sys.exit(app.exec_())
```

说明:

(1)导入库及公共语句执行区:通常将程序要使用到的所有库在这里声明导入,并且适用于整个程序的公共语句(如全局变量属性设置、数据库连接创建等)也都写在这里。

(2)UI 组件加载及界面初始化区:包括两个函数 load_ui()和 init_ui(),其中 load_ui()函数是项目工程创建好就自带的,其作用是将 form.ui 界面载入 Python 程序;init_ui()函数则是我们自定义的,主要完成对界面上控件(如"分类"和"年份"下拉列表)数据内容的初始化。如果用户要为界面上的某个控件绑定事件响应,可在 load_ui()函数中添加绑定语句,一般写法为"self.ui.控件名称.事件名.connect(self.方法名)",这里的"方法名"即是事件发生时该控件所要执行的功能函数的名称。例如,本程序中我们给界面上"查询"按钮绑定了事件,语句为:

```
self.ui.pushButton_Search.clicked.connect(self.searchByYear)
```

(3) **事件代码区**:这个区域就是专门定义在 load_ui()函数中绑定到控件的功能函数代码,本程序中是实现查询某类商品某年份各月的销量数据,由 searchByYear()方法实现。

(4) **功能函数区**:由用户根据实际应用的需要编写一个个自定义的函数来实现程序的各项功能。本程序要实现的主要功能是绘制销售数据 3D 图,定义了一个 drawMatPlot()函数完成绘图任务。

(5) **主程序启动区**:这是程序的启动代码,一般固定不做任何变动。在启动程序的时候,通过主程序类的构造函数(这里是 analyzer())返回一个 Qt 部件(QWidget)的实例,然后通过其.ui.show()方法显示 Python 程序的界面。

在程序中的任何地方访问界面上的控件都要统一采用"self.ui.控件名"的形式,而用户定义的任何功能函数,也都要以"self"作为必须的参数。

30.2.6 功能实现

1. 导入库、创建数据库连接

在程序开头的"#(1) 导入库及公共语句执行区"添加如下代码:

```python
from PySide2.QtWidgets import QApplication, QWidget, QTableWidgetItem, QHBoxLayout
from PySide2.QtCore import QFile
from PySide2.QtUiTools import QUiLoader
import pymysql                                      # 导入 MySQL 驱动库
# 3D 绘图相关的库
import numpy as npy                                 # 数值计算库
import matplotlib
from matplotlib.backends.backend_qt5agg import FigureCanvasQTAgg as FigureCanvas
from mpl_toolkits.mplot3d import axes3d             # MatPlotLib 库 3D 绘图功能
import matplotlib.patches as mpatches               # "代理艺术家"(用于显示图例)
import pylab as plb
matplotlib.use("Qt5Agg")
# 创建数据库连接
conn = pymysql.connect(host="DBHost", user="root", passwd="123456", db="netshop")
cur = conn.cursor()                                 # 打开游标
plb.rcParams['font.sans-serif'] = ['SimHei']        # 正常显示中文
```

2. 界面初始化

界面初始化主要做两件事:一是从 UI 文件中加载控件;二是向"分类"和"年份"列表中加载数据选项。分别用两个函数实现,写在"#(2) UI 组件加载及界面初始化区",如下:

```python
def load_ui(self):
```

```python
        loader = QUiLoader()
        path = os.path.join(os.path.dirname(__file__), "form.ui")
        ui_file = QFile(path)
        ui_file.open(QFile.ReadOnly)
        loader.load(ui_file, self)
        ui_file.close()
        self.ui = loader.load(ui_file)                          # 从.ui 文件加载 UI
        self.ui.pushButton_Search.clicked.connect(self.searchByYear)

    def init_ui(self):
        cur.execute("SELECT DISTINCT(TName) FROM saleanalyze")
        row = cur.fetchall()                                    # 搜索所有商品分类名
        for i in range(cur.rowcount):
            self.ui.comboBox_TName.addItem(row[i][0])
        cur.execute("SELECT DISTINCT(LEFT(SYearMonth,4)) FROM saleanalyze")
        row = cur.fetchall()                                    # 搜索年份值
        for i in range(cur.rowcount):
            self.ui.comboBox_SYear.addItem(row[i][0])
        self.drawMatPlot()                                      # 绘图
```

然后，在主程序类的初始化函数 __init__()中先后调用这两个函数实现界面的加载和呈现。注意，载入函数 load_ui()一定要在初始化函数 init_ui()之前调用，即必须先加载 UI 然后才能加载数据内容。init_ui()的最后调用功能函数 drawMatPlot()绘制 3D 图，其具体实现代码稍后给出。

3．查询

之前已经在载入界面的 load_ui()函数中给"查询"按钮绑定了事件，要实现查询功能，还需要在"#（3）事件代码区"编写方法 searchByYear()的实现代码，如下：

```python
def searchByYear(self):
    self.ui.tableWidget_SMonthNumView.setColumnCount(2)
                                                            # 设置列数为2(月份、销量)
    self.ui.tableWidget_SMonthNumView.setHorizontalHeaderLabels(['月份', '销量'])
    cur.execute("SELECT RIGHT(SYearMonth,2), SNum FROM saleanalyze WHERE TName='" + self.ui.comboBox_TName.currentText() + "' AND LEFT(SYearMonth,4)='" + self.ui.comboBox_SYear.currentText() + "'")
    row = cur.fetchall()                                    # 查询对应年份的销售数据
    if cur.rowcount != 0:
        # 必须明确设定行数，否则无法显示数据！
        self.ui.tableWidget_SMonthNumView.setRowCount(cur.rowcount)
        for i in range(cur.rowcount):
            item = QTableWidgetItem(row[i][0])
            self.ui.tableWidget_SMonthNumView.setItem(i, 0, item)
            item = QTableWidgetItem(str(row[i][1]))
            self.ui.tableWidget_SMonthNumView.setItem(i, 1, item)
```

4．绘制销售 3D 图

绘图功能用 drawMatPlot()函数实现，定义在"#（4）功能函数区"，代码为：

```python
    def drawMatPlot(self):
        self._fig = plb.figure()
        self._canvas = FigureCanvas(self._fig)                    # 生成画布
        self._ax = axes3d.Axes3D(self._fig)                       # 获取3D坐标对象引用
        layout = QHBoxLayout(self.ui.frame_MatPlot)
        layout.setContentsMargins(0, 0, 0, 0)
        layout.addWidget(self._canvas)                            # 将画布添加到布局
        x, y = npy.mgrid[1:12:100j, 2018:2020:25j]
        num_list = []                                             # 纵坐标z刻度显示值
        cur.execute("SELECT TName,SYearMonth,SNum FROM saleanalyze WHERE TName='苹果'")
        row = cur.fetchall()
        if cur.rowcount != 0:
            for i in range(cur.rowcount):
                num_list.append(row[i][2])
        z = npy.array(num_list)[npy.array((npy.round(y)-2018)*12 + npy.round(x) - 1).astype('int')]
        self._ax.plot_surface(x, y, z, rstride=2, cstride=1, color='lightgreen')
                                                                  # 绘制苹果的销售数据图
        cur.execute("SELECT TName,SYearMonth,SNum FROM saleanalyze WHERE TName='梨'")
        row = cur.fetchall()
        num_list.clear()
        if cur.rowcount != 0:
            for i in range(cur.rowcount):
                num_list.append(row[i][2])
        z = npy.array(num_list)[npy.array((npy.round(y)-2018)*12 + npy.round(x) - 1).astype('int')]
        self._ax.plot_surface(x, y, z, rstride=2, cstride=1, color='yellow')
                                                                  # 绘制梨的销售数据图
        # 用"代理艺术家"添加图例(苹果为浅绿色、梨为黄色)
        patch1 = mpatches.Patch(color='lightgreen', label='苹果')
        patch2 = mpatches.Patch(color='yellow', label='梨')
        self._ax.legend(handles=[patch1, patch2])                 # 添加图例
        self._ax.set_xlabel("月份")
        self._ax.set_ylabel("年份")
        self._ax.set_zlabel("销量")
        self._ax.set_yticks([2018, 2019, 2020])
        self._canvas.draw()                                       # 开始绘制
```

至此，这个用 Qt 和 Python 结合编程实现的"销售数据分析系统"就开发好了，运行效果见前图30.18。

读者还可以尝试用 Qt 制作出更为丰富、美观的界面效果，并整合 Python 更强大的科学计算能力。

第 31 章

Linux（Ubuntu）上的 Qt 6 开发

由于开源软件运动在世界范围的影响力，Linux 占据了计算机操作系统应用领域的半壁江山，故 Linux 平台上的 Qt 开发者也不在少数。在 Linux 上可以开发的 Qt 应用程序类型与 Windows 的基本相同，也包括有 Qt Widgets、Qt Quick、Qt Quick Controls（for Android）和 Qt for Python 等，不同之处仅在于 Qt Creator 开发环境的安装和配置上，读者只要能在 Linux 上将开发环境安装配置成功，就可以采用与前面几章介绍的类同的方式开发桌面、QML、移动 APP、Python 等各种应用程序。

Linux 有多达数百种不同的发行版，而近年来最流行的要数 Ubuntu，它基于 GNOME 图形界面系统，其上兼容运行包括开源和商业的众多应用软件，这一点使它赢得了越来越多 Linux 用户的青睐，成为当下最为普及的 Linux 发行版。本章就以 Ubuntu 为例，介绍 Linux 平台上的 Qt 开发，希望能为 Windows 平台的 Qt 用户涉足开源 Linux 领域提供有益的助力。

笔者所用的是 Ubuntu 20.04（64 位桌面版），运行于 VMware Workstation 虚拟机上。Ubuntu 的安装包（镜像文件）为"ubuntu-20.04.2.0-desktop-amd64.iso"，虚拟机安装包文件为"VMware-workstation-full-15.5.6-16341506.exe"，放在本书附带资源中一并提供给读者免费使用。

31.1 在 Linux 平台与安装 Qt Creator

Ubuntu 上安装 Qt Creator 与 Windows 上有显著的不同，差异主要体现在：
（1）需要预先赋予安装包的执行权限。
（2）安装完不能马上启动，还需要查看和补充安装关联的组件。
（3）QMake 工具、C/C++编译器等这些 Qt 开发必须的组件均未在 Linux 版的 Qt Creator 中内置集成，需要另外再逐一安装和配置，否则无法使用 Qt Creator。

31.1.1 获取安装包及授权

1. 获取 Linux 版 Qt 安装包

Qt 每个版本都针对不同类型操作系统平台（Windows/Linux/Mac）发布了对应的安装包，要在 Linux 系统上安装 Qt，就必须使用匹配 Linux 平台的安装包。而 Qt 官方发布的安装包又分两种：一种是囊括了该版 Qt 完整软件及全部组件的离线安装包；另一种是可以联网让用户选择所需组件的在线安装器。

第 31 章 Linux（Ubuntu）上的 Qt 6 开发

考虑到最新 Qt 6 的离线安装包不容易获得（需要登录 Qt 官网重新完善注册信息或付费购买），我们采用在线安装器方式安装。访问 Qt 官方的资源下载站，依次单击其上"official_releases/"→"online_installers/"进入安装器下载目录，如图 31.1 所示，单击"qt-unified-linux-x64-online.run"下载 Linux 版本的 Qt 安装器。

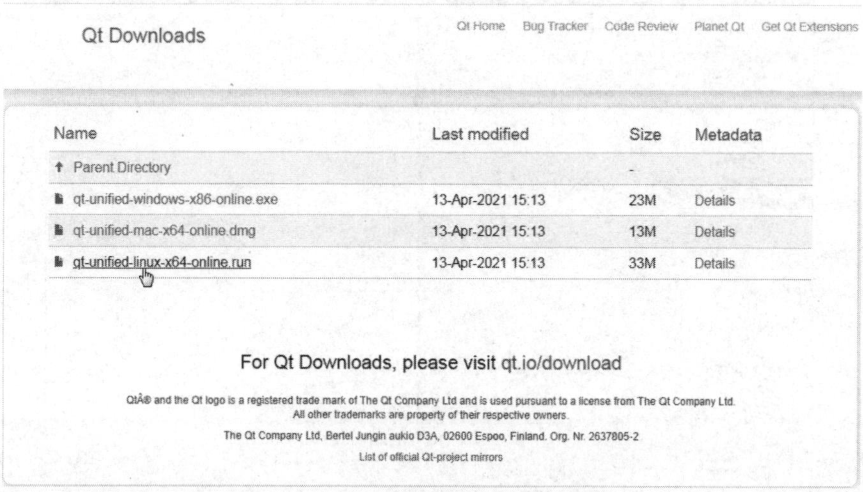

图 31.1　下载 Linux 版本的 Qt 安装器

下载得到的文件为"qt-unified-linux-x86_64-4.1.0-online.run"，在本地 Windows 磁盘上右击鼠标复制该文件，然后转到虚拟机窗口里的 Ubuntu 系统，将其直接粘贴进用户主目录（位于 Ubuntu 桌面左上角，笔者的是"easybooks"）下的"Downloads"子目录中，如图 31.2 所示。

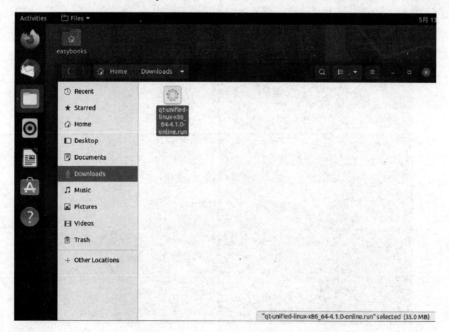

图 31.2　将安装包文件复制粘贴进 Ubuntu 系统目录

2. chmod 命令授权

为了系统安全性考虑，Linux 默认是不允许用户随意安装软件的，要想安装新软件必须先授权。Linux 中更改权限用 chmod 命令，为 Qt 安装包文件授权的操作如下。

（1）在 Qt 安装包文件所在目录（即 Ubuntu 用户 "Downloads" 子目录）的窗口中右击鼠标，从弹出菜单中点选 "Open in Terminal" 项打开该目录的命令行窗口，如图 31.3 所示。

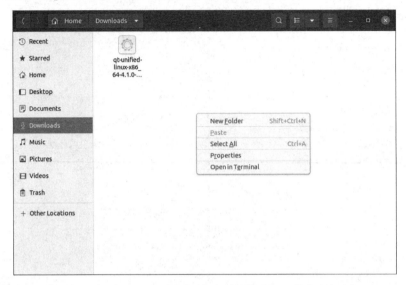

图 31.3　点选 "Open in Terminal" 项打开该目录的命令行窗口

（2）在命令行窗口 "~/Downloads$" 提示符后输入 "chmod +x 安装包文件名"，如下：
```
chmod +x qt-unified-linux-x86_64-4.1.0-online.run
```
回车后，系统自动换行至提示符 "~/Downloads$"，说明授权成功。

（3）继续输入 "./安装包文件名"，就可以在 Linux 下启动 Qt 的安装向导，如下：
```
./qt-unified-linux-x86_64-4.1.0-online.run
```
以上整个过程命令行窗口输入及显示的内容如图 31.4 所示。

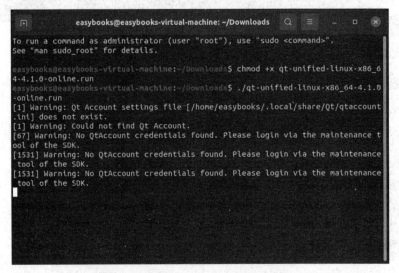

图 31.4　授权并启动执行 Qt 安装包

在启动安装向导后，接下来的安装步骤就与 Windows 下的大同小异了。

31.1.2 通过向导安装 Qt Creator

由于是在线安装器方式，安装全过程都要保证计算机始终处于联网状态。

（1）向导启动后出现如图 31.5 所示界面，要求输入 Qt 账号密码登录，读者可以使用自己在 Windows 下安装 Qt 时用的一样的账号（若还没有就去官网注册一个），输入完单击"Next"按钮。向导开始确认该账号的安装，然后进入"Setup - Qt"界面。

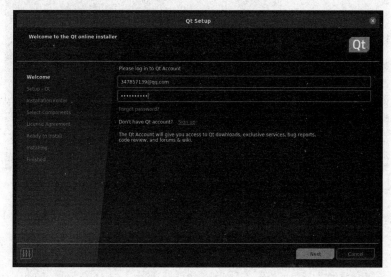

图 31.5　输入账号密码

（2）在"Setup - Qt"界面继续单击"Next"按钮，安装器自动获取远程 Qt 安装所需的元信息，在接下来的"Contribute to Qt Development"界面单击"Next"按钮，进入如图 31.6 所示的"Installation Folder"（安装文件夹）界面，向导列出 Qt 的默认安装路径（为 Ubuntu 用户主目录下的"Qt"子目录），用户也可以根据自己需要改为其他目录。然后选中"Custom installation"（自定义安装），单击"Next"按钮。

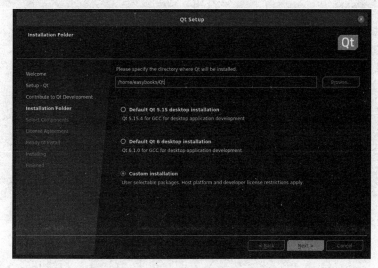

图 31.6　选择 Qt 安装路径及自定义安装

（3）进入"Select Components"（选择组件）界面，这个界面就是让用户自定义选择需要下载安装的 Qt 组件的，如图 31.7 所示。

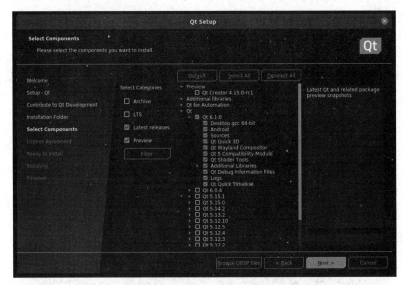

图 31.7　"Select Components"（选择组件）界面

我们要安装的是 Qt 6，勾选 Qt 节点下的"Qt 6.1.0"，进一步展开可看到其下包含的所有组件，这里勾选全部组件。确定要安装的选项后，单击"Next"按钮。

温馨提示：

由于 Qt 发展很快，其版本始终处于持续不断地更新中，到读者安装的时候肯定已经有了更新的版本，大家可视自身学习需要尝试最新版或者仍旧使用老版。

（4）在"License Agreement"（许可协议）界面，勾选"I have read and agree to the terms contained in the license agreements."复选框接受许可协议，如图 31.8 所示。单击"Next"按钮。

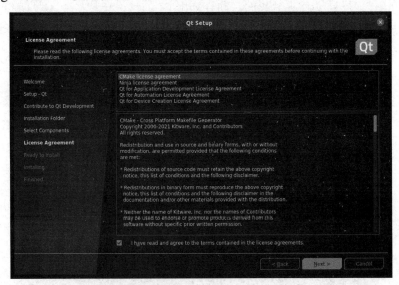

图 31.8　接受 Qt 软件许可协议

（5）进入"Ready to Install"（准备安装）界面，单击"Install"按钮开始安装。安装进程完成后，界面如图 31.9 所示。注意：此时一定要先取消勾选"Launch Qt Creator"复选框（即暂不启动 Qt Creator）后才能单击"Finish"按钮。

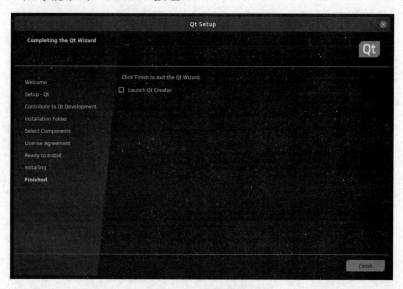

图 31.9　安装完成界面

（6）在确保已取消勾选"Launch Qt Creator"复选框后，单击"Finish"按钮结束安装，打开 Ubuntu 用户主目录，可看到其下多了个"Qt"子目录，如图 31.10 所示，表示初步安装已完成。

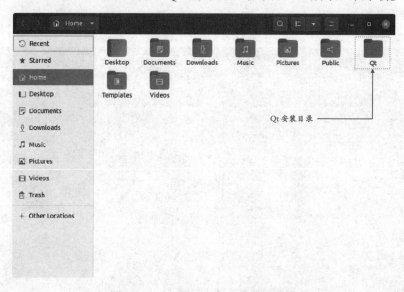

图 31.10　Qt Creator 初步安装已完成

但是，这个时候的 Qt Creator 是无法（也不能）启动的，因为还有与它存在关联依赖的组件尚未安装。

31.1.3　补充安装依赖组件

想要查看究竟有哪些依赖组件需要补充安装，按如下步骤操作。

（1）进入上图 31.10 的 Qt 安装目录下的路径"Tools\QtCreator\lib\Qt\plugins\"中的"platforms"子目录，在其窗口中右击鼠标，从弹出菜单中点选"Open in Terminal"项打开该目录的命令行窗口，如图 31.11 所示。

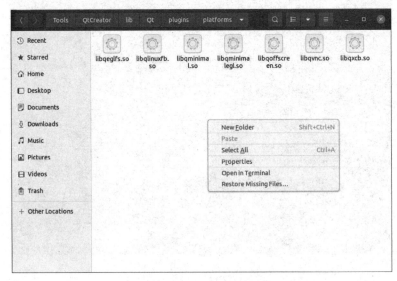

图 31.11　打开 Qt"platforms"目录的命令行窗口

（2）在命令行窗口提示符后输入：

```
ldd libqxcb.so
```

回车后，屏幕显示出系统中所有与 Qt 平台关联依赖组件的安装情况，如图 31.12 所示。

图 31.12　查看与 Qt 平台关联依赖组件的安装情况

可见，其中有两个"libxcb-xinerama.so.0"条目项后显示为"not found"，这是因为系统中缺少 libxcb-xinerama0 组件，必须补充安装它。

（3）安装 libxcb-xinerama0 组件。

在命令行窗口提示符后输入：

```
sudo apt-get install libxcb-xinerama0
```

回车后系统要求输入密码，请读者输入自己安装 Ubuntu 时所设定的用户密码，回车后系统开始联网自动获取要安装的组件包，安装过程中屏幕会输出一些信息，如图 31.13 所示。

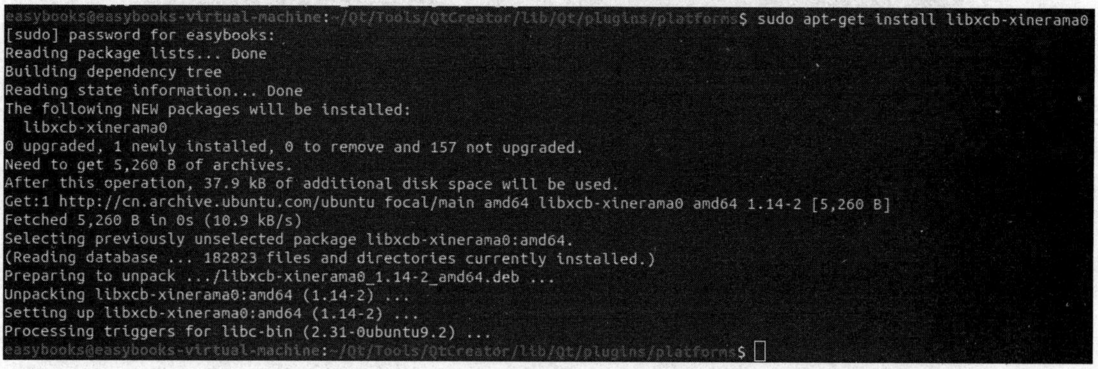

图 31.13　安装 libxcb-xinerama0 组件

温馨提示：

出于安全性考量，Linux 系统命令行在接受用户输入密码时，不仅密码的内容不会显示在屏幕上，连光标的位置也不会移动，即无任何密码字符（如 "*"）的输出，这一点与 Windows 有显著差异。初次接触 Linux 的用户往往会误以为是输不进去，而实际上系统在后台是正常接收了用户输入的。

稍候片刻，系统自动换行至提示符说明安装完成，读者可通过再次输入 "ldd libqxcb.so" 命令查看 Qt 平台关联依赖组件安装情况，确认其中不再有任何显示为 "not found" 的条目项。

至此，Linux 平台上的 Qt Creator 已安装好，但此时仍然不要急于启动它，待完成下文一系列相关软件工具的安装配置后，才能正常使用。

31.2　配置 QMake 工具

QMake 是 Qt 提供的一个编译打包工具，它由 Trolltech 公司开发，用来简化在不同平台间开发项目工程的构建过程。在 Linux 平台上进行 Qt 开发，需要将 QMake 与所使用 Qt 对应版本的 SDK 关联起来，我们通过 Ubuntu 的 qtchooser 工具来进行这种关联配置。

31.2.1　安装 qtchooser

首先通过 Ubuntu 命令行来安装 qtchooser 工具，步骤如下。

（1）单击 Ubuntu 桌面左下角的 ▦ 按钮（作用相当于 Windows 开始菜单），此时桌面上出现很多应用图标，如图 31.14 所示，点选其中的 "Terminal"（▦）图标，打开 Ubuntu 系统根目录的命令行窗口。

（2）在命令行窗口 "~$" 提示符后输入：

```
sudo apt install qtchooser
```

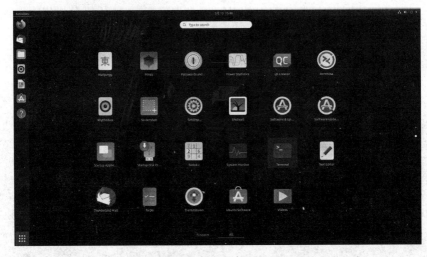

图 31.14 通过 Ubuntu 桌面图标打开系统根目录的命令行窗口

回车后系统要求输入密码，输入安装 Ubuntu 时设定的用户密码，回车后系统开始联网自动获取要安装的组件包，安装过程中屏幕会输出一些信息，如图 31.15 所示。

```
easybooks@easybooks-virtual-machine:~$ sudo apt install qtchooser
[sudo] password for easybooks:
Reading package lists... Done
Building dependency tree
Reading state information... Done
The following NEW packages will be installed:
  qtchooser
0 upgraded, 1 newly installed, 0 to remove and 157 not upgraded.
Need to get 24.7 kB of archives.
After this operation, 131 kB of additional disk space will be used.
Get:1 http://cn.archive.ubuntu.com/ubuntu focal/universe amd64 qtchooser amd64 6
6-2build1 [24.7 kB]
Fetched 24.7 kB in 1s (33.0 kB/s)
Selecting previously unselected package qtchooser.
(Reading database ... 182828 files and directories currently installed.)
Preparing to unpack .../qtchooser_66-2build1_amd64.deb ...
Unpacking qtchooser (66-2build1) ...
Setting up qtchooser (66-2build1) ...
Processing triggers for man-db (2.9.1-1) ...
easybooks@easybooks-virtual-machine:~$
```

图 31.15 安装 qtchooser 工具

稍候片刻，系统自动换行至提示符，安装完成。

（3）此时，可通过输入命令“qtchooser -l”查看系统中已有的 SDK（有对应 Qt 4 和 Qt 5 的），如图 31.16 所示。

```
easybooks@easybooks-virtual-machine:~$ qtchooser -l
4
5
qt4-x86_64-linux-gnu
qt4
qt5-x86_64-linux-gnu
qt5
```

图 31.16 查看系统中已有的 SDK

但是，没有 Qt 6 的 SDK 项，所以需要额外安装。

31.2.2 安装 Qt 6 SDK

安装 Qt 6 SDK 的步骤如下：

（1）进入 Qt 安装目录下的路径"6.1.0\gcc_64\"中的"bin"目录，在其窗口中右击鼠标，从弹出菜单中点选"Open in Terminal"项打开该目录的命令行窗口，如图 31.17 所示。

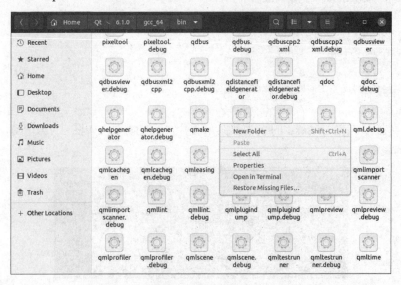

图 31.17　打开 Qt "bin" 目录的命令行窗口

（2）在命令行窗口提示符后输入：

```
qtchooser -install qt6.1.0 ./qmake
```

注意：Qt 版本号一定要与前面 31.1.2 节安装的版本相一致。回车后稍候片刻，系统自动换行至提示符说明安装完成，如图 31.18 所示。

图 31.18　安装 Qt 6 SDK

（3）为了验证 SDK 是否真正安装成功，切换回 Ubuntu 系统根目录的命令行窗口，输入命令"qtchooser -l"查看系统中的 SDK，可以发现，与之前相比在最下面多了一个"qt6.1.0"项，说明 Qt 6 SDK 安装成功，如图 31.19 所示。

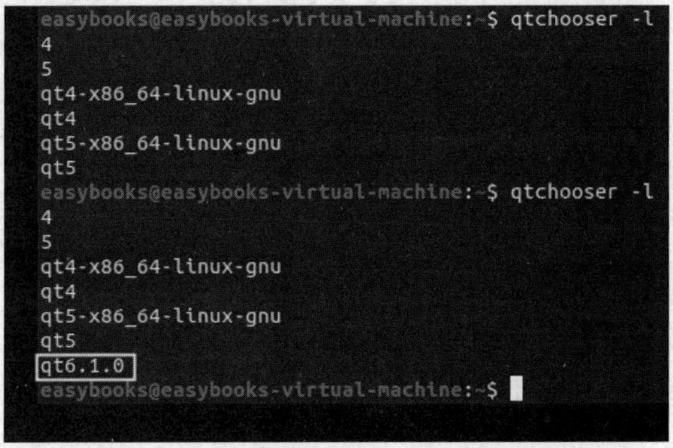

图 31.19　Qt 6 SDK 安装成功

31.2.3 关联 QMake 与 Qt 版本

在 Ubuntu 系统根目录的命令行窗口输入：

```
export QT_SELECT=qt6.1.0
qtchooser -l
```

然后接着继续输入：

```
qmake -v
```

回车后屏幕显示当前 QMake 的版本及其所使用 Qt 的版本，如图 31.20 所示，说明 QMake 与 Qt 已经正确关联。

图 31.20　QMake 与 Qt 正确关联

31.3 安装 GCC 编译器

Qt 是基于 C/C++的高级语言，其底层离不开 C/C++编译器，Qt 的 C/C++编译器又名 GCC，在 Linux 平台上需要单独安装。

在 Ubuntu 系统根目录的命令行窗口"~$"提示符后输入：

```
sudo apt-get install build-essential
```

回车后系统要求输入密码，输入安装 Ubuntu 时设定的用户密码，回车后系统开始联网自动获取要安装的组件包，如图 31.21 所示，安装过程中屏幕会输出大量信息，此时不要进行任何操作，耐心等待。

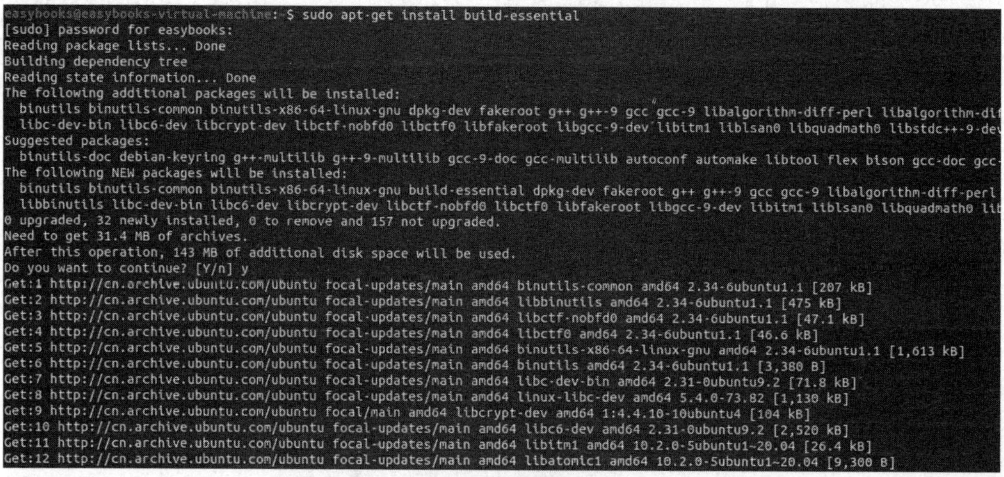

图 31.21　安装 GCC 编译器

之后,系统自动换行至提示符,表示安装完成。

31.4 安装其他必备组件

除了 QMake 和 GCC 编译器之外,Linux 下的 Qt Creator 还有一些其他配套组件需要独立安装,其中必备的如下。

(1) 安装通用字体配置库。

在 Ubuntu 系统根目录命令行窗口"~$"提示符后输入:

```
sudo apt-get install libfontconfig1
```

回车后系统开始联网自动安装,并显示字体配置库的最新版本,如图 31.22 所示。

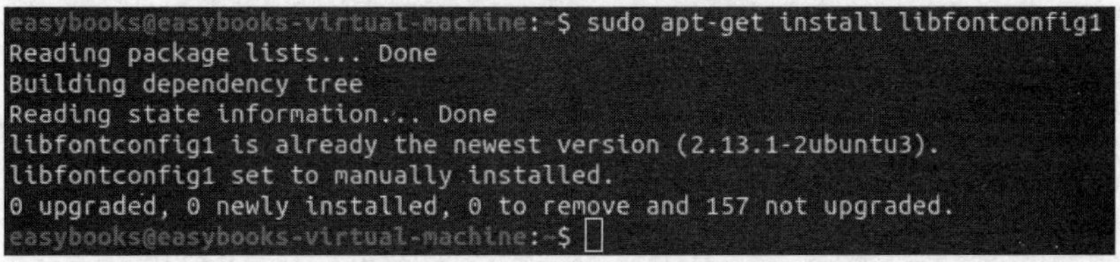

图 31.22　安装通用字体配置库

安装完毕系统自动换行至提示符。

(2) 安装 OpenGL 库。

在 Ubuntu 系统根目录命令行窗口"~$"提示符后输入:

```
sudo apt-get install mesa-common-dev
```

回车后系统要求输入密码,输入安装 Ubuntu 时设定的用户密码,回车后系统开始联网自动安装,如图 31.23 所示。

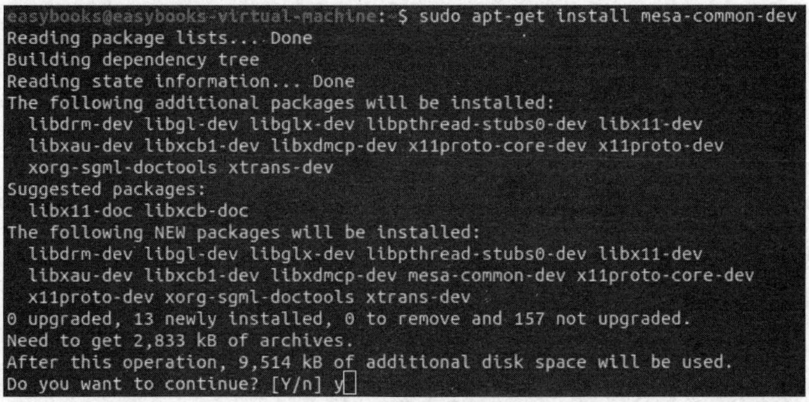

图 31.23　安装 OpenGL 库

安装完毕系统自动换行至提示符。

(3) 安装附加包。

对于新版本的 Ubuntu 系统,还需要额外安装一个附加包,根目录命令行窗口"~$"提示符后输入:

```
sudo apt-get install libglu1-mesa-dev -y
```

回车后系统开始联网自动安装,如图 31.24 所示。

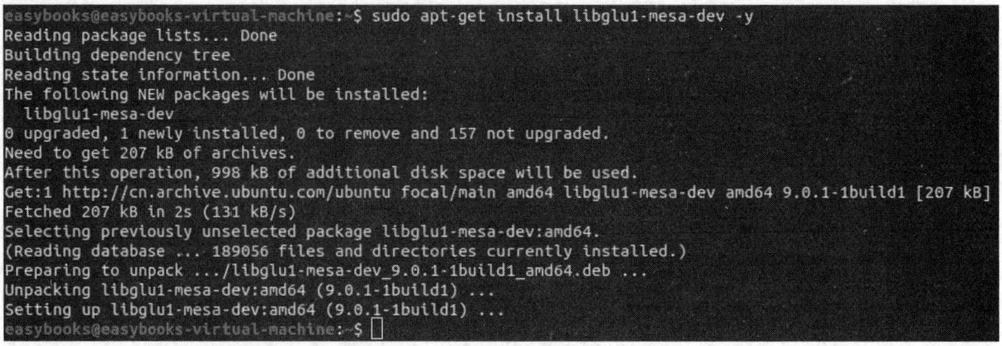

图 31.24　安装附加包

安装完毕系统自动换行至提示符。

（4）更新 g++。

在 Ubuntu 系统根目录命令行窗口 "~$" 提示符后输入：

sudo apt-get install g++

回车后系统开始联网自动检查更新，由于之前刚刚安装过 GCC 编译器，g++已是最新版，屏幕输出提示信息和当前版本号，如图 31.25 所示。

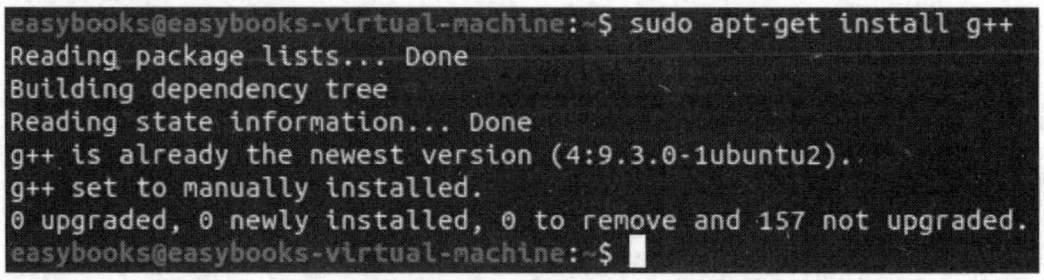

图 31.25　更新 g++

系统自动换行至提示符。

只有依次经过了以上各个阶段的安装和配置，确认不再有组件缺少且全部配置正确，这个时候才能够启动 Qt Creator 进入正式的开发。

31.5　Ubuntu 上 Qt 开发入门

Ubuntu 上的 Qt 开发与 Windows 的差不多，只要前面各组件安装和配置都没问题，用户就可以像在 Windows 平台上一样来使用 Ubuntu 的 Qt 开发环境。

31.5.1　创建项目

单击 Ubuntu 桌面左下角的 按钮，点选桌面上的 "Qt Creator"（ ）图标，启动 Qt Creator，初始界面如图 31.26 所示。

可以看到，这个界面与在 Windows 下的一模一样。在其中创建 Qt 项目的步骤如下。

（1）单击 Qt Creator 初始界面左侧的 "Projects" 按钮切换至项目管理界面，单击其上 ＋ New 按钮，创建一个新的 Qt 项目，如图 31.27 所示。

第 31 章 Linux（Ubuntu）上的 Qt 6 开发

图 31.26　Ubuntu 上的 Qt Creator 初始界面

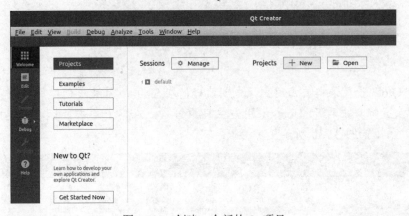

图 31.27　创建一个新的 Qt 项目

（2）出现"New Project - Qt Creator"窗口，单击选择项目模板"Application (Qt)"→"Qt Widgets Application"选项，单击右下角"Choose..."按钮，进入下一步，如图 31.28 所示。

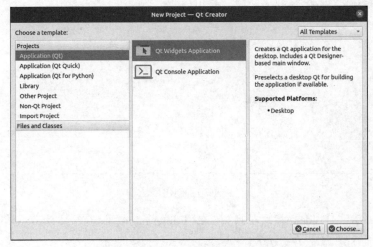

图 31.28　选择项目模板

（3）选择保存项目的路径并定义项目的名字。这里将项目命名为"Dialog"，保存路径为 Ubuntu 用户目录下的"Qt6"子目录，如图 31.29 所示。单击"Next"按钮。

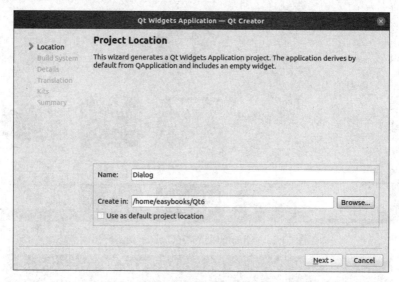

图 31.29　选择保存项目的路径并给项目命名

提示：

这里的"Qt6"子目录需要由用户预先创建好，在 Ubuntu 系统中创建目录的操作为：

① 桌面上鼠标双击打开 Ubuntu 用户主目录窗口，在其中右击鼠标，从弹出菜单中点选 "New Folder"项，如图 31.30 所示。

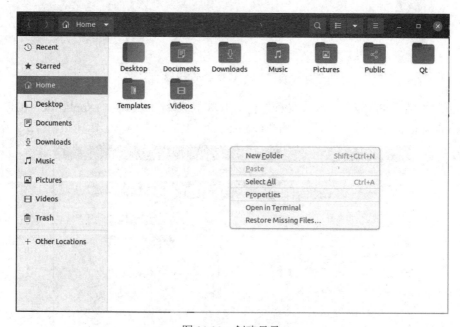

图 31.30　创建目录

② 系统弹出"New Folder"模式对话框，在"Folder name"栏输入目录名"Qt6"，单击"Create" 按钮就在用户主目录中创建了"Qt6"子目录，如图 31.31 所示。

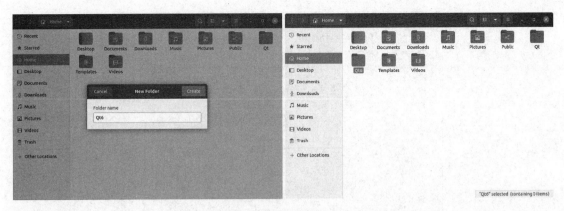

图31.31　给目录命名

③ 然后，在图 31.29 所示的界面上路径栏后单击"Browse..."按钮，弹出"Choose Directory"对话框，在目录列表中选中刚刚创建的目录"Qt6"，单击"Open"按钮即可将该目录设为保存项目的目录，如图 31.32 所示。

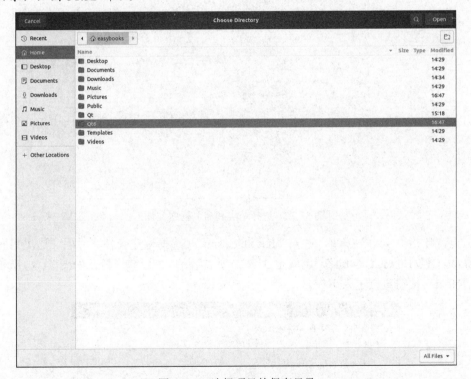

图31.32　选择项目的保存目录

（4）接下来的界面让用户选择项目的构建（编译）工具，因为之前配置的就是 QMake，这里只能保留默认选项"qmake"，如图 31.33 所示。单击"Next"按钮。

（5）在"Class Information"（类信息）界面的"Base class"（基类）栏选择"QDialog"对话框类作为基类，"Class name"（类名）就是项目名"Dialog"。项目中的"Header file"（头文件）、"Source file"（源文件）、"Form file"（界面文件）都自动取默认的文件名 dialog，默认选中"Generate form"（创建界面）复选框，表示可依靠界面设计器来设计界面（否则就只能用代码编写界面），如图 31.34 所示。单击"Next"按钮。

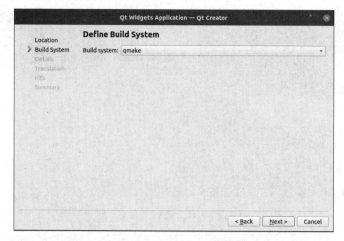

图 31.33　选择项目构建工具

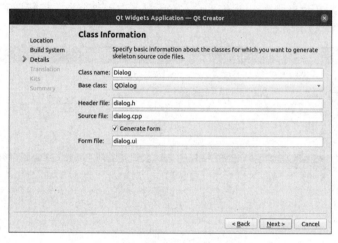

图 31.34　选择基类和命名程序文件

（6）再次单击"Next"按钮，进入"Kit Selection"（选择构建套件）界面，这里只有一个选项"Desktop Qt 6.1.0 GCC 64bit"，也就是 31.3 节所安装的 GCC 编译器，如图 31.35 所示，勾选后单击"Next"按钮直接进入下一步。

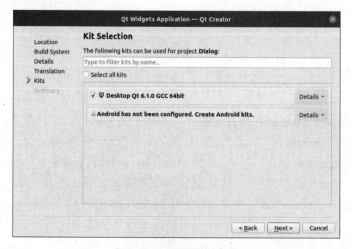

图 31.35　选择构建套件

（7）此时，相应的文件已经自动加载到项目文件列表中，如图31.36所示。

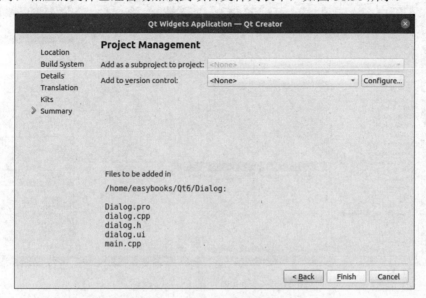

图31.36　加载生成项目文件列表

确认无误后，单击"Finish"按钮完成创建。进入 Qt 开发环境，文件列表中的文件自动在项目树形视图中分类显示，各个文件包含在相应的节点下，单击节点前的 ▶ 图标可以显示该节点下的文件；而单击节点前的 ▼ 图标则隐藏该节点下的文件；双击文件可在右边主显示区看到其源代码内容并可编辑修改，如图31.37所示。

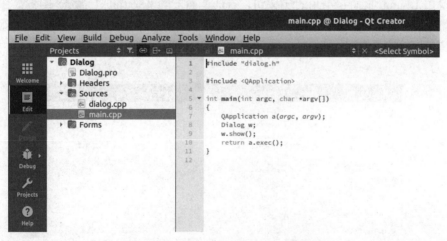

图31.37　项目文件的分类显示和查看

展开项目树形视图中的"Forms"节点，双击其下"dialog.ui"文件可进入 Qt 界面设计器，左边是控件容器栏，在其中用鼠标选择拖曳控件到中央窗体、调整大小和布局、右下方子窗口中设置控件属性，可对 Qt 程序的界面进行可视化设计，操作方式与 Windows 下的 Qt 环境完全一样，如图31.38所示。

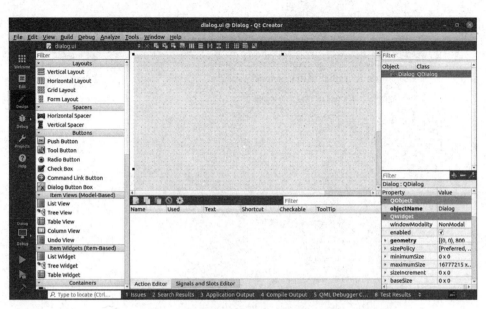

图 31.38　Ubuntu 下的 Qt 界面设计器

31.5.2　Ubuntu 中文输入

Ubuntu 操作系统默认并不支持中文，但 Qt 开发用中文设计界面是必不可少的，为此必须给 Ubuntu 系统安装汉语语言并开启中文输入法，步骤如下。

（1）单击 Ubuntu 桌面左下角的■按钮，点选桌面上的"Settings"（◎）图标，打开 Ubuntu 系统的设置窗口，左侧列表找到并选中"Region & Language"（区域与语言），右边显示系统的语言设置界面，单击下方的"Manage Installed Languages"（管理已安装的语言）按钮，如图 31.39 所示。

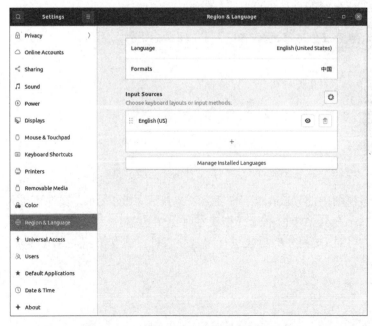

图 31.39　Ubuntu 操作系统语言设置界面

（2）Ubuntu 自动检查可用的语言支持，会弹出消息框提示用户"The language support is not installed completely"（语言支持尚未完全安装），如图 31.40（a）所示，单击"Install"按钮确定安装。接着系统会弹出对话框要求用户输入密码进行认证，请输入安装 Ubuntu 时设定的用户密码，单击"Authenticate"按钮授权安装，如图 31.40（b）所示。

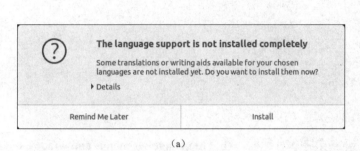

图 31.40　确定和授权安装

（3）接着，系统进入安装过程，自动联网下载缺少的语言支持包并逐一解压安装。期间，点开"Applying changes"进度窗下面的"Details"可查看下载及安装的进度，如图 31.41 所示。该过程需要持续一段时间，请读者耐心等待。

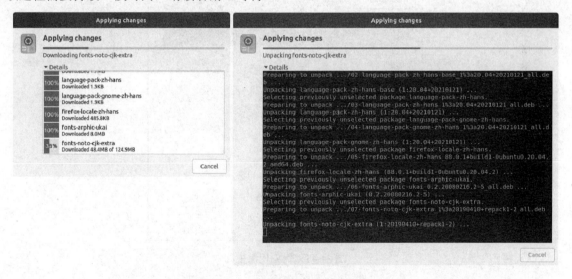

图 31.41　查看下载及安装的进度

（4）安装完成回到"Language Support"（语言支持）对话框，单击其中的"Install/Remove Languages..."（添加或删除语言）按钮，弹出"Installed Languages"（已安装的语言）对话框，找到并勾选"Chinese(simplified)"（简体中文）条目项，单击"Apply"按钮添加简体中文语言支持，如图 31.42 所示。

图 31.42　添加简体中文语言支持

（5）回到"Language Support"（语言支持）对话框，在"Language for menus and windows"（菜单和窗口的语言）列表中可找到"汉语(中国)"条目项，将其拖曳至列表最顶部，让 Ubuntu 优先使用中文，如图 31.43 所示。

图 31.43　优先使用中文

（6）重启 Ubuntu，系统会全面应用简体中文来显示界面，并提示用户是否将标准文件夹更新到当前语言，由于文件夹名关联路径，为避免对系统已有的环境配置造成影响，建议还是不要更名，单击"保留旧的名称"按钮，如图 31.44 所示。

（7）再次通过 Ubuntu 操作系统的 ▦ 按钮和桌面 ◎ 图标打开系统设置窗口，可以发现，这时候设置窗口界面上的文字已经全部变为了中文。左侧列表选"区域与语言"，右边语言设置界面上单击 ┃　　　　＋　　　　┃ 按钮，弹出"添加输入源"对话框，其中列出了系统中已安装的几种常用中文输入法，选择并单击"添加"按钮，将它们逐一添加到语言设置界面，如图 31.45 所示。

第 31 章　Linux（Ubuntu）上的 Qt 6 开发

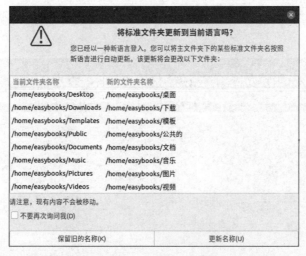

图 31.44　不更名文件夹

图 31.45　添加中文输入法

31.5.3　开发 Qt 程序

我们还是以本书第 1 章"计算圆面积"程序为例，介绍 Linux（Ubuntu）上的 Qt 程序开发。

1. 界面设计

启动 Ubuntu 上的 Qt Creator，在项目树形视图中展开"Forms"节点，双击其下"dialog.ui"文件进入 Qt 界面设计器。

在窗体上拖曳设计"计算圆面积"程序界面，如果需要输入中文，可从屏幕顶部右上角的 Ubuntu 任务栏中下拉菜单选择一个中文输入法,然后就可在 Qt 界面设计器中输入中文了,如图 31.46 所示。

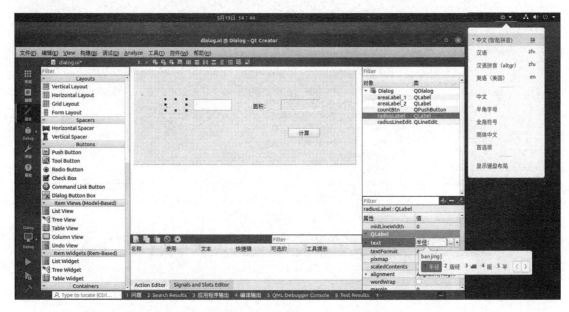

图 31.46　界面设计中输入中文

设置窗体上各控件的名称和属性(同第 1 章),略。

2. 代码编写

(1)绑定信号与槽。

Linux(Ubuntu)上编写 Qt 代码时绑定信号与槽的方式,与 Windows 开发环境中的完全一样,如下操作。

在"计算"按钮上按鼠标右键,在弹出的快捷菜单中选择"转到槽..."菜单项,在"转到槽"对话框中选择"QAbstractButton"的"clicked()"信号,单击"OK"按钮,如图 31.47 所示。

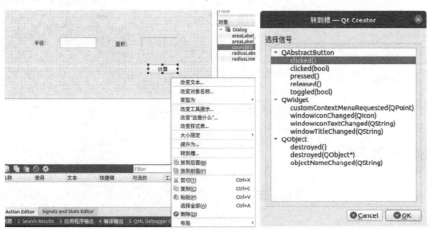

图 31.47　绑定信号与槽

(2)实现功能。

进入"dialog.cpp"文件中按钮单击事件的槽函数 on_countBtn_clicked(),在此函数中添加如

下代码:

```
void Dialog::on_countBtn_clicked()
{
    bool ok;
    QString tempStr;
    QString valueStr=ui->radiusLineEdit->text();
    int valueInt=valueStr.toInt(&ok);
    double area=valueInt*valueInt*PI;                      //计算圆面积
    ui->areaLabel_2->setText(tempStr.setNum(area));
}
```

然后,在"dialog.cpp"文件开始处定义全局变量 PI,添加以下语句:

```
const static double PI=3.1416;
```

3. 运行程序

在 Ubuntu 的 Qt Creator 开发环境下,单击界面左下方的 ▶ 按钮,项目自动构建运行,程序运行效果如图 31.48 所示。

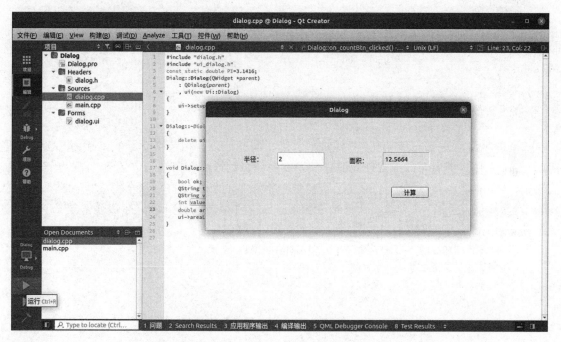

图 31.48　Ubuntu 的 Qt Creator 运行 Qt 程序的效果

第7部分 附　　录

附录 A

C++相关知识

Qt是基于C++开发的。在这里简要地介绍C++程序结构、C++预处理命令、C++异常处理、C++面向对象编程中的一些基本概念。欲精通Qt或深入学习C++的读者，请参考C++编程相关书籍。

A.1　C++程序结构

一个程序是由若干个程序源文件组成的。为了与其他语言相区别，每个C++程序源文件通常以".cpp"作为扩展名，该文件由编译预处理命令、数据或数据结构定义及若干个函数组成。代码中，main()表示主函数。无论该函数在整个程序中的哪个位置，每个程序执行时都必须从main()函数开始。因此，每个C++程序或者由多个源文件组成的C++项目都必须包含一个且只有一个main()函数。

下面举一个简单的C++程序例子 Ex_Simple 来说明。

```
01  /*[例Ex_Simple]一个简单的C++程序*/
02  #include <iostream.h>
03  int main()
04  {
05      double r,area;                  //定义变量
06      cout<<"输入圆的半径：";          //显示提示信息
07      cin>>r;                         //从键盘上输入变量r的值
08      area = 3.14159*r*r;             //计算面积
09      cout<<"圆的面积为："<<area<<"\n";//输出面积
10      return 0;                       //指定返回值
11  }
```

其中，

● 行号为02的代码是C++文件包含#include的编译命令，称为预处理命令。

#include后面的"iostream.h"是C++编译器自带的文件，称为C++库文件，它定义了标准输入/输出流的相关数据及其操作。由于该程序中用到了输入/输出流对象cin和cout，所以需要利用#include将其合并到该程序中；又由于它们总是被放置在源程序文件的起始处，所以这些文

件被称为头文件（Header File）。C++编译器自带了许多这样的头文件，每个头文件都支持一组特定的"工具"，用于实现基本输入/输出、数值计算和字符串处理等方面的操作。

由于"iostream.h"是 C++的头文件，所以这些文件以".h"为扩展名，以便与其他文件类型相区别，但这是 C 语言的头文件格式。尽管 ANSI/ISO C++仍然支持这种头文件格式，但已不建议再采用，即包含头文件中不应再有".h"这个扩展名，而应使用 C++的"iostream"。例如：

```
#include <iostream>
```

● 上述程序 Ex_Simple 中的"/*...*/"之间的内容或从"//"开始一直到行尾的内容是用来注释的，其目的只是为了提高程序的可读性，对编译和运行并不起作用。正是因为这一点，所以所注释的内容既可以用汉字表示，也可以用英文说明，只要便于理解即可。

需要说明的是，C++中的"/*...*/"用于实现多行的注释，它将由"/*"开头到"*/"结尾之间所有内容均视为注释，称为块注释。块注释（"/*...*/"）的注解方式可以出现在程序中的任何位置，包括在语句或表达式之间。而"//"只能实现单行的注释，它将从"//"开始到行尾的内容作为注释，称为行注释。

A.2　C++预处理命令

C++预处理命令有三种：宏定义命令、文件包含命令和条件编译命令。这些命令在程序中都是以"#"来引导的，每条预处理命令必须单独占用一行，但在行尾不允许有分号";"。

1．宏定义命令

用#define 可以定义一个符号常量，例如：

```
#define    PI 3.14159
```

这里的#define 就是宏定义命令，它的作用是将 3.14159 用 PI 代替，PI 称为宏名。需要注意以下几点。

（1）#define、PI 和 3.14159 之间一定要有空格，且通常将宏名定义为大写，以便与普通标识符相区别。

（2）宏被定义后，通常不允许再重新定义，而只有当使用如下命令后才可以重新定义。

```
#undef　宏名
```

（3）一个定义过的宏名可以用于定义其他新的宏。

（4）宏还可以带参数，例如：

```
#define MAX(a,b)    ((a)>(b)?(a):(b))
```

其中，(a,b)是宏 MAX 的参数表，如果在程序中出现下列语句：

```
x = MAX(3, 9);
```

则预处理后变为：

```
x = (3>9?3:9);               //结果为9
```

很显然，带参数的宏相当于一个函数的功能，但比函数简捷。

2．文件包含命令

所谓"文件包含"是指将另一个源文件的内容合并到源程序中。C++语言提供了#include 命令用于实现文件包含的操作，它有如下两种格式：

```
#include  <文件名>
#include  "文件名"
```

文件名通常以".h"为扩展名,因此将其称为"头文件",如前面程序例子中的"iostream.h"是头文件的文件名。在"文件包含"的两种格式中,第一种格式是将文件名用尖括号"<>"括起来的,用来包含那些由系统提供的并放在指定子目录中的头文件;第二种格式是将文件名用双引号括起来,用于包含那些由用户定义的放在当前目录或其他目录下的头文件或其他源文件。

3. 条件编译命令

一般情况下,源程序中所有的语句都参加编译。但有时也希望根据一定的条件去编译源文件的不同部分,即"条件编译"。条件编译使得同一源程序在不同的编译条件下得到不同的目标代码。C++提供的条件编译命令有下列几种常用的形式。

格式1:
```
#ifdef <标识符>
    <程序段1>
[
#else
    <程序段2>
]
#endif
```

其中,#ifdef、#else 和#endif 都是关键字,<程序段>是由若干条预处理命令或语句组成的。这种形式的含义是,如果标识符已被#define 命令定义过,则编译<程序段1>,否则编译<程序段2>。

格式2:
```
#ifndef <标识符>
    <程序段1>
[
#else
    <程序段2>
]
#endif
```

这与前一种格式的区别仅是,如果标识符**没有**被#define 命令定义过,则编译<程序段1>,否则编译<程序段2>。

格式3:
```
#if <表达式1>
    <程序段1>
[
#elif <表达式2>
    <程序段2>
    ...
]
[
#else
    <程序段n>
]
#endif
```

其中,#if、#elif、#else 和#endif 是关键字。它们的含义是,如果<表达式1>为"真"则编译<程序段1>;否则如果<表达式2>为"真"则编译<程序段2>;…;如果各表达式均不为"真",则编译<程序段n>。

A.3　C++异常处理

程序中的错误通常包括语法错误、逻辑错误和运行时异常（Exception）。其中，语法错误通常是指函数、类型、语句、表达式、运算符或标识符等的使用不符合 C++的语法，这种错误在程序编译或链接时就会由编译器指出；逻辑错误是指程序能够顺利运行，但是没有实现或达到预期的功能或结果，这类错误通常需要通过调试或测试才能够发现；运行时异常是指在程序运行过程中，由于意外事件的发生而导致程序异常中止，如内存空间不足、打开的文件不存在、零除数或下标越界等。

异常或错误的处理方法有很多，如判断函数返回值，使用全局的标志变量，以及直接使用 C++中的 exit()或 abort()函数来中断程序的执行。

程序运行时异常的产生虽然无法避免，但是可以预料。为了保证程序的健壮性，必须在程序中对运行时异常进行预见性处理，这种处理称为异常处理。

C++提供了专门用于异常处理的一种结构化形式的描述机制 try/throw/catch。该异常处理机制能够将程序的正常处理和异常处理逻辑分开表示，使得程序的处理结构清晰，通过异常集中处理的方式解决异常问题。

1．try 语句块

try 语句块的作用是启动异常处理机制，侦测 try 语句块中的程序语句执行时可能产生的异常。如果有异常产生，则抛出异常。try 的格式如下：

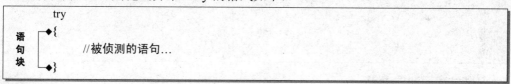

　　try 总是与 catch 一同出现，在一个 try 语句块之后，至少应该有一个 catch 语句块。

2．throw 语句

Throw 语句用来强行抛出异常，其格式如下：

```
throw　[异常类型表达式]
```

其中，异常类型表达式可以是类对象、常量或变量表达式等。

3．catch 语句块

catch 语句块首先捕捉 try 语句块产生的或由 throw 抛出的异常，然后进行处理，其格式如下：

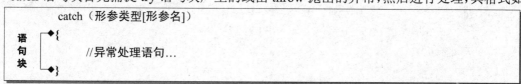

其中，catch 语句块中的形参类型可以是 C++基本类型（如 int、long、char 等）、构造类型，还可以是一个已定义的类的类型，包括类的指针或者引用类型等。如果在 catch 中指定了形参名，则可像一个函数的参数传递那样将异常值传入，并可在 catch 语句块中使用该形参名。例如：

```
try
{
    throw "除数不能为0！";
}
catch(const char * s)                   //指定异常形参名
{
    cout<<s<<endl;                      //使用异常形参名
}
```

（1）当 catch 语句块中的整个形参为"..."时，则表示 catch 语句块能够捕捉任何类型的异常。

（2）catch 语句块前面必须是 try 语句块或另一个 catch 语句块。正因如此，在书写代码时应使用如下格式：

```
try
{
    ...
} catch(...)
{
    ...
} catch(...)
{
    ...
}
```

4. 三者的关系和注意点

throw 和 catch 的关系就如同函数调用关系，catch 指定形参，而 throw 给出实参。编译器将按照 catch 出现的顺序及 catch 指定的参数类型确定 throw 抛出的异常应该由哪个 catch 来处理。

throw 不一定出现在 try 语句块中，实际上，它可以出现在任何需要的地方，即使在 catch 的语句块中，仍然可以继续使用 throw，只要最终有 catch 可以捕获它即可。

例如：

```
class Overflow
{
    //...
public:
    Overflow(char,double,double);
};
void f(double x)
{
    //...
    throw Overflow('+',x,3.45e107);    //在函数体中使用throw，用来抛出一个对象
}
try
{
    //...
    f(1.2);
```

```
    //…
} catch(Overflow& oo)
{
    //处理 Overflow 类型的异常
}
```

当 throw 出现在 catch 语句块中时,通过 throw 既可以重新抛出一个新类型的异常,也可以重新抛出当前这个异常,在这种情况下,throw 不应带任何实参。例如:

```
try
{
    …
} catch(int)
{
    throw "hello exception";    //抛出一个新的异常,异常类型为 const char *
} catch(float)
{
    throw;                       //重新抛出当前的 float 类型异常
}
```

A.4　C++面向对象编程

面向对象编程(Object Oriented Programming,OOP)是一种计算机编程架构。OOP 的一条基本原则是,程序由单个能够起到子程序作用的单元或对象组合而成。OOP 达到了软件工程的三个主要目标,即重用性、灵活性和扩展性。为了实现整体运算,每个对象都能够接收信息、处理数据和向其他对象发送信息。

1.基本概念

面向对象编程中的概念主要包括类、对象、封装、继承、动态绑定、多态、虚函数和消息传递等。

(1)类。

类是具有相同类型的对象的抽象,一个对象所包含的所有数据和代码都可以通过类来构造。

在 C++中,声明一个类的通常格式如下:

```
        class <类名>                          //声明部分
       ◆{
            private:
                [<私有型数据和函数>]
 类
 体          public:
                [<公有型数据和函数>]
            protected:
                [<保护型数据和函数>]
       ◆};
        <各个成员函数的实现>                  //实现部分
```

其中,class 是类声明的关键字,class 的后面是要声明的类名。类中的数据和函数都是类的成员,分别称为数据成员和成员函数。

类中的关键字 public、private 和 protected 声明了类中的成员与类外对象之间的关系，称为访问权限。其中，对于 private 成员来说，它们是私有的，不能在类外访问，数据成员只能由类中的函数所使用，成员函数只允许在类中调用；对于 public 成员来说，它们是公有的，可以在类外访问；而对于 protected 成员来说，它们是受保护的，具有半公开性质，可在类中或其子类中访问。

需要说明的是，若一个成员函数的声明和定义同时在类体中完成，则该成员函数的实现将不需要单独出现。如果所有的成员函数都在类体中定义，则实现部分可以省略。

而当类的成员函数的定义是在类体外部完成时，必须使用作用域运算符"::"来告知编译系统该函数所属的类。此时，成员函数的定义格式如下：

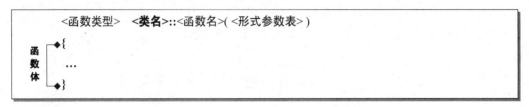

（2）对象。

对象是运行期的基本实体，它是一个封装了数据和操作这些数据的代码的逻辑实体。

作为一种复杂的数据构造类型，声明类后，就可以定义该类的对象。类对象有三种定义方式：声明之后定义、声明之时定义和一次性定义。例如：

```
class A{ … };
A a;                        //声明之后定义
class B
{
    …
} b, c;                     //声明之时定义
class
{
    …
} d, e;                     //一次性定义
```

但是，由于"类"比任何数据类型都要复杂得多，为了提高程序的可读性，真正将"类"当成一个密闭、"封装"的盒子（接口），在程序中应尽量使用对象的"声明之后定义"方式，即按下列格式进行：

<类名>　<对象名表>；

其中，类名是已声明过的类的标识符，对象名可以有一个或多个，有多个对象时要使用逗号将各对象隔开。被定义的对象既可以是一个普通对象，也可以是一个数组对象或指针对象。

例如：

```
CStuscore  one, *Stu, Stus[2];
```

这时，one 是类 CStuscore 的一个普通对象，Stu 和 Stus 分别是该类的一个指针对象和对象数组。若对象是一个指针，则还可像指针变量那样进行初始化，例如：

```
CStuscore  *two = &one;
```

由此可见，在程序中，对象的使用和变量是一样的，只是对象还有成员的访问等操作。

对象成员的访问操作方法如下。

一个对象的成员就是该对象的类所定义的数据成员和成员函数。访问对象的成员变量和成员函数与访问一般变量和函数的方法是一样的，只不过需要在成员前面加上对象名和成员运算符"."，其表示方式如下：

```
<对象名>.<成员变量>
<对象名>.<成员函数>(<参数表>)
```

例如：
```
cout<<one.getName()<<endl;        //调用对象 one 中的成员函数 getName
cout<< Stus[0].getNo()<<endl;     //调用对象数组元素 Stus[0]中的成员函数 getNo
```
需要说明的是，一个类对象只能访问该类的公有型成员，不能访问私有型成员。例如，getName 和 getNo 等公有成员可以由对象通过上述方式访问，但 strName、strStuNo、fScore 等私有成员则不能被对象访问。

若对象是一个指针，则对象的成员访问形式如下：

```
<对象名>-><成员变量>
<对象名>-><成员函数>(<参数表>)
```

"->"是另一个表示成员的运算符，它与"."运算符的区别是，"->"用来表示指向对象的指针的成员，而"."用来表示一般对象的成员。

需要说明的是，下面的两种表示是等价的（对于成员函数也适用）：

```
<对象指针名>-><成员变量>
(*<对象指针名>).<成员变量>
```

例如：
```
CStuscore  *two = &one;
cout<<(*two).getName()<<endl;              //A
cout<<two->getName()<<endl;                //与 A 等价
```
需要说明的是，类外通常是指在子类中或其对象等的一些场合。对于访问权限 public、private 和 protected 来说，只有在子类中或用对象来访问成员时，它们才会起作用。在利用类外对象访问成员时，只能访问 public 成员，而对 private 和 protected 均不能访问。对类中的成员访问或通过该类对象来访问成员均不受访问权限的限制。

（3）封装。

封装是将数据和代码捆绑在一起，以避免外界的干扰和不确定性。对象的某些数据和代码可以是私有的，不能被外界访问，以此实现对数据和代码不同级别的访问权限。

（4）继承。

继承是使某个类型的对象获得另一个类型的对象的特征。通过继承可以实现代码的重用，即从已存在的类派生出的一个新类将自动具有原来那个类的特性，同时，它还可以拥有自己的新特性。

在 C++中，类的继承具有下列特性。

● 单向性。

类的继承是有方向的。例如，若 A 类是子类 B 的父类，则只有子类 B 继承了父类 A 中的属性和方法，在 B 类中可以访问 A 类的属性和方法，但在父类 A 中却不能访问子类 B 的任何属性和方法。而且，类的继承还是单向的。例如，若 A 类继承了 B 类，则 B 类不能再继承 A 类。同样，若 A 类是 B 类的基类，则 B 类是 C 类的基类，此时 C 类不能是 A 类的基类。

- 传递性。

若 A 类是 B 类的基类，B 类是 C 类的基类，则基类 A 中的属性和方法传递给了子类 B 之后，通过子类 B 也传递给子类 C，这是类继承的传递性。正因为继承的传递性，才使子类自动获得基类的属性和方法。

- 可重用性。

自然界中存活的同物种具有遗传关系的层次通常是有限的，而 C++中的类却不同，类的代码可一直保留。因此，当基类的代码构造完之后，其下一代的派生类的代码通常将新增一些属性和方法，它们一代代地派生下去，整个类的代码越来越完善。若将若干代的类代码保存在一个头文件中，而在新的程序文件中包含这个头文件，之后定义一个派生类，则这样的派生类就具有前面所有代基类的属性和方法，而不必从头开始重新定义和设计，从而节省了大量的代码。由此可见，类的继承机制也体现了代码重用或软件重用的思想。

在 C++中，一个派生类的定义格式如下：

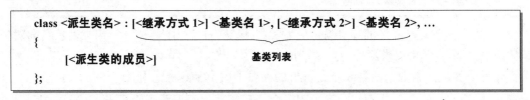

类的继承使得基类可以向派生类传递基类的属性和方法，但在派生类中访问基类的属性和方法不仅取决于基类成员的访问属性，而且还取决于其继承方式。

继承方式能够有条件地改变在派生类中的基类成员的访问属性，从而使派生类对象对派生类中的自身成员和基类成员的访问均取决于成员的访问属性。C++的继承方式有三种：public（公有）、private（私有）、protected（保护）。

一个派生类中的数据成员通常有三类：基类的数据成员、派生类自身的数据成员、派生类中其他类的对象。由于基类在派生类中通常是隐藏的，也就是说，在派生类中无法访问它，所以必须通过调用基类构造函数设定基类的数据成员的初值。需要说明的是，通常将派生类中的基类称为"基类拷贝"，或称为"基类子对象"（base class subobject）。

C++规定，派生类中对象成员初值的设定应在初始化列表中进行，因此一个派生类的构造函数的定义可有下列格式：

```
<派生类名>(形参表)
    :基类 1(参数表), 基类 2(参数表), ..., 基类 n(参数表),
    对象成员 1(参数表), 对象成员 2(参数表), ... , 对象成员 n(参数表)
{ }
                        成员初始化列表
```

（5）多态。

多态是指不同事物具有不同表现形式的能力。多态机制使具有不同内部结构的对象可以共享相同的外部接口，通过这种方式降低代码的复杂度。

多态是面向对象程序设计的重要特性之一，它与封装和继承构成了面向对象程序设计的三大特性。在 C++中，多态具体体现在运行时和编译时两个方面：程序运行时的多态是通过继承和虚函数体现的，它在程序执行之前，根据函数和参数无法确定应该调用哪一个函数，必须在程序执行过程中，根据具体的执行情况动态地确定；而在程序编译时的多态体现在函数的重载和运算符的重载上。

与这两种多态方式相对应的是两种编译方式：静态联编和动态联编。所谓联编（binding），又称为绑定，就是将一个标识符和一个内存地址联系在一起的过程，或是一个源程序经过编译、连接，最后生成可执行代码的过程。

静态联编是指这种联编在编译阶段完成，由于联编过程是在程序运行前完成的，所以又称为早期联编。动态联编是指这种联编要在程序运行时动态进行，因此又称为晚期联编。

在 C++中，函数重载是静态联编的具体实现方式。调用重载函数时，编译根据调用时参数类型与个数在编译时实现静态联编，将调用地址与函数名进行绑定。

事实上，在静态联编的方式下，同一个成员函数在基类和派生类中的不同版本是不会在运行时根据程序代码的指定进行自动绑定的。必须通过类的虚函数机制，才能够实现基类和派生类中的成员函数不同版本的动态联编。

（6）虚函数。

虚函数是利用关键字 virtual 修饰基类中的 public 或 protected 的成员函数。当在派生类中进行重新定义后，就可在此类层次中具有该成员函数的不同版本。在程序执行过程中，依据基类对象指针所指向的派生类对象，或通过基类引用对象所引用的派生类对象，才能够确定哪一个版本被激活，从而实现动态联编。

在基类中，虚函数定义的一般格式如下：

（7）消息传递。

对象之间需要相互沟通，沟通的途径就是对象之间收发信息。消息内容包括接收消息的对象的标识、需要调用的函数的标识，以及必要的信息。消息传递的概念使得对现实世界的描述更容易。

（8）this 指针。

this 指针是类中的一个特殊指针。当类实例化（用类定义对象）时，this 指针指向对象自己；而在类的声明时，指向类本身。this 指针就如同你自己一样，当你在房子（类的声明）里面时，你只知道"房子"这个概念（类名），而不知道房子是什么样子，但你可以看到里面的一切（可以通过 this 指针引用所有成员）；而当你走到房子（类的实例）外时，你看到的是一栋具体的房子（this 指针指向类的实例）。

2. 类的构造函数

在 C++中对于一个空类，编译器默认四个成员函数：构造函数、析构函数、拷贝构造函数和赋值函数。例如，空类：

```
class Empty
{
```

```
public:
};
```

事实上，一个类总有两种特殊的成员函数：构造函数和析构函数。构造函数的功能是，在创建对象时为数据成员赋初值，即初始化对象。析构函数的功能是释放一个对象，在删除对象前，利用它进行一些内存释放等清理工作，它与构造函数的功能正好相反。

类的构造函数和析构函数的一个典型应用是，在构造函数中利用 new 为指针成员开辟独立的动态内存空间，而在析构函数中利用 delete 释放它们。

C++还经常使用下列形式的初始化将另一个对象作为对象的初值：

> **<类名> <对象名 1>(<对象名 2>)**

例如：

```
CName o2("DING");                //A：通过构造函数设定初值
CName o3(o2);                    //B：通过指定对象设定初值
```

B 语句是将 o2 作为 o3 的初值，同 o2 一样，o3 这种初始化形式要调用相应的构造函数，但此时找不到相匹配的构造函数，因为 CName 类没有任何构造函数的形参是 CName 类对象。事实上，CName 还隐含一个特殊的默认构造函数，其原型为 CName（const CName &），这种特殊的默认构造函数称为默认拷贝构造函数。

这种仅仅复制内存空间的内容的方式称为浅拷贝。对于数据成员有指针类型的类，由于无法解决默认拷贝构造函数，所以必须自己定义一个拷贝构造函数，在进行数值复制之前，为指针类型的数据成员另辟一个独立的内存空间。由于这种复制还需另辟内存空间，所以称其为深拷贝。

拷贝构造函数是一种比较特殊的构造函数，除遵循构造函数的声明和实现规则外，还应按下列格式进行定义：

> **<类名>(参数表)**
> **{}**

可见，拷贝构造函数的格式就是**带参数**的构造函数。

由于复制操作实质上是类对象空间的引用，所以 C++规定，拷贝构造函数的参数个数可以是一个或多个，但左起的第一个参数必须是类的引用对象，它可以是"类名&对象"或"const 类名&对象"形式，其中，"类名"是拷贝构造函数所在类的类名。也就是说，对于 CName 的拷贝构造函数，可有下列合法的函数原型：

```
CName( CName &x );                      //x 为合法的对象标识符
CName( const CName &x );
CName( CName &x, … );                   //"…"表示还有其他参数
CName( const CName &x, … );
```

需要说明的是，一旦在类中定义了拷贝构造函数，隐式的默认拷贝构造函数和隐式的默认构造函数就不再有效了。

3．模板类

可以使用模板类创建对一个类型进行操作的类家族：

```
template <class T, int i> class TempClass
{
```

```
public:
    TempClass( void );
    ~TempClass( void );
    int MemberSet( T a, int b );
private:
    T Tarray;
    int arraysize;
};
```

在这个例子中，模板类使用了两个参数，即一个类型 T 和一个整数 i。T 参数可以传递一个类型，包括结构和类；i 参数必须传输第一个整数，因为 i 在被编译时是一个常数，用户可以使用一个标准数组声明来定义一个长度为 i 的成员。

4．继承

类的继承特性是 C++面向对象编程的一个非常关键的机制。继承特性可以使一个新类获得其父类的操作和数据结构，程序员只需在新类中增加原有类中没有的成分。常用的三种继承方式是公有继承（public）方式、私有继承（private）方式和保护继承（protected）方式。

（1）公有继承（public）方式。

基类成员对其对象的可见性与一般类及其对象的可见性相同，公有成员可见，其他成员不可见。这里，保护成员与私有成员相同。

基类成员对派生类的可见性，对派生类来讲，基类的公有成员和保护成员可见，它们作为派生类的成员时，均保持原有的状态；基类的私有成员不可见，它们仍然是私有的，派生类不可访问基类中的私有成员。

基类成员对派生类对象的可见性，对派生类对象来讲，基类的公有成员是可见的，其他成员是不可见的。

因此，在公有继承时，派生类的对象可以访问基类中的公有成员，派生类的成员函数可以访问基类中的公有成员和保护成员。

（2）私有继承（private）方式。

基类成员对其对象的可见性与一般类及其对象的可见性相同，公有成员可见，其他成员不可见。这里，私有成员与保护成员相同。

基类成员对派生类的可见性，对派生类来讲，基类的公有成员和保护成员可见；它们都作为派生类的私有成员，并且不能被这个派生类的子类所访问；基类的私有成员不可见；它们仍然是私有的，派生类不可访问基类中的私有成员。

基类成员对派生类对象的可见性，对派生类对象来讲，基类的所有成员都是不可见的。

因此，在私有继承时，基类的成员只能由直接派生类访问，而无法再向下继承。

（3）保护继承（protected）方式。

这种继承方式与私有继承方式的情况相同。二者的区别仅在于对派生类的成员而言。

基类成员对其对象的可见性与一般类及其对象的可见性相同，公有成员可见，其他成员不可见。

基类成员对派生类的可见性，对派生类来讲，基类的公有成员和保护成员可见，它们都作为派生类的保护成员，并且不能被这个派生类的子类所访问；基类的私有成员不可见，它们仍然是私有的，派生类不可访问基类中的私有成员。

基类成员对派生类对象的可见性，对派生类对象来讲，基类的所有成员都是不可见的。

因此，在保护继承时，基类的成员只能由直接派生类访问，而无法再向下继承。

（4）多重继承及虚继承。

C++支持多重继承，从而大大增强了面向对象程序设计的能力。多重继承是一个类从多个基类派生而来的能力。派生类实际上获取了所有基类的特性。当一个类是两个或多个基类的派生类时，必须在派生类名和冒号之后列出所有基类的类名，基类间用逗号隔开。派生类的构造函数必须激活所有基类的构造函数，并将相应的参数传递给它们。派生类可以是另一个类的基类，相当于形成了一个继承链。当派生类的构造函数被激活时，它的所有基类的构造函数也都将被激活。在面向对象的程序设计中，继承和多重继承通常指公共继承。在无继承的类中，protected 和 private 控制符是没有区别的。在继承中，基类的 private 对所有的外界都屏蔽（包括自己的派生类），基类的 protected 控制符对应用程序是屏蔽的，但对其派生类是可访问的。

虚继承是多重继承中特有的概念。虚拟基类是为了解决多重继承而出现的，如图 A.1 所示。

图 A.1 虚继承 1

类 D 继承自类 B 和类 C，而类 B 和类 C 都继承自类 A，因此等同于如图 A.2 所示。

在类 D 中会两次出现 A。为了节省内存空间，可以将 B、C 对 A 的继承定义为虚拟继承，而 A 就成了虚拟基类。最后形成如图 A.3 所示的情况。

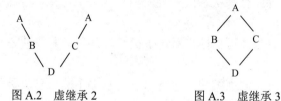

图 A.2 虚继承 2　　　图 A.3 虚继承 3

以上内容可以用如下代码表示：

```
class A;
class B:public virtual A;           //虚继承
class C:public virtual A;           //虚继承
class D:public B, public C;
```

5. 多态

通俗地讲，如开门、开窗户、开电视，这里的"开"就是多态。

多态性可以简单地概括为"一个接口，多种方法"，在程序运行的过程中才可以决定调用的函数。多态性是面向对象编程领域的核心概念。

多态（Polymorphism），顾名思义就是"多种状态"。多态性是允许将父对象设置为和它的一个或更多的子对象相等的技术，赋值之后，父对象就可以根据当前赋值给它子对象的特性以不同的方式运作。简单地讲，即允许将子类类型的指针赋值给父类类型的指针。多态性在 C++中是通过虚函数（Virtual Function）实现的。

虚函数是允许被其子类重新定义的成员函数。子类重新定义父类虚函数的做法称为"覆盖"（override）或"重写"。

覆盖（override）和重载（overload）是初学者经常混淆的两个概念。覆盖是指子类重新定义父类的虚函数的做法。重写的函数必须有**一致的参数**表和返回值（C++标准允许返回值不同的情况，但是很少有编译器支持这个特性）。而重载，是指编写一个与已有函数同名但**参数表不同**的函数，即指允许存在多个同名函数，而这些函数的参数表不同（参数个数不同、参数类型不同，或两者都不同）。例如，一个函数既可以接收整型数作为参数，也可以接收浮点数作为参数。

其实，重载的概念并不属于"面向对象编程"。它的实现是，编译器首先根据函数不同的参数表，对同名函数的名称进行修饰，然后这些同名函数就成为了不同的函数（至少对于编译器来讲是这样的）。例如，有两个同名函数即 function func(p: integer):integer 和 function func(p: string):integer，它们被编译器进行修饰后的函数名称可能是 int_func 和 str_func。对于这两个函数的调用，在编译期间就已经确定了，是静态的（记住，是静态!）。也就是说，它们的地址在编译期就绑定了（早绑定），因此，重载和多态无关。真正与多态相关的是"覆盖"。当子类重新定义了父类的虚函数后，父类指针根据赋给它的不同的子类指针，动态地（记住，是动态!）调用属于子类的该函数，这样的函数调用在编译期间是无法确定的（所调用子类的虚函数的地址无法给出）。因此，这样的函数地址是在运行期绑定的（晚绑定）。结论就是，重载只是一种语言特性，与多态无关，与面向对象也无关。

引用一句 Bruce Eckel 的话："如果它不是晚绑定，它就不是多态。"

封装可以隐藏功能实现细节，使得代码模块化；继承可以扩展已存在的代码模块（类）。它们的目的都是为了重用代码。而多态则是为了实现另一个目的——重用接口。现实往往是，要想有效地重用代码很难，真正最具有价值的重用是接口重用，因为"接口是公司最有价值的资源。设计接口比用一堆类来实现这个接口更费时间。而且，接口需要耗费更昂贵的人力和时间"。其实，继承为重用代码而存在的理由已经越来越勉强，因为"组合"可以很好地取代继承的扩展现有代码的功能，而且"组合"的表现更好（至少可以防止"类爆炸"）。因此，继承的存在很大程度上是作为"多态"的基础而非扩展现有代码的方式。

每个虚函数都在虚函数表（vtable）中占有一个表项，保存着一条跳转到它的入口地址的指令（实际上是保存了它的入口地址）。当一个包含虚函数的对象（注意，不是对象的指针）被创建的时候，它在头部附加一个指针，指向 vtable 中相应的位置。调用虚函数的时候，无论是用什么指针调用的，它首先根据 vtable 找到入口地址再执行，从而实现了"动态联编"。而普通函数只是简单地跳转到一个固定地址。

例如，实现一个 Vehicle 类，使其成为抽象数据类型。类 Car 和类 Bus 都是从类 Vehicle 派生的：

```cpp
class Vehicle
{
public:
    virtual void Move() = 0;
    virtual void Haul() = 0;
};
class Car : public Vehicle
{
public:
    virtual void Move();
    virtual void Haul();
};
```

```cpp
class Bus : public Vehicle
{
public:
    virtual void Move();
    virtual void Haul();
};
```

附录 B

Qt 6 简单调试

在软件开发过程中，大部分的工作通常体现在程序的调试上。调试一般按如下步骤进行：修正语法错误→设置断点→启用调试器→程序调试运行→查看和修改变量的值。

B.1 修正语法错误

调试的最初任务主要是修正一些语法错误，这些错误包括以下内容。

（1）未定义或不合法的标识符，如函数名、变量名和类名等。

（2）数据类型或参数类型及个数不匹配。

上述语法错误中的大多数，在编辑程序代码时，将在当前窗口中的当前代码行下显示各种不同颜色的波浪线，当用鼠标移至其语句上方时，还会提示用户错误产生的原因，从而使用户能够在编码时可及时地对语法错误进行修正。一旦改正，当前代码行下显示各种不同颜色的波浪线将消失。

还有一些较为隐蔽的语法错误，将在编译程序或构建项目时被编译器发现，并在如图 B.1 所示的"问题"窗口中指出。

为了能够使用户快速定位错误产生的源代码位置，在图 B.1 中利用鼠标双击某个错误条目，光标将定位移到该错误处相应的代码行前。

图 B.1 "问题"窗口显示语法错误

修正语法错误后，程序就可以正常地启动运行了。但并不是说，此时就完全没有错误了，它可能还有"异常"、"断言"和算法逻辑错误等其他类型的错误，而这些错误在编译时是不会显示出来的，只有当程序运行后才会出现。

B.2 设置断点

一旦在程序运行过程中发生错误，就需要设置断点分步进行查找和分析。所谓断点，实际上就是告诉调试器在何处暂时中断程序的运行，以便查看程序的状态及浏览和修改变量的值等。

当在文档窗口中打开源代码文件时，可用下面的三种方式来设置位置断点。

（1）按快捷键 F9。

（2）在需要设置（或清除）断点的代码行最前方的位置，即当鼠标由箭头符号变为小手符号时，单击鼠标。

利用上述方式可以将位置断点设置在程序源代码中指定的一行上，或者在某个函数的开始处或指定的内存地址上。一旦断点设置成功，则断点所在代码行的最前面的窗口页边距上出现一个深红色实心圆，如图 B.2 所示。

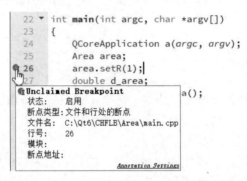

图 B.2 设置断点

需要说明的是，若在断点所在的代码行中再使用上述的快捷方式进行操作，则相应的位置断点被清除。若此时使用快捷菜单方式进行操作，菜单项中还包含"禁用断点"命令，选择此命令后，该断点被禁用，相应的断点标志由原来的深红色实心圆变为空心圆。

B.3 程序调试运行

（1）单击菜单"调试"→"开始调试"→"Start debugging of startup project"项，或按快捷键 F5，启动调试器。

（2）程序运行后，流程进行到代码行"area.setR(1);"处就停顿下来，这就是断点的作用。这时可以看到源码窗口页边距上出现一个黄色小箭头（覆于断点实心圆之上），它指向即将执行的代码，如图 B.3 所示。

（3）"调试"菜单下的命令变为可用状态，如图 B.4 所示。其中，四条命令"单步跳过"、"单步进入"、"单步跳出"和"执行到行"是用来控制程序运行的，其含义分别如下。

● 单步跳过（快捷键 F10）的功能是，运行当前箭头指向的代码（只运行一条代码）。

● 单步进入（快捷键 F11）的功能是，如果当前箭头所指的代码是一个函数的调用，则选择"单步进入"命令进入该函数进行单步执行。

● 单步跳出（Shift+F11 组合键）的功能是，如果当前箭头所指向的代码是在某一函数内，则利用它使程序运行至函数返回处。

- 执行到行（Ctrl+F10 组合键）的功能是，使程序运行至光标所指的代码行处。

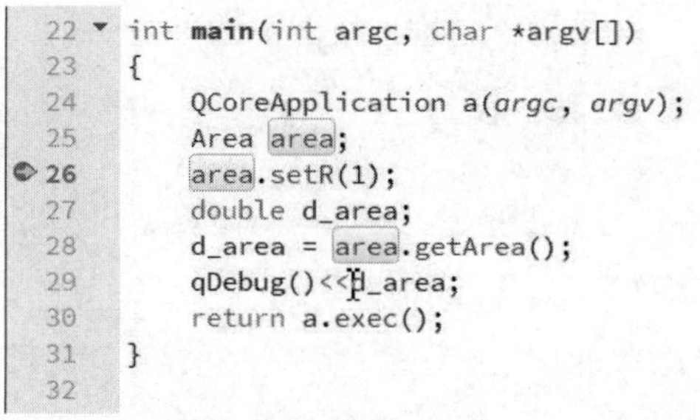

图 B.3　程序运行到断点处 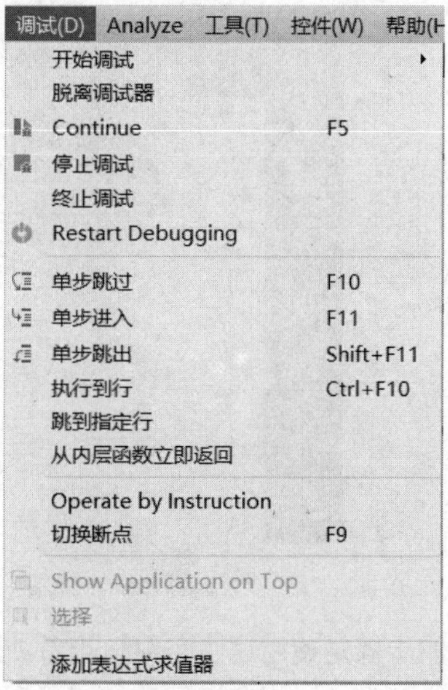　　　　图 B.4　"调试"菜单

选择"调试"菜单中的"停止调试"命令或直接按 Shift+F5 组合键或单击"编译微型条"中的按钮，停止调试。

B.4　查看和修改变量的值

为了更好地进行程序调试，调试器还提供了一系列窗口，用于显示各种不同的调试信息，当启动调试器后，Qt Creator 的调试环境就会自动显示出"Locals"（局部变量）、"Expressions"（表达式）、"Breakpoints"（断点）和"Stack"（栈）窗口，如图 B.5 所示。

图 B.5　调试器的各窗口

除上述窗口外，调试器还提供了"Modules"（模块）、"Registers"（寄存器）、"Debugger Log"（调试器日志）和"Source Files"（源文件）等窗口，通过在如图 B.6 所示的"View"→"视图"二级菜单中进行选择就可打开这些窗口。但通常使用得最多的还是"Locals"（局部变量、"Expr essions"（表达式）、"Breakpoints"（断点）、"Threads"（线程）和"Stack"（栈）这几个窗口。

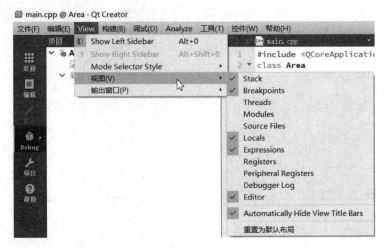

图 B.6 "视图"二级菜单下调试器提供的窗口

下面的步骤是使用这三个窗口查看或修改 m_r 的值。

（1）启动调试器程序运行后，流程在代码行"area.setR(1);"处停顿下来。

（2）此时可在"Locals"（局部变量）窗口看到"名称"、"值"和"类型"三个域，如图 B.7 所示，用来显示当前语句和上一条语句使用的变量及当前函数使用的局部变量，它还显示使用"单步跳过"或"单步跳出"命令后函数的返回值。

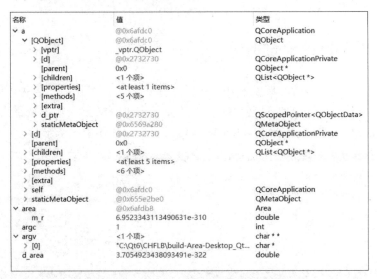

图 B.7 "Locals"（局部变量）窗口

"Breakpoints"（断点）窗口：此处有"编号""函数""文件""行号""地址"等几个域，如图 B.8 所示。

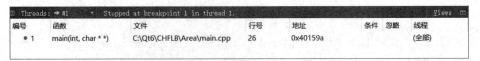

图 B.8 "Breakpoints"（断点）窗口

"Threads"（线程）窗口：此处有"ID（线程号）""地址""函数""文件""行号"等几个域，如图 B.9 所示。

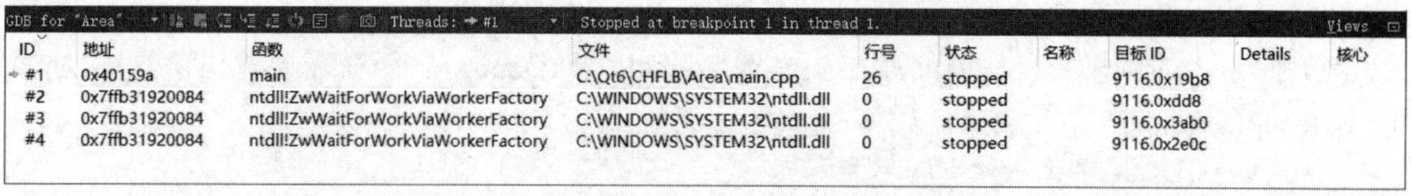

图 B.9 "Threads"（线程）窗口

"Stack"（栈）窗口：此处有"级别""函数""文件""行号""地址"这几个域，如图 B.10 所示。

图 B.10 "Stack"（栈）窗口

持续按快捷键 F10，直到流程运行到语句"qDebug()<<d_area;"处。

此时，在"Locals"（局部变量）窗口中显示了 m_r 和 d_area 的变量及其值，如图 B.11 所示。若值显示为"{...}"，则包括了多个域的值，单击前面的"十"字框，展开后可以看到具体的内容。

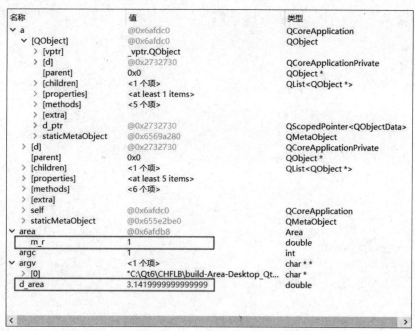

图 B.11 变量值查看

B.5 qDebug()的用法

Qt 程序有些地方难免会出现声明指针后没有具体实现的情况，这种情况 Qt 在编译阶段是不会出现错误的,但是运行的时候会出现"段错误",不会显示其他内容。而段错误就是指针访问了没有分配地址的空间,或者是指针为 NULL。在主程序中加入"qDebug()<<…;"逐步跟踪实现函数,就可知道是哪个地方出现问题了。

例如此节中的例子,在最前面添加头文件#include <QtDebug>,而在需要输出信息的地方使用"qDebug()<<…":

```cpp
#include <QCoreApplication>
#include <QtDebug>
class Area
{
public:
    Area(){}
    void setR(double r)
    {
        m_r = r;
    }
    double getR()
    {
        return m_r;
    }
    double getArea()
    {
        return getR()*getR()*3.142;
    }
private:
    double m_r;
};

int main(int argc, char *argv[])
{
    QCoreApplication a(argc, argv);
    Area area;
    area.setR(1);
    double d_area;
    d_area = area.getArea();
    qDebug()<<d_area;
    return a.exec();
}
```